Gesundheit und Gesellschaft

Reihe herausgegeben von

Ullrich Bauer, Fakultät für Erziehungswissenschaft, Universität Bielefeld, Bielefeld, Deutschland

Matthias Richter, Institut für Medizinische Soziologie, Martin-Luther-Universität Halle-Wittenberg, Halle (Saale), Deutschland

Uwe H. Bittlingmayer, Institut für Soziologie, Pädagogische Hochschule Freiburg, Freiburg, Deutschland

Der Forschungsgegenstand Gesundheit ist trotz reichhaltiger Anknüpfungs-punkte zu einer Vielzahl sozialwissenschaftlicher Forschungsfelder – z. B. Sozialstrukturanalyse, Lebensverlaufsforschung, Alterssoziologie, Sozialisations-forschung, politische Soziologie, Kindheits- und Jugendforschung – in den Referenzprofessionen bisher kaum präsent. Komplementär dazu schöpfen die Gesundheitswissenschaften und Public Health, die eher anwendungsbezogen arbeiten, die verfügbare sozialwissenschaftliche Expertise kaum ernsthaft ab. Die Reihe „Gesundheit und Gesellschaft" setzt an diesem Vermittlungsdefizit an und systematisiert eine sozialwissenschaftliche Perspektive auf Gesundheit. Die Bei-träge der Buchreihe umfassen theoretische und empirische Zugänge, die sich in der Schnittmenge sozial- und gesundheitswissenschaftlicher Forschung befinden. Inhaltliche Schwerpunkte sind die detaillierte Analyse u. a. von Gesundheits-konzepten, gesundheitlicher Ungleichheit und Gesundheitspolitik.

Weitere Bände in der Reihe https://link.springer.com/bookseries/12229

Peter-Ernst Schnabel

Soziopsychosomatische Gesundheit, robuste Demokratie, Suffizienzökonomie und das „glückliche" Leben

Über ein wechselseitiges Verhältnis

Mit einer Einleitung von Uwe H. Bittlingmayer

Peter-Ernst Schnabel (Verstorben)
Bielefeld, Deutschland

ISSN 2626-6172 ISSN 2626-6180 (electronic)
Gesundheit und Gesellschaft
ISBN 978-3-658-17809-3 ISBN 978-3-658-17810-9 (eBook)
https://doi.org/10.1007/978-3-658-17810-9

Die Deutsche Nationalbibliothek verzeichnet diese Publikation in der Deutschen Nationalbibliografie; detaillierte bibliografische Daten sind im Internet über http://dnb.d-nb.de abrufbar.

Planung/Lektorat: Katrin Emmerich
Springer VS ist ein Imprint der eingetragenen Gesellschaft Springer Fachmedien Wiesbaden GmbH und ist ein Teil von Springer Nature.
Die Anschrift der Gesellschaft ist: Abraham-Lincoln-Str. 46, 65189 Wiesbaden, Germany

… allen, die – wo immer sie in der Welt stehen – dagegen

aufbegehren, dass der Kapitalismus Gesundheit und Leben zerstört.

Das Beharren auf Gesundheitsförderung. Zur Einleitung

Peter-Ernst Schnabel, der viel zu früh gestorben ist, war einer der Pioniere deutscher Public Health und obwohl er eine Vielzahl von Büchern und Artikeln vorgelegt hat, sind seine durchdachten theoretischen Positionen wenig bekannt. Zwar werden Schnabels Publikationen mittlerweile in einschlägigen Einleitungen in die Gesundheitssoziologie mit einbezogen (vgl. z. B. Hehlmann et al. 2018; Bär 2016; Hurrelmann und Richter 2013; Schmidt-Semisch und Schorb 2021), aber innerhalb des bunten Flickenteppichs der Gesundheitswissenschaften bleiben die theoretischen und praktischen Herausforderungen, die Schnabel immer wieder formuliert und angeht, weitgehend ungehört. Das hat Schnabel selbst zwar immer wieder frustriert, aber nicht entmutigt. Peter-Ernst Schnabel hat über dreißig Jahre an der theoretischen Grundierung, an Anwendungs- und Umsetzungsmöglichkeiten und an Ausbildungsschwerpunkten der Gesundheitswissenschaften gearbeitet. Dabei hat er allein fünf Bücher mit theoretischen Ausarbeitungen vorgelegt, die eine Reihe starker interdisziplinär verankerter Argumentationen aufbauen, Gesundheitswissenschaften als radikale Alternative zu den dominanten Vorstellungen über Gesundheit und Krankheit, einschließlich des damit verbundenen Versorgungssystems zu begreifen und praktisch werden zu lassen.

Das vorliegende Buch ist Ausdruck einer besonderen Beharrlichkeit in dem Glauben, dass Public Health die Fortsetzung der Kritischen Theorie mit anderen Mitteln sein könnte und ein weiterer Bestandteil einer theoretischen Grundlegung von Public Health (im Verbund mit Schnabel 2001, 2007, 2009, 2015; Schnabel und Bödeker 2012; Schnabel 2013), nachdem Schnabel über drei Jahrzehnte die Erforschung von Gesundheit und Krankheit in das Zentrum seiner Arbeit gestellt hatte. Leider verstarb Peter-Ernst Schnabel, bevor das vorliegende Buch druckfertig an den Verlag übermittelt werden konnte. Deshalb wird es nach editorischer Überarbeitung nunmehr posthum veröffentlicht. Auf Aktualisierungen der empirischen Daten und sprachliche Glättungen wurde verzichtet, um die Authentizität des Buches nicht zu gefährden.

Dafür soll in dieser vorgelagerten Einleitung das vorliegende Buch in seinen Werkkontext einsortiert werden, damit die an frühere Veröffentlichungen ansetzenden Argumentationslinien besser nachvollziehbar sind. Wer die Texte von Schnabel kennt weiß, dass eine solche Werkübersicht, soll sie nicht ein eigenes Buch werden, notwendig selektiv sein muss, weil die theoretischen Bezüge, die daraus abgeleiteten Argumente, praktischen Vorschläge und vorgeschlagenen Implementationsstrategien äußerst reichhaltig sind. Deshalb werde ich mich in dieser Einleitung damit begnügen (müssen), einige zentrale Motive aus dem Werk von Peter-Ernst Schnabel herauszustellen, anhand derer sich zugleich eine diagnostische Perspektive auf den gegenwärtigen Zustand deutscher Public Health sowie der aktuellen gesellschaftlichen Lage gewinnen lässt. Ein erster Ausgangspunkt einer solchen Einleitung in Peter-Ernst Schnabels Denken ist sicherlich die Frage nach einer disziplinären Identität von Public Health.

Integrative und multidisziplinäre oder unverbundene, auf Einzelwissenschaften beruhende Gesundheitswissenschaften?

Es ist häufig bemerkt worden, dass Deutschland durch die Nazi-Vergangenheit einen Bruch in der Entwicklung von öffentlicher Gesundheitsfürsorge und bevölkerungsbezogener Prävention vollziehen musste und vollzogen hat (vgl. zur historischen Verstrickung z. B. Schmuhl 2004). Erst in den 1980er Jahren gab es Pioniere, die Public Health in Deutschland im Zuge eines Paradigmenwechsels zur so genannten New Public Health zu etablieren suchten. Neben Bernhard Badura, Paul Wolters, Ulrich Laaser, Klaus Hurrelmann und Alexander Krämer zählte Peter-Ernst Schnabel zu den Vorbereitern und Gründungsfiguren der Fakultät für Gesundheitswissenschaften an der Universität Bielefeld, der bis heute einzigen School of Public Health gemäß WHO-Standard in Deutschland. Darüber gibt es keinen Dissens, so findet sich in einem Nachruf der Fakultät für Gesundheitswissenschaften die folgende Einschätzung: „Wir haben Peter-Ernst Schnabel viel zu verdanken. Er war bereits im Jahre 1989 mit dem Projekt „Evaluation des Aufbaus der Gesundheitswissenschaften" in der Soziologie betraut und bis zum Jahr 1995 im Forschungsverbund Public Health in NRW tätig. Im Anschluss prägte er die Gründungsjahre unserer Fakultät für Gesundheitswissenschaften entscheidend mit. Bei der weiteren Entwicklung der Fakultät hat er sich besonders für die Bereiche Prävention, Gesundheitsförderung und Gesundheitskommunikation engagiert." (Universität Bielefeld, Fakultät für Gesundheitswissenschaften 2017)

Weniger Einigkeit besteht in der disziplinären Zielperspektive, die Schnabel mit großer Konsequenz verfolgt hat und die darauf ausgerichtet war, *eine* inter- und transdisziplinäre Gesundheitswissenschaft zu etablieren, die über ein bloßes Konglomerat von Einzeldisziplinen hinaus weist, die sich mit dem Gegenstand Gesundheit beschäftigen (Schnabel 2001, S. 12). Gesundheit sollte aus der Perspektive Schnabels „zum klar umrissenen Gegenstandsbereich einer jener wirklich neuen *Wissenschaften* werden, die sich dem Wissenschaftshistoriker und -soziologen T. Kuhn (…) zufolge immer dann herauszubilden scheinen, wenn sich die etablierten Wissenschaften als unfähig erweisen, aktuelle Probleme von großer gesellschaftlicher Tragweite zu verstehen und zu lösen." (Schnabel 2007, S. 13; Herv. im Org.) Dabei ist ihm klar, dass die Transformation von Gesundheitswissenschaften als Konglomerat von unter dem gemeinsamen Gegenstand Gesundheit (und Krankheit) versammelten Einzeldisziplinen und Gesundheitswissenschaft als kooperatives transdisziplinäres Gesamtgefüge noch lange nicht vollzogen ist und ganz prinzipiell auch in Frage steht, aber aus seiner Sicht ein notwendiges Ziel bezeichnet, soll Public Health die volle eingeschriebene Wirkung entfalten (Schnabel 2015, S. 309). Zugleich wird Schnabel nicht müde, die Beforschung des Gegenstandes Gesundheit mit wissenschaftlicher Identitätsbildung in Verbindung zu bringen, von der er meint, dass sie in den Gesundheitswissenschaften bis heute noch nicht weit vorangeschritten ist (vgl. z. B. Schnabel 2015, S. 15).

Schnabel resümiert in einem gemeinsamen Beitrag mit Paul Wolters (2011, S. 116), dass sich die Personen, die für die Gründungsphase deutscher Public Health (in Bielefeld und auch anderswo) verantwortlich zeichneten, allerdings zunächst damit beschäftigt waren, den eigenen Platz innerhalb der plural angelegten Gesundheitswissenschaften abzusichern und die Relevanz der jeweiligen Monodisziplinen (Soziologie, Geschichte, Psychologie, Politikwissenschaften, Erziehungswissenschaft, Ökonomie, Medizin, Ökotrophologie usw.) zu betonen. Nach den beachtlichen bundesweiten Erfolgen bei der Etablierung von Public Health formulieren Schnabel und Wolters zunächst die Sorge, dass Gesundheitswissenschaften in Deutschland inhaltlich, konzeptionell und politisch hinter die Ottawa-Charter zurückfallen. Das ist aktuell eine breit geteilte Sorge, analog argumentieren etwa Thomas Gerlinger und Rolf Schmucker (2011), dass die immer forscheren und konsequent formulierten gesundheitspolitischen Konzepte einer „health in all-policies" längst von einer „economy in all-policies" überholt worden sind. Diese Entwicklung kann für Public Health durchaus bestandsgefährdend sein kann, nämlich dann, wenn im Zuge dieser Umformatierung die polizeiliche Dimension von Gesundheit vorrangig durchschlägt und die Individuen auf die volle ökonomische Funktionalität getrimmt werden, bei gleichzeitig äußerst ungesunden gesellschaftlichen Rahmenbedingungen (nach wie vor äußerst lesenswert Kühn 1993; vgl. auch die Beiträge in Schmidt und Kolip 2007; sowie Hensen und Hensen 2008; vgl. ferner Schmidt 2008; Hensen 2011; Schmidt 2017).

Nach Einschätzung von Schnabel und Wolters (2011, S. 121) haben sich die „Initiatoren von Public Health [...] zu lange von der Illusion leiten lassen, dass die Idee der Gesundheitsförderung sich aufgrund der ihr innewohnenden Rationalität den Weg in die bestehenden Gesellschaften schon von selber bahnen werde. Nicht weniger irrig war aber auch die Annahme, dass es gelingen könnte, die Gesundheitswissenschaften zu implementieren und ein System der Gesundheitssicherung einzuführen, ohne sich kritisch und konstruktiv mit dem medizinisch-mechanistischen Paradigma auseinanderzusetzen und ohne kongeniale Änderungen im System der Krankenversorgung anzustoßen". Das gelingt aber nur dann, wenn sich eine Gesundheitswissenschaft als „konsequent systemkritische, einheitlich argumentierende und sich ihrer selbst sichere Instanz" etabliert. (Schnabel und Wolters 2011, S. 121).

Dass die Etablierung einer solche multidisziplinären und identitätsstiftenden Gesundheitswissenschaft ein enorm ehrgeiziges Ziel darstellt, war Schnabel natürlich bewusst: „Wir nennen das, was wir als Wissenschaftlerinnen und Wissenschaftler tun, Gesundheitswissenschaften/Public Health und finden kaum etwas dabei, wenn der mit Abstand größte Teil der unter diesem Namen durchgeführten Forschungen sich mit Fragen der Krankheit beschäftigt." Gleichzeitig gibt es aber kaum Alternativen, wenn Public Health als eine immanent kritische Disziplin verstanden werden soll, der es um die maximale Förderung der Bevölkerungsgesundheit in all ihren Dimensionen als disziplinären Kern geht (Schnabel 2015, S. 17–25). Sein eigenes Werk lässt sich zumindest so verstehen, diesen disziplinären Kern vor allem mit den Mitteln soziologischer Theoriebildung entlang unterschiedlicher Ausgangspunkte und Gegenstände herauszuarbeiten.

Kritik der Medizinsoziologie als Ausgangspunkt
In seinem 1988 erschienen Buch Krankheit und Sozialisation (die stark gekürzte Version der Habilitationsschrift) arbeitet sich Schnabel insbesondere an der zunächst systemtheoretisch geprägten und später – zumindest in Deutschland – stark marxistisch dominierten Medizinsoziologie ab und versucht bereits früh

einen paradigmenbildenden Zugriff, hier noch auf den Gegenstand Krankheit (Schnabel 1988). Die Grundidee ist die Erweiterung einer medizinsoziologischen Perspektive in eine „sozialwissenschaftliche Krankheitsforschung" (Schnabel 1988, S. 3), die Schnabel einerseits in immanenter Auseinandersetzung mit der Medizinsoziologie und andererseits unter Zuhilfenahme des Sozialisationsparadigmas entwickelt. Der Anspruch ist von Beginn an hoch: Schnabel möchte – in der medizinkritischen Argumentationslinie der Arbeiten von Mitscherlich (1966), Foucault (1988) bis Illich (1975) der 1960er und 1970er Jahre einen systematischen Angriff auf die Definitionsmacht der medizinischen Profession auf den Krankheitsbegriff unternehmen.

Dabei arbeitet er eine heimliche Komplizenschaft zwischen der Medizinsoziologie und der Medizin in Hinblick auf die Definition von Krankheit heraus und attestiert Ende der 1980er Jahre einen „theorielosen und theoretisch defizitären Zustand der Medizinsoziologie" (Schnabel 1988, S. 7), die Schnabel angreifen und im Sinne einer „sozialisationsanalytischen Fundierung der Medizinsoziologie" (Schnabel 1988, S. 25) erweitern möchte. Die Erweiterung erfolgt über die vorrangig theoretische Figur einer *Sozialisationspathogenese*, bei der Fragen der Krankheits*entstehung* mithilfe einer großen Bandbreite von empirischen und theoretischen Studien aus den Bereichen Sozial- und Entwicklungspsychologie, (Medizin-)Soziologie, Sozialepidemiologie und Sozialisationsforschung verarbeitet werden. Der Rückgriff auf eine gesellschaftstheoretisch fundierte Sozialisationstheorie (vor allem Dieter Geulens) soll ein Konzept von Krankheit ermöglichen, das sich jenseits der „Kategorien selbstverschuldeter und fremdbestimmter, Reintegration erzwingender Devianz" (Schnabel 1988, S. 111) befindet. Heraus kommt ein umfassender theoretischer Entwurf einer „dispositions-kompensationsorientierten Sozialisationstheorie der Krankheitsentstehung und des Krankheitsverlaufs" (Schnabel 1988, S. 159), der als Blaupause und empirische Forschungsprogrammatik (vor allem in den stark verdichteten Abbildungen 3 bis 10 im zweiten Teil) dienen könnte.[1]

Schnabel hat den Weg selbst nicht weiter verfolgt, sein theoretisches Modell in den nächsten Jahren grundständig empirisch einzuholen oder zumindest an zentralen Stellen aufzufüllen. Das hängt aus meiner Sicht vor allem damit zusammen, dass Schnabel in den folgenden Jahren selbst einen Paradigmenwechsel in Richtung Gesundheitswissenschaft vollzogen hat. Zwar lassen sich an

---

[1] Die scharfe Abgrenzung und Verurteilung einer Perspektive von Krankheit als abweichendem Verhalten zieht sich durch das Gesamtwerk von Schnabel; vgl. z. B. Schnabel (2007, S. 40) und Schnabel (2001) passim.

einigen Stellen bereits direkte Bezüge auf das Gesundheitsthema finden und auch die Kritik an einer kategorialen Trennung von Krankheit und Gesundheit und die Favorisierung eines (später wieder partiell infrage gestellten) Balance-Modells sind in der Habilitation sehr deutlich vertreten (z. B. S. 108, 111, 125). Allerdings sind die Ansätze von Aaron Antonovsky hier noch nicht bekannt, die Bezüge zur später identitätsstiftenden Ottawa-Charter noch nicht präsent; vielmehr dominiert die kritische Auseinandersetzung mit der Medizinsoziologie und der Versuch ihrer grundlegenden Erweiterung, ohne aber den medizinsoziologischen Rahmen konzeptionell vollständig zu verlassen (vgl. zum Perspektivwechsel zwischen Medizinsoziologie und Gesundheitswissenschaft auch Gerlinger 2006, S. 43–44).

Gesundheitswissenschaften als Heimatdisziplin, Gesundheitskommunikation als theoretische Basis
Nach der kontinuierlichen Veröffentlichung von Arbeiten zu Gesundheit in den 1990er Jahren (wichtig etwa Kolip et al. 1995) legte Schnabel (2001) dann mit seiner als Lehrbuch aufgebauten Grundlagenstudie zu Familie und Gesundheit einen unmittelbaren Beitrag zu den Gesundheitswissenschaften vor, der ausgehend von soziologischer Zeitdiagnose und Familiensoziologie den Bogen zu konzeptionellen Überlegungen von Interventionen zur Gesundheitsförderung bis hin zur Formulierung von Interventionskriterien spannt. Zwar wird in dieser Studie auch auf zentrale Erkenntnisse der Habilitationsschrift zurückgegriffen (vor allem in Kap. 4 und 8), der Gegenstand Gesundheit wird aber in den Mittelpunkt gestellt und anders theoretisch gerahmt. Als allgemeines Ziel der Studie wird deshalb konsequent die systematische Offenlegung der im familialen Sozialisationsgeschehen aufgehobenen Gesundheitspotenziale benannt (Schnabel 2001, S. 12).

Gesundheitswissenschaft wird in diesem Buch als eine Art angewandte Soziologie betrieben und die Analyse von Gesundheit, ihrer Entstehungsbedingungen sowie ihren Förderungsmöglichkeiten (im Unterschied zum Fokus der Krankheitsgenese) in den analytischen und praktischen Blick genommen. Spannend an dieser Studie ist aus soziologisch-theoretischer Perspektive etwa der souveräne Bezug zu zwei in der Regel höchst kontrovers diskutierten Ansätzen von Jürgen Habermas und Niklas Luhmann, die Schnabel mit Blick auf den Gegenstandsbereich Gesundheit und auf die Konzeption einer adäquaten gesundheitswissenschaftlichen Kommunikationstheorie einfach undogmatisch verbindet (vgl. Abb. 1; wir werden später sehen, dass im vorliegenden Buch diese undogmatische Verbindung auch zu theoretischen Inkonsistenzen führen kann).

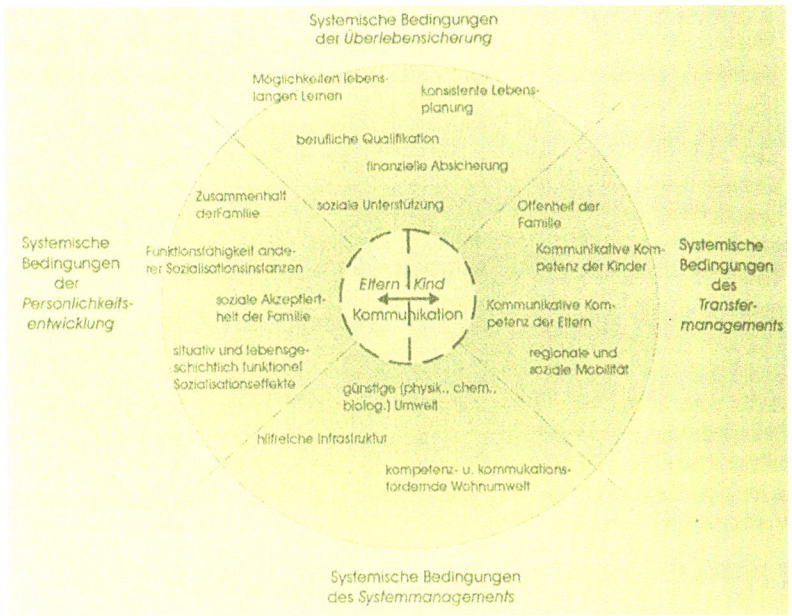

Abb. 1   Quelle: Schnabel (2001, S. 168)

Schnabel geht davon aus, dass vor allem in Familien die Sozialisationsaufgaben erbracht werden müssen und in der Regel auch erbracht werden, die Kindern und Jugendlichen Aussichten auf ein „qualitativ hochwertiges, befriedigendes und damit im weitesten Sinne gesundes Leben" (Schnabel 2001, S. 38–39) eröffnen. Eine positive Gesundheitssozialisation aber „setzt nicht nur voraus, dass den Beteiligten, vor allem den Eltern oder anderen verantwortlichen Sozialisatoren überhaupt bekannt ist, welche Aufgaben zur rechten Zeit erfüllt werden müssen. Die Angemessenheit elterlichen und kindlichen Handelns hängt außerdem ganz wesentlich davon ab, wie gut beide Seiten in der Lage sind, miteinander zu kommunizieren, d. h. über das situationsangemessenste Verhältnis von gegenseitigen *Erwartungen* und *Erfüllungsangeboten* unter ungleichen Bedingungen erfolgreich zu verhandeln." (Schnabel 2001, S. 40)

In Hinblick auf die zeitliche Dimension sieht Schnabel eine Differenz zwischen auf ausbrechende Krankheitsepisoden ausgerichteten Interventionsmedizin und Krankheitsversorgung einerseits und einer auf den gesamten Lebenslauf und auf gesundheitsorientierte Sozialisationsprozesse andererseits abzielenden Gesundheitsperspektive.[2] Schnabels aus dieser Differenz abgeleitetes starkes und auch aus gesundheitswissenschaftlicher Perspektive absolut konsequentes Argument zum Zusammenhang von Gesundheit und Familie lautet, dass es im Interesse einer gut funktionierenden Gesellschaft liegt, Familien nachhaltig zu unterstützen, *bevor* pathologische Zustände überhaupt auftreten. Schnabel zufolge sind die sozial-, familien- und krankheitspolitischen Institutionen aber so programmiert, dass sie erst eingreifen, nachdem die familialen Ressourcen und Unterstützungsformen erschöpft sind und in eine massive Krise geraten. Das aus der Sozialpolitik stammende Subsidiaritätsprinzip steht für dieses Grundmodell Pate und ist tatsächlich dysfunktional, soll die familiale Gesundheit insgesamt erhalten bleiben und nicht erst mühsam wiederhergestellt werden müssen. Deshalb ist die nach wie vor geltende Logik der Identifikation von familialen Risikokonstellationen und der risikobezogenen Hilfeleistungen aus gesundheitswissenschaftlicher Perspektive nur ein kleiner Teil:

> „Wer Risiken minimiert, tut zweifellos Gutes, weil er die Betroffenen von einer Last befreit, ohne die es sich besser bzw. länger lebt und er gibt den Menschen Ressourcen zurück, über die sie bei fortgesetzter Krankheit nicht verfügen würden. Tatsache ist auch, dass wir uns als erfolgreich Therapierte besser fühlen, oder wenigstens besser fühlen sollten, als wenn wir unter einer Krankheit zu leiden hätten. Mit ‚vollständigem körperlichen, seelischen und sozialem Wohlbefinden‘, auf das Menschen entsprechend der Gesundheitsdefinition der WHO (1946, S. 1) ein natürliches Anrecht besitzen, hat dies […] nur wenig zu tun." (Schnabel und Bödeker 2012, S. 61)

Schnabel zufolge Familien sind stattdessen konsequent zu fördern, ohne dass überhaupt erst Krisen einsetzen. Das ist die radikale aus der Gesundheitswissenschaft folgende Perspektive, nicht erst zu warten, bis etwas kollabiert, sondern entlang unterschiedlicher Anwendungsfelder und -formen die Handlungsressourcen von Subjekten und Familien so zu fördern, die die Widerstandskräfte und Bewältigungsformen Gesundheit erlauben aufrechtzuerhalten. Natürlich bedeutet das nicht, dass Familien in Krisensituationen damit ausgeblendet werden, aber es geht darum, dass das nur ein kleiner Teil gesellschaftlicher

---

[2]Diese Differenz wird allerdings relativiert, wenn es um den Vergleich von Salutogenese und Pathogenese geht, in denen beide eine zeitliche Dimension unmittelbar eingeschrieben ist (Schnabel 2007, S. 74–88). In der hier benannten Differenz geht es vor allem um die versorgungspolitischen Weichenstellungen.

Anstrengungen sein sollte eines deutlich umfassenderen Konzepts einer Familien-
gesundheitsförderung.

Dass Schnabel den Kommunikationsbegriff als für die allgemeine Gesundheitswissenschaft und für ihre Praxis, die Gesundheitsförderung, wichtigsten
theoretischen Begriff festmacht, ist aus meiner Sicht nicht nur dem Hype um den
linguistic turn und der Dominanz kommunikationsorientierter Ansätze in den
1980er und 1990er Jahren geschuldet, von Habermas und Luhmann als zwei der
wohl wichtigsten gesellschaftstheoretischen Zugänge dieser Zeit maßgeblich vertreten. Ich werde im Folgenden kurz zeigen, dass Schnabel über die benannten
gesellschaftstheoretischen Angebote hinaus geht (I) und anschließend nach-
zeichnen, dass der Kommunikationsbegriff eine viel versprechende strategische
Option zur Etablierung einer eigenständigen Gesundheitswissenschaft liefert, die
Schnabel gesehen und konsequent verfolgt hat (II).

(I) Über die Diskussionen um den linguistic turn und die verfügbaren gesellschaftstheoretischen Varianten hinaus geht Schnabel insofern als er *Gesundheit als gesunde Kommunikation* bzw. *gesundes Kommunizieren* unmittelbar
verschweißt. Das „Erlernen und situationsangemessene Einsetzenkönnen von
kommunikativer Kompetenz und Gesundheitsfähigkeit auf der somatischen,
psychischen und psychosomatischen Ebene [sind] eng miteinander verbunden."
(Schnabel 2001, S. 157) Schnabel liefert eine Definition von Kommunikations-
kompetenz, bei der sichtbar wird, dass Habermas, Luhmann, Watzlawik,
Goffman und andere die eigenen Gedanken nur flankieren: „Unter *kompetentem*
Kommunizieren, sollen hier sowohl die sprachlichen wie nichtsprachlichen
Fähigkeiten eines Menschen verstanden werden, sich angesichts der zahllosen
Aushandlungssituationen in der Familie, bei der Arbeit, unter Freunden, in
Schule, Betrieb oder Sportverein, um die Erfüllung emotionaler, kreativer und
logisch-rationaler Bedürfnisse zu bemühen, ohne dabei die ähnlich gelagerten
Bedürfnisse anderer zu unterdrücken." (Schnabel 2001, S. 156) Dabei stellt
Schnabel klar, dass Gesundheitskommunikation nicht gleichbedeutend ist mit
dem Sprechen über den spezifischen Gegenstandsbereich Gesundheit und/
oder Krankheit: „Gesundheitsförderliches Kommunizieren [ist] mit dem
Kommunizieren über Gesundheit und Krankheit nicht identisch. Es ist auch nicht
davon auszugehen, dass diejenigen, die kompetent über Gesundheit und Krankheit kommunizieren können, deshalb automatisch in der Lage wären, gesundheitsfördernd miteinander umzugehen." (Schnabel 2001, S. 177) Schnabels
Motiv der Gesundheitskommunikation ist streng interaktionistisch angelegt. Er
geht davon aus, dass Gesundheit zwar allen Menschen in irgendeiner Weise mit-
gegeben worden ist, die Gesundheit im alltäglichen Überlebenskampf aber nur

mit der Unterstützung von relevanten Anderen hergestellt und aufrecht erhalten werden kann (Schnabel 2001, S. 179).

Diese Überlegungen hat Schnabel gemeinsam mit einem seiner Schüler, Malte Bödeker, dann in einer eigenen Monographie systematisiert und weiter entwickelt. Aus den Grundgedanken der Studie Familie und Gesundheit entfalten die beiden Autoren zum einen die drei zentralen Forschungs- und Interventionsfelder der Gesundheitskommunikation: Health Counseling, Health Consulting und Health Campaining (Schnabel und Bödeker 2012, Kap. 4–6). Zum anderen soll die Studie Gesundheitskommunikation explizit aus der Perspektive von Public Health ausbuchstabieren, um sie von hier aus „für den Einsatz [einer] in der Herstellung und Aufrechterhaltung von Gesundheit gerichteten Informations-, Aufklärungs- und Forschungspraxis nutzbar zu machen." (Schnabel und Bödeker 2012, S. 144) Am Ende steht ein anspruchsvolles Konzept von Gesundheitskommunikation:

> „*Inhaltlich* zielt die Gesundheitskommunikation als Transportmedium darauf ab, die Einstellungen und Verhaltensweisen der Menschen in einer Weise zu beeinflussen, die diese zu einer möglichst selbstbestimmten, auf die Vermeidung von Erkrankungsrisiken und die Stärkung von Gesundheitsressourcen ausgerichteten Lebensführung befähigt. Dies schließt, wenn es funktionieren soll, die Fähigkeit mit ein, die eigenen Gesundheitsinteressen zu erkennen und bei Bedarf gegen die Widerstände eines nach der Befriedigung anderer Interesses strebenden Lebens-, Arbeits- und Konsumwelt durchzusetzen." (Schnabel und Bödeker 2012, S. 73)

Diese Perspektive einer theoretisch fundierten Gesundheitskommunikation (gebündelt etwa in Abb. 3, Schnabel und Bödeker 2012, S. 39) wäre empirisch einzuholen und in die heutigen Konzepte von Health Literacy und eHealth Literacy zu integrieren, die zwar mit einem Literacy-Begriff empirisch operieren (Nutbeam 2000), aber bislang kaum auf sprachwissenschaftliche oder logopädische Expertise zurückgreifen (Harsch und Bittlingmayer 2020; Blechschmidt 2021). Schnabel gelingt es, mit seinen Arbeiten zur Gesundheitskommunikation einen tragfähigen theoretischen und anwendungspraktischen Rahmen zu formulieren, der als allgemeine Orientierung für Public Health gelten kann. Zugleich beinhaltet die konsequente Ausrichtung auf die kommunikative Seite von Gesundheit auch ein disziplinspezifisches Eigeninteresse.

(II) Schnabel betont an vielen Stellen, dass die Gesundheitswissenschaft noch sehr am Anfang steht und noch eine erhebliche Konsolidierung notwendig ist, um diese Wissenschaft als eine eigenständige zu begründen (vgl. z. B. Schnabel 2001, S. 80, 104, 2015, S. 148–150). Die theoretische Entscheidung, mit der Betonung von Gesundheitskommunikation anderes als das Sprechen

über Gesundheit und Krankheit zu verstehen und gesundheitsförderliches
Kommunizieren als Public Health-Grundbegriff auszuweisen und auszubuch-
stabieren hat aber in diesem Sinne eine nicht zu unterschätzende strategische
Funktion. Im Zuge des Versuchs, eine eigenständige Gesundheitswissenschaft
als Inter- und Multidisziplin im Konzert der bestehenden wissenschaftlichen
Arbeitsteilung zu verankern – ein analoger Versuch hat bei der akademischen
Etablierung der Soziologie zu Beginn des 20. Jahrhundert etwa zum bahn-
brechenden Werk Max Webers „Wirtschaft und Gesellschaft" geführt – ist die
Einführung eines eigenen und eigenständigen Zentralbegriff – analog zu Kultur,
Politik, Gesellschaft – unumgänglich. Die wohl umfassendste Definition und allgemeine Bestimmung des Gesundheitsbegriffs in Peter-Ernst Schnabels Werk
liefert die folgende Formulierung:

> „*Gesundheit* ist das *variable* Produkt eines mehr oder weniger gelingenden, am
> *Ideal* völligen körperlichen, seelischen und sozialen Wohlbefindens orientierten
> *lebenslangen* Auseinandersetzungsprozesses des Menschen mit den Anforderungen,
> die er *selbst* an sich sowie die *gesellschaftliche* und die *materielle* Umwelt an ihn
> stellen. Sie fällt umso *besser* und *nachhaltiger* aus, je mehr es dem Menschen
> auf der Grundlage seiner *biophysischen* Voraussetzungen gelingt, sich durch
> reflektierende, lernende und schöpferische *Kommunikation* mit sich und Anderen
> ein möglichst großes Potenzial an *salutogenen* Kompetenzen anzueignen, diese
> im Austausch mit Anderen auf ihre Wertigkeit hin zu *überprüfen* und allein oder
> in Zusammenarbeit mit Anderen unter der Maßgabe *durchzusetzen*, dass dabei
> die Rechte *anderer* Menschen, ihr Leben ebenfalls nach gesundheitsdienlichen
> Gesichtspunkten planen und realisieren zu können, *nicht* beeinträchtigt werden. Sich
> Gesundheit und die zu ihrer Verwirklichung erforderlichen Fähigkeiten auf *legale*
> Weise und nach bestem *Wissen* und *Gewissen* ein Leben lang aneignen zu können,
> ist ein fundamentales und natürliches *Recht*, welches jedem Menschen zusteht,
> *unabhängig* von seinem Geschlecht, seiner ethnischen Herkunft, seiner religiösen
> Überzeugung und der sozialen Lage, in der er sich befindet." (Schnabel 2015,
> S. 145; Herv. im Org.)

Allerdings eignet sich selbst diese umfassende Bestimmung des Gesundheitsbegriffs nur als Aufhänger, wird der Begriff der Gesundheit, wenn auch in anderer
Definition, von Medizin, Pharmakologie und klinischer Psychologie ebenfalls
selbstverständlich verwendet. Wenn, wie für Schnabel werkkonstitutiv, Gesundheit etwas anderes sein soll als die bloße Abwesenheit von Krankheit und wenn
die starke, aber für eine disziplinäre Verankerung zu allgemeine Perspektive
auf umfassendes Wohlbefinden (vgl. World Health Organization 1986) weiter
konkretisiert werden soll, dann muss vor allem ein Verständnis von Gesundheit
vorgelegt werden, dass sich der professionellen Expertise der am Krankheitsversorgungssystem Beteiligten systematisch entzieht.

Die Kritik an der Medizin, an der Verschränkung von Krankheit und Devianz, an der Etablierung eines ärztlichen Blickes (Foucault 1988), der dazu führt, dass eine Profession besser über die körperlichen und seelischen Zustände Bescheid zu wissen meint, als das Subjekt selbst, sind wichtige Meilensteine einer Kritik am medizinisch-kurativem Deutungsmonopol von Krankheit und Gesundheit. Auch die marxistisch inspirierten Studien, die bereits früh die gesundheitlichen Ungleichheiten fokussieren (z. B. Kühn 1993) oder die Rolle der Gesundheitspolitik und den Zusammenhang von Krankheitsversorgung und staatlicher Kontrolle (Deppe 1987) analysieren, liefern entscheidende Beiträge einer Kritik der bestehenden Verhältnisse. Aber sie bleiben, so stark, wichtig und radikal diese Studien auch sind, weitgehend demselben Paradigma verhaftet, solange sie dem Modus der immanenten Kritik und der Rekonstruktion der Funktionsweisen eines solchen Deutungsmonopols nicht verlassen und so lange sie Schnabel zufolge aus den Einzeldisziplinen erfolgen und nicht den Paradigmenwechsel hin zu einer Gesundheitswissenschaft vollziehen.

Erst der Begriff der Gesundheitskommunikation (im oben dargelegten Verständnis) und der daraus abgeleitete Begriff der gesundheitsförderlichen Kommunikation liefern Definitionen einer Gesundheitswissenschaft als die Wissenschaft, die die Bedingungen, Hindernisse und Ermöglichungsformen gesundheitsförderlicher Kommunikation systematisch erforschen und politisch tragfähig machen soll, begründet einen eigenen Gegenstandsbereich, einen eigenen Zugang und ein eigenes Kompetenzprofil, bei denen das unbestreitbar vorhandene medizinische, pharmakologische, kurative usw. Expertenwissen nur Zaungast ist. Gesundheitskommunikation und gesundheitsförderliche Kommunikation weisen also einen Bereich aus, bei dem die versammelte Expertise naturwissenschaftlicher Erforschung von Krankheiten mit all ihren problematischen Implikationen, der Nähe zur polizeilichen Kontrolle, der Fixierung von Expert*innen und Laien usw. einfach außen vor bleibt, die Medizin, Medizintechnik und Pharmazie nicht mitspielen dürfen. Das ist in (inter-)disziplinärer Hinsicht die radikalste Variante einer ernsthaft eigenständigen Gesundheitswissenschaft, die bei Peter-Ernst Schnabel eben deshalb aus meiner Sicht nicht zufällig auf dem Kommunikationsbegriff aufbaut (und einen Studiengang Gesundheitskommunikation an der School of Public Health verankert hat). Bereits in dem Begriff der gesundheitsförderlichen Kommunikation und im bisherigen Verlauf der Rekonstruktion sind häufige Verweise auf den Begriff der Gesundheitsförderung angeklungen. Schnabel hat als einer der wenigen diesen Zentralbegriff der Public Health aufgenommen, ausführlich bearbeitet, interpretiert und mit Blick auf gute gesundheitswissenschaftliche Praxis operationalisiert.

Gesundheitsförderung als Zentralbegriff einer durchgezogenen Gesundheitswissenschaft

In den letzten zwanzig Jahren ist die grundlegende begriffliche Differenzierung zwischen Prävention und Gesundheitsförderung zunehmend diffuser in ihrer Verwendung geworden. Selbst deutsche Public Health-Ikonen wie Rolf Rosenbrock oder Klaus Hurrelmann bezweifeln seit einigen Jahren die Fruchtbarkeit des Anliegens, hier eine zu scharfe Trennung vorzunehmen und versprechen sich davon erfolgreiche Kooperationen mit Akteuren aus den medizinischen Professionen und ein stärkeres Gewicht von Public Health in gesundheitspolitischen Auseinandersetzungen.

Peter-Ernst Schnabel hat hingegen die begriffliche Differenzierung stets mit Blick auf die unterschiedliche paradigmatische Grundierung – pathogenetisches Weltbild der Prävention contra salutogenetisches Weltbild der Gesundheitswissenschaft – strikt durchgehalten. Mehr noch, er hat ein für sein eigenes Werk zentrales Buch vorgelegt, dass die Trennung dieser beiden Perspektiven ausarbeitet und systematisiert. Das 2007 erschienene Buch „Gesundheit fördern und Krankheit prävenieren" ist – vielleicht neben Alexa Frankes starkem Buch zu Krankheits- und Gesundheitskonzepten (Franke 2012) – dasjenige deutschsprachige Werk, dass sich theoretisch und konzeptionell mit dem Grundbegriff Gesundheitsförderung am umfassendsten auseinander setzt. Schnabels mühevolle Begriffsarbeit wird motiviert durch die Überzeugung, dass eine konzeptionelle und begriffliche Konfusion für die Etablierung eines gesundheitsorientierten Versorgungssystems – vor allem mit Blick auf die chronischen Erkrankungen – und einer konsequent auf Gesundheitsförderung abzielenden Versorgungspolitik kontraproduktiv ist und im Sinne der Reproduktion des schlechten Status Quo wirkt (vgl. Schnabel 2007, S. 74). Schnabel argumentiert durchgängig, dass Gesundheitsförderung gänzlich unabhängig von Präventivmedizin begründet und auch mit unterschiedlichen Handlungsfeldern verlinkt werden kann und sollte (Schnabel 2007, S. 23, 2015, S. 198). Gesundheitsförderung wird dabei in erster Annäherung wie folgt gefasst:

> „Wir fördern [Gesundheit] (…), wenn wir uns instinktiv und/oder mit gezielten, auf die Überwindung von Widerständen gerichteten Durchsetzungsstrategien, um die Herstellung, Aufrechterhaltung und Verbesserung all derjenigen Lebensumstände, menschlichen Verhaltensbesonderheiten und körperlichen Eigenschaften bemühen, von denen wir ahnen, zunehmend aber auch in wissenschaftlich überprüfter Weise annehmen dürfen, dass und warum sie gut für uns sind." (Schnabel 2007, S. 11)

Schnabel bindet sein Verständnis von Gesundheitsförderung konsequent zurück an die von der WHO 1986 veröffentlichte und für ihn immer maßgeblich gebliebene „Ottawa-Charter for Health Promotion", die Gesundheitsförderung mit starken (gesamtgesellschaftlichen) normativen Dimensionen wie der Forderung nach subjektiven Partizipationsmöglichkeiten in gesundheitsrelevanten Feldern, der Stärkung individueller Selbstbestimmung und stärkerer Kontrolle der Subjekte über ihre Lebensbedingungen (vgl. übergreifend Bittlingmayer et al. 2009; Schnabel et al. 2009; Bittlingmayer und Ziegler 2012; Schnabel 2015, S. 116–132) verknüpft.[3]

Die starke Rolle des Subjekts in der Konzeptionalisierung von Gesundheitsförderung ist hier deshalb tragend, weil Schnabel zufolge Gesundheit – im Unterschied zu Krankheit – nur vom Subjekt selbst hergestellt und aufrechterhalten werden kann und Public Health-Expert*innen diese subjektiven Prozesse und Handlungen nur flankieren und konstruktiv begleiten können (Schnabel 2007, S. 22). Gesundheitsförderung zielt also konsequent auf die Stärkung subjektiver Ressourcen. „Gesundheitsförderung setzt bei dem an, was *vorhanden* ist und versucht, durch parallele Interventionen auf der individuellen und auf der sozialen Ebene Menschen dazu zu befähigen, ihre eigenen *Bedürfnisse* zu entdecken, *Verantwortung* für Leben und Gesundheit zu übernehmen und dieses in einer Weise zu tun, über die sie selbst und keine Anderen bestimmen" (Schnabel 2007, S. 40–41; Herv. im Org.)

Schnabel fasst dann seine theoretischen und konzeptionellen Überlegungen zur Gesundheitsförderung in einer übersichtlichen Tab. 1 zusammen, die Gesundheitsförderung als von Prävention unterschiedlich ausweist und als Zentralbegriff der Gesundheitswissenschaft markiert.

Gesundheitsförderung zwischen Individuum und Setting
Gesundheitsförderung ist trotz der theoretisch starken Stellung des Subjekts weder im WHO-Konzept noch bei Schnabel allein individualistisch gedacht. Stattdessen wird Gesundheitsförderung bei Schnabel und mit Rekurs auf die WHO von einem „systemischen Zugang" gerahmt, der zweifach verankert ist. Zum einen wird Gesundheitsförderung sehr eng mit dem Begriff des Settings als strategischer Umsetzungsperspektive verbunden, zum anderen wird

---

[3]Schnabel (2007, S. 132) bezeichnet die Ottawa-Charter for Health Promotion als das wichtigste Strategiepapier, das die WHO jemals veröffentlicht hat; vgl. auch Schnabel und Bödeker (2012, S. 154) und Schnabel (2015, S. 207).

Tab. 1 Besonderheiten des Gesundheitsförderungskonzepts auf einen Blick. (Leicht modifiziert nach Schnabel 2007, S. 140)

	Gesundheitsförderung
Historischer Entstehungsgrund	Wandel im Spektrum der modernen Massenkrankheiten, wachsende Sensibilität für Risiken und Gesundheitsgefährdungen, neue Gesundheitspolitik der WHO
Gegenstand	Entwicklung bzw. Herstellung gesundheitsdienlicher Kompetenzen und Lebensgrundlagen
Grundannahmen	Ganzheitsmodelle der Herstellung und Aufrechterhaltung von Gesundheit, gesundheitsfördernde vs. Gesundheitsgefährdende Lebensweise- und Lebenslaufkonzepte
Interventionsformen	Symptomunabhängige, allgemeine Maßnahmen der Persönlichkeitsentwicklung, Projektförderung, Setting-Ansatz
Interventionsziele	Reduktion psychosozialer Belastungen, Verbesserungen der Problembearbeitungsfähigkeit der Individuen, Entwicklung gesunder Organisationen
Praxisbeispiele	Programme zur Stärkung der Persönlichkeit und Sinnfindung, zur Verbesserung der Problembewältigungsfähigkeit, partizipative Organisationsentwicklung
Leitdisziplinen	Keine, Interdisziplinarität als egalitäre von gegenseitigem Respekt getragene Zusammenarbeit von Medizin, Natur-, Sozial- und Geisteswissenschaften
Wissenschaftliche Grundlagen	Psychosomatik, Therapie- und Versorgungsforschung, Sozialepidemiologie, Krankheits- und Gesundheitsentstehungs- bzw. Verlaufsforschung
Ausführende Expert*innen	Interdisziplinär qualifizierte Public Health Expert*innen
Trägereinrichtungen	Versicherungsträger, freie Forschungs- und Gesundheitsberatungseinrichtungen, Bund und Länder als Förderer von Forschungs- und Qualifikationsprogrammen
Erfolgskriterien	Stärkung individueller und kollektiver Gesundheitsressourcen, Reduktion gesundheitlicher Risiken, Verbesserung der gesundheitlichen Lage der Bevölkerung

Berücksichtigung des Implementationsdilemmas: Das Dilemma bestimmt alle Akte der Planung und Realisierung, weil Gesundheit als Leitidee der Lebensführung und der Organisation von Lebens- und Arbeitswelt kaum eingeführt ist. Mit Hilfe von hoher Kenntnis, strategischem Geschick und der Bereitschaft zu vielen Kompromissen gelingt es langsam, in Form wirksamer Projekte in den Organisationen und bei den Menschen Fuß zu fassen

Gesundheitsförderung als normativer Maßstab gegen gesundheitliche Ungleichheiten in Anschlag gebracht (das wird im nächsten Abschnitt verhandelt).

Der in theoretischer Hinsicht nicht sehr konsistente und zwischen einer milieu- und lebensweltlichen sowie einer systemtheoretischen Verortung hin und her pendelnde Begriff des Settings (vgl. hierzu das sehr starke Paper Engelmann und Halkow 2008) wird bei Schnabel vorrangig systemtheoretisch gefasst und mit unterschiedlichen Funktionsrollen verbunden, in denen Menschen nur als Funktionsträger, nicht als ganze Persönlichkeiten involviert sind (z. B. Schnabel 2007, S. 135, 2015, S. 136–137; Schnabel und Bödeker 2012, S. 155).

Schnabel zufolge macht Gesundheitsförderung, „die ihren Namen verdient (…)

- immer *auch* die Familie und *nicht nur* Elternteile oder Kinder,
- immer auch die Schule, nicht nur Lehrer und Schüler,
- immer auch den Betrieb, nicht nur die Arbeitgeber oder Arbeitnehmer,
- immer auch das Krankenhaus, nicht nur Ärzte, Patienten oder Pflegepersonal und
- immer auch die Kommune als politisches und soziales Gemeinwesen und nicht nur einzelne ihrer Bevölkerungsgruppen

zum Gegenstand ihrer Aktivitäten, Maßnahmen und Programme" (Schnabel 2007, S. 132–133).

Auch wenn strittig ist, ob Familien oder Kommunen sich überhaupt sinnvoll als Setting verstehen lassen (vgl. z. B. Geene 2017, 2018), nimmt der Setting-Begriff hier insbesondere die organisationale Mesoebene in den Blick und verlangt in seiner Verknüpfung mit Gesundheitsförderung die Herstellung gesundheitsförderlicher Settings. Damit ist gemeint, dass Kitas, Schulen, Betriebe so umgebaut werden müssen, dass sie möglichst gesundheitsförderlich sind; das hieße in der radikalsten Variante, dass alle Prozesse und Routinen innerhalb eines Settings der Maßgabe, dass die gesundheitsförderlichere Verhaltensweise die näher liegende sein müsste, also nach der Ottawa-Charter der berühmten Formel „making the healthier way the easier choice!" folgen müssten. Inwieweit das zum Beispiel innerhalb von auf Profitorientierung ausgerichteten Betrieben innerhalb einer kapitalistisch organisierten Ökonomie überhaupt zu bewerkstelligen ist und was (normativ) daraus folgen würde, wenn hier ein unmittelbarer Widerspruch produziert wird, ist innerhalb der Gesundheitswissenschaft eine wenig präsente

Frage.[4] Die häufig als Paradebeispiel sinnvoller Umsetzung Setting-bezogener Gesundheitsförderung hinzugezogenen betrieblichen Gesundheitszirkel müssen gegenüber der oben genannten Maximalforderung bereits grundsätzliche Abstriche machen (vgl. hierzu u. v. a. Kratzer et al. 2011).

Ohnehin ist das meiste, das unter dem Label Setting-bezogene Gesundheitsförderung in der Public Health-Praxis vollzogen wird, *nicht* auf die *Herstellung eines umfänglichen gesundheitsförderlichen Settings* ausgerichtet, sondern betreibt *Gesundheitsförderung in Settings* (Rosenbrock 1998; Rosenbrock und Geene 2000), nutzt also bestehende Settings, um einzelne Maßnahmen und Programme umzusetzen, die nicht auf das volle Spektrum dessen abzielen, was mit Gesundheitsförderung weiter oben skizziert wurde. Settings wie Schulen oder Kitas dienen dann eher als gut überschaubare Feldzugänge, um Programme einfacher implementieren zu können. Zudem wird in der Forderung individueller Gesundheitsförderung immer auch die starke Forderung mit formuliert, dass die Individuen direkten Einfluss auf ihre Lebens- und Arbeitswelten nehmen können, während die Settings im Rahmen einer Gesundheitsförderung in Settings selbst kaum oder gar nicht zur Debatte stehen. Die Verknüpfung zwischen Subjekt und Struktur im Konzept der Gesundheitsförderung, zwischen der konsequenten individuellen Ressourcenstärkung und der überindividuellen Settingperspektive der Organisationsentwicklung ist, so viel sollte deutlich geworden sein, theoretisch noch nicht sauber entfaltet und bietet ein großes Spektrum normativ unterschiedlich gehaltvoller und mehr oder weniger miteinander in Widerspruch stehender Motive an.

Gesundheitsförderung zwischen Ressourcenstärkung, gesundheitlicher Ungleichheit und Gesellschaftskritik
In theoretischer Hinsicht nicht weniger spannungsreich als das Verhältnis von Subjekt und Setting ist die Verknüpfung zwischen der Stärkung subjektiver Gesundheit und der Analyse gesellschaftlicher Rahmenbedingungen.

---

[4]Analoges gilt auch für das Setting Schule, das in Deutschland (aber nicht nur hier) mit der massiven *Produktion* von gesundheitlichen Ungleichheiten selbst einhergeht, und zwar dann, wenn sie innerhalb der deutschen Schulformhierarchie normal funktioniert; vgl. z. B. Gomolla und Radtke (2009). Die aktuell wieder populärer werdenden Ansätze einer schulischen Gesundheitsförderung reichen nicht annäherungsweise an die schulische Produktion gesundheitlicher Ungleichheit heran; vgl. hierzu immer noch maßgeblich Bauer (2005); vgl. ferner mit Blick auf die Förderung schulischer Gesundheitskompetenzen Paakkari et al. (2019) und Paakkari (2015).

Ausgangspunkt ist hier die Überlegung, dass die individuelle Aufrechterhaltung von Gesundheit von gesellschaftlichen Bedingungen abhängig ist, die *außerhalb der subjektiven Handlungsreichweite* liegen. Das gilt gerade auch für die von Schnabel favorisierte salutogenetische Perspektive. Unter Rekurs auf Faltermeier führt Schnabel aus, dass nicht nur die meisten Bedingungsfaktoren, die zur Entwicklung eines starken Kohärenzsinns führen, der wiederum für die Aufrechterhaltung in der Salutogenese eine überragende Rolle spielt, außerhalb der individuellen Handlungsreichweite liegen, sondern auch *die Wirkungen des Kohärenzsinns mit sozialen Faktoren verbunden* sind (vgl. Faltermaier 1994; Schnabel 2007, S. 84–85; analog argumentiert Hagen Kühn mit Blick auf die Wirkungen verhaltensbezogener Präventionsprogramme; vgl. Kühn 1993, S. 98 ff.). Damit kommt als gesundheitsförderliche Rahmenbedingung nicht nur die organisationale Mesoebenenstruktur des Settings als systematischer Anwendungsort von Gesundheitsförderung in den Blick, sondern eben auch gesellschaftliche Ungleichheitsstrukturen insgesamt. Dabei soll die Gesundheitswissenschaft die Forderung der WHO exekutieren, sich advokatorisch einzusetzen für alle diejenigen, „die gesundheitlich zu kurz kommen, d. h. dazu gezwungen werden, unter Bedingungen zu leben und zu arbeiten, die ihre Gesundheit gefährden." (Schnabel 2007, S. 20) Hierbei sind zwei Perspektiven, Empowerment for Health (I) und Kritik der gesundheitlichen Ungleichheit (II) anschlussfähig, die in Schnabels Werk jeweils ihren Platz haben, aber – nicht nur bei Schnabel, sondern in der gesamten Public Health – recht unverbunden nebeneinanderstehen.

(I) Die Stärke einer auf Empowerment abzielenden Gesundheitsförderung liegt zweifellos darin, dass sie, zumindest in Schnabels Variante, konsequent auf Hilfe zur Selbsthilfe setzt und (wie oben schon erwähnt) betont, dass Public Health die individuelle motivationale Hinwendung zur bewussten Aufrechterhaltung der eigenen Gesundheit lediglich flankieren kann. Wird die Gesundheitswissenschaft übergriffig und kommandiert eine gesundheitsförderliche Lebensführung, kippt sie um in Healthismus und endet in der Beschuldigung wenig handlungsmächtiger Subjekte (Kühn 1993; Schmidt 2008, 2014; Bittlingmayer und Sahrai 2014). Schnabel präzisiert:

> Empowerment for health zielt darauf ab, Menschen dabei zu helfen, Fähigkeiten zu entwickeln, kraft derer sie in der Lage sind, ihre soziale Umwelt bewusst und ihr Leben selbst zu gestalten, d. h. gesundheitsbewusst zu *planen* und dieses selbst dann allein und/oder mit Hilfe anderer durchzusetzen, wenn sie dabei auf Widerstände stoßen. Infolge des erfolgreichen Einsatzes von Empowerment-Strategien konnte den Menschen ein größtmöglicher Teil der *Verantwortung* für die Gestaltung ihrer

Lebenswelt und für den Umgang mit Gesundheit und Krankheit *zurück*gegeben werden. Und dieses soll unter möglichst geringem Einsatz von Fremdhilfe, allenfalls mit den Mitteln der Hilfe zur *Selbsthilfe*, d. h. überwiegend durch die Stärkung bereits *vorhandener* Fähigkeiten geschehen [...]." (Schnabel 2007, S. 36; Herv. im Org.)

Von hier aus lässt sich, vielleicht etwas arg verallgemeinernd, die Gesundheitswissenschaft *entweder* als *Profession* etablieren, die den Auftrag eines empowerment for health in die Professionsdefinition einschreibt und auf diese Weise Gefahr läuft, das advokatorische Moment mehr oder weniger festzuschreiben. Diese Tendenz ist etwa klar im Empowerment-Verständnis der Sozialen Arbeit/Sozialpädagogik sichtbar, wenn in der wichtigen Einführung von Norbert Herriger die professionelle Bearbeitung von Empowerment gegenüber dem Selbstempowerment sozialer Bewegungen normativ bevorzugt wird und Soziale Arbeit/Sozialpädagogik damit als Selbstzweck ontologisiert wird (Herriger 2020). *Oder* Gesundheitswissenschaft lässt sich im Kontext von Empowerment mit der alten Metapher der Geburtshilfe in Verbindung bringen. Sie soll dann explizit dazu beitragen, sich selbst überflüssig zu machen, in dem sie zur Transformation gesellschaftlicher Verhältnisse beiträgt, die die Bedingungsfaktoren unzureichender Gesundheitsförderung abschafft.[5]

Peter-Ernst Schnabel hat tatsächlich beide Perspektiven bedient, indem er sich nachhaltig um die Professionalisierung der Gesundheitswissenschaft verdient gemacht hat. Insbesondere seine Public Health Lehrbücher, die Entwicklung einer theoretisch orientierten Praxisperspektive und die stetige Einbeziehung der Frage nach beruflichen Arbeitsfeldern für Public Health sind dabei zu nennen. Schnabel ist aber nicht dabei stehen geblieben, sondern hat seine Arbeiten häufig bis zu dem Punkt vorangetrieben, der es um die massive Umgestaltung der aktuellen gesellschaftlichen Bedingungsfaktoren für die Gesundheitsproduktion ging (siehe hierzu auch die Ausführungen zum vorliegenden Buch weiter unten). Dennoch bleibt das Verhältnis zwischen diesen beiden Polen auch bei Schnabel widersprüchlich, wenn er etwa an zentralen Stellen seiner Werke nach Entwicklung der radikalen Perspektive der Gesundheitsförderung, der Salutogenese und der

---

[5]Um fair zu bleiben: Es gibt auch analoge Perspektiven innerhalb der Sozialen Arbeit; vgl. Cruikshank (1999), Lenz und Stark (2002) und Gershon et al. (2011). Ferner ließen sich von diesem Punkt aus unmittelbare Verknüpfungsmöglichkeiten zwischen der Gesundheitsbildung und critical health literacy sowie des von James Banks entwickelten Konzepts des „transformative citizen" entwickeln, das auf einer auf Transformation ausgerichteten „citizenship education" aufruht; vgl. Banks (2021).

Ottawa-Charter versucht, diese den Ansätzen innewohnende Radikalität mit den vorhandenen gesellschaftlichen Strukturen pragmatisch in Verbindung zu bringen (vgl. z. B. Schnabel und Bödeker 2012, S. 156–157). Nur an sehr wenigen Stellen finden sich explizit kapitalismuskritische Äußerungen oder werden die starken theoretischen Zugänge zur Gesundheitsförderung zeitdiagnostisch und zu einer entlang seiner eigenen Begriffsverwendung durchaus möglichen Radikalkritik bestehender Gesellschaftsverhältnisse verlängert.

(II) Gesundheitsförderung ist noch in einer weiteren Dimension immanent mit gesellschaftlichen Strukturen verbunden. In den letzten zwanzig Jahren hat sich auf der Grundlage immer neuer Studien eindeutig gezeigt, dass westliche Industriegesellschaften – in unterschiedlichem Ausmaß – von gesundheitlichen Ungleichheiten betroffen sind (vgl. u. v. a. Kroll 2010; Lampert et al. 2011; Pförtner 2013; Tuppat 2020; Lampert 2020). Gesundheitliche Ungleichheiten werden entlang von sozialen Determinanten von systematischen Unterschieden bei Krankheitsrisiken, gesundheitsförderlichen oder -abträglichen Verhaltensweisen oder Lebenswartung definiert (vgl. z. B. Lampert 2020, S. 530–535). Schnabel rezipiert in seinem Werk präzise die vorliegenden Untersuchungen zur gesundheitlichen Ungleichheit aus ganz unterschiedlichen Disziplinen (ein gutes Beispiel hierfür ist die Studie Schnabel 2001). Diese Befunde werden bei Schnabel aus der Perspektive der Gesundheitsförderung skandalisiert. Er rekurriert in seinen Studien mit Blick auf die Thematik sozialer Determinanten von Gesundheit vor allem auf Marmot und später Wilkinson (in Schnabels Büchern tauchen vor allem folgende einschlägige Studien auf Wilkinson und Marmot 2003; Wilkinson 1996; Wilkinson und Pickett 2010; sowie besonders zentral Marmot 2000). Schnabel bezieht sich hier explizit auf die in der White Hall Studie präsentierten Befunde, dass die Überlebenschancen bzw. Mortalität von in modernen westlichen Industriegesellschaften lebenden Menschen stärker von der Schicht- und Klassenzugehörigkeit bestimmt werden als durch individuelle Verhaltensrisiken, die Zugänge zu kurativen Dienstleistungen oder der individuellen genetischen Ausstattung (Schnabel und Bödeker 2012, S. 67).

Schnabel selbst trägt wenig dazu bei, das empirische Wissen über gesundheitliche Ungleichheiten zu erhöhen. Auch präsentiert er in seinen ganzen Büchern kaum einzelne Befunde, sondern liefert Zusammenfassungen über für ihn relevante Teile des jeweiligen Forschungsstands über gesundheitliche Ungleichheiten. Allerdings bleibt Schnabel sich auch hier treu und gibt sich nicht mit krankheitsorientierten Indikatoren bei den sozialen Determinanten zufrieden. Denn Schnabel zufolge müssen gesundheitliche Ungleichheiten als systematische Verknüpfungen von Dimensionen der Sozialstruktur einerseits und unterschiedlichen Krankheitsindikatoren andererseits mit Blick auf Gesundheitswissenschaften und Gesundheitsförderung zusätzlich daraufhin befragt werden, inwieweit unterschiedlich privilegierte soziale Gruppen unterschiedliche Möglichkeitsräume haben, ihr Gesundheitspotenzial zu realisieren. Gesundheitliche Ungleichheiten werden bei Schnabel als Ressourcenungleichheiten konzeptionalisiert, die etwa dazu führen, dass Kindern, Jugendlichen, Familien, Arbeiter*innen und anderen Gruppen systematisch die Aufrechterhaltung der eigenen Gesundheit erschwert wird. Das steckt hinter der Rede von ungesunden Lebens- und Arbeitsbedingungen. Normativ geht es darum, „im Namen der Gesundheitsförderung vor allem solche Maßnahmen zu planen und durchzuführen, die darauf abzielen, die gesellschaftlich ungleiche Verteilung von Chancen der Verfügung über Gesundheitsressourcen unter dem Gesichtspunkt einer gerechteren Verteilung neu, und zwar durch Kompetenzentwicklung auf Seiten von Individuen und Organisationen, zu organisieren" (Schnabel 2007, S. 88). Indikatoren für eine solche Ungleichverteilung der Gesundheitsressourcen sind bei Schnabel nicht nur ökonomische Ressourcen, sondern auch Zeit, Disstress, wenig Einflussmöglichkeiten auf die eigenen Arbeitsbedingungen, deutlich eingeschränktere Erreichbarkeit von vulnerablen Gruppen durch gesundheitsfördernde Maßnahmen oder eben Kompetenzunterschiede zur Aufrechterhaltung individueller Gesundheit.

Vor diesem Hintergrund bedeutsam ist die häufig wiederholte Forderung, den Status quo *gesundheitlicher* Ungleichheiten ohne Rekurs auf das pathogenetische Paradigma und anders als über Krankheiten oder vermeintliche Risikofaktoren zu bestimmen, nicht zuletzt um die Wirksamkeit von Gesundheitsförderung selbst besser und transparenter zu machen. Denn aus unterschiedlichen Krankheitslasten lässt sich kein direkter Bedarf nach verstärkter Gesundheitsförderung ableiten, wenn die Trennung zwischen den beiden Paradigmen Pathogenese und Salutogenese, wie Schnabel das durchgängig fordert, ernstgenommen wird.

Der erste und wichtigste Schritt besteht Schnabel und Bödeker zufolge (2012, S. 225–226) dann darin, individuelle und systemische Gesundheitsindikatoren zu entwickeln, die auf die Herstellung, Aufrechterhaltung und Verbesserung von Gesundheit abzielen. Schnabel zählt zu den *Determinanten individueller Gesundheit* „die körperliche Verfassung, die seelische Konstitution, bestimmte Verhaltensweisen, salutogene Kompetenzen, der individuelle Versorgungsstatus, der Zugang zu gesundheitsförderlichen Vorsorgeangeboten, die Teilhabe am politischen, kulturellen und gesellschaftlichen Gemeindeleben und neben einer individualverträglichen sozialen auch eine von physiogisch und psychisch belasteten Einträgen möglichst freie materiale Umwelt." (Schnabel 2015, S. 181) Die systemischen Determinanten von Gesundheit bleiben sehr vage und werden nicht gesellschaftsstrukturell, sondern organisational und institutionell verortet und mit „Organisatoren einer günstigen und persönlichkeitsstärkenden

Sozialisation" (Schnabel 2015, S. 182) in Verbindung gebracht. Schnabel räumt ein, dass die von ihm genannten gesundheitlichen Determinanten noch längst keine den sozialen Determinanten von Krankheiten analogen evidenzbasierten Gesundheitsindikatoren bezeichnen und es wird in den theoretischen Rahmungen von Gesundheitsindikatoren deutlich, dass es Überschneidungen zu den pathogenetischen Indikatoren gibt, vor allem bei den Ressourcenausstattungen und Verhaltensweisen. Schnabel sieht aber die künftige Entwicklung „gesundheitsindikatorengestützter Gesundheitsverteilungsforschung" (Schnabel 2015, S. 183) für die Gesundheitswissenschaften als notwendigen und wichtigen Schritt (vgl. hierzu auch Schnabel und Bödeker 2012, S. 216–220). Der Blick auf Gesundheitsindikatoren als diagnostischem Werkzeug zu Bestimmung gesellschaftlicher Zustände leitet über zum Motiv von Gesundheitswissenschaften und ihrem Verhältnis zur Gesellschaftskritik.

Gesundheitswissenschaften als Gesellschaftskritik

Wenn sich zeigen lässt, dass gesellschaftliche Strukturen systematisch die optimale Entfaltung von Gesundheitsressourcen für bestimmte Bevölkerungsgruppen einschränken, dann ließe sich – in Analogie zum Konzept der strukturellen Gewalt Johan Galtungs – argumentieren, dass sich diese Strukturen im Sinne des menschenrechtlichen Versprechens Gesundheit für alle (WHO 1946, S. 1315) verändern müssen. Peter-Ernst Schnabel adressiert das Motiv der Gesellschaftskritik auf der Grundlage der Gesundheitswissenschaften häufiger in seinen Büchern. Am systematischsten in seiner Studie „Einladung zur Theoriearbeit in den Gesundheitswissenschaften" aus dem Jahr 2015. Schnabel konstatiert, dass die Frage, ob Gesundheitswissenschaften als kritische Wissenschaft betrieben werden soll, äußerst strittig ist (Schnabel 2015, S. 177) und nur wenn sie mit „Ja" beantwortet wird, weitergefragt werden kann nach der Berechtigung und normativen Einschätzung aktueller gesellschaftlicher Verhältnisse (Schnabel 2015, S. 164–165).[6]

---

[6]Gesundheitswissenschaften als kritische Wissenschaftspraxis grenzt Schnabel dabei gegen einen affirmativen und per definitionem unkritischen Positivismus ab, der gesellschaftlichen Zustände bloß registriert, ohne sich um die normative Einschätzung oder gar Veränderung problematischer gesellschaftlicher Strukturen zu kümmern; vgl. z. B. Schnabel (2015, Kap. 4, vor allem S. 158, ferner S. 293 und 300–304). Der Positivismusbegriff, den er hier zu Grunde legt, ist sehr eng an der Positivismuskritik Adornos und Horkheimers angelehnt und wird wichtigen selbst radikalkritischen Hauptvertretern des Positivismus wie vor allem Otto Neurath nicht gerecht; vgl. hierzu z. B. Dahms (1994) und Stöltzner und Uebel (2006).

Im hierfür zentralen achten Kapitel geht Schnabel der Frage nach, was Gesundheit als gesellschaftskritischer Begriff genauer bedeutet. Er greift hierzu selektiv auf Theoriebestände der Kritischen Theorie zurück (Fromm, Bloch, Horkheimer und Adorno sowie Habermas) und formuliert sehr deutlich, dass eine auf Gesundheit und Gesundheitsförderung gerade für unterprivilegierte oder marginalisierte Gruppen ausgerichtete Praxis an den Grundprinzipien kapitalistisch organisierter Gesellschaften rütteln würde (Schnabel 2015, S. 277). Allerdings ist, positiv formuliert, der Horizont der „Herstellung von Verhältnissen, unter denen gesundheitsförderliches Verhalten relativ problemlos zu realisieren ist" (Schnabel 2001, S. 190), bereits in seiner Studie zu Familie und Gesundheit aufzufinden, auch wenn dieses Motiv hier nebensächlich ist. Deutlicher konturiert wird die gesellschaftskritische Konsequenz, die aus einer konsequenten Gesundheitsförderungsperspektive folgt, in der Studie „Gesundheit fördern und Krankheit prävenieren", indem Schnabel darauf hinweist, dass der/die Gesundheitswissenschaftler/in mit Blick auf die Aufrechterhaltung der Gesundheit nicht nur das Versorgungssystem oder das Arzt-Patient*innen-Verhältnis, sondern darüber hinaus die gesamten gesellschaftlichen Verhältnisse, einschließlich der wirtschaftlichen und berufspolitischen Interessen in den Blick nehmen muss (Schnabel 2007, S. 89). Fast analog formuliert Schnabel acht Jahre später, „dass es durchgreifender und nachhaltiger Veränderungen in Wissenschaft, Kultur und Wirtschaft und veränderter politischer Verhältnisse, kurz: einer *anderen* Gesellschaft bedarf, um die systemtypische Unter- und Fehlversorgung der Bevölkerungsmehrheit mit präventiven Dienstleistungen (…) zugunsten einer auf Gesundheitssicherung zielenden Politik vorbeugenden Versorgungshandelns zu beenden". (Schnabel 2015, S. 280) Schnabel greift die Diagnose Erich Fromms von der kranken Gesellschaft (1955) auf und argumentiert, dass sich der Zustand aktueller Gesellschaften gegenüber den 1950er Jahren eher verschlechtert haben dürfte (Schnabel 2015, S. 288).[7]

Schnabel gelingt es, seine theoretische Perspektive, dass Gesundheit und Gesundheitsförderung im von ihm entfalteten Verständnis (bzw. dem klassischen Verständnis der WHO Ottawa-Charter von 1986) mit den aktuellen (spät-)kapitalistischen und wohlfahrtsstaatlich eingehegten bzw. neoliberal

---

[7]Die Diagnose, dass die Gesellschaft krank ist, trifft auch Herbert Marcuse in einem Vortrag von 1968 und begründet das erstaunlich analog zur auf Gesundheit und Gesundheitsförderung gestützten Argumentationslinie Schnabels: „Eine Gesellschaft ist krank, wenn ihre fundamentalen Institutionen und Beziehungen (d. h. ihre Struktur) so geartet sind, daß sie die Nutzung der vorhandenen materiellen und intellektuellen Mittel für die optimale Entfaltung der menschlichen Existenz (Humanität) nicht gestatten." Marcuse (1968, S. 11).

transformierten gesellschaftlichen Strukturen im Widerspruch stehen, auf einer allgemeinen Ebene plausibel zu machen. Allerdings bleiben die Analysen hier sehr vage und die konkreten Pathologien und Wirkmechanismen kapitalistischer Ökonomien für die (fehlende) Aufrechterhaltung von Gesundheit werden nicht konkreter bestimmt. Auch bleiben die theoretischen Spannungsfelder, die sich aus der systemischen, von funktionalen Teilsystem ausgehenden Perspektive einerseits und gesamtgesellschaftlichen Bestimmungen zur Verbesserung oder Verschlechterung von Gesundheit andererseits ergeben ausgeblendet. Zudem bleibt das theorieimmanent widersprüchliche Verhältnis zwischen einem systemisch und interaktionistisch verankerten, normativ aufgeladenen Kommunikationsbegriff, der als konstitutiv für die Gesundheitswissenschaften insgesamt stehen soll einerseits und den Verweisen auf mündige und emanzipierte, in der Subjektphilosophie der Kritischen Theorie verankerten Subjekte, die selbst richtig und informiert über ihre Gesundheit entscheiden im Dunkeln. Schließlich lässt sich bei Schnabel eine Aporie ausmachen, wenn er einerseits ausführt, dass *„Humanisierung* und *Egalisierung* der gesellschaftlichen Verhältnisse als Vorbedingung einer gesundheitsförderlichen Gesellschaft" (2015, S. 290; Herv. im Org.) betrachtet werden müssen und andererseits zugleich betont, dass Gesundheitsförderung selbst die gesellschaftlichen Verhältnisse verbessern und transformieren soll. Wenn Gesundheitsförderung selbst von bereits verbesserten gesellschaftlichen Verhältnissen abhängt, dann ist von ihr keine transformatorische Kraft zu erwarten.

Unabhängig von den offenen gesellschaftstheoretischen Fragen, sind die benannten Widersprüche und die identifizierte Aporie aus meiner Sicht nicht Peter-Ernst Schnabel anzukreiden, sondern sie liegen in der Sache selbst. Schnabel zufolge muss Gesundheit mit einem starken handlungsfähigen und bewussten Subjekt in Verbindung gebracht werden, ein Subjekt, das sich gegenüber dominanten und übermächtigen gesellschaftlichen und herrschaftlichen Strukturen als widerständig erweist. Gesundheit ist dabei kein passiv erlebter, sondern ein durch die Subjekte im Lebensverlauf hergestellter heterostatischer Zustand, d. h. er ist ergebnisoffen, aktiv und mit subjektiven Anstrengungen verbunden (Schnabel und Bödeker 2012, S. 78). Darüber hinaus ist Gesundheitsförderung selbst immanent ein partizipatives Moment eingeschrieben. Gesundheitsförderung zielt ab auf die Beteiligung der Subjekte „an der gesundheitsdienlichen Gestaltung ihrer Lebens- und Arbeitsbedingungen" und auf den „verantwortungsbewussten Umgang mit ihrer eigenen und der Gesundheit der Mitmenschen" (Schnabel und Bödeker 2012, S. 147). Die Gesundheitswissenschaften können, wie bereits erwähnt, als mündig konzeptionalisierte Subjekte in ihren Strategien der Aufrechterhaltung von Gesundheit begleiten, aber nicht bevormunden. Aus all diesen Gründen ist es folgerichtig, dass sich Schnabel in seinem letzten hier vorgelegten Buch ausführlicher und systematischer mit der Frage der Partizipation und Demokratie auseinandergesetzt hat.

Gesundheit, Demokratie und Glück – zur Einstimmung in das Konzept der sozio-psychosomatischen Gesundheit

Das vorliegende Buch von Peter-Ernst Schnabel steht einerseits in großer Kontinuität zu den bislang vorgestellten Studien, greift aber auch neue gesundheitsorientierte Gegenstände auf und systematisiert die bislang eher implizit gehaltenen kapitalismuskritischen Positionen. Die aus meiner Sicht im Schnabelschen Ansatz brodelnde Radikalität wird dadurch mit Blick auf eine grundlegende Gesellschaftskritik expliziter ausformuliert. Unter wieder aufgegriffenen theoretischen Konzepten, Motiven und Dimensionen, die in diesem Buch fortgeführt werden, befindet sich zum Beispiel Gesundheitskommunikation als wichtige Determinante und der Blick auf die Familie als überragende Instanz der Gesundheitsförderung. Das Empowermentkonzept wird ausführlicher als in anderen Studien entwickelt. Schließlich spielt der Rekurs auf (lebenslange) Sozialisation eine überaus zentrale und das vorliegende Buch systematisch durchziehende Rolle, wenn es darum geht, die subjektive, für die Herstellung und Aufrechterhaltung von Gesundheit notwendige Kompetenzgenese genauer zu bestimmen (ich werde weiter unten noch auf die Bedeutung von Sozialisation für Schnabel genauer eingehen). Unter den neuen Motiven befindet sich vor allem der klare Einbezug der ökologischen Frage und die gesamtgesellschaftlichen gesundheitlichen Konsequenzen der endlichen planetaren Ressourcen. Ferner unternimmt Schnabel in diesem Buch eine strukturierte Auseinandersetzung mit wichtigen Begriffen der Politischen Philosophie, vor allem mit dem Konzept der robusten Demokratie und der Gerechtigkeit. Schließlich rekurriert Schnabel sehr prominent und ausführlich auf die Glücksforschung – bei all den neu rezipierten Gegenständen, Forschungen und Theorien bleibt allerdings wie in allen vorhergehenden Studien unverrückt, dass sie aus der Perspektive der Gesundheitswissenschaft heraus angeeignet werden. Es geht dabei nicht um Detailfragen, ob es etwa argumentative Schwächen im Capabilities-Ansatz gibt, die Kritik der politischen Ökonomie von Marx deterministisch respektive geschichtsphilosophisch ist oder ob die empirische Operationalisierung von Glück allen Kriterien der Evidenzbasierung entspricht. Im Mittelpunkt steht durchgängig die Frage, was diese unterschiedlichen Ansätze, Gegenstände und Perspektiven für die Etablierung und Entwicklung einer gesundheitsförderlichen Gesellschaft leisten können.

Dass die westlichen Industriegesellschaften nicht die Bedingungen dafür liefern, allen Menschen das Recht auf maximale Gesundheit zu realisieren, hat Schnabel häufiger angeschnitten. In diesem Buch geht er allerdings einen Schritt weiter und versucht konkrete politische, wirtschaftliche und individuelle Voraussetzungen zu benennen, die eine Gesundheitsgesellschaft, die diesen Namen auch verdiente, charakterisieren würde. Konkret geht es um die Frage, „wie ein glückliches und nicht zuletzt auch gesundes Leben beschaffen sein und was auf subjektiver und objektiver Ebene geschehen muss, um es als individuelle Erfahrung und kollektiven Zustand Wirklichkeit werden zu lassen." (S. 3)[8] Diese Fragestellung wird in den Kap. 4 bis 7 bearbeitet, mit einem Rekurs auf die bürgerlich-revolutionären Grundwerte Freiheit, Gleichheit und Solidarität eröffnet und einer Analyse des aktuellen Zustands demokratischer Regierungsformen in den westlichen Ländern vorangetrieben. Die freudlose Diagnose ist, dass repräsentative Demokratien aktuell nicht in der Lage sind, die durch das Wirtschaftssystem für die Bevölkerungsmehrheit ausgehenden gesundheitsabträglichen Mechanismen einzufangen. Schnabel diskutiert sehr konkret das Verhältnis von Demokratie und Gesundheit und erkennt eine starke Nähe zwischen der Idee der Demokratisierung der Lebensbedingungen und der Herstellung von Gesundheit und Wohlbefinden (vgl. S. 74–79). Er schlägt vor, sich an der Leitidee der *robusten Demokratie* zu orientieren, die vor allem durch partizipative und direktdemokratische Verfahren gekennzeichnet sind. Schnabel sieht aber zugleich, dass eine solche partizipationsorientierte Demokratie auf robuste Subjekte angewiesen ist, die im Sinne der WHO in der Lage sind, Selbstermächtigung und Selbstregulierung auch gegen Widerstände (zum Beispiel des Wirtschaftssystems) durchzusetzen.

Bei den Realisierungsmöglichkeiten dieser Form robuster demokratischer Regulierung bleibt Schnabel allerdings sehr skeptisch. Der Grund ist, dass aus seiner Sicht der neoliberale Umbau des Wirtschaftssystems, der zu einem massiven Abbau sozialer Verantwortlichkeiten und traditioneller sozialstaatlicher Verpflichtungen geführt hat. Schnabel bedient sich der aus den 1980er Jahren stammenden Habermasschen Metapher einer Kolonialisierung der Lebenswelt und anderer demokratischer Institutionen und Verfahren durch ökonomische, auf Wirtschaftswachstum und Profitorientierung ausgerichtete Imperative. Das politische System droht zum bloßen Erfüllungsgehilfen wirtschaftlicher

---

[8]Wenn im Folgenden ohne Nennung eines Autors oder einer Autorin auf Seitenzahlen verwiesen wird, beziehen sich diese Angaben auf die entsprechenden Passagen in diesem Buch.

Interessen zu werden und hat der ökonomischen Macht aktuell nur sehr wenig entgegenzusetzen. Auch wenn es eine Reihe von Formulierungen gibt, die den Sozial- und Wohlfahrtsstaat der 1970er und 1980er Jahre etwas verklären und er offen lässt, ob (robuste) Demokratie und Kapitalismus prinzipiell vereinbar sind, so lässt Schnabel doch kein Zweifel, dass die aktuell dominante neoliberale Variante kapitalistischer Wirtschaftsordnung mit den gesundheitlichen Interessen der Bevölkerungsmehrheit nicht kompatibel ist. Stattdessen schlägt Schnabel die Transformation zu einer Suffizenz- und Subsistenzökonomie vor, die er als Wirtschaftsform kennzeichnet, die Selbstbestimmung, Selbstwirksamkeit und Verantwortungsübernahme fördert, Persönlichkeitseigenschaften, die er für die individuelle Gesunderhaltung als maßgeblich einschätzt (S. 156). Er ist sich darüber bewusst, dass ein solcher Übergang mehrere Jahrzehnte in Anspruch nehmen dürfte und angesichts der aktuellen Kräfteverhältnisse in weiter Ferne ist.

Hier endet Schnabels Argumentation aber nicht, sondern er liefert drei starke Motive, die über eine bloße radikale Verbalkritik bestehender Gesellschaften im Sinne eines gesundheitsabträglichen Gesamtzusammenhangs für die Bevölkerungsmehrheit deutlich hinaus gehen. *Erstens* konzeptionalisiert Schnabel das Bedürfnis nach einer gesundheitsförderlichen Gesellschaft als individuelle, organisationalen und strukturellen Lernprozess. Hierbei setzt er auf gelingende familiale Sozialisationsprozesse, in denen die Kompetenzgenese zugleich eine Art kollektiver Empowermentgenese ist, nämlich dann, wenn erziehungskompetente Eltern auf gesundheitsorientierte Institutionen (Kitas, Familienzentren, Schulen, Betriebe, Hochschulen) treffen und – biografiebegleitend – eine andere Bedürfnisgenese flankieren. Schnabel ist klar, dass ein humaneres, auf die Verwirklichung von individueller Gesundheit ausgerichtetes ökonomisches System „ohne eine Bevölkerung, die in ihrer Mehrheit erkannt hat, was ihre Bedürfnisse sind und welche Interessen es zu verfolgen gilt" (S. 189), weder etabliert werden kann noch nachhaltig wäre. Diese Frage ist aber keine metaphysische, rechtliche oder ethische, sondern eine sozialisationstheoretische und eine der empirischen Sozialisationsforschung. Denn „die Kompetenzen und Verhaltensmerkmale derer, die aus Sicht der Sozialisationsforschung ihrer Persönlichkeit optimal zu entwickeln vermögen und die Konstruktionsmerkmale derjenigen Menschen […], von denen die Gesundheitsforschung heute behaupten würde, dass ihnen die Wahrscheinlichkeit soziopsychosomatischer Gesundheit beschieden sei, [auffällig dicht beieinanderliegen]." (S. 198) Durch diese Wendung wird sie anders und deutlich konkreter bearbeitbar.

Zweitens sieht Schnabel gerade hier die subversive Bedeutung von Gesundheit und Gesundheitswissenschaft, die als eine Art Türöffner – oder wie weiter oben formuliert als Geburtshelferin – fungieren kann, indem sie die Bedeutung und subjektive Möglichkeit eines guten und glücklichen Lebens, das, wie alle bisherigen Erfahrungen zeigen, durch Konsum und materielle Teilhabe allein nicht zu erreichen ist, in den Mittelpunkt ihrer praktischen Bemühungen stellt. Hierzu muss und kann die Gesundheitswissenschaft Schnabelscher Provenienz in ihrer gesundheitskommunikativen Praxis dadurch zur Konstruktion emanzipationsfähiger Subjekte beitragen, dass sie – allerdings ohne in Sozialtechnologie zu kippen – unter anderem Vertrauen in Sozialbeziehungen, Beziehungs- und Bindungsfähigkeit fördert, indem sie Eltern und Kinder unterstützt, Selbstakzeptanz und Selbstwirksamkeit aufbaut, indem sie Kinder, Jugendliche, Kitas, Familienzentren und Schulen begleitet oder Offenheit, Empathie und Solidarempfinden stärkt, indem sie etwa gesundheitliche Beratungsformen entwickelt, aufbaut und zum Einsatz bringt, bevor Suchtberatung oder Gewaltprävention notwendig ist (vgl. S. 199–200). Das umfangreichste Kapitel der vorliegenden Studie liefert hierzu systematische Überlegungen der (lebenslangen) Stärkung gesundheitsförderlicher – und dadurch gesellschaftstransformierender – Eigenschaften auf individueller und organisationaler Ebene.

Drittens schließlich liefert Schnabel trotz seiner skeptischen und mit Blick auf schnelle Hoffnungen auf die gesellschaftliche Transformation in Richtung einer besseren, gesundheitsförderlichen Gesellschaft frustrierenden Einschätzungen einen nicht zu unterschätzenden Hebel, der gewissermaßen als Fatalitätsprävention wirken kann. Für Schnabel sind – in treuem Rückgriff auf die Position von Großmann und Scala – kluge Projekte trojanische Pferde bei der Umgestaltung von Organisationen und ihren Routinen. Wenn es gelingt, durchdachte, gesundheitsförderliche Projekte zu implementieren, die die Organisationsroutinen und Veränderungsresistenzen in Rechnung stellen, mit konkreten Indikatoren zur Stärkung von individuellen und sozialen Kompetenzen arbeiten und insbesondere vulnerable Gruppen erreichen, dann können auf individueller, familialer, organisationaler oder auch lokaler Ebene Prozesse angestoßen werden, die dazu beitragen, dass die Glücks- und Gerechtigkeitsversprechen moderner Gesellschaften näher heranrücken. Hierdurch könnten den in der Studie spannend herausgestellten systematischen Ängste der Menschen vor Veränderung produktiv begegnet und zu ihrer Überwindung beigetragen werden.

Wie das bei solchen materialreichen Büchern in der Regel der Fall ist, lassen sich auch einige Unklarheiten und Inkonsistenzen des Buchs benennen – dazu gehört sicher die unklare Perspektive auf das politische System, den Staat und die demokratietheoretischen Bezüge. Der Staat wird im Verlauf der Argumentation häufiger widersprüchlich konzeptionalisiert – mal als ermöglichender Referenzrahmen, mal als gegenüber der Wirtschaft ohnmächtiger Akteur, mal als autopoietisches Funktionssystem. Gleiches gilt für die Ökonomie – obwohl Schnabel auf Marx rekurriert, bleibt die Strukturgesetzlichkeit kapitalistischer Ökonomie äußerlich, der Neoliberalismus wird eher als böse Fehlentwicklung, denn als strukturlogische Konsequenz ökonomischer Gesetzmäßigkeiten begriffen. Auch das Verhältnis zwischen Staat, Demokratie und Kapitalismus bzw. kapitalistischer Ökonomie schwankt ein wenig. Die Argumentation hätte sicher davon profitiert, wenn andere Bezugstheorien, die das theoretische Zusammenspiel zwischen Staat, Demokratie und Ökonomie als fassen als Luhmann und Habermas, deren Gesellschaftstheorien doch stark vom Klassenkompromiss der 1970er und 1980er Jahre und dem gezähmten Kapitalismus getragen war (vgl. u. v. a. Albert 2006; Hirsch 2005; Demirović 2007, 2019; Holloway 2002). Aber ganz unabhängig von einzelnen begrifflichen und konzeptionellen Unschärfen ist aus meiner Sicht das radikale Gesamtkonzept tragfähig und liefert einen Rahmen, mit dem sich Gesellschaften auf der vergleichsweise unschuldigen Folie von Gesundheitsförderung radikal anders und radikal gerechter denken lassen. Es ist dabei eine besondere Stärke der vorliegenden Studie, dass sie den Leser und die Leserin bei aller vorhandenen Radikalkritik in ihrer Einschätzung der Gegenwartsgesellschaft nicht ratlos zurücklässt, sondern bescheidene, aber konkrete Transformationsideen vermittelt.

Peter-Ernst Schnabels Erbe und Vermächtnis

Peter-Ernst Schnabel hat, das sollte deutlich geworden sein, eine echte theoretische und praktische Gesellschaftskritik vorgelegt, die mit vielen Selbstverständlichkeiten bricht, innovative Zugänge entwickelt und die an Radikalität nicht hinter großen Namen zurücksteht. Die Idee, Gesundheitswissenschaft als eigenständige, identitätsstiftende Multidisziplin im Sinne einer Fortsetzung der kritischen Theorie mit anderen Mitteln und Gegenständen hat Schnabel konsequent und beharrlich verfolgt. Er hat ein Erbe hinterlassen, an das produktiv anzuschließen ist und an das sich auch produktiv anschließen lässt. Sicher ist sein Insistieren auf der Bedeutung der Entwicklung von Gesundheitsindikatoren zu nennen, sicher auch sein Eintreten für familiale Gesundheitsförderung vor der Krisenintervention im Sinne als Keimzelle von selbstbewussten, selbstwirksamen und emphatischen Kindern und Jugendlichen, die zu den Trägern einer auf Gesundheitsförderung programmierten Gesellschaft werden könnten. Die in diesem Zusammenhang plausible Kritik am Subsidiaritätsprinzip und von dort aus an der Gesamtkonstruktion des gesellschaftlichen Hilfesystems wäre – gemeinsam mit kritischen Vertreter*innen der Sozialen Arbeit auszuarbeiten. Dringend anzuschließen wäre an der Erforschung der individuellen Bedürfnisproduktion, die die – zugegeben höchst problematischen und normativ anspruchsvollen – Fragen nach richtigen und falschen Bedürfnissen aufgreift und die in der vorliegenden Studie immer wieder als Referenzrahmen dienen. Schließlich wäre Schnabels Idee aufzugreifen, aus den aktuell eher nebeneinander laufenden Stränge der Gesundheitswissenschaften eine echte Kooperative zu schmieden, die inter-, multi- und transdisziplinär auf der Grundlage vernünftiger Gesundheitskommunikation agiert und die Theorie und Praxis von Gesundheitsförderung im Sinne Schnabels vorantreibt. Auch wenn das der gegenwärtigen Industrialisierung der Wissenschaften klar zuwiderläuft: denkbar und auch machbar wäre es allemal.

Uwe H. Bittlingmayer

Literatur

Albert, Michael (2006): Parecon. Leben nach dem Kapitalismus. Frankfurt a. M.: Trotzdem Verlag.

Banks, James A. (2021): Diversity, Group Identity and Citizenship Education in a Global Age. In: Ullrich Bauer, Uwe H. Bittlingmayer und Albert Scherr (Hg.): Handbuch Bildungs- und Erziehungssoziologie. 2. aktualisierte und erweiterte Auflage. Wiesbaden: Springer VS, im Erscheinen.

Bär, Stefan (2016): Soziologie und Gesundheitsförderung. Einführung für Studium und Praxis. Weinheim: Beltz Juventa.

Bauer, Ullrich (2005): Das Präventionsdilemma. Potenziale schulischer Kompetenzförderung im Spiegel sozialer Polarisierung. Wiesbaden: VS Verlag für Sozialwissenschaften.

Bittlingmayer, Uwe H.; Sahrai, Diana (2014): Gesundheitsförderung und Prävention zwischen Autonomie, adaptiven Präferenzen und Expert_innenwissen. In: Bettina Schmidt (Hg.): Akzeptierende Gesundheitsförderung. Unterstützung zwischen Einmischung und Vernachläsigung. Weinheim, Basel: Beltz Juventa, S. 76–87.

Bittlingmayer, Uwe H.; Sahrai, Diana; Schnabel, Peter-Ernst (Hg.) (2009): Normativität und Public Health. Vergessene Dimensionen gesundheitlicher Ungleichheit. Wiesbaden: VS Verlag für Sozialwissenschaften.

Bittlingmayer, Uwe H.; Ziegler, Holger (2012): Public Health und das gute Leben. Der Capabilities-Approach als normatives Fundament interventionsbezogener Gesundheitswissenschaften? Berlin (WZB Discussionpaper, SP I 2012 – 301). Online verfügbar unter https://www.ssoar.info/ssoar/handle/document/46223, zuletzt geprüft am 01.04.2019.

Blechschmidt, Anja (2021): Health Literacy and Multimodal Adapted Communication. In: Saboga-Nunes, Luis A., Bittlingmayer, Uwe H., Orkan Okan und Diana Sahrai

(Hg.): New Approaches to Health Literacy. Linking Different Perspectives. Wiesbaden: Springer VS, S. 65–82.

Cruikshank, Barbara (1999): The will to empower. Democratic citizens and other subjects. 1. print. Ithaca: Cornell Univ. Press (Cornell paperbacks).

Dahms, Hans-Joachim (1994): Positivismusstreit. Die Auseinandersetzungen der Frankfurter Schule mit dem logischen Positivismus, dem amerikanischen Pragmatismus und dem kritischen Rationalismus. Frankfurt am Main: Suhrkamp (Suhrkamp-Taschenbuch Wissenschaft, 1058).

Demirović, Alex (2007): Nicos Poulantzas – Aktualität und Probleme materialistischer Staatstheorie. 2., überarb. und erw. Aufl. Münster: Westfälisches Dampfboot.

Demirović, Alex (2019): Vernunft und Emanzipation. In: Uwe H. Bittlingmayer, Alex Demirović und Tatjana Freytag (Hg.): Handbuch Kritische Theorie. Wiesbaden: Springer VS, S. 187–209.

Deppe, Hans-Ulrich (1987): Krankheit ist ohne Politik nicht heilbar. Frankfurt am Main: Suhrkamp.

Engelmann, Fabian; Halkow, Anja (2008): Der Setting-Ansatz in der Gesundheitsförderung. Konzeption, Praxis, Evidenzbasierung. Wissenschaftszentrum Berlin für Sozialforschung WZB. Berlin. Online verfügbar unter https://bibliothek.wzb.eu/pdf/2008/i08-302.pdf, zuletzt geprüft am 24.11.2020.

Faltermaier, Toni (1994): Gesundheitsbewußtsein und Gesundheitshandeln. Weinheim: Beltz Psychologie-Verl.-Union.

Foucault, Michel (1988): Die Geburt der Klinik. Eine Archäologie des ärztlichen Blicks. Frankfurt a. M.: Fischer.

Franke, Alexa (2012): Modelle von Gesundheit und Krankheit. 3., überarbeitete Auflage, 1. Nachdruck. Bern: Verlag Hans Huber.

Fromm, Erich (1955): Wege aus der kranken Gesellschaft. Eine sozialpsychologische Untersuchung. München: dtv.

Geene, Raimund (2017): Gesundheitsförderung und Frühe Hilfen. Hg. v. Nationales Zentrum Frühe Hilfen. BZgA. Köln.

Geene, Raimund (2018): Familiäre Gesundheitsförderung. In: Klaus Hurrelmann, Matthias Richter, Theodor Klotz und Stephanie Stock (Hg.): Referenzwerk Prävention und Gesundheitsförderung. Grundlagen, Konzepte und Umsetzungsstrategien. 5., vollst. überarb. Aufl. Göttingen: Hogrefe, S. 371–389.

Gerlinger, Thomas (2006): Historische Entwicklung und theoretische Perspekiven der GEsundheitssoziologie. In: Claus Wendt und Christof Wolf (Hg.): Soziologie der Gesundheit. Sonderheft der Kölner für Soziologie und Sozialpsychologie Nr. 46. Wiesbaden: VS Verlag für Sozialwissenschaften, S. 34–56.

Gerlinger, Thomas; Schmucker, Rolf (2011): 20 Jahre Public Health – 20 Jahre Politik für eine gesunde Gesellschaft? In: Thomas Schott und Claudia Hornberg (Hg.): Die Gesellschaft und ihre Gesundheit: 20 Jahre Public Health in Deutschland: Bilanz und Ausblick einer Wissenschaft. Wiesbaden: VS Verlag für Sozialwissenschaften, S. 69–83.

Gershon; David; Straub, Gail (2011): Empowerment. The art of creating your life as you want it. New York, London: Sterling Publishing.

Gomolla, Mechtild; Radkte, Frank-Olaf (2009): Institutionelle Diskriminierung. Die Herstellung ethnischer Differenz in der Schule. 3. Aufl. Wiesbaden: VS Verlag für Sozialwissenschaften.

Harsch, Stefanie; Bittlingmayer, Uwe H. (2020): State-organized Health Education in Germany – Health Literacy Promotion within Health Compromising Regulations. In: *Socialmedicinsk tidskrift* (3), S. 454–466.

Hehlmann, Thomas; Schmidt-Semisch, Henning; Schorb, Friedrich (2018): Soziologie der Gesundheit. München: UVK – UTB.

Hensen, Gregor (2011): Gesundheitsverhalten und Ungleichheit zwischen individueller Freiheit und gesellschaftlichen Implikationen. In: Peter Hensen und Christian Kölzer (Hg.): Die gesunde Gesellschaft: Sozioökonomische Perspektiven und sozialethische Herausforderungen. Wiesbaden: VS Verlag für Sozialwissenschaften, S. 207–227.

Hensen, Gregor; Hensen, Peter (Hg.) (2008): Gesundheitswesen und Sozialstaat. Gesundheitsförderung zwischen Anspruch und Wirklichkeit. Wiesbaden: VS Verl. für Sozialwiss (Gesundheit und Gesellschaft).

Herriger, Norbert (2020): Empowerment in der Sozialen Arbeit. Eine Einführung. 6., erweiterte und aktualisierte Auflage. Stuttgart: Verlag W. Kohlhammer.

Hirsch, Joachim (2005): Materialistische Staatstheorie. Transformationsprozesse des kapitalistischen Staatensystems. Hamburg: VSA-Verl.

Holloway, John (2002): Die Welt verändern, ohne die Macht zu übernehmen. Münster: Westfälisches Dampfboot.

Hurrelmann, Klaus; Richter, Matthias (2013): Gesundheits- und Medizinsoziologie. Eine Einführung in sozialwissenschaftliche Gesundheitsforschung. 8., überarbeitete Aufl. Weinheim/Basel: Beltz Juventa.

Illich, Ivan (1975): Die Enteignung der Gesundheit. „Medical Nemesis". Reinbek bei Hamburg: Rowohlt.

Kolip, Petra; Hurrelmann, Klaus; Schnabel, Peter-Ernst (Hg.) (1995): Jugend und Gesundheit. Internventionsfelder und Präventionsbereiche. Weinheim/München: Juventa.

Kratzer, Nick; Dunkel, Wolfgang; Becker, Karina; Hinrichs, Stephan (Hg.) (2011): Arbeit und Gesundheit im Konlfikt. Analysen und Ansätze für ein partizipatives Gesundheitsmanagement. Berlin: ed. Sigma.

Kroll, Lars E. (2010): Sozialer Wandel, soziale Ungleichheit und Gesundheit. Die Entwicklung sozialer und gesundheitlicher Ungleichheiten in Deutschland zwischen 1984 und 2006. Wiesbaden: Springer VS.

Kühn, Hagen (1993): Healthismus. Eine Analyse der Präventionspolitik und Gesundheitsförderung in den U.S.A. Berlin: edition sigma.

Lampert, Thomas (2020): Soziale Ungleichheit und Gesundheit. In: Oliver Razum und Petra Kolip (Hg.): Handbuch Gesundheitswissenschaften. 7., überarbeitete Auflage. Weinheim, Basel: Beltz Juventa, S. 530–559.

Lampert, Thomas; Kroll, Lars Eric; Kuntz, Benjamin; Ziese, Thomas (2011): Gesundheitliche Ungleichheit. In: Robert-Koch-Institut (Hg.): Datenreport 2011: Der Sozialbericht für Deutschland. Berlin: Bundeszentrale für politische Bildung, S. 247–258.

Lenz, Albert; Stark, Wolfgang (Hg.) (2002): Empowerment. Neue Perspektiven für psychosoziale Praxis und Organisation. Deutsche Gesellschaft für Verhaltenstherapie. Tübingen: Dgvt-Verl. (Fortschritte der Gemeindepsychologie und Gesundheitsförderung, 10).

Marcuse, Herbert (1968): Aggressivität in der gegenwärtigen Industriegesellschaft. In: Herbert Marcuse, Anatol Rapoport, Klaus Horn, Alexander Mitscherlich, Dieter Senghaas und Mihailo Marković (Hg.): Agression und Anpassung in der Industriegesellschaft. Frankfurt am Main: Suhrkamp, S. 7–29.

Marmot, Michael (2000): Social Determinants of Health. Oxford: Oxford University Press.

Mitscherlich, Alexander (1966): Krankheit als Konflikt. 2 Bände. Frankfurt am Main: Suhrkamp.

Nutbeam, Don (2000): Health literacy as a public health goal: a challenge for contemporary health education and communication strategies into the 21st century. In: *Health Promot Int* 15 (3), S. 259–267. https://doi.org/10.1093/heapro/15.3.259.

Paakkari, Leena (2015): Three Approaches to School Health Education as a Means to Higher Levels of Health Literacy. In: Venka Simovska und Patricia Mannix McNamara (Hg.): Schools for Health and Sustainability. Dordrecht: Springer Netherlands, S. 275–289.

Paakkari, Leena T.; Torppa, Minna P.; Paakkari, Olli-Pekka; Välimaa, Raili S.; Ojala, Kristiina S.A.; Tynjälä, Jorma A. (2019): Does health literacy explain the link between structural stratifiers and adolescent health? In: *European Journal of Public Health*, S. 1–6. https://doi.org/10.1093/eurpub/ckz011.

Pförtner, Timo-Kolja (2013): Armut und Gesundheit in Europa. Theoretischer Diskurs und empirische Untersuchung. Wiesbaden: Springer VS (Gesundheit und Gesellschaft).

Rosenbrock, Rolf (1998): Die Umsetzung der Ottawa Charta in Deutschland. Wissenschaftszentrum Berlin für Sozialforschung. Berlin.

Rosenbrock, Rolf; Geene, Raimund (2000): Sozial bedingte Ungleichheit von Gesundheitschancen und Gesundheitspolitik. Münster.

Schmidt, Bettina (2008): Eigenverantwortung haben immer die Anderen. Der Verantwortungsdiskurs im Gesundheitswesen. Bern: Huber.

Schmidt, Bettina (2014): Gesundheitsförderung scharf gestellt: Gesundheitsprävention. In: Bettina Schmidt (Hg.): Akzeptierende Gesundheitsförderung. Unterstützung zwischen Einmischung und Vernachlässigung. Weinheim/Basel: Beltz Juventa, S. 10–22.

Schmidt, Bettina (2017): Exklusive Gesundheit. Gesundheit als Instrument zur Sicherstellung sozialer Ordnung. Wiesbaden: Springer VS.

Schmidt, Bettina; Kolip, Petra (Hg.) (2007): Gesundheitsförderung im aktivierenden Sozialstaat. Präventionskonzepte zwischen Public Health, Eigenverantwortung und Sozialer Arbeit. Weinheim/München: Juventa.

Schmidt-Semisch, Henning; Schorb, Friedrich (2021): Einleitung: Public Health zwischen Multi-, Inter- und Transdisziplin. In: Henning Schmidt-Semisch und Friedrich Schorb (Hg.): Public Health. Disziplin – Praxis – Politik. Wiesbaden: Springer VS, S. 1–15.

Schmuhl, Hans-Walter (2004): Geschichte der Kaiser-Wilhelm-Gesellschaft im Nationalsozialismus. Das Kaiser-Wilhelm-Institut für Anthropologie, menschliche Erblehre und Eugenik 1927–1945. Göttingen: Wallstein-Verl. (Geschichte der Kaiser-Wilhelm-Gesellschaft im Nationalsozialismus, 9).

Schnabel, Peter-Ernst (1988): Krankheit und Sozialisation. Vergesellschaftung als pathogener Prozeß. Opladen: Westdeutscher Verlag.

Schnabel, Peter-Ernst (2001): Familie und Gesundheit. Bedingungen, Möglichkeiten und Konzepte der Gesundheitsförderung. Weinheim/München: Juventa.

Schnabel, Peter-Ernst (2007): Gesundheit fördern und Krankheit prävenieren. Besonderheiten, Leistungen und Potentiale aktueller Konzepte vorbeugenden Versorgungshandelns. Weinheim, München: Juventa.

Schnabel, Peter-Ernst (2009): Zur Kritik medizin-paradigmatischer Normativitäten in der aktuellen „Präventions"-Politik. In: Uwe H. Bittlingmayer, Diana Sahrai und Peter-Ernst Schnabel (Hg.): Normativität und Public Health. Vergessene Dimensionen gesundheitlicher Ungleichheit. Wiesbaden: VS Verlag für Sozialwissenschaften, S. 183–208.

Schnabel, Peter-Ernst (2013): Mit Tod und Sterben leben lernen. Ein Konzept zur Förderung von Überlebenskompetenz und Gesundheit. 1. Aufl. Weinheim: Beltz Juventa. Online verfügbar unter http://www.content-select.com/index.php?id=bib_view&ean=9783779940326.

Schnabel, Peter-Ernst (2015): Einladung zur Theoriearbeit in den Gesundheitswissenschaften. Wege, Anschlussstellen, Kompatibilitäten. Weinheim: Juventa.

Schnabel, Peter-Ernst; Bittlingmayer, Uwe H.; Sahrai, Diana (2009): Normativität und Public Health. Einleitende Bemerkungen in problempräzisierender und sensibilisierender Sicht. In: Uwe H. Bittlingmayer, Diana Sahrai und Peter-Ernst Schnabel (Hg.): Normativität und Public Health. Vergessene Dimensionen gesundheitlicher Ungleichheit. Wiesbaden: VS Verlag für Sozialwissenschaften, S. 11–43.

Schnabel, Peter-Ernst; Bödeker, Malte (2012): Gesundheitskommunikation. Weinheim, Basel: Beltz Verlagsgruppe.

Schnabel, Peter-Ernst; Wolters, Paul (2011): 16 Jahre Fakultät für Gesundheitswissenschaften an der Universität Bielefeld. In: Thomas Schott und Claudia Hornberg (Hg.): Die Gesellschaft und ihre Gesundheit. 20 Jahre Public Health in Deutschland; Bilanz und Ausblick einer Wissenschaft. 1. Aufl. Wiesbaden: VS Verl. für Sozialwiss (Gesundheit und Gesellschaft), S. 105–126.

Stöltzner, Michael; Uebel, Thomas (2006): Einleitung. In: Michael Stöltzner und Thomas Uebel (Hg.): Wiener Kreis. Hamburg: Felix Meiner Verlag, S. IX–CIV.

Tuppat, Julia (2020): Soziale Ungleichheit, Gesundheit und Bildungserfolg. Die intergenerationale Transmission von Bildungschancen durch Gesundheit. Wiesbaden: Springer VS (Gesundheit und Gesellschaft).

Universität Bielefeld, Fakultät für Gesundheitswissenschaften (2017): Wir trauern um Peter-Ernst Schnabel. Online verfügbar unter https://ekvv.uni-bielefeld.de/blog/gesnews/entry/wir_trauern_um_peter_ernst, zuletzt geprüft am 22.11.2020.

WHO (1946): Constitution of the World Health Organization. International Health Conference, New York 19 June – 22 July 1946. Signed 22 July 1946 by 61 States (Off. Rec. Wld Hlth Org., 2, 100): Entered into force on 7 April 1948. In: *American Journal of Public Health and the Nations Health* 36 (11), S. 1315–1323. https://doi.org/10.2105/AJPH.36.11.1315.

Wilkinson, Richard G. (1996): Unhealthy Societies. The Affliction of Inequality. London: Routledge.

Wilkinson, Richard G.; Marmot, Michael (2003): Social Determinants of Health. The Solid Facts. 2nd edition. WHO. Online verfügbar unter http://www.euro.who.int/__data/assets/pdf_file/0005/98438/e81384.pdf, zuletzt geprüft am 03.09.2017.

Wilkinson, Richard G.; Pickett, Kate E. (2010): The spirit level. Why equality is better for everyone. Publ. with rev. London: Penguin Books (Pinguin sociology).

World Health Organization (1986): Ottawa-Charta zur Gesundheitsförderung.

Einführung und Überblick

„Wir werden als Originale geboren,
sterben aber als Kopien."
Edward Young, englischer Dichter (1683–1756)

Es ist davon auszugehen, dass die Experten der Weltgesundheitsorganisation
(WHO) wussten, was sie taten, als sie nach rund drei Jahrhunderten der
Vernaturwissenschaftlichung der Krankenversorgung und der Medizinalisierung des
Gesundheitswesens in ihrer „Constitution" von 1946 forderten, unter Gesundheit
künftig *mehr* zu verstehen, als das bloße Freisein von Krankheit und Gebrechen,
und die uneingeschränkte Aneignung des bestmöglichen Gesundheitszustandes
zum *Naturrecht* jedes Menschen zu erklären. Anderenfalls hätten sie wohl nicht in
späteren Veröffentlichungen (u. a. WHO 1978, 1981, 1996, 2004), vor allem aber
in der bekanntesten von ihnen, der „Ottawa Charter for Health Promotion" (WHO
1986, S. 1 ff.) darauf insistiert, dass die von ihnen als „Zustand völligen *körperlichen, seelischen* und *sozialen* Wohlbefindens" definierte Gesundheit

- nicht allein durch Umerziehung und Verhaltensänderung *einzelner* Menschen
  („develop personal skills"),
- nicht ohne politische *Parteinahme* für die sozial und gesundheitlich zu kurz
  Gekommenen („advocacy") überall auf der Welt, und auch nicht hergestellt
  und aufrecht erhalten werden könne,
- ohne die *Lebensverhältnisse* („strengthen community action", „create
  supportive environments") und die Krankheitsversorgungsroutinen („reorient
  health services") gegenwärtiger Gesellschaften entscheidend zu verändern.

Weder im Hier und Jetzt noch irgendwo auf der Welt, das heißt weder in den
sozialistisch regierten Ländern mit staatskapitalistischer Wirtschaftsordnung

noch in den mehr oder weniger demokratisch regierten Industriegesellschaften, Schwellen- und Entwicklungsländern mit privatkapitalistisch organisierter Ökonomie ist ihrer Expertise zufolge „Gesundheit für alle" (WHO 1981) zur Realität geworden. Einerlei, ob staatlicherseits kontrolliert oder freiberuflich organisiert, hat man es überall mit medizinisch dominierten Versorgungssystemen zu tun, die es als ihre vordringliche Aufgabe betrachten, verschlissene Arbeitskraft bloß zu reparieren, nicht aber ihre Klienten wirklich gesund zu machen, sich um die Herstellung auskömmlichen und gesundheitsdienlichen Arbeitsvermögens zu kümmern oder in den Aufbau und die Erhaltung gesundheitsförderlicher Lebensbedingungen zu investieren.

Umso bemerkenswerter ist es, dass man sich trotz dieser bereits siebzig-jährigen und inzwischen vielfach belegten Einsichten selbst in denjenigen Ländern, in denen heute vorbeugende Gesundheitspolitik (Prävention, Gesundheitsförderung) im Sinne oder sogar im Namen der WHO betrieben wird, nach wie vor damit begnügt, Gesundheit allein durch *Umerziehung* der Menschen und/oder die technische und finanzielle Aufrüstung der Medizinsysteme herbei-zuführen. Die politisch-ökonomischen Kontexte, innerhalb deren wir gelernt haben, unserer Gesundheit relativ sorglos und im wahrsten Sinne des Wortes „zu Markte" zu tragen und den unengagierten, respektive unreflektierten Umgang der Versorger mit ihr recht eigentlich verdanken, spielen in den Gesundheitsdis-kursen der Gegenwart vielfach eine *verbale*, weit seltener jedoch als versorgungs-politisch notwendig, eine *praxisbestimmende* Rolle. Über Gesundheit wird zwar mehr geredet als früher, aber praktisch sehr wenig und oft Unsachgemäßes für ihre Herstellung und Aufrechterhaltung getan. Daran hat sich auch seit der Etablierung der noch jungen Gesundheitswissenschaften/Public Health nicht viel geändert. Ihre Vertreterinnen und Vertreter berufen sich zwar gerne auf die in der Deklaration von Alma-Ata (WHO 1978), der Ottawa Charta (WHO 1986), der Jakarta Deklaration (1996), der Bangkok Charta (WHO 2010) und weiteren einschlägigen Texten dokumentierte Gesundheitspolitik und Interventions-philosophie der WHO. In Forschung und Praxis jedoch kümmern sie sich fast ausschließlich um die medizinische Versorgung kranker Menschen und darum, wie man diese effektivieren kann.

Wie in der allgemeinen Politik haben wir uns auch in der Versorgungs-politik, die eher den Namen „Krankheitspolitik" verdient, daran gewöhnt, die bestehenden wirtschaftlichen und sozialen Verhältnisse als „alternativlos" zu betrachten. Wohl ahnend, dass Gesundheit als Naturrecht (WHO 1946, S. 1) in den meisten Gesellschaften, in denen wir heute leben, von allen Menschen zwar irgendwie angestrebt, in der durch die WHO definierten Weise jedoch nur in alternativen nicht- oder nachkapitalistischen Gesellschaften angeeignet und auf

Dauer gelebt werden kann (Wilson und Pickett 2012). In Gesellschaften, die im Unterschied zu den heute bestehenden, zwischen Menschen und Waren zu unterscheiden wissen und bereit sind, nachhaltigen Gesundheitsschutz ebenso wie eine wirksame Gesundheitsförderung als systemrelevante und öffentliche, alle anderen Bereiche gesellschaftlichen Zusammenlebens betreffende *Zukunftsaufgaben* behandeln. Nicht nur aus begriffshygienischen Gründen (Schnabel 2007, 2009; Schnabel und Bödeker 2012), sondern auch im Namen einer Gesundheit, die mehr ist als die Abwesenheit von Krankheit und Gebrechen, kommt es darauf an, sich mit der noch wenig gestellten Frage zu beschäftigen, wie eine *Gesellschaft* auszusehen hat, in der es den Menschen möglich ist, ihrer als soziopsychosomatische teilhaftig zu werden; und dies im Wissen um die Veränderungen zu bewerkstelligen, die das für die Persönlichkeitsentwicklung (Sozialisation) der Menschen, für ihre Lebensgeschichte und für ihr berufliches und privates Zusammenleben mit anderen bedeuten würde.

Die Autoren der „Ottawa Charter for Health Promotion" (WHO 1986) stellten dazu unmissverständlich fest, dass Menschen oder Menschengruppen sich auf der Suche nach der Gesundheit nicht nur mit ihrer Kompetenzbildung, sondern auch mit ihren Bedürfnissen und Wünschen und damit beschäftigen sollten, wie diese erfüllt werden können. Sie hielten es darüber hinaus aber auch für zielführend und dringend erforderlich, sich um die Veränderung des Verhältnisses der Menschen zu ihrer natürlichen Umwelt und um die Verbesserung der sozialen Lebensgrundlagen zu kümmern.[9] Gesundheit diente ihnen nicht als Lebensziel, sondern als *Ressource*. Deshalb sollten alle Bemühungen, die gesundheitliche Lage der Menschen – ohne Ansehen von Rasse, Religionszugehörigkeit, politischer Überzeugung, wirtschaftlichem und sozialem Status (WHO 1946) anzustreben[10] – darauf abzielen, die Menschen im Hinblick auf alles, was ihre Gesundheit anbetrifft, kontrollfähiger und verantwortungsbewusster zu machen, und auch auf diese Weise zu ihrer Verbesserung und Verbreitung beizutragen.[11]

---

[9]„The fundamental conditions and resources for health are: peace, shelter, education, food, income, a stable eco-system, sustainable resources, social justice, and equity" (WHO 1986, S. 1).

[10]„The enjoyment of the highest attainable standard of health is one of the fundamental rights of every human being without distinction of race, religion, political belief, economic or social condition" (WHO 1946, S. 1).

[11]„Health promotion is the process of enabling people to increase control over, and to improve their health. To reach a state of complete physical, mental and social well-being, an individual or group must be able to identify and to realize aspirations, to satisfy needs, and to change or cope with the environment. Health is, therefore, seen as a resource for everyday life, not the objective of living" (WHO 1986, S. 1).

Wir hingegen leben in Gesellschaften, in denen die Aneignung von körperlichen, seelischen und sozialen Ressourcen der Patho- und Salutogenese (Krankheits- und Gesundheitsentstehung) gesellschaftlich organisiert ist (Franke 2005; Hurrelmann 2006). Ebenso wie die Beschaffenheit und Höhe der im Lebenslauf erfahrbaren Belastungen, wird auch der Zugang zur Bildung und anderen sozial überlebensnotwendigen Ressourcen, wie zum Beispiel auch die Erreichbarkeit krankheits- und/oder gesundheitsorientierter Versorgungsdienstleitungen, nach privatwirtschaftlichen Prinzipien gesteuert. Die Verfügung über das, was uns krank macht oder uns gesund sein, respektive gesunden lässt, ist heute kaum noch an den tatsächlichen Bedürfnissen der Menschen orientiert. Sie wird weitgehend von den selbstreferenziellen Interessen der Dienstanbieter und der Einrichtungen bestimmt, in deren Namen sie tätig werden (u. a. Kühn 2004; Bauer 2006; Gerlinger und Stegmüller 2009; Remmers 2009; Schnabel 2009). Deshalb laufen Zielsetzungen wie die der Ottawa Charta zwangsläufig darauf hinaus, den anwendungswissenschaftlichen Blick von Public Health, insbesondere den der Gesundheitsförderungsforschenden, -akteurinnen und -akteure nicht nur auf den einzelnen Menschen zu richten. Analytisch wie interventionsstrategisch mindestens ebenso wichtig ist es, sich mit den Bedingungen auseinanderzusetzen, unter denen *Gesundheitsfähigkeit* im Lebenslauf entsteht und sich entwickelt (Hurrelmann 2006a; Bittlingmayer und Ziegler 2010; Schnabel und Bödeker 2012). Wer die psychosozialen Konstruktionselemente aus nachvollziehbaren, aber entstehungsanalytisch und förderungsstrategisch inakzeptablen Gründen ignoriert, wie es die konventionell praktizierende Medizin mehrheitlich immer noch tut, wird lange brauchen, um wirklich zu verstehen, wie mit den dominierenden Massenkrankheiten der Gegenwart umzugehen ist. Nicht weniger Zeit und Mühe wird aus den gleichen Gründen investiert werden müssen, um ihre Vertreterinnen und Vertreter an den Umgang mit den Gesundheitsproblemen von heute zu gewöhnen, und daran, sich zum Zweck ihrer nachhaltigen Bewältigung, nicht nur medizinischer, sondern auch nichtmedizinischer Mittel zu bedienen.

Wir haben uns in zahllosen politischen und sozialen Diskursen und Kämpfen seit dem Zeitalter der „Aufklärung"[12] und im selektiven Rückgriff auf antike Selbstverwaltungsformen darauf geeinigt, in bewusster Distanzierung von hierokratisch, tyrannisch, absolutistisch, autokratisch und/oder oligarchisch

---

[12]Von dem Aufklärer Immanuel Kant (1784) in selbstanklagender und die nicht weniger schuldigen sozialen Verhältnisse weitgehend ignorierender Manier als „Ausgang der Menschen aus dem selbstversschuldeten Gefängnis der Unfreiheit" definiert.

verwalteten nur demokratische für wahrhaft menschenwürdige Gesellschaften zu halten (Dunn 2005). Die politisch-ökonomische und soziale Realität der meisten Länder der Welt, insbesondere derjenigen mit kapitalistischer Wirtschaftsordnung, zeigt uns jedoch, dass Demokratie, heute gemeinhin verstanden als „Regierung des Volkes, für das Volk durch das Volk"[13] und ein menschenwürdiges (freies, gleiches, brüderlich/solidarisches) Zusammenleben der Menschen einiges miteinander zu tun haben, sich aber *nicht* notwendigerweise *bedingen* müssen. Demokratie als modernste, in verlustreichen Kämpfen gegen die Verteidiger vorgängiger Herrschaftsformen Ende des 18. und Anfang des 19. Jahrhunderts erstrittenes Selbstverwaltungskonzept hat im Zuge der Industrialisierung und in Konsequenz einer privatkapitalistischen Wirtschaftsordnung zwar einiges dazu beigetragen, das unsägliche Leben breiter Bevölkerungskreise zu verbessern. Die aktuellen, seit Ende des 20. Jahrhunderts heraufziehenden Krisenerscheinungen und sozialen Auseinandersetzungen in Europa und anderen Ländern der Welt machen jedoch deutlich, dass es ganz wesentlich von der *Beschaffenheit* der Demokratien und der in ihrem Namen etablierten Wirtschafts- und Sozialordnungen abhängt, ein wie großer Teil ihrer Bürger sich ein Leben leisten kann, welches das Qualitätsurteil „gut" oder „glücklich" verdient. Nicht nur die kommunistisch verwalteten und staatskapitalistisch agierenden Gesellschaften haben in dieser Hinsicht versagt. Auch die präsidial- und/oder in einer Mischung aus mehrheits- und repräsentativ-demokratischen Elementen regierten Demokratien, die im weltweiten Wettkampf der Systeme zunächst obsiegt zu haben scheinen, erweisen sich gegenwärtig kaum noch in der Lage, den Bevölkerungsmehrheiten ein objektiv hochwertiges und subjektiv befriedigendes Leben zu garantieren.

Die Hauptschuld daran trägt der inzwischen mit den Demokratien überall auf der Welt assoziierte global agierende und weitgehend deregulierte *Kapitalismus* (u. a. Crouch 2004; Habermas 2013; Piketty 2013, 2015; Streeck 2013; Rifkin 2014). Als Wirtschaftsform, die durch das Privateigentum an Produktionsmitteln und die Steuerung des Wirtschaftsgeschehens über den Markt gekennzeichnet ist, hat sie zwar dazu beigetragen, den Wohlstand ganzer Nationen (Smith 1776)

---

[13]So der US-Präsident Abraham Lincoln (1863) in seiner in diesem Kontext viel zitierten Rede anlässlich einer Totengedenkfeier auf dem Schlachtfeld von Gettysburg. Dazu muss gesagt werden, dass es sich um eine programmatische Definition, weniger um eine Zustandsbeschreibung handelt. Weder in der Vergangenheit noch in der Gegenwart der sich als demokratische verstehenden Gesellschaften ist es bis heute gelungen, diese Definition im strengen Sinne der Worte „durch das Volk, für das Volk" reale Politik werden zu lassen.

und bestimmter Stände in einer Weise zu mehren, die in den Jahrhunderten davor undenkbar gewesen wäre. Global entfesselt (neo-liberalisiert) und dabei digital unterstützt, wie sich der Kapitalismus jedoch heute darstellt, wohnt ihm eine scheinbar unaufhaltsame Tendenz inne, das Eigentum und die politische Macht in immer weniger Händen zu konzentrieren, und infolge dessen die gesellschaftlichen Belastungen und die Selbstverwirklichungschancen der Vielen derart ungleich zu verteilen, dass die dadurch hervorgerufenen Ungerechtigkeiten inzwischen auch das Unrechtsempfinden der wirtschaftlich und sozial zu kurz Gekommenen erreicht.

Die Freiheits-, Gleichheits- und Gerechtigkeitsversprechungen demokratisch regierter Gesellschaften und das, was der Privatkapitalismus an sozioökonomischen Fehlentwicklungen hervorbringt, sind in politisch kaum noch überbrückbaren *Widerspruch* zueinander geraten. Vielfach und vielerorts hat das dazu geführt, den Zustand der Systeme, die unser Privat- und Arbeitsleben organisieren, mit Formeln wie der „unpolitischen" (Michelsen und Walter 2013), der „institutionell gefrorenen" (Habermas 2013) „Akklamations-" oder „Zuschauerdemokratie" (Crouch 2004; Dunn 2005; Manin 2007) oder der „Gewaltherrschaft des Kapitalismus" (Brunkhorst 2014) zu beschreiben. Solche Formeln mögen zurzeit noch übertrieben klingen. Sie taugen jedoch, die Risiken erkennbar zu machen, die den Demokratien von heute demnächst drohen. Und die legen es allen, die sich die Verantwortung für die Zukunft der Gesellschaft nicht gänzlich aus der Hand nehmen lassen wollen, nahe, im Interesse eines „guten Lebens der Vielen" (Paech 2013; Welzer und Wiegand 2014b) über nachdemokratische und -kapitalistische Formen eines humaneren gesellschaftlichen Zusammenlebens und außerdem darüber nachzudenken, wie man dorthin gelangen könnte.

Für die großen Denker der Antike (Sokrates, Aristoteles, Epikur, Pythagoras, Lukrez, Seneca u. v. a) stand fest, dass Besitz, zumal, wenn er sich der Arbeit von Sklaven verdankte, ebenso wie Luxus und Völlerei weder glücklich machen noch die Menschen in einen Zustand versetzen, den sie als „gut" bezeichnet haben würden. Als gut galt ihnen und seit dem vielen anderen Philosophen, Gesellschafts- und Staatstheoretikern, die sich in der näheren Vergangenheit (Locke, Rousseau, Montesquieu, Tocqueville, Hamilton u. v. a) über die Zukunft der Menschheit sorgten, vielmehr ein *weises* und *bewegtes* Leben. Eines, dass die Menschen in die Lage versetzt, in tagtäglich praktizierter Achtsamkeit, Aufrichtigkeit und Selbstprüfung zu lernen und sich als Persönlichkeit bestmöglich zu vervollkommnen (Kitzler 2012, S. 40 ff.). Für die meisten von ihnen erfüllte der Traum vom guten Leben die Funktion einer regulativen Idee (Kant [1781] 1986) oder konkreten Utopie (Bloch [1947] 1985), die das Handeln der

Menschen bestimmt, ohne jemals völlige Realität, schon gar nicht die konkrete Lebenswirklich aller werden zu können. Für die überwiegende Mehrheit der Bevölkerungen in den modernen Gesellschaften verhält sich das, was sie als ein gutes oder glückliches Leben bezeichnen würden, trotz unbestreitbarer materieller und sozialer Fortschritte immer noch wie die konkrete Utopie zu derjenigen Wirklichkeit, die ihnen in Beruf und Freizeit tagtäglich begegnet.

Konkrete *Utopie* unterscheidet sich dem Sozialphilosoph und Hoffnungstheoretiker Ernst Bloch ([1947] 1985) zufolge von x-beliebigen Phantastereien auf eindeutige Weise. Letztere von ihren Kritikern gern auch als Ideologien beschimpfte erlauben es, sich alles Mögliche unabhängig von deren Verwirklichungschancen auszudenken. *Konkrete* Utopien hingegen setzen sich aus konstruktiven Zielvorstellungen, Konzepten, Planungen zusammen, die im Hier und Jetzt erdacht wurden, um systemrelevante gesellschaftliche Probleme zu lösen, und sie treten meist in Gestalt intensiv und strittig diskutierter Reformprojekte in Erscheinung, die aufgrund hoher Widerstände nicht zustande kamen oder vorübergehend gescheitert sind, ohne deshalb an *Strahlkraft* zu verlieren. Als Vision und Inbegriff dessen, was die Menschen beschäftigt, das noch nicht ist, im Blick auf die existierenden Verhältnisse in Politik, Wirtschaft und Gesellschaft aber durchaus sein könnte, treiben sie uns wie die ehedem geweckten Hoffnungen auf ein gutes, mindestens besseres Leben der *Vielen* nicht nur als Einzelmenschen ständig an, unser Bestes, gelegentlich auch mehr als das zu geben. Die von Aufständen, Revolten, Revolutionen und Konterrevolutionen durchzogene Menschheitsgeschichte wäre ohne das permanente und offenbar unaufhaltsame Drängen konkreter Utopien kaum zu verstehen. Ihre Entstehungs- und Überlebensgründe zu erkennen, ihre Triebkraft richtig einzuschätzen und konstruktiv mit ihnen umzugehen, *rettet* – wie uns die Geschichte ebenfalls zeigt – Menschenleben. Und es trägt zur *Zukunftsfähigkeit* all jener Sozialsysteme bei, die bereit und in der Lage sind, ihnen den gebührenden Respekt zu erweisen, statt sie zu diskreditieren und zu unterdrücken.

Ein oft zitierter Merksatz Artur Schopenhauers, mit dem er auf die Erlangung dessen zielte, was er „Lebensglück" genannt haben würde, lautet: „Gesundheit ist nicht alles, aber ohne Gesundheit ist alles nichts". Leider ist es bisher den Wissenschaften, auch nicht den Gesundheitswissenschaften/Public Health, gelungen, genauer herauszuarbeiten, in welcher quantitativen und qualitativen Beziehung Gesundheit zum Leben allgemein oder zu einem Leben steht, welches verdient, als ein „gutes" und/oder „glückliches" bezeichnet zu werden. Sicher ist bisher nur, dass sie in den modernen Leistungsgesellschaften, die Gesundheit verschleißen, statt sie zu fördern, zu den wichtigsten Gütern gehört, die Menschen sich herbeiwünschen und mit all den Mitteln zu verteidigen versuchen, die ihnen die Gesellschaft zur Verfügung stellt; nicht weniger, aber auch nicht mehr. Bei genauerem Hinsehen handelt es sich jedoch bei dem, was man sie zu schützen ermöglicht, um es gegen Gehalt/Lohn zum Zweck der Subsistenz-sicherung eintauschen zu können, lediglich um das *Freisein* von Krankheit und um ihre Funktionstüchtigkeit, die weit weniger ist, als das, was wir dank der Pionierarbeit der WHO-Expertinnen und Experten unter Gesundheit zu verstehen gelernt haben (Gerlinger und Stegmüller 2009; Kühn et al. 2009). Folgerichtig ist auch alles das, was man ihnen durch das Gesundheitssystem und seine Dienst-leistungen zur Verfügung stellt, primär auf die Befreiung von Krankheitsfolgen, die möglichst zügige Widerherstellung von Arbeitskraft und die vorbeugende Krankheitsverhinderung (Präventivmedizin) gerichtet.

Die *zentrale* These der Untersuchung, die in den nun folgenden neun Kapiteln vor den Lesenden ausgebreitet werden soll, lautet, dass Fragen nach dem *guten* beziehungsweise *glücklichen Leben* und danach, wie es gelebt werden könne, nur im Blick auf die Gesundheit der Menschen und die Frage nach deren Realisierung nicht ohne genaue Erforschung von *gesellschaftlichen Bedingungen* zu beantworten sind, die der Bevölkerungsmehrheit eine gerechte und nachhaltige Aneignung von Gesundheitsfähigkeit im Lebenslauf und mehr Lebensqualität ermöglichen. Infolge dessen wird sich das erste Kapitel um eine Zusammenführung von Perspektive bemühen, die sich unter den Bezeichnungen „Sozialökologie", „Humanökologie" und „Anthropologie" (Fischer 2009) mit den Einflüssen der natürlichen und der sozialen Umwelt auf die Entwicklung der menschlichen Persönlichkeit sowie mit deren Lebensgeschichte beschäftigen. Hierbei wird es vor allem darum gehen, auf theoretischer Ebene zu klären, in welcher Beziehung diese drei Bedingungskomponenten zur Konstruktion von Gesundheit und gutem Leben stehen. Im zweiten Kapitel über die Angst und Furcht soll der Frage nachgegangen werden, warum wir über Zukunftsthemen wie Demokratie, Gesundheit oder das gute oder glückliche Leben für alle immer nur reden, aber relativ wenig tun, um uns für ihre Realisierung einzusetzen. Im Zusammenhang damit wird in anthropologischer und tiefenpsychologischer Perspektive über den wichtigen Unterschied zwischen Furcht und Angst, über die gesellschaftliche Rolle der „Dompteure" der Angst in Vergangenheit und Gegen-wart und über den Einfluss zu sprechen sein, die künstlich erzeugte und aufrecht-erhaltene Furcht vor anderen und vor uns selbst auf unser politisches Verhalten ausüben. Im dritten Kapitel wird auf das komplizierte Verhältnis eingegangen, in dem Krankheit und Gesundheit im Zeitalter zivilisationsbedingter Massen-krankheiten zueinander stehen, und aus welchen Gründen bis heute keine klare begriffliche Unterscheidung zwischen ihnen und infolgedessen auch kein klarer versorgungspraktischer Umgang mit ihnen möglich ist. Daran anschließend, wird sich das vierte Kapitel in Vorbereitung auf das Fünfte über den Zusammenhang von Gesundheit und Demokratie mit dem Verhältnis von Demokratie und Kapitalismus beschäftigen. Hauptanliegen dieser argumentativen Passage wird es sein, aufzuzeigen, dass und warum Gesundheit, die wir infolge der Initiativen der WHO als soziopsychosomatische zu verstehen gelernt haben, in den kapitalistisch beherrschten Demokratien bestenfalls angedacht, aber nur in *robusten* Demokratien unter Beteiligung einer selbstverantwortungsfähigen und wirkmächtigen Bevölkerung verwirklicht werden kann. In den zahllos gewordenen Demokratien von heute und unter den Bedingungen des deregulierten Kapitalismus indes ist Gesundheit – wie es scheint – nur als ständig gefährdete und als reparierte Krankheit und Lebensglück nur als konsumperspektivisch erzeugter, seiner besonderen Beschaffenheit nach unbefriedigbarer, oft sogar süchtig machender Schein zu haben.

Ab dem *sechsten* Kapitel schließlich nimmt sich die vorliegende Untersuchung der Fragen an, was unter einem glücklichen und gesunden Leben zu verstehen ist, wie eine Gesellschaft gut und gesund lebender Menschen auszusehen hat (Kap. 7) und welche Wege hin zu dieser Gesellschaft, die noch eine konkrete Utopie und keine Realität ist, beschritten werden sollten (Kap. 8). Diese werden ganz sicher mehr und anderes sein müssen, als das, was die deutsche Bundesregierung unter dem Signum „innovative" Gesundheitsforschung vorzuschlagen hatte: individualisierte Medizin, fürsorgliche Ernährung, Gesundheitspflege und innovative Medizintechnik (Bundesregierung 2014). Und sie wird sich letztendlich (Kap. 9) mit der Frage beschäftigen, welche neuen Sensorien eine im Kern von Verlustangst derart gelähmte Bevölkerung wie die deutsche entwickeln können müsste, um die unvermeidlichen politischen, wirtschaftlichen und gesellschaftlichen Veränderungen auf dem Weg dorthin als glückliche zu empfinden. Die Untersuchung endet (Kap. 10) nicht nur mit einem Appell an alle Innovationsängstlichen. Angesprochen sollen vor allem auch diejenigen werden, die sich der Sache der Gesundheit und der Herstellung eines glücklichen Lebens für die vielen verschrieben haben und die sich mit ökonomisch orientierten Kleinkorrekturen an den bestehenden Gesellschaften nicht zufriedengeben wollen. Wer Gesundheit und Glück für viele will, muss bereit sein, über die Zukunft einer anders verfassten und funktionierenden Gesellschaft und alternative Versorgungssysteme nachzudenken, und den Mut besitzen, nicht nur sich selbst, sondern auch sie zu verändern.

Bei der Forderung nach Gesundheit und einem verbesserten, schlussendlich glücklichen Leben handelt es sich nicht um eine x-beliebige, an der gesellschaftlichen Wirklichkeit vorbeigehende, sondern um eine konkrete Utopie. Als solche ist sie nicht nur denkbar, sondern auch möglich. Sie ist jedoch keine Angelegenheit, um deren Begründung und Realisierung sich weder die Medizin noch die Sozialwissenschaften allein, sondern nur beide gemeinsam und zwar unter dem Dach der vor rund zwanzig Jahren in Deutschland etablierten Gesundheitswissenschaften/Public Health kümmern sollten. Das Buch wendet sich aber nicht nur an Lehrende und Studierende dieser an mittlerweile neun Universitäten und über zweihundert Hochschulen vertretenen Lehr- und Forschungsgebiet (Schott und Hornberg 2011), das Medizin, Soziologie, Psychologie, Epidemiologie, Ökonomie, Politologie und Pädagogik zusammenführt. Es möchte darüber hinaus auch die Vertreterinnen und Vertreter anderer Fachbereiche und die in Politik und Versorgungswesen engagierten Praktikerinnen und Praktiker dazu einladen, als Staatsdiener und Bürger der aus dem Artikel 2 des Grundgesetzes ableitbaren Aufgabe näher zu treten, die da lautet, *allen* Menschen, nicht nur einer privilegierten Minderheit, das Recht auf freie Entfaltung der Persönlichkeit zu garantieren. Dieses schließt das Recht auf Leben und damit nicht nur das Recht auf *körperliche,* sondern unter Bezugnahme auf die im Artikel 1 des gleichen Gesetzes als *Unteilbare* unter Schutz gestellte „Menschenwürde" auch das Recht auf *seelische* und *soziale* Unversehrtheit ein.

Inhaltsverzeichnis

Abbildungsverzeichnis

Tabellenverzeichnis

„Homo Oecologicus" – eine Perspektive, die Natur, Biographie und Gesellschaft zusammenbringt

„Eigentlich bin ich ganz anders,
ich komme nur so selten dazu."

Ödön Horvat, österreichisch-ungarischer Schriftsteller
(1901–1937)

Die Erkenntnis, dass sich die menschliche Persönlichkeit gerade nicht durch Abkapselung und Vereinzelung (Individualisierung), sondern nur durch Annäherung und im permanenten Austausch mit den Subjekten und Objekten seiner natürlichen und sozialen Umwelt zu denjenigen Graden mehr oder weniger ausgeprägter Einzigartigkeit entwickelt, die wir *Persönlichkeit* nennen, ist uralt; so alt wie die Philosophie, die sich mit dem Sinn des Lebens und der Stellung des Menschen in der Welt beschäftigt.

- Ferner haben wir dazugelernt, dass der Mensch nicht nur in der ständigen Interaktion mit anderen und der Natur, sondern darüber hinaus mit sich selbst, insbesondere mit einer Instanz hinzugewinnt, die der österreichische Tiefenpsychologe Sigmund Freud (1923) als „Über-Ich" (die Gesellschaft in uns) und der Nestor des US-amerikanischen Sozialbehaviorismus George Herbert Mead (1943) etwas versöhnlicher als generalisierten Anderen („generalized other") bezeichnet haben.
- Fast zeitgleich gelang es der philosophisch ambitionierten Anthropologie herauszuarbeiten, dass es zur naturgegebenen Grundausstattung jedes Menschen gehört, sich vom biophysiologisch getriebenen *Natur-*, zu einem als solchem überhaupt erst handlungs- und überlebensfähigen *Kulturwesen* weiterzuentwickeln (Gehlen 1928; Plessner 1940).

© Springer Fachmedien Wiesbaden GmbH, ein Teil von Springer Nature 2022
P.-E. Schnabel, *Soziopsychosomatische Gesundheit, robuste Demokratie,*
Suffizienzökonomie und das „glückliche" Leben, Gesundheit und Gesellschaft,
https://doi.org/10.1007/978-3-658-17810-9_1

- Wenig später überzeugte die Sozialisationsforschung zunächst in den USA (Mead 1943; Erikson 1959; Goffman 1967 u. v. a.) und seit den 1960er-Jahren auch in Deutschland (z. B. Claessens 1962; Geulen 1971; Hurrelmann 1980; Habermas 1981a) mit der analytisch inzwischen bewährten und vielfach praktisch gewordenen Entdeckung, dass sich die Entwicklung zur menschlichen Persönlichkeit über mehrere *Phasen* (primäre, sekundäre) und Stadien (individuelle und soziale, situative, transsituative, biographische Identität) verläuft und durch *Instanzen* organisiert wird, zu deren wichtigsten Aufgaben es nach Einsicht des Struktur- bzw. Systemfunktionalismus US-amerikanischer Provenienz (Merton 1949; Parsons 1952) gehört, das originäre Unabhängigkeitsstreben der Einzelnen und gesellschaftliche Anpassungserfordernisse miteinander in *Einklang* zu bringen.
- Die darauf aufbauende, wesentlich in Deutschland entwickelte und den US-amerikanischen Funktionalismus entscheidend revidierende Systemtheorie (Luhmann 1984) hat uns nicht nur darüber aufgeklärt, dass die Instanzen, die die Prozesse der Persönlichkeitsentwicklung vor allem im Interesse der Aufrechterhaltung der Gesellschaft steuern und kontrollieren, *Selbstbehauptungsimperativen* folgen, die sich von den Motiven und Verhaltensweisen ihrer Mitglieder unterscheiden.
- Mit der verbalen und non-verbalen (para-verbalen, extra-verbalen) *Kommunikation* der Menschen mit sich und anderen wurde schließlich das allgegenwärtige Movens entdeckt und die Prozesse beschreib- und beeinflussbar gemacht, die die Entwicklung der menschlichen Persönlichkeit als lebenslanges Lernen unter mehr oder weniger selbstbestimmten Bedingungen in Gang halten (Watzlawick et al. 1996).
- Sie kann, so die noch spätere Erkenntnis, je nach den genetischen Voraussetzungen, die die Einzelnen mit sich bringen, den von ihnen im Lebenslauf erworbenen Fähigkeiten sowie den Rahmenbedingungen, unter denen sich der Lernprozess vollzieht, gelingen oder misslingen, und trägt ganz wesentlich dazu bei, ob dieses Geschehen in *patho-* (Schnabel 1988) oder *salutogenen* (Antonovsky 1987, 1992; Hurrelmann 1988) Bahnen verläuft.
- Schon Ende des vergangenen Jahrhunderts hatte der US-amerikanische Psychologe Urie Bronfenbrenner (1979) mit seiner *Sozialökologie* der menschlichen Entwicklung die Scientific Community auf die inzwischen nicht mehr bestrittene Bedeutung hingewiesen, die der Austausch mit der sozialen und natürlichen Umwelt insbesondere den von dort stammenden Herausforderungen und den durch beide zur Verfügung gestellten Ressourcen und Chancen für die Qualität der Persönlichkeitsentwicklung besitzt.

- Erst kürzlich (Tretter 2008) ist dieser Ansatz aus *systemtheoretischer* und *ökologischer* Perspektive wieder aufgenommen worden, um der ganzen Komplexität des Entwicklungsgeschehens gerecht zu werden.

Eben dieser verdient es, neben der Sozialökologie Bronfenbrenners und der modernen Sozialanthropologie einleitend auf seine Tauglichkeit für die Beantwortung der im vorliegenden Buch gestellten Fragen hin untersucht zu werden: wie ein glückliches und nicht zuletzt auch gesundes Leben beschaffen sein und was auf subjektiver und objektiver Ebene geschehen muss, um es als individuelle Erfahrung und kollektiven Zustand Wirklichkeit werden zu lassen.

1.1   Sozialökologie der Persönlichkeitsgenese

Die überaus einflussreichen theoretischen und empirischen Entdeckungen des US-amerikanischen Psychologen russischer Herkunft, Urie Bronfenbrenner ([1979] 1981), fallen in eine Zeit, in der die mit chronischen *Integrationsproblemen* befassten nordamerikanischen Einwanderungsgesellschaften die Rolle junger Heranwachsender für die Aufrechterhaltung der sozialen Ordnung und des inneren Friedens wichtig zu werden begann. Bis in die Politik der damaligen Johnson-Regierung hinein wurde verstanden, wie familiäre Armut, bildungsbedingte Deprivation und gesundheitliche Unterversorgung deren Integrationsfähigkeit und -bereitschaft beeinträchtigte, und es wurden erstmalig unter dem Namen „Head Start" (seit 1965) eine heute immer noch aktive Flut von Armutsprogrammen entwickelt, um derartige Defizite zu kompensieren. Bronfenbrenner hat diese Programme mitinitiiert, hat ihnen mit seiner Theorie vom Einfluss sozialer Systeme, insbes. der Familie und der Schule auf die Sozialisation von Kindern und Jugendlichen eine konzeptionell entscheidende Richtung gewiesen und in zahlreichen gut evaluierten nationalen und internationalen Projekten (u. a. Bronfenbrenner [1979] 1981, 1992) den Beweis für die Funktionstüchtigkeit seines Ansatzes angetreten.

   In seiner Theorie über den Einfluss ökologischer Systeme auf die Persönlichkeitsentwicklung junger Menschen (Bronfenbrenner [1979] 1981) geraten die bis dahin von (Sozial-)Psychologie und Pädagogik fokussierten Beziehungen zwischen elterlichen Bezugspersonen und Kindern, Lehrern und Schülern zwar nicht aus dem Blick. Nach Bronfenbrenner agieren aber beide Seiten *nicht* völlig *frei*, sondern stehen in dem, was sie denken und entscheiden, was sie tun, sich gegenseitig antun oder unterlassen, unter dem Einfluss von *Systemen* unterschiedlicher personeller Zusammensetzung und Funktionalität, die sich anders verhalten, als die Personen, die innerhalb ihrer als *Mitglieder,* Rollen- und Funktionsträger interagieren. Für Systeme wie die Familie, den Freundeskreis, die Schule, die heimatliche Kommune, das Krankenhaus oder Betriebe steht an erster Stelle, sich durch die systemstabilisierende Kommunikation und Kooperation ihrer Mitglieder *am Leben* zu erhalten. Was den Selbsterhaltungsinteressen interagierender oder sie umgebender Systeme wie der Gesellschaft oder dem Staat und der in seinem Auftrag handelnden Organen zuwider läuft, wird je nach der Schwere der Verstöße *geahndet,* das heißt, mindestens diskreditiert oder unter Strafe gestellt.

Wer also der Theorie zufolge *verstehen* will, wie sich Menschen im Austausch von Informationen und im Vollzug wechselwirksam aufeinander bezogener Lernprozesse tatsächlich verhalten, und darüber hinaus den Anspruch erhebt, sie auf erzieherischem Wege nachhaltig zu *verändern* (verbessern), muss nicht nur einschätzen können, dass, warum und mit welchen Folgen sich die Sender und Empfänger pädagogischer Botschaften nur selten autonom, sondern weitaus häufiger *kontextabhängig* verhalten. Er muss außerdem berücksichtigen, dass beide zur gleichen Zeit Mitglieder und Funktionsträger verschiedener Systeme mit unterschiedlichen Aufgaben sind, die deshalb *verschiedenen* Selbstbehauptungsdirektiven folgen, und sich in ihrem Einfluss auf das tagtägliche Verhalten höchst unterschiedlich, oft sogar *widersprüchlich* auswirken können. Bemerkenswert ist ferner, dass Sozialisanden und Sozialisationsagenten[1] im Lebenslauf *mehrere,* aufeinander folgende Systeme durchlaufen, während sie dem Einfluss anderer, wie z. B. der Familie fast *durchgängig* unterliegen, und

---

[1] Mit „Sozialisanden" und „Sozialisationsagenten" bezeichnet die Sozialisationsforschung die sich gegenseitig beeinflussenden, innerhalb des Sozialisationsgeschehens wechselweise als Objekte und Subjekte in Aktion tretende Personen oder Personengruppen. Unter „Sozialisation" wird die Gesamtheit aller im kommunikativen Austausch mit der sozialen und materialen Umwelt durchlaufenen Lern- und Erfahrungsaneignungsprozesse verstanden, aufgrund deren sich der Menschen zur mehr oder weniger originären und selbstbestimmungsfähigen Persönlichkeit entwickeln (Hurrelmann 2002). Sozialisation unterscheidet sich von „Erziehung", die als eine zielmittel-kontrollierte Beeinflussung von mehr oder weniger Abhängigen bezeichnet werden kann, vor allem dadurch, dass in ihr indirektes und zufälliges Lernen eine hervorstechende Rolle spielen, um das sich im Lebenslauf unterschiedliche Systeme („Sozialisationsinstanzen") im gesellschaftlichen Auftrag oder mit gesellschaftlicher Billigung kümmern. Ihre tatsächlichen oder vermeintlichen Effekte sind Gegenstand vielfältiger öffentlicher (politischer, wissenschaftlicher) Diskurse, aber eine systematische Ergebniskontrolle ihrer zumeist offenen Resultate findet aus den unterschiedlichsten, meist handwerklich-methodischen oder politisch-ideologischen Gründen kaum statt.

sie tun dies in unterschiedlichen *Rollen* und *Abhängigkeiten,* je nachdem, ob
sie dabei als Kinder ihrer Eltern, später dann als Eltern ihrer Kinder oder deren
Großeltern, als Schüler und später selbst als Lehrer, als Lehrlinge und in der
Folge als Meister und/oder vorgesetzte Manager fungieren. Diesem komplexen
Gegen- und Miteinander entsprechend, besteht Bronfenbrenner ([1979] 1981)
in seinen theoretischen Überlegungen darauf, zunächst vier, später fünf System-
varianten voneinander zu unterscheiden, die die Heranwachsenden und ihren
Prozess der Persönlichkeitsgenese wie Satelliten oder *Einflusssphären* unter-
schiedlicher Beschaffenheit und Wirkungsstärke ein Leben lang begleiten.

Das *Mikrosystem* ökologischer Einflussnahme setzt sich aus Instanzen
zusammen, die das Leben der Heranwachsenden wie die Familie, die Nachbarschaft, die Glaubensgemeinschaft, den Freundeskreis direkt und *regelmäßig* beeinflussen. Dabei geht es um die Entstehung, den Austausch und die Einwirkung von
Beziehungsmustern, Rollen und Verhaltenserwartungen in bestimmten „face-
to-face"-Situationen mit spezifischen materiellen und physikalischen Entitäten,
einschließlich anderer Menschen, die gleiche oder verschiedene Glaubenssysteme,
Temperamente und Lebenswege mit ihnen teilen. Mikrosysteme und ihre Mitglieder stehen den sich entwickelnden Individuen am *nächsten* und üben den
direktesten und stärksten Einfluss aus, sind aber immer auch dem direkten Einfluss derer unterworfen, mit denen sie interagieren. Darüber hinaus werden sie in
ihrem Wirken von den Funktionserwartungen anderer Systeme beeinflusst, denen
sie selber als ehemalige (Kinder der Herkunftsfamilie) oder gleichzeitige Mitglieder (z. B. als Eltern in der eigenen Familie, als Arbeitstätige und/oder Mitglieder
von Freundschaftszirkeln usw.) angehören. Je nachdem, wie liebevoll, zuwendig,
bindungsfähig Eltern mit Ihren Kindern umgehen – so die dahinterstehende und
in Nachfolgeprojekten (Underdown 2006; Shaffer 2008; Santrock 2011) belegte
Vermutung – zu umso selbstbestimmteren, selbstwirksamkeitsüberzeugteren und
widerstandsfähigeren (resilienteren) Persönlichkeiten werden die Heranwachsenden
sich entwickeln.

Voraussetzung für eine derart positive Karriere ist allerdings, dass die Sozialisanden auf der Ebene der *Mesosysteme,* der zweiten von fünf, die Bronfenbrenner
unterscheidet, mit so wenig kontrafaktischen Erfahrungen wie möglich
konfrontiert werden. Auf ihr werden die Sozialisationsimpulse und -inputs wirksam, die die Heranwachsenden und deren Bezugspersonen aufgrund ihrer gleich-
zeitigen Mitgliedschaften in parallel existierenden Systemen wie der Familie,
dem Kindergarten, der Schule, der Klinik und/oder dem Arbeitsplatz empfangen.
Bislang hatten sich – so Bronfenbrenners Beobachtungen – Forschung und
Pädagogik nur um die zwischen den Sozialisanden und den einzelnen Systemen
bestehenden bilateralen Beziehungen gekümmert. Stattdessen hielt er es im

Interesse eines klareren Verständnisses und eines treffsicheren pädagogischen Eingreifens für wichtig, sich auch um die Beziehung der Eltern, um deren Erfahrungen am Arbeitsplatz sowie um die unmittelbaren, mittel- und längerfristigen Rückwirkungen dieser Erfahrungen auf das Familienleben und auf das Verhalten der Kinder in Schule und Familie zu beschäftigen.

Im *Exosystem* verortet Bronfenbrenner Instanzen und Ereignisse, mit denen Kinder und Jugendliche nicht unmittelbar zu tun haben, die aber dennoch dasjenige, was ihnen im Alltag an günstigen oder ungünstigen Erfahrungen widerfährt, massiv beeinflussen. Wenn der Haupternährer einer Familie seine Arbeit verliert, dann wird das zwangsläufig das Zusammenleben in der Familie, bei langfristiger Arbeitslosigkeit sogar die Gewohnheiten und den Lebensstil und damit auf indirekte Weise auch die Verhältnisse und das Verhalten der Bezugspersonen in den anderen Mikro- (z. B. Freundeskreis, Verein) und Mesosystemen (z. B. Schule, Arbeitsplatz) berühren, an denen die Heranwachsenden normalerweise partizipieren. Als besonders erschwerend (belastend) kommt hinzu, dass es sich dabei um Auswirkungen handelt, für die diese keinerlei Verantwortung tragen, und an denen sie selbst nur sehr wenig ändern können. Das Gegenteil, zum Beispiel ein beruflicher Aufstieg des Haupternährers oder eine anders bedingte materielle und/oder soziale Verbesserung, schulischer oder sportlicher Erfolg der Kinder, können zu Gewinneffekten in der Familie, der Schule und/oder unter Freunden führen. Sie können aber auch für alle Betroffenen oder einzelne Beteiligte Veränderungen mit sich bringen, die mit gewohnten oder lieb gewonnen Routinen verhaltenswirksam konfligieren und den Entwicklungsprozess mehr oder weniger empfindlich stören.

Das *Makrosystem* repräsentiert die äußerste, von den Heranwachsenden am weitesten entfernte Ebene (Schicht) der Bronfenbrennerschen Theorie ökologischer Systemwirkungen. In ihm sammelt sich und wird all dasjenige effektiv, was gemeinhin als *Kultur* bezeichnet wird. Die Art und Weise, wie auf dieser Ebene von den dafür verantwortlichen Instanzen über die Handhabung wissenschaftlicher, wirtschaftlicher oder (versorgungs-)politischer Aufgaben und Probleme entschieden wird, hat selbstredenden Einfluss darauf, was in Familien, aber auch Kindergärten, Schulen und bei der Arbeit geschieht. Dies gilt für positive Effekte, wie die Entscheidung des Staates und/oder der Tarifparteien, die arbeitende Bevölkerung menschenwürdig zu entlohnen oder Kinder und ihre Eltern mit Impf- und anderen medizinischen Versorgungsprogrammen zu versorgen, die funktionieren, ebenso wie für das Gegenteil. Beides kann durch Heranwachsende bis zur Volljährigkeit überhaupt nicht und für die Erwachsenen nur durch turnusgemäße Wahlen und/oder parteipolitisches Engagement beeinflusst werden.

Längs zu den mikro- meso-, exo- und makrosystemischen verlaufen diejenigen Effekte, die Bronfenbrenner dem von ihm sogenannten *Chronosystem*
zuschreibt. Dabei geht es nicht um neue oder andersartige, sondern um die bereits
angesprochenen Instanzen, die sich im Laufe der Lebenszeit verändern. So zum
Beispiel die Familie, die sich von der Herkunfts-, zur eigenen und zur Zukunfts-
familie der eigenen Kinder entwickelt, oder die Schule, die sich von der Grund-,
zur Haupt- und Realschule oder zum Gymnasium wandeln kann. Wie sie innerhalb der verschiedenen Aggregatzustände interagieren und wie die Systeme oder
Settings das Fortschreiten von einer Entwicklungsstufe zur nächsten – beginnend
bei der Erziehung durch die Familie, gefolgt von der Ausbildung in Kindergärten
und Schulen, dem Eintritt in Berufsleben und Elterndasein, dem Ausscheiden aus
dem Beruf und bis ins höhere Alter – organisieren, hat einen entscheidenden Einfluss auf die Qualität des Sozialisationsgeschehens und seiner Resultate. Wobei
die dafür entscheidenden Impulse sowohl von den Individuen selber, das heißt,
durch die von ihnen angeeigneten Erfahrungen, als auch von außen, durch die
verschiedenen, an der Sozialisation beteiligten Systeme, deren Funktionsträger
sowie die Denk- und Verhaltensroutinen stammen können, die letztere für richtig
und wichtig halten.

Insgesamt ist Bronfenbrenners Sozialökologie, insbes. die damit verbundene Aufforderung, sich nicht nur um die innerhalb des Sozialisations-
prozesses interagierenden Einzelpersonen, sondern darüber hinaus auch um die
sich gleichzeitig überschneidenden oder ablösenden Einflüsse mehrerer in das
Gesamtgeschehen involvierter und miteinander interagierender Systeme auf
das Verhalten von Sozialisationsagenten und Sozialisanden zu kümmern, weg-
weisend für Jugendforschung überall auf der Welt geworden. Die Entwicklung
von Heranwachsenden wird, so kann zusammenfassend und im Unterschied zum
Wissensstand *vor* Bronfenbrenner festgehalten werden, nicht allein von den Dispositionen der Sozialisanden bestimmt werden, noch ist sie durch exogene Einflüsse komplett zu erklären oder zu kontrollieren. Der Mensch ist Produzent
und Produkt seiner eigenen Umgebung und seines Werdens, wobei Person und
Umwelt ein kompliziertes Flechtwerk interdependenter Beziehungen miteinander
eingehen (Bronfenbrenner [1979] 1981).

Längere Zeit hielt sich auch für die von ihm propagierte und den Schluss-
folgerungen der Freudschen Tiefenpsychologie nicht unähnliche Erkenntnis über die außerordentliche Bedeutung der primären, hauptsächlich familiär
organisierten Sozialisation für die Persönlichkeitsentwicklung junger Menschen.
Dies wurde allerdings im Laufe der Jahre unter dem Einfluss einer sich aus-
differenzierenden Therapieszene und empirischer Forschungsergebnisse ebenso
zurück genommen, wie die Überzeugung des Begründers der Psychoanalyse,

dass Defizite innerhalb dieser Phase in darauf folgenden Etappen kaum noch ausgeglichen werden können. Im Hinblick auf die uns hier besonders interessierende
Frage nach den Herstellungs- und Aufrechterhaltungsbedingungen *glücklichen*
Lebens gilt jedoch die immer noch zutreffende Erkenntnis, dass die Effekte der in
und an der Sozialisation beteiligten Systeme erbrachten Leistungen aufeinander
aufbauen, und dass Versäumnisse vorgängiger auf den danach folgenden Stufen
der Persönlichkeitsgenese umso schwerer zu korrigieren sind, in je späterem
Lebensalter die dazu nötigen Interventionen vorgenommen werden.

1.2   Human-ökologische Modellierung eines biographisch variierenden Menschenbilds

Die Anfang des vergangenen Jahrhunderts gegründete und wegen ihrer Problem-
orientierung,   Praxisnähe   und   besonderen   Forschungsmethodik   berühmte
„Chicago School of Sociology" (Bulmer 1984), der sich Bronfenbrenner und
seine Mitarbeiter verbunden fühlten, wird auch von den Vertretern einer anderen
Forscherinnen- und Forschergruppe als historisch wichtige Initialzündung
angesehen, die seit Ende des vergangenen Jahrhunderts unter der Bezeichnung
„Humanökologie" firmiert. Ihr Ziel ist es, *Natur-* und *Sozialwissenschaften* im
Interesse einer möglichst präzisen Erforschung der Dreiecksbeziehung zwischen
Mensch, sozialer und natürlicher Umwelt zusammenzubringen (Serbser 2004).
Stärker und im Zeichen aktueller politischer Diskurse untersuchen sie die
Wirkungen der *natürlichen* Umwelt auf die Entwicklung menschlichen Handelns,
die Bronfenbrenner und seine Mitarbeiter zwar nicht übersehen, aber nur als eine
unter mehreren Determinanten der Persönlichkeitsgenese bearbeitet haben. Es ist
deshalb kein Zufall, dass der humanökologische Ansatz neben der Anthropologie
(Wissenschaft vom sich entwickelnden Menschen) und der Sozialökologie (vgl.
Abschn. 1.1 der vorliegenden Untersuchung) vor allem für die Geoökologie, die
Sozial-, insbes. die Stadt- und Landschaftsplanung, für die Klima- und Umweltforschung wichtig geworden ist. Auch für die moderne *Medizin,* seit dem ausgehenden Mittelalter ein Erkenntnis- und/oder Handlungsfeld mit zunehmend
mathematisch-naturwissenschaftlicher Ausrichtung, beginnt sie als Brücken-
perspektive zwischen Natur- und Sozialwissenschaften interessant zu werden.
Der überwiegend biologisch, zellular und/oder molekular orientierten Medizin,
die in den zurückliegenden Jahrzehnten nicht nur durch die Erkenntnisse der Ver-
sorgungswissenschaften, sondern auch von Patienten- resp. Konsumentenseite
unter selbstreflexiven Druck geraten ist, hilft sie unter Einbeziehung system-
analytischer Erkenntnisse, Patho- und Salutogenese in ihren ökosystemischen

Zusammenhängen besser zu verstehen als bisher und mit ihnen auf präventive und/oder therapeutisch innovative Weise umzugehen (Tretter 2008).

Um dieses zu erreichen, setzt sich der österreichische Psychologe und Psychiater Felix Tretter (2004) dafür ein, das biopsychosoziale Menschenbild der diagnostizierenden und therapierenden Medizin, von dem er behauptet, dass es das biophysiologische und nach ihm das psychosoziale der 1960er- und 1970er-Jahre abgelöst habe, durch ein *ökosystemisches* Menschenbild zu ersetzen. Dabei handelt es sich um ein analytisches, sich in lebenslangen zirkulären Wechselwirkungen zwischen dem Menschen als biopsychosozialem Organismus und der sozialen und materialen Umwelt fortentwickelndes Konstrukt, dessen Kern von etwas gebildet wird, dass er als „Umwelt- Beziehungshaushalt" bezeichnet. Er muss im Interesse erfolgreichen kurativen und präventiven Handelns in größtmögliche Übereinstimmung mit den tatsächlich ablaufenden Prozessen der Persönlichkeitsgenese gebracht werden, um zu funktionieren. Dieses von Tretter als *Modellierung* vorgestellte Annäherungsgeschehen kann seiner Meinung nach von den klassischen Monodisziplinen wie der Biologie, Psychologie, der Soziologie oder Ökonomie allein nicht geleistet werden, weil deren Ehrgeiz darin bestand und immer noch besteht, mit den Genen, dem Gehirn, der sozialen Lage oder dem monetären Nutzen das *alleinige* Element entdeckt zu haben, welches den Umwelt-Beziehungshaushalt steuert. Ein realitätsnäheres Modell hingegen kann seiner Meinung nach nur durch einen interdisziplinär kommunizierenden und kooperierenden Verbund von Wissenschaftlerinnen bzw. Wissenschaftlern erarbeitet werden. Von Personen, die sich zuvor allerdings darauf verständigen müssen, die unterkomplexen Sichtweisen der bisher am Erkenntnisgeschehen partizipierenden Einzelwissenschaften durch eine systemische zu ersetzen, die sich auf die komplexen Wechselwirkungseffekte zwischen Mensch und Umwelt einlässt, statt sie auf verfälschende Weise zu reduzieren (Tretter und Simon 2011). Für sie müsse der „homo oecologicus" statt des Homo „politicus", „sociologicus" oder „oeconomicus" zum Modell werden, der immer und überall in beiden, sowohl mit mathematischen als auch mit sozialwissenschaftlichen Methoden beschreibbaren Umwelten und den sie konstituierenden Systemen zu Hause ist.

Die theoretische „Humanökologie", die eben diesen Perspektivwechsel bewerkstelligen können soll, orientiert sich an der quantitativ und qualitativ argumentierenden Soziologie (hier auch an der Sozialökologie Bronfenbrenners), insbesondere an der sozialwissenschaftlichen Systemtheorie (Luhmann 1984). Letztere scheint sich zwar der Mathematisierung zu widersetzen, zu der Tretter mit Rücksicht auf die wissenschaftlichen Selbstdarstellungsgewohnheiten sowohl der Klima- und Umweltforschung als auch der Biomedizin eine

Brücke schlagen möchte. In den skeptischen Betrachtungen Luhmanns (1986) über die ökologischen Diskurse der Moderne, in denen er die Umwelt aus kommunikationstheoretischer Sicht, nicht als ureigene oder gar der Gesellschaft entgegengesetzten Entität, sondern als bewältigungsnotwendige Irritation oder Herausforderung sozialer Systeme betrachtet, sehen Tretter und Kollegen jedoch eine Chance, zwischen den Denkansätzen zu vermitteln. Als Humanökologie „konzeptualisiert sie [P.-E. S.] sozialökologische Systeme in einem globalen, allgemeinen Begriffsrahmen als Systeme mit den Elementen ‚Mensch' und ‚Umwelt' und ihren Interaktionsbeziehungen und wendet sie auf regionale und sektorale Problemfelder an" (Tretter und Simon 2011, S. 68).

Wie und mit welchen Konsequenzen das geschehen kann, hat Tretter selbst nicht nur für die Umweltmedizin und die klinische Forschung, sondern auch in anderen Problemfeldern untersucht, von denen die folgenden drei (Entstehung und Behandlung der Sucht, die Folgen mangelnder Bindungsfähigkeit und ihre Kompensation, gesundheitsorientiertes Risikomanagement) trotz ihrer Unterschiedlichkeit erhebliche Bedeutung für die Beantwortung der Frage nach den Konstruktionsbedingungen guten Lebens besitzen. Den meisten der gegenwärtig mit biopsychosozialen Modellierungen arbeitenden Wissenschaftlern und Praktikern stellt sich zum Beispiel das *Suchtphänomen* als Ergebnis spezieller biologisch ($\rightarrow$ Genetik), psychologisch ($\rightarrow$ Emotionalität) und soziologisch ($\rightarrow$ Arbeitsverhältnisse, Lebensstil) bestimmbarer Bedingungsfaktoren dar. Wenig beachtet wird von ihnen, die Tretter (2009) deshalb kritisiert,

- wie sich diese verschiedenen Determinanten untereinander beeinflussen,
- wie sie sich als Einzelne und als in Wechselbeziehung miteinander stehende im Lebenslauf verändern und
- wie sie als derart variierende auf die Süchtigen und deren Umwelten zurückwirken.

Eben das aber leistet die ökosystemisch und biographisch ausgerichtete verstehende *Suchttherapie*. Sie geht davon aus, dass ein Trinker von seiner *Umwelt* umso mehr kritisiert wird, je mehr er trinkt, und dass er umso mehr trinkt, je mehr er seines Verhaltens wegen kritisiert, diskreditiert und sanktioniert wird. Dazu kommen biochemische (je mehr einer trinkt, umso mehr verträgt er, und je mehr er verträgt, umso mehr muss er trinken) und psychische (je mehr er trinkt, umso mehr Stress erfährt er, und je mehr Stress er erfährt, umso mehr betrinkt er sich) *Anpassungsprozesse*. Schließlich wird das Umfeld von den Süchtigen nur noch provoziert, um den Stress zu erfahren, den sie brauchen, um sowohl den Alkoholkonsum, als auch dessen permanente Steigerung gegenüber sich selbst zu *rechtfertigen*. Einen Konsum, der ihnen außerdem dabei hilft, die *Scham* zu *unterdrücken*, die sie dem persönlichen und/oder gesellschaftlichen Schaden gegenüber empfinden, der durch ihr Verhalten verursacht wird. Suchtverstärkend wirken ferner die *Gelegenheitsstrukturen*, die aufgesucht, ggf. hergestellt werden müssen, um den Nachschub auf möglichst unauffällige Weise zu sichern, die sozialen (Konflikte, Trennungen) und materiellen (Arbeitsplatzverlust) *Folgen* ihres Tuns und die sozialisationsabhängige Stärke der *Persönlichkeit*, die – soweit die Forschung heute weiß (Walter et al. 2007) – mit der Bereitschaft korreliert, belastende Lebensereignisse proaktiv, mit Unterstützung anderer und/oder unter Zuhilfenahme psychotroper Substanzen zu verarbeiten. Unter Berücksichtigung dieser verschiedenen, ihre Wirkungen im Lebenslauf verändernden „Trajektoren" (Karriereverläufe) lassen sich bestimmte Suchttypen identifizieren, die sich nicht wie Trivialsysteme nach dem „input–output" Modus verhalten und sich trotzdem erfolgreich behandeln lassen (Tretter 2009, S. 79 ff.). Vielmehr muss es den Therapeuten nach dem Vorbild der längst schon auf diese Weise agierenden systemischen Familientherapie gelingen, in Zusammenarbeit mit den Süchtigen, ihren Familien und den Repräsentanten anderer zeitgleich bedeutsamer Bezugssysteme eine psychische „Landkarte" von der jeweils aktuellen Welt des psychisch Kranken und deren besonderer Entstehungsgeschichte zu entwerfen. Ist dies geschehen, gilt es sodann, ein angemessenes Netzwerk kompetenter individual und sozialtherapeutischer Fachleute zusammen zu stellen und mit ihrer Hilfe die bestehenden Probleme in gleichzeitiger und/oder chronologisch aufeinander abgestimmter Weise, aber ohne Hoffnung auf totale Heilung abzuarbeiten.

Auf die Bedeutung der ökosystemisch organisierten Frühphase der Persönlichkeitsentwicklung für die Entstehung und Abwendung psychosomatischer Krankheitskarrieren hat Tretter (2000) an anderer Stelle hingewiesen, wo er sich mit der Brauchbarkeit der Erkenntnisse der sogenannten *Bindungsforschung* für eine ökosystemisch argumentierende Theorie der Medizin beschäftigte. Den biopsychosalutogenen Vorteil, als Säugling und Kleinkind liebevolle und zärtliche Bindungen zu den elterlichen, vor allem mütterlichen Bezugspersonen erfahren und verarbeiten zu können, setzt nicht nur aufseiten der Heranwachsenden die lernende Aneignung von Fähigkeiten voraus, zu eben diesen Bezugspersonen (Ur-)Vertrauen fassen und ihnen gegenüber Bindungsfähigkeit aufwenden zu können. Auch deren Bezugspersonen müssen zuvor in der Lage gewesen sein, unter Nutzung entsprechender Angebote aus den sie lebensgeschichtlich begleitenden familiären, verwandtschaftlichen, schulischen, freundschaftlichen, arbeitskollegialen und anderen systemischen Kontexten zu Persönlichkeiten heranzureifen, die ihrerseits bereit und in der Lage waren, sich gegenüber den ihnen Anvertrauten vertrauenswürdig, empathisch, liebevoll und zuwendig zu verhalten. Dabei kommt es den Vertretern eines Theorieansatzes, die sich, wie Tretter (2003, S. 16 ff.), für eine naturwissenschaftlichphysiologische Ankerung der alternativen Bemühungen um die Regelung des ökosystemischen Beziehungshaushalts bei heranwachsender Menschen interessieren, sehr entgegen, dass es der hirnphysiologischen Forschung inzwischen gelungen ist, „Beziehungen" zwischen dem Gewähren, dem Erfahren und dem positiven Verarbeiten von bindungsfördernden Erlebnissen aufseiten werdender und pflegender Mütter und dem von ihnen erwarteten und betreuten Nachwuchs, der Aktivierung bestimmter Hirnareale (Hypothalamus, Hypophyse, Nebennierenrinde) und der Produktion Lust und Wohlbefinden stimulierender Hormone (u. a. Oxytocin, Vasopressin) festzustellen.

So, wie man aus obiger Sicht davon ausgehen kann, dass psycho- und soziotherapeutische Eingriffe in den Haushalt von Bindungen respektive Beziehungen zu ihren Eltern, Erziehern, Freunden usw., Kinder und Heranwachsende davor schützen kann, zu erkranken, so vermag dies auch eine sachangemessene *Prävention*. Hierbei handelt es sich um das dritte für die Beantwortung unserer Frage nach den Herstellungsbedingungen guten Lebens gleichfalls bedeutsame Anwendungsfeld, anhand dessen Tretter (2000) die Treffsicherheit einer ökosystemischen Vorgehensweise für den vorbeugenden und nachsorgenden Umgang mit Kindern/Jugendlichen, älteren Menschen, Drogenabhängigen, psychisch und psychosomatisch Erkrankten exemplifiziert. Er tut dies, indem er zunächst auf die schon lange bekannten, aber durch die Interventionspraxis bislang kaum korrigierten Schwächen einer pseudoempirisch begründeten und an einem reduktionistischen, überwiegend auf die Biophysis einzelner Symptomgruppen abhebenden Bild vom Menschen und seiner Krankheit orientierten Präventionspolitik verweist; auf eine Politik, die glaubt, durch zielgruppenneutrale Aufklärungsroutinen allein die nachhaltige Veränderung historisch gewachsener Lebensstile bewirken zu können.

Vor derartigen Illusionen sollte uns die human-ökologische Sichtweise bewahren. Sie erlaubt es nämlich nicht nur, in der Analyse lösungsbedürftiger Probleme und innerhalb des daraus abgeleitetem Eingreifhandelns ganzheitlich, d. h. unter Einbeziehung der mikrosystemisch (Person, Gesundheits- und Krankengeschichte, primärsozialisierende Familie, Freundesgruppen usw.), meso- oder exosystemisch (Instanzen der sekundärsozialisierenden Umwelt wie Familie, Kindergarten, Schule usw.) und makrosystemisch (nationale Sozial- und Versorgungspolitiken, wirtschaftlich vorgegebene Belastungs- und Chancenstrukturen usw.) organisierten natürlichen (Klima, Gewässer, Boden, Luft) Umwelt vorzugehen. Eine ökosystemisch ausgerichtete Prävention, die Tretter

an anderer Stelle auch als Gesundheitsförderung (2004) bezeichnet und von
präventivmedizinischen und verhaltenspräventiven Konzepten unterscheidet,
setzt auch darauf, durch familien-, freizeit-, wirtschafts-, wohnungsbau- und versorgungspolitischen Maßnahmen die Lebensbedingungen der Menschen und in
Verbindung damit auch das Gefüge der durch Familien, die Freizeitgestaltung,
die Arbeitsbedingungen, die Wohn- und die Versorgungssituation einwirkenden
Risikofaktoren und Ressourcen zu beeinflussen.

1.3 „Sinnvoll leben" – Leitidee einer interdisziplinär kompatiblen Anthropologie

Die von sozial- und humanökologischer Seite zwar berücksichtigte, aber
nur wenig ausgearbeitete lebenslaufperspektivische Dimension hat sich der
Schweizer Arzt und Philosoph Piet van Spijk (2011) zum Ausgangspunkt
gewählt, um der Medizin in Rückbesinnung auf deren menschenwissenschaft-
liche (anthropologische) Grundlagen einen alternativen Zugang zum Verständnis und zur Behandlung der chronischen *Massenerkrankungen* der Gegenwart zu
erschließen. Ihn interessieren aber darüber hinaus auch noch andere Zusammenhänge, die für die Suche nach den Herstellungs- und Aufrechterhaltungsbedingungen gesunden und glückenden Lebens noch bedeutsamer sind als der
Umgang mit Krankheit und Gebrechen. Dazu gehören Fragen danach,

- was Gesundheit als biopsychosoziales Gesamtphänomen für die Menschen in
  Vergangenheit und Gegenwart bedeutet(e),
- wie sie entsteht und welche Determinanten an ihrer lebenslangen Genese
  beteiligt sind,
- wie sie in einer weitgehend kontrafaktisch organisierten sozialen Umwelt
  erworben werden,
- wie sie unter dem Einfluss einer überaus eigensinnigen und durch den
  Menschen nur teilweise „gezähmten" natürlichen Umwelt aufrecht erhalten
  werden kann und
- ob bzw. was die eigene Disziplin im traditionellen Gewand einer „Gesundheitsmedizin", so wie er sie versteht, zur Förderung eines gesunden und das
  bedeutet, „sinnvollen" Lebens der Menschen beizutragen vermag.

Die Anthropologie bemüht sich um Antworten auf alle Grundfragen der Philosophie: „Was ist der Mensch?", „Woher kommen wir?", „Wohin gehen wir?",
gelegentlich noch ergänzt durch die vom Aufklärer Immanuel Kant ([1789] 1964)

in pragmatischer Absicht hinzu genommene Frage „Was dürfen wir hoffen?"[2]. Dass der Mensch ein selbstreflexives und vernunftbegabtes, wenn auch keineswegs immer vernünftig handelndes Wesen ist, welches sich dadurch vom Tier unterscheidet, ist schon immer die dem Tier nicht gerecht werdende Überzeugung der Theologie, klassischen Philosophie, Psychologie und Ethnologie (kulturvergleichenden Völkerkunde) gewesen. Immerhin bringen Tiere es nicht fertig, sich aufgrund von Hass, Gier, Vorurteilen, Ideologien, aus Gründen des schieren Machterhalts oder -erwerbs in Form von Genoziden, Revolutionen, Bürger- oder Weltkriegen gegenseitig und massenhaft auszurotten. Von der Biologie und den anderen Naturwissenschaften wird der Mensch als Repräsentant einer tierischen, wie all diese vor allem auf Selbsterhaltung programmierten, aber allen anderen evolutionsgeschichtlich überlegenen Gattung gesehen. Erst die philosophische Anthropologie (Hartung 2008; Fischer 2009), die sich in ihrer moderneren Variante Anfang des zwanzigsten Jahrhunderts als eine der letzten neuen Richtungen der Philosophie etablierte und von dort sehr schnell ihren Weg in die Sozialwissenschaften (Soziologie, Sozialpsychologie, Pädagogik) gefunden hat, unternahm den Versuch, sich speziell mit dem Wesen des Menschen, und zwar mit der Gesamtheit seiner auf politische (homo politicus), wirtschaftliche (homo oeconomicus) und gesellschaftlichen (homo sociologicus) Selbstverwirklichung hin zielenden Strebungen und Eigenschaften zu beschäftigen. Ihr ging eine naturwissenschaftlich orientierte Anthropologie voraus, die sich in der Nachfolge Charles Darwins vor allem für die der biophysiologischen Natur des Menschen als dem Produkt eines nach dem Prinzip bestmöglicher Anpassung an die historisch variierenden Lebensumstände funktionierenden Selektionsprozesses der Arten interessierte.

Auf dieser Ebene setzt van Spijk, der das gesundheitsorientierte Verstehen und Handeln der modernen Medizin auf einem ganzheitlichen, das heißt die Biophysis und -chemie, die Psychosozialität und die Entwicklungsgeschichte (Ontogenese) einschließenden Bild vom Menschen gründen möchte, mit seinen Überlegungen an. Es soll sowohl natur- als auch gesundheitswissenschaftlichen Standards genügen und sich – wo und wann immer es der Erschließung dessen dient, was das „spezifisch Menschliche" des Menschen (Spijk 2011, S. 78 ff.) ausmacht, seine Vernunft entfaltet und seiner Gesundheit nützt (Spijk 2011, S. 151 ff.) – im interdisziplinären Diskurs rechtfertigen und in entsprechender

---

[2] Er unterscheidet eine „physiologische" von einer „pragmatischen" Anthropologie, die untersucht, was der Mensch „als frei handelndes Wesen, aus sich selber macht, oder machen kann und soll" (Kant 1964 [1789], S. 400).

Forschung bewähren. Als Zielvorgabe dient ihm ausdrücklich nicht das Gesundheitsverständnis der WHO, das er für konzeptionell überzogen und für praktisch ebenso unbrauchbar hält, wie die Theoretisierungsversuche, die in den vergangenen fünf Jahrzehnten vonseiten der Philosophie, Soziologie, Sozialmedizin, Molekularbiologie und Gesundheitswissenschaften unternommen worden sind. Anders als sie, die immer nur Teile dessen, was das Menschsein von der Wiege bis zur Bahre ausmacht, behandeln, erlaubt es seiner Meinung nach nur die Anthropologie, diese Teile unter dem Aspekt einer sich in lebenslanger lernender Auseinandersetzung mit sich selbst und der sozialen Umwelt als Einzelne(r) und als Systemangehörige(r) zusammenzufügen. Mit ihrer Hilfe sei es nicht nur möglich, zu bestimmen, was den Menschen zum Menschen mache und durch das Studium der Menschen im Hier und Jetzt zu vermessen, was auf physiologischer, geistiger und sozialer Ebene noch geschehen muss, um ihm das vollständige „Erblühen seiner Fähigkeiten" zu ermöglichen (Spijk 2011, S. 151).

Die für das Entstehen guter Lebens- und Gesundheitsfähigkeit (Spijk 2011, S. 151 ff.) auf der körperlich-neuronalen und der seelischen Ebene wichtigen Wirkungen beginnen bereits im Mutterleib und schlagen sich nach der Geburt in den Effekten nonverbaler Kommunikation sowie dem Austausch von Liebe, Zuwendung und Zärtlichkeit zwischen Säugling/Kleinkind und den elterlichen, keineswegs nur den mütterlichen Bezugspersonen nieder. Parallel zur neuronalen Reifung nimmt sie ihren Fortgang in der sprachlichen Entwicklung vermittels deren sich auch die Fähigkeiten potenzieren, eigene Bedürfnisse zu artikulieren, im kommunikativen Austausch mit einem stetig anwachsenden, bald über die Familie hinausreichenden Kreis von Partnern mehr über deren Vorstellungen von Richtigkeit und Vernunft, über die eigenen Fähigkeiten und Grenzen und die Bedürfnisse der Anderen zu erfahren. Bei günstigem Verlauf gipfelt sie in einem Stadium, das Anthropologie und Sozialisationstheorie als das des *handlungsfähigen* Subjekts bezeichnen. Dabei geht es um einen Zustand, der in der Regel erst dem Erwachsenen zugeschrieben wird und sich dadurch auszeichnet, dass nun der Mensch nach angemessener Überprüfung durch die Kommunikation mit sich und anderen seine eigenen Möglichkeiten realistisch einzuschätzen und sie gegebenenfalls gegen widerstreitende Interessen anderer durchzusetzen und zu behaupten vermag. Dafür, dass dies im Sinn eines kompetenten und funktionierenden (befriedigenden, gesunden) Überlebensmanagements gelingt, ist vor allem anderen entscheidend, dass die elterlichen Bezugspersonen als solche funktionieren und in der Lage sind, mit dem Nachwuchs auf alters-, geschlechts- und bedürfnisadäquate Weise umzugehen. Ontogenetisch weniger wichtig sind die Kompetenz und das Verhalten später im Lebenslauf eingreifender Sozialisationsagenten (Verwandte, Freunde, Erzieherinnen und

Erzieher, Lehrerinnen und Lehrer, Ausbildende, Vorgesetzte usw.) und der Einfluss der Ökosysteme, im Namen derer sie agieren. Weshalb sich nach van Spijks Meinung die Bemühungen um eine auf das gute Leben der Menschen zielende Optimierung der Persönlichkeitsentwicklung vor allem auf die primäre Phase der Sozialisation konzentrieren sollte. Hier ist die Plastizität des menschlichen Organismus und die Erreichbarkeit der jungen Menschen am größten. Und es wird die Basis gelegt, auf der das weitere Entwicklungsgeschehen aufbaut, im Vollzug dessen der Mensch vom noch mangelhaft ausgestatteten Naturzum bio-psycho-sozial überlebensfähigen *Kulturwesen* heranreift. Dieser Teil ist gesellschaftlich stärker organisiert als die Frühphase und lehrt die Heranwachsenden anders als die Familie, deren Zuwendung, Liebe und Geduld ihnen in der Regel sicher ist, sich mit den vielfältigen Herausforderungen dazulernend auseinanderzusetzen, mit denen sie die soziale und die natürliche Umwelt ein Leben lang konfrontieren.

In diesen Passagen seines Theoretisierungsversuchs bringt van Spijk (2011, S. 172 ff., 236 ff.) zur Sprache, was eigentlich der Alltagserfahrung moderner Menschen entspricht, bislang aber keine hinreichende Beachtung weder in der medizinischen Massenversorgung noch im Umgang mit den wachsenden Gesundheitsproblemen gegenwärtiger Gesellschaften gefunden hat. Die Qualität des menschlichen Zusammenlebens hat in punkto Zuwendung, Empathie, Solidarität entscheidend nachgelassen und trägt – wie dies die Psychoanalyse unter anderem in der Person des von van Spijk dafür wertgeschätzten Erich Fromm ([1955] 2003) schon lange erkannt hat – seit frühester Kindheit dazu bei, die Immunabwehr des biopsychosozialen Gesamtorganismus der meisten Menschen gesundheitlich in einer Weise zu schwächen, die in späteren Entwicklungsphasen kaum noch und wenn, dann nur mit erheblichem personellen und finanziellen Aufwand korrigiert werden kann. Im blinden Vertrauen auf eine hoch technisierte, medikamentös oder chirurgisch intervenierende Reparaturmedizin pflegen die meisten von ihnen auf diesen Belastungsanstieg ebenso wie auf Angriffe durch Bakterien, Viren oder Umweltgifte unangemessen, das heißt mit verharmlosendem oder alarmierendem „Erfassen", mit „assimilierender" oder „adaptierender" Verarbeitung, mit sprachlichen Umdeutungen („begrifflicher Umkehrung") (Spijk 2011, S. 172 ff.) zu reagieren. Fast immer werden sie dabei – wie aufgrund der Ergebnisse der Krankheits- und Gesundheitsforschung bekannt ist – mit den „Grenzen" ihrer Belastbarkeit und Bewältigungsfähigkeit konfrontiert, was sie dazu animieren könnte, aber nicht muss, über die Folgen bzw. Richtigkeit ihrer im Lebenslauf getroffenen Entscheidungen nachzudenken. Nur denen, die in der Lage sind, der Auseinandersetzung mit den lebenslang einwirkenden biophysiologischen und psychosozialen Stressoren unter Nutzung der jeweils verfügbaren Bewältigungskompetenzen und -chancen einen *Sinn* („sense of coherence", SOC) abzugewinnen – so argumentiert van Spijk unter Bezugnahme auf das Salutogenesekonzept des US-amerikanischen Medizinsoziologen Aaron Antonovsky (1987) – wird es gelingen, die ihnen zur Verfügung stehenden *Widerstandsressourcen* („resistant ressources") auf subjektiv befriedigende, gesundheitserhaltende und selbstsicherheitsfördernde Weise einzusetzen. Gesund zu sein, läuft letztlich darauf hinaus, ein *sinnvolles Leben* führen zu können (Spijk 2011, S. 260), und ein sinnvolles Leben zu führen, ist ohne Gesundheit, die heutzutage für die Mehrheit der Menschen mit wachsendem Alter und multimorbiden, medizinisch versorgten Symptomatiken nur noch eine *relative* ist, kaum möglich.

1.4 Plädoyer für eine ökologisch-systemisch-anthropologische Sichtweise auf das Leben und diejenigen, die es meistern müssen

Sogenannte Volksweisheiten haben es häufig an sich, erfahrungsgesättigte und kluge Befunde aus dem Privat- und Arbeitsleben auf den Punkt zu bringen. Gelegentlich sind sie aber auch, wie die über das Glück, dass jeder für sich selber schmieden könne beziehungsweise müsse, kontextabhängig und erweisen sich unter den meisten sozio-kulturellen Bedingungen als unzutreffend (dazu u. a. Schnabel 2008; Bittlingmayer 2010; Micus-Loos und Plößer 2015); sofern sie es für weite Teile der Bevölkerungen in Vergangenheit und Gegenwart nicht schon immer waren. Menschen sind in der Art, wie sie sich ihre Realität aneignen, welche Kompetenzen sie entwickeln, welche Entscheidungen sie treffen und was sie letzten Endes tun, nach Meinung der Autoren, die oben stellvertretend für noch einige andere besprochen wurden, in hohem Maße von den sozialen Verhältnissen und den natürlichen Gegebenheiten abhängig, in die sie hineingeboren werden und unter denen sie überleben müssen. Nur einer Minderheit ist es mit steigender Herkunft, erfahrener Bildung und materieller Sicherheit gegeben, über ihr Leben weitgehend selbst zu bestimmen.[3] Um seine eigenen Potenziale

---

[3] Natürlich sind alle Menschen theoretisch und vor dem Naturrecht frei. Manche meinen, sogar „frei geboren" zu sein, obwohl sie niemand gefragt hat, ob sie geboren werden wollen. Auch ist denjenigen, die den Kritikern der Freiheits- und Gleichheitsverhältnisse in vergangenen und gegenwärtigen Gesellschaften in legitimatorischer Absicht entgegenhalten und immer schon entgegengehalten haben, dass jeder Mensch immer die Wahl

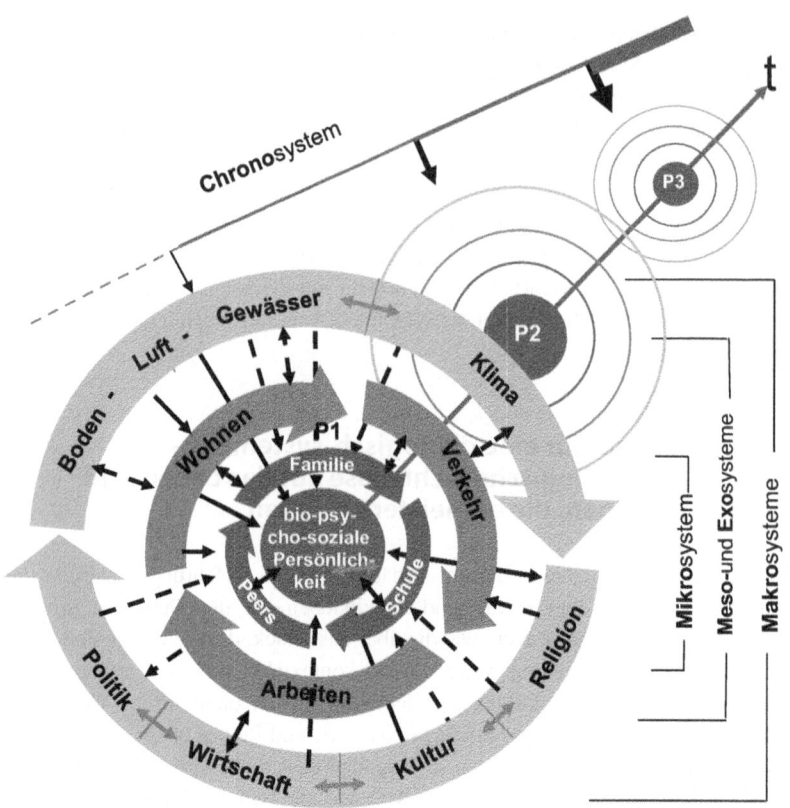

Abb. 1.1 Ökologie der Persönlichkeitsentwicklung – systemische Wirkfaktoren auf einen Blick. (Eigene Darstellung in Anlehnung an Bronfenbrenner 1979, 1981; Tretter 2008; Spijk 2011 u. a.)

habe, was aus ihm wird und sich immer frei entscheiden könne, prinzipiell zuzustimmen. In punkto Glücks-Schmiede-Problematik sollte es dann wohl präziser heißen, 1) dass die Ungleichverteilung des Schmiedewissens die freien Entscheidungen vieler erheblich limitiert, 2) dass das Sich-Entscheiden-Können häufig erst gegen Widerstand erlernt werden muss und 3) – vielleicht das größte Hindernis von allen – auch die Vorteile und Risiken freien Entscheidens gesellschaftlich ungleich verteilt sind.

entsprechend zu entwickeln, ist der nicht unerhebliche Rest auf Unterstützung angewiesen und profitiert dabei vor allem von solchen Initiativen, die in der Lage sind, sich bei Problemanalyse und Interventionsstrategien auf die Vielfalt der unten (vgl. Abb. 1.1) zusammengefassten ökosystemischen Einflussfaktoren einzustellen, die die Entwicklung heranwachsender Persönlichkeiten in modernen Gesellschaften bestimmen.

Eindeutig ist die Erkenntnis, dass die früh und unmittelbar einwirkenden Elemente (Familie, Verwandtschaft, Freundeskreis, Kindergarten, Schule) auf der Mesosystem-Ebene (vgl. Abb. 1.1) von herausragender Bedeutung für die weitere Entwicklung und den gesamten Lebensweg der Heranwachsenden sind und bleiben. In erster Linie gilt das für die Familie. Durch die engen und hochemotionalen Bindungen, die auf dieser Ebene bestehen, jedem Menschen auf der Chronosystem-Ebene (vgl. Abb. 1.1) in Gestalt der Herkunftsfamilie, der eigenen Familie und der Familie der Kinder und Enkelkinder erhalten bleiben, und die fehlen, misslingen oder gelingen können, werden die psychoemotionalen und sozialen Elemente der Persönlichkeit nachhaltiger programmiert als durch die Einwirkungen jeder anderen Institution oder Sozialisationsinstanz, mit der die Menschen im Lauf ihres Lebens zu tun haben.

Dazu kommt, dass die kommunikativ-lernende Auseinandersetzung mit den umweltgenerierten Erfahrungen der ersten Lebensjahre unter Einsatz der sich parallel vervollkommnenden körperlichen und kognitiven Kompetenzen in der Familie ihre auch weiterhin tonangebende Strukturierung erfährt. Das gilt für die Aneignung von Denk- und Verhaltensweisen ebenso wie für den Umgang mit dem eigenen Körper einschließlich der Einstellungen gegenüber Krankheit und Gesundheit, für die Entwicklung des Selbstkonzepts sowie die Vorstellungen darüber, wie das Leben über die Teilnahme an Bildungsangeboten, die Berufswahl, das Partner- und/oder Heiratsverhalten mehr oder weniger bedürfnisangemessen und befriedigend organisiert werden sollte.

Diesbezüglich gilt es in ökologisch-systemisch-anthropologischer Hinsicht außerdem zu beachten, dass die wenigsten dieser Entscheidungen ebenso wie die Entscheidungen und die sozialisatorischen Einflussnahmen durch Familie, Kindergarten, aber auch durch Instanzen auf der Meso- oder Exosystemebene (vgl. Abb. 1.1) niemals völlig frei getroffen werden. Die Verhältnisse der Sozialisationsinstanzen untereinander (Kindergarten – Schule, Schule – Ausbildung, Ausbildung – Beruf) spielen dabei eine ebenso wichtige Rolle wie die Kontrolle durch den Staat. Ihm ist aus Selbsterhaltungsgründen in erster Linie daran gelegen, dass sie ihre Aufgaben (hpts. Aufzucht, Kontrolle, Herstellung von Anpassungsbereitschaft und Beschulungsfähigkeit, Qualifizierung für den Arbeitsmarkt, Übernahmebereitschaft von Positionen unterschiedlicher Qualität und Entlohnung im hierarchisch gegliederten System der Berufe) auf die ihnen gesellschaftlich zugewiesene Weise erfüllen.

All dieses variiert – was vor allem für diejenigen von besonderem Interesse sein muss, die versuchen, in dieses komplizierte, mehrschichtige Abhängigkeitsgefüge pädagogisch oder strukturgestaltend einzugreifen – mit

- den Wohnverhältnissen, dem Verkehr und auf der Makrosystem-Ebene (vgl. Abb. 1.1), mit den klimatischen Bedingungen (Be- oder Entlastung von Boden, Wasser, Luft, Pflanzen, Tieren), unter denen sich Menschen und Umwelt begegnen,
- den religiösen, kulturellen, wirtschaftlichen und sozialen Verhältnissen, die dieser Begegnung den jeweiligen Rahmen geben und natürlich auch mit
- dem Zeitpunkt im Leben der Menschen (P1, P2, P3 – Pn auf der Chronosystem-Ebene, vgl. Abb. 1.1), zu dem Analysen und/oder Problemscreenings durchgeführt und Interventionen vorgenommen werden.

Die Berücksichtigung eben dieser *chronosystemischen* Perspektive macht darüber hinaus nicht nur deutlich, sondern verlangt es auch, sowohl in der Forschung über die individuellen und sozialen Determinanten glücklichen und gesunden Lebens, als auch bei der dadurch mitbestimmten Suche nach erfolgversprechenden Interventionsmöglichkeiten darauf zu achten, dass sich nicht nur die Wirkungen der öko-systemischen Einflussnahme auf die Adressaten verändern. Ebenso wichtig ist es, zu berücksichtigen, dass auch die Einstellungen und das Verhalten von Forschenden und Akteuren in ihrem Einfluss auf die von ihnen untersuchten Personen und behandelten Probanden einem permanenten Wandel unterzogen sind.

Es ist ebenso unwiderleglich, wie auch auf dem Falsifikationsweg[4] überprüfbar, dass so gut wie alle Einflussfaktoren der Persönlichkeitsentwicklung, die mit Hilfe der anthropologisch fundierten Sozial- und Humanökologie identi-

---

[4] Aus Sichtweise der Gesundheitsforschung ist der Hinweis auf das aus der positivistischen Erkenntnislehre (Popper 1975) stammende Prinzip zur Überprüfung der Angemessenheit empirisch generierter Daten wichtig, weil es nicht nur außerhalb, sondern auch innerhalb der Gesundheitswissenschaften Vertreterinnen und Vertreter gibt, die meinen, dass sich Gesundheit als rein subjektives Phänomen dem Falsifikationsprozedere grundsätzlich entzöge und es deshalb empirisch geradezu notwendig sei, sich allein auf das objektive Vorhandensein oder Fehlen von Krankheit zu konzentrieren, um den Gesundheitszustand der Menschen zu bestimmen.

fiziert worden sind, mit der Entstehung und Aufrechterhaltung von Wohlbefinden und Gesundheit zu tun haben (u. a. Schnabel und Bödeker 2012, S. 62 ff.; Schnabel 2015, S. 56 ff.). Über sie verfügt, wem es die Gesellschaft und die in ihrem Namen agierenden Sozialisationsinstanzen, die immer auch Zuteilungs-instanzen von Sozialchancen sind, ausreichende Möglichkeiten eröffnet, sich neben familiärer Zuwendung und Geborgenheit ein Höchstmaß an Bildung und Kompetenzen, einen Beruf, der ihn/sie ernährt, eine befriedigende Wohn-situation, die Absicherung im Alter, soziale Integration und Unterstützung durch Andere, hinreichende Chancen politisch-sozialer und kultureller Teilhabe anzu-eignen und in einer sauberen, von schädlichen Eintragungen und Katastrophen weitgehend freien natürlichen Umwelt zu überleben. Angesichts all dieser Konstruktionselemente wird deutlich, dass es nicht nur von den einzelnen Menschen selber, sondern von den der Art und Organisationsform gesellschaft-licher Verhältnisse abhängt, ob nur eine privilegierte, wohlhabende *Minder-heit* oder die *Mehrheit* einer Bevölkerung dessen teilhaftig werden kann, was wir als ein gesundes Leben bezeichnen. Bisher lebte und lebt diese Mehrheit in der Hoffnung, dass es die uns unter dem Namen Demokratie bekannte, freiheit-lichste, gerechteste und solidarischste aller Organisationsformen menschlichen Zusammenlebens zu derjenigen werden könnte, die ihnen dieses Leben ermög-licht. Die Art und Weise jedoch, wie sich gegenwärtige Demokratien der unter-schiedlichsten Art unter dem lähmenden Einfluss sich nahezu unkontrolliert bahnbrechender wirtschaftlicher Interessen entwickelt haben, macht deutlich, dass es ganz wesentlich von der Art der Demokratie abhängig ist, ob und für wie viele Menschen sich diese Hoffnung in Wirklichkeit verwandelt.

Exkurs über Angst und Furcht – Warum über vieles Erstrebenswerte bloß geredet wird

2

„Wovor ich mich am meisten fürchte, ist die Furcht."

Michel de Montaigne (1533–1592), französischer Philosoph und Essayist

Was wir als Wirklichkeit empfinden, so lehrt uns die Wissenssoziologie, ist nichts, was irgendwo in der Gegend herumliegt und bloß eingefahren oder aufgesammelt, sondern das „gesellschaftlich konstruiert" wird (Berger und Luckmann 1980). Zwar bestimmen wir durch eigene Aufmerksamkeit und durch unser Engagement darüber mit, was uns widerfährt, wie wir damit umgehen und nicht zuletzt auch, wie weit wir kommen. Das Material an Erfahrungen, dessen wir uns dabei bedienen, ist aber immer selektiert. Und was wir aussuchen und woran wir uns dabei orientieren,

- verdanken wir nicht bloß den *Erfahrungen,* die wir als einzelner kommunikativ lernender, biophysiologischer und psychosozialer Gesamtorganismus im Laufe unseres Lebens zusammentragen. Die Qualität dieses Geschehens und das, was es mit beziehungsweise aus uns macht,
- hängt auch und in besonderem Maße davon ab, in welchem systemisch-ökologischen *Kontext* (vgl. Kap. 1) es geschieht und
- von welchen eigenen oder fremden, mehr oder weniger manipulierten *Emotionen, Motiven* und *Ambitionen* wir uns dabei steuern lassen (Rothermund und Eder 2010).

Die psychoemotionalen *Treiber,* da sind sich die Psychologen einig, die uns in Bewegung halten, sind Lust und Angst. Worauf wir Lust haben, das bringt uns voran, manchmal in einer Weise, die uns die Vorsicht und Sorgfalt nicht nur

© Springer Fachmedien Wiesbaden GmbH, ein Teil von Springer Nature 2022
P.-E. Schnabel, *Soziopsychosomatische Gesundheit, robuste Demokratie,
Suffizienzökonomie und das „glückliche" Leben,* Gesundheit und Gesellschaft,
https://doi.org/10.1007/978-3-658-17810-9_2

gegenüber uns selbst, sondern auch gegenüber den Anderen vergessen lässt. Davor, dass letzteres nicht geschieht, bewahrt uns das, was wir mit der vieldeutigen Bezeichnung „Angst" verbinden. Sie hält uns zurück, bremst uns aus, verhindert Fehler, aber sie bewahrt uns auch davor, eine Vielzahl von Dingen gar nicht erst in Angriff zu nehmen, die zu betreiben für uns von Vorteil wäre. Solange sich Lust und Angst, die im Hinblick auf ihr neurophysiologisches Substrat (Dopamin und dessen Einwirkung auf den Nucleus accumbens) offenbar eng beieinander liegen, in einer Weise die Waage halten, die den Menschen als Persönlichkeit und als Gattung voranzubringen vermag, ohne die biopsychosozialen Ressourcen, die dafür eingesetzt werden müssen, sinnlos, über Gebühr, vor der Zeit und zum Nutzen anderer zu verschleudern, kann man von einem ausgeglichenen, wenn auch noch lange nicht guten oder glücklichen Leben sprechen. Schrumpft aber das, was unter Lust verstanden wird, im Zuge der marktüblichen „Pornografisierung" der Gesellschaft (Schuegraf und Tillmann 2012) zu jenem von den Kirchen verdammten und von Werbung und Medien gepuschten Versatzstück sexueller Lust ohne fast jede Erotik, und haben wir außerdem die Lust auf Anderes, wie zum Beispiel die Arbeit, die Kunst, die Kultur oder ein erfülltes Familienleben beinah gänzlich verloren, dann ist diese Ausgeglichenheit dahin. Nicht anders verhält es sich heute mit der Angst (Kirsch 2005; Stern 2007), die von verschiedenen Seiten gegenüber Tod und Sterben, Krankheit, Terror, Fremden, sozialem Abstieg, wirtschaftlichem Niedergang, dem Verlust der Renten und anderem mehr im Interesse ideologischer und materieller Profitmaximierung geschürt wird. Nicht bloß, um damit Geld zu verdienen, sondern auch, um die Menschen davon abzuhalten, auf vernunftgeleitete Weise herauszufinden, was ihre wahren Bedürfnisse sind und was getan werden sollte, um diese zu befriedigen (Bude 2015).

2.1 Instrumentalisierungen der Angst – heute

Angst ist weder anormal noch signalisiert sie Schwäche. Sie ist ein menschliches Grundgefühl (Balzereit 2010), mobilisiert Reaktionspotenziale, welche uns ebenso das Leben sichern, wie diejenigen, die durch Lust aktiviert werden. Es ist daher eigentlich unerklärlich, weshalb wir die wesentlichen analytischen Beiträge über ihren Sinn und ihre Funktionen der tiefenpsychologischen Krankheits- und Therapieforschung verdanken und sich die Krankheits- und die Gesundheitswissenschaften vor allem für ihre unbewältigten Formen (Unsicherheit, Neurosen, Phobien, Paniken) als psycho- und psychosomatogene Stressoren interessieren (Schnabel 2013, S. 19 ff.).

Der Begründer der Psychoanalyse, Sigmund Freud ([1936] 1982), unterschied drei Ursachen von Angst: die *Realangst*, die dem entspricht, was in der wissenschaftlichen und öffentlichen Diskussion zur besseren analytischen Trennung inzwischen als Furcht bezeichnet und aus guten Gründen vom Basisphänomen der Angst unterschieden wird. Die *neurotische* Angst stellt sich ein, wenn der Mensch (Ich) von triebhaft-natürlichen Bedürfnissen (dem von Freud so genannten Es) überwältigt zu werden droht. Die *moralische* Angst (sozialisierte) entsteht, wenn verinnerlichte Wertvorstellungen bzw. Verhaltensregulative (das von Freud sogenannte Über-Ich) und individuelle Strebungen in Widerspruch zueinander geraten. Dem nicht unähnlich setzt sich der Psychoanalytiker Fritz Riemann (2002) in seiner Untersuchung über die Grundformen mit den verschiedenen Ängsten des *hysterischen, neurotischen, depressiven* und *schizophrenen* Persönlichkeitstyps auseinander. Während Horst Eberhard Richter (2000) sich in seiner Abhandlung über angemessene und unangemessene Umgangsformen auf die *Todesangst*, der Angst vor *Krankheit*, die *Trennungs*angst, die Angst vor zu viel *Nähe*, die *Versagen*sangst sowie die *Scham-*, die *Verfolgungs-*, die *Straf-* und die *Gewissen*sangst konzentriert. Diesen allen, denen man noch die eine oder andere hinzufügen könnte, ist bis auf die *Realangst* eigen, dass sie sich wie Lust und Verlangen im Reaktionsinventar der Menschen als omnipräsente aufgehoben finden, es aber zusätzlicher Auslöser und Bedingungen bedarf, damit sie sich in konkretem Vermeidungsverhalten manifestieren. So braucht Todesangst die Konfrontation, Krankheitsangst ein Symptom, Trennungsangst die Beziehung, Schamangst die Schuld, Verfolgungsangst den Aggressor, Strafangst die verbotene Tat und Gewissensangst die Sünde, um von der Flucht über die Verleugnung bis hin zur Verdrängung Vermeidungsreaktionen zu generieren.

Dessen eingedenk ist Realangst oder *Furcht* (Warwitz 2010) nicht nur dadurch definiert, dass sie konkreter oder phantasierter Objekte und entsprechender Situationen bedarf, um furchtbestimmte Handlungen zu erbringen. Oft finden wir in Vergangenheit und Gegenwart Menschen, meist im Dienste von Institutionen, die Urängste, wie z. B. die Existenzangst, Todesangst oder neuere kulturbedingte wie die Versagens- oder Verlassensangst nutzen,

- um sie an bestimmte Objekte,
- über sie auf furchtauslösende Weise mit *Menschen* und ihre Erfahrungen zu binden,
- sich nach so erzeugter Realangst oder Furcht als individuelle oder im Namen von Institutionen agierende Experten für deren Bewältigung anzubieten und

- im eigenen oder im Selbsterhaltungsinteresse ihrer Institution unersetzlich zu
  machen.

Ohne eine Ur-Schuld oder den Sünden-Fall gäbe es vermutlich weder Religion
noch Kirchen, ohne die Furcht vor Leiden, körperlich-seelischem Verfall und
schrecklichem Tod weder eine Medizin noch Ärzte und andere Therapeuten
und ohne die Drohung, von anderen überholt zu werden, mit sozialen Abstieg
oder der Panikmache vor Wohlstandseinbußen weder eine Wirtschaft und
noch eine Politik, die im angeblichen Interesse der Bevölkerung und mit deren
Billigung wir vieles tun oder lassen dürfen, das allem und allen anderen nützt,
nur nicht dem Wohl der Bevölkerung. Gemeinsam bedienen sie sich der *Mutter*
aller Ängste, der Existenz- oder Todesangst, um sich die Menschen durch
Anreicherung mit konkreter Furcht gefügig zu machen.

Man kann sie als *Dompteure* der Angst und *Profiteure* der Furcht bezeichnen.
Durch sie, die sich über die Jahrtausende zu Bewältigungsexperten für Gefahr
und für so gut wie alle Arten von Ängsten aufzuschwingen vermochten, hat
Angst nicht nur den Stachel verloren, der Menschen dazu treibt, sich zu verändern. Ohne ihr Wirken wären die Menschen wohl noch häufiger als sich an den
vielen Aufständen und vergleichsweise wenigen Revolutionen in der Geschichte
erkennen lässt, auf die Idee gekommen, die Lösung gesellschaftlicher Probleme
und die kollektive Befreiung von den damit verbundenen Realängsten durch
Veränderung der sie generierenden Lebensverhältnisse in die eigenen Hände zu
nehmen. Wenn man es – wie es der Psychoanalytiker Erich Fromm ([1941] 1993)
vor dem Ende der Nazi-Zeit aus dem Exil vermutete – dem Bürgertum durch die
Androhung des Verlusts all dessen, was ihnen lieb und teuer ist (Macht, Status,
Privilegien) das Fürchten zu lehren, dann kann Furcht vor der Freiheit und die mit
ihr einhergehende Veränderungsfurcht zu politischem Stillstand, zu den moralisch
verwerflichsten Kompromissen und zur Flucht aus der Demokratie, das heißt ausgerechnet aus der einzigen Form organisierten menschlichen Zusammenlebens
führen, in der Freiheit in Gleichheit und Gerechtigkeit gelebt werden kann.

2.2   Dompteure der Angst und ihre Manegen

Dompteure sind Menschen, die es zu ihrem Beruf gemacht haben, wilden
Tieren unter Einsatz ethisch mehr oder weniger bedenklicher Mittel ein Verhalten anzudressieren, welches ihrer wahren Natur widerspricht und dadurch
die gruselig-sensationslüsterne Bewunderung ihrer Zuschauer auf sich ziehen.
Zwar ist Angst, wenn wir in Verbindung mit ihr bereit sind, von Dompteuren

als Menschen zu sprechen, die sich ihrer zur Erreichung bestimmter Zwecke
bedienen, nicht mit wilden Tieren gleichzusetzen. Als ein nicht nur den Menschen
eigenes Grundgefühl (Weizsäcker 1975) verkörpert sie jedoch ein Stück der in
uns schlummernden Natur, die sich ungezähmt in unkontrollierbaren Reaktions-
formen (Flucht, Aggression, Kampf usw.) niederschlagen würde, die in unseren
Gegenwartsgesellschaften so gut wie kaum noch, allenfalls in dafür vorgesehenen
Reservaten (Manegen), ausgelebt werden können. Wer sie in konkrete, mit
legalen Mitteln (Information, Beratung, verbale und medikamentöse Therapie)
bearbeitbare Furcht transformieren kann, der macht die Menschen zahm. Und wer
sich zu diesem Zweck als Dienstleister innerhalb und außerhalb von Institutionen
anbietet, um damit Geld zu verdienen, profitiert von ihnen und wird aus diesem
Grund nur wenig Interesse daran haben, die von ihm erst erzeugte, kanalisierte,
zu Macht über andere, zu Geld oder anderem materiellen Gewinn gemachte
Furcht aus der Welt zu schaffen.

2.2.1   Religion und Kirche

Die Botschaft Christi – um nur auf eine der aktuelleren monotheistischen Weltreligionen Bezug zu nehmen – lebt (so u. a. in der bekannten Bergpredigt)
zwar von der Botschaft der Liebe, wenn diese auch gelegentlich mit einer
gewissen Strenge gegenüber jenen durchgesetzt wird, die sich ihr nach dem
alttestamentarischen Prinzip „Auge um Auge …" widersetzen. Wie andere
missionierende Religionen auch, spielen jedoch Ängste gegenüber den Göttern,
aber auch dem einen ständig sanktionierenden, gelegentlich nach unerklärlichem
Ratschluss handelnden Gott vor allem dort eine entscheidende Rolle, wo gegenüber den Ungläubigen und/oder den Vertretern anderer Glaubensrichtungen um
die Deutungshoheit über den rechten Weg zu Gott konkurriert werden muss
(Dinzelbacher 2008). Die eindeutigste Anknüpfung an Urängste, den Einsatz von
Schuldinduktion und die Instrumentalisierung der Furcht ereignen sich allerdings
meist dann, wenn es darum ging oder geht, interne Zweifel und externe Kritik an
der Institution der Kirche und den Handlungen ihrer Administration im Keim zu
ersticken und deren Fortbestand zu sichern.

Neben den vielen Zeugnissen für dieses selbstreferenzielle Handeln, deren
Kern darin besteht, den Menschen Bewältigungsstrategien ausgerechnet für die-
jenigen Befürchtungen und Ängsten anzubieten, die die Kirche zuvor bei ihren
Anhängern erzeugt oder verstärkt hat, findet sich ein besonders beredtes in den
Briefen des Paulus von Tarsus (5–64 n. Chr.), dem ersten christlichen Theo-
logen, an die frühchristlichen Gemeinden Roms. Darin belehrt er die Mitglieder

u. a.[1] darüber, dass Menschen den Tod wegen der Erbsünde erleiden müssten, die nicht sie, sondern schon Adam und Eva auf sich geladen hätten, indem sie so wissend sein wollten wie Gott. Ihm zufolge entgeht der daraufhin verhängten Strafe ewiger Verdammnis nur, wer im rechten Glauben wandelt. Menschenwürde und Menschenrechte existieren deshalb lediglich für Gläubige, die von Gott begnadigt wurden. Wer zu ihnen gehört, entscheidet die Kirche, die sich anstelle des mündigen, um ein persönliches Offenbarungserlebnis ringenden Christenmenschen als unentbehrliche Zulassungsstelle für den richtigen Weg zu Gott etabliert habe (Theobald 2000). Erst durch die Taufe werden Heiden zu „in Christo" Lebenden und können erst dann als Menschen betrachtet werden.

Ein umstrittener, bis in die Gegenwart hinein kaum revidierter und bei aller Kritik an der Katholischen Kirche inhaltlich auch vom Protestantismus geteilter Abschnitt des Dokuments bezieht sich auf das Verhältnis der Gläubigen zur Obrigkeit. Paulus, der sich zuvor vom Agenten der Jerusalemer Priesterkaste (den Sadduzäern) zum Apostel bekehrt hatte und von da an all seinen Spürsinn auf die Bekämpfung der Jesusgegner verwendete, meint damit nicht nur die Herrschenden, sondern auch deren beamtete Staatsdiener. So lange sie sich gegenüber dem aufkeimenden Christentum tolerant verhalten, gebietet er ihnen, bei denen es sich seiner Zeit immerhin um Repräsentanten der römischen Besetzungsmacht handelte, als Diener Gottes zum Schutz der Guten und zur Bestrafung der Bösen zu betrachten. Was angesichts der Rechtfertigung aller weltlichen Belange der und zwischen den Menschen durch den Glauben an einen allwaltenden und gerechten Gott dazu führen muss, obrigkeitskritisches als sündhaftes unter Strafe zu stellen und mehr oder weniger bekennende Einverstandenheit mit ihr als gottgefälliges Handeln einzufordern.

Angesichts eines sich uneindeutig verhaltenden, oft zürnenden Gottes, der auch nicht zögert, seinen eigenen Sohn zum Wohl einer sündigen Menschheit zu opfern, und einer ethisch insgesamt komplizierten Gemengelage, werden der Tod und der Akt des mehr oder weniger gewaltsamen Sterbens sowie die sich um beide rankenden Ängste von der christlichen Kirche in einer Weise instrumentalisiert und mit dem Risiko der Entzweiung gegenüber Gott verbunden, wie wir dies sonst bei keiner der anderen Weltreligionen kennen (Brück 2007). Das hat – wie von Paulus erstmalig behauptet und von anderen denkmodellhaft übernommen – einerseits mit der Erbsünde zu tun, infolge deren die Menschen

---

[1] Im Einzelnen geht es um die Menschen als Sünder, die Rechtfertigung aller weltlichen Dinge aus dem Glauben, die Rolle des Volkes Israel im Miteinander von Juden und Heiden und den Gehorsam gegenüber der Staatsmacht (Theobald 2000).

aus dem Paradies gewiesen und dazu verdammt worden sind, im Schweiße ihres Angesichts die Welt zu bewohnen. Andererseits scheint das brutale (am Kreuz) und einsame („Warum hast Du mich verlassen?") Sterben des Religionsgründers Jesus durchlebt und im Namen eines Volkes, welches nicht einmal zwischen der Schuld von Mördern, Dieben und dem dritten in Golgatha Gekreuzigten zu unterscheiden wusste, nicht gerade als ein Anschauungsmodell erdacht, um den Menschen mit den unabwendbaren Tatsachen von Tod und Sterben zu versöhnen. Vielmehr haben wir es hier mit dem Endprodukt einer Schicksalslehre (Eschatologie) zu tun, die der Gemeinschaft der Sündigen mit Strafen droht, die an Grässlichkeit (s. die Apokalypse des Johannes Evangeliums) kaum zu überbieten sind und deren Schrecken nur durch lebenslangen glaubenden, stets erfolgsunsicheren Gehorsam abgewendet, nicht aber, wie in anderen Religionen, durch die Aussicht auf Reinkarnation und/oder eine Bewährungschance auf Erden kompensiert oder wenigstens abgemildert werden kann.

Darüber, ob in einem Selektionsprozess nach dem Tod oder im Vollzug eines Jüngsten Gerichts bei Strafe des Fegefeuers über die Qualität eines in Aussicht gestellten ewigen Lebens entschieden wird, gibt es in der evangelischen und der römisch-katholischen Kirche differierende Vorstellungen (Schnabel 2013, S. 53 ff.). Wenig strittig ist, dass dabei die Qualität des irdischen Lebens von zentraler Bedeutung ist. Manche, vom Protestantismus deshalb beanstandete Denkströmungen gehen seit dem spätmittelalterlichen Katholizismus sogar davon aus, dass sich die Menschen ungeachtet ihres Lebenswandels durch Beichte, Gebete, Ablassspenden und Bekehrung am Sterbebett vor dem Schlimmsten bewahren könnten. Von alledem profitierten und profitieren die Kirchen als Institution sowohl in ideell-spiritueller als auch in materieller Hinsicht dermaßen stark, dass ihr Interesse an nachhaltigem Erfolg auf diesem Gebiet, wenn auch nicht als alleinige, so doch wichtige Triebkraft dafür gelten kann, die angstbetonende, schuld- und furchtinduzierende Kontrolle über Tod und Sterben anzustreben, zu ritualisieren und institutionell derart zu verankern, dass sie heute kaum noch in Frage gestellt oder gar verändert werden können (Haberer 2002).

2.2.2 Medizin, Ärzte und andere Therapeuten

Neben der Todesangst, die nur einen Teil von ihr betrifft, ist es vor allem die zunehmend expandierende Existenzangst der Menschen, die die als Naturwissenschaft firmierende, überwiegend krankheitsfixierte, technisch intervenierende Hochleistungsmedizin der vergangenen zweihundert Jahre nutzt, um ihre selbstreferenziellen Interessen zu verfolgen. Demgegenüber haben die

Vertreter der bis ins späte Mittelalter dominierenden und neuerdings wieder an Boden gewinnenden diätetisch ausgerichteten Gesundheits-Medizin seit jeher versucht, ihre potenziellen Kunden und Klienten durch die Aussicht auf ein gutes, sinnvolles, selbstbestimmtes und befriedigendes Leben von den Vorteilen ihrer Konzepte und Dienste zu überzeugen (Schnabel 2015, S. 57 ff.). Woraus zu schlussfolgern, motivationspsychologisch aber noch zu erklären wäre, dass die vom Gros der Menschen heute weitgehend akzeptierte und eingeforderte biophysiologische Ausrichtung medizinischer Dienste nicht nur, wie oft behauptet, aus der ausschließlichen Befolgung von Appellen an die Vernunft resultiert. In mindestens ebenso starkem Maße hat diese Einverstandenheit mit dem drängenden menschlichen Wunsch nach der Befreiung von Ängsten, Furcht und Sorgen zu tun. Wie von den Kirchen werden diese durch die Medizin zum einen selbst generiert. Zum anderen zieht letztere erheblichen Nutzen aus den Problemen, Ängsten und Sorgen, die moderne Gesellschaften dadurch produzieren, dass sie sich im beinah blinden Vertrauen auf die fast grenzenlosen Heilsversprechen der Medizin berechtigt wähnen, ihre Bürgerinnen und Bürger mit immer höheren, überzogenen und letztlich pathogenen Anpassungs- und Leistungserwartungen zu konfrontieren (Göckenjan 1985; Schnabel 1988).

Faktisch hat die nachvollziehbare Furcht vor Krankheit, Gebrechen, Schmerz, Tod und Sterben und das Versprechen, die Menschen durch den Einsatz wissenschaftlich überprüfter Mittel und Methoden ganz von ihnen zu befreien, wenigstens aber sie erheblich abzumildern, der Ärzteschaft schon immer dabei geholfen, sich gegen Konkurrenten auf dem Markt der Versorgungsanbieterinnen und -anbieter (Schamanentum, Naturheilkunde, Hebammen, Wunderheilende, Homöopathie und andere Alternativmedizinen) erfolgreich durchzusetzen. Inzwischen handelt es sich um eine der wenigen Berufsgruppen, der es durch ihre Dominanz (Freidson 1979) das Privileg ausschließlicher Selbstkontrolle nicht nur möglich ist, den allgemeinen Versorgungbedarf für ihre Dienste durch das Auf- bzw. Erfinden neuer Krankheiten sowie das Entdecken neuer Remedien jederzeit auszuweiten (Illich [1975] 2007). Es ist ihr aufgrund dieses besonderen Alleinstellungsvorteils auch jederzeit möglich, Versorgungsmythen (Saake und Vogd 2007) in die Welt zu setzen und gegen Kritik in einer Weise abzuschotten, die sich selbst schon zu einem Gesundheitsrisiko (Schmidt-Semisch und Paul 2010) auszuweiten droht. Dazu gehören nicht nur die Behandlungsfehler, über die neuerdings in zunehmendem Maße, teilweise sogar gerichtsverwertbar gesprochen werden kann, Skandale in der Transplantationsmedizin oder das Problem der natürlich nicht nur von Ärzten verantworteten Krankenhausinfektionen, die Deutschland jährlich bis zu 15.000 Menschenleben kostet. Ähnlich verhält es sich auch in der Präventionspolitik, die gegenwärtig als

einziges Mittel gilt, um ursächlich gegen das Massensterben an verhaltensbedingten Erkrankungen des Stütz- und Halteapparats, des Stoffwechsel-, des
Herz-Kreislaufsystems und an bösartigen Neubildungen und Psychopathien
vorzugehen (Schnabel 2007). Mit Rücksicht auf die ärztliche Interventions-
gepflogenheiten wird in diesem chronisch unterfinanzierten Versorgungssektor
mit furchtinduzierenden Mitteln der Verhaltensprävention gearbeitet, obwohl
inzwischen bekannt ist, dass Strategien der pädagogischen Einflussnahme auf so
genannte, von der Krankheitsverteilungsforschung identifizierte Risikofaktoren
gerade jene Menschen nicht erreichen, die von einer funktionierenden Politik vorbeugenden Versorgungshandelns gesundheitlich am meisten profitieren würden
(Bauer 2005; Rosenbrock und Kümpers 2006; Schnabel 2009).

Mit der Domestizierung von Existenz- und Versagensängsten und der nach den
Weltkriegserfahrungen, Totalniederlagen und Wirtschaftskrisen weit verbreiteten
und tief sitzenden Furcht vor dem Verlust mühsam erarbeiten Wohlstands
und vor sozialem Abstieg hängt es zusammen, dass sich mit Hilfe der Medizin
auch „Staat machen" lässt. Darunter versteht der Sozialwissenschaftler Gerd
Göckenjan (1985), der mit zahlreichen Beispielen aus der Medizingeschichte
belegt, was zuvor der US-amerikanische Soziologe Talcott Parsons (1970) als
Funktionsvoraussetzung entwickelter Industriegesellschaften beschrieben hat. Es
ist die Fähigkeit und auch die Bereitschaft, sich als effizient diagnostizierende
und therapierende Kompensationsinstanz für die übertragbaren und die nicht
übertragbaren, überwiegend psychosozial bedingten degenerativen Massenkrankheiten der Gegenwart zu betätigen. Für den modernen Staat hat das nicht nur den
gerne in Kauf genommenen und deshalb mit horrenden Mitteln gegenfinanzierten
Vorteil, dass er so die Sorgen der Menschen über einen frühzeitigen Verschleiß
ihrer Arbeitskraft und die möglichen Folgen dieser Einsicht motivationspsychologisch zu unterlaufen und darüber hinaus auch einen Teil des Protest-
potenzials aufzufangen vermag (Sennett 2012). Plausibel, wenn auch bisher nur
unzureichend untersucht (Labisch 1988), daran ist, dass die Medizin auf diese
Weise den Gesellschaften und Staaten dabei behilflich ist, den Bürgern das Nachdenken über die Bedingungen, unter denen sie leben und arbeiten und die Lust zu
deren Veränderung abzunehmen und auf Dauer gänzlich auszutreiben.

2.2.3 Politik und Medien

Angst in Maßen und die alarmierende Furcht vor erkennbaren, weil in ihrem
Gefahrenpotenzial absehbaren Risiken, gehört zur normalen emotional-affektiven
Grundausstattung aller Menschen, die in modernen hoch technisierten und

komplex organisierten Gesellschaften wie der unsrigen überleben wollen. Gegenwärtig haben wir es aber in Deutschland mit einer besonderen Angstkultur zu tun, die im internationalen Sprachgebrauch schon ihren beredten Ausdruck gefunden hat. Im Englischen spricht man von „German Angst" (Bode 2012) und versucht damit einen ursächlich noch wenig geklärten Kollektivzustand zu charakterisieren, in dem Parteien reihenweise Wahlen mit dem phantasielosen Slogan „keine Experimente" gewinnen, der Sparstrumpf als „schwarze Null" regiert, christliches Gedankengut überall dort strapaziert und die „Wende rückwärts" propagiert wird, wo sich Veränderungen in der gesellschaftspolitischen Diskussion Bahn zu brechen drohen. Kaum etwas bewegt sich in Politik, Wirtschaft und Gesellschaft, weil eine junge, vom ungebremsten Kapitalismus und einer devoten Politik weitgehend chancenlos gemachte und disziplinierte Generation es ihren Großeltern und Eltern überlässt, politische Entscheidungen zu treffen. Die erstere hat es bis heute nicht geschafft, die durch den ersten Weltkrieg, den Nationalsozialismus, den zweiten Weltkrieg, Vertreibung, Entnazifizierung, Wiederaufbau verursachten Traumata ernsthaft zu verarbeiten. Die andere von einer kapitalismusfreundlichen politischen Klasse fast völlig im Stich ge- und in die Arbeitslosigkeit entlassen, möchte den seit den 1945er-Jahren hart erkämpften bescheidenen Wohlstand bewahren, um den ihn ein kleiner, gieriger, unanständig reicher Teil der Bevölkerung zu erleichtern versucht.

Noch scheint der von deutschen Regierungen mit besonderem Erfolg und nur wenigen Ausnahmen[2] immer wieder strapazierte Wechselwirkungsmechanismus zu funktionieren, demzufolge eine Bevölkerung vor allem denjenigen politischen Gruppierungen/Parteien vertraut, die ihnen die einfachsten, meist aber falschen Lösungen für den Umgang mit den künstlich hochgehaltenen Realängsten beispielsweise vor dem Kommunismus, vor dem sogenannten Generationenkonflikt oder mit der Furcht versprechen, bei der Wohlstandsverteilung im eigenen Land und im ökonomischen Wettbewerb mit anderen Nationen abgehängt zu werden. Die gegenwärtig aufflammenden Unruhen in Europa, vor denen inzwischen sogar die UNO warnt[3], weisen allerdings darauf hin, dass sich diese Unwahrheiten auf Dauer und in dem Maße nicht mehr halten könnten, in dem sich die vermeintliche Sicherheit der Renten, die sozialpolitischen Vorteile der sogenannten Harz

---

[2] Als Ausnahmen können der Wahlkampf und -sieg Willy Brandts 1972, der vor allem unter dem Slogan „mehr Demokratie wagen" geführt wurde und das ökologische Versprechen, welches dem Wahlsieg von Rot/Grün im Jahre 1998 vorausging, gelten.

[3] http://www.spiegel.de/wirtschaft/soziales/weltarbeitsmarktbericht-der-ilo-uno-warnt-vor-sozialen-unruhen-a-903442.htmi (Zugriff: 02. 04. 2015).

4-Reformen, die Notwendigkeit der Bankenrettungen, die Segnungen von Freihandelsabkommen um fast jeden Preis als gegen das Gros der Bevölkerung gerichtete Unredlichkeiten herausstellen sollten.

Auf jeden Fall sollte uns nachdenklich machen, wenn nicht sogar alarmieren, dass

- laut einer Studie der Bertelsmann Stiftung (2014) schon jetzt drei Viertel der Deutschen gar nicht mehr wahrnehmen, was im Bundestag in ihrem Namen geschieht,
- einer Untersuchung über die neuen sozialen Bewegungen in Deutschland zufolge, die die Friedrich-Ebert-Stiftung in Zusammenarbeit mit dem Göttinger Institut für Demokratieforschung durchgeführt hat, 30 % der Deutschen und 60 % der Ostdeutschen – Tendenz steigend! – meinen, dass die Demokratie schlecht funktioniere (Walter et al. 2013) und
- die Längsschnittuntersuchungsergebnisse einer Bielefelder Arbeitsgruppe um den Sozialwissenschaftler Wilhelm Heitmeyer (Klein et al. 2012) auf eine ansteigende Verunsicherung des sogenannten Mittelstandes und die wachsende Überzeugung der Bevölkerung schließen lassen, dass die demokratisch gewählten Parteien, insbesondere deren führende Repräsentanten außer Stande seien, weder die Gegenwarts- noch die ungleich schwierigeren Zukunftsprobleme des Landes zu lösen.

Mit denselben Ur-Ängsten (Existenz, Überleben), anderen kulturtypischen Realängsten, aber durchaus vergleichbaren Verarbeitungsproblemen, infolge derer seine Landsleute von bestimmten Interessenten (hpts. Religion, Politik, Militär, Wirtschaft) dazu gebracht werden, sich vor den falschen Dingen zu fürchten und die wirklich gefährlichen zu übersehen beziehungsweise zu verdrängen, haben nach Überzeugung des US-amerikanischen Soziologen Barry Glassner (2010) auch die Vereinigten Staaten von Amerika zu tun. Unter anderem nur am Beispiel des elften Septembers und des Irakkriegs macht er deutlich, wie das Spielen mit den Befürchtungen einer durch die Befreiungskriege mit Spanien, Mexiko, Frankreich und England, dem Sezessionskrieg zwischen Nord und Süd tiefentraumatisierten Nation zum Mittel einer ideologisch verrannten und unehrlichen Politik geworden ist. Zwar würden – so seine um Differenzierung bemühte Unterscheidung – durch Angstmache durchaus auch sinnvolle Produkte, wie Alarmanlagen oder Schutzzäune um Wohnsiedlungen an die Frau und den Mann gebracht. Aber schon bei vielen ganz alltäglichen Dingen wie dem millionenfachen Verbrauch von antibakteriellen Seifen, wo sich durch das Händewaschen mit normaler Seife die gleichen Effekte erreichen ließen, werden Wirkungen und

Ziele dieses Psychomechanismus offenbar. Profitieren tut die jeweils zuständige Industrie und sie hilft gleichzeitig auf einem ganz anderen Problemfeld den Behörden unter anderem von der Tatsache abzulenken, dass das unzulängliche Gesundheitssystem der USA von einem Ausnahmezustand wie z. B. nach einem Terroranschlag, oder einer noch viel wahrscheinlicheren Naturkatastrophe vollkommen überfordert wäre.

Noch problematischer verhält es sich mit der Furcht vor terroristischen Akten, die seit dem elften September 2001 in aufeinander abgestimmten Aktionen zur Verteidigung von Demokratie, Rechtsstaatlichkeit und Freiheit von konservativer Politik, militärisch-industriellem Komplex und Medien geschürt wird. Ihnen geht es darum, unter Ausnutzung der Gefühle einer geschockten, wirtschaftlich unter Druck stehenden, um inneren Frieden bemühten und sich gleichzeitig um die Vormachtstellung in der westlichen Welt sorgenden Bevölkerung eigene machtpolitische und wirtschaftliche Interessen voranzubringen. Das Zusammenrücken angesichts äußerer Bedrohungen war schon immer ein Mittel der Politik, um von eigenen Unfähigkeiten und Versäumnisse abzulenken. Sich als wehrhafte Demokratie auf die von Glassner (2010) so beschriebene unglaubwürdige und überzogene Art zu inszenieren, wie das zur Zeit geschieht, zeugt seiner Meinung nach nicht nur von der verborgenen Furcht der Dompteure, sie könnten den immer wieder beschworenen Glauben an die wichtigsten Institutionen der Gesellschaft, wie die Wissenschaft, die Bildung, die Wirtschaft, die Medizin und die Politik schon längst verloren haben. Diese Furcht scheint sie außerdem dazu zu bringen, die Kontrolle über das Volk in einer Weise anzuziehen, die dem in der Verfassung beschworenen Bekenntnis zu Demokratie und Freiheitsrechten widerspricht, und damit dem Terrorismus in die Hände zu spielen, der auf die unzufriedenen Teile der Bevölkerung und auf die Destabilisierung der politischen Systeme setzt.

Eine besondere Rolle dabei spielen die Medien. Ihnen ist mithilfe des Internets ein fast grenzenloser und nahezu unkontrollierbarer Einfluss auf die Bildung der öffentlichen Meinung zugewachsen. Auf der Jagd nach hohen Konsumentenquoten waren sie lange Zeit damit erfolgreich, durch alltägliche Sensationsberichterstattung und Angstmache (Entführungen, Drogenmissbrauch, Bandenkriege, Seuchengefahren, Terrorismus usw.) von den tatsächlichen, wirklich teuren Problemen der US-amerikanischen Gesellschaft (Arbeitslosigkeit, Rassendiskriminierung, Zusammenbruch des öffentlichen Bildungswesens, Unterfinanzierung und abnehmende Macht staatlicher Institutionen, fehlende Krankenversicherung großer Teile der Bevölkerung usw.) abzulenken. Inzwischen haben die klassischen Medien (Presse, Funk, Fernsehen) große Teile ihrer Macht an das qualitätsunsicherere und noch weniger kontrollierbare Internet abgegeben. Heute, wo sich jeder Mensch überall und weltweit informieren kann, verlieren – so Grassner (2010) – die sorgsam geschürten Alltagsängste sehr schnell ihre Wirkung. Und immer schneller treten dahinter eine sozialpolitisch zerrüttete Gesellschaft und eine von ewig gestrigen Traditionalisten und Wirtschaftslobbyisten weitgehend abhängige, zu Innovationen unfähige Regierung hervor, die sich kaum noch anders zu helfen weiß, als im Namen der Demokratie demokratische Werte und Errungenschaften außer Kraft zu setzen sowie die Notwendigkeit von Kriegen gegen sogenannte Schurkenstaaten und den internationalen Terrorismus herbei zu reden.

2.3 Angst und Demokratie – eine wechselvolle Geschichte

Angst, Furcht auf der einen und Demokratie, dem einen der drei in diesem Buch behandelten Themenfeld auf der anderen Seite, stehen in einem analytisch noch weitgehend ungeklärten und praktisch komplizierten Verhältnis zueinander (Rojzman 1997). Historisch gesehen, sind (Real-)Ängste immer schon entscheidende Gründe dafür gewesen, dass Menschen begonnen haben, über Demokratie als Alternative gegenüber allen bis dato bekannten, in der Regel durch Angst regierten autokratischen Regierungsformen nachzudenken. Realangst ist immer aber auch ein ständiger Begleiter der Demokratie (Regierung des Volkes, durch das Volk, für das Volk) gewesen. Allerdings handelte es sich dabei bis in die Gegenwart hinein immer um eine, die die demokratisch legitimierten Volksvertreter gegenüber denjenigen Bevölkerungen oder Bevölkerungsteilen erfüllte, die dazu tendierten, die Formel „Regierung durch das Volk" zu wörtlich auszulegen. Diese Furcht vor dem sich selbst regierenden Volk hat im Namen der Demokratie über die Zeit in unzähligen wissenschaftlichen und praktischen Diskursen seit den frühsten überlieferten Auseinandersetzungen über die beste Gestalt und Funktion der griechischen Polis zu den unterschiedlichsten Regierungsformen der Neuzeit, von der konstitutionellen Monarchie mit Parlamenten bis hin zu den Basiskonzepten geführt, die von den bürgerlichen bis zu den sozialistischen Vertretern der Revolution zwar erdacht, so gut wie niemals aber als solche in die Tat umgesetzt werden konnten (u. a. Meyer 2009; Schmidt 2010). Stets ging es um die bis heute ungeklärte Frage, wer die klügeren politischen Entscheidungen trifft bzw. treffen soll, die Besten oder die Mehrheit. Die schärfsten Kritiker ihrer verbreitetsten Form, der parteilich organisierten repräsentativen Demokratie (Manin 2007) meinen sogar, die sei nur erfunden worden, um die Bevölkerung vom Regieren abzuhalten.

Natürlich ist es stets gewagt, das Staatsdenken der Antike, Frankreichs oder der USA vor, während und kurz nach der Französischen Revolution und das von heute miteinander zu vergleichen. Aufgrund der jeweils anstehenden und differierenden sozialen Probleme und politisch-kulturellen Kontexte musste und muss es einerseits zu unterschiedlichen Ergebnissen, etwa im Hinblick auf die Ausprägungsformen von Demokratie kommen. Andererseits kann die Entdeckung des wenigen Gleichen im historisch Variierenden vor Augen führen, welche anderen möglicherweise entscheidenderen Triebkräfte für das Demokratisierungsgeschehen in Nordamerika und Europa verantwortlich zu machen sind, das den Völkern meist nur unter den positiven Aspekten der Humanisierung oder der politisch-sozialen und wirtschaftlichen Vorteile angetragen worden ist. Ängste, die uns vorantreiben, oft über das Ziel hinaus, aber häufiger noch solche, die verhindern, im Dienste der Menschen und im Interesse unserer Zukunftsfähigkeit das zu tun, was für das befriedigende Zusammenleben glücklicher Menschen vernünftig wäre (Höffe 2011; Hardt und Negri 2013).

So war es konstitutiver Bestandteil der grundsätzlich zweifelnden, durch skeptisches Nachfragen und Widerspruch dazulernenden Denkweise Platons und seines Schülers Aristoteles – heute würde man sie als dialektische, neuerdings als reflexive bezeichnen (Holz 2011) – nicht nur die Vorteile der Demokratie zu preisen, sondern sich fast noch intensiver mit deren Nachteilen auseinanderzusetzen. Zu berücksichtigen ist dabei, dass wir es in den verschiedenen Stadtstaaten Griechenlands und auch später in Rom nicht mit demokratisch verfassten Gemeinwesen im heutigen Sinne, sondern mit Sklavenhaltergesellschaften zu tun hatten, in denen nur freie Bürger das Anrecht besaßen, sich politisch zu engagieren. Der Erfahrungshintergrund, vor dem sich der Diskurs um die beste Form politischer Selbstverwaltung entfaltete, waren demzufolge nicht nur externe Ereignisse wie die Perserkriege und der Peloponnesische Krieg, in dem mit Athen und Sparta zwei grundverschiedene Gesellschaftssysteme aufeinander trafen und zeitweilig zueinander fanden. Es galt seiner Zeit auch drohende interne Konflikte zwischen reichen Landbesitzern und armen ausgekauften oder enteigneten Leibeigenen und Sklaven zu bedenken. Nichts macht die Konflikte dieser Anfangszeit deutlicher als der Umstand, dass Aristoteles, der heute zu den Klassikern der Demokratietheorie gezählt wird, in seinen politischen Schriften (in deutscher Übersetzung u. a. 1994) die Demokratie neben der Tyrannis und der Oligarchie zu denjenigen Verfassungen zählt, die den Herrschenden nutzen und die Monarchie, die Aristokratie und die Politie als Verfassungen zum Nutzen aller klassifiziert, und wie Platon (1998 nach einer Übersetzung ins Deutsche v. 1897) davor warnt, dass sie, die Demokratie, trotz vieler Vorteile die permanente und kontrollnotwendige Gefahr in sich trüge, den ungebildeten Plebejern zum Nachteil einer perfekten oder idealen Staatsverfassung die Macht zu überlassen.

Von anderen Voraussetzungen geht die zweite Welle der englischen, französischen und zeitlich etwas später einsetzenden Demokratiediskurse aus, die, wie es scheint, für die Entwicklung der Moderne noch entscheidender gewesen ist als die antiken Vorstellungen. Sowohl die englische als auch die französische Bevölkerung musste sich in blutigen Bürgerkriegen einer Monarchie erwehren, die sich auf ihr Gottesgnadentum berief und davon ihr absolutes Recht ableitete, die Bevölkerung in jedweder Hinsicht auszubeuten (Salewski 2004). Deshalb erkennen wir unter den Diskutanten beider Länder neben einigen monarchiekritischen Gemeinsamkeiten die beiden Grundpositionen wieder, über die auch im 17. und 18. Jahrhundert sowohl theoretisch als auch praktisch gestritten wurde (Nolte 2012). Während sich unter anderem in den Abhandlungen John Lockes (1689) und Montesquieus ([1748] 1951) die Furcht vor den chaotischen Entscheidungen der politikunfähigen Bevölkerungsmehrheit widerspiegelt, wegen der sie für einen starken Staat und/oder eine geläuterte Monarchie plädierten, sind die Jahrhunderte langen Erfahrungen der Unfreiheit für Autoren wie Thomas Hobbes ([1651] 2011) und Jean-Jaques Rousseau ([1762] 2010) Grund genug, um die Monarchie durch eine republikanische Verfassung abzulösen. Der Monarch kann, so warnte beispielsweise Hobbes in seinem berühmten „Leviathan", gar nicht anders, als sich bei allem, was er tut, auf das Gottesgnadentum seiner Herrschaft und darauf berufen, dass er niemandem sonst verantwortlich sei, während eine weltliche Regierung nur durch die wankelmütige und unberechenbare Zustimmung der Regierten selbst legitimiert werden könne. Den Vertretern beider Richtungen blieb es nicht erspart, wenig später mitzuerleben, wie sich infolge der englischen Bürgerkriege, des kurzen Lordprotektorats Oliver Cromwells (1653–1658) und ein knappes Jahrhundert später im Verlaufe der französischen Revolution der Traum von der bürgerlich-republikanischen Selbstregierung in Luft auflöste, und nach kurzen Phasen der Cromwellschen Militärdiktatur auf englischem Boden in eine Monarchie (Charles II), und nach dem Terror der französischen Wohlfahrtsausschüsse und dem kurzen Wiederaufflammen der Monarchie (Ludwig XVI) in das napoleonische Kaiserreich überging.

Im Unterschied dazu entschieden sich die Konstrukteure der US-amerikanischen Verfassung nach Befreiungskriegen gegen Spanien, Mexico und England, nach kontroversen Auseinandersetzungen über die Erfahrungen mit der Französischen Revolution und im Blick auf die Integrationsprobleme einer noch im Auf- bzw. Ausbau befindlichen Nation (Depkat 2007) für eine Demokratievariante, die den Hoffnungen und Befürchtungen aller am Diskurs Beteiligten gerecht zu werden versuchte. Zu ihnen gehörten konservative Politiker wie Alexander Hamilton (1757–1804) der aus tiefer Skepsis gegenüber den Fähigkeiten einer Volksregierung die Ernennung eines Präsidenten auf Lebenszeit oder Ersatzmonarchen und einer starken Zentralregierung befürwortete. Andere aufgeklärte und republikanisch gesonnenere, vom Misstrauen gegenüber den möglichen absolutistischen Strebungen einer starken Zentralregierung erfüllte Politiker wie unter anderem der vierte Präsident der Vereinigten Staaten, Thomas Jefferson (1779–1801), setzten sich für eine freie Bauernschaft, die Rechte der Einzelstaaten und die Beschneidung der Macht der Zentralregierung ein. Aber auch Externe, wie u. a. der USA-Reisende Alexis de Tocqueville (1805–1859), der eine nicht nur in Europa, sondern auch in den USA viel beachte Abhandlung über die Amerikanische Demokratie verfasste, und trotz seiner Begeisterung für dieselbe und unter Hinweis auf die Erfahrungen Frankreichs vor deren zerstörerischen Kräften warnte, nahmen erheblichen Einfluss.

Auch der deutsche Weg zur Demokratie kann mit Fug und Recht als ein von externem Gedankengut und von vielfältigen traumatisierenden Ereignissen beeinflusster Sonderweg betrachtet werden. Das bis zum Sieg über Frankreich (1871) in zahlreiche Königreiche, Einzelfürstentümer und freie Städte zersplitterte Land musste erst im Verein mit Österreich-Ungarn den ersten Europäischen Bürgerkrieg (1914–1918) mit US-amerikanischer Beteiligung anzetteln, den darauf folgenden demokratischen Fehlstart der Weimarer Republik (1918–1933) und die Nationalsozialistische Diktatur (1933–1945) durchleben und mit einem zweiten Krieg (1939–1945) die gesamte Welt in Brand setzen, um seit Kriegsende und nach einer bis in die 1980er-Jahre reichende Besatzungszeit durch die Siegermächte im Westen des Landes zu einer mehr oder weniger oktroyierten, aber bis in die Gegenwart hinein erstaunlich stabilen Selbstverwaltungsform nach US-Amerikanischem Vorbild zu gelangen (Vogt 2006). Die nur wenig vorbereitete Wiedervereinigung mit den östlichen, von 1945 bis 1990 kommunistisch-diktatorisch regierten östlichen, auf ein politisch-demokratisches Leben westlichen Zuschnitts kaum vorbereiteten Landesteilen und die damit einher gehenden und unterschätzten wirtschaftlichen, sozialen und politischen Verwerfungen scheinen das westdeutsche repräsentative und föderale, schon in 1960er- und 1970er-Jahren durch protestierende studentische Eliten und eine sich als politisch links gebende und mordende Guerilla (Rote Armee Fraktion) schon einmal herausgeforderte System vor überwunden geglaubte Selbstwert- und Selbsterhaltungsprobleme zu stellen (Heinrichs 2003). Trotz eines über Jahrzehnte gegen mehrere Krisen, hohe Arbeitslosigkeit und internationale Vorbehalte mühsam erkämpften wirtschaftlichen Spitzenplatzes in Europa und der Welt, steigt die Armut in Deutschland, sind immer mehr Menschen im Alter unzureichend versorgt und sind die Chancen auf ein gutes und gesundes Leben gesellschaftlich ungleich verteilt. Die Abstiegsängste der einstmals gesellschaftsstabilisierenden Mittelschicht sind derart gestiegen, dass es sie in rechts- und linksgerichteten Protesten gegen die Regierung, insbesondere gegen deren Einwanderungs- und Wirtschaftspolitik auf die Straße treibt.

Der Einfluss all dieser Entwicklungen, die tagtäglich erfahrene Hilflosigkeit der Politik gegenüber der Macht des Kapitals und die sich seit dem 11. September 2001 aus den USA über die Welt verbreitete und vom islamischen Fundamentalismus hoch gehaltene Furcht vor dem terroristischen Anschlägen haben sich zu einem besonderen Klima der Angst (s. o.) und einem Selbsterhaltungswillen verdichtet, infolge dessen den Bürgern der aktuelle Zustand der deutschen Demokratie mit ihrer neoliberalen Wirtschaftspolitik und ihren sozialpolitischen Ungerechtigkeiten zum Trotz als alternativlos präsentiert werden kann. Das hat vielfältige und für die Lebensbedingungen einer robusten, lebendigen, vom Mehrheitswillen der Bevölkerung getragenen, auf den Schutz von Minderheitsrechten bedachten parlamentarischen Demokratie äußerst riskante Konsequenzen. Es wird unbehelligt von jedweder Alternative immer wieder derjenigen Regierung unabhängig von ihren tatsächlichen Qualitäten der Vorzug gegeben, die die Aufrechterhaltung der bestehenden (Ungleichheits-)Verhältnisse garantiert und sich sowohl internen als auch internationalen Konflikten mit Ausnahme derjenigen verweigert, die den Status quo gefährden könnten. Es leistet einem selbstgenügsamen Parlamentarismus Vorschub, der kaum noch Politisches zustande bringt, weil sich fast alle an der Meinungsbildung des Volkes beteiligten Parteien um die Zustimmung der konservativen bürgerlichen Mitte bemühen, statt sich dem Wähler als lösungsfähige Alternative für sozialpolitische Probleme zu präsentieren (Kurbjuweit 2015). Und beide zusammen nähren durch ihr angeblich vom Wahlvolk priorisiertes Verhalten einen politischen Defätismus (Vogd 2013), der sich in zunehmender Wahlenthaltung auf nationaler und europäischer Ebene und dem Erfolg links- und rechtsradikaler oder politikveralbernder Splitterparteien manifestiert, die weder die Chance besitzen noch bereit sind, politische Verantwortung zu übernehmen. Aus Furcht vor Veränderung und ihren Folgen wird der Demokratie der strittige, konfliktlösende und konsensfähige Diskurs, der Politik die Zuversicht und dem gesellschaftlichen Zusammenleben im Namen der Demokratie vieles von dem entzogen, was dieses Leben dringend braucht, um sich zum besseren und dereinst vielleicht zum wirklich guten zu entwickeln.

2.4   Wie viel Furcht verträgt Demokratie? – Versuch einer Theoretisierung

Welche weiteren Faktoren für die oben beschriebene sich überall in Europa, in Deutschland allerdings besonders intensiv ausbreitende Lähmung des politischen Lebens ausgerechnet einer Zeit verantwortlich zu machen sind, in der Europa besonders viel demokratisches Engagement benötigt, um nicht nur wirtschaftlich, sondern auch politisch und sozial zusammenzuwachsen (Scharpf 2002), kann an dieser Stelle nicht detailliert untersucht werden (vgl. dazu auch die Kap. 3 der vorliegenden Untersuchung). Dass aber die auf den Grundängsten der Menschen vor dem Verlust von Existenz und Subsistenz aufruhenden Realängste vor Verlust sozialer Sicherheit und Integration, der Minderung des mühsam erkämpften Wohlstands, vor Überfremdung und Sozialabbau für die Dynamik der Demokratisierungsprozesse überall auf der Welt eine nicht weniger wichtige Rolle spielen als deren andere positivere Treiber (z. B. Vertrauen, Lust und Zuversicht), dürfte deutlich geworden sein. Als allgegenwärtige treten sie besonders in Krisenzeiten hervor, um im Interesse all derer, die von ihrer Existenz ideell und/oder materiell profitieren, um politischen Stillstand zu erzeugen oder die Akzeptanz der Menschen für die Rückwärtsentwicklung auf längst schon überwunden geglaubte Stufen ethisch-moralischer und gesellschaftspolitischer Entwicklung zu erhöhen.

Es sind bisher erst wenig empirische Versuche unternommen worden, das innerhalb von Bevölkerungen präsente Verhältnis der Grade von Vertrauen, Lust und Zuversicht auf der einen, und von Angst, Furchtsamkeit und Verzagtheit auf der andere Seite miteinander in Beziehung zu setzen (Wilkinson und Pickett 2009) und von einer so erarbeiteten Kombinationstypik[4] auf die Demokratiefähigkeit bzw. -bereitschaft der Menschen zu schließen. Aus anthropologischer Sicht

---

[4]Ein thematisch etwas anders gelagerter theoretischer (Horkheimer et al. 1936) und empirischer Versuch (Adorno et al. 1950) ist von den Vertretern der kritischen Theorie oder Frankfurter Schule im US-amerikanischen Exil unternommen worden. In den Untersuchungen wird vom „Sozialcharakter" u. a. der „autoritären Persönlichkeit" gesprochen; einem Konstrukt, welches den Autoren dazu dient, den Zusammenhang zwischen autoritärem und angstinduzierendem Erziehungsstil, totalitären Lebensbedingungen und der Empfänglichkeit der deutschen Bevölkerung für die rassistische Ideologie des Nationalsozialismus zu erklären. Diese Anfälligkeit ist heute bei einer rd. zwanzigprozentigen Minderheit, wie auch in anderen europäischen Ländern immer noch vorhanden (Heitmeyer 2002–2010), äußert sich wegen der veränderten Sozialisations- und Lebensbedingungen im Nachkriegsdeutschland bisher aber noch auf andere Weise.

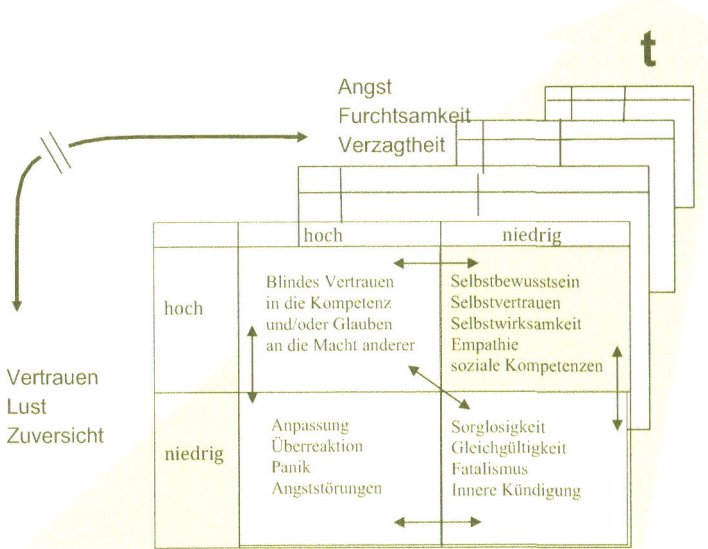

Abb. 2.1 Reaktionsoptionen angesichts differierender, sich unabhängig voneinander ent-
wickelnder und variierender Verhältnisse zwischen Angst/Furchtsamkeit/Verzagtheit und
Vertrauen/Lust/Zuversicht. (eigene Darstellung)

und im Hinblick auf die Ergebnisse der sozialpsychologischen Entwicklungs-
bzw. Bindungsforschung scheint dies jedoch plausibel, zulässig und notwendig zu
sein, weil beide Forschungsrichtungen die in früher Kindheit angeeignete Balance
von (Ur-)Vertrauen und Angst tangieren. Mit Ausnahme des Phänomens der
„Lust-Angst", die nach allem, was wir heute wissen, relativ unabhängig davon
entsteht (Balint 1994, vgl. Abb. 2.1), ist sie nicht nur für das Gelingen der Eltern-
Kind-Beziehungen (Schnabel 2011), sondern auch für die darauf aufbauende
(gesunde) Persönlichkeitsentwicklung im Erwachsenenalter (u. a. Erikson
[1959] 1979; Goffman [1967] 1971; Schnabel 2001; Hurrelmann 2006a), sowie
die Entstehung von Psycho- und Psychosomatopathien (u. a. Krappmann 1993;
Wirsching und Stierlin 1994) mitverantwortlich zu machen.

- Ein *vertrauensvoller,* sich durch Lust auf das Leben mit all seinen Haus-
  forderungen auszeichnender Mensch, der wenig verzagt und seine *Ängste
  im Griff* hat, geht – wie dies auch der US-amerikanische Medizinsozio-
  loge Aaron Antonovsky (1987) und dessen Nachfolgerinnen und Nachfolger

nachweisen konnten – nicht nur selbstbewusst, selbstwirksamkeitsüberzeugt, sozialkompetent und empathisch durchs Leben (vgl. Abb. 2.1, rechter oberer Quadrant). Er ist auch mit Zuversicht ausgestattet, empfindet sein Leben als sinnvoll und verfügt über ausreichende Widerstandsressourcen, um Probleme zu meistern, erfüllt damit zentrale Voraussetzungen, um gesund zu bleiben und ein ihn befriedigendes, sinnvolles Leben zu führen.

• Wer demgegenüber ein hohes Maß an *Vertrauen* und Unternehmungslust aus Gründen, die möglicherweise nicht er selbst und vielleicht auch nicht seine Eltern, sondern andere aufgrund diverser lebenslang ausgeübter Einflüsse zu verantworten haben, mit *Ängsten* und einem *hohen Furchtsamkeitspegel* verbindet (vgl. Abb. 2.1, linker oberer Quadrant), tendiert aller Voraussicht nach eher dazu, sich Sicherheit, Lebensmut und Zuversicht verstärkt bei Anderen zu holen. Er/ Sie ist anfällig für bzw. vertraut eher blindlinks auf die Überzeugungen anderer und von ihnen vertretene Glaubenssysteme, statt sich auf rationale, diskursive und auf selbst- resp. fremdreflexive Weise von der Angemessenheit getroffener Entscheidungen und eingeschlagener Wege zu überzeugen.

• *Hohe Furchtsamkeit* und *niedriges Selbstvertrauen* (vgl. Abb. 2.1, linker unterer Quadrant) prädestiniert aller Wahrscheinlichkeit nach zu überhöhter Anpassungsbereitschaft an Vorgaben durch Andere, zu Überreaktionen auf geschürte Realängste bis hin zu panischem Verhalten in Situationen, in denen Personen mit höherem Selbstvertrauen und Wirksamkeitsempfinden oder aufgrund fester Glaubensgrundsätze gelassener und unter Zuhilfenahme multipler Problemlösungsmöglichkeiten allein oder mit Unterstützung anderer reagieren. Ob diese Konstellation auch zu krankheitswertigen Angststörungen prädestiniert, ist nicht belegt, kann aber angesichts des gegenwärtigen Forschungsstandes und im Falle hoher familienbedingter Disposition (Perkonigg und Wittchen 1995; Flötmann 2005; Warwitz 2010; Wilkinson und Pikett 2010, S. 47 ff.) durchaus vermutet werden.

• Schließlich kann davon ausgegangen werden, dass Menschen mit einem dauerhaft *niedrigen Angst-*(Furcht-, Verzagtheits- und Vertrauens-) und einem chronisch *niedrigen Zuversichtslevel* (vgl. Abb. 2.1, rechter unterer Quadrant) nicht nur dazu tendieren, Warnsignale in Bezug auf belastende Lebens- und Arbeitssituationen und/oder riskante eigene und fremde Verhaltensweisen in den Wind zu schlagen. Sie lassen sich auch eher gleichgültig gegenüber den Konsequenzen ihres Handelns bedenkenlos treiben und leben vergleichsweise lustlos im Hier und Jetzt, ohne die Bereitschaft im eigenen oder im Interesse der Anderen verändernd einzugreifen.

Obwohl sie sich genetisch unterschiedlichen Wurzeln verdanken, stehen die verschiedenen Angstbewältigungscharaktere (vgl. die Verbindungspfeile in Abb. 2.1) entwicklungsgeschichtlich mit einander in Verbindung. Im Laufe der Zeit (t) kann durch verschiedene äußere Einflüsse Selbstbestimmung in Glaubensabhängigkeit, im Fall der Überlastung mit Optionen aber auch zum Defätismus führen. Blindes Vertrauen in die Botschaften anderer kann Sorglosigkeit aber auch Überanpassung zur Folge haben. *Demokratie* als ein von geistiger Interessiertheit, multimedialer Kommunikation und der Bereitschaft zu diskursiver Entscheidungsfindung besonders angewiesene Form politischer Selbstverwaltung wird am meisten von politisch Interessierten profitieren, die über Selbstbewusstsein, Selbstwirksamkeitsüberzeugung und soziale Kompetenzen verfügen. Sie verträgt Ängste und Furcht sofern und insoweit, als diese von der Mehrheit der Menschen als Alarmsignal für reale Bedrohungen wahrgenommen und verarbeitet werden können. Unverarbeitete oder unverarbeitbare Ängste, zu denen viele unnötige, aus Egoismus oder purer Sensationslust geschürte Befürchtungen gehören, lähmen den demokratischen Prozess und machen Menschen insbesondere dann anfällig für dirigistische bis diktatorische Lösungskonzepte, wenn diese über wenig Selbst- und Fremdvertrauen verfügen, und aufgrund ihrer Sozialisation übermäßig starke Züge von blindem Vertrauen in andere, Überanpassung und/oder Sorglosigkeit entwickelt haben. Unbewältigte oder unangemessen verarbeitete Realangst belastet nicht nur die Einzelnen. Sie „isst" – wie es im Titel eines von Rainer Werner Fassbinder in den 1970er-Jahren gedrehten Films über die „amour fou" zwischen einer deutschen Frau und einem türkischen Gastarbeiter heißt – nicht nur „die Seele auf". Für die meisten der Schönwetter-Demokratien der Gegenwart erweist sie sich auch als Gift, indem sie die Menschen – von Kirche, staatstragender Medizin, Politik und Medien aus selbstreferenziellen Gründen instrumentalisiert (vgl. dazu auch Abschn. 2.2 der vorliegenden Untersuchung) – dazu bringt, im angeblichen Interesse der Demokratie immer mehr demokratische Pflichten ab- und Rechte aufzugeben. Unter anderem auch das Recht, sich mit politischen Mitteln für ein besseres und gerechteres Leben der Vielen und infolge dessen auch für ein besseres System politischer Selbstverwaltung einzusetzen.

Demokratie kann nach Meinung des britischen Demokratieforschers Collin Crouch „nur dann gedeihen, wenn die Masse der normalen Bürger wirklich die Gelegenheit hat, sich durch Diskussionen und im Rahmen unabhängiger Organisationen aktiv an der Gestaltung des öffentlichen Lebens zu beteiligen" (Crouch 2008, S. 8 ff.). Wenn das richtig ist, und vieles spricht dafür, dann gilt auch, dass das moderne Leben, welches zwar besser ist als vor hundert Jahren, aber für viele noch keineswegs das Qualitätsurteil „gesund", „gut" oder „glücklich" verdient, die funktionierende Demokratie braucht, um zu dem umgestaltet werden zu können, was sie angesichts des Wohlstands der meisten Nationen sein könnte, aber noch nicht ist.

Diese Schlussfolgerung wirft drei für die in der vorliegenden Untersuchung verfolgte Argumentationslinie wichtige Fragen auf. Wegen der bereits vorliegenden Erkenntnisse vergleichsweise einfach zu beantworten ist.

1. Diejenige nach den Bedingungen, die auf der individuellen (sozialcharaktermäßigen) und auf der systemischen Seite gegeben sein müssen, damit Demokratie im Interesse der vielen funktioniert (Möllers 2008, Michelsen 2013).

Weit schwieriger zu beantworten sind die zwei weiteren Fragen, die uns im Folgenden noch beschäftigen werden.

2. Kann es gelingen, denjenigen Menschen, die aufgrund durchlebter Macht- und Hilflosigkeit gelernt haben, den existierenden Demokratien und ihren Organen gründlich zu misstrauen, Lust darauf zu machen, ihre eigenen Bedürfnisse mit demokratischen Mitteln und nach demokratischen Spielregeln zu befriedigen (Blühdorn 2013)?
3. Und ist es möglich, ihnen in diesem Klima der künstlich erzeugten Realängste, der instrumentalisierten Selbstzweifel und der Politikverdrossenheit, die dafür erforderliche Zuversicht und den Mut zu einem Leben zurückzugeben oder zu vermitteln, welches sie befähigt, ihr Grundrecht auf Gesundheit[5] und/oder Lebensglück (vgl. dazu auch Kap. 9 der vorliegenden Untersuchung) gegenüber jenen einzufordern, die die Macht besitzen, Menschen aus politisch-ökonomischen Gründen dazu zu veranlassen, ihre Gesundheit, für die meisten eines ihrer kostbarsten Güter wie eine unterbezahlte Ware zu vermarkten?

Um dies zu können, ist es erforderlich, zu tun, was bislang viel zu wenig geschehen ist, nämlich: aus anthropologisch-ökologischer Perspektive heraus zu klären, was gemeint ist, wenn von Gesundheit, Demokratie und gutem Leben gesprochen wird, und wie diese in der Regel getrennt und von verschiedenen Wissenschaften behandelten Phänomene in konstitutiver Weise zusammenwirken.

---

[5] „The enjoyment of the highest attainable standard of health is one of the fundamental rights of every human being without distinction of race, religion, political belief, economic or social condition" (WHO 1946, S. 1).

Soziopsychosomatische Gesundheit – Was darunter zu verstehen und weshalb sie für uns unverzichtbar ist

3

"Health is the state of complete physical, mental and social well-being and not merely the absence of disease and infirmity"

Constitution of the World Health Organization (1946, S. 1)

Wenn man sich heute das Gesundheitswesen Deutschlands anschaut, das nur so heißt, in Wirklichkeit aber ein Krankheitsversorgungswesen ist, sowie die dominante Rolle der Medizin mit ihrem Versorgungsmonopol und ihren Omnipotenzversprechen, dann fällt es schwer, sich vorzustellen, dass dieses System erst knapp dreihundert Jahre alt ist und die Versorgungsleistungen der Jahrtausende davor nach Konzepten und von Menschen erbracht wurden, die sich in ihrem Handeln primär mit Gesundheit und der Pflege einer diätetisch-salutogenen Lebensweise beschäftigten (u. a. Bergdolt 1999; Spijk 2011; Schnabel 2015). Hierbei wurde Kranken und Gebrechlichen die Hilfe nach Maßgabe der jeweils verfügbaren Mittel und Kompetenzen zwar nicht versagt. Im Vordergrund standen aber schon lange vor Hippokrates (460–370 v. Chr.) alle wissenschaftlichen und praktischen Bemühungen, zu verstehen, was beziehungsweise welche körperlichen, geistigen und gesellschaftlichen Ressourcen dem gesundheitlichen Wohlbefinden dienen und diese nach bestem Wissen und unter größtmöglicher Aktivierung von Selbsthilfepotenzialen zu stärken.

Es mag sein, lässt sich heute aber nicht mehr zweifelsfrei rekonstruieren, ob es schon zeitlich früher zu pathophysiologischen Ausrichtung der Medizin gekommen wäre, wenn die religiösen Schranken für den Umgang mit Verstorbenen früher gefallen wären. Erste Versuche, sich auf dem Sektionswege realistischere Vorstellungen über die Funktionsweisen des menschlichen Körpers

© Springer Fachmedien Wiesbaden GmbH, ein Teil von Springer Nature 2022
P.-E. Schnabel, *Soziopsychosomatische Gesundheit, robuste Demokratie, Suffizienzökonomie und das „glückliche" Leben*, Gesundheit und Gesellschaft, https://doi.org/10.1007/978-3-658-17810-9_3

anzueignen, gab es schon im alten Ägypten, in China und im klassischen Altertum. Zur Ultima Ratio medizinischen Diagnostizierens und Therapierens entwickelt es sich aber erst zu einer Zeit, als der ärztliche Blick sich, wie es in Michel Foucaults „Geburt der Klinik" ([1963] 1999, S. 137 ff.) heißt, mit Skalpell und Mikroskop zu bewaffnen begann. Infolge dessen verschwand die Gesundheitsfürsorge in den anschließenden Jahrhunderten fast gänzlich aus dem ärztlichen, versorgungspolitischen und öffentlichen Bewusstsein und kehrt dorthin erst wieder zurück, als Mitte des zwanzigsten Jahrhunderts aufgrund des allgemeinen politisch-sozialen Fortschritts die Menschen in den entwickelten Industrieländern alt genug wurden, um massenhaft chronisch zu erkranken, und damit die Medizin vor Versorgungsprobleme stellte, die mit den herkömmlichen technisch-naturwissenschaftlichen Mitteln nicht zu bewältigen waren.

3.1   Krankheit und Krankheitsfolgenbeseitigung heute

Das Menschen- beziehungsweise Patientenbild und die Entstehungstheorien von Krankheit, an denen sich große Teile der Medizin und Ärzteschaft noch heute orientieren, stammen aus einer Zeit,

- als die Infektionskrankheiten (Syphilis, Pest, Cholera, Typhus, Tuberkulose), wegen veränderter Lebens- und Arbeitsverhältnisse massenhaft aufzutreten begannen,
- von der verbreiteten diätetischen Gesundheits-Medizin weder entstehungsanalytisch richtig verstanden wurden noch von ihr in den Griff zu bekommen waren und
- sich zu Problemen von militärischer, wirtschaftlicher und sicherheitspolitischer Tragweite zu entwickeln begannen (u. a. Ferber 1973; Göckenjan 1985; Porter 2006).

Danach entstehen Krankheiten, die der Gesundheit als diametral entgegengesetzte begriffen werden, wenn Bakterien oder Viren auf einen menschlichen Organismus treffen, der mit bekannten Mustern der Abwehr (Schmerzen, Entzündungen, Fieber, Organläsionen) reagiert. Wer die gleichen Symptome zeigt, ist aus denselben Gründen mehr oder weniger schuldhaft erkrankt und kann deshalb weitgehend unabhängig von seiner individuellen Entwicklungsgeschichte auf die gleiche Weise, mit den gleichen Medikamenten oder operativen Eingriffen behandelt werden.

Bei Licht betrachtet jedoch, kam und kommt bestimmten körperlich-seelischen Erscheinungen Krankheitswertigkeit und Behandlungswürdigkeit sowohl im privaten (laienmedizinischen) als auch öffentlichen (professionellen) Rahmen erst zu, wenn ihre Träger nach den Kriterien einer auf psychophysische Äußerungsformen fixierten Medizin *krankgeschrieben*, d. h. offiziell als Patienten anerkannt worden sind (Ferber 1971; Schnabel 1988; Blättner 2005). Sich *krank zu fühlen*, ohne *objektiv krank* zu sein, reicht nicht aus, um de zweifelhaften Annehmlichkeiten der Patientenrolle (dem so genannten „sekundären Krankheits-gewinn") vorübergehend teilhaftig zu werden. Objektivierbar (messbar) krank zu sein, kann, muss aber nicht, besonders dann nicht, wenn Menschen um ihren Arbeitsplatz fürchten, zur Krankschreibung führen, während sich krank zu fühlen, durchaus auf eine faktische psychische oder somatische Erkrankung hinweisen kann, die aber die Ärzteschaft wegen mangelnder Sorgfalt und/oder fehlender Sensibilität nicht erkennt. Sich krank zu fühlen, messbar krank zu sein und offiziell als Patient anerkannt zu werden, kennzeichnet immer nur die Situation eines Teils derjenigen Menschen, die am Versorgungssystem partizipieren. Ein nicht unerheblicher Teil lässt sich krankschreiben, um für kurze Zeit und legitime Weise den Belastungen in Privat- und/oder Arbeitsleben zu entgehen, und eine nicht viel kleinere Gruppe von Menschen schleppt sich objektiv krank zur Arbeit, um keine Kündigung zu riskieren. Alle können, müssen allerdings nicht unbedingt ein Zeichen dafür sein, dass mit den Verhältnissen zwischen den Menschen und dem gesellschaftlich organisierten Leben, das sie führen, irgend-etwas nicht in Ordnung ist.

Diese Vermutung liegt besonders bei den nicht übertragbaren Krank-heiten nahe, die gegenwärtig die im achtzehnten und neunzehnten Jahrhundert dominierenden Infektionskrankheiten im Mortalitäts-, Morbiditäts- und Früh-berentungsranking fast vollständig abgelöst haben. Sie haben ursächlich mit den Einstellungen, dem Verhalten und dem Lebensstil der Menschen zu tun, ver-laufen degenerativ und sind irreversibel. Sie, die auch „Zivilisationskrankheiten" genannt werden, manifestieren sich zuerst als materielle und sozial-integrative Defizite auf der gesellschaftlichen, dann in Besonderheiten (Störungen) auf der Verhaltensebene und schließlich, sofern sie sich auf der psychischen oder Ver-haltensebene nicht chronisch oder einer Behandlung zugeführt werden, auf der körperlichen Ebene. Dort nach oft Jahrzehnte langer psychosozialer Vor-geschichte angelangt, werden sie dann, meist erst im späteren Erwachsenenalter als psychosomatische, bzw. psychovegetative Erkrankungen des Herz-Kreislauf-, des Stoffwechsel- und Verdauungssystems, des Stütz- und Halteapparates, des Beatmungssystems und als mehr oder weniger bösartige Neubildungen identifiziert. Sobald sie auffällig werden, was ihnen meist erst im organisch biophysiologischen Stadium widerfährt, werden die Erkrankten konventionell, das heißt medikamentös und/oder chirurgisch, und anschließend tertiärpräventiv (rehabilitativ), seltener sekundärpräventiv, das heißt durch Früherkennungsverfahren behandelt. Und dies wird weiterhin getan, obwohl inzwischen auch Mediziner bekennen (Schauder et al. 2006), dass den chronisch-degenerativen Krankheiten ursächlich nur mit primärpräventiven Mitteln, das heißt durch Beseitigung sozialer Defizite (hpts. Ungleichheiten in der Belastung und Versorgung der Menschen), die Verhinderung der Ausbildung von psychosomatopathogenen Verhaltensbesonderheiten und durch systematische Förderung der Gesundheit Einhalt geboten werden kann. So wie das Gros der versorgenden Ärzteschaft mit diesen Massenkrankheiten heute umgeht, ist es allenfalls in der Lage, das Leben der bereits chronisch Erkrankten qualitativ zu verbessern und in einer Weise zu verlängern, die einer zunehmenden Anzahl der Menschen nicht viel mehr als ein pflegebedürftiges, ökonomisch aufwendiges Dahinvegetieren und ein langes Sterben in zunehmender Abhängigkeit von den Versorgungsdienstleistern garantiert (Ewers und Schaeffer 2005; Schnabel 2013). Vom immerhin möglichen Idealfall eines langen, weitgehend beschwerdefreien, gesunden und selbstbestimmten Lebens und eines gesunden (schnellen und menschenwürdigen) Sterbens sind die meisten von ihnen gegenwärtig noch weit entfernt.

3.2 Gesundheit ist mehr als das Freisein von Krankheit

Wenn es nach den soeben angestellten Überlegungen unbestreitbar ist, dass das gefühlte oder das offiziell anerkannte Fehlen von Gesundheit entgegen anders lautender Überzeugungen noch nicht mit tatsächlicher Krankheit identisch ist, dürfte es als ebenso evident gelten, dass das offiziell anerkannte, subjektiv gefühlte oder an Hand festgelegter Grenzwerte bestimmte Freisein von Krankheit *allein* noch kein sicheres Zeichen von Gesundheit ist. Gesundheit ist, wie schon der zweite Halbsatz in der Definition aus der Verfassung der Weltgesundheitsorganisation (WHO 1946) klarzustellen versucht, mit dem reinen Fehlen von Krankheit und Gebrechen nicht gleichzusetzen. Sie ist *mehr* als das (Schnabel und Bödeker 2012; Schnabel 2015, S. 95 ff.). Und zu bestimmen, was dieses „Mehr" aus gesundheitsentstehungsanalytischer und -förderungsstrategischer Sicht bedeutet, sollte eines der Hauptanliegen von Gesundheitswissenschaften/ Public Health sein, die anderes zu tun versprochen haben als Medizinsoziologie und –psychologie, und infolge dessen eigentlich mehr sein sollten als bloße Krankheitsversorgungsforschung (Koppelin und Babitsch 2015).

Die Erkenntnisse, die bislang auf der Suche nach diesem Mehr zusammengetragen worden sind (vgl. Abb. 3.1), weisen erstens darauf hin, dass vieles von dem, was Gesundheit ausmacht, nur wenig mit dem zu tun hat, was heute unter Krankheit verstanden und als Krankheit behandelt wird. Sie machen zweitens deutlich, dass die Mehrheit der Faktoren von salutogener Bedeutung mit Ausnahme einiger Aspekte der körperlichen Konstitution in weit stärkerem Maße von den Lebens- und Arbeitsbedingungen der Menschen abhängen als diejenigen Determinanten, die wir der medizinisch überformten, von uns weitgehend verinnerlichten Begrifflichkeiten und Verhaltensweisen zufolge mit der Entstehung von und dem Umgang mit Krankheiten – auch mit den chronisch-degenerativen – in Verbindung zu bringen gewohnt sind. Und sie zeigen drittens, dass man so viel akutmedizinische Zuwendungen übereinander schichten und so viel verhaltenspräventive, auf Risikofaktoreneliminierung gerichtete präventivmedizinische und verhaltenspräventive Aktivitäten entfalten kann, wie man will. Im günstigsten Fall wird man damit nur Phasen der Nicht-Krankheit, niemals aber Befindlichkeiten erreichen, die dem der soziopsychosomatischen Gesundheit nahe kommen. Ihrer teilhaftig werden zu können, schließt nämlich Erfahrungen mit ein (vgl. Abb. 3.1), die von der Bevölkerungsmehrheit der Gegenwart unter den

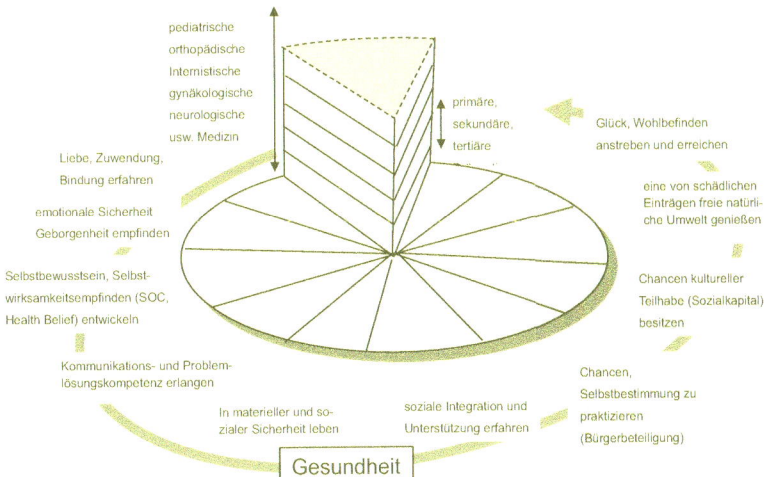

Abb. 3.1 Gesundheit ist mehr als das Fehlen oder Verhindern von Krankheit. (Quelle: Schnabel 2015, S. 144, eigene Darstellung)

bestehenden gesellschaftlichen Bedingungen nicht gemacht und in einer für sie nutzbringenden Weise verarbeitet werden können.

Dem zufolge lässt sich Gesundheit – wie es der Soziologe und Gesundheitswissenschaftler Peter-Ernst Schnabel (2015, S. 142) als Synopse vieler ähnlich ambitionierter Versuche und Verständigungsbasis für eine disziplinübergreifende Theoriearbeit vorschlägt – als „das *variable* Produkt eines mehr oder weniger gelingenden, am *Ideal* völligen körperlichen, seelischen und sozialen Wohlbefindens orientierten *lebenslangen* Auseinandersetzungsprozesses des Menschen mit den Anforderungen [begreifen, P.- E. S], die er *selbst* an sich sowie die *gesellschaftliche* und die *materielle* Umwelt an ihn stellen" (Schnabel 2015, S. 142). Und er fährt an gleicher Stelle fort: "Sie fällt umso *besser* und *nachhaltiger* aus, je mehr es dem Menschen auf der Grundlage seiner *biophysischen* Voraussetzungen gelingt, sich durch reflektierende, lernende und schöpferische *Kommunikation* mit sich und anderen ein möglichst großes Potenzial an *salutogenen* Kompetenzen anzueignen, diese im Austausch mit anderen auf ihre Wertigkeit hin zu *überprüfen* und allein oder in Zusammenarbeit mit anderen unter der Maßgabe *durchzusetzen,* dass dabei die Rechte *anderer* Menschen, ihr Leben nach gesundheitsdienlichen Gesichtspunkten planen und realisieren zu können, *nicht* beeinträchtigt werden. Sich Gesundheit und die zu ihrer Verwirklichung erforderlichen Fähigkeiten auf *legale* Weise und nach bestem *Wissen* und *Gewissen* ein Leben lang aneignen zu können, ist ein fundamentales und natürliches *Recht,* welches jedem Menschen zusteht, *unabhängig* von seinem Geschlecht, seiner ethnischen Herkunft, seiner religiösen Überzeugung und der sozialen Lage, in der er sich befindet."

In dieser Definition wird der zweite Satz aus der Präambel der Weltgesundheitsorganisation (WHO 1946) wieder aufgenommen, der Gesundheit, verstanden als der Zustand körperlichen, geistigen und sozialen Wohlbefindens, zur regulativen Idee und die Chance, diesen Zustand nach bestem Wissen und Vermögen anstreben zu dürfen, in den Rang eines Naturrechts erhebt. Ersteres aus der Einsicht heraus, dass ein derartiges Streben auf lange Sicht erforderlich ist und von Wissenschaft und Politik vorangebracht werden muss, um moderne Gesellschaften und das Zusammenleben der Bürger zukunftsfähig zu gestalten. Letzteres in dem durch Umfragen bestätigten Wissen, dass Gesundheit zwar an vorderster Stelle der Zukunftsbedürfnisse und -wünsche der Menschen rangiert, es bisher aber aus untersuchenswerten Gründen (Habersack 2009) nur selten und wenn, dann allenfalls – wie im deutschen Grundgesetz (Art. 2. Abs. 2) – als Schutz körperlicher Unversehrtheit und nicht als *biopsychosoziale* unter verfassungsrechtlichen Schutz gestellt zu werden.

Die günstigsten Voraussetzungen, sein Leben in bestmöglicher Gesundheit absolvieren zu können, besitzen nach diesem Definitionsvorschlag (vgl. Abb. 3.1) und nach Meinung derjenigen, die sich bisher mit der Erforschung einer Gesundheit beschäftigen, vor allem diejenigen, die schon in ganz frühem Alter und in der Beziehung mit sozialisationsfähigen Eltern und ähnlichen Bezugspersonen Liebe und Zuwendung zu erfahren, sich Urvertrauen anzueignen und Bindungsfähigkeit zu entwickeln. Und die dieses unter Bedingungen tun können, die die grundlegenden Bedürfnisse nach emotionaler Sicherheit und nach Geborgenheit befriedigen. Darauf aufbauend und unter dem Einfluss weiterer kommunikationskompetenter Bezugspersonen (Eltern, Verwandte, Freunde) ist es dann leichter als unter gegenteiligen Umständen, Selbstbewusstsein und Selbstwirksamkeitsüberzeugungen zu entwickeln, die den Grundstock für den so genannten „sense of coherence" (SOC) bilden. Darunter versteht der Salutogeneseforscher Aaron Antonovsky (1987, 1993) die gesundheitsstiftende Fähigkeit, in seinem Leben trotz widrigster Umstände einen Sinn zu sehen. Er setzt sich aus dem „sense of meaningfullness", dem „sense of comprehensiveness" und dem „sense of manageability" und damit aus drei Basiskompetenzen[1] zusammen, auf die fast alle Modelle der Salutogenese in der einen oder anderen Art Bezug nehmen, die inzwischen von psychologischen und soziologischen Krankheitsvermeidungsforschern entwickelt worden sind (zusammenfassend u. a. Faltermaier 2005, S. 146 ff.).

Bietet sich den Heranwachsenden unter dem Einfluss einer weiterhin unterstützenden und pädagogisch reflektierten Umwelt (Familie, Kindergarten, Schule, Berufsausbildung, Arbeitsplatz usw.) und der für diese Umwelt verantwortlichen Bezugspersonen (Eltern, Erzieherinnen und Erzieher, Lehrerinnen und Lehrer, Ausbildende, Vorgesetzte usw.) die Möglichkeit, ihre Persönlichkeit auf kommunikativ inspirierende und kreative Weise fortzuentwickeln und Problemlösungskompetenz zu erwerben, so ist ihnen in der Regel ein Leben in relativer sozialer und materieller Sicherheit garantiert. Letztere tragen ebenso entscheidend zur Realisierung eines erfüllenden und Glück verheißenden Lebens bei wie die Fähigkeit, sich als sozial integriert zu empfinden und Unterstützung durch andere zu erfahren.

Auf diese Weise in seinem Selbstbewusstsein bestärkt und fremdbestätigt, fällt es ihnen leichter, an den sozio-kulturellen Angeboten der Umwelt teilzuhaben,

---

[1] In dieser Reihenfolge bedeuten sie die Fähigkeit, die Herausforderungen des Lebens als logisch *aufeinander* und auf das *Ich* bezogene und als solche von einem selbst allein oder mit Hilfe anderer *bewältigbare* anzuerkennen.

sich darüber hinaus in ihre individual- und sozialverträgliche Gestaltung einzumischen und im Wissen um deren Konstruktionsbedingungen Wohlbefinden und
Glück ein Leben lang anzustreben.

Nach diesem kurzen Ausflug in diese noch wenig ausgearbeitete Phänomeno-
logie der Gesundheit legt uns die Suche danach, was ein gesundes Leben ist
oder sein könnte, als nächste Schritte nahe, nach der Differenz zwischen ihr und
einem Leben ohne Krankheit zu fragen, aber auch danach, wie viel Gesundheit tatsächlich hergestellt und aufrecht erhalten wird, wenn sich die Versorgungssysteme, wie fast überall auf der Welt, damit begnügen, die Menschen
von Krankheitsfolgen zu befreien und/oder Erkrankungsrisiken zu verhindern.
Beschwerdefrei zu sein, ermöglicht es vor allem, in Privat- und Arbeitsleben zu
funktionieren. Mit Gesundheit im oben angedachten Sinne ist dies aber keineswegs gleichzusetzen, weil es – wie uns Verlauf und Entstehung der augenblicklichen Massenkrankheiten belehren (u. a. Schnabel 1988, S. 213 ff.; Franke 2006,
S. 15 ff., 85 ff.; Hurrelmann 2006a, S. 65 ff.; Schramme 2012) – durchaus möglich ist, gleichzeitig chronisch krank zu sein und trotzdem, von Ärzten oder in
Eigenregie richtig eingestellt, diejenigen Rollen innerhalb unseres Berufs- und
Alltagslebens zu erfüllen, die wir und die soziale Umwelt von uns erwarten.
Zynischer Weise sind es gerade die Dinge (Einstellungen und Verhaltensweisen),
die das Funktionieren uns abverlangt, die uns krank machen und/oder uns im
Zustand medizinisch eingestellter („relativer") Gesundheit überleben lassen. Das
betrifft nicht nur die zahlreichen Risiken, von beruflich überforderten Eltern,
Erziehungspersonen, Lehrerinnen und Lehrern in unangemessen organisierten
sozial-strukturellen Kontexten nicht ausreichend auf das Leben und seine Herausforderungen vorbereitet zu werden. Krank trotz einwandfreien Funktionierens
machen uns auch all diejenigen anderen, die qua Geburt, Funktion oder Amt die
Macht besitzen, uns in Privat- und Arbeitsleben vor Herausforderungen zu stellen,
die mithilfe der uns von Geburt an und im Verlauf unserer Sozialisation (Bildung)
zur Verfügung gestellten Mittel (sozialer, ökonomischer, kultureller Teilhabe)
nicht bewältigt werden können. Riskant bis pathogen wirken auch diejenigen
Institutionen und Dienste, die die Gesellschaften extra dafür abstellen, uns zu
mehr oder weniger gut funktionierenden Bürgern zu erziehen, und im Vollzug
dieser Aufgaben darauf eingerichtet sind, uns zwar ein arbeitsames, aber kein
gesundes oder glückliches Leben zu bescheren.

Andererseits ist davon auszugehen, dass ein Sozialisationsprozess, der
wie oben dargestellt, durch einen optimalen Kompetenzgewinn auf allen entscheidenden Ebenen dieses Geschehens gekennzeichnet ist, Menschen nicht nur
gesund macht. Er, den nur ein begrenzter, durch Geburt und materiellen Voraussetzungen privilegierter Teil der Bevölkerung derart durchleben dürfte, trägt

nämlich auch dazu bei, den Heranwachsenden ein Maß an Selbstreflexion, Selbstbewusstsein, Selbstwirksamkeitsüberzeugung und kommunikativer Kompetenz
zu vermitteln, die ihn bei sachangemessenem Einsatz derselben früher oder
später in die *Gegnerschaft* zu denjenigen treiben werden, die sie aus eben diesen
Gründen daran zu hindern versuchen, in den Besitz eines auf Selbstbewusstsein
und Selbstwirksamkeitsempfinden gegründeten Ganzheitskonzepts von Gesundheit zu gelangen. Wie es schon die Experten der WHO voraussahen, die in der
Ottawa-Charta (1986) die Menschen dazu aufforderten, im persönlichen und im
Interesse der anderen

- neue, gesundheitsförderliche Lebenswelten zu schaffen,
- lebensverändernde bzw. -verbessernde Projekte zu unterstützen,
- die Versorgungssysteme um- oder zu reorganisieren und
- eine Wende in der Gesundheitspolitik herbeizuführen,

ist eine so verstandene Gesundheit ohne Veränderung der Gesellschaft und
ihrer Systeme durch die und in Zusammenarbeit mit den Bürgern kaum noch
zu denken. Aus eben diesem Grund begnügen sich die zu allererst auf Selbsterhaltung, durch Abwehr von Neuem und Bestandsbedrohendem programmierten
Gegenwartsgesellschaften damit, Krankheiten bloß zu beseitigen. Und sie sind
nur wenig motiviert, sich wirklich um deren Gesundheit und um die soziopsychosomatischen Bedingungen ihrer Herstellung und Aufrechterhaltung zu kümmern.
Diese nämlich müssten nach allem, was wir dank der Gesundheitsforschung
inzwischen wissen (Wilkinson und Pikett 2010), gleichere und gerechtere sein,
als diejenigen, die wir kennen.

3.3   Auch Gesundheit kann und sollte messbar werden

Als Zeichen dieses von der Sache her durch nichts, allenfalls durch allgemeine
und durch professionspolitische Interessen begründbare Desinteresse an Gesundheit mag gelten, dass sich rund neunzig Prozent aller Indikatoren, mit deren
Hilfe sich die entwickelten Industriegesellschaften zu Planungszwecken in so
genannte „Gesundheitsberichten" über den Gesundheitsstand der Bevölkerung
informieren lassen, auf Krankheit beziehen (Schnabel 2011; Schnabel und
Bödeker 2012, S. 195 ff.). Krankheit gilt in der konventionellen Medizin und
unter den Naturwissenschaften, auf deren Erkenntnisse sie sich stützt, als einzig
reale, weil man sie anfassen (fühlen, riechen, schmecken), durch das Einhalten,

Über- und Unterschreiten vorgegebener Richtwerte messen und inzwischen auch durch bildgebende Verfahren visualisieren kann. Gesundheit hat es dagegen sehr viel schwerer, in Wissenschaft, Politik und Öffentlichkeit als eine anerkannt zu werden, die es wirklich gibt. Viele halten sie unter Verweis auf die Definition der WHO (1946, 1986), in der von „Wohlbefinden" die Rede ist, für etwas, was nur in der subjektiven Wahrnehmung der Menschen existiert und deshalb etwas sei, um das sich diese nur selbst, keine teuer bezahlten Experten qua Auftrag zu kümmern hätten. Wieder andere zeigen sich zwar überzeugt, wie wichtig die Gesundheit für ein befriedigendes Überleben ist[2], weisen mit dem Philosophen Georg Gadamer (2003) sogar kritisch daraufhin, dass die moderne zu ihrer Ent-schlüsselung unfähigen Medizin der Gesundheit zum Nachteil behandelter Menschen mit guten Gründen eine Existenz im „Verborgenen" zumute. Sie musste aber erst über die These von der Sozio-Psycho-Somatogenese moderner Massenkrankheiten zum *Problem* werden, bevor Gesellschaften und Versorgungs-systeme ihre Mitverantwortung am Gesundheitszustand der Bevölkerungen akzeptierten und – allerdings wiederum aus medizinischer Sicht und mit medizin-affinen Mitteln – damit begannen, sich um dessen Verbesserung zu kümmern (Schnabel 2007; Kühn und Rosenbrock [1994] 2009; Kühn et al. 2009). Inter-veniert wird trotz Jahrzehnte langer Gesundheitsforschung heute nur, wenn bestimmten Verhaltensweisen (Rauchen, Fehlernährung, Bewegungsmangel, Dis-stress usw.) mittels Risikoattribution ein Krankheitswert zugeschrieben worden ist und danach den Menschen durch pädagogische, an Stelle chirurgischer oder medikamentöser Maßnahmen ausgetrieben werden kann.

Welche Bedeutung und welche Konsequenzen hätte es aber demgegen-über, Gesundheit – wie Krankheit übrigens auch, die bei Licht betrachtet, nichts Anderes ist (Ferber 1971; Schnabel 1988; Blättner 2005 und Abschn. 3.2 der vorliegenden Untersuchung) – als ein genetisch zwar kompliziertes, aber sozial konstruiertes und real existierendes Phänomen zu begreifen, das mehr ist als das Freisein von Krankheit und mit ihr als solche empirisch messend und ver-sorgungspolitisch angemessen umzugehen? Eine empirische Behandlung, der natürlich der Beweis vorausgehen müsste, dass es an der Gesundheit etwas

---

[2] In solchen Zusammenhängen wird immer gerne auf ein Zitat des Philosophen Arthur Schopenhauer (1788–1860) verwiesen, der selbst Medizin studiert und auf der Suche nach dem Lebensglück festgestellt hat, dass Gesundheit zwar nicht alles, aber alles ohne Gesundheit nichts sei.

Spezielles zu messen gibt, das sonst keinen anderen Aspekt der Wirklichkeit berührt,

- würde den Gesellschaften nicht nur zu einer *Gesundheitsberichterstattung* verhelfen, die ihren Namen wirklich verdient. Wie oben (vgl. Abb. 3.1) dargestellt, würde sie außerdem
- eine Fülle zusätzlicher *Faktorenkomplexe* (Gesundheitsdeterminanten) und *Interventionsfelder* erschließen, in denen Forschung, Versorgungspraxis und Politik tätig werden könnten respektive müssten, um sich der sozial, materiell und gesundheitlich zu kurz gekommenen Menschen, aber auch derer anzunehmen, die zwar nicht leiden, jedoch von einer systematischen und lebensbegleitenden Gesundheitsförderung, z. B. durch ein längeres, qualitativ hochwertiges Leben profitieren würden.
- Gleichzeitig würde eine um systematische Objektivierung gesundheitsbeeinflussender Determinanten bemühte Forschung sich nicht nur darüber Klarheit verschaffen, was der *individuellen* Gesundheit dient und was nicht.

Sie würde sich zwangsläufig auch genötigt fühlen müssen, zu untersuchen, welcher

- *gesellschaftlichen* Verhältnisse es bedarf, den Menschen ein Aufwachsen in Gesundheit zu ermöglichen,
- wie weit die *spätkapitalistischen* Gesellschaften, in denen wir leben, von diesen Verhältnissen entfernt sind und
- was auf der *individuellen* und gesellschaftlich-*systemischen* Ebene getan werden muss, um von der pathogenen Gegenwart in eine salutogene Zukunft zu gelangen.

Eine solche Forschung würde die Gesellschaften über kurz oder lang aber auch mit der Frage konfrontieren, ob und inwieweit sie bereit sind, im Interesse der Gesundheit ihrer Mitglieder eine ihnen gewohnte und vertraute gegen eine weniger bekannte, aber viel versprechende künftige Form des Zusammenlebens einzutauschen. Vielen würde weder die Frage behagen noch der konkrete Tausch, weil sie entweder von den bestehenden Verhältnissen zu profitieren meinen, als von jeder Veränderung, oder weil es gelungen ist, dem Gros der Bevölkerung Angst vor etwas Unbekanntem zu machen (vgl. dazu Kap. 2 der vorliegenden Untersuchung), über dessen Einführung sie im Rahmen ihrer politisch-bürgerlichen Freiheiten selbst bestimmen könnten. Dazu müsste man ihnen die Innovationsangst nehmen, indem man die einzelnen Menschen und die Systeme, an denen sie teilhaben, davon überzeugt, dass ihnen eine andere, humanere auf

gegenseitigem Respekt, solidarischem Miteinander und gerecht verteilten Selbstverwirklichungschancen gegründete Form des Zusammenlebens noch größere
Vorteile bietet als die Gegenwart, und dass sie aus eigenen Kräften erreicht
werden kann.

3.4 Was die Gesundheitsforschung vermutet, aber noch nicht sicher weiß

Was wir relativ sicher wissen, ist, dass Gesamtheit derjenigen Faktoren, die die
Widerstandsfähigkeit von Menschen gegenüber Krankheit bestimmen, sich in zwei
verschiedene, unterschiedlich voneinander variierende Gruppen (vgl. Abb. 3.2)
unterteilen lassen.

Individuelle und *systemische* Determinanten stehen zwar durch die Tatsache,
dass Individuen Systeme konstituieren und dass Systeme als deren Funktions-
geber irgendwie miteinander in Verbindung stehen. Auch sprechen Erkenntnisse
der systemischen Krankheitsforschung dafür, dass die Funktionsfähigkeit eines
Systems mit der Integrationsfähigkeit und -bereitschaft seiner Subsysteme bzw.

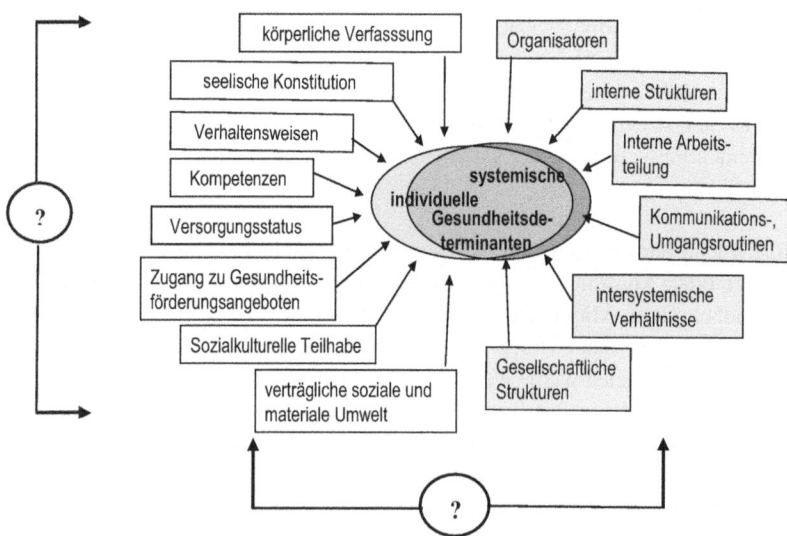

Abb. 3.2 Gesundheitsdeterminanten auf der individuellen und der systemischen Ebene im
Überblick. (Quelle: Schnabel 2011, eigene Darstellung)

Mitglieder irgendwie zu tun hat, sich vielleicht sogar verbessern. Dass der Grad
ihrer Integration in die Familie, in die Kindergartengruppe, die Schulklasse, den
Freundeskreis oder den Betrieb, die heranwachsenden Menschen jedoch – wie
von Gesundheitswissenschaftlerinnen und -wissenschaftlern häufig angenommen
wurde und wird (u. a. Jungbauer-Gans 2002, S. 73 ff., Lüdicke und Diewald
(2007) – gesund sein lässt oder gesund macht, ist empirisch noch immer nicht
gesichert. Zu oft ist beobachtet worden, dass sowohl sehr starke als auch mangel-
hafte Anpassung zu krankheitswertigen Belastungen führen kann, und dass es
neben einem gewissen Grad an Integration auch der Verfügung über identitätsstiftende Freiräume bedarf, damit Menschen unbelastet und darüber hinaus auch
noch gesund überleben.

Dass Menschen, die eine gute körperliche Konstitution und eine aus-
balancierte seelische Verfassung (vgl. Abb. 3.2, linke Seite) besitzen, weniger
schnell und stark erkranken, wissen wir durch die Resilienzforschung (Welter-
Enderlin und Hildenbrand 2006; Fröhlich-Gildhoff und Rönnau-Böse 2009), die
sich vor allem für Menschen interessiert, die es trotz widriger Umstände schaffen,
nicht krank zu werden. Aus Selbstzeugnissen und statistischen Recherchen ist
außerdem bekannt, dass gute körperliche und seelische Verfassung miteinander in
Beziehung stehen, und dass sie mit der Widerstandsfähigkeit gegenüber Krankheiten ebenso positiv korrelieren, wie das Gesundheitswissen der Menschen und
die darauf aufbauenden risikovermeidenden Verhaltensweisen (Hurrelmann und
Richter 2013).

Ob und inwieweit sie und das Vermeiden von körperlichen und Verhaltensrisiken zu der Gesundheit führt, die mehr ist als das Freisein von Krankheit,
wurde bisher genauso wenig empirisch untersucht und belegt wie der Einfluss,
den der Versorgungsstatus, der Zugang zu Gesundheitsförderungsangeboten,
die sozio-kulturelle Teilhabe oder die Begegnung mit einer verträglichen
sozialen oder natürlichen Umwelt auf eben diese Art der Gesundheit haben.
Nicht anders verhält es sich mit dem Wissen über die Einwirkungen der verschiedenen Systeme, die unser gesellschaftliches Zusammenleben organisieren.
Aufgrund statistischer Korrelationen zwischen dem Erkrankungsrisiko und den
oben (vgl. Abb. 3.2, rechte Kolumne) aufgelisteten Einzelfaktoren nimmt die
Gesundheitsforschung an, dass fähige Organisatoren, optimierte Strukturen,
eine sinnvolle und strukturierte Arbeitsteilung zwischen den Funktionsträgern,
menschenwürdige Kommunikations- und Verhaltensroutinen der Gesundheit
förderlich sind. Ob dies wirklich der Fall ist, wissen wir nicht genau, weil diese
Kenntnisse weder den Gesellschaften noch der Politik und auch nicht der von

ihr abhängigen Wissenschaft bisher wichtig genug waren, um sie in angemessen ausgestatteten empirischen Langzeitprojekten mit den angemessenen Instrumenten zu überprüfen.

Über aussagekräftige Gesundheitsdeterminanten, die erklären,

- welche soziopsychosomatischen Faktoren nach einschlägiger Experten-meinung am lebenslangen Herstellungsprozess von Gesundheit beteiligt sind und wie sie zusammenwirken,
- die außerdem die Kriterien empirischer Evidenz und analytischer Einsetzbar-keit erfüllen und
- sich darüber hinaus in der Interventionspraxis (Gesundheitsförderung) bewährt haben,

verfügen wir noch viel zu wenig. Und von einer Gesundheitsepidemiologie als Grundlage einer auch auf den Gesundheits- und nicht nur auf den Krankheits-status der Bevölkerungen kann gegenwärtig keine Rede sein (Schnabel 2015, S. 180 ff.). All dieses hat aber ebenso wie das Fehlen einer Gesundheitsbericht-erstattung, die diesen Namen verdient, und dem Ausbleiben einer authentischen, schon seit den 1970er-Jahren angemahnten Gesundheitspolitik (Ferber 1971) nichts damit zu tun, dass Gesundheit so schwer zu identifizieren, zu objektivieren, nach pragmatischen Standards zu bearbeiten sei und sich Gesundheits-förderungseffekte nicht messen ließen. Die Gründe dafür, dass heute wie vor dreihundert Jahren Kurieren und Sanieren von Defiziten statt des Förderns von Ressourcen im Mittelpunkt der Versorgungssysteme stehen, sind vielmehr in den Reparaturbedürfnissen einer auf den Verschleiß menschlicher Arbeitskraft hin programmierten Industriegesellschaft, in einer überaus erfolgreichen Professions-politik der Ärzteschaft und daran zu sehen, dass es die Gesundheitsforschung trotz vielversprechender Anfänge am Ende des vergangenen Jahrhunderts bis in die Gegenwart hinein vorgezogen hat, sich der bereits vorliegenden Methoden und Ergebnissen der medizinischen, medizinsoziologischen und -psycho-logischen Krankheitsforschung zu orientieren (Stöckel und Walter 2002; Schnabel und Wolters 2011), statt sich mit einem Höchstmaß an theoretischer und methodischer Phantasie um die Erarbeitung aussagekräftiger Gesund-heitsindikatoren und -parameter zu kümmern, die dem neuen, staatlich sub-ventionierten Gebiet der Gesundheitsforschung gut angestanden hätte.

In schlichtem Umkehrschluss wurde und wird nach wie vor das Freisein von Krankheit und Gebrechen mit Gesundheit gleichgesetzt und zur Richtgröße für Gesundheitsförderung erklärt. In der Gesundheitsentstehungsforschung wird bis in die Gegenwart hinein weitgehend außer Acht gelassen, was über das

risikovermeidende Verhalten einzelner Menschen hinausreicht (Eberle 2002).
In der Präventionspolitik wird es weitgehend versäumt, das existierende, aber
ergänzungsbedürftige Wissen um die besonderen Wechselwirkungen der in die
Herstellung und Aufrechterhaltung von Gesundheit involvierten psychosozialen
Konstruktionsmomente interventionsstrategisch umzusetzen (Rosenbrock und
Michel 2007). Ebenso ungenutzt blieben und bleiben bisher auch die Chancen,
sich mit den Mitteln einer ausreichend subventionierten und eingesetzten
Gesundheitsförderungspolitik den besonderen gesundheitlichen Belastungen
moderner Gesellschaften nachhaltig, d. h. durch Veränderung von Lebensstilen
und die Neugestaltung der Lebens- und Arbeitsverhältnisse entgegenzustellen.
Diese nicht nur zum Vorteil der sozial und gesundheitlich zu kurz Gekommenen
in Deutschland (Sachverständigenrat 2002) und Europa (WHO 2013), sondern
auch zum Nutzen künftiger Generationen, die schließlich mit, respektive von dem
leben müssen, was wir ihnen heute hinterlassen (Sachverständigenrat 2009).

Demokratie – was wir an ihr haben und wie wir sie brauchen

> *„Wenn der mit der kapitalistischen Wachstumswirtschaft erreichte Zivilisierungsstand bewahrt werden soll, muss die kapitalistische Wachstumswirtschaft überwunden werden."*
>
> *Bernhard Sommer und Harald Welzer (2014), Deutsche Transformationsforscher und -designer*

Aus Sicht der Medizin und der sie stützenden Naturwissenschaften, die seit langem unser Versorgungdenken und -handeln prägen, sind die Menschen vor Krankheit und Gesundheit gleich. Einerlei, in welcher Gesellschaftsform diese sich ereignen und unter welchen Bedingungen die Betroffenen leben. Dass Krankheiten einen anderen Verlauf nehmen, ihre Träger unterschiedlich versorgt werden oder dem Präventionsgedanken unterschiedlich zugeneigt sind, je nachdem, ob die Patienten der Ober-, der unteren Mittel- der Unterschicht oder dem sogenannten Prekariat angehören, spielt angeblich im Operationssaal, in der niedergelassenen Praxis oder beim Verschreiben von Medikamenten keine Rolle. Eine Berücksichtigung der längst bekannten Tatsache, dass die sozialen Verhältnisse, unter denen Menschen Gesundheit und Krankheit erleben, den Umgang mit beiden erlernen oder bei gleicher ärztlicher Zuwendung auf gleiche Symptome verschieden reagieren können, findet weder auf der diagnostischen noch auf der therapeutischen, und auch nicht auf der präventivmedizinischen Ebene statt (Schnabel 2009; Schnabel und Bödeker 2012). Als allseits in Kauf genommene Ausnahmen sind lediglich bekannt, dass Ersatzkassenpatienten in den Sprechstunden und auf einen Behandlungstermin inzwischen länger warten müssen als Privatpatienten, dass Ärzte aufgrund einer sehr alten, ehedem funktionalen Tradition für die Behandlung eines Privatpatienten das Zweieinhalb- bis Dreifache

© Springer Fachmedien Wiesbaden GmbH, ein Teil von Springer Nature 2022
P.-E. Schnabel, *Soziopsychosomatische Gesundheit, robuste Demokratie, Suffizienzökonomie und das „glückliche" Leben*, Gesundheit und Gesellschaft, https://doi.org/10.1007/978-3-658-17810-9_4

dessen in Rechnung stellen dürfen, was sie Ersatzkrankenkassenpatienten anzurechnen pflegen und dass die Transplantation von Organen außer von der Dringlichkeit der Operation auch davon abhängig gemacht werden kann, ob der Organempfänger über ein Lebens-, Wohn- und Betreuungsumfeld verfügt, welches die Inkorporation des Ersatzorgans begünstigt (Gerhard 1986). In der normalen medizinisch-ärztlichen Alltagsroutine kommt es aus vielerlei Gründen, zu denen das Sozialrecht, die Versorgungsstrukturen, die privatwirtschaftlichen Interessen der Dienstleistungserbringer und ihre Ausbildung neben den sozialisierten Erwartungshaltungen der Patienten gehören, vor allem auf die Krankheit, den Fall und Indikationsroutinen an (Pfeffer 2010, S. 23 ff.). Die Person des Erkrankten, seine Lebenssituation und -geschichte spielen weder im Umgang mit den infektiösen noch den verhaltensbedingten Erkrankungen diejenige Rolle, die ihnen nach neuerem Erkenntnissen der soziopsychosomatischen Gesundheitsforschung und der nicht nur, aber auch, und zwar an hervorragender Stelle, auf die Besserstellung der gesundheitlich und sozial zu kurz gekommenen Teile der Bevölkerung zielenden Politik der WHO[1] zuerkannt werden müsste.

Mit den Maximen und Strategien der Ottawa Charta für Gesundheitsförderung (WHO 1986) soll etwas grundsätzlich Anderes erreicht werden als das, was die vom deutschen Versorgungswesen, von den Krankenkassen und anderen Versicherungsträgern favorisierte Präventionspolitik zu erreichen sucht. Gesundheitsförderung, wie sie von den Experten der WHO verstanden wird, hebt vor allem darauf ab, die an andere weitgehend abgegebene Kontrolle und Verantwortung über so viel gesundheitsrelevante Belange wie möglich an die Menschen zurückzugeben und dadurch ihre gesundheitliche Lage zu verbessern. Dazu müssen sie lernen,

- ihre Bedürfnisse zu erkennen,
- ihre Erwartungen durchzusetzen,
- mit den Herausforderungen ihrer natürlichen und sozialen Umwelt fertig zu werden und
- auf diese, wenn nötig, verändernd einzuwirken.

---

[1] Im englischen Text der „Ottawa Charter for health promotion" (WHO 1986) wird diese Handlungsmaxime als „to advocate" bezeichnet und an gleicher Stelle neben die Maxime: fortzubilden und zu befähigen („to enable") und die Maxime, zu vermitteln und Netzwerke zu bilden („to mediate"), gestellt.

Theoretisch bietet keine andere Regierungsform als die *robuste Demokratie* gleicher, freier und solidarisch miteinander umgehender Bürger die nötigen Spielräume und die sozialpolitischen Mittel, um sich derartige Kompetenzen in der lernenden Kommunikation mit sich und anderen anzueignen und sich auf gesundheits- und persönlichkeitsfördernde Weise zu entwickeln (Schnabel und Bödeker 2012). Wie die weltweiten Erfahrungen der letzten dreihundert Jahre aber zeigen, kommt es ganz entscheidend darauf an, in welcher Art von Demokratie wir leben, wie wir uns selbst zu ihr verhalten und wem wir erlauben, uns in unserem Auftrag und nach welchen Maximen zu organisieren.

4.1   Wie die Demokratie zu dem wurde, was sie heute ist

Der Sozialismus sowjetischer Prägung hat den westlichen Demokratien zwar den „Wettkampf der Systeme" aufgezwungen und sie in das wirtschaftlich ruinöse Wettrüsten des so genannten „kalten Kriegs" (Stöver 2007; Gaddis 2007) verstrickt. Was ihn letztendlich zugrunde richtete. So lange er aber funktionierte, hat er als lebbare, wegen seiner Unberechenbarkeiten gefürchtete *Alternative* aber auch dazu beigetragen, privatkapitalistischem Größenwahn in anderen Ländern der Erde den Riegel vorzuschieben. Seitdem es den Sozialismus kaum noch gibt, kann sich der Kapitalismus als „neo-liberaler" fast hemmungslos entfalten und macht sich, von überholten volkswirtschaftlichen Mythen und Ideologien befeuert und unter dem Druck eines global operierenden Großkapitals daran, die mühsam erkämpften politischen und sozialen Errungenschaften moderner Demokratien, von der Mitbestimmung über den Kündigungsschutz bis hin zu einer solidarfinanzierten Krankenversorgung im Interesse wirtschaftlichen Wachstums und der unsozialen Profite weltweit aufs Spiel zu setzen.[2]

Darüber, wohin sich die Gesellschaften unter dem Eindruck dieser gegenläufigen Tendenzen entwickeln werden, herrscht Uneinigkeit in Wissenschaft und Praxis. Die Gruppe derer, die den Kapitalismus etwa im Sinne der in den

---

[2] Neben derartigen Bemühungen in anderen Bereichen (u. a. der Ökologie, der Nahrungsmittelproduktion, der Energiepolitik) sticht momentan der Versuch hervor, durch bi- bzw. multilaterale Freihandelsabkommen (Ceta, TTIP) die Macht demokratisch gewählter Parlamente und Gerichtsbarkeiten in den Nationalstaaten aus Gründen des Investorenschutzes durch die Einrichtung von exterritorialen Schiedsgerichtshöfen und -verfahren zu unterlaufen (Bode 2015).

Zeiten des Wiederaufbaus Deutschlands nach dem Ende des zweiten Weltkriegs praktizierten „sozialen Marktwirtschaft" für regulierbar halten, ist immer noch groß (u. a. Ash 2006; Sedlacek und Graeber 2014), nimmt aber ab. Eine weitaus kleinere Gruppe warnt im Blick auf die Geschichte der Blocksysteme, insbesondere aber auf die Geschichte Deutschlands, vor den gesellschaftlichen und politischen Verwerfungen bis hin zur kollektiven Selbstvernichtung, die eine Ökonomisierung aller Lebensbereiche mit sich bringen könnte (Streeck 2012; Harvey 2014). Wie sie, sieht auch eine dritte Gruppe von Autoren den Kapitalismus an seinen eigenen, seit den profunden Analysen des Politökonomen Karl Marx und Friedrich Engels (Marx [1858] 1983) bekannten Widersprüchen, mehr oder weniger friedlich zugrunde zu gehen (Konicz und Rötzer 2014; Sommer und Welzer 2014). Ihrer Meinung nach trägt aber das heraufdämmernde digitale Zeitalter, das „Internet der Dinge" (Rifkin 2014), im Verein mit den weltweit schon lange existierenden, sich allerdings erst langsam durchsetzenden Trends in Richtung einer vom Kapitalverkehr weitgehend abgekoppelten Gemeinwirtschaft der „collaborative commons" die realutopischen Potenziale in sich, um das bislang für unersetzbar gehaltene „ökonomische Paradigma"[3] abzulösen.

Was der Demokratie unter dem Einfluss des Kapitalismus seit 1945, besonders aber auch seit den 1990er-Jahren tatsächlich widerfuhr, ist nicht einfach zu bilanzieren. Hier soll eine Bilanz an Hand der Grade gewonnener oder verlorener Freiheit, Gleichheit und Brüderlichkeit/Solidarität, den revolutionären Maximen, versucht werden, im Namen derer das Bürgertum Ende des achtzehnten Jahrhunderts seinen gesellschaftlichen, politischen und wirtschaftlichen Selbstfindungs- und Emanzipationsprozess begann. Als Indikatoren für die Qualität von Demokratie stehen sie in einer nicht weniger aufschlussreichen Beziehung zueinander, wie Körper, Geist und Gesellschaft, über deren Beschaffenheit und Verhältnisse wir – wie oben (vgl. Kap. 2 der vorliegenden Untersuchung) bereits dargestellt – Bescheid wissen müssen, um einschätzen zu können, was Gesundheit für uns bedeutet. Je mehr Freiheitsgrade, Selbstbestimmungsrechte und Selbstverwirklichungschancen eine Gesellschaft ihren Bürgern gleich welchen Geschlechts, welcher Rasse, Religion, Schicht oder Klasse gewährt, für umso demokratischer darf sie gehalten werden (Goldschmidt et al. 2009).

---

[3] Unter „Paradigma" verstand der Erfinder des Begriffs und analytischen Konstrukts, der US-amerikanische Wissenschaftssoziologe Thomas S. Kuhn ([1962] 2006), ein System von Überzeugungen und Annahmen, die zusammenwirkend eine integrierte und in sich geschlossene Weltsicht ergeben, die so überzeugend und unwiderstehlich daherkommt, dass die Menschen sie als Realität betrachten.

Undemokratisch in diesem Kontext denkt und handelt, wer die Freiheit über alles stellt, sie dazu verwendet, um sich gesellschaftliche (hpts. politische und wirtschaftliche) Vorteile zu sichern, die für andere unerreichbar sind, und darüber hinaus auch noch vorgibt, dieses zum Wohl aller zu tun.

4.1.1 Freiheit

Die Wurzeln der wie es scheint entwicklungsgeschichtlich ersten der drei, von Staatstheoretikern und Sozialphilosophen erst im Verlaufe des achtzehnten und neunzehnten Jahrhunderts zusammengedachten Maximen, die der *Freiheit*, reichen zurück bis ins klassische Altertum. Hier, wie u. a. bei Platon und Aristoteles,[4] zielte sie auf die Qualifizierung des hellenistisch-demokratischen beziehungsweise römisch-republikanischen Zusammenlebens in einer von extremer Ungleichheit geprägten Sklavenhaltergesellschaft. Freiheit war kein Gut für alle Menschen, sondern das Vorrecht einer besitzenden und gebildeten bürgerlichen Oberschicht. Der Selbstverwirklichung ihrer Mitglieder und dem Schutz ihrer Privilegien galt jener Kodex demokratischer Regularien, wie sie unter anderem aus dem klassischen Athen überliefert sind und heute noch als Meilensteine der politischen Entwicklung gelten. Nur in wenigen, wie beispielsweise von den seinerzeit sehr einflussreichen Stoikern geführten Diskursen kam der Freiheit (als Einsicht in die Notwendigkeit) eine universellere Bedeutung zu. Die Freiheit einer schon damals existierenden und zum gesellschaftlichen Problem werdenden Unterschicht oder die der Sklaven, auf deren Arbeitskraft die Wirtschafts- und Gesellschaftssysteme der griechisch-römischen Antike beruhten, spielte so gut wie keine Rolle.

In den Diskursen des christlich geprägten *Mittelalters,* das aber ebenso wie das Altertum von starken sozialen Unterschieden zwischen adligen Landbesitzern, Gutsherren und später vom wohlhabendem Bürgertum in den Städten auf der einen, und Sklaven/Leibeigenen (halbfreien, unfreien Bauern, Tagelöhnern) auf der anderen Seite geprägt war, wurde Freiheit vor allem in zweierlei Weise thematisch: als Freiheit der Besitzenden, die Leibeigene nach Belieben ausbeuten zu können, oder als Befreiung aus der Leibeigenschaft. Dabei spielte die christliche Religion eine zwiespältige Rolle. Wirklich (entscheidungs-)frei waren die (gläubigen) Menschen nur im geistlichen Sinne gegenüber Christus

---

[4] Nachzulesen u. a. in Reese-Schäfer (2011, S. 9–34); Patterson (2005).

und seiner Lehre und den von ihm besonders in der Bergpredigt propagierten Werten mitmenschlichen Zusammenlebens. Dass kein Mensch das Eigentum eines anderen sein dürfe, galt zwar als ein Gebot christlicher Nächstenliebe, durfte aber nach katholischer und – wie sich unter anderem in der Haltung Martin Luthers zu den sogenannten Bauerkriegen (1523–1526) zeigte –, auch nach protestantischer Überzeugung weder als politisches noch als moralisches Argument verwendet werden, um sich gegen die von Gott eingesetzte, allmächtige und maßlos unterdrückende Obrigkeit der damaligen Zeit zur Wehr zu setzen.

Die Freiheit der *Aufklärung* ist in erster Linie die der Befreiung des sich seiner Fähigkeiten innewerdenden, nach (natur-)wissenschaftlichen Verfahren arbeitenden menschlichen Geistes von althergebrachten Dogmen, Glaubenssätzen und Vorurteilen. Einer ihrer prominenten Vertreter, der Philosoph Immanuel Kant (1784) definiert sie als „Ausgang des Menschen aus seiner selbstverschuldeten Unmündigkeit". Ihr Movens ist die menschliche Vernunft. Ohne sie folgt der Mensch seinen Trieben, wie das Tier. Kraft Vernunft jedoch ist er in der Lage, das Gute zu erkennen und sein Verhalten, wie im kategorischen Imperativ (Kant [1785] 1977, Bd. VII, S. 51) ausgeführt, qua freiem Willen und so auszurichten, dass die zu einer allgemeinen, also nicht nur den Handelnden selbst, sondern auch sein soziales Umfeld betreffenden Gesetzmäßigkeit werden könnte. Dieses überaus folgewirksame, von Zeitgenossen allerdings wenig goutierte Freiheitsverständnis schließt das Lustprinzip weitgehend aus. Als freier Mensch zu tun, was man will, bedeutet nicht, x-beliebiges und/oder alles tun zu können, wozu man Lust hat. Freiheit findet ihre natürliche Grenze in den Dingen, die der Mensch vorfindet, und dort, wo ein in ihrem Namen gerechtfertigtes Verhalten die Freiheit anderer Menschen einschränkt oder infrage stellt.

Erst in den politischen und sozialen Bewegungen am Beginn der *Moderne* (19. und 20. Jh.) gehen der Freiheits-, der Gleichheits- und der Solidaritätsgedanke die wechselseitig regulative Beziehung zueinander ein, wie wir sie heute aus den Verfassungen vieler demokratisch organisierter Gesellschaften kennen. Mit der Deklaration der Menschen- und Bürgerrechte von 1789 wird das Gottesgnadentum als Legitimationsgrundlage weltlicher Herrschaft abgeschafft. Souverän im Staat wird das Volk, das – wie es u. a. der große Philosoph und Rechtstheoretiker Georg Wilhelm Hegel ([1821] 1970, § 141 ff.) formulierte – in Freiheit, das heißt im Bewusstsein der inneren und äußeren Grenzen, die dem Menschen als Gattungswesen und als Bewohner einer natürlichen und sozialen Umwelt gesetzt sind, über Art und Richtung seines Lebens bestimmt. Der britische Philosoph und Nationalökonom John Stuart Mill ([1869] 1970), der bis in die Gegenwart hinein als Vordenker des zunehmend von ökonomischem Denken kolonialisierten Liberalismus der Moderne gilt, präzisiert in dem für diese Denkrichtung charakteristischen skeptischen Blick auf die Funktionen des Staates, dass der einzige Grund, aus dem der Mensch als Einzelner oder im Kollektiv befugt ist, sich in die Handlungsfreiheit anderer einzumischen, derjenige sei, sich selbst zu schützen. Karl Marx hat diese Form der Freiheit dahin gehend kritisiert, dass sie nichts anderes sei als die Einsicht in die Notwendigkeit, sich mit den herrschenden politisch-ökonomischen Ungleichheitsverhältnissen abzufinden, und war deshalb wie Friedrich Engels davon überzeugt, dass die wirkliche Befreiung der Menschheit erst nach einer proletarisch-sozialistischen Revolution in einer dann klassenlosen Gesellschaft Gleicher unter Gleichen Realität werden könne (Engels [1884] 1975).

Von diesen divergierenden Positionen sind die Diskurse über Freiheit bis in die Gegenwart hinein bestimmt geblieben. Über alle bestehenden Gegensätze hinweg ist man sich bislang nur einig geworden, dass Freiheit nach einer Definition des österreichischen Ökonomen und Nobelpreisträgers Friedrich von Hayek ([1960] 1991) einen Zustand beschreibt, in dem ein Mensch nicht dem willkürlichen Zwang durch den Willen eines anderen oder anderer unterworfen ist. Sie gilt außerdem als gefährdet und damit das ganze Konzept der Moderne – wie einer der Vertreter der kritischen Theorie, der Sozialphilosoph und Kommunikationstheoretiker Jürgen Habermas (1981b) geschrieben hat – als „unvollendetes Projekt", solange die Rationalität, kraft deren Menschen sich darin nach demokratischen und/oder republikanischen Spielregeln selbst regieren, eine ökonomisch *kolonialisierte* bleibt, die nur wirtschaftlich Erfolgreiche und politisch Mächtige für sich in Anspruch nehmen dürfen.

4.1.2   Gleichheit

Die Idee, Gleichheit zu einem Regulativ absoluter Freiheit und damit zu einer Maxime zu machen, ohne die ein robustes, auf der aktiven, selbstbestimmten und kommunikationskompetenten Mitarbeit der Mehrheit seiner Mitglieder beruhendes demokratisch organisiertes Gemeinwesen weder gedacht noch gelebt werden kann, ist historisch ebenso alt wie der Freiheitsgedanke. Allerdings galt das, was sie verhieß, in den antiken Modellen von Demokratie ausschließlich nur für die Gleichheit freier Bürger vor dem Gesetz und im Zusammenhang mit der leistungsgerechten Verteilung von Gütern und Ämtern (Redlich 1999) in einer ansonsten extrem ungleich strukturierten Sklavenhaltergesellschaft, wie sie im antiken Griechenland und in Rom herrschten.

Die Einsicht, dass es sich darüber hinaus bei Gleichheit um mehr, das heißt um eine Maxime handelt, auf die alle Menschen, nicht nur diejenigen Anspruch erheben können, die qua Gottesgnadentum, Herkunft, Geld, politische Macht oder kriegerische Gewalt an die Spitze einer Gesellschaft getragen wurden, verdankt sich sowohl dem christlichen, um Fragen der Nächstenliebe, Barmherzigkeit, Gerechtigkeit kreisenden Gedankengut als auch der Naturrechtsphilosophie der Aufklärung (Hidalgo 2014). Wenn, wie unter anderem im Wort über die Gottesebenbildlichkeit des Menschen, in den zehn Geboten oder in der Bergpredigt die Forderung erhoben wird, die anderen, einschließlich aller Feinde zu lieben wie sich selbst, und wenn ein Kamel eher durch ein Nadelöhr geht, als dass ein Reicher in den Himmel kommt, wird damit ein egalitärer Umgang mit dem Nächsten zur Norm konkreten Verhaltens erhoben, welcher dem Menschen von Natur aus nicht eignet, sondern ihm von Gott ohne Ansehen der gesellschaftlichen Verhältnisse oktroyiert wird. Demgegenüber ist die Forderung nach einer Gleichheit, die bei den Vordenkern der US-amerikanischen Befreiung vom Joch der britischen Monarchie oder der Französischen Revolution und bei vielen Verfassungsvätern in Europa und Übersee mit der Forderung nach Freiheit der Bürger untrennbar verbunden. Sie wird durch die schwer zu widerlegende Annahme gerechtfertigt, dass jedes Menschenwesen gleich und frei geboren werde, und der Widerstand gegen beziehungsweise die Befreiung von der Unterdrückung durch andere zum unverbrüchlichen Menschenrecht erhoben. Die Ungleichheit als Erfahrungstatsache ist allemal eine gesellschaftlich verordnete und entweder in der Welt, um – wie unter anderem bei Thomas Hobbes ([1760] 2011) nachzulesen – den Menschen selbst und die Qualität des Zusammenlebens vor unkontrollierten Durchbrüchen natürlicher Triebhaftigkeit zu schützen, oder – wie bei Jean-Jaques Rousseau ([1755] 1984) und anderen – um den wirtschaftlichen Interessen der Besitzenden zum Durchbruch zu verhelfen. Gleichheit braucht das Korrektiv der Freiheit, um den Einzelnen und das Kollektiv vor menschenuntypischer Gleichmacherei zu bewahren, während die Freiheit des Korrektivs der Gleichheit bedarf, um zu verhindern, dass einzelne respektive wenige ihre egoistischen Interessen durch Unterdrückung und auf Kosten der Vielen befriedigen.

Es hat vieler sozialer Kämpfe, Revolutionen und Konterevolutionen bedurft, bevor sich die Gleichheitsidee in den sozialphilosophischen Diskursen, den Rechtssystemen und dem politischen Alltag der Moderne fest etablieren konnte. Keines der Freiheitsrechte (Glaubens-, Meinungs-, Versammlungs-, Vertragsfreiheit, das Recht auf Selbstbestimmung und Eigentum usw.), deren wir uns heute rühmen und erfreuen dürfen, wäre ohne die Gleichheit vor dem Gesetz, die Gleichberechtigung von Mann und Frau, ohne das Diskriminierungsverbot von Geschlecht, Rasse und Region und ohne die soziale Gleichstellung in Bezug auf Arbeit, Bildung und Lohn im gesellschaftlichen Zusammenleben so selbstverständlich verankert, wie wir es in den Nachkriegsjahren gewohnt waren. Leider stehen die damit verbundenen gesellschaftlichen Errungenschaften nach dem Wiedererstarken des so genannten „Neo-Liberalismus" in den vielen westlichen Demokratien (vor allem Großbritannien, USA, Deutschland, Frankreich) seit den siebziger Jahren des vergangenen Jahrhunderts zur Disposition (Merkel 2015). Die ehedem sozialpolitisch regulierte Wirtschaft und ein global operierendes, nationale Regulationsbemühungen problemlos unterlaufendes Kapital, schicken sich inzwischen an, alle Lebensbereiche von der Produktion über die Reproduktion und die Konsumtion bis hin zur Bildung, zur Kommunikations- und Versorgungskultur mit ihren speziellen Wertschöpfungs- und Wertverteilungslogiken zu durchdringen. Die Freiheitsmaxime in ihrer rücksichtslosesten, allein am Ideal des erfolg-reich wirtschaftenden Subjekts orientierten Form, dominiert. Geld und dessen hemmungslose Vermehrung und Konzentration werden zu alleinigen Maßstäben, an denen sich der Wert oder Unwert fast aller Entscheidungen, die in Politik, Kultur und Alltagsleben getroffen und aller Dienstleistungen, die auf diesen Gebieten erbracht werden. Im Namen der sozialen Gleichheit und Gerechtigkeit erstrittene Rechte und der bescheidene Wohlstand einer einstmals staatstragenden bürgerlichen Mittelschicht fallen dem wirtschaftlichen Wachstumsmythos und dem ihm geschuldeten Zwang zur Ökonomisierung (Verbetriebswirtschaftlichung) aller Lebensbereiche anheim (Streeck 2013). Ein Drittel der vor allem jüngeren und älteren, der langzeitarbeitslosen und alleinerziehenden Bevölkerungsteile ver-armt. Links- und rechtsgerichtete Proteste gegen die ungleich verteilten materiellen und sozialen Überlebenschancen, gegen Überfremdung und gegen eine machtlose oder sich hilflos zeigende politische Klasse nehmen zu. Die demokratische Selbst-verwaltungskultur verliert, wie sich unter anderem an Hand wachsender Wahl-müdigkeit, den Erfolgen von Protest- und Splitterparteien und parteipolitischer Selbstblockaden zeigen lässt, an Akzeptanz, und die der dritten Maxime demo-kratisch organisierten Zusammenlebens, der Solidarität, verpflichteten Sozial-staatsstrukturen (u. a. Arbeitsvermittlungsagenturen, Sozialhilfe, Alters- und Krankenversorgung), können die ihnen obliegenden Aufgaben wegen fehlender Zuständigkeiten und Ressourcen immer weniger erfüllen.

4.1.3   Brüderlichkeit (Solidarität)

Von den drei Maximen demokratischer Selbstregierung des Volkes durch das Volk für das Volk (Abraham Lincoln, s. o.) ist die der Solidarität eindeutig christ-lichen Ursprungs. In den Diskursen des Altertums, so z. B. im Römischen Recht kommt sie zwar vor, bezieht sich hier aber eher auf die Haftungsfragen, etwa auf die gemeinsame (solidarische) Haftung all derer gegenüber dem Auftraggeber respektive Empfänger eines Gesamtwerks, die seiner Erbringung beteiligt waren. Erst durch das Christentum wird sie zum Inbegriff des gemeinschaftlichen Eintretens eines Kollektivs (Gruppe, Glaubensgemeinschaft, Gesellschaft) für die Armen, Schwachen und Benachteiligten, die sich aus eigener Kraft nicht mehr zu helfen wissen (Metz 1998; Wildt 1998). Wer ihr gemäß handelt, fühlt sich oder ist im Sinne der Aufklärung, die unter anderem die drei Maximen in der Losung „Freiheit, Gleichheit, Brüderlichkeit" der Französischen Revolutionäre von 1789 vereint, von staats- beziehungsweise rechtswegen dazu verpflichtet, sich für die Armen, Schwachen, Benachteiligten einzusetzen, die sich in einer materiellen und oder sozialen Lage befinden, aus der sie sich aus eigener Kraft nicht zu befreien vermögen. Sowohl in der christlichen Lehre als auch in der modernen Sozialstaatslehre ist die Solidaritätsmaxime mit der Gemeinwohlidee (Sorge um die Wohlfahrt des Gemeinwesens zum Nutzen aller) und, auf eine sehr spezielle Weise, mit dem Subsidiaritätsprinzip verbunden (Zoll 2000). Letzteres zielt auf die Hilfe zur Selbsthilfe und nützt damit nicht nur dem Einzelnen, sondern soll auch das Kollektiv entlasten, indem es die auf Solidarität Angewiesenen daran hindert, sich auf Dauer und zulasten der Sozialfonds im Zustand der Hilfsbedürftigkeit einzurichten.

Ihre institutionelle Absicherung hat die Solidaritätsmaxime neben den karitativen Werken der verschiedenen Kirchen vor allem in der Gewerkschaftsbewegung des neunzehnten und zwanzigsten Jahrhunderts, in den sozialistischen und sozialdemokratischen Parteien der verschiedenen Länder gefunden, die es über fast zwei Jahrhunderte vermochten, das so genannte „Proletariat" zu organisieren, das – wie es im Manifest der kommunistischen Partei von 1848 heißt – alles zu gewinnen und nichts zu verlieren hatte, als ihre Ketten. Heute haben sich so gut wie alle Parteien, mit Ausnahme der rechtskonservativen und -liberalen Parteien Europas insbesondere unter dem Aspekt der Herstellung gleicher Entwicklungschancen für alle, ungeachtet ihrer sozialen Herkunft, ihres Geschlechts und ihrer ethnischen Zugehörigkeit dazu verpflichtet. So auch die erst 1948 auf Initiative der Vereinten Nationen aus der Taufe gehobene Weltgesundheitsorganisation, die 1978 erklärte, „Gesundheit für alle bis zum Jahr 2000" schaffen zu wollen, und im Blick auf die verheerende gesundheitliche Lage der Bevölkerungen in den meisten ihrer Mitgliedsländer 1986 mit der „Ottawa Charter for Health Promotion" (1986) ein Strategiekonzept veröffentlichte, in dem sie den Regierungen empfahl, sich angesichts chronisch knapper Mittel in erster Linie auf die Verbesserung der sozialen Lage der materiell und gesundheitlich zu kurz Gekommenen zu konzentrieren.

Wie es augenblicklich um die Durchsetzung des Solidaritätsgedankens steht, ist im Unterschied zum eindeutigeren Abbau von Gleichheitsrechten nicht einfach einzuschätzen. (Iben et al. 1999). Von einem Teil der aktuellen Träger und

Multiplikatoren, vor allem den einschlägigen Parteien, Sozialverbänden und anderen staatlichen und nichtstaatlichen Organisationen sowie von den kritischen Sozialwissenschaften wird gegenwärtig beklagt, dass Solidarität und Gleichheit als Regulative gesellschaftlichen Zusammenlebens an Bedeutung verloren hätten (Deufel und Wolf 2003). Unter Hinweis auf ebenso plausible Forschungserkenntnisse berichtet die gleiche oder andere Seiten vom Gegenteil. Als Reaktion auf den Rückzug staatlicher Verantwortung aus diesen Bereichen und auf die soziale Kälte, die sich infolge der Ausbreitung neo-liberaler Wirtschaftsroutinen und Verhaltensmuster eingestellt habe, sei das Engagement privater Initiativen und ehrenamtlicher Helfer größer geworden und habe sich im außerparlamentarischen Raum unter Nutzung des „World Wide Webs" eine Opposition zu formieren begonnen, die inzwischen höhere Wirksamkeit entfalte, als die parlamentarisch institutionalisierte. Die meisten dieser Initiativen tragen dazu bei, dass die von vielen Seiten kritisierte Demokratie augenblicklich noch einigermaßen funktioniert. Sie helfen dem Staat, wie etwa im Bildungs-, Versorgungs- oder Sozialhilfebereich Kosten zu sparen, um die sich eine wachstumsorientierte und die Konzentration von Besitz in immer weniger Händen fördernde Wirtschaftspolitik nicht mehr kümmert. Allerdings mehren sich auch die Zeichen (Deppe und Burkhardt 2002; Simon 2012), dass in Zeiten wie den heutigen, in denen neben den alten ungelösten Problemen (wie z. B. der Langzeitarbeitslosigkeit, der wachsenden Armut, dem Anstieg chronischer, hier insbes. von Demenzerkrankungen) neue, noch unkalkulierbare Herausforderungen (etwa infolge der Überalterung, von klimatischem Wandel oder absehbaren Einwanderungswellen) auf die Gesellschaften zukommen, die die Systeme der Selbstorganisation und -hilfe demnächst an ihre Grenzen stoßen lassen werden.

4.2   Demokratie im Kapitalismus

Seit seiner Entstehung im Zuge der frühen Industrialisierung ab Mitte des achtzehnten Jahrhunderts ist der Kapitalismus in der uns heute geläufigen Form[5] schon immer eine Herausforderung und in seinen Extremformen – wie dem

---

[5] Nicht wenige Beobachter, wie z. B. der Sozial- und Wirtschaftshistoriker Jürgen Kocka (2004) gehen davon aus, dass es mit der Existenz von individuellen Eigentumsrechten, Märkten und Kapital bereits Frühformen des Kapitalismus im mittelalterlichen China, der arabischen Welt und in Europa der Renaissance gegeben hat, die freilich mit den uns bekannten Formen kaum zu vergleichen sind.

„wilden" oder „Manchesterkapitalismus" der Anfangszeit – ein Ärgernis für alle kritischen gesellschaftlichen Kräfte gewesen, die sich in Wissenschaft, Politik, Sozial- und Versorgungssystemen mit der Entwicklung des menschlichen Zusammenlebens beschäftigten (Berger 2014). Es mochten wissenschaftliche, politische, ethisch-moralische, sogar ökonomische, nicht zuletzt auch Gründe des gesellschaftlichen Zusammenhalts und des inneren Friedens gewesen sein, die sie motivierten. Meistens ging es ihnen darum, für die Verwirklichung der Maximen von Gleichheit (sozialer Gerechtigkeit) und Solidarität (Mitgefühl und soziale Unterstützung) in einer Weise voranzubringen, die Menschen davon abhalten sollte, mühsam erkämpfte Freiheitsrechte des sich politisch und wirtschaftlich emanzipierenden Bürgertums für die Etablierung neuer, menschenunwürdiger und der demokratischen Selbstverwaltung abträglicher Herrschaftsverhältnisse zu missbrauchen.

Verspätet, d. h. später als die meisten, von der politischen Philosophie der Aufklärung inspirierten europäischen Länder, hat sich das deutsche, hauptsächlich intellektuelle Bürgertum für die Ideen einer freiheitlichen, gleichen und solidarischen, nach demokratischen Prinzipien regierte Gesellschaft zu begeistern begonnen. Es bedurfte jedoch eines speziellen Weges: einer vorübergehenden Renaissance der Monarchie (1871–1918), eines verlorenen ersten Weltkriegs und zweier grandios gescheiterter Anläufe[6], bevor den Deutschen nach verlorenem Zweiten Weltkrieg von den alliierten Gegnern seit 1945 die dritte und jüngste Demokratie als republikanisch-repräsentativ-präsidentielle Mischform hpts. französischer, britischer und US-amerikanischer Provenienz aufgenötigt wurde. Das Ergebnis war eine bis in die Gegenwart hinein erstaunlich stabile Selbstregierungsvariante, die sich mit Hilfe der drei oben (vgl. Abschn. 4.1.1– 4.1.3) betrachteten Prinzipen als eine beschreiben lässt, in der zwar die Freiheit wirtschaftlich agierender und reüssierender Subjekte dominierte (vgl. Abb. 4.1, Mitte), die aber nicht nur zu einem wirtschaftlichen, sondern auch politisch-sozialen Aufschwung führte, der unter dem Namen „Wirtschaftswunder" in die Geschichte eingegangen ist und bis in die 70er-Jahre des vergangenen Jahrhunderts andauerte.

Geheimnis dieses Erfolges, war das mit dem Wirtschaftswissenschaftler, Wirtschaftsminister und späteren Bundeskanzler Ludwig Erhard verbundene Konzept

---

[6] Die so genannte Weimarer Republik (1918–1933) nach verlorenem Ersten Weltkrieg und der Abdankung des deutschen Kaisers (Wilhelm II.) und den Nationalsozialismus (1933–1945), der sich der deutschen Gesellschaft gegenüber als konservativ-sozialistische Variante einer Einparteiendemokratie zu inszenieren versuchte.

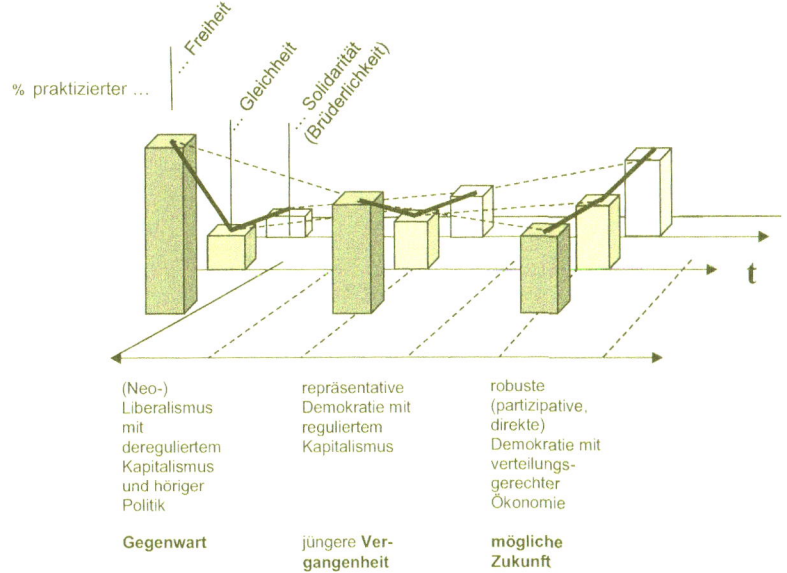

Abb. 4.1 Zur regulativen Wechselwirkung von Freiheit, Gleichheit und Solidarität als Maximen demokratierelevanter Denk- und Verhaltensweisen. (eigene Darstellung)

der „sozialen Marktwirtschaft"[7]. Ihm war es zwar primär um die Mehrung der wirtschaftlichen Freiheit zu tun. Gleichzeitig aber wurde dem Staat Regulierungs- und Kontrollfunktionen anvertraut, die darauf abzielten, ein Höchstmaß an Gerechtigkeit (Gleichheit vor dem Gesetz) zu gewährleisten. Sobald sich sozial unerwünschte, das Gleichheitsempfinden der Bevölkerung kompromittierende Entwicklungen der marktregulierten Wirtschaften einstellten, griff der Staat korrigierend ein, um etwa

• den freien Wettbewerb vor der Beeinträchtigung durch Kartelle oder Monopole zu schützen,
• in Not geratenen Bürgern nach dem Prinzip der Subsidiarität (Hilfe zur Selbsthilfe) unter die Arme zu greifen,

---

[7]Zu den historischen Wurzeln in der Protestantischen Ethik und der konzeptionellen Entwicklung vgl. auch Müller-Armack (1981) und Rüstow (1932).

- über das Vorhalten von Hilfs- und gesundheitlichen Versorgungssystemen die unsozialen Begleiterscheinungen kapitalistischen Wirtschaftens zu kompensieren und
- verschlissene Arbeitskraft schnellstmöglich wiederherzustellen.

Als Reaktion auf die sich am Ende des zwanzigsten Jahrhunderts vor allem in den entwickelten Industrieländern der Welt abzeichnenden sozialen (Arbeitslosigkeit, Dequalifizierung, steigende Armut usw.) und wirtschaftlichen (Energiekrise, negatives Wachstum, Produktivitätsrückgänge, Steuereinbußen, Anstieg der Sozialleistungen, Finanzkrisen usw.) Krisen, die als „neue soziale Frage" (Geißler 1976) nach der verheerenden Wirtschaftskrise in den 1930er-Jahren neuerliche Bedeutung erlangte, begann sich zunächst in Großbritannien (durch die Premiers von Margaret Thatcher bis Toni Blair), fast zeitgleich in den USA (durch die Präsidenten von Ronald Reagan über Bill Clinton bis zu George und George W. Bush) und wenig später in Deutschland (durch die Bundeskanzler von Helmut Kohl über Gerhard Schröder bis zu Angela Merkel) ein wirtschafts- und sozialpolitischer Kurs durchzusetzen[8], für den sich in den aktuellen Diskussionen der Kampfbegriff (Renner 2000; Willke 2003) „Neoliberalismus" eingebürgert hat.

Ursprünglich wurde er von US-amerikanischen, britischen, österreichischen und später auch deutschen Ökonomen unter diesem Namen als Gegenkonzept (dritter Weg) gegen Sozialismus sowjetischer Prägung auf der einen und den Laissez-faire Kapitalismus der Vorkriegszeit auf der anderen Seite erdacht, der infolge seines rüstungswirtschaftlichen Engagements dabei half, die Welt in den größten Vernichtungskrieg aller Zeiten zu stürzen. Heute hat er sich unter dem Deckmantel der „Globalisierung" zu einer wirtschaftspolitischen Strategie entwickelt, die vor allem die Freiheit des Unternehmertums und aller wirtschaftenden Subjekte favorisiert (vgl. Abb. 4.1, linke Seite). Im Verfolg dieses absolut dominanten Interesses spielt er die Nationalstaaten gegeneinander aus und bekämpft, angefangen beim Staat mit seinen regulierenden und kontrollierenden Eingriffen, bis hin zu den nichtstaatlichen Organisationen und Selbsthilfeinitiativen alle Aktivitäten, die sich gegen die ungleichheitsverstärkenden,

---

[8] Bezeichnend, erklärbar aber ebenso erschütternd ist an dieser Entwicklung, dass dieser weltumgreifende Trend überall dort, wo er sich zutrug, von konservativen Politikern (Republikanern, Torries, Christlich-Demokratischer, Christlich-Sozialer Union und Liberalen) zwar initiiert, aber in sozial einschneidende Realpolitik immer erst von sozial engagierten Regierungen (Demokraten, Labour, Sozialdemokraten) umgesetzt worden ist.

ungerechten und entsolidarisierenden Folgen der Ökonomisierung beziehungsweise Finanzialisierung[9] aller Lebensbereiche zu wehren versuchen.

Beim Neoliberalismus handelt es sich um die reinste und ungezügeltste Form
des modernen Kapitalismus. Nach dem Motto: „Wenn es der Wirtschaft gut
geht, geht es allen gut", soll der Markt mithilfe der „unsichtbaren Hände"[10] die
gesamte Gesellschaft regulieren. Nicht Freiheit, Gleichheit und Brüderlichkeit,
sondern Konkurrenz und die Freiheit, Besitz, falls notwendig, unter Missachtung
der Freiheit anderer, anhäufen zu können, gelten als Maximen. Sündenbock, der
ihrer Durchsetzung im Wege steht, ist der Staat, der sich nicht einmischen, wenn
möglich aus der Wirtschaft gänzlich zurückziehen und sich auf die Rolle des
„Sozialstaats" oder des „ideellen Gesamtkapitalisten" beschränken soll, in der er
die Infrastrukturen freien Wirtschaftens garantiert und für dessen soziale Folge-
kosten die politische und finanzielle Verantwortung übernimmt. Liberalisierung
als Individualisierung, Deregulierung und Privatisierung sind die Mittel, mit
denen dies erreicht werden soll (Felber (2008). Jeder soll sich nur noch um sich
selber kümmern. Gesamtgesellschaftliche und demokratische Verantwortung
sind keine Tugenden im Neoliberalismus; allenfalls sollen die Menschen als
Aktionäre, Konsumentinnen und Konsumenten in Erscheinung treten.

Wie die Erfahrung zeigt, führt das allein über die Konkurrenz auf dem freien
Markt regulierte Ausagieren der Kapitaleigner und Unternehmen auch dann
nicht zum allgemeinen Wohlstand, wenn sich gemäß dem von Neoliberalen mit
Adam Smith behauptete „trickle-down effect" die Taschen der Mittel- und Unterschicht vorübergehend mit Brosamen des erwirtschafteten Reichtums füllen
sollten. Steuerbegünstigungen für Reiche, Lohndumping, Sozialabbau und
Steuerflucht bewirkten und bewirken vielmehr die Konzentration des Besitzes in
immer weniger Händen, die Konkurrenz aller gegen alle um den schwindenden
Rest noch verteilbaren Wohlstands und die Auflösung des sozialen Zusammenhalts unter den Menschen. In den meisten Ländern der Welt ist die Macht
der Reichen und der Konzerne, die Abhängigkeit der Regierungen von den

---

[9]Aufstieg der Finanzwirtschaft zur Leitindustrie und die stufenweise Unterwerfung aller
Lebensbereiche unter die Logik der Finanzbranche (Profitmaximierung um jeden Preis).

[10]Oft zitierte Metapher, mit der der schottische Moralphilosoph und Begründer der
klassischen Nationalökonomie und der freien Marktwirtschaft, Adam Smith (1976) den
Lesern seines berühmten Werkes „An Inquiry into the nature and causes of the wealth
of nations" die inzwischen widerlegte Annahme erklären wollte, dass die auf dem freien
Markt befreit agierenden Geschäftsleute und Unternehmer ohne es zu wissen und/ oder es
zu wollen, zum Wohlstand aller beitragen.

Kapitaleignern so angewachsen, dass sie die Demokratie für ihre Zwecke fast widerstandslos instrumentalisieren können. Die Bevölkerung, die in zunehmender Weise erfahren muss, dass politische Entscheidungen auf der Landesebene und in Europa durch undurchschaubare Institutionen (Weltbank, Währungsfonds, Welthandelsorganisation) nur noch zu Gunsten einer privilegierten Minderheit getroffen werden, verliert das Vertrauen, Entscheidungen zu ihren Gunsten auf demokratischem Wege herbeiführen zu können. Sie verweigert sich bei den Wahlen und/oder trägt ihren Protest auf die Straße, wo er immer schwerer zu kontrollieren und kaum noch in Regierungshandeln umzusetzen ist. Gebetsmühlenartig wiederholte und Jahrzehnte lang geglaubte Slogans „Geht's der Wirtschaft gut, geht's uns allen gut", „Wettbewerbsfähigkeit und Wachstum sind die Voraussetzungen für unseren Wohlstand", „Die Märkte regeln alles" usw. verlieren zusehends ihre Strahlkraft und werden nach einer absehbaren Phase der Ratlosigkeit einem sich bereits andeutenden Diskurs über zukunftsfähige und humanere Formen der Demokratie und Wirtschaft (u. a. Plöger 2011; Streeck 2013; Paech 2014; Rifkin 2014; Welzer und Wiegand 2014) stellen müssen. Einem Diskurs, in dem es vor allem darum gehen sollte, das momentane Missverhältnis von Freiheit, Gleichheit und Solidarität in *neuer* sozialverträglicherer Weise auszutarieren.

Welche Konzepte sich innerhalb des anstehenden Neukonzipierungsgeschehens durchsetzen werden, ist zurzeit noch völlig offen. Die gegenwärtig diskutierten Alternativen drehen sich um eine stärkere Rolle des Staates, der die freien Kräfte des Marktes ausgleichen, im Interesse von Gleichheit und Solidarität steuern und vor Wildwuchs schützen sollen (vgl. Abb. 3.1, rechte Seite). Der Verteilungsgerechtigkeit, den Menschenrechten auf freie, von gesellschaftlichen Benachteiligungen möglichst unbeeinflusste und körperlich unversehrte Entfaltung der Persönlichkeit, vor allem aber der bislang vernachlässigte Umweltschutz sollen in den neuen Vorstellungen zur Politik, Wirtschaft und Gesellschaft eine weitaus stärkere Berücksichtigung erfahren, als dies in den bis in die 1970er-Jahre geltenden, vor allem auf den sozialen und ökonomischen Wiederaufbau nach 1945 gerichteten Konzeptionen der Fall gewesen ist. Schon jetzt ist erkennbar, dass diese veränderte Rolle des Staates nicht mehr in den gewohnten Strukturen der repräsentativen, sondern nur durch eine robuste, durch Elemente der Partizipation und Direktheit bereicherte Demokratie wird erreicht werden können.

Radikalere Ansätze beschäftigen sich darüber hinaus schon mit den Funktionsvoraussetzungen und -möglichkeiten einer künftigen Wirtschaftsweise, die andere Ziele verfolgt, als die kapitalistische Marktwirtschaft, und andere Wege geht, als die, die zwangsläufig zum schleichenden Souveränitätsverlust demokratisch legitimierter Organe führen und aller Selbst- oder Fremdregulationsbemühungen zum Trotz letzten Endes in einer Diktatur des Kapitals enden müssen (u. a. Streeck 2013; Hofbauer 2014; Piketty 2014). Konzepte einer „Bedürfnisorientierten Versorgungswirtschaft" werden ebenso diskutiert, wie das einer dezentralen Planwirtschaft, einer Subsistenzökonomie oder einer auf Nachhaltigkeit zielenden und „bosslosen" Glücksökonomie. Dabei handelt es sich um Konzepte, in denen Empathie, gegenseitiger Respekt und Solidarität statt rücksichtlosem Eigennutz, Wachstumswahn und bedingungslose Konkurrenz darüber bestimmen, wie Menschen in Zukunft politisch, wirtschaftlich und sozial miteinander umgehen werden.

Was Gesundheit, Demokratie und Wirtschaft miteinander zu tun haben

„Freiheit ist für die Gesellschaft, was Gesundheit für die einzelnen ist."

(Henry St. John, 1. Viscount Bolingbroke (1678–1751)

„Die Freiheit des Menschen liegt nicht darin, dass er tun kann, was er will, sondern darin, dass er nicht tun muss, was er nicht will."

(Jean-Jaques Rousseau 1712–1778)

Es ist sicherlich kein Beleg, wohl aber ein Indiz, wenn man bei einer Internet-Eingabe der Stichworte Demokratie und Gesundheit im Nullkommanichts 1.390.000 Treffer erhält, aber in kaum einem danach aufgeführten Buch, Essay oder Vortrag beide Begriffe innerhalb eines Titels verwendet findet.[1] Woran das liegt, lässt sich zurzeit nur vermuten. Es könnte natürlich damit zusammenhängen, dass Demokratie und Gesundheit tatsächlich nichts mit einander zu tun haben. Es könnte aber auch sein, dass es den Wissenschaften wie der Öffentlichkeit grundsätzlich schwer fällt, die Begriffe, so wie sie gegenwärtig verwendet werden[2], zusammenzudenken. Es könnte aber auch daran liegen,

---

[1] Zu den sehr wenigen Ausnahmen gehört: Schmacke, N. (Hrsg.) (1999). Gesundheit und Demokratie. Von der Utopie der sozialen Medizin. Bad Homburg: VAS Verlag. Die darin versammelten Beiträge loben zu Recht den visionären Gehalt von „Old Public Health" (Rudolf Virchow), beziehen sich infolge dessen aber weniger auf Gesundheit, als auf die Verhinderung von Krankheiten durch sozialpolitische Interventionen und untersuchen infolge dessen nicht die Frage, in welcher Demokratie Gesundheit gedeihen kann.

[2] Demokratie als Bezeichnung für ein politisches System, Gesundheit als Bezeichnung für den krankheitsfreien Zustand einzelner Individuen.

© Springer Fachmedien Wiesbaden GmbH, ein Teil von Springer Nature 2022
P.-E. Schnabel, *Soziopsychosomatische Gesundheit, robuste Demokratie, Suffizienzökonomie und das „glückliche" Leben*, Gesundheit und Gesellschaft, https://doi.org/10.1007/978-3-658-17810-9_5

dass die Verbindung zwischen Demokratie und Gesundheit von denen, die sich aus analytischen oder politischen Gründen mit der Zukunftsfähigkeit moderner Gesellschaften und ihrer Versorgungsprobleme beschäftigen, noch nicht entdeckt wurden. Das genaue Studium vieler Beiträge indes macht deutlich, dass dies nicht der Fall ist. Vielmehr bedienen sich die meisten Recherchierenden, die in diesem Themenfeld unterwegs sind, nur anderer Begriffe, die inhaltlich zugeordnet und dann in Beziehung zueinander gesetzt werden müssen.

5.1 Braucht Gesundheit Demokratie und wenn ja, welche?

Gesundheit ist, so wurde oben (vgl. Kap. 3 der vorliegenden Untersuchung) argumentiert, mehr als das Freisein von Krankheit und Gebrechen. Und was dieses Mehr ausmacht, lässt sich aufgrund neuerer Erkenntnisse der Gesundheitsforschung zwar noch nicht vollständig, aber wenigstens so hinreichend bestimmen, dass sie in ihren unterschiedlichen Facetten erkannt und daraus erste umsetzungspolitische Konsequenzen für eine Versorgung gezogen werden könnten; Konsequenzen, die sich auf ihre systematische Förderung statt auf die bloße Verhinderung von Krankheiten richten. Dazu gehört nicht nur die Chance von Säuglingen, Kleinkindern unter Bedingungen aufwachsen zu können, die ihnen diejenige Liebe, Zuwendung, Bindungssicherheit bieten, wie sie vor allem in einem partnerschaftlich und urdemokratisch (konstruktiv, partizipativ, solidarisch) organisierten Klima familiären Zusammenlebens zu finden sind. Als Heranwachsende profitieren sie persönlichkeitsgenetisch und gesundheitlich umso mehr, je mehr sie in die Lage versetzt werden, dank geeigneter Rahmenbedingungen (Schule, Freundeskreis, Aus- und Fortbildungseinrichtungen usw.) Kommunikations-, Problemlösungs- und Konfliktbearbeitungskompetenz zu erwerben, und bis zur Beendigung der eigenen Ausbildung materielle und soziale Sicherheit im Kontakt mit und unter dem Einfluss von Bezugspersonen erfahren zu können, die ihre Erziehungsziele, wo immer es geht, mit Methoden und nach Regeln zu realisieren versuchen, die auf die Förderung von Selbstbewusstsein, sozialer Kompetenz und Selbstwirksamkeit gerichtet sind. Nicht anders verhält es sich mit denjenigen jungen Erwachsenen, die die Vorteile sozialer Integration, die Wertschätzung und Unterstützung durch Andere und möglichst schon vor, auf jeden Fall aber nach ihrer Volljährigkeit die Gelegenheit geboten wird, die Befriedigung praktizierter Bürgerbeteiligung und kultureller Teilhabe sowie Lebensglück und soziopsychosomatisches Wohlbefinden unter geeigneten sozialen und natürlichen Umweltbedingungen anstreben zu können. Ihre gesundheitliche

Gesamtbilanz und ihr persönlicher Gewinn fällt ungeachtet dazwischen tretender Krankheitsereignisse, auf die die Betroffenen eingestellt werden können, bis ins hohe Alter auch dann individual- und sozialverträglicher aus, je mehr sie als Heranwachsende dank sozialisatorisch affiner Umwelten und unter Einübung von Umgangsformen, die an den Regulativen ausbalancierter Freiheit, Gleichheit und Solidarität ausgerichtet sind, hinreichend Zeit und Gelegenheiten erhalten, sich zu originären und sozial kompetenten Persönlichkeiten zu entwickeln. Zwar verfügen wir bisher über vergleichsweise wenig Erkenntnisse, die ausschließen, dass es sich in Autokratien oder Diktaturen subjektiv zufrieden oder glücklich leben lässt, deren Ziel es bekannter Maßen ist, Einzigartigkeit und Originalität der Einzelnen weitestgehend zu eliminieren und im undifferenziert „kollektiven Glücks-Ego" der Volksgemeinschaft gänzlich aufgehen zu lassen (u. a. Liebscher 2009). Was wir aber aufgrund historischer Erfahrungen sagen können, ist, dass es sich bei demo- kratisch verfassten um Systeme politisch-sozialer Selbstverwaltung handelt, die zwar schwieriger zu managen sind, aber im Fall ihres Funktionierens (Menke und Raimondi 2011) nicht nur mit weniger pathogenen Risiken für die Einzelnen, sondern auch für das Zusammenleben der Menschen und das Verhältnis zwischen den demokratisch regierten Völkern verbunden sind.

Um die Spielregeln dieses anspruchsvollen und scheiternsriskanten Systems im Denken und Verhalten der Bevölkerungen fest zu verankern, bedarf es allerdings entsprechend strukturierter und organisierter Sozialisationsinstanzen und diverser Sozialisationsagenten, die ausreichend qualifiziert, für ihre über- aus wichtige Arbeit angemessen bezahlt beziehungsweise entschädigt werden, und denen hinreichend Zeit und Ressourcen zur Verfügung stehen. Alle von außen einwirkenden Maßnahmen sollten im Interesse der Gesellschaft und der an Sozialisation eines ebenso selbstbewussten wie integrationsfähigen Nach- wuchses darauf gerichtet sein, den beteiligten Akteuren und Adressaten ein von Kontrollen und Fremdzwängen aller Art möglichst freies, auf gleichen Selbst- verwirklichungschancen und solidarischer Unterstützung beruhendes Leben zu sichern. Das gilt nicht nur für die Familien[3], deren Aufgabe sowohl darin besteht, Kinder zu funktionierenden Mitgliedern der Gesellschaft zu erziehen, aber gar nicht anders können, als dem Nachwuchs unterschiedliche Aufstiegschancen mit auf den Weg zu geben. Auch Schulen, die ihre primäre Aufgabe darin sehen, Schüler je nach ihren persönlichen Voraussetzungen für den späteren Lebensweg

---

[3] Einerlei, ob es sich dabei um die häufigste Variante der so genannten *Kernfamilie*, ob um *Eineltern-*, so genannte *Patchworkfamilien* oder um Familien handelt, die von *gleich- geschlechtlichen* Partnern organisiert werden.

zu qualifizieren, tragen nicht nur, aber besonders in Deutschland noch viel zu sehr dazu bei, vor allem dem Nachwuchs der gehobener bürgerlichen Mittelschicht berufliche Karieren mit überdurchschnittlichen Verdienstchancen zuzuspielen und sie dem Nachwuchs der Unterschicht vorzuenthalten. Sie müssten genauso wie die Mehrheit der Betriebe und Unternehmen, die erst langsam die Vorzüge zufriedener, gesunder, motivierter und kreativer Arbeitskräfte zu schätzen beginnen, ganz anders strukturiert sein. Und sie müssten Lehrer/Ausbilder und Vorgesetzte beschäftigen, die sich darin auskennen, Menschen mit Respekt, durch Förderung von Ressourcen und Empowerment (Erkennen und Verfolgen eigener Interessen und Bedürfnisse, vgl. dazu auch Kap. 8 der vorliegenden Untersuchung) zu dem zu motivieren, was sie tun.

Wer die Diskussion um die Sozialpolitik, die Schul- und/oder Gesundheitsreform der vergangenen dreißig Jahre verfolgt hat (u. a. Widmaier 1999; Schmidt 2005; Kaufmann 2009; Menke und Raimondi 2011), muss sich allerdings fragen, ob die politische Elite sowie die demokratischen Einrichtungen und Verfahren, denen sie ihre Macht verdanken und auf die wir alle so stolz zu sein behaupten, noch bereit und in der Lage sind, den Willen des Volkes zu repräsentieren und für dessen Durchsetzung einzustehen. Das betrifft das wählervergessene Agieren der Volksvertreter ebenso, wie die mehr an Ideologien als an Sachthemen orientierten, zum Teil sogar gegenläufigen Entscheidungen in der Sozial-, Wirtschafts-, Bildungs- und Versorgungspolitik und/oder das Ausmaß, in dem heute Lobbyisten der Wirtschaft in der Lage sind, das politische Entscheidungsgeschehen ihren Interessen gemäß zu dominieren. Als Reaktion auf diese fremdbestimmte Politik und ihre intransparenten Entscheidungen sowie auf den um sich greifenden Individualismus und Egoismus, den Mangel an Empathie und das Schwinden der Solidarität unter den Menschen ist nicht nur die berechtigte Frage gestellt worden, wie viel Gemeinschaft ein demokratisch organisiertes Zusammenleben benötigt (Taylor 2001). Inzwischen wird in Wissenschaft, Politik und Öffentlichkeit auch darüber nachgedacht, wie viel Gleichheit (Schäfer 2015) und Vertrauen (Nanz und Fritsche 2012), wie viel Streit (Honnacker 2015), Kommunikation (Czerwick 2013), Gerechtigkeit (Breit und Schieren 2008), Toleranz (Roos und Püttmann 2011), wie viel zivilgesellschaftliches und kommunales Engagement (Leggewie und Sachße 2008) und welche Art der Bildung (Nussbaum 2012) eine Demokratie braucht, um organisatorisch reibungslos und bedürfnisgerecht zu funktionieren. Die Demokratie wie wir sie kennen, mit einer Mischung aus Mehrheits- und Verhältniswahlrecht und einem Hang, sich parteipolitisch auf die bürgerliche Mitte auszurichten, vermag hier nur Unvollkommenes zu leisten. Vor allem erweist sie sich als unfähig, dem vom Gros der wählbaren Parteien unterstützten marktregulierten und global operierenden Kapitalismus Paroli zu bieten, der sich heute anschickt, alle, nicht nur die wirtschaftsrelevanten Bereiche gesellschaftlichen Zusammenlebens von der Erziehung über die Bildung, die Organisation der Freizeit Kunst und Kultur bis hin zur Versorgung und Alterssicherung zu dominieren.

Bei all den genannten Aspekten, die von den allermeisten Autorinnen und Autoren unter dem Gesichtspunkt der Ergänzung und/oder Optimierung der repräsentativen in Richtung einer „robusten", d. h. partizipativen und direkten Demokratie diskutiert werden, fällt auf, wie weit sie mit den oben (vgl. auch Kap. 3 der vorliegenden Untersuchung) angesprochenen Lebensbedingungen übereinstimmen, die für die Entwicklung der Gesundheitsfähigkeit der Menschen und für die Herstellung und Aufrechterhaltung einer Gesundheit bedeutsam sind, die mehr ist als das Freisein von Krankheit. Ohne ein auf der frühen, möglichst intensiven und emotionalen sowie materiellen Sicherheit aufbauendes (Ur-)Vertrauen in sich, in die Beziehung zu anderen Menschen und in die gesellschaftlichen Institutionen, die unser Leben bestimmen, kann Gesundheit als Zustand körperlichen, geistigen und sozialen Wohlbefindens nicht entstehen. Auch kann ohne deren Beteiligung keine demokratische Kultur hervorgebracht und am Leben erhalten werden, die es der Bevölkerungsmehrheit ermöglichen würde, ihren Traum von einem guten und gesunden Leben zu verwirklichen.

Daran, wie nahe die Demokratisierung der Lebensbedingungen und die Herstellung von Gesundheit und Wohlbefinden beieinander liegen, erinnert uns auch das durch nichts sonst zu rechtfertigende anspruchsvolle Ziel der der WHO (1986), die gesundheitliche Lage der sozial und gesundheitlich zu kurz gekommenen Teile der Bevölkerungen in ihren Mitgliedsländern zu verbessern (Solidarität), und ihnen zu diesem Zweck die Verantwortung (Selbstbestimmung) für wichtige gesundheitliche Belange der an Andere abgegebenen Gesundheitsversorgung zurückzugeben. Verantwortung übernehmen zu können, darüber waren und sind sich die Gesundheitsexperten einig, ist nichts, was sich spontan oder gar von selbst entwickelt, wenn man den Menschen nur zu tun erlaubt, was sie tun. Wie fast alles, was wir als physiopsychosoziale Gesamtpersönlichkeiten repräsentieren und in Kommunikation und Kooperation mit Anderen einbringen können, wird die Fähigkeit, Verantwortung für unsere Gesundheit übernehmen zu können, im lebenslangen Austausch mit uns selbst und relevanten Anderen gelernt (Schnabel und Bödeker 2012). Und um diesen von Fehlern, Irrtümern ebenso wie von zahlreichen Vorteilen begleiteten Prozess einigermaßen erfolgreich bestehen zu können, braucht es soziale Bedingungen (Verhältnisse, Agenturen, Agenten), die die Offenheit von Lernsituationen, die Möglichkeit, aus Misserfolgen lernen zu können, und ausreichend viele und variierende Gelegenheiten, um kognitive, emotionale und kreative Kompetenzen der Menschen, unabhängig von ihrer sozialen Lage, ihrem Geschlecht oder ihrer ethnischen Zugehörigkeit entfalten und einsetzen zu können (Habermas 1981a). Dieses aber sind – worauf die neure internationale Demokratieforschung (u. a. Geißel 2011; Erdmann und Kneuer 2011) vielfach hingewiesen hat – Verhältnisse, an denen die privatkapitalistisch überformte, auf die ökonomisch funktionale Abrichtung von Arbeitsbürgern und Institutionen ausgerichtete Gesellschaft kein Interesse hat und in deren Herstellung beziehungsweise Aufrechterhaltung sie deshalb auch nicht investiert. Ergebnis ist eine in sich widersprüchliche „autoritäre" (Deppe 2013), lobbyismusabhängige, sich gegen politisch-soziale Veränderungen absichernde politische Elite, die Verantwortungsübernahme und Selbstbestimmung nur toleriert, wenn und soweit sie die Bürger als Konsumenten von Versorgungs-dienstleistungen zum Stillhalten und Sparen und als Anbieter unentgeltlicher Betreuungsarbeit[4] animiert. Sobald diese Bürger jedoch damit beginnen, sich infolge ihrer Verantwortungsübernahme auf die Wahrnehmung ihrer eigenen Bedürfnisse zu besinnen und diese allein oder mithilfe Anderer in reformerisches Handeln umzusetzen, werden der Verantwortungsübernahme deutliche Grenzen gesetzt.

Schließlich lässt sich im Zusammenhang mit dem „Empowerment"-Konzept, einem für die Gesundheitsförderungspolitik der WHO (1986, 1996, 2010) besonders wichtigen, in vielen Sonntagsredenen über den Zustand des Gesund-heitssystems, insbesondere über die Zukunft des Arzt-Patientenverhältnisses beschworenen Ansatz zeigen, wie unterschiedlich „Modernisierung" als Begriff interpretiert und faktisch vollzogen wird. Ursprünglich ist der Empowerment-Ansatz als Strategie entstanden, um besorgte Angehörige bei der Aufklärung des Schicksals verfolgter und ermordeter Gegner politischer Militärregime in Lateinamerika zu unterstützen (Klemt-Kozinowski et al. 1984). Heute wird er in Anspruch genommen, wo immer es darum geht, in den unterschiedlichsten gesellschaftlichen Bereichen Menschen zur kritischen Auseinandersetzung mit der eigenen Situation zu animieren und gemeinsam mit ihnen über Maßnahmen nachzudenken, die den Grad an Autonomie und Selbstbestimmung erhöhen und es ihnen ermöglichen, ihre Interessen selbstverantwortlich und -bestimmt zu

---

[4] Rund 70 % aller Betreuungsleistungen von Pflegebedürftigen und Behinderten in unserer Gesellschaft, werden heute von zumeist weiblichen Familienangehörigen in überaus dürftig subventionierter Arbeit erbracht, der Rest in einem überteuerten zunehmend privat-kapitalistisch organisierten professionellen Versorgungssystem (Winker 2015). Nicht aus-zudenken, was passieren würde, wenn diese „EhrenamtlerInnen" von heute auf morgen in den Streik treten würden.

vertreten. Selbst in der Versorgungsforschung wird es als Mittel eingesetzt, um die Selbsthilfekompetenz und Compliance von Diabetes- oder Bluthochdruck-patienten zu verbessern. Damit wird er seines politisch-emanzipatorischen Elans fast gänzlich beraubt, der ihm ursprünglich einmal innewohnte.

Empowerment, wie sie die WHO als psychosoziale Voraussetzung für eine funktionierende und nachhaltig wirkende Förderung der Gesundheit sozial und gesundheitlich zu kurz gekommener Bevölkerungsanteile in den entwickelten Industrie-, Schwellen- und Entwicklungsländern dieser Welt propagiert (WHO 1986), gibt sich demgegenüber weder mit bloßer Information/Beratung/Edukation potenziell und/oder faktisch Betroffener noch mit der Einstellungs- und Ver-haltensänderung von Einzelpersonen zufrieden. Kompetenzbildung und Selbst-ermächtigung im Sinne der Ottawa Charta für Gesundheitsförderung schließt die sehr viel selteneren und komplizierteren Fähigkeiten mit ein,

- eigene soziale Interessen und Gesundheitsbedürfnisse zu erkennen,
- sie mit den Möglichkeiten zu vergleichen, die die existierenden Versorgungs-systeme ihnen bieten,
- im Blick auf die Differenzen zwischen Wunsch und Wirklichkeit zu erkennen und
- zu tun, was allein oder zusammen mit anderen getan werden muss, um ihre gesundheitliche Lage durch Optimierung bestehender oder die Initiierung neuer Maßnahmen zu verbessern.

Empowerment im Sinne der WHO hebt in besonderer Weise auf die Fähigkeit und Bereitschaft der Menschen ab, sich mit den eigenen Lebens- und Arbeits-bedingungen kritisch und konstruktiv auseinanderzusetzen (Labonte 1993). Dazu gehört es, die individuellen und institutionellen Bestimmungsfaktoren ihres tagtäglichen Wohl- resp. Unwohlbefindens zu identifizieren, sich um deren Beseitigung zu kümmern sowie sich für die Etablierung und/oder Aufrecht-erhaltung von wirtschaftlichen, sozialen und politischen Strukturen einzusetzen, die ihnen die nötigen Freiräume bieten, um eben dies zu tun. Dem gegenüber dürfte das Interesse an der Ausbildung und Wirkung solcher Einstellungs- und Betätigungsweisen auf Seiten derer, die von der seit Jahrhunderten gepflegte Hörigkeit der Patienten profitieren, nicht sonderlich hoch sein. Auch den politischen Entscheidungsträgern, die sich seit ebenso langer Zeit auf die hohe Kompetenz und das Kompensationsgeschick der Versorgungsdienstleister ver-lassen, um mit ihrer Hilfe „Staat zu machen" (Göckenjan 1985), werden sie als nicht besonders förderungswert erscheinen.

Dass dem so ist, lässt sich nicht nur mit der zögerlichen Haltung der deutschen Gesundheitspolitik gegenüber den zahlreichen Versuchen belegen, das Gesundheitssystem gegen den berufsverbandlich höchst erfolgreichen Widerstand der Ärzteschaft auf eine Weise zu reorganisieren, die den veränderten Herausforderungen der modernen Krankenversorgung (vgl. Kap. 3 der vorliegenden Untersuchung) entspricht. In dieselbe Richtung weisen auch die hinhaltenden Schwierigkeiten, in Deutschland eine nachhaltig wirkende, hinreichend subventionierte, organisatorisch integrierte Politik vorbeugenden Versorgungshandelns als „vierte Säule" des Gesundheitssystems versorgungsrechtlich festzuschreiben. Der betriebswirtschaftlichen Verwertungslogik, die über den Einfluss der privatwirtschaftlich organisierten Arztpraxen, klinischen Großkonzerne und markwirtschaftlich agierenden Versicherungsträger zunehmenden Einzug in das Versorgungssystem gehalten hat (Kühn 2004; Bauer 2006), läuft das zuwider. Systemkritische, selbst recherchierende, eine Zweit- und Drittmeinung einholende, bei Bedarf den Arzt wechselnde Patienten werden als Störung empfunden. Ebenso das Verlangen nach einem Versorgungsmodus, der – wie beispielsweise die psychosomatische Medizin oder Homöopathie – besonderen Wert auf eine zeitaufwendige Anamnese oder die therapeutische Berücksichtigung sozio- und psychogenetischer Faktoren legt (Greenhaigh und Hurwitz 2005) oder sich mit der Frage beschäftigt, wie eine nachhaltig funktionierende Prävention organisiert werden könnte. Der kapitalistischen Logik entspricht viel mehr der „stromlinienförmige" Patient (Stein 2014), eine teure, weil überwiegend kriseninterventionistisch agierende Medizin und eine Versorgung, die wie die Verhaltensprävention ihren Zweck nur ungenügend erfüllt, die von Ärzten kontrolliert wird, mit der sich Geld verdienen lässt, und die allen in das Krankheitsvermeidungsgeschehen involvierten Gruppen das diffuse Gefühl vermittelt, irgendetwas gegen die Geißel der so genannten Zivilisationskrankheiten getan zu haben (Schnabel 2009).

5.2 Was Gesundheit und Wirtschaft miteinander zu tun haben

Gesundheit, die mehr ist als das Freisein von Krankheit und Gebrechen, braucht – so war oben (vgl. Kap. 3 der vorliegenden Untersuchung) argumentiert worden – die Trägerschaft ermächtigter Menschen. Das sind Menschen, die im Widerstand gegen erhebliche Teile der ihnen (an-)sozialisierten Anpassungsbereitschaft und in der Kritik an professionellen Interessen und tradierten Versorgungsmodalitäten gelernt haben, ihr Leben bedürfnisangemessen und gesundheitsfördernd (salutogen) zu organisieren. Ferner war darauf hingewiesen worden, dass ein demokratisches System, welches aufgrund ideologisch fixierter, machtverliebter und/oder materiell abhängiger Parteipolitikerinnen und Politiker zu schwach ist, sich gegenüber ökonomischen Interessen durchzusetzen. Ob es aber ein Wirtschaftssystem gibt beziehungsweise geben sollte, in dem die Kapitalseite in der Lage wäre, der offenbar übermächtigen, bisher aus allen Varianten des Kapitalismus berichteten Versuchung[5] zu widerstehen, die gesellschafts- und kulturprägenden Sektoren von der Erziehung über die Bildung, die Wissenschaft, die Politik und die Krankenversorgung im eigenen Maximierungsinteresse zu dominieren, und wie ein solches System auszusehen könnte, ist oben noch nicht angesprochen worden. Wer hierzu Antworten sucht, muss mit der Frage beginnen, ob die weltweit operierende und im Blick auf die Unersättlichkeit seiner Akteure als „Turbo-„oder „Raubtierkapitalismus" bezeichnete Wirtschaftsweise sich mit der Demokratie als einem auf Selbstbestimmung, -wirksamkeit und -verantwortung zielenden Systems politischer Selbstverwaltung und ihren emanzipatorischen Werten überhaupt verträgt. Immerhin wird ihm, der sich über den freien Markt reguliert, global operiert, die Geldförmigkeit des Warenverkehrs und den kompromisslosen Wettbewerb über alles stellt, nachgesagt (Jaeggi 2013), dass er zwangsläufig zur sozialen Ungleichheit und zur Ungleichverteilung von Selbstverwirklichungs- und Versorgungschancen und wachsender Armut führen müsse.

Eine der wichtigsten Kategorien bzw. kritischen Begriffe zur Erschließung dessen, was die als Kapitalismus bezeichnete Wirtschaftsweise mit den Menschen macht, ist der von Karl Marx und Friedrich Engels in der politischen Ökonomie verwendete, aber nicht von ihnen erfundene Begriff der „Entfremdung". Philosophiegeschichtlich hat er schon hunderte Jahre zuvor dazu gedient, den Grad und die intellektuellen, später auch sozialen Folgen des Auseinanderdriftens zwischen den Menschen und den von ihnen ersonnenen Regeln gesellschaftlichen Zusammenlebens auszuloten und zwecks Lösung individueller und/oder sozialer Probleme für mehr Kompatibilität zu sorgen. Als kritisiertes Phänomen hat die

---

[5] Karl Marx (1867/1976) spricht in diesem Zusammenhang von der „ökonomischen Charaktermaske", sieht aber den Grund für die Unabwendbarkeit des Unterliegens weniger im bösen Willen der von ihm als Kapitalisten bezeichneten Personengruppe, sondern in den für den Kapitalismus typischen Ausbeutungsverhältnissen und Akkumulationszwängen. Was zu der Schlussfolgerung führt, dass durch Appelle an den guten Willen oder auf den Willen zielende Umerziehungsprogramme allein der zwangsläufigen Inhumanität des Systems wegen nichts zu ändern ist.

Entfremdung im Zuge der Entwicklung des Kapitalismus (Kocka 2004) und der damit verbundenen wirtschaftlichen Veränderungen von der agrarischen Tausch-wirtschaft (bis zum 16. Jh.), über den von Handwerk und Handel dominierten Merkantilismus (zwischen 16. und 18. Jh.) bis hin zur Industrialisierung (vom 18. Jahrhundert bis in die Gegenwart), Stück für Stück dazu beigetragen, die identitätsstiftende Verbindung des Menschen zu seiner Kreatürlichkeit, zu seiner natürlichen und sozialen Umwelt, zu den Produkten seiner Arbeit und seiner sonstigen kulturstiftenden Tätigkeiten und – nicht zuletzt – zu seinem Selbst als physiopsychosozialem Gesamtorganismus zu zerstören.

Für die Marxsche Kapitalismuskritik war das Entfremdungsphänomen, als das Auseinandertreten von Lebenssinn, Lebenszielen und Bedürfnissen der Menschen und deren Realisierungschancen im Hier und Jetzt von zentraler Bedeutung (Mészáros 1973). Erst durch die in schicht-, beziehungsweise klassen- und geschlechtstypischen Kommunikationsprozessen sozial erlernte (sozialisierte) Erfahrung, dass beide entweder gar nichts oder nur noch indirekt miteinander zu tun haben, entsteht die Bereitschaft derer, die sonst nichts besitzen, ihre Arbeits-kraft gegen Geld (Lohn) für einen Bruchteil ihres tatsächlichen Wertes zu ver-kaufen und damit ihre massenhafte Ausbeutung zu ermöglichen. Entfremdung ist es, die den Kapitalisten in die privilegierte Lage versetzt, aus der Berufs-tätigkeit der ihm untergebenen Arbeitern und Angestellten das Kernelement (privat-)kapitalistischen Wirtschaftens, den Mehrwert herauszuziehen und für die Akkumulation des von ihm investierten Kapitals zu nutzen (Marx [1844] 1986). Im modernen Spät- oder Post-Kapitalismus und am Vorabend einer vierten oder digitalen Revolution, die die Arbeitswelt erheblich stärker verändern wird, als alle technischen Innovationen zuvor, sind technische und ökonomische Zweckrationalität und die praktische auf den Sinn und die Überlebenspraxis in gesellschaftlich organisierten Zusammenhängen bezogene Vernunft sowie die von ihnen beeinflussten Handlungsfelder fast völlig auseinandergetreten (Rosa 2013). Ohne Rücksichtnahme darauf, wie es sich auf das Leben der Menschen auswirkt, wird technisch entwickelt, beworben und vermarktet, was entwickelt, beworben und vermarktet werden kann (Jonas 1987). Demokratisch gewählte Politikerinnen und Politiker, zu deren eigentlichen Aufgabe es gehört, die Ent-wicklungen der Technik und der Märkte mit den Interessen und Bedürfnissen derer, die sie wählen, in Einklang zu bringen, laufen der Wirtschaft trotz des Einsatzes immer zahlreicherer Experten- und Beratungsgremien dem von ihr vorgegebenen Wachstumstempo zunehmend hinterher, ohne sie noch ein-holen oder kontrollieren zu können. Die vermeintlichen Sachzwänge globalen kapitalistischen Agierens dominieren immer mehr und schicken sich demnächst an, über die geeigneten digitalen Verarbeitungstechniken und unter dem

problematischen Lable des „Fortschritts" auch noch die letzte Bastion menschlicher Eigen- beziehungsweise Privatheit, das Familienleben, auf eine arbeitswelt-
lich kompatible Weise umzugestalten.

Man kann sich natürlich darüber streiten, ob es sich – wie dies der Jenaer
Sozialwissenschaftler Hartmut Rosa (2013) stellvertretend für andere kritische
Soziologen anzunehmen scheint – bei der Beschleunigung und Entfremdung der
Lebensstile und Arbeitsverhältnisse um das allumfassende Prinzip handelt, dem
nun auch der Kapitalismus Tribut zahlen muss. Oder, ob wir es dem Kapitalismus, den in ihm immanenten Entfremdungsmechanismen und seiner Verwertungslogik verdanken, dass sich das Leben auf gesundheitsgefährdende Weise
beschleunigt. Fraglich ist auch, ob sich die Beschleunigung des Kapitalismus
oder der Kapitalismus der Beschleunigung und der damit verbundenen Unüber-
sichtlichkeit und Unkontrollierbarkeit bedient, um seine speziellen Interessen
durchzusetzen. Tatsache ist jedoch, dass er sich dank dieser Eigenschaften der
politisch-demokratischen *Gestaltbarkeit* zunehmend entzieht, und Menschen,
die tätig werden und arbeiten sollten, um sich damit ein menschenwürdiges und
gesundes Leben zu ermöglichen, zu Anhängseln einer Arbeit degradiert, die ihm
weder sinnvoll erscheint noch zu einem glücklichen Leben verhilft. Deshalb muss
dringend darüber nachgedacht werden, wie Demokratie und Politik zusammen-
gedacht beziehungsweise -gebracht werden können, um die technische und
wirtschaftliche Entwicklung den Bedürfnissen der Menschen anzupassen, und
nicht umgekehrt.

Nach dem Blick auf die kapitalistisch organisierte Wirtschaft und ihre
Tendenz, möglichst viele Bereiche kulturellen Lebens unter den Einfluss ihrer
speziellen Logik zu zwingen, scheint die oben gestellte Frage danach, welche
Wirtschaft einer gesundheitsdienlichen Demokratie bekömmlich sei, relativ einfach zu beantworten zu sein. Es müsste sich um eine Wirtschaft handeln, die
diesen Kolonialisierungstendenzen im Interesse des kollektiven Ganzen wider-
steht. Am sichersten würde das durch ein demokratisches System gewährleistet
werden können, das dank entsprechender politischer Repräsentanten, besonderen
Strukturen und transparenten Verfahren in der Lage wäre, die Wirtschaft und
deren Vertreter nicht nur zu kontrollieren, sondern im Fall des Missbrauchs ihrer
politischen Macht in die Schranken zu weisen (Sebald 2015). Wie dies jedoch
unter gesellschaftlichen Verhältnissen geschehen soll, die heute aufgrund angeblich unvermeidbarer Sachzwänge von den Maximen ökonomischen Denkens
und Handelns schon weitgehend durchsetzt sind, stellt gegenwärtig eines von
mehreren Hauptproblemen nicht nur der Innovationsforschung (u. a. Gardener
2006; Gault 2013) dar. Auch in der Managementphilosophie und -praxis (u. a.
Grassmnann und Fiesicke 2012; Grothe 2012) wird es neuerdings unter dem

Tab. 5.1 Merkmale menschen- und umweltunfreundlichen Wirtschaftens auf der individuellen und systemischen Ebene (Quellen: u. a Streeck 2013; Paech 2014; Wilson et al. 2015)

Merkmale menschen- und umweltunfreundlichen Wirtschaftens	
individuelle Ebene	*systemische* Ebene
Egozentrismus	pure Zweckrationalität
un- bis asoziale Orientierung	Wachstum um jeden Preis
Desinteresse am Menschen, Gefühlskälte	deregulierter Markt
Raffgier	schwacher Staat
Geringschätzung der Untergebenen	bedingungsloser Wettbewerb
Ausgrenzung der wirtschaftlich und sozial Schwachen	Überflussproduktion
	Ausbeutung der Mitarbeiter und/ oder
Selbstüberschätzung	Konsumenten
Gleichgültigkeit gegenüber der Natur	Profitmaximierung
	Umweltzerstörende, ressourcenvernutzendes Wirtschaften

modischeren Namen „governance" (Regieren in komplexen Regelsystemen, u. a. Mayntz 2009; Benz 2010) diskutiert.

Was hierzu an Möglichkeiten erdacht worden ist, lässt sich auf einem Kontinuum darstellen, auf dem der eine Pol von Extrempositionen wie unter anderem der des Sozialphilosophen Theodor W. Adorno eingenommen wird, der im kritischen Blick auf die Sozialgeschichte Deutschlands, insbes. den National-sozialismus und seine Verbrechen, den radikalen Satz formulierte: „Es gibt kein richtiges Leben im falschen" (Adorno [1951] 1997, S. 43). Ihm, der auch dahin gehend zu verstehen ist, dass sich innerhalb einer vom Kapitalismus zunehmend überformten Lebenswelt Alternativen weder erfinden noch leben lassen, steht am anderen Ende des Kontinuums die Haltung gegenüber, dass trotz vielfachen, historisch belegten Scheiterns die Geschicke von Menschen und Gesellschaft rational geplant und gesteuert werden können. Bedingung dafür ist allerdings, dass man über die richtigen Einstellungen, geeignete Instrumente, angemessene Methoden und ein hinreichend qualifiziertes Personal verfügen kann (u. a. Gardner et al. 2005; Edeling et al. 2007) oder wenigstens die Chance besitzt, sich in bestimmten gesellschaftlichen Nischen, wo immer diese sich auftun, die dafür erforderlichen Ressourcen und Kompetenzen zuzulegen. Einvernehmen unter den Diskutanten besteht lediglich, dass es bei all diesen Bemühungen weniger um das Erreichen eines definitiven Ziels, wie etwa dem einer wie auch immer gearteten „Wirtschafts-Demokratie" oder „demokratischen Wirtschaft", sondern auf-grund ungünstiger Erfahrungen mit solchen Idealkonzepten, um einen integralen

Prozess wirtschaftlicher Demokratisierung oder sich demokratisierenden Wirtschaften mit offenem Ausgang handeln könne. Um einen Prozess, mit dem im Interesse der die Lebensqualität der Menschen, der Beschaffenheit gesellschaftlichen Zusammenlebens und mit Rücksicht auf die nicht unerschöpflichen Rohstoffe und Ressourcen des Planeten möglichst zügig begonnen werden müsse. Unterschiedliche Auffassungen herrschen allerdings darüber, ob mit der Demokratie oder dem Wirtschaftssystem oder mit beidem gleichzeitig begonnen und welche der offenkundigen und gesellschaftspolitisch riskanten Entwicklungsdefizite dabei zu allererst in den Blick genommen werden sollten (Welzer und Wiegandt 2014).

Natürlich sind an dieser Stelle auch wir nicht in der Lage, die Ergebnisse eines gerade erst wieder in Gang kommenden Diskurses über Möglichkeiten und Erscheinungsformen einer zukunftsfähigen Form demokratiekompatiblen Wirtschaftens bzw. einer wirtschaftskompatiblen Demokratie vorweg zu nehmen. Im Hinblick auf die vorliegende Untersuchung und die darin verfolgte Argumentationslinie ist es aber möglich und hinreichend, erst einmal aufzuzeigen, wo Änderungsbedarf besteht und wo auf individueller und systemischer Ebene angesetzt werden müsste, um politisch-demokratisches und ökonomisches Denken und Handeln unter dem Gesichtspunkt ihres größtmöglichen Nutzens für Mensch und Gesellschaft miteinander in Einklang zu bringen.

Eine *deregulierte* Wirtschaft neo-liberalen Zuschnitts (vgl. Tab. 5.1), kennt offenbar – wie nicht erst die Erfahrungen mit der aktuellen Finanz- und Bankenkrise lehren – ihrem Wesen nach keine Selbstbeschränkungen (Piketty 2016).

Durch intensive Lobbyarbeit und die Aufstellung von Wahlkandidaten, die aus der freien Wirtschaft und den öffentlichen Diensten kommen, oder durch Parlamentarier, die nach ihrer politischen in eine privatwirtschaftliche oder öffentlich-dienstliche Laufbahn (zurück-)wechseln, können ihre Interessenvertreter nicht nur direkten Einfluss auf wichtige politische Weichenstellungen und die Gesetzgebungsarbeit ausüben; was unter Nutzung der EU-Politik in zunehmendem Maße geschieht (Lobbyreport 2013). Sie wirkt auch indirekt, indem sie sich über Art und Vermarktung ihrer Produkte, die Organisation der Arbeit, über die Anforderungen, die sie an die Qualität ihrer Arbeitskräfte stellt (vgl. Tab. 5.1), besonders aber über ihre Arbeitsmarkt- und Tarifpolitik bemüht, das Arbeits- und das Privatleben von Arbeitnehmern und Konsumenten ihren Produktions- und Vermarktungslogiken und -zielen entsprechend auszurichten. Materiell prekäre Familien ziehen immer weniger in Ruhe und Geborgenheit auf, sondern tragen aufgrund ihrer ungleichen Lebensverhältnisse und ohne es zu wollen dazu bei, den Nachwuchs in systemkompatible Bildungskarrieren einzuschleusen (Schnabel 2010a). Schulen bilden kaum noch oder werden kompensatorisch tätig, sondern qualifizieren für die unterschiedlichen Bedarfe in der Berufsausbildung und auf dem Arbeitsmarkt (Renner et al. 2004; Czerny 2010). Universitäten gelten für besonders modern, wenn sie sich in einer die Freiheit der Forschung tangierende Weise auf eine (Forschungs-)Finanzierung durch die Wirtschaft einlassen und/oder sich auf ihren Campus mit Firmenniederlassungen umgeben (Kohlenberg und Musharbash 2013; Knoke 2015). Arbeitnehmer werden im Namen von Arbeitserleichterung und Humanisierung erst zu Anhängseln einer angeblich intelligenten Elektronik degradiert, um schließlich ganz ersetzt zu werden (Kremer 2014; Heisterhagen 2015).

Nicht anders verhält es sich mit dem zunehmend unter privatkapitalistischen Einfluss geratende Gesundheitswesen (u. a. Elsner et al. 2004), das sich in den vergangenen Jahrzehnten zu einem Zugpferd der gesamtwirtschaftlichen Entwicklung und zu einem Zukunftsmotor der Beschäftigungspolitik (Bauer und Wesenauer 2015) entwickelt hat. Hier sind es zum einen die niedergelassenen Ärzte, die schon seit Jahrhunderten als Privatunternehmer gar nicht anders können, als ihre Praxen mit Hilfe von Kassenärztlicher Vereinigung, Ersatz- und Privatkrankenkassen ebenso wie die wachsende Zahl von privatwirtschaftlich operierenden Klinik-Konzernen nach betriebswirtschaftlichen Prinzipien und oft zum Nachteil ihrer Patienten zu führen. Lobbyisten und Akteure der Gesundheitswirtschaft sind in der Lage, mit immer größeren Heilsversprechen und unter Hinweis auf die dafür notwendige Steigerung der Versorgungsentgelte oder die Entwicklungskosten für Medizintechnik und Pharmazie, durch Manipulation der Versorgungsbedarfe, das Androhen eines bevorstehenden Systemzusammenbruchs und zunehmend auch durch Streik, die Politik jederzeit daran zu hindern, kostenreduzierende Entscheidungen zu treffen oder entsprechende Gesetze zu erlassen. Und sie schaffen es, Patienten durch ihre Begehrlichkeiten erzeugende Angebotspolitik daran zu hindern, sich zu mündigen, kostenbewusste Behandlungsentscheidungen treffenden Konsumenten medizinischer Dienstleitungen zu entwickeln. Ihrem ständigen Verführungsdruck haben bisher weder die Politik noch die politisch weitgehend unorganisierte Patientenschaft etwas Nennenswertes entgegenzusetzen.

Für die Annahme, dass sich eine deregulierte Wirtschaft negativ auf die Qualität moderner Demokratien und auf die gesundheitliche Lage ganzer Bevölkerungen auswirken kann, spricht aufgrund zahlreicher, allerdings zu oft und zu isoliert voneinander erhobener Befunde der Kapitalismus-, Demokratie- und Gesundheitsforschung einiges. Sie müsste aber durch interdisziplinäre Anstrengungen und mithilfe geeigneter Forschungsdesigns überprüft werden. Solange dies wie bisher in nur ungenügendem Maße geschieht, kann vorerst nur hypothetisch (Rosenbrock und Hartung 2012) davon ausgegangen werden, dass eine in ihren Grundzügen veränderte Wirtschaft sich positiv auf die Entstehung einer robusten, direkten und partizipativen Demokratie und auf die Gesundheit der Menschen auswirken würde.

Unter dem Eindruck der aktuellen, vor allem durch die Kapitalmärkte und das Bankensystem ausgelösten Finanzkrise, die die Europäische Union vor ihre bislang schlimmste und in ihren Spätfolgen noch gar nicht absehbare Zerreißprobe stellt, wird darüber nachgedacht, ob und wie es gelingen könnte, mittels der Veränderung der wirtschaftswissenschaftlichen Ausbildung künftiger Managementeliten gegen das neo-liberale Denken in Politik und Wirtschaft und die darin angelegten systemischen Selbstzerstörungstendenzen vorzugehen. Dazu müsse der Wachstums-Mythos überwunden, der Streit zwischen Marktfundamentalisten und Keynesianern beigelegt und eine Ausbildungspolitik betrieben werden, die eine interdisziplinäre, an der psychosozialen Realität des Wirtschaftsgeschehens ausgerichtet ist, statt sich an mathematischen Modellrechnungen zu orientieren, die mit der Wirklichkeit nur wenig zu tun haben. Manager der Zukunft sollen in die Lage versetzt werden,

- kritische Selbstreflexion an die Stelle von Egozentrismus,
- Empathie an die Stelle von Distanziertheit und Gefühlskälte,
- solidarisches Handeln an die Stelle von Gier zu setzen,
- Respekt gegenüber anderen zu zeigen,
- sich für die Integration und Förderung von Schwachen zu engagieren, statt sich selbst zu überschätzen und
- den Mitarbeitern und Konsumenten ihrer Produkte oder Dienste mit Bescheidenheit und Demut zu begegnen.

Für die Skeptiker gegenüber den Realisierungschancen einer derart veränderten Einstellungs- und Verhaltenskultur sprechen gegenteilige aktuelle und historische Erfahrungen, die belegen, dass sich individuelles Verhalten ohne entsprechenden Wandel der sozialen Bedingungen nicht grundlegend verändern lässt. Neuerdings scheinen sich aber auch die Zeichen dafür zu mehren, dass Unternehmen sowohl des Dienstleistungs- als auch des produzierenden Gewerbes damit beginnen, sich im wohlverstandenen Eigeninteresse um ein Wirtschaften in sozialer Verantwortung anstelle ausschließlicher ökonomischer Nützlichkeit und um eine bedarfsangemessene Produktion zu kümmern, statt sich an der Maxime des Wachstums um jeden Preis zu orientieren (Jackson 2011). Sie beginnen, die regulierende Hand eines Staates zu schätzen, der die heimische Wirtschaft gegen wettbewerbsschädigende Machtkonzentrationen und die Einmischung ausländischer Wirtschaftsinteressen schützt. Sie bauen systeminterne Abhängigkeiten

Tab. 5.2 Merkmale robuster Demokratie auf der individuellen und systemischen Ebene (Quellen: u. a. Ploeger 2011; Schnabel und Bödeker 2012; Habermas 2013; Welzer und Wiegand 2014, Willke 2014)

Voraussetzungen einer robusten Demokratie	
individuelle Ebene	*systemische* Ebene
Bildung	Freie Wahlen
Kommunikative Kompetenz	hohe Wahlbeteiligung
Kognitive Kompetenzen	motivierende politische Kultur
Kreativität	Transparente politische
Politisches Interesse	Entscheidungsbildung
Empowerment	Gleichheit vor Gesetz und Verwaltung
Partizipationsfähigkeit und	Leitlinienkonforme
-bereitschaft	Regierungshandeln
Konfliktfähigkeit	Funktionierende
Durchsetzungsvermögen	Regierungskontrolle
	Programmparteien
	Freie Presse
	kritische Öffentlichkeit
	Durchsetzungsfähige
	Rechtsprechung
	Minderheitenschutz

und Hierarchien ab und suchen nach Formen der Arbeitsorganisation, die es ihren Mitarbeitern ermöglichen, sich und ihre Kompetenzen verstärkt in den Arbeitsprozess einzubringen (Posse 2015). Sie denken über die Vorteile für die Umwelt, das Gros der Konsumenten und die Bevölkerungen rohstoffproduzierender Schwellen- und Entwicklungsländer nach, wenn Subsistenzsicherung statt Überschussproduktion zum Maßstab regionalen und überregionalen Wirtschaftens gemacht und eine Ökonomie des gerechten Verteilens an die Stelle bedingungsloser Profitmaximierung treten würde (Binder 2013).

Dass eine Ökonomie, die in punkto Individual-, Sozial- und Umweltverträglichkeit in Vorlage treten würde, eher zu einer Freisetzung demokratischer Gestaltungskräfte führen würde, als umgekehrt, ist angesichts der Wirtschaftshörigkeit der aktuellen Politik und der dazu notwendigen individuellen und systemischen Voraussetzungen relativ unwahrscheinlich (vgl. Tab. 5.2).

Gleichwohl wäre ein sich aus der Opposition gegenüber dem Bestehenden entwickelndes politisch-demokratisches Engagement vor allem den jüngeren Generationen, die die konventionelle Politikforschung und eine uninformierte und verunsicherte bürgerliche Öffentlichkeit ihres Hanges zu Splitterparteien, ihrer

Wahlenthaltung und ihres Spaßes am außerparlamentarischen Protestieren für demokratiefeindlich halten, durchaus denkbar. Jedenfalls meint dies die Jugend-forschung (Albert et al. 2010), die kommunikativen Kompetenzen, politisches Interesse, Partizipationsbereitschaft und Durchsetzungsvermögen zu erkennen glaubt, welche die Basis für ein neues Politikverständnis abgeben könnte (Ecarius et al. 2011; Ferchhoff 2010), das sich nur in robusteren, als den ausgefahrenen Bahnen der repräsentativen Demokratie manifestieren möchte. Ihr wäre es mög-lich, in Person einer alternativ ausgebildeten akademischen Managementelite auf die Erneuerung politischer Strukturen und die sukzessive Veränderung von Unternehmensphilosophien und auf diesem Wege auch begünstigend auf die Verbesserung individueller und systemischer Bedingungen einzuwirken, die mit der Förderung des Interesses an Gesundheit, Wohlbefinden und Lebensglück auf eine noch klärungsbedürftige Weise zusammenhängen. Natürlich würden sich die Voraussetzungen für ein derartiges Gestaltungshandeln, die Implementations- und Verbreitungschancen in dem Maße verbessern, in dem es zeitgleich gelänge, die Attraktivität der politisch-demokratischen Kultur durch innovatives und trans-parentes Regierungshandeln, ein waches, kontrollfähiges Parlament, alternative Parteiprogramme, die Einführung basisdemokratischer Elemente, eine durch-setzungsfähige Exekutive, eine unabhängige und kritische Presse zu erhöhen.

Vieles darüber, wie aus der wirtschaftslibertär dominierten, sowohl für die Demokratisierung von Wirtschaft und Gesellschaft und die Verbesserung der Bevölkerungsgesundheit ungünstigen Realität heraus der Zündfunke für eine oben (vgl. Tab. 5.2) nur angedeutete Erneuerung entstehen könnte, ist noch nicht bekannt. Bei Licht betrachtet, ist den Verantwortlichen in Wissenschaft, Politik, Wirtschaft und Gesellschaft bis heute nicht viel mehr eingefallen, als über die Methoden und Maßnahmen einer ideologisch verkrusteten und kaum noch zukunftsfähigen Schul- und Erziehungspolitik eine Aufklärung in Gang zu setzen, an deren emanzipatorischen Resultaten sie aus Selbsterhaltungsgründen nicht wirklich interessiert sein kann. Zukunftsorientiertere Ansätze, wie der des US-amerikanischen Ökonomen und Soziologen Jeremy Rifkin (2014) setzen vor allem auf die Triebkräfte technologischer Innovationen von der Entdeckung des Rades, der Windkraft, der Dampfmaschine, des Benzinmotors bis hin zur Atom-kraft. Im Grunde seien sie es gewesen, die die Gesellschaften gegen den Wider-stand der jeweiligen Systemprofiteure und -verteidiger dazu gebracht hätten, sich in einer Richtung zu entwickeln, die unter dem Strich zu immer mehr Wohl-stand und Wohlergehen der Bevölkerungsmehrheiten beigetragen habe. Deshalb hofft er, dass die Digitalisierung aller Lebensbereiche, wie sie heute überall auf der Welt zu beobachten sei, nicht nur dazu beitragen werde, das Privat- bzw. Zusammenleben der Menschen in ungeahnter Weise zu revolutionieren und

Tab. 5.3 Merkmale soziopsychosomatischer Gesundheit auf der individuellen und systemischen (Quellen: Schnabel und Bödeker 2012; Schnabel 2015)

Merkmale sozio-psychosomatischer Gesundheit	
auf der individuellen Ebene	*auf der systemischen* Ebene
(Ur)Vertrauen, Selbstbewusstsein, Selbstwirksamkeitsüberzeugung	Reife und kompetente Sozialisationsagenten
Bindungs- und Beziehungsfähigkeit	Gesundheitsverträgliche interne Strukturen
Kohärenzsinn (COS)	(> Familie, Kindergarten, Freundeskreis,
Kommunikative und kognitive Kompetenzen	Schule, Betrieb usw.)
Emotionalität	respektvolle Kommunikations- und
Verantwortungsübernahmebereitschaft für	Umgangsroutinen
sich und andere	faire horizontale und vertikale
Materielle Sicherheit	Arbeitsteilung
(Gesundheits-)Bildung	belastbare intersystemische Verhältnisse
gute gesundheitliche Versorgung	stabile chancengleichheitsfördernde
Freisein von Krankheit	Sozialstrukturen
Soziale Integration und Unterstützung	gesunde von schädlichen Einträgen freie
Soziales Kapital	natürliche Umwelt
Umweltbewusstsein	
Glück	

die uns bekannte, durch die Dialektik von Lohnarbeit und Kapital bestimmte Arbeitskultur abzuschaffen (Rifkin 2005). Weil anders weder die Subsistenz noch der Zusammenhalt postmoderner Gesellschaften zu garantieren und die internationalen Beziehungen zu befrieden seien, wird sie zu völlig neuen Bedingungen gesellschaftlichen Zusammenlebens und -arbeitens führen müssen, die er als die der „collaborative Commons" bezeichnet (Rifkin 2014, S. 227 ff.). Nachdem der letzte Arbeiter herkömmlichen Zuschnitts „das Licht ausgemacht" hat, würde unter Einsatz der neuen Steuerungs-, Kommunikations- und Robotertechnologien, dem „Internet der Dinge", ein intelligentes, Solidarität, Kollaboration und größtmögliche Selbstverwirklichungschancen für alle anstrebendes Gesellschaftssystem entstehen. In ihm wird es Bildung fast umsonst geben und eine „Nahezu-null-Grenzkosten" Ökonomie, in der Menschen nur noch erarbeiten, was den Selbstverwirklichungsinteressen der Produzenten und den wirklichen, von der Werbung weitgehend unbeeinflussten Bedürfnissen der Konsumenten („Prosumenten") entspricht. Es würde auskömmlich und menschenwürdig entlohnt, das Unternehmertum grundlegend humanisiert und die Konzentration von Besitz überflüssig werden, weil jeder Mensch zu allem Zugang hat, was er zum Leben braucht.

In einer solchen Zukunftsgesellschaft könnte sich mit der Gesundheit, wie wir sie durch die Experten der WHO zu verstehen und zu fördern gelernt haben (vgl. Tab. 5.3), ein weiterer, bislang unterschätzter und auch von Rifkin nicht sonderlich erwähnter konstitutiver Schlüsselfaktor in den Vordergrund schieben.

Für die Mehrheit der Bevölkerungen in den Entwicklungs-, Schwellen- und Industrieländern dieser Welt im Unterschied zu der von der modernen Medizin angebotenen Krankheitsfolgenbeseitigung und -vermeidung ist Gesundheit aus den unterschiedlichsten Gründen nicht durchzusetzen, ohne die politischen, wirtschaftlichen und sozialen Verhältnisse zu verändern (Blankart et al. 2009). Die Gründe dafür liegen nicht nur in den für die Erbringung medizinischer Dienste benötigten Versorgungsstrukturen, die sich der größte Teil der Bevölkerung in den Mitgliedsländern mit Ausnahme einer privilegierten Oberschicht nicht leisten kann. Die meisten der dort verbreiteten Massenkrankheiten übertragbarer oder nichtübertragbarer Provenienz sind psychosozial bedingt und können sowohl ursächlich als auch nachhaltig nur präventiv, d. h. durch ein auf Vorbeugung, statt auf kriseninterventionistisches Kurieren ausgerichtetes Versorgungssystem effizient bekämpft werden. Erst langsam beginnt sich aufseiten einer zusehends verunsicherten Ärzteschaft die Einsicht durchzusetzen, dass sie für die Bewältigung zukünftig anstehender Versorgungsprobleme nicht mehr hinreichend ausgebildet und ausgestattet sein könnten (Bartens 2004). Dem korrespondiert, dass ein wachsender Teil der Patienten (Kirig 2014) dank einer entsprechend ausgerichteten und intensivierten Versorgungsforschung und einer langsam wirkenden Aufklärungspolitik zu lernen beginnt, seine Unzufriedenheit mit einer Krankenversorgung zu artikulieren, die sich zu wenig um ihre wirklichen Probleme und Bedürfnisse kümmert.

5.3   Eine erste vorübergehende Zusammenfassung

Es bleibt abzuwarten, ob und in wieweit eine selbstreflexive *Ökonomie* in absehbarer Zeit zur Triebkraft für eine längst fällige Veränderung des individuellen und kollektiven Umgangs mit Gesundheit und für die dazu erforderlichen politischen und wirtschaftlichen Reformen werden kann. Dasselbe gilt auch für die Digitalisierung der Welt, über deren soziopsychosomatische Folgen wir noch ebenso wenig wissen wie über die Erfordernisse, die auf das unter Druck geratene Krankheitsversorgungswesen und seine Akteure zukommen werden. Wie die Erfahrung mit dem „World Wide Web", das den Menschen von seinen Machern als Medium der Demokratisierung der Informationsbearbeitung und als Bildungschancen überaus erfolgreich angetragen wurde, zeigt, können sich

die Positiveffekte einer technischen Revolution sehr schnell verflüchtigen, wenn
der Privatkapitalismus sich ihrer als Produktionstechnik und Ware bedient. Und
es ist von heute an gesehen leider noch nicht zu ermessen, ob das von Medizinsoziologie und -psychologie seit Jahrzehnten und neuerdings auch von der
Gesundheitsforschung zusammengetragene Wissen über die Defizite und Bruch-
stellen innerhalb des modernen Versorgungswesens als Vorwand dienen wird, um
revisionistisch vorzugehen, oder zukunftsorientierte Aktivitäten in Gang setzen
wird.

Oben (vgl. Tab. 5.1, 5.2 und 5.3) ist der Versuch unternommen worden, unter
Berücksichtigung einer Auswahl von aktuell diskutierten Überlegungen und
Effekten das ungefähre Ausmaß und die Qualität von Veränderungen auszuloten,
die stattfinden müssten, um Wirtschaft und Demokratie unter dem Gesichtspunkt
größtmöglicher Vorteile für eine nachhaltig wirkende Förderung der Gesundheit zusammenzubringen. Jetzt, wo wir beide einigermaßen einschätzen können,
bleibt die alles entscheidende und dringend beantwortungsbedürftige Frage,
durch wen und wie eben jene Energie und jenes Durchsetzungsvermögen aufgebracht werden kann, um.

- aus der existierenden eine Ökonomie zu machen, die die natürliche Umwelt
  schont und der Bevölkerung dient, statt sie auszubeuten,
- eine Demokratie zu etablieren, die die Bezeichnung „robust" verdient,
- deren Volksvertreter bereit und in der Lage sind, sich für die Gestaltung
  gesellschaftlicher Bedingungen einzusetzen, unter denen das Streben nach
  Gesundheit gedeihen und
- Lebensglück für mehr als nur für einen privilegierten Teil der Bevölkerung
  erreicht werden kann.

Was uns diesbezüglich hoffen lässt, sind vor allem drei Dinge:

1. hat es, wie die Geschichte belegt, immer eine Grenze für das Ausmaß
   gegeben, in dem sich Menschen Ungerechtigkeiten und Leiden zugunsten
   bevorrechtigter Minderheiten zumuten lassen. Ihr sind zahllose Revolten und
   Revolutionen geschuldet. Auch die aktuellen sozialen Proteste von „Rechts"
   und „Links" weisen in diese bewegende Richtung;
2. scheint die aktuelle Jugendforschung, die vielfach über die Existenz und den
   Integrationsproblemen einer gesellschaftlich weitgehend abgemeldeten und
   fanatisierbaren Subkultur berichtet, andererseits mit ihren Ergebnissen darauf
   hinzuweisen, dass es unter den Heranwachsenden in dieser Gesellschaft
   einen großen, sozial insgesamt besser gestellten Anteil von Personen gibt,

der sich von anderen Einstellungen leiten lässt. Auch sie treibt das Bedürfnis nach Selbstverwirklichung voran. Nur scheint sie ihre Erfüllung darin zu
sehen, Verantwortung übernehmen, gesellschaftliche Veränderungen initiieren
sowie sich für Hilfsbedürftige, die Abschaffung von Ungerechtigkeiten und
eine gesunde Umwelt einzusetzen zu wollen. Da sie zu wissen glauben,
dass ihnen all dieses in den bestehenden Strukturen nicht in befriedigender
Weise gelingen wird, treten sie für die Etablierung alternativer Formen
von Governance und politischer Teilhabe ein, die der konservative Teil der
Bevölkerung in künstlich hochgehaltener Erinnerung an die europäischen
Bewegungen der 1968er-Jahre ungerechtfertigter Weise für Kommunismus
oder Terrorismus hält.

3. Ein weiterer Hoffnungsschimmer ist darin zu sehen, dass sich Wirtschaft,
Demokratie und Versorgungssystem sogar von innen heraus wandeln könnten.
Was sich zurzeit an Aufbrüchen, Protesten und Widerstandshandlungen
beobachten lässt, spielt sich auch auf der Ebene von sozialen Systemen
(Familien, Kindergärten, Schulen, Betrieben) ab, die den Erkenntnissen der
Systemforschung auf innere und äußere Herausforderungen anders reagieren
als wir es von Individuen oder soziale Gruppierungen gewohnt sind (Willke
1992). Ignorieren, Verdrängen, Tabuisieren von Problemen, die verbreitetsten
Formen individueller Verantwortungsvermeidung in Politik und Gesellschaft
(Beck 1988) sind so gut wie unmöglich, weil Systeme die Eigenart besitzen,
auf alle in- und externen Inputs, die sie als Herausforderung interpretieren,
reagieren zu müssen. Entweder schotten sie sich zum Zwecke der Selbsterhaltung ab, was ihnen aber selten zur Gänze gelingt, weil ihre Mitglieder
in der Regel mehreren Systemen angehören und diese nicht immer auf dieselben Herausforderungen in gleicher Weise reagieren. Es kann aber auch
sein, dass sie den Normalzustand „operativer Geschlossenheit" (Luhmann
2002, S. 221 ff.) aufgeben und sich entschließen, dazu zu lernen und sich zu
verändern, weil Teilhaber und Entscheidungsträger in den verschiedenen Subsystemen übereinkommen, dass kontrollierter Wandel der Aufrechterhaltung
des Gesamtsystems dienlicher ist, als an obsolet gewordenen Normen und Verhaltensroutinen weiter festzuhalten.

Dabei kann nie ausgeschlossen werden, dass sich das Lernen in ideologisch über-
holter Weise vollzieht und/oder von zeitweiligen Rückschritten begleitet wird.
Wie die Geschichte allerdings lehrt, sind diese nur selten von Dauer, weil solches
rückwärtsgewandtes Denken und Verhalten, dass sich sogar in vorübergehenden
Formen völkervernichtenden Massenwahns manifestieren kann, nicht muss,
glücklicher Weise mit den Interessen und Wertvorstellungen anders orientierter

systemischer Umwelten, meist aber auch mit den der kollektiven Erfahrung und dem ethisch-moralischen Empfinden des humanistisch gesonnenen und vernunft-begabten Teils einer Bevölkerung kollidiert.

Dessen eingedenk, mag es so sein, dass, Kritik, soziale Konflikte, Wider-standshandlungen jeder Art, Revolten und Aufstände scheitern. In der Tat tun sie dies weitaus häufiger, als dass ihnen Erfolg beschieden ist. Aber auch dann sind die systemischen Kontexte, innerhalb oder in deren Nähe sie sich ereignen, danach nicht mehr dieselben wie zuvor. Indem sie auf sie als Systeme reagieren, kann innerhalb ihrer oder in der Beziehung zwischen ihnen eine kritische Masse entstehen, die zu Veränderungen führt, es aber nicht muss. Ob sie es tut, hängt – wie uns die Interventions- (Dahme und Wohlfahrt 2010), die Kommunikations- (Schnabel und Bödeker, S. 102 ff.) und die Gesundheitsförderungsforschung (Grossmann und Scala 2006) lehrt, davon ab,

- wie überzeugend die Veränderungsbotschaften *begründet* sind,
- wie gut sich kritisches, auf Veränderung zielendes Denken und Handeln inner-halb der Systeme und in der Öffentlichkeit *präsentiert,*
- ob und in wieweit die Veränderungsbotschaften geeignet sind, die von den angesprochenen Systemen und ihren Funktionsträgern empfundenen Probleme zu *lösen* und – nicht zuletzt auch davon –
- wie sachkundig der Erfahrungsaustausch zwischen Veränderungsbefürwortern und Adressaten *gemanagt* wird (vgl. dazu auch Kap. 8 der vorliegenden Unter-suchung).

Sich vor die Menschen hinzustellen, sie aus medizinischer oder weltver-bessernder Sicht einfach nur darüber zu belehren, was gut für sie ist und zu hoffen, dass sie einer solchen Botschaft ebenso blindlings Folge leisten, wie der Empfehlung, wegen einer Krankheit oder eines Leidens den Arzt aufzusuchen, dieses oder jedes Medikament zu nutzen, oder wegen besserer Berufschancen den Zweiten Bildungsweg wählen, ist und war angesichts der Kompliziertheit der Materie immer schon viel zu wenig (Breitwieser et al.1991). Menschen sind – wie der Nestor dieses Ansatzes, der Soziologe Niklas Luhmann (2002, S. 76 ff.) zu betonen pflegte – keine Trivialmaschinen. Als Funktionsträger innerhalb von Systemen oder als deren Subsysteme verhalten sie sich „kontingent", das heißt, sie reagieren auf erzieherische Inputs unterschiedlich, ja unberechenbar, je nach-dem, welche Normen und Kompetenzen sie sich als Individuen im Verlaufe ihrer Lebensgeschichte angeeignet haben und im Rahmen welcher systemischen Vor-gaben und/oder Zwänge sie agieren.

Leben und „glückliches" Leben – zum Verhältnis von Wirklichkeit und Utopie

6

> „Das Glück besteht darin, zu leben wie alle Welt und doch wie kein anderer zu sein."
>
> *Simon de Beauvoir (Französische Philosophin und Literatin, 1908–1986)*

Wenn wir vom politischen oder religiösen Leben, vom Wirtschafts- und Gesellschaftsleben sprechen, so drücken wir damit aus, dass all das, was sich auf der politischen, ökonomischen und sozialen Ebene in uns und im kommunikativen Kontakt mit anderen abspielt, in einer Weise miteinander verbunden ist, die das Prozesshafte, Bewegte, Veränderliche unserer Existenz in den Vordergrund stellt. Dadurch, dass wir es als „Leben" bezeichnen, versuchen wir ein Phänomen begreifbar zu machen, dass wir normaler Weise mit Biologie, mit Biographie, mit alledem assoziieren, dessen wir zwischen Geburt und Sterben als erfahrungssammelnde, -verarbeitende und lernende Menschen teilhaftig werden, es aber nicht berühren oder sehen können. Wenn wir sagen, dass wir Leben, dann meinen wir in der Regel nicht, dass wir bloß dahinvegetieren, sondern dass uns ein Moment, ein längerer Augenblick oder ein größerer Zeitraum gegeben ist, im Verlaufe dessen wir erleben, was wir uns schon immer gewünscht haben, was uns befriedigt, begeistert, glücklich macht, was einem dieser Befindlichkeiten nahe kommt oder ihnen teilweise oder gänzlich widerspricht.

Systematisch-wissenschaftlich haben sich

- zunächst die *Theologie* (das gottesfürchtige oder ewige Leben),
- dann die *Biologie* (Überleben natürlicher sich selbst generierender und regulierender einfacher bis hoch komplexer Organismen),

- die *Chemie* (ursprünglich aus einfachsten Eisen- und Schwefel-Oberflächen-verbindungen unter vulkanischen Bedingungen entstanden und, dank der Evolution, inzwischen auch auf komplexen, von seinen Trägern abhängigen Verbindungen organischer und anorganischer Stoffe beruhend) und
- die *Medizin* (biopsychische, zwischen Geburt und Tod ablaufendes, durch Phasen der Gesundheit und Krankheit unterbrochene und durch den Alterungsprozess bestimmte Entwicklung des menschlichen Organismus)

aus je eigener Sicht mit dem Leben beschäftigt.

Seit dem Ende des neunzehnten Jahrhunderts ist es außerdem zum Haupt-gegenstand der *Lebensphilosophie* avanciert, deren Vertretern es darum ging, sich als wissenschaftlich-systematisch arbeitende Geistes- und Sozialwissen-schaftler an den Universitäten zu etablieren. Ihnen kam es nicht nur darauf an, dem gelebten Leben einen besonderen, über die Wechselwirkung von Atomen, Molekülen, Zellen, biologischen Organismen hinausreichenden und für das Zusammenleben der Menschen bedeutsamen *Sinn* zu erschließen. Begründer dieser Richtung, wie unter anderem der deutsche Philosoph und Psycho-loge Wilhelm Dilthey (1833–1911), der Philologe und Philosoph Friedrich Wilhelm Nietzsche (1844–1900) und der französische Philosoph und Literat Henry Bergson (1854–1941) wandten sich mit ihrer speziellen Sicht auf das wirkliche Leben gegen den zu ihrer Zeit weit verbreiteten Positivismus und Neo-Kantianismus. Weil sie in ihren Naturwissenschaften die Rationalität zu einseitig betonten, hielten die Vertreter der Lebensphilosophie diese populären Denkrichtungen für unfähig, dass Spezifische am Leben, sein Werden und seine Ganzheitlichkeit, einschließlich seiner *nicht-rationalen* und kreativen Elemente hinreichend zu erfassen. In ihren auch wissenssoziologisch und psycho-logisch interessierten Überlegungen gingen sie stattdessen von der konkreten Erfahrung der Menschen aus, die nicht nur von der Vernunft, sondern auch von der Intuition, dem Instinkt, den Trieben und dem Willen beeinflusst wird, in Inhalt und Beschaffenheit auf eine von Positivisten und Neukantianern zu stark vernachlässigte Weise abhängig ist und nur unter Berücksichtigung ihrer individuellen und sozialen Konstruktionsbedingungen richtig erkannt und sinn-haft verstanden werden kann.

Angesichts der enormen Zerstörungen und gesellschaftlichen Verwerfungen zwischen den Weltkriegen, nach dem Ende des Zweiten Weltkriegs und während des ganz Europa betreffenden Wiederaufbaus in der zweiten Hälfte des zwanzigsten Jahrhunderts stand dann das Leben als wirtschaftlich, politisch und sozial zutiefst gestörtes, mithilfe sozialwissenschaftlicher (Soziologie, Psycho-logie, Politologie, Pädagogik) Analysen erforschtes und nach wirtschafts- und sozialwissenschaftlichen Rezepten zu reorganisierendes im Zentrum öffentlicher Diskurse. Erst nachdem sich die Aufbaueuphorie der Nachkriegsjahre in den 1970er-Jahren abzuschwächen begann, die ersten von Rohstoffknappheit, wirtschaftlicher Stagnation und steigender Arbeitslosigkeit gekennzeichneten Krisen in immer häufigeren Abständen auftraten, die maßgebenden politisch-ökonomischen Kräfte sich zunehmend als unfähig erwiesen, mit ihnen fertig zu werden, begann man nicht nur das Handeln der Eliten infrage zu stellen. Kritisch betrachtet wurde das durch sie gestaltete soziale Leben, und man begann, sich jenseits von Markt, Wachstum und Kapitalakkumulation um die bis dato vernachlässigten *Bedürfnisse* der Menschen zu kümmern. Unter diesen Versuchen stechen besonders gewerkschaftliche Bemühungen (IGM 2009) hervor, die unter dem Eindruck sinkender Mitgliederzahlen den Entschluss fassten, eine enorm hohe Probandenzahl (450.000!) danach zu fragen, was sie sich unter einem guten Leben vorstellen würden. Erst kürzlich hat sogar die Bundesregierung (Bundesregierung 2015) damit begonnen, sich für die Lebensqualität der Deutschen zu interessieren. Sie wurde zur Chefinnensache erklärt, in flächendeckenden Bürgerdialogen über die Vorstellungen von einem guten Leben mit der Bundeskanzlerin diskutiert, protokolliert und die gesammelten Ergebnisse aus bislang noch unerklärten Gründen einer in ihren Ergebnissen noch nicht vorliegenden wissenschaftlichen Analyse unterzogen.

6.1   Wie das Leben so lebt

Mindestens drei Verständnisvarianten von Leben lassen sich unterscheiden: Das Leben als Phänomen *schlechthin*, das *lebende* oder lebendige Leben und das *gelebte* Leben (Bedau und Cleland 2010). Während mit der ersten Variante umschrieben wird, was das Leben in seinen unterschiedlichen, von den oben erwähnten Wissenschaften arbeitsteilig behandelten Facetten ausmacht, bezieht sich die zweite Variante auf das Leben als ein sich real abspielendes Geschehen, wie es sich vom Einzeller über entwickelte Pflanzen und Tiere bis hin zum Menschen von der Geburt bis zum Ableben und über einzelne, mehr oder weniger vorprogrammierte Entwicklungsstufen abspielt. Wenn demgegenüber vom ge- oder erlebten Leben die Rede ist, so ist damit in der Regel ein bestimmtes, den Lebenslauf überspannendes Produkt beziehungsweise Konstrukt gemeint, das gemeinhin als Biographie bezeichnet wird. Meist tritt sie uns gegenüber in der mehr oder weniger angenehmen und schwer zu beantwortenden, häufig erst im Angesicht eines möglichen oder wahrscheinlichen Ablebens entweder von anderen oder von uns selbst gestellten Frage gegenüber, ob und in wieweit wir ein verdientes, befriedigendes, gutes usw. Leben geführt haben.

Sowohl in den bereits stattgehabten als auch in den aktuellen Diskursen über die faktische oder erwünsche Qualität des gelebten Lebens werden die drei verschiedenen Varianten auf analytisch irritierende Weise mit einander vermischt. Weit stärker als die beiden zuvor benannten, denen es im Wesentlichen um die rein *funktionale* Sicht auf das Leben geht, schließt das Verständnis des Lebens als „gelebtes Leben" das *produktive* Element – also die Berücksichtigung dessen, was wir aus unserem Leben Kraft der uns mitgegebenen Fähigkeiten allein oder mithilfe Anderer machen – und ein *normatives* Element mit ein. Bei letzterem handelt es sich um ein wichtiges Element, das Menschen überhaupt erst in die Lage versetzt, einzuschätzen, was das eigene bzw. das Leben Anderer hat und/ oder braucht, um über das bloße (lebendige) Funktionieren hinaus als qualitativ wertvolles, nachahmenswertes, bedeutsames, kurz: *sinnvolles* zu gelten.

Das Leben als Ganzes, das heißt als Erscheinung, als Prozess und als soziopsychosomatische Konstruktion, Leistung und Produkt in den Blick zu nehmen, hat sich die systemökologische *Sozialisationsforschung* (vgl. Kap. 2 der vorliegenden Untersuchung) zur Aufgabe gemacht. Sie schlüsselt nicht nur akribisch auf, was das heranwachsende Individuum an körperlichen Voraussetzungen, psychischen und sozialen Ressourcen mitbringen muss, um eine gelungene Entwicklung hinzulegen, an deren Ende eine identische, in allen Lebenslagen mehr oder weniger kompetent kommunizierende, aus Erfolgen und Fehlern lernende Persönlichkeit stehen sollte. Sie kümmert sich auch um den Zustand, in dem sich sozialisationsrelevante soziale Systeme präsentieren müssen, damit die Persönlichkeitsentwicklung funktioniert (Bronfenbrenner 1992; Tretter 2008). Sie ist aber auch in der Lage, zu tun, was dabei helfen kann, nämlich besser zu verstehen, welche Leistungen innerhalb des vom Individuum er- bzw. durchlebten Lebens erbracht und wie sie systemisch begleitet und abgesichert werden müssen, um von einem gut gelebten Leben sprechen zu können (Bauer 2012). Dabei gehen ihre Vertreterinnen und Vertreter von mindestens sechs (vgl. Abb. 6.1) unterschiedlich langen, qualitativ verschiedenen Entwicklungsstufen aus, die in ihren Wirkungen aufeinander aufbauen und im Interesse eines befriedigenden Gesamtergebnisses mit möglichst hohem persönlichem Gewinn durchlebt werden müssen.

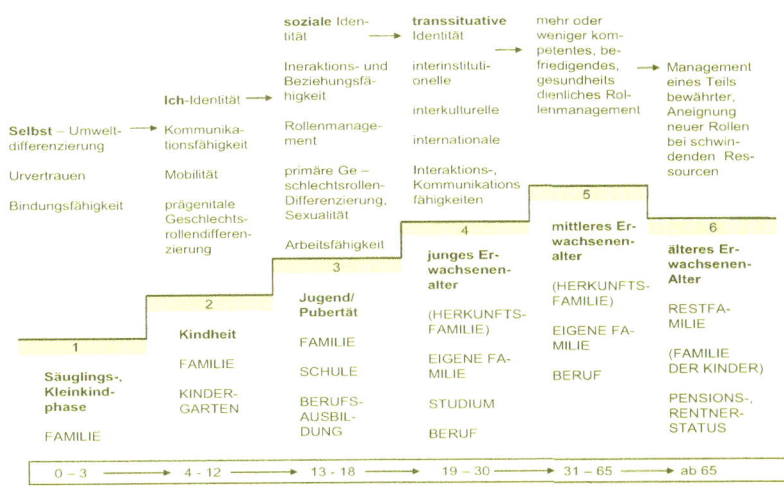

Abb. 6.1   Phasen beziehungsweise Entwicklungsstufen der Sozialisation, die wichtigsten daran beteiligten Sozialisationsagenturen und idealiter erreichbaren Sozialisationseffekte im Überblick. (Quelle: Schnabel 2013, S. 212, eigene Darstellung)

6.1.1   Frühkindliche Entwicklung in der Familie (primäre Sozialisation)

Bei noch unausgebildeter Psychophysiologie, reduzierter Wahrnehmungs- und begrenzter Lernfähigkeit kommt es für Säuglinge und Kleinkinder in der Phase der primären Sozialisation darauf an, möglichst intensive und verlässliche Gefühle von Aufgehobenheit, Zärtlichkeit und liebevollere Zuwendung zu empfangen und zu verarbeiten. Fehlende Zuwendung, Vernachlässigung oder Ablehnung hindert sie daran, ein Körper-Selbst (Selbst-Umweltdifferenzierung, vgl. Abb. 6.1, 1. Säule, links beginnend) als Vorstufe zur Ich-Identität sowie (Ur-)Vertrauen in die Beziehung zu Anderen als Vorstufe zu späterer Bindungsfähigkeit auszubilden (Küchenhoff und Agarwalla 2013). Entfällt die frühe Erfahrung, bedingungslos und um seiner selbst geliebt zu werden, kann sie in Verbindung mit der fortgesetzten emotionaleren Frustration durch unreife oder geschädigte elterliche Bezugspersonen zu mangelndem Selbstbewusstsein und Bindungsunfähig führen (Schnabel 2012). Die Beschaffenheit der emotionalen und kommunikativen Kompetenz und Bindungsfähigkeit der elterlichen Bezugs- oder anderer Ersatzpersonen ist mitbestimmend für die Qualität der physiologischen und psychoemotionalen Basiskompetenzen (Ich-Umweltdifferenzierung, Urvertrauen, Bindungsfähigkeit), auf denen das Kleinkind beim Übergang in die zweite Sozialisationsphase aufbauen kann. Dieses wiederum liegt nicht in der Verantwortung der Eltern allein. Was sie können und im Umgang mit ihren Kindern tatsächlich zu leisten imstande sind, hängt nicht nur von ihrer eigenen Lebens- und Lerngeschichte ab, sondern auch von den „Gelegenheitsstrukturen". Damit sind die Chancen und Freiräume gemeint, die die Gesellschaft den Familien unterschiedlicher sozialer Provenienz (Schicht-zugehörigkeit, ethnischer Abstammung, Ausbildungsstatus, Beruf des/der Ernährer, materielle Sicherheit usw.) gewährt (Choi 2012), um sich in das frühkindliche Sozialisationsgeschehen bestmöglich einzubringen.

6.1.2 Kindliche Entwicklung in Familie, Kindergarten und Schule (sekundäre Sozialisation I)

Auf der zweiten, das vierte bis zwölfte Lebensjahr umfassenden und als sekundäre Sozialisation bezeichnete Stufe (vgl. Abb. 6.1, 2. Säule), kommt es für die Kinder darauf an, sich aufbauend auf den Kompetenzen der ersten Stufe Wissen und Fähigkeiten anzueignen, die es ihnen ermöglicht, ihren Kreis von Bezugspersonen über den der Familie in Richtung Erzieherinnen, Kindergarten-freundinnen und -freunde, Lehrerinnen und Lehrer, Klassenkameradinnen und -kameraden auszuweiten. Die neurophysiologische Entwicklung ist nun weit-gehend abgeschlossen, Mobilität ist fast uneingeschränkt vorhanden und es kann dank voll entwickelter Sprachfähigkeit mit Gruppen und Personen der Lebens-umwelt bedürfnisangemessen und lerneffektiv kommuniziert werden. Hatte die auf der ersten Stufe entwickelte Selbst-(Ich-)Umwelt-Differenzerfahrung zu ersten Erfahrungen über die Abhängigkeit von den Bezugspersonen und über deren Einsetzbarkeit zur Befriedigung eigener Bedürfnisse (Liebe, Zuwendung, Nahrung, Sauberkeit, Unterhaltung usw.) geführt, wird nun „Ich-Identität" (Selbstwertgefühl, Selbstwirksamkeitsempfinden, Selbstbestimmungsfähigkeit) ausgebildet (Meulemann 2001), die die Heranwachsenden in die Lage versetzt, mit aller Welt im Interesse eigenen Kompetenzgewinns in Kontakt zu treten.

Damit die zweite Stufe mit persönlichem Gewinn durchlaufen werden kann, brauchen Kinder die Kooperation und Kommunikation mit Bezugspersonen in Familie, Kindergärten und Schulen, die gelernt haben und/oder die Fähigkeit beziehungsweise Bereitschaft besitzen, sich auf die emotionalen Bedürfnisse und emanzipativen Strebungen der kindlichen Partner einzulassen. Besonders bewährt hat sich dabei ein Erziehungsstil, der einerseits Orientierung gibt, wo immer dies im Interesse der Sozialisanden und den Anpassungserforder-nissen der sozialen und natürlichen Umwelt nötig erscheint, insgesamt aber auf Respekt, Anerkennung sowie Stärkung von Kompetenzen und kindlichem Selbstbewusstsein, statt auf repressiver Kontrolle und Bestrafung von Fehlleistungen ausgerichtet ist (Hettlage und Vogt 2000). Auch hier spielen die zeitlichen, gesetzlichen und strukturell-organischen Rahmenbedingungen, unter denen erzogen und herangebildet wird, eine entscheidende Selbstbewusstsein verhindernde oder -fördernde Rolle.

6.1.3   Jugend und Pubertät (Sekundäre Sozialisation II)

Die Phase zwischen dem zwölften und achtzehnten Lebensjahr (vgl. Abb. 6.1, mittlere Säule) oder Spätphase der sekundären Sozialisation gehört zu den inhaltlich und vermittlungstechnisch kompliziertesten des gesamten Entwicklungsprozesses. Hier gilt es für die jungen Menschen nicht nur, in relativ kurzer Zeit, aufbauend auf dem in der vorgängigen Sozialisationsphase entwickelten Körper-Selbst und einer damit verbundenen prägenitalen Rollendifferenzierung als einem unter anderen Konstruktionselementen kindlicher Ich-Identität primäres Geschlechtsrollenset als dominantem Teil einer für das Überleben in sozialen Kontexten wichtigen sozialen Identität zu entwickeln. Das Rollenrepertoire muss erweitert, die Interaktions- und Beziehungsfähigkeit muss ausgebaut und die kommunikativen Kompetenzen in einer Weise vervollkommnet werden, die es den Jugendlichen ermöglicht, die auf ihn zukommenden Funktionen als Berufstätiger und Gründungsmitglied einer eigenen Familie zu übernehmen. Dazu kommt in dieser Phase auch noch die in ihren Auswirkungen nicht zu unterschätzende Leistung, sich aus dem Herkunftsfamilienkontext auf eine Weise herauszulösen, die weder für die Jugendlichen selbst noch für ihre Eltern mit irreparablen Schädigungen verbunden ist (Hofer et al. 2005).

Auch hier sind die Einsichten einer pädagogisch reflektierten Eltern- und Lehrerschaft und Rahmenbedingungen für Familien, in Schulen und Berufsausbildung gefragt, die es den Jugendlichen erlauben, Mut machende und Selbstvertrauen stärkende Lernprozesse auf sexuellem Gebiet und im sonstigen Privat- und im Arbeitsleben absolvieren zu können, ohne dabei drakonischen, entmutigenden oder entwürdigenden Strafen oder traumatisierenden und/oder frustrierenden Erfahrungen ausgesetzt zu werden. Ob es die dafür ausreichende Anzahl einsichtiger Bezugspersonen gibt, und welche Freiräume ihnen zur Verfügung stehen, um ihre alternativen, der Jugend zugewandten Erziehungs- und/oder Sozialisationskonzepte in die Tat umsetzen zu können, hängt neben deren eigenen Erfahrungen wiederum davon ab, ob beziehungsweise in wieweit sie in ihrem Handeln von einer emanzipationsförderlichen Sozial-; Versorgungs- und Bildungspolitik flankiert, inspiriert und ermutigt werden.

6.1.4   Sozialisation im jüngeren, mittleren Erwachsenen- und im Seniorenalter (tertiäre Sozialisation)

Wenn die Heranwachsenden über alle vorgängigen Sozialisationsphasen bzw. -stufen hinweg die nötigen Voraussetzungen erworben haben, um als geschlechtsreife und kommunikativ kompetente Persönlichkeiten zu überleben, kommt es nun in den Stufen 4, 5 (vgl. Abb. 6.1, 4. und 5. Säule) noch darauf an, die Fähigkeiten zu erwerben und zu festigen, die zur Bewältigung der Anforderungen des modernen Alltags- und Arbeitslebens gebraucht werden. Ausgebildet wird dabei etwas, das in der Sozialisationsforschung als „transsituative Identität" bezeichnet wird und es den Erwachsenen ermöglicht, in interinstitutionellen, interkulturellen und internationalen Kontexten ihre Frau oder ihren Mann zu stehen (Keller 2012). Zunehmend wichtiger, mit zunehmendem Alter immer schwieriger und angesichts eines permanent wachsenden durchschnittlichen Lebensalters immer nötiger wird es dabei auch, durch eine gute Versorgung und einen gesundheitsdienlichen Lebensstil seinen Teil zur Stärkung der biopsychosozialen Ressourcen beizutragen, die es einem ermöglichen, das anstrengende Familien- und Arbeitsleben auszuhalten und sich nach deren Beendigung einen relativ beschwerdefreien Lebensabend zu ermöglichen.

Das normale Erwachsenenleben, das bis zum Eintritt in das Pensions- bzw. Rentenalter beginnend mit dem neunzehnten Lebensjahr rund fünfundvierzig Jahre dauert, ist heute keines mehr, welches mit den in vorgängigen Phasen erworbenen Routinen allein gemeistert werden kann. Es ist durch eine Zunahme an psychosozialem Druck, von außen oktroyierter Beschleunigung, kaum noch bewältigbarem Stress in Arbeits- und Privatleben gekennzeichnet und wird durch Systeme (Instanzen, Einrichtungen, Organisationen) gemanagt, die in ihrem Vorgehen immer weniger an den Bedürfnissen der Menschen, sondern primär an den durch Politik und Wirtschaft vorgegebenen Funktionserfordernissen orientiert sind (Rosa 2013, Verhaeghe 2013). Wer folglich daraufhin sozialisiert worden ist, sich den an sie/ihn gestellten Erwartungen anzupassen, gerät, wie das hohe Aufkommen soziopsychosomato- und psychopathogener Lebensläufe[1] zeigt, an die

---

[1] Kritikern dieser Umstände, die u. a. auch auf die Zunahme nicht nur berufsbedingter psychischer Erkrankungen hinweisen, wird oft entgegengehalten, dass es sich immer noch

Grenzen seiner Funktions- und Adaptionsmöglichkeiten und kann, sofern er nicht bereit und/oder in der Lage ist, sich durch Umschulungs- und Umlernprozesse ein wenigstens teilweise verändertes Kompetenzprofil zuzulegen, daran frühzeitig, d. h. vor Erreichen der durchschnittlichen Lebenslänge gesundheitlich zugrunde gehen.

Auch Alternsforscher unterscheiden deshalb im Unterschied zu den früheren Vorstellungen und Konzeptionen (65 – tn) (vgl. Abb. 6.1, 6. Säule) drei divergierende Möglichkeiten, mit dem Seniorenalter, insbes. der in dieser Bevölkerungsgruppe weit verbreiteten Sorge umzugehen, im Anschluss an die Arbeit und/oder das Hausfrauendasein unwichtig und vergessen zu werden. Die größte Gruppe stellt sich dem Identitätsmanagement in diesem Lebensabschnitt, der aufgrund seiner Länge von durchschnittlich zwanzig Jahren zum Teil ganz neue Rollenerwartungen und Verhaltensmuster verlangt (Witterstätter 2003). Sie konzentrieren sich auf das Machbare und Mögliche, entdecken und nutzen das Positive und bemühen sich, den Verfall körperlicher und geistiger Fitness durch eigene Anstrengungen und die Hilfe Anderer solange wie möglich heraus zu zögern. Eine andere noch relativ große Gruppe pflegt ein eher traditionelles Managementmodell. Sie resignieren, schonen sich, fügen sich in ihr absehbares Ende und verschließen sich allem Neuen auch dann, wenn es ihnen physische, psychische oder soziale Unterstützung und Erleichterung bringen würde. Eine kleinere, aber wachsende Gruppe schließlich kämpft mit allen Mitteln, die ihnen die Werbe-, Reise- oder Konsum- und Versorgungsindustrie zur Verfügung stellt, und in Anlehnung an den vor allem in der Arbeitswelt verbreiteten „Jugendwahn" gegen das Älterwerden an und versucht, die biologische Uhr durch medizinische und pharmakologische Manipulationen am eigenen Körper zurückzudrehen.

Ein Leben, Altern und Sterben in Würde wird für viele Menschen in den ökonomisierten Gesellschaften von heute immer schwieriger (u. a. Ewers und Schaeffer 2005; Schnabel 2013). Dank einer in den vergangenen Jahren immer

---

um einen relativ niedrigen Sockel von Erkrankten (um die 10–15 %) und bei den bundesweiten Anstiegen womöglich nur um eine neue „Therapeutenmode" handele. Wer dies leichtfertig tut, verkennt, dass es langer, schließlich unbewältigbarer Belastungskarrieren bedarf, bevor daraus etwas wird, das mit den beschränkten Mitteln der konventionellen Medizin als Krankheit diagnostiziert werden kann. An der tatsächlichen Unzumutbarkeit der Lebens- und Arbeitsverhältnisse, die die Betroffenen durchleben müssen, bevor sie krankgeschrieben werden, ändert das nichts. Viele durchleben sie dank besonderer Voraussetzungen, ohne krank zu werden und sie stehen der Verwirklichung des Traums aller vom guten Leben – einerlei, ob krank oder gesund – im Wege.

gezielter recherchierenden Versorgungs- und Therapieforschung wissen wir genauer darüber Bescheid, welche Erziehungs- und Verhaltens-, insbes. Arbeitsformen uns, wenn nicht sofort, so doch auf Dauer irreversibel erkranken lassen. Vielen dieser Erkrankten geht es aufgrund einer kurativ intervenierenden Medizin relativ gut. Wie die von Krankheit Freien beziehungsweise Befreiten, waren und sind aber auch sie von einem Leben noch weit entfernt, das als gut, gesund oder gar glücklich bezeichnet werden kann, weil es ihnen an Freizeit- und Arbeitsbedingungen fehlt, unter denen sie Lebens- und Gesundheitsfähigkeit erwerben, im kommunikativen Kontakt mit anderen einsetzen und zum Vorteil für sich selbst und Andere nutzen können.

6.2   Was die Menschen sich unter gutem Leben vorstellen und wie es sich damit tatsächlich verhält

Kritikern der wirtschaftlichen und politischen Lage in Europa wird oft entgegengehalten, dass es den Menschen im Durchschnitt erheblich besser ginge, als vor hundert Jahren. Oberflächlich gesehen ist diese Behauptung natürlich zutreffend. Bei genauerer Betrachtung der Fakten zeigt sich jedoch, dass der inzwischen traumhafte Reichtum weniger, von dem die Mehrheit der Bevölkerung anders als von den Verfechtern der „Invisible Hand-" oder „Trickledown"-Theorie[2] behauptet, nur wenig abbekommen. Tatsächlich muss der vergleichsweise bescheidene Wohlstand, den sie abbekommen, mit derartig hohen Opfern an sozialem, geistigem und körperlichem Wohlbefinden erkauft werden, dass von einem glücklichen und gesunden Leben der Vielen nicht geredet werden kann. Die technischen Errungenschaften, die die Produktivität erhöhen, und die Erfindungen, die in immer schnellerer Reihenfolge ersonnen und vermarktet werden, um uns das Leben zu erleichtern, scheinen die soziopsychosomatische

---

[2]Die auf Adam Smith (1776) zurückgehende und vom modernen Neoliberalismus weiter verbreitete Annahme, dass über Kapitaltransfers ausgelöste Wachstumsprozesse durch eine unsichtbar verteilende Hand oder durch ein Durchsickern von oben nach unten auch den Lebensverhältnissen der Masse der ärmeren Bevölkerung zugutekommen würden. Ihr notorisches, inzwischen sogar von der katholischen Kirche in Person von Papst Franziskus offiziell moniertes Ausbleiben hat überall in der kapitalistischen Welt zur Entwicklung von Strategien der Armutsbekämpfung beigetragen, die die Reichen reicher und die Armen ärmer gemacht haben.

Anpassungsfähigkeit des menschlichen Organismus in zunehmendem Maße zu überfordern. Die Verantwortungsträger und Entscheider in Politik, Wirtschaft und Gesellschaft geraten unter Druck, weil sich die Zeichen dafür mehren, dass die Durchschnittsbevölkerung immer weniger Lust verspürt, sich mit den Brosamen abspeisen zu lassen, die von den Tischen der Hyperreichen abfallen. Als Folge davon beginnt sie über die Möglichkeit von anderen Gesellschaftsformen mit egalitäreren Selbstverwirklichungschancen, über eine gerechtere Verteilung von Zufriedenheit und Glück und über mehr oder weniger demokratische Wege nachzudenken, sich in deren Besitz zu bringen.

Für sie, die Bevölkerungsmehrheit, verhält sich das, was sie als ein gutes (will sagen: gerechtes, sinnvolleres, gleiches, gesundes usw.) Leben bezeichnen würde, wie konkrete Utopie zu derjenigen Wirklichkeit, die ihnen tagtäglich in Beruf und Freizeit widerfährt. Dem Sozialphilosoph und Hoffnungstheoretiker Ernst Bloch ([1947] 1985) zufolge unterscheidet sich „konkrete" von x-beliebiger Utopie auf eindeutige Weise. Letztere erlaubt es, sich alles Mögliche, unabhängig von seinen Verwirklichungschancen auszudenken. Konkrete Utopien dagegen setzen sich aus Konzepten, Zielvorstellungen oder Plänen zusammen, die im Hier und Jetzt erdacht worden sind, um systemrelevante gesellschaftliche Probleme zu lösen. Meist treten sie in Gestalt intensiv diskutierter, aber nicht zustande gekommener oder misslungener Reformprojekte in Erscheinung. Oft sind es nicht die auf die Lösung existierender sozialer Probleme gerichteten Inhalte, sondern die ihnen zugedachte Form, die sich als ungeeignet erwies, um die ihnen eigene Vision von einem besseren Leben in einer gerechteren Gesellschaft freier, selbstbestimmt und solidarisch handelnder Menschen Realität werden zu lassen. Weitaus häufiger scheitern sie jedoch, weil die in ihrem Sinne vorgenommenen Analysen und vorgeschlagenen Lösungen als Bedrohung für die Selbsterhaltung sozialer Systeme empfunden wurden, und/oder weil sie mit den Interessen jener durchsetzungsmächtigen Gruppen kollidierten, die von der Aufrechterhaltung der bestehenden Verhältnisse in Politik, Wirtschaft und Gesellschaft am meisten profitieren.

Als Inbegriff dessen, was noch nicht ist, aber sein könnte, treiben uns konkrete Utopien vom guten, mindestens aber besseren Leben nicht nur als Individuen ständig an, unser Bestes, gelegentlich auch mehr als das zu geben. Die Geschichte der gesamten Menschheit, die von Aufständen, Revolten, Revolutionen und Konterrevolutionen durchzogen ist (Tilly 1993; Wende 2000), wäre ohne ihr permanentes und offenbar unaufhaltsames, Ungleichheit, mangelnde Freiheit und die fehlende Solidarität unter den Menschen aufbegehrendes Drängen kaum zu verstehen. Ihre Ursachen zu erkennen, das hinter ihnen stehende Begehren der Vielen und dessen Triebkräfte richtig einzuschätzen,

statt sie zu ignorieren oder zu unterdrücken, rettet – wie die Geschichte uns eben-
falls lehrt – Menschenleben. Und sie trägt zur Überlebensfähigkeit derjenigen
Sozialsysteme bei, die bereit und in der Lage sind, die ihnen gebührende Auf-
merksamkeit zu erweisen und sich beizeiten um die in ihnen aufscheinende
Unzufriedenheit mit der sozialen Wirklichkeit und den Lebensverhältnissen der
Vielen zu kümmern.

6.2.1 Wie die soziale Wirklichkeit und die Lebensverhältnisse aussehen

In den meisten Ländern der Welt sieht die Lebenswirklichkeit für den bei weitem
größten Teil der Bevölkerungen ganz anders aus. Das hat keineswegs nur damit
zu tun, dass es sich um Entwicklungs-, Schwellen- oder hoch entwickelte
Industrieländer handelt. Denn der anhand von Wirtschaftswachstum, Bruttosozialprodukt oder Volksvermögen gemessene Entwicklungsstand der Nationen
sagt noch nichts darüber aus, welchen Unternehmen, Bevölkerungsgruppen,
Menschen, Regionen die auf diese Weise bezifferte Gesamtheit erwirtschafteter
Werte tatsächlich zugutekommen. Das ermöglicht uns erst der Blick auf die
Besitz- und Einkommensverhältnisse in diesen Ländern. Er verrät, wie gleich
oder ungleich, gerecht oder ungerecht der Wohlstand oder seine Gegenteile,
Belastung, Entbehrung und/oder Armut in den Gesellschaften verteilt sind und
wie frei, selbstbestimmt, schöpferisch und befriedigend sich welche Menschen
aufgrund einer gesicherten materiellen Existenz, verfügbarer Qualifizierungs-
angebote, angemessener sozialer Teilhabe und fairer Aufstiegschancen entwickeln
und sich bewegen können.

Alle der in dem folgenden Vergleich (vgl. Abb. 6.2), den wir den Berichts-
routinen der Organisation für wirtschaftliche Zusammenarbeit und Entwicklung
(OECD) verdanken und hier stellvertretend für andere zu Demonstrations-
zwecken verwenden wollen, haben ihre Wirtschaftssysteme auf privatkapitalistische Weise organisiert.

Unabhängig von der jeweils zugelassenen Regulierung durch Politik und
Staat, gilt in allem die Maxime, dass Menschen über umso mehr Entwicklungs-
und Beteiligungschancen verfügen, je höher ihre Gehälter sind, je mehr sie
besitzen und je mehr Kaufkraft sie demzufolge einsetzten können. Liegt der Gini-
Koeffizient (vgl. Abb. 6.2), der es erlaubt, die Spanne und damit den Grad der
Ungleichverteilung zwischen den höheren und den niedrigeren Einkommen in
den verschiedenen Ländern einzuschätzen, nahe Null, so haben wir es wie in den
skandinavischen und manchen osteuropäischen Ländern – vermutlich dank ihrer

Einkommensungleichheit in den OECD-Staaten*

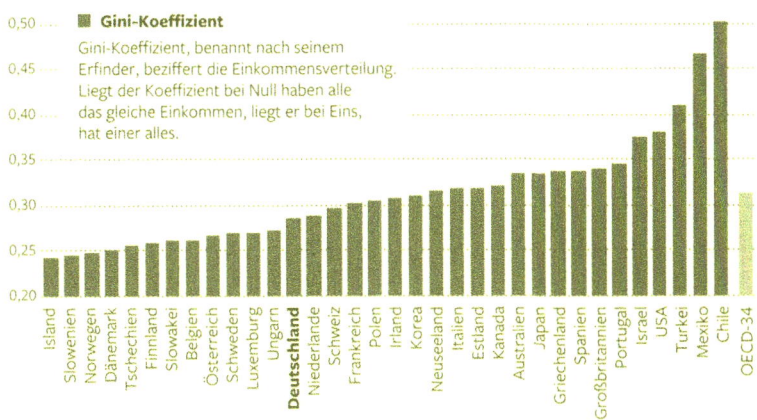

Abb. 6.2 Ungleichheit der Einkommen im internationalen Vergleich. (Quelle: OECD 2010, S. 42)

vorübergehend sozialistischen Vergangenheit – mit Gesellschaften zu tun, die wie auch die deutsche, mit der wir uns weiter unten noch beschäftigen werden, durch eine relativ geringe Spanne und eine ausgeglichenere Einkommensverteilung gekennzeichnet sind. Die am Ende der Säulenreihe positionierten Länder (u. a. Israel, USA, Türkei, Mexiko, Chile) hingegen weisen dem gegenüber eine hohe Spanne, eine ausgeprägte Einkommensungleichverteilung auf. Dies lässt auch darauf schließen, dass im Unterschied zu den Ländern vom vorderen Ende der Säulenreihe nur ein vergleichsweise kleiner Teil der Bevölkerung über die nötigen Ressourcen verfügt, um sich die materiellen sozialen und psychischen Vorteile eines angenehmen Lebens leisten zu können.

Dass eine derartige Konzentration von Wohlstand in wenigen Händen den davon betroffenen Ländern nicht zum Vorteil gereicht, sondern eher mit der Häufung von sozialen und gesundheitlichen Problemen aufseiten derer verbunden ist, die von diesem Wohlstand nur wenig oder gar nicht profitieren, haben die britischen Epidemiologen Kate Pickett und Richard Wilkinson in mehreren Studien, zuletzt in ihrem Buch „Gleichheit ist Glück" (2010) nachgewiesen.

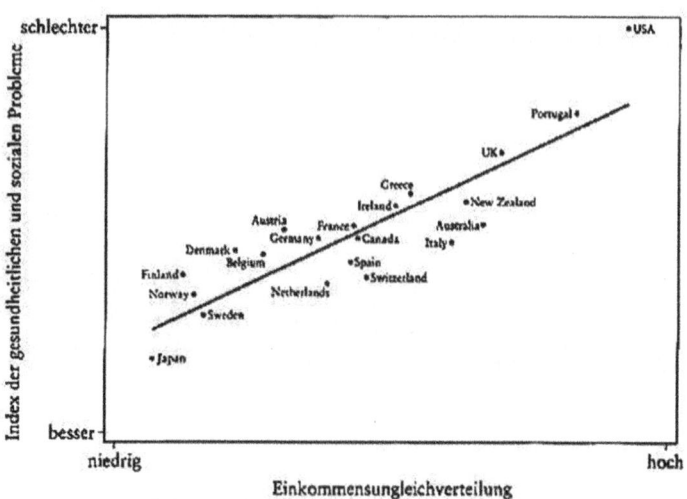

Einkommensungleichverteilung und die gesundheitlichen und sozialen Folgen. Quelle: Pickett et al., 2009, S. 200

Abb. 6.3 Einkommensungleichverteilung und die sozialen Folgen. (Quelle: Wilkinson und Pikett 2010, S. 200)

Über alle von ihnen überprüften Länder ergab sich das gleiche beeindruckende Bild (vgl. Abb. 6.3). Je ausgeprägter die Einkommensungleichverteilung (nach dem Gini-Koeffizienten) in den von ihnen untersuchten Ländern war, umso ausgeprägter war dem von ihnen verwendeten Index für soziale Probleme zufolge das gegenseitige Misstrauen der Menschen, umso geringere schulische Leistungen wurden von den Kindern erbracht und umso häufiger kam es zu Teenagerschwangerschaften.

Die Einkommensungleichverteilung korrelierte außerdem mit der von Pickett und Wilkinson zu Vergleichszwecken herangezogenen Prävalenz psychischer Erkrankungen, der Anzahl versuchter und realisierter Selbstmorde, mit hoher Säuglingssterblichkeit, der Anzahl verhängter Gefängnisstrafen und mit dem Grad vorkommender Fettleibigkeit, die als einer der Hauptrisikofaktoren für die Entstehung chronischer Herz-Kreislauferkrankungen, der Diabetes vom Typ II und der Erkrankungen des Stütz- und Halteapparates gilt. Ferner zeichneten sich diese Länder durch besonders verkrustete Sozialstrukturen und dadurch aus, dass sie den weniger bemittelten Teilen der Bevölkerung besonders wenige Chancen bieten, materiell und sozial aufzusteigen.

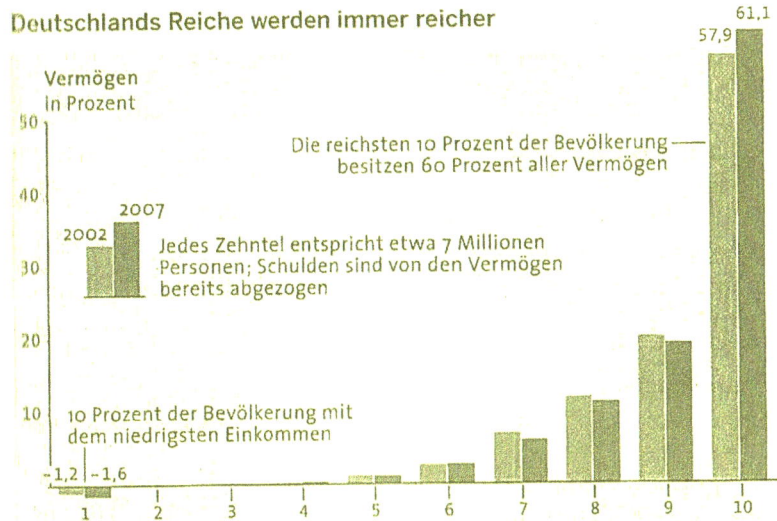

Abb. 6.4 Immer mehr deutsches Vermögen in immer weniger Händen. (Quelle: DIW, Grabka und Westermeier 2014, S. 156)

Für Deutschland, das unter den OECD-Ländern zu denjenigen gehört, die durch eine relativ geringe Einkommensungleichverteilung gekennzeichnet sind, gelten auf insgesamt *höherem Niveau* die gleichen Zusammenhänge. Nicht nur besitzen die reichsten zehn Prozent, wie der folgenden mit Daten des Deutschen Instituts für Wirtschaftsforschung (Grabka und Westermeier 2014) erstellten Grafik (vgl. Abb. 6.4) zu entnehmen ist, der Bevölkerung sechzig Prozent allen dort registrierten Vermögens, während die untersten zehn Prozent weniger als Nichts besitzt.

Dieser Konzentrationsprozess nimmt seit der Jahrtausendwende zu Ungunsten derer zu, die normalerweise zum Mittelstand gerechnet werden, und macht sich inzwischen in fast allen wichtigen Lebensbereichen bemerkbar, die über den materiellen Status sowie die Entwicklungs- und Selbstverwirklichungschancen der Menschen bestimmen. Das gilt nicht nur für den Besitz in deutschen Händen, der nach Berechnungen, die das Deutsche Instituts für Wirtschaftsforschung/ Berlin (DIW) aufgrund von Basisdaten des Bundesministeriums für Arbeit und Soziales (BMAS) angestellt hat, noch erheblich ungleicher verteilt ist als die Einkommen. Ein Risiko, zu verarmen, besteht nach Mitteilungen der Bundeszentrale für politische Bildung (bpb) aus dem Jahr 2014 für sechzehn Prozent der

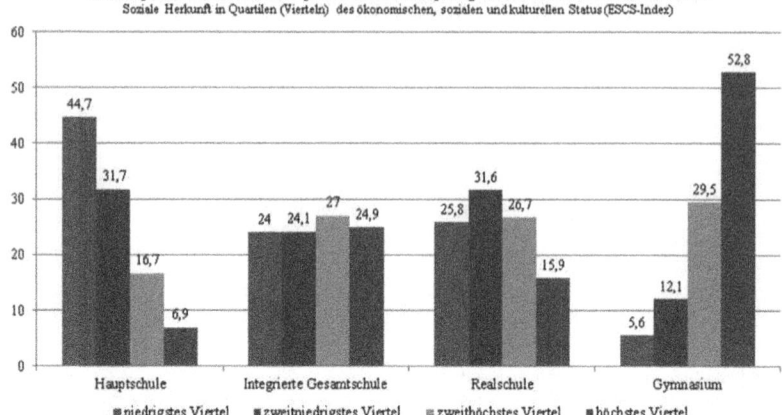

Schichtspezifische Schulbesuchsquoten der fünfzehnjährigen Schülerinnen und Schüler 2003
Soziale Herkunft in Quartilen (Vierteln) des ökonomischen, sozialen und kulturellen Status (ESCS-Index)

Quelle: eigene Darstellung nach PISA-Konsortium Deutschland (2004): 22
Quelle: PISA-Konsortium Deutschland (Hrsg.) (2004): PISA 2003. Ergebnisse des zweiten
internationalen Vergleichs – Zusammenfassung. Münster.

Abb. 6.5 Abhängigkeit der Bildungskarriere von der Schichtzugehörigkeit deutscher
Eltern

Gesamtbevölkerung, wobei die Gruppen der Arbeitslosen (zu 69 %), der Allein-
lebenden über 65 Jahre (zu 36 %), der Personen mit niedrigem (zu 25 %) und
mittlerem Bildungsstand (zu 15 %), Frauen (zu 17 %) und alle Personen im
Ruhestand (zu 15 %) besonders hervorzuheben sind.

Die Bildungsmöglichkeiten, deren Höhe laut Befund des PISA-Konsortiums
in keinem anderen Land Europas von der sozialen Herkunft der Schüler, d. h.
der Schichtzugehörigkeit ihres Elternhauses derart abhängig ist wie in Deutschland, stellen nicht nur die wichtigste Steuerungsgröße dar, die augenblicklich
über die Selbstverwirklichungs- und Aufstiegschancen deutscher Jugendlicher
entscheiden. Sie haben sich in gesundheitswissenschaftlichen Studien (Mielck
2005; Richter und Hurrelmann 2006; Bauer et al. 2008) neben der Schichtzugehörigkeit und dem ethnischen Status als der wichtigste Prädiktor für die
Verteilung der gesundheitlichen Risiken zu Ungunsten so genannter bildungsferner Bevölkerungsschichten erwiesen. Wie der vorliegenden, tendenziell auch
in zeitlich später durchgeführten Analysen bestätigten Grafik aus einem Bericht
des PISA-Konsortiums Deutschland von 2004 (vgl. Abb. 6.5) zu entnehmen ist,
bedingen sich die Höhe der Bildung und die soziale Herkunft ihrer Besitzer in
Deutschland in besonders starkem Maße.

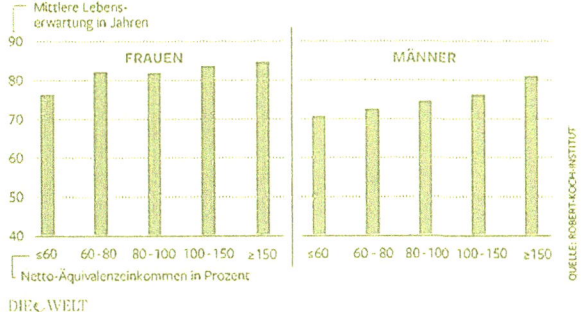

GESUNDHEIT IST AUCH EINE FRAGE DES GELDES
Soziale Unterschiede bei Sterblichkeit und Lebenserwartung in Deutschland

Abb. 6.6 Über den Zusammenhang von verfügbarem Einkommen und mittlerer Lebenserwartung bei Männern und Frauen. (Quelle: RKI, Lampert und Kroll 2014, S. 4)

Sie stehen, wie in anderen Ländern auch, in engem Zusammenhang mit dem am Netto-Äquivalenzeinkommen[3] bemessenen Status der Menschen und der mittleren Lebenserwartung von Männern und Frauen. Ein Phänomen, mit dem sich vor nicht allzu langer Zeit auch die Zeitung „Die Welt" unter Bezugnahme auf Daten und die folgende von Mitarbeitern des Robert-Koch-Instituts vorgelegte Grafik (vgl. Abb. 6.6) beschäftigte und das belegt, dass Gesundheit, die mehr ist, als das Freisein von Krankheit, immer noch eine Frage des Geldes ist.

Die Ungleichverteilung von Einkommen und Besitz schlägt sich augenblicklich aber auch noch in anderen Bereichen des gesellschaftlichen Lebens nieder, ohne dass dies die Deutungsmächtigen und Entscheidungsträger in Politik, Wirtschaft und Gesellschaft sonderlich beeindrucken würde. Denen, die sich in Deutschland öffentlich und kritisch mit dem Einfluss der Wirtschaftsweise auf die Verteilung von Gesundheitschancen und deren Einfluss auf die augenblickliche Qualität und die Zukunft des gesellschaftlichen Zusammenlebens auseinander-

---

[3]Äquivalenzeinkommen ist das Einkommen, das jedem Mitglied eines Haushalts, wenn es erwachsen wäre und alleine leben würde, den gleichen (äquivalenten) Lebensstandard ermöglichen würde, wie es ihn innerhalb der Haushaltsgemeinschaft hat. Dazu wird das Einkommen des gesamten Haushalts addiert und anschließend aufgrund einer Äquivalenzskala gewichtet. Die Gewichtung richtet sich nach Anzahl und Alter der Personen der Haushaltsgemeinschaft. https://.de.wikipedia.org/wiki/Äquivalenzeinkommen (Zugriff: 15.07.2015).

setzen (u. a. Hartmann 2013; Wehler 2013), werden der Larmoyanz bezichtigt und ihnen wird vorgehalten, dass es den Deutschen wirtschaftlich besser gehe als den meisten anderen Vergleichsländern. Übersehen dabei wird aber nicht nur, dass die Mittelschicht, die die langjährige Garantin der politischen, wirtschaftlichen und gesellschaftlichen Stabilität gewesen ist, sich aufzulösen beginnt (DIW 2013) und kaum noch in der Lage scheint, mit ihrer Aufstiegsdynamik wie ehedem den Konsum und die Konjunktur in Deutschland aufrecht zu erhalten. Seit Beginn der Finanz- und Globalisierungskrisen in den 1970er-Jahren und infolge der von ihr beeinflussten, bis heute noch nicht abgeschlossenen Wiedervereinigung, haben sich Landschaften und ganze Bundesländer und Millionenstädte (insbes. Mecklenburg-Vorpommern, Sachsen, Sachsen-Anhalt, Bremen, Berlin) laut eines kürzlich erschienen Berichts und der hier übernommenen Darstellung des Arbeiterwohlfahrtsverbands in Armutslandschaften (vgl. Abb. 6.7) verwandelt, was sie möglicher Weise nicht auf Dauer, wohl aber für längere Zeit von der augenblicklichen wirtschaftlichen, gesellschaftlichen und versorgungspolitischen Entwicklungen in Deutschland abkoppeln dürfte.

Die Belebung auf dem Arbeitsmarkt, für die Deutschland von aller Welt beneidet wird, ist zu einem großen Teil der massenhaften Umwandlung von unbefristeten, relativ gut bezahlten in befristete, „outgesourcte" und schlechter bezahlte Arbeitsplätze zu verdanken. Weit mehr als eine Millionen

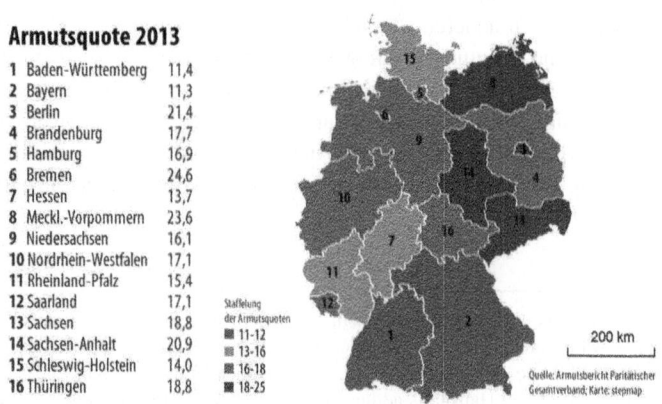

Abb. 6.7 Verteilung der Armutsquoten in den Bundesländern. (Quelle: Paritätischer Wohlfahrtsverband 2014)

Berufstätige auf diesem Markt müssen „aufstocken", um allein oder mit ihren Familien über die Runden zu kommen. Davon gingen noch 2006 fast 40 % einer Vollzeit-, 14 % eine Teilzeitbeschäftigung nach, während knapp 50 % als geringfügig Beschäftigte arbeiteten; viele davon im so genannten „Niedriglohnsektor" für einen Stundenlohn zwischen 3 und 6 € (DIW 2009). Bildung und die daran geknüpften Karrierechancen mit sachlich kaum zu rechtfertigenden Gehaltserwartungen werden zu einem vom Rest der Bevölkerung unerreichten Privileg des oberen Drittels der Gesellschaft. Der andere mittelmäßig oder schlecht qualifizierte Teil sieht, unter kaum verständlicher Duldung ihrer gewerkschaftlichen Vertretungen, der Digitalisierung der meisten ihrer Arbeitsplätze und schließlich deren Vernichtung entgegen. Vor allem aufseiten derer, die den Anschluss verlieren, schwindet, wie die politisch-ökonomischen Diskurse der letzten Zeit über Armut, Mindestlohn, Einwanderung oder die Zukunft Griechenlands beweisen, die Bereitschaft zur Solidarität (u. a. Iben et al.1999; Deufel und Wolf 2003; Jankowski und Bohr-Jankowski 2011). Die Gesellschaft zerfällt in vier relativ separate Gruppen:

- in diejenigen der mehr oder weniger Freien, die sich kaum noch mühen müssen, um sich über die Kapitalmärkte zu bereichern,
- in diejenigen, die die alte abschmelzende Mittelschicht repräsentieren,
- in diejenigen die als Minderbemittelte nach unten treten, um sich noch als Freie und Besserwertige empfinden und absetzen zu können und
- in die wachsende Gruppe derjenigen, die – wie Ergebnisse der Mobilitätsforschung zeigen – es aufgrund negativer Erfahrungen gar nicht erst versuchen oder es trotz größter Mühen und unter Hintanstellung ihrer Gesundheit nicht schaffen, in die nächst höhere Gruppe aufzusteigen, um ihren Traum vom besseren Leben in die Tat umzusetzen.

All diese Dinge geschehen en passant, während die europäische Politik und die deutsche Öffentlichkeit wie gebannt auf das Gedeihen der Wirtschaft und deren Wachstumsraten starren. Ob dies bewusstem, ideologisch motiviertem Denken und Handeln oder den machtpolitischen Karriereabsichten mancher Politiker zu verdanken ist oder bloß in Kauf genommen wird, um die Konsequenzen längst fälliger Veränderungen auf politischem, wirtschaftlichem und versorgungspolitischem Gebiet nicht wagen zu müssen, ist momentan kaum zu entscheiden. Sicher ist nur, dass unter dem Einfluss der welt- und europaweit betriebenen Austeritätspolitik nicht nur die demokratische Kultur und die zwischenmenschliche Solidarität erkennbar leiden. Auch die Staaten verlieren zusehends an Geld und Macht, in deren Verantwortung es liegt, nicht nur die Reichen, die Banken,

Großunternehmen und Wertpapierbesitzerinnen und -besitzer zu schützen, sondern allen Bürgern bei der Verwirklichung ihrer verfassungsrechtlich garantierten freien Entfaltung der Persönlichkeit unter die Arme zu greifen.

6.2.2   Was die Menschen sich unter einem guten Leben vorstellen

Wer wie gegenwärtig die deutsche Bundesregierung die Menschen danach fragt, was sie sich unter einem guten Leben vorstellen, macht die Erfahrung, dass sie damit sehr Unterschiedliches verbinden. Wie kürzlich in einer Gewerkschaftsstudie (IGM 2013) festgestellt wurde, hängt die Qualität dieser Vorstellungen und die damit einhergehenden Verbesserungswünsche vor allem von der Position bzw. vom Status ab, den die Befragten in Beruf und Privatleben innehaben. Vorgesetzte denken anders als Untergebene, Männer anders als Frauen, Bürger mit anders als solche ohne Migrationshintergrund und die organisierte Arbeitsbevölkerung anders als die anderen Nichtorganisierten und/oder Nichtarbeitenden. Über alle Unterschiede hinweg lassen sich aber auch Gemeinsamkeiten und Prioritäten feststellen, die mit der Kritik am bestehenden und der Hoffnung auf ein anderes, meist besseres Leben positiv korrelieren. Dazu gehört ein „sicherer Arbeitsplatz" (89 % aller Nennungen), eine „Arbeit, die nicht krank macht" (84 %), dass man „mit der Rente auskommt" (83 %), von „seinem Einkommen gut leben kann" (83 %), „abgesichert zu sein, um die Zukunft planen zu können" (79 %), ein „Sozialstaat, der bei Arbeitslosigkeit und Krankheit materiell absichert" (79 %), „gleiche Bezahlung für gleiche Arbeit" (77 %) und „genügend Zeit für Familie und Privatleben" (77 %).

Wie aus dem zweiten und dritten Armutsbericht der Bundesregierung und den darauf Bezug nehmenden Vorschlägen der von der Bundesregierung eingesetzten Enquete-Kommission „Wachstum, Wohlstand und Lebensqualität" aus dem Jahr 2013 hervorgeht (Volkert 2014), zählen.

- eine an den Bedürfnissen der Menschen orientierte Gesamtpolitik,
- der Grad sozialer Integration (respektiert und anerkannt zu werden),
- Partizipationschancen am öffentlichen und kulturellen Leben,
- der uneingeschränkte Zugang zu selbstverwirklichungsfördernder Bildung,
- Frieden und soziale Sicherheit für sich selbst und die Kinder sowie
- eine egalitäre Krankenversorgung,
- eine von schädlichen Eintragungen möglichst freie Umwelt und
- – vor allem – Gesundheit

zu den wichtigsten Bedingungen, die nach Meinung der Menschen über ein gutes Leben entscheiden. Die meisten dieser Maßgaben weisen auch gleichzeitig darauf hin, dass die Lebbarkeit guten erfüllenden Lebens nicht nur vom Lebensstil und der Engagementbereitschaft einzelner Menschen, sondern mit der Beschaffenheit adäquater gesellschaftlicher Strukturen und der Funktionstüchtigkeit wichtiger Institutionen (Familien, Kindergärten, Schulen, Betriebe) verbunden ist, die das Privat- und Arbeitsleben organisieren.

Unlängst kam u. a. auch das Hamburger Markt- und Sozialforschungsinstitut Ipsos (2015), das 38.000 Personen nicht nur nach deren Vorstellungen vom guten Leben fragte, sondern darüber hinaus auch die Idee hatte, ihre Probanden an Hand der von ihnen selbst verwendeten Kriterien die Qualität ihres eigenen Lebens einschätzen zu lassen, zu vergleichbaren Ergebnissen. Als „wichtig" auf ökonomischem Gebiet wurden in der Reihenfolge ihrer Häufigkeit von 75 % der Befragten „keine finanziellen Sorgen haben", genannt. Auf ihr eigenes Leben bezogen hielten das nur 37 % für tatsächlich gegeben. Es folgte „ein sicheres Einkommen zu haben" mit 68 %, das nur 49 % für sich selbst bestätigten. 63 % der Befragten schätzten „Eigentum (Haus, Wohnung, Auto) besitzen" als wichtig für ein gutes Leben ein, gaben aber nur zu 48 % an, darüber zu verfügen. 63 % meinten schließlich, dass „seine materiellen Wünsche erfüllen können" den Tatbestand des guten Lebens erfülle, während dies nur 31 % im Hinblick auf sich selbst bestätigten. Drei Viertel bis knapp zwei Drittel der Menschen halten den Wissenschaftlern von Ipsos zufolge den „ökonomischen Wohlstand" für das bedeutendste Kriterienset, wenn es darum geht, zu definieren, was gutes Leben für sie bedeutet. Bemerkenswert ist ferner, dass lediglich die Hälfte bis ein Drittel der Befragten angab, selbst über einen derartigen Wohlstand zu verfügen. Vor allem die Sorgen um ein sicheres Einkommen und eine materiell abgesicherte Zukunft (bis ins Alter) scheinen dem guten Leben dieses erheblichen, knapp zwei Drittel ausmachenden Teils der Probanden und damit auch der Bevölkerung im Wege zu stehen.

„Individueller Wohlstand" im Sinne persönlichen Wohlbefindens muss nach Meinung der von Ipsos Befragten als zweitwichtigster Tatbestand gegeben sein, um allgemein und im Hinblick auf sich selbst von einem guten Leben sprechen zu können. Dazu gehörten mit 55 % der Nennungen, „sich eine gute medizinische Versorgung leisten zu können", was nur 44 % für sich bestätigen. Es folgte mit 54 % „sich gesund fühlen", was nach eigenen Angaben nur bei knapp der Hälfte der Respondenten der Fall war. Von 54 % wurde genannt, „sich keine Sorgen über die Zukunft machen zu müssen". Nur 39 % gaben an, dass das auf sie selbst zutreffe. 50 % hielten schlichtes „glücklich sein" für wichtig und ebenso viele für persönlich gegeben. 47 % verwiesen auf „einen Beruf, der Sinn macht" und weit mehr, nämlich 56 %, gaben an, eben darüber zu verfügen. Aus diesen Befunden lässt sich schließen, dass der persönliche Wohlstand für das, was sich die Menschen unter gutem Leben vorstellen zwar eine geringere Rolle spielt, dass sie darüber selbst aber in einem höheren Maße verfügen als über den ökonomischen Wohlstand, dessen subjektiv empfundenen Bedrohungen ihnen die meisten Zukunftssorgen bereitet. Gleichzeitig ist als Trend erkennbar, dass sich die Probanden im Besitz vor allem solcher glückskonstituierenden Einzelaspekte wähnten, denen sie zuvor eine weniger bedeutsame Rolle bei der Entstehung allgemeinen Glücks zuerkannt hatten.

Dieser Trend setzte sich allerdings im Hinblick auf den „gesellschaftlichen Wohlstand", das dritte von Ipsos eingesetzte Indikatorenset nur teilweise fort. So hielten es nur 37 % generell für wichtig, „in Frieden mit den Menschen zu leben", während über zwei Drittel berichteten, diese selbst tun zu können. „Seine Meinung frei äußern zu können" war 35 % der Probanden wichtig. 61 % gaben an, diese Möglichkeit selbst zu haben. Bei den Statements „in einer toleranten Welt zu leben" jedoch entsprachen sich allgemeine Wichtigkeit und Selbstverfügbarkeit auf niedrigem (24 zu 26 %) Niveau. Während sich im Hinblick auf das Definitionskriterium, „in einem Land leben können ohne Grenzen" das Verhältnis umkehrte. Lediglich 22 % hielten es für wichtig und 43 % gaben an, dies selbst zu tun. Anders lauteten die Befunde bezüglich des „ökologischen" Wohlstands. Für die Wichtigkeit des Kriteriums „in einer Welt leben, die gut zur Natur ist" entschieden sich lediglich 22 %. Noch weniger, nämlich 19 % meinten, dass das für die eigene Lebenswelt zutreffend wäre, und 20 % hielten das „mit der Natur leben" für wichtig und gaben zu 30 % an, dass dies auch ihrer eigenen Lebenswirklichkeit entspräche.

Auskünfte dieser Art sind ein Anfang; wenn auch ein in Art und Richtung überaus widersprüchlicher. Sicher in Bezug auf dasjenige, was unter gutem Leben zu verstehen ist, und was getan werden muss, um seiner teilhaftig zu werden, sind wir noch keineswegs. Dem soll erst in den folgenden Teilen der vorliegenden Untersuchung (vgl. die folgenden Kap. 6, 7 und 8) nachgegangen werden. Was wir wissen, ist, dass die von Menschen in entsprechenden Befragungen produzierten Vorstellungen über ein gutes Leben und die Verbesserungen, die sie sich wünschen, um die Themenbereiche: Ökonomie, individuelles Befinden, soziale Teilhabe und Ökologie kreisen. Warum dies in eben dieser Reihenfolge geschieht, wird angesichts der oben kurz beleuchteten Lebens- und Arbeitsverhältnisse im deregulierten Kapitalismus deutlich, die durch ein von der Bevölkerung mit zunehmender Kritik registriertes Auseinanderklaffen von Armut und Reichtum, ein Abbröckeln der ehemals „staatstragenden", nun von Abstiegssorgen umgetriebenen Mittelschicht und eine finanzielle Austrocknung der

Staatshaushalte und damit ausgerechnet jener „öffentlichen Hände" gekennzeichnet ist, die als einzige der irrationalen, zunehmend auch ökonomisch
unsinnigen Ungleichverteilung von Besitz und Einkommen, der Bildungs- und
Gesundheitschancen entgegenwirken könnten.

Der Traum vom guten Leben, ist er ausgeträumt? Zwar scheint noch der auf
den Maximen Freiheit, Gleichheit und Solidarität basierende „Gesellschaftsvertrag" zwischen den Sozialpartnern zu halten, dem die Länder Europas eine
ungewohnt lange Epoche relativen inneren Friedens verdanken. Die Leidensfähigkeit vor allem der materiell, sozial und gesundheitlich zu kurz Gekommenen
in diesen Gesellschaften scheint unerschöpflich. Unter der Hand beginnt sich
jedoch ein Protestpotenzial zu formieren, das sich im Augenblick noch in rechtskonservativen und linken Politpänkeleien erschöpft und/oder sich in Form von
Erkrankungen als Folge ungelöster Probleme und unausgetragener Konflikte
Bahn zu brechen versucht. Dem korrespondiert das Entstehen einer ausufernden
so genannten „Gesundheitswirtschaft", die eigentlich eine Krankheitswirtschaft
ist, deren Kosten unaufhaltsam steigen und die sich trotz allem immer schwerer
damit tut, die Versorgungslage der Bevölkerung in den Griff zu bekommen.
In ihrem Kielwasser scheint sich eine neue[4], zurzeit erst noch von Teilen der
Wissenschaft, von Intellektuellen und manchen Entscheidungsträgern aus
Politik und Gesundheitswirtschaft getragene, aber ausbaufähige Gesundheitsbewegung zu entwickeln. Die spannende Frage ist, ob sie das nötige Potential
wird entfalten können, um zum Sammel- und Ausgangspunkt nicht nur für ver-
sorgungstechnisch, sondern auch für politisch und wirtschaftlich notwendige
Veränderungen in den Einstellungen und im Handeln der Menschen und darüber
hinaus auch in Staat und Gesellschaft zu werden?

6.3   Gut leben im Privatkapitalismus

Nach eigenen Bekundungen verfasste Karl Marx „Das Kapital" ([1867] 1976)
nicht nur, um die idealistische, historisch in der bürgerlichen Gesellschaft zu sich
selbst und zur Ruhe gekommene soziale Wirklichkeit von den bloß über sie nach-
denkenden Köpfen auf die arbeitenden und infolge dessen die eigentlichen Werte
schaffenden und die Welt permanent verändernden Hände und Füße zu stellen.

---

[4] Bezugnehmend auf die Gesundheitsbewegung der 1970er- und 1980er-Jahre, die eng an
die in dieser Zeit stattfindende so genannte „Studentenrevolte" gebunden war.

In seiner Kritik der Politischen Ökonomie ging es ihm auch darum, bewusst zu machen, wie eng Politik und Ökonomie tatsächlich miteinander verflochten sind, dass es, einerlei von welcher Seite man sich der Wirklichkeit nähert, unmöglich ist, die Gesellschaftspolitik ohne die sie treibenden wirtschaftlichen Kräfte und die Wirtschaft ohne die sie umgebende Gesellschaft zu verstehen, und dass es im Zweifelsfall immer die Wirtschaft war und ist, die die Gesellschaft und ihre Politiker dominiert; nicht umgekehrt.

Heute, in Zeiten eines global operierenden Kapitalismus werden die wirtschaftlichen und gesellschaftlichen Geschicke vor allem in den entwickelten und mehr noch der um Anschluss kämpfenden Schwellenländer nach den neoklassischen Modellvorstellungen (vgl. dazu auch Kap. 4 der vorliegenden Untersuchung) deutungsmächtiger, zum Teil sogar nobelpreis-prädikatisierter Wirtschaftsexperten gelenkt. Sie vertrauen auf die durch nichts, allenfalls während kurzer wirtschaftlicher Schönwetterperioden beobachteten Selbstregulierungskräfte des freien Marktes und die „gesunden" Egoismen freien Unternehmertums. Sie tun dies, wie es scheint, nicht nur gegen alle wirtschaftliche Vernunft und um den von Marx herausgearbeiteten, mit zahlreichen historischen Beispielen sorgsam belegten Bedingungszusammenhängen von Macht und Kapital die analytisch-argumentativen Grundlagen zu entziehen (Butterwegge et al. 2007). Es kommt ihnen vor allem darauf an, den für die Protagonisten der bürgerlichen Idealgesellschaft äußerst beunruhigenden Zukunftsprognosen der kritischen Ökonomie ihre eigenen Denksysteme und die sie rechtfertigenden ideologischen Überzeugungen (Menschenbilder, Gesellschaftskonzepte) entgegen zu setzen. Weil nicht sein kann, was nicht sein darf, bedürfen ihrer Meinung nach nicht etwa die von ihnen entwickelten Modelle der Korrektur, wenn sie in der konkreten Wirklichkeit und meistens zu Ungunsten der Mehrheit produzierender und wirtschaftender Subjekte versagen (Wilkinson und Pikett 2010; Crouch 2014; Schmidt 2015). Stets sind die Menschen schuld, wenn die in Politik, Wirtschaft und Gesellschaft Tätigen sich anders verhalten als es in den ökonomischen Modellen vorhergesagt wird. Das ist aber keineswegs immer so gewesen und muss auch nicht bleiben.

Tatsächlich handelt es sich bei der Wirtschaft und der Politik nicht bloß um Ansammlungen speziell interessierter, qualifizierter, sich zweckrational verhaltender, um Macht und Einfluss konkurrierender Individuen (homines oeconomici). Die Sozialökologen weisen darauf hin, dass auch politisch und ökonomisch aktive Menschen keine Inseln sind, sondern als Privatpersonen und Berufstätige immer nacheinander oder gleichzeitig in Gedanken, Motiven und Haltungen in unterschiedlichen Lebenswelten zu Hause sind (Tretter 2008). Und die Systemtheorie (Luhmann 1984) lehrt, dass es bei ihnen und den

innerhalb ihres Kontextes kommunizierenden Rollenspielern und Funktionsträgern auch um „operativ" geschlossene, hauptsächlich selbstreferentiell
agierende, gleichwohl kommunikations- und lernfähige Systeme geht (Willke
1992). Als solche konzentrieren sie Kompetenzen, Macht und Einfluss, um die
gesellschaftlichen Aufgaben (Subsistenzsicherung auf der einen, wie auch immer
legitimierte Selbststeuerung auf der anderen Seite) zu erfüllen, denen sie ihre
Existenz verdanken. Und sie tun deshalb – wie oben ausgeführt (vgl. dazu auch
Abschn. 5.3 und 5.4 der vorliegenden Untersuchung) – alles, um einmal etabliert
ihren Bestand zu sichern.

6.3.1   Zur Entwicklung von Politik und Wirtschaft aus systemischer Sicht

Historisch gesehen handelt es sich beim politischen System wahrscheinlich um
das entwicklungsgeschichtlich ältere, obwohl wir schon seit den Großreichen
der Assyrer, Perser und Ägypter von Systemen zur Produktion und Vorrats-
haltung für Grundnahrungsmitteln wissen, die es ermöglichten, episodische oder
regelmäßig auftretende Perioden der Unfruchtbarkeit ernährungsstrategisch zu
überleben und auch die Bevölkerungen unfruchtbarer Landstriche zu ernähren. In
der Regel standen solche Wirtschaftssysteme aber unter dem unmittelbaren Einfluss der Regierenden (u. a. Sommer 2013; Kocka 2004). Von ihnen organisiert
und durch die von ihnen bestellten Experten verwaltet, funktionierten sie so lange
wie eine Herrschaft/Regentschaft andauerte. Wie die jeweiligen Staatsreligionen
auch, mussten sie neu aufgebaut, strukturiert und organisiert werden, wenn sich
die Eroberungs- und Friedenspolitik der gottgleichen Herrschenden veränderte.
Für diejenigen, die als Funktionsträger von der Existenz solcher Subsistenz-
sicherungssysteme professionell und statusmäßig profitierten, war es dringend
erforderlich, sich mit Repräsentanten der politischen Systeme bestmöglich zu
arrangieren. Solche Arrangements wurden und blieben umso wichtiger, weil und
solange die dann folgenden militärisch und verwaltungstechnisch überlegenen
Gesellschaften, wie z. B. die griechische und die römische, die sich an ersten
Formen der bürgerlich-demokratischen Selbstregierung versuchten, auf dem Einsatz von rechtlosen und politisch ohnmächtigen Sklaven oder bis ins Mittelalter
hinein (Gilomen 2014) allein auf der produktiven Arbeit von Lehnsabhängigen
und leibeigenen Bauern beruhten.
    Erst mit dem Entstehen des auf Handwerk und Handel beruhenden Formen
des Wirtschaftens, dem so genannten „Merkantilismus" (Walter 2011),
kam Bewegung und Veränderung in dieses seit Jahrtausenden eingespielte

Verhältnis. Von einem politisch erstarkenden, zunehmend selbstbewusster auftretenden Bürgertum, in den sich meist an Knotenpunkten des überregionalen und internationalen Handels herausbildenden größeren Städten betrieben, entwickelte sich das Wirtschaftssystem zu einem zweiten Machtfaktor, von dem das politische System und seine weniger bemittelten, überwiegend von ihren Latifundien und Steuerabgaben lebenden Repräsentanten zunehmend abhängig wurden, um ihren teuren Lebensstil und ihre Streitigkeiten um Land und Macht zu finanzieren. Wer erfolgreich wirtschaften wollte, blieb zwar von den Freibriefen der Monarchen, dem Adel und der Kirche abhängig. Er war aber, wenn er es verstand, sich und sein Kapital gegenüber Bedrohungen für Leib und Leben unangreifbar zu machen, in der Lage, die Politik durch Verweigerung von Darlehen oder die Erhöhung von Zinsen (Bankensystem) in zweifacher Weise unter Druck zu setzen. Ohne die benötigten Mittel war es den Herrschenden nicht möglich, sich durch Wehrhaftigkeit gegenüber schwächeren oder stärkeren, um eigene Herrschaftsbereiche konkurrierenden Anrainern zu behaupten. Wenn sie sich aber anschickten, sich aus ihrer Finanznot durch höhere Steuern zu befreien, liefen sie Gefahr, die verarmende Bevölkerung gegen sich aufzubringen, und riskierten den für Auseinandersetzungen mit äußeren Feinden nötigen inneren Frieden. Das Wirtschaftssystem geriet so zu einem Instrument des besitzenden Bürgertums, um sich gegenüber der Allmacht von Krone und Kirche zunächst politisch und dann auch sozial zu emanzipieren.

Das Verhältnis veränderte sich mit dem Übergang vom noch stark durch den Absolutismus geprägten Merkantilismus[5] (16. bis 18. Jh.) zur Frühindustrialisierung (ersten zwei Drittel des 19. Jh.) und mit der zeitgleichen Ablösung des Absolutismus (Ende des 18. Jh.) durch die moderne Formen der repräsentativ-parlamentarischen Demokratie. Die Arbeitskraft und damit die politische und soziale Bedeutung derer, die sie als einzig produktiv Tätige in das Wirtschaftssystem einzubringen hatten, wird immer größer. Auch die Zufriedenheit der wahlberechtigten Bevölkerung wurde wichtig, weil sie innerhalb der zunehmend auf demokratischer Legitimation beruhenden Regierungssysteme nicht nur über den politischen Auftrag, sondern auch über die auf Zeit verliehene Macht der jeweiligen, durch deligierte oder gewählte Volksvertretungen kontrollierten Zentralregierung entscheiden konnte. Deren Interesse musste es

---

[5] Eine vom erstarkenden Handwerk, dem überregionalen, auch internationalen Warentausch und Handel und dem aufkommenden Bürgertum in den wachsenden Städten geprägte vormoderne, zugleich aber die Voraussetzungen für die Frühindustrialisierung schaffende Epoche (Walter 2011).

wiederum sein, durch eine florierende Wirtschaft frei, ambitioniert, eigen- und sozialverantwortlich handelnder Arbeitgeber und -nehmer für ein Wirtschaftssystem zu sorgen, das allseits genügend Motivation erzeugt, um selbst unter ungleichen, überwiegend von Wettbewerb und Ausbeutung statt Solidarität und fairer Teilhabe geprägten Bedingungen erfolgreich zusammenzuarbeiten.

Auf die Herausforderung, durch den Bedeutungszuwachs des Wirtschaftssystems, hat das Politiksystem seit Mitte des neunzehnten Jahrhunderts, dem Beginn der Industrialisierung vom Interesse der Sicherung des eigenen Einflusses auf Menschen und Gesellschaft angetriebene, verschiedentlich und meist nur kurzfristig erfolgreich reagiert (Condrau 2005). Anfangs durch Inklusion der Wirtschaftseliten, was zu den Katastrophen des ersten Weltkriegs, der Nazi-Diktatur und dem von ihr angezettelten Zweiten Weltkrieg führte. Nach dessen Ende und noch ganz mit der Bewältigung der tiefgreifenden gesellschaftlichen, politischen und wirtschaftlichen Folgen des so genannten „tausendjährigen", allerdings nur dreizehn Jahre andauernden „Reichs" beschäftigt, versuchte man es mit der so genannten „sozialen Marktwirtschaft", die sich aus der Systemperspektive auch als eine arbeitsteilige, von gegenseitigem Vertrauen getragene Kooperation von Wirtschaft und Politik auf gleicher Augenhöhe beschreiben lässt. Inzwischen haben die globale Entgrenzung des Kapitalverkehrs, der Missbrauch des Vertrauensverhältnisses durch die Wirtschaft und die damit zusammenhängenden Krisen seit den 1970er-Jahren zu einer Ungleichheit der Machtverhältnisse zwischen beiden geführt. Das weltweit operierende Kapital und die globale Wirtschaft sind weder durch national noch durch international (z. B. die Europäische Union) operierende Politiksysteme zu kontrollieren. Unter dem besonderen Aspekt der Systemrelevanz des Wirtschaftssystems und seiner Subsysteme (hpts. Großkonzerne, Banken, Versicherungsunternehmen)[6] sind die einzelnen Regierungen und deren Apparate durch den globalen Wettbewerb und hohe Verschuldung erpressbar geworden (u. a. Kaiser 2007;

---

[6] Spielt in den Rechtfertigungsdiskursen von Politik und Finanzwirtschaft seit der weltweiten Finanzkrise von 2007 eine besondere Rolle. Systeme, die diesen Tatbestand erfüllen, sind angeblich zu groß und zu wichtig („too big to fail") für die Aufrechterhaltung von Volkswirtschaften und müssen, unabhängig von ihrem Verschulden, im Notfall mit Steuergeldern gestützt werden. Der immanente Schutzmechanismus hat sich inzwischen in sein Gegenteil verkehrt, indem er die Institute aufgrund der Sicherheitsgarantie dazu inspiriert, bei ihren Spekulationsgeschäften noch größere Risiken als vor der Krise einzugehen. Ihnen kann ja nichts mehr passieren. Inzwischen haben sogar Institute, die nicht groß oder wichtig genug sind, gelernt, sich durch intransparente internationale Vernetzung unentbehrlich („too interconnected to fail") zu machen.

Schemel 2010; Habermas 2012). Dem Expansions- und Wachstumsdrang des Wirtschaftssystems, welchem es gelingt, sich die Politik und die meisten ihrer Repräsentanten immer gefügiger zu machen, haben sie zurzeit keinen erkennbaren Begrenzungswillen und auch keine Gestaltungsbereitschaft entgegenzusetzen. Das Gros der vermeintlich irrelevanten Bevölkerung wird, wie es selbstreferenziell agierenden Systemen eigentümlich ist, und egal wie es wählt oder sich in öffentlichen Foren äußert, mit seinen Sorgen um materielle Sicherheit, eine saubere Umwelt, seine Gesundheit und der Realisierung des Traums von einem menschenwürdigen (freieren, gleicheren, gerechteren, bis ins Alter geschützten) Leben weitgehend allein gelassen.

6.3.2   Glückliches Leben – für was und wen?

Theoretisch hat das gute beziehungsweise glückliche Leben immer im Fokus vieler philosophischen, gesellschafts- und wirtschaftspolitischen Denker und Lenker gestanden. Und diese haben immer auch davon gesprochen, dass es bei ihren Konzepten und Plänen um solche handle, die der ganzen Bevölkerung zugutekommen sollten, und dass denjenigen, in deren Auftrag sie zu denken und zu handeln meinten, nichts mehr am Herzen läge, als sich für ein besseres Leben aller einzusetzen. In der Realpolitik sah es, historisch betrachtet, aber oft ganz anders aus. In den frühgeschichtlichen Reichen der Babylonier, Assyrer, Ägypter und Perser sowie in den antiken Gesellschaften ging es fast ausschließlich nur um das Leben der politischen und priesterlichen Eliten (Harrison 2010) und später um das Leben einer besitzenden und gebildeten bürgerlichen Führungsschicht. Die verdankte ihren Aufstieg, ihr Überleben und Ansehen im Wesentlichen einer überwiegend von Sklaven verrichteten Haus- und Landwirtschaft (Zeuske 2013), um deren Leben sie sich nur so lange kümmerte, wie sie als Arbeitskräfte funktionierten, und das sehr schnell verwirkt war, wenn diese versagten oder es wagten, sich gegen ihr Schicksal aufzulehnen.

Dieses Leben mit all seinen Unfreiheiten, Ungleichheiten, Ungerechtigkeiten und mit seinem sozialen Elend setzte sich im Lehnswesen und der Leibeigenschaft der vor allem agrarproduktiven Landbevölkerung während des Mittelalters fort. Für einen Teil der vor allem städtischen, im Spätmittelalter durch Handwerk und Handel zu Besitz gekommen Bevölkerung änderte sich das, als es diesem gelang, seine zunehmend wichtiger werdende wirtschaftliche Position als Kooperateure, Berater und Finanziers von Krone und Adel zu nutzten, um sich auch politisch zu emanzipieren (Klose und Ladewig 2009). Erst zu dieser Zeit einer beginnenden Marktwirtschaft (Merkantilismus) wurde das Leben der heute so genannten bürgerlichen Mittelschicht nicht nur wirtschaftlich, sondern gesellschaftlich und kulturell (Bildung, Musik, bildende Kunst) satisfaktionsfähig. Was sie zum Anlass nahm, sich von dem für sie arbeitenden Rest der Bevölkerung (Handwerker, Bauern, Tagelöhner, Industrieproletariat) nach dem Vorbild ihrer einstmaligen Herren abzuheben.

Wer sich ein Bild davon verschaffen möchte, wie wenig das Leben dieser Unterschicht noch bis Ende des neunzehnten und Anfang des zwanzigsten Jahrhunderts galt, dem sei die Lektüre des von Friedrich Engels verfassten, sicher nicht unpolemischen, aber auch mit aktuellen Basisinformationen arbeitende Untersuchung über „Die Lage der arbeitenden Klasse in England" ([1845] 2014) anempfohlen oder er sollte sich mit den Berichten der noch relativ wenig erforschten ländlichen Bevölkerung in den sich industrialisierenden Gesellschaften Europas (Prass et al. 2003) auseinandersetzen. Was Engels über die Lebensverhältnisse berichtet, ist kaum zu fassen und mit dem heutigen Leben dieser Bevölkerungsgruppe in nichts zu vergleichen. Auch der ländlichen Bevölkerung, hauptsächlich der Landlosen und der mit Klein- und Kleinstbetrieben, ging es selbst nach der Bauerbefreiung infolge der französischen Revolution und der daran anschließenden Agrarreformen (zwischen 1780 und 1850) nicht viel besser. Im Unterschied zu den Großgrundbesitzern und den Eignern größerer Agrarbetriebe war ihr Leben, wie das der Industriearbeiter, die vor dem Elend auf dem Lande in die Städte geflüchtet waren, durch.

- harte, mehr als zwölfstündige Arbeit,
- Kinderarbeit,
- große Armut,
- fehlende Bildung,
- unzureichende Kleidung,
- schwer verdauliche Nahrung,
- schlechte und beengte Wohnverhältnisse,
- häufige Infektionskrankheiten,
- Trunksucht,
- so gut wie keine Erholung,
- Rücksichtslosigkeit und Gewalt im sozialen Miteinander,
- Arbeitsunfallhäufigkeit und
- eine niedrige durchschnittliche Lebenserwartung

gekennzeichnet, das wegen hoher Erkrankungsrisiken, einer für sie nicht erreichbaren ärztlichen Versorgung, hoher Säuglings- und Gebärendensterblichkeit selten mehr als vierzig Jahre dauerte.

Wirkliche Veränderungen kündigten sich erst an als mit den Arbeitskämpfen des ausgehenden neunzehnten Jahrhunderts die Arbeiterschicht bzw. -klasse und die von ihnen initiierten politischen Bewegungen und Parteien von den Repräsentanten der in ganz Europa geschwächten Monarchien als Bedrohung wahrgenommen wurden. Um zu überleben, mussten diese sich – wie beispielsweise an der Bismarck'schen Sozialgesetzgebung von 1883/84 zu sehen ist, die zum Basismodell der Sozialstaatsentwicklung in ganz Europa werden sollte – mit den Forderungen der arbeitenden Massen in den Fabriken, den Gewerken und auf dem Lande politisch und wirtschaftlich arrangieren (Grebing 2007). Das Leben, so wie es sich die unterprivilegierten Bevölkerungsteile seinerzeit vorstellten, mit: kürzeren Arbeitszeiten, der Beschränkung der Kinderarbeit, mit Löhnen, die ein bescheidenes Überleben sicherten, dem Recht auf Bildung, Kranken- und Unfallversicherung, ausreichender Freizeit für Familie und Erholung, gesundem und bezahlbarem Wohnen und einer erreich- und bezahlbaren Krankenversorgung geriet als „soziale Frage" in den Fokus wissenschaftlicher und öffentlicher Diskurse (Fischer 1982; Ritter 1998). Parallel zur bürgerlichen Ober- und Mittelschicht begann sich sogar vorübergehend (bis in die Mitte des zwanzigsten Jahrhunderts hinein) eine auf Klassenbewusstsein und Selbstwirksamkeitsvertrauen beruhende Arbeiterkultur zu entfalten (Abendroth 1988), die es schaffte, mit ihren Ideen und Konzepten vom besseren, arbeitswerten Leben bis in das Ingenieurswesen, den Städtebau, die Architektur, die Kunst und die Literatur und das öffentliche Gesundheitswesen hineinzuwirken. Auf politischem Gebiet brachte sie die unterschiedlichsten Entwicklungen, wie die Oktoberrevolution in Russland, gescheiterte sozialistische Revolten in zahlreichen europäischen Ländern sowie Sozialdemokratien mit Reichskanzlern, Premierministern und Ministern aus der Arbeiterbewegung hervor (Kuhn 2004). Sie ist aber auch der Anlass für spätere, von Teilen des Adels, des Groß- und Kleinbürgertums getragenen Gegenbewegungen und Konterrevolutionen unter anderem in Deutschland, Italien, Spanien und Portugal gewesen (Midell 1994).

Unter dem Eindruck der nationalistisch und wirtschaftlich (hpts. kolonialpolitisch) motivierten Kriegstreibereien am Vorabend des ersten Weltkriegs, an der sich fast alle europäischen Großmächte beteiligten, trat die „Soziale Frage" und mit ihr das Drängen der industriell, landwirtschaftlich und handwerklich arbeitenden Bevölkerung auf ein menschenwürdigeres Leben in den Hintergrund. Und nachdem diejenigen, die sie legitimer Weise hätten erheben und politisch durchsetzen können, in den Schützengräben auf deutscher, französischer, englischer, österreichischer und italienischer Seite massenhaft verblutet waren, begann nach 1918 ein Neuaufbau, der vor allem für die Kriegsverlierer wie Deutschland mit fast unlösbaren Aufgaben verbunden war. Politische

Unerfahrenheit mit Republik und Demokratie, ein kaum zu bewältigendes Reparationsdiktat, eine zunehmend verarmende, für ideologische Heils-botschaften empfängliche Bevölkerung, Weltwirtschaftskrise, Inflation und ein Arbeitslosenheer, welches die sechs Millionenmarke überschritten hatte, stellten die Weimarer Republik vor Herausforderungen, denen ihre Politiker nicht gewachsen waren (Möller 2004; Büttner 2008). Auf sozialistische Übergangs-regierungen in manchen Ländern des Deutschen Reichs, Sozialdemokraten, dann Konservative und schließlich Parteilose in der Reichsregierung folgten ab 1933 die Nationalsozialisten. Sie gaben sich zunächst sozialrevolutionär, schafften es durch Arbeitsdienste (in der Landwirtschaft, im Wohnungs- und Straßenbau), durch kriegsvorbereitende Produktion sowie die Mobilmachung und Einberufung, die Arbeitslosenzahlen innerhalb von sechs Jahren auf etwas über eine Million herab zu drücken (u. a. Mason 1977; Recker 1985; Stolleis 2003). Die dadurch wachsende Zustimmung in der Bevölkerung nutzen die Nationalsozialisten, um angefeindete Minderheiten (Juden, Sinti und Roma, Homosexuelle, Behinderte) und politische Gegner (Kommunisten, Sozialisten, Sozialdemokraten, Bürger-liche Mitte) zunächst politisch zu unterdrücken, dann wegzusperren und schließlich physisch zu vernichten.

Nachdem sich die Siegermächte des zweiten Weltkriegs gegenüber den Besiegten klüger verhalten hatten als zur Zeit der Versailler Friedensvertrags und über den Marshall-Plan (European Recovery Plan)[7] sowie die unmittelbare Unter-stützung bei der Rekonstruktion einer staatlichen und kommunalen Verwaltung und der Errichtung demokratischer Strukturen, begann eine Aufbauzeit, von der nicht nur die kapitalistische BRD und die sozialistische DDR, jede auf ihre Weise, sowie deren Bevölkerungen enorm profitierten. Das sogenannte „Deutsche Wirtschaftswunder" und die als dritter Weg zwischen Plan- und freier Markt-wirtschaft eingeführte „soziale Marktwirtschaft", entfesselten im westlichen Teil Produktivkräfte und brachten einen Wohlstand hervor, der – wie geplant – auch den Handelspartnern Deutschlands überall auf der Welt zugutekam. Solange das

---

[7] Es bestand aus Krediten, Rohstoffen, Lebensmitteln und Waren. Als 12,4-Mrd.-Dollar-Programm wurde er am 3. April 1948 vom Kongress der Vereinigten Staaten verabschiedet, von US-Präsident Harry S. Truman in Kraft gesetzt und sollte vier Jahre dauern. Im gesamten Zeitraum (1948–1952) leisteten die USA bedürftigen Staaten der Organisation für wirtschaftliche Zusammenarbeit und Entwicklung (OEEC) Hilfen im Wert von ins-gesamt 13,12 Mrd. Dollar (entsprach im Jahr 2013 rund 127,1 Mrd. Dollar).

Wirtschaftswunder[8] dauerte, war die weiter bestehende Ungleichheit in Bezug auf Besitz, Einkommen, Bildungsteilhabe und Gesundheitschancen nur noch ein Thema für kritische-intellektuelle und praktisch-politische Minderheiten.[9] In der sozialistischen DDR gab es sie als Einkommens- und Statusungleichheit, wenn auch auf bedeutend niedrigerem Niveau. Aber sie war nach dem Motto: dass nicht sein kann, was nicht sein darf, weder wichtig noch wurde sie öffentlich diskutiert (Joas und Kohli 1993). Für das Gros der bundesrepublikanischen Bevölkerung, vor allem die handwerkliche und facharbeitende Mittelschicht sowie die im öffentlichen Dienst Beschäftigten, fiel noch bis in die 1990er-Jahre von den Profiten des staatstragenden Mittelstandes, der den größeren Teil der Berufsstätigen ausbildete und beschäftigte, der Großindustrie und Banken genügend ab, um ihnen das Gefühl hinreichender wirtschaftlicher, sozialer, kultureller und politischer Teilhabe zu vermitteln.

Als aber die ab den 1970er-Jahren in unregelmäßiger Reihenfolge auftretenden Finanz-, Rohstoff-, Ökologie- und Arbeitsmarktkrisen weltweiten Ausmaßes von den Grenzen des Wachstums der Wirtschaft und des gemeinsamen Wohlstand zu künden begannen (u. a. Meadows et al. 1974; Richter 1974) und den großen Wirtschaftsnationen nichts besseres einfiel, als darauf mit Sparprogrammen zu Lasten der steuerzahlenden kleinen Leute zu reagieren, wurde damit begonnen, sich unter der Überschrift „Neue soziale Frage" (Geißler 1976) Gedanken über deren zunehmend verschlechternde Lebenssituation zu machen. Tatsächlich neu an dem Ansatz war, dass man sich der bis dato für unmöglich gehaltenen und wohlhabenden Industrienationen unwürdigen Tatsache gewahr wurde, dass Armut, Ungleichheit und Ungerechtigkeit erheblichen Ausmaßes

---

[8] Von einem „Wunder" war in der DDR nicht Rede (u. a. Thalheim 1981; Leciewski 1991). Wohl aber von einer zentral geplanten Wirtschaft, die die Bevölkerung ausreichend ernährte und versorgte, auf technologischem Gebiet im so genannten Ostblock eine Vorrangstellung genoss, aber an den Widersprüchen des planwirtschaftlichen Systems, vor allem den Folgen einer ineffizienten Subventions- und Verschuldungspolitik in den 1970er-Jahren zu schwächeln begann und zugrunde ging, als die Sowjetunion, die sich wenig später auflöste, ihr die gewohnte wirtschaftliche Unterstützung entzog.

[9] In diese Zeit fallen die so genannten „Studentenbewegung" oder „-revolten" in Europa und in den USA, die vor allem in Deutschland, Frankreich und Italien zu Gewaltexzessen für unmöglich gehaltenen Ausmaßes sowohl auf Seiten des Staates als auch der Bewegungsträger führten, letztlich aber, wie die friedliche Gesundheitsbewegung der 1970er-Jahre auf den eher bildungsbürgerlichen Teil der Bevölkerung beschränkt blieb und an denjenigen Bevölkerungsteilen fast völlig vorbei ging, deren Lebensverhältnisse eigentlich im Zentrum der bewegungsauslösenden Gesellschaftskritik standen.

auch unter den Bedingungen relativen Wohlstands vorkommen können (Dobner 2007). Seitdem ist es außerdem immer üblicher geworden, unter dem Aspekt größtmöglichen und nachhaltigen Nutzens für die Bevölkerung die als alternativlos geltenden Strategien deregulierten und globalen Wirtschaftens, die damit einhergehende Ausplünderung und Vergiftung der Natur, die Wirtschafts- und Sozialpolitik infrage zu stellen. Zu viele Menschen wurden und werden dazu gebracht, sich auf Lebensbedingungen einzulassen, die nicht ihren wahren Wünschen und Bedürfnissen entsprechen, sie in der freien Entfaltung ihrer Persönlichkeit behindern, ihre Gesundheit beeinträchtigen und sie nicht nur zum Nachteil ihrer selbst (Schnabel 1988; Hurrelmann 1988), sondern auch zum Nachteil einer Gesellschaft (Schnabel und Hurrelmann 1998; Hurrelmann und Richter 2006) degenerativ erkranken lassen, die immer mehr finanzielle Mittel einsetzen muss, um ihre Versorgung zu gewährleisten.

6.3.3   Postmoderne – Leben auf dem „zivilisatorischen Vulkan"?

Wie zum Beweis dafür, dass die meisten von uns in ihr bzw. ihr gegenüber eines eint, nämlich weitgehende Desorientierung, haben die Sozialwissenschaften ihr im Laufe der Zeit die unterschiedlichsten Namen gegeben. Sie nannten bzw. nennen sie nivellierte Mittelstands-, Dienstleistungs-, Arbeits-, Erlebnis-, Freizeit-, Konkurrenzgesellschaft, auch spätindustrielle, spätkapitalistische oder postmoderne Gesellschaft. Keine in den letzten Jahren verwendete Namensgebung scheint aber die Gesellschaft, die das durch die Industrialisierung geprägte soziale Miteinander seit Ende des zwanzigsten Jahrhunderts abzulösen beginnt, besser zu beschreiben, als das von dem Soziologen Ulrich Beck (1986) verwendete Schlagwort von der „Risikogesellschaft". Für sie sind die wachsenden Spannungen zwischen allgemeiner und ungebremster Beschleunigung des Lebens, dem Konkurrenzdruck aller gegen alle, der Erfolgsunsicherheit, dem permanenten Bedrohungsempfinden auf der einen, und dem relativen Wohlstand, der Zuversicht und Zukunftsgläubigkeit auf der anderen Seite charakteristisch, die auch das diffuse, oben (vgl. Abschn. 5.2.2 der vorliegenden Untersuchung) bereits angesprochene Sorgenspektrum erklären, welches die Menschen gegenwärtig umzutreiben scheint. Bei einem Risiko handelt es sich nicht um eine konkrete Gefahr. Gefahr ist ein Zustand oder Ereignis, in dem oder im Verlaufe dessen es zur Schädigung von Personen und/oder Sachgütern kommen kann. Als Begriff bezeichnet sie eine existierende Bedrohung, die unter bestimmten Bedingungen tatsächlich eintrifft. Demgegenüber wird gemeinhin unter Risiko die statistische

Wahrscheinlichkeit verstanden, mit der aus einem Zustand oder Vorgang ein Ereignis mit schädlicher Wirkung werden könnte.

Vorgängen, Ereignissen, Plänen, Konzepten, technischen Entwicklungen oder politischen Ereignissen eine riskante Qualität zuzuschreiben – so einer der Leitgedanken der Beckschen Analyse – macht es den in der postmodernen Gesellschaft lebenden Menschen überhaupt erst möglich, sich mit den ihr immanenten, absehbaren oder konkreten Gefahren und Ungewissheiten, mit dem Tanz auf dem zivilisatorischen Vulkan (Beck 1986, S. 25 ff.), zu arrangieren. Von einem Ding oder eine Tatsache zu behaupten, es beziehungsweise sie sei riskant, statt gefährlich, erweitert nicht nur den Spielraum für die mit ihm/ihr konfrontierten Menschen, sich mit etwas abzufinden oder in Kauf nehmen zu können, was man in Kenntnis der darin steckenden Gefahren für Leib und Leben eigentlich ablehnen müsste. Alles kann ja und wird schon, wie von den Verantwortlichen meist beteuert, gut gehen, und muss trotz seiner mehr oder weniger hohen Scheiternswahrscheinlichkeit unbedingt erfunden, entwickelt, geplant und getan werden. Dies nicht, weil es dringend erforderlich wäre, die Menschen es brauchten, sondern, weil es getan werden kann, weil es sich irgendwie vermarkten und weil sich damit Geld verdienen lässt.

Außerdem eignet sich das Risikokalkül als hervorragendes Medium, um die Verantwortung für einen Plan, eine Strategie, ein Geschehen, für die Organisation einer Gesellschaft oder das Management eines Politik- oder Wirtschaftssystems weg von den Entscheidern hin zu den Betroffenen zu lenken. Die hätten doch nein sagen können, als es noch Zeit dazu war, und sollen sich nun, wo alles schließlich auch in ihrem Namen, meist über sie hinweg entschieden worden sei, gefälligst nicht beschweren. Risiken, so die Logik der mit Hilfe dieses von Beck an anderer Stelle sogenannten Prinzips der „organisierten Unverantwortlichkeit" (Beck 1988) verwalteten Gesellschaften, können, ja müssen eingegangen werden, um.

- in problematischen Zeiten der „halbierten", ökonomisch kolonialisierten (Habermas) Moderne mit all ihren sozialen Verwerfungen Kurs zu halten,
- den einmal erreichten Wohlstand zu bewahren,
- die Gesellschaft so beisammen zu halten wie sie ist,
- mit den Verhaltensroutinen von früher auszukommen und
- Änderungen zu verhindern, deren Folgen riskanter erscheinen, als die stets einfachere Entscheidung, alles beim Alten zu lassen.

Wer in einer Risikogesellschaft lebt, der lebt selbstredend riskant. Gefährlich beziehungsweise ernsthaft gefährdet tun es vor allem diejenigen, die über keine

oder zu wenige Mittel verfügen, um sich von den realen Bedrohungen freizu-
kaufen, die das ganz normale Aufwachsen und Zusammenleben in postmodernen
Gesellschaften mit sich bringt.

Die überwiegend sozial konstruierte und organisierte Wirklichkeit sozialen
Zusammenlebens in einer Gesellschaft, die den Namen Risikogesellschaft verdient, ist von zahllosen, zu Risiken verharmlosten Widersprüchen bestimmt.
Sie, von denen Beck nur die grundlegendsten diskutiert, sind dem Umstand
geschuldet, dass die im Zuge des Projekts der Industrialisierung oft nicht entstandenen, jedoch potenzierten psychosozialen Probleme mit den staatlicherseits entwickelten Steuerungsstrategien nicht oder nur unvollkommen bewältigt
werden konnten. Vielmehr sind sie aller meist gut gemeinten Absichten zum
Trotz gegenwärtig dabei, sich aufgrund der ihnen eigenen Konstruktionsfehler
und/oder der inzwischen veränderten Rahmenbedingungen (Digitalisierung,
Globalisierung, Europäische Einheit, Klimakatastrophe und wachsendes Umwelt-
bewusstsein, deutsche Wiedervereinigung, Demographischer Wandel usw.) in ihr
dialektisches Gegenteil zu verkehren (Beck 1986, S. 115 ff.). Über allem steht
das unvollendete Projekt der Befreiung (Emanzipation), von dem sich die ehe-
maligen Konstrukteure einst eine sukzessive Angleichung der Lebensverhältnisse
und einen solidarischen Umgang der Menschen miteinander versprachen. Dank
seiner ist es zwar zur Befreiung aus absolutistischen Herrschaftsverhältnissen
und traditionellen sozialen Bindungen an Sippe, Dorfgemeinschaft, Quartier und
in gewisser Weise auch Klasse, Schicht oder Milieu gekommen. Dafür steht aber
der Mensch heutzutage isoliert und desorientiert in der Welt, ist den Verwertungs-
zusammenhängen und Funktionserfordernissen der kapitalistischen Wirtschaft
schutzlos ausgeliefert und muss sein Leben allein auf sich gestellt organisieren.
Das gelingt – wie Arbeitsmarktstatistiken, Berichte über Einkommens- und
Besitzverhältnisse, die vorliegenden Informationen über die Versorgungslage
der Bevölkerungen zeigen – nur dem oberen Drittel und insgesamt vermehrt
dem männlichen Teil der Bevölkerung, der aufgrund seiner sozialen Herkunft
und der besseren Ausbildungs- und Karrierechancen das Glück hatte, meist auf
Kosten oder zu Ungunsten vieler anderer in die oberen Ränge der Berufs- und
Einkommenshierarchie aufzusteigen. Der verbleibende Teil lebt im Vergleich zu
früheren Jahrhunderten und im Durchschnitt nicht schlecht. Er ist aber im Unterschied zu dem, was ihm die Verfassung zusichert und man ihm suggeriert, nicht
frei darin, über sich, seine Bildung, seinen Konsum, seine soziale Unterstützung
und Versorgung, seine Möglichkeiten und Moden frei zu entscheiden. Nicht dass
er nicht „nein" oder „ja" zu etwas sagen könnte, das man ihm bietet. Doch es
nützt ihm wenig, weil er weder tun noch lassen kann, was er tatsächlich will, und
weil der „institutionenabhängige" durch die Geburt weitgehend vorgegebene und

strukturell in bestimmten Bahnen gehaltene und gemäß dezidierter Interessen gesteuerte Lebensweg ihm dies nur gegen den Widerstand derer erlaubt, die von seiner Machtlosigkeit profitieren.

Solcher Widerständigkeit, die auf dem Wissen über die eigenen Bedürfnisse (Literacy) und der Fähigkeit zu ihrer Durchsetzung (Capability) gründen, und sowohl eine individuelle als auch eine kollektive sein müsste, aber als solche niemals richtig erlernt worden ist, wird von den wirtschaftlich und politisch Verantwortlichen durchaus im Sinne Becks zunehmend als riskante wahrgenommen. In Zeiten um sich greifender Individualisierung und individueller Desorientierung, die auch zu einer seltsamen Entmachtung derjenigen Instanzen zu führen scheinen, die wie beispielsweise der Staat im Rahmen seiner Bildungspolitik, die Parteien, die Gewerkschaften oder die gewählten Parlamente auffangen und kanalisieren könnten, drohen die Unzufriedenheit und Kritik aus der Bevölkerung sogar zu Gefahren heranzureifen. Dank der Medizin zwar nicht für Leib und Leben. Wohl aber für alles, was über den Wert der Menschen in einer überwiegend nach ökonomischen Gesichtspunkten durchstrukturierten sozialen und natürlichen Lebenswelt und für das letzte bisschen Freiheit, das man den meisten von ihnen als abhängig Arbeitenden und Konsumierenden gelassen hat.

6.4   Widerstehen? – aber wie?

Die historische Erfahrung hat oft gezeigt, dass es zu neuerlicher Gewalt und menschenverachtenden Verhältnissen führt, wenn der Widerstand gegen menschenunwürdige Lebensverhältnisse auf revolutionäre Weise organisiert und gewaltsam durchgesetzt wird.[10] Vermutlich hat es vor allem damit zu tun, dass Revolutionäre, die entweder von vornherein fähig waren oder im Verlauf ihrer

---

[10]Wenn der Erfolg von Revolutionen allein an der Beseitigung der jeweils an der Macht befindlichen Herrschaften gemessen wird, so ist dem Wort von Marx über die großen Revolutionen als „Lokomotiven der Weltgeschichte" sicherlich zuzustimmen. Bei Licht betrachtet wird diesem Bild aber nur die US-amerikanische Revolution zur Befreiung von britischer Herrschaft gerecht. Cromwells „Glorious Revolution" endete mit dem Cromwellschen Protektorat, dem eine weitere Monarchie folgte. Auf die Französische Revolution folgte die nur anfänglich noch demokratisch-republikanische Herrschaft Napoleon Bonapartes. Die Oktoberrevolution mündete in einem Bürgerkrieg und später in der Stalinistischen Diktatur und die Deutsche Revolution von 1848/49 wurde nach schnellen Anfangserfolgen von monarchistischen Truppen blutig niedergeschlagen (Wende 2000).

Revolution gelernt haben, Menschenleben der eigenen Vorstellungen wegen als unwert zu erachten und/oder auszulöschen, nach ihrem Sieg auch nicht davor zurückschrecken, Gesinnungsgenossen und Bevölkerungen mit dem Tod zu bedrohen, wenn diese sich den neuen politischen Zielen nicht fügen. Zwar können gewaltfrei, demokratisch und rechtsförmig, das heißt per Wahl und/ oder Volksentscheid und nach vorangegangenen, auch strittigen Diskussionen durchgesetzte Veränderungen natürlich scheitern und haben es oft getan. Aber sie tun es aus anderen Gründen und mit anderen Konsequenzen. Wer einmal die Erfahrungen eines mit diskursiven Mitteln ausgetragenen Einigungsprozesses gemacht hat, kann – wie in der Geschichte mehrfach geschehen – im Falle seines Scheiterns zwar von anderen abgelöst werden, die meinen, die Veränderungsziele auf radikalerem Weg erreichen zu sollen. Sie selbst aber werden das erfahrungsgemäß nur selten tun, sondern werden im eigenen und im Interesse ihrer Adressaten versuchen, aus gemachten Fehlern zu lernen und ihre Durchsetzungsstrategien entsprechend zu verändern. Viel sprach und spricht deshalb dafür, Veränderungen, die auf die nachhaltige qualitative Verbesserung der Lebensbedingungen von Bevölkerungsmehrheiten zielen, die respektvoll und solidarisch miteinander umgehen, mit friedlichen und demokratischen Mitteln zu realisieren.

Demokratisch verfahrende Veränderungsstrategien, die erfolglos bleiben, tun dies in der Regel nicht, wie in letzter Zeit von Kritikern und Gegnern angenommen, wegen der Eigenheiten der Demokratie als einem unter anderen Systemen politischer Selbstverwaltung. Wenn sie wie die etablierten Formen der präsidialen und/oder repräsentativen Demokratie scheitern, dann tun sie dies meistens wegen.

- der Art, wie die demokratischen Spielregeln befolgt werden oder auch nicht,
- der Beschaffenheit der Veränderungsbotschaften und -ziele, die auf demokratischem Weg durchgesetzt werden sollen,
- den Einstellungs- und Handlungsweisen, von denen sich die politisch verantwortlichen Demokraten leiten lassen,
- den Denk- und Verhaltensgewohnheiten der Bevölkerungen, die Ziele und Verfahren legitimieren sollen und – last but not least –
- der Widerständigkeit der sozialen Verhältnisse, auf deren Veränderung sich die demokratischen Aktivitäten richten.

Die Durchsetzungschancen sind zwar nie garantiert und scheinen sich unter den Bedingungen globaler Entgrenzung und unter dem wachsenden Einfluss machtvoll agierender nationaler und internationaler Expertensysteme sogar noch zu verschlechtern (Willke 2014). Sie lassen sich aber auch verbessern, wenn gesamt-politisch auf eine Weise verfahren wird, für die in der demokratiekritischen Diskussion, die gerade Fahrt aufzunehmen beginnt, programmatische Begriffe wie „robust", „direkt", „radikal", „beteiligungsgruppenzentriert", "unend-lich", „verantwortlich", „diskussionsfreundlich", sogar „postdemokratisch" verwendet werden (u. a. Schmidt 2010; Agamben et al. 2012; Nolte 2012; Blüh-dorn 2013; Keil und Thaidigsmann 2013). Ihren Benutzern geht es trotz unter-schiedlicher Ansatzpunkte wie auch dem Soziologen Helmut Willke (2001), der die Bezeichnung „robust" für die Qualifizierung einer Demokratie mit klarem Mandat und „Biss" verwendet, im Wesentlichen darum,

- den Nationalstaat im Interesse der Sorgfaltspflichten gegenüber seinen Bürgern zu stärken und in die Rolle des *advokatorisch* agierenden Sozialstaats wieder einzusetzen,
- die Repräsentation der Demokratie durch *überzeugte* Demokraten in der parlamentarischen und der Regierungsverantwortung verlässlicher,
- das Regierungshandeln *transparenter,*
- die Legitimationsverfahren effektiver und verpflichtender zu machen unddie Partizipationsbereitschaft der Bürger aller damit verbundenen Risiken zum Trotz erheblich zu steigern.

So kann es auch nach Meinung der anderen Autoren gelingen, die lebens-optimierenden Veränderungsbotschaften an den Bedürfnissen und Interessen der Bevölkerungsmehrheit zu orientieren, die gewählten Repräsentanten aus dem Klammergriff der Ökonomie und des Lobbyismus zu befreien, die Bevölkerung zur Anteilnahme am politischen Geschehen zu motivieren und sie dazu zu befähigen, sich selbstbestimmt und selbstwirksamkeitsüberzeugt für die Gestaltung ihrer Zukunft zu engagieren (u. a. Schiller und Mittendorf 2002; Kost 2005; Heußner 2009). Die geläufigen, überwiegend nur noch auf ihre Selbst-erhaltung bedachten Formen präsidialer und/oder repräsentativer Demokratie und ihre Repräsentanten sind ihren Analysen zufolge dazu weder bereit noch in der Lage.

7

Gutes Leben, robuste Demokratie, Suffizienz-Ökonomie, soziopsychosomatische Gesundheit – Wie zusammmenwachsen könnte, was zusammen gehört

> „Nicht nur bildet die Wahrheit über die gelungene Lebensführung, das gute Leben und all das, was wir lieben und wertschätzen, ein zusammenhängendes Ganzes, diese unterschiedlichen Aspekte der Wahrheit stützen sich zudem wechselseitig."
>
> Dworkin R., US-amerikanischer Rechtsphilosoph (2012, S. 13)

Man kann es sich einfach machen und sagen, dass es unmöglich sei, nicht nur einer Minderheit, sondern der Mehrheit der Bevölkerung gegen den augenblicklich herrschenden neoliberalen Ungeist ein ihren Bedürfnissen und Interessen entsprechendes Leben zu verschaffen, weil man dazu erst einmal auf robuste, aber leider noch nicht existierende demokratische Verfahren zugreifen können müsste, um den Menschen die dazu nötigen Mittel (Einsichten, Kompetenzen, Verhaltensweisen) an die Hand zu geben. Nicht weniger defätistisch mutet die ebenso häufig zu vernehmende Begründung an, dass es genügend kommunikationskompetente, selbstbestimmt handlungsfähige und gesund aufwachsende, lebende und arbeitende Menschen gäbe und es keiner demokratisch veränderten gesellschaftlichen Verhältnisse bedürfe, um die Voraussetzungen für deren Heranwachsen herzustellen. Dass sich die Dinge in der politisch-gesellschaftlichen Wirklichkeit nicht so schlicht verhalten, haben die vorgängigen Überlegungen gezeigt, in denen wir Gesundheit, Demokratie und gutes Leben erst einmal getrennt und im Hinblick auf ihre bilateralen Beziehungen betrachtet haben. Dabei hatte sich zwar herausgestellt,

© Springer Fachmedien Wiesbaden GmbH, ein Teil von Springer Nature 2022
P.-E. Schnabel, *Soziopsychosomatische Gesundheit, robuste Demokratie, Suffizienzökonomie und das „glückliche" Leben*, Gesundheit und Gesellschaft, https://doi.org/10.1007/978-3-658-17810-9_7

- dass, das „gute" und/oder „glückliche" *Leben* gegenwärtig ein Traum vieler Menschen ist, aber an der augenblicklichen Lebenswirklichkeit der meisten scheitert,
- dass *Demokratie* unter dem Einfluss neoliberaler Ökonomik zur zahnlosen Institution zu verkommen droht, die nur noch dazu taugt, die bestehenden Verhältnisse in Politik und Wirtschaft festzuschreiben, technikgläubige, sozial inkompetente und versorgungsorientierte Politikerinnen und Politiker an der Macht zu halten und zu diesem Zweck Bürgersinn, Opposition sowie sozial- und versorgungspolitische Alternativen möglichst zu ignorieren und
- dass *Gesundheit* nicht als unabdingbare Voraussetzung gelingenden Lebens hergestellt und aufrechterhalten, sondern als bloßes Freisein von Krankheit missverstanden und wie eine Ware nach privatkapitalistischen Effektivitätskriterien vermarktet wird.

Dieser Realitäten eingedenk und die sozialen Konstruktionsprobleme eines von gesunden Menschen aktiv gestaltetes, von ihnen geführtes und nachhaltig andauerndes gutes Leben der Vielen im Blick, muss es deshalb im Folgenden darum gehen, noch genauer zu bestimmen, als dies bisher in Wissenschaft und Praxis geschehen ist, wie Gesundheit, demokratisch geregelter Selbstregierung und Lebensqualität zusammenhängen. Eine Gesundheitswirtschaft, über die augenblicklich viel geredet wird, die sich ihren Namen aber erst einmal verdienen müsste, könnte sich dabei als Schlüssel und vielleicht sogar als begehbare Brücke erweisen.

7.1   Gesundes Leben in einer gesunden Gesellschaft – Bausteine und Übergänge

Über ein Krankheitswesen, das mit dem Leiden der Menschen und deren Sorge um die Erhaltung der Arbeitskraft Geld verdient und dies nicht zu knapp[1], verfügen wir schon seit fast dreihundert Jahren. Vermutlich aus Marketinggründen nennt es sich zwar Gesundheitswesen. Mit der überwiegenden Mehrzahl seiner

---

[1] Mit einem Volumen von rd. 240 Mrd. Euro Gesamtkosten pro Jahr ist das System der Krankenversorgung inzwischen zum zweitgrößten Wirtschaftssektor der Bundesrepublik Deutschland mit der höchsten Zahl von Berufstätigen aufgestiegen und soll in Zukunft neben der Ökowirtschaft den Wohlstand und das Wirtschaftswachstum postmoderner Gesellschaften retten helfen.

Dienstleistungen und Maßnahmen (rd. 90 %) bezieht es sich jedoch auf die Beseitigung von Erkrankungsfolgen (Kuration) und die Verhinderung von Krankheiten (Präventivmedizin). Von ihm und den dort beruflich Tätigen im Hinblick auf die Herstellung, Aufrechterhaltung und Förderung von Gesundheit mehr zu erwarten als das, was sich mit den verbleibenden fünf bis zehn Prozent bewerkstelligen lässt, wäre illusionär, wird aber immer wieder getan.[2] Wie die Autoren der „Ottawa Charta for Health Promotion" (WHO 1986) bereits in den achtziger Jahren des vergangenen Jahrhunderts zu Recht vermuteten, war und ist es ebenso illusionär, zu meinen, dass dem deutschen, wie auch den Versorgungssystemen überall auf der Welt, eine Gesundheitskultur implementiert werden könnte, ohne die strukturellen Bedingungen und die Gesamtpolitik zu verändern, unter der gegenwärtig Kranke bzw. Krankheitsgefährdete versorgt werden.

Manche mit diesem Thema beschäftigten Diskutanten vertreten unter Hinweis auf den so genannten „sechsten Kondratieff"[3] die Überzeugung, dass sich die Gesundheitssysteme für einen mindestens vierzig bis sechzigjährigen Zeitraum zu Zukunftsmärkten für Technologie und Lokomotiven der Weltwirtschaft entwickeln werden. Dazu müssten sie allerdings die Gestalt einer sich in ihren Konturen bereits andeutenden Gesundheitswirtschaft annehmen, die Krankenversorgung und die Gesundheitsförderung über die Krankenhäuser, Arztpraxen und andere Therapie- und Beratungsdienste und in einem bislang ungekannten Ausmaß hinaus vermarktet (Hilbert 2008; Fetzer 2008). Ob dieser Strategie, die anmutet, als versuche man den „Teufel mit dem Beelzebub", das heißt die Folgen der bereits existierenden Ökonomisierung mit noch mehr Ökonomisierung der Versorgungslandschaft auszutreiben, nachhaltiger Erfolg beschieden sein wird, ist nicht nur fraglich. Sie wird, wie die Autoren dieser Vorschläge selber einräumen, zwar die Wirtschaft zeitweilig voranbringen, aber wieder nur denjenigen von Nutzen sein, die die Mittel besitzen, um die zukünftig von keiner Versicherung,

---

[2]Wobei noch zu bemerken wäre, dass sich auch in diesem Bereich, der überwiegend den Kuren und der Vorbeugung gewidmet sind, wiederum rd. 80 % aller Maßnahmen aus der von den Krankenkassen angebotenen, insgesamt wenig nachhaltigen risikofaktorenorientierten (verhaltenspräventiven) Krankheitsvermeidung bestehen (Kühn und Rosenbrock 2009; Altgeld 2006; Schnabel 2007, 2009; Bauch et al. 2008; DGPH 2013).

[3]Der von Josef Stalin in den zwanziger Jahren des Zwanzigsten Jahrhunderts beauftragte russische Wirtschaftswissenschaftler Nicolai Kondratieff fand heraus, dass die kapitalistische Wirtschaft sich in langen von Krisen unterbrochenen Wellen entwickelt und am Übergang von der Industrie- zur Wissensgesellschaft in eine seit Beginn der Messung 6. informationstechnologisch dominierte Phase (den 6. Kondratieff) eintritt, in der Gesundheit zum Motor der wirtschaftlichen Entwicklung werden wird (Nefiodow 2007).

weder den privaten noch den Ersatzkassen finanzierten Gesundheitsdienstleistungen einzukaufen.

7.1.1 Gesunder Staat

Der Staat und die von uns gewählten Parlamentarier hätten die Macht, mittels Sozialgesetzgebung (hpts. Bildungs- und Versorgungspolitik) und Verfassung die politischen Weichen für den Übergang vom überwiegend krankheitsorientierten zu einem gesundheitsorientierten Versorgungswesen zu stellen. Dabei sollte es um ein „Wesen" gehen, das auf der Produkt- wie auf der Produktions- und Vermarktungsebene weniger angebots-, wettbewerbs-, wachstums- und profitfixiert, auch weniger kundenignorant zu Wege geht (Reibnitz et al. 1999). Vielmehr sollte es.

- im Unterschied zum Krankheitswesen die *Gesundheit* der Bevölkerungsmehrheit im Blick haben und alles fördern, was zu ihrer Besserung beiträgt,
- sich an den Bedürfnissen und Interessen der *Konsumenten* ausrichten,
- die Konkurrenz mit allen Mitteln (schneller, besser, größer) durch einen von lernender Kommunikation begleiteten *Wettbewerb* um die besten Angebote und die zufriedensten Kunden ersetzen,
- damit beginnen, sich vom Wachstumsmythos um jeden Preis zu verabschieden und sich mit Rücksicht auf die Qualität des Lebens kommender Generationen dem Regulativ der menschen- und ressourcenschonenden *Suffizienzökonomie* (Jackson 2011; Paech 2014) anzunähern und
- die Egomanie der Profitmaximierung und des unbedingten Erfolgs auf Kosten anderer, gegen eine sozialverantwortliche Unternehmenshaltung austauschen, die Verdienste in Grenzen durchaus honoriert, sich im Wesentlichen aber dafür einsetzt, die unverschuldete *Ungleichverteilung* von Besitz, Einkommen, materieller Sicherheit und sozialen Aufstiegschancen zu *legalisieren.*

Wie an diesem durchaus noch ausbaufähigen Kriterienkatalog (Welzer und Wiegandt 2014b) zu erkennen ist, wird das Krankheitswesen nicht schon dadurch zum Gesundheitswesen oder zu einer Gesundheitswirtschaft, dass es mit jedem alten oder neuen Produkt, unabhängig von seiner tatsächlichen Richtung und Wirksamkeit noch mehr Geld zu machen verspricht als bisher. Salutogene Züge würden beide tragen, wenn und insoweit sie den Menschen Freiräume eröffnen und Organisationen in die Lage versetzen würden (Wilkinson und Pickett 2010), sich Gesundheitswissen anzueignen, sich ihrer Bedürfnisse und Interessen, unter anderem auch der auf Gesundheit bezogenen, bewusst zu werden und sie allein oder mit anderen gegen vorhersehbare Widerstände durchzusetzen.

Wie könnte der Staat als Repräsentant der Gesellschaft und seine Politiker dazu gebracht werden, sich für ein Gesundheitswesen dieser Art zu engagieren? Vieles von dem, was sie tun, wie die Arbeit an Sozialgesetzen oder einer Verfassung scheint auf den ersten Blick nichts mit der gesundheitlichen Lage der Bevölkerungsmehrheit zu tun zu haben. Für die meisten mit dem Regieren und der Gesetzgebung Beschäftigten erfüllt der Staat die Funktion eines Gesamtkapitalisten, der dafür zu sorgen hat, dass die Wirtschaft zur Zufriedenheit aller funktioniert (Deppe 2015). Gesundheit stellt für sie kein Problem dar, um das sich Gesellschaft und Staat kümmern sollten. Dem wohlfahrts- und sozialstaatlichen Funktionsselbstverständnis entspricht es vielmehr, erst tätig zu werden, wenn Krankheit zum Massenphänomen zu werden droht, welches die Dienstleister und Einrichtungen des Versorgungssystems überfordert, die öffentlichen Haushalte belastet, das Produktionsvermögen mindert und den sozialen Frieden gefährden könnte.

Machen Regierung und Politik dann aber den Versuch, eine neue, mehr auf Vorbeugung als auf Kuration zielende Gesundheitspolitik per Gesetz zu implementieren, dann führt das erfahrungsgemäß[4] und bis heute lediglich dazu, dass sich nur solche Ideen und Konzepte durchsetzen, die den Interessen der Profiteure des bestehenden Systems entsprechen, und deshalb mit weniger Widerstand aufseiten der Ärzteschaft und der Medizinlobby zu rechnen haben (Kühn und Rosenbrock [1994] 2009; Bittlingmayer et al. 2009). Konzepte wie die Gesundheitsförderung, um deren willen auch Positionen, Strukturen und Verhältnisse nicht nur innerhalb, sondern auch außerhalb des etablierten Systems der Krankenversorgung (vgl. Abb. 7.1) verändert werden müssten, bleiben vor der Tür (Grossmann und Scala 2006). Das tun sie so lange, wie das System und seine Einrichtungen (Krankenhäuser, Arztpraxen, Sozialdienste, Nonprofit-Organisationen usw.) funktionieren beziehungsweise den Schein des Funktionierens aufrecht zu erhalten vermögen und die deutungsmächtigen Akteure samt ihrer Auftraggeber der Überzeugung sind, dass sie und die Gesellschaft sich die Beibehaltung des Status quo leisten sollen.

---

[4] Siehe § 20 SGB V (Auftrag an die Krankenkassen, sich vorbeugungspolitisch mehr zu engagieren), sowie die von den Krankenkassen betriebene, hpts. auf Kunden mit „guten Risiken" zielende Geschäftspolitik und die schon zwei Mal gescheiterte Verabschiedung eines Gesetzes zur Stärkung von Prävention und Gesundheitsförderung.

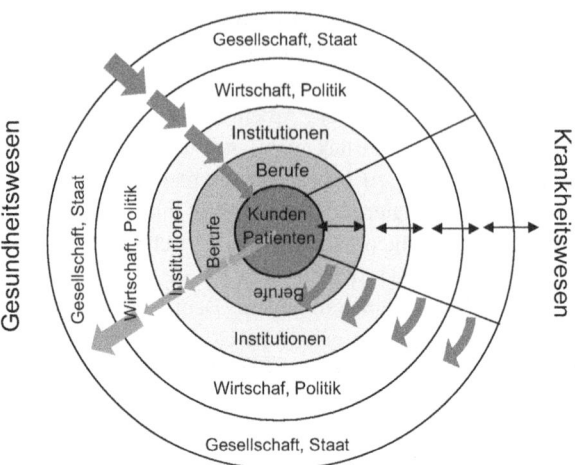

Abb. 7.1 Interdependente Ebenen, die bei einer nachhaltig wirkenden Wende vom Krankheits- zu einem Gesundheitswesen involviert wären. (Eigene Darstellung)

Alles, was wir bisher über die Verhaltenstypik sozialer Systeme allgemein und des Versorgungsystems im Besonderen wissen, ist, dass sie sich als Lernende nur verändern, wenn es von innen oder außen gelingt, auf Inhalte, Routinen und Ziele der systemtypischen Kommunikation Einfluss zu nehmen. Dies beginnt in der Regel mit der Veränderung handlungsleitender Paradigmen in Politik und Wirtschaft, der die Veränderung der Funktionsziele und der Austausch nutzlos gewordener Routinen, die Ausbildung neuer Expertise und Experten folgt, bis dann, meist nach unterschätzt langer Zeit, die veränderten Botschaften auch bei den Kunden/Konsumenten und Patienten ankommen (vgl. Abb. 7.1).

Diesem Prozess, den man als „Revolution von oben" bezeichnen, kann – wie die Geschichte politischer Bewegungen zeigt, eine durch unerträgliche Leiden befeuerte regierungs- und/oder sozialkritische Bewegung von unten voran- oder nachgehen. Auf jeden Fall sind beide Bewegungen aufeinander angewiesen, müssen inhaltlich und strategisch synchronisiert werden, um soziale Veränderungen mit nachhaltiger, d. h. anhaltender Wirkung zu erzeugen, die vor allem den nachwachsenden Generationen zugutekommt.

Für den Staat und seine Politik (Abb. 7.1, äußerste Ebene) käme es angesichts der auf die Gesellschaften durch Globalisierung, ungezügelten Kapitalismus, Überalterung, Zuwanderung zukommenden Versorgungslasten (Krankheiten,

Gesundheitsgefährdungen) vor allem darauf an, an verlorengegangener ideologischer, materieller und politischer Stärke zuzulegen. Nur so kann er als
kontrollierende, regulierende und sanktionierende Instanz die Verpflichtungen
erfüllen, die er gegenüber den Bürgern durch die Verfassung und die in ihrem
Namen erlassenen Gesetze übernommen hat. Zu diesen Aufgaben gehört es, den
Menschen ein freies, selbstbestimmtes und (körperlich) unversehrtes Aufwachsen
in materieller Sicherheit und unter gesetzlich geregelten Bedingungen zu
garantieren. Als Sozialstaat hat er darüber hinaus dafür zu sorgen, dass niemand
durch Geburt, Geschlecht, religiöser Überzeugung, sozialen und ethnischen
Status daran gehindert werden darf, dies zu tun, und überall dort durch fördernde
Maßnahmen einzugreifen und auszugleichen, wo dies ungerechtfertigter Weise
geschieht. Dem gegenüber ist in keiner Verfassung und keinem Gesetz von den
Fehlformen staatlicher Regulierung die Rede, die gegenwärtig beobachtet werden
können. Dazu gehört es,

- Institutionen oder Einrichtungen zu schützen, die für die Gesellschaft zu
  wichtig oder die zu groß sind, um sie an ihren eigenen Fehlern scheitern zu
  lassen,
- ein zwanzig- bis dreißigprozentiger Sockel von Armut in Kauf zu nehmen, um
  den Wohlstand des anderen, ohnehin besser gestellten Teils der Bevölkerung
  zu sichern,
- die von Großunternehmen und Banken erwirtschafteten Gewinne zu
  privatisierten und die Kosten für die von ihnen gemachten Fehler auf die
  Bevölkerung zu deren Ungunsten umzulegen,
- die Beschäftigten von gutverdienenden Unternehmen zu entlassen, um deren
  Profit im Interesse der Aktienbesitzer zu erhöhen oder
- die Herkunft und den Geldbeutel der Eltern, allen Modernisierungs- und
  Förderungsbekenntnissen zum Trotz, wie vor hundert Jahren über die berufliche Karriere der Heranwachsenden bestimmen zu lassen.

Dass diese und viele andere unsoziale und wirtschaftspolitisch unkluge, an den
Freiheitsbedürfnissen, Gleichheits- und Gerechtigkeitsvorstellungen, aber auch
an den Solidaritätsempfindungen der Bevölkerungsmehrheit vorbeigehenden
Erscheinungen vom Staat und seinen politischen Vertretern mehrheitlich toleriert
werden, ist nicht anders als durch eine engstirnige, ausschließlich auf ihren Gewinn
ausgerichtete Wirtschaft und die ökonomische Kolonialisierung der Politik zu
erklären. Sie durch andere, das veraltete Markt- und Wachstumsdenken international anerkannter Experten und deren ungerechtfertigte Angstmache vor staatlicher Regulierungswut durch Vorstellungen und Konzepte sozialverantwortlichen

Handelns zu ersetzen, dürfte – wie sich vielen aktuellen, ideologisch statt sachlich geführten Diskursen über wirtschaftspolitische Richtungsfragen entnehmen lässt (Maesse 2013) – nicht leicht werden. Bei Licht betrachtet, braucht es dazu aber eigentlich nicht mehr als den Willen und die Bereitschaft, zu zentralen wohlfahrtsstaatlichen Leitideen zurückzukehren, zu denen sich die lernwilligen Regierungen Deutschlands und der anderen vom zweiten Weltkrieg zerrütteten Länder Europas einstmals bekannt haben.[5]

Im Interesse einer den aktuellen Problemen angepassten Versorgungspolitik müsste allerdings das Subsidiaritätsprinzip (Vorrang der Selbst- gegenüber der Fremdhilfe), nach dem seit der Bismarck'schen Sozialgesetzgebung aus der zweiten Hälfte des Neunzehnten Jahrhunderts bis in die Gegenwart hinein über Inhalte und Richtung wohlfahrtsstaatlichen Handelns entschieden wurde und wird, seines gegenwärtigen Missbrauchs wegen, neu gefasst werden. Es wurde im Kontext der katholischen Soziallehre einstmals erdacht, um die individual-interventionistischen Ziele und machtpolitischen Interessen der Kirche als Institution gegenüber staatlicher Kontrolle und Einmischung abzusichern. Nicht, um die politische Emanzipation der Bürger, sondern um die Glaubensfreiheit des Christenmenschen gegen politische Willkür in Schutz zu nehmen (Pius XI [1932] 1992), propagiert es Ordnungsvorstellungen, nach denen die jeweils übergeordnete Gemeinschaft die Wirkungsmöglichkeiten der jeweils untergeordneten, d. h. die Familie die des Individuums, die Gemeinde die der Familie, die Bundesländer die der Gemeinden und der Staat die der Bundesländer anerkennt und nur solche Aufgaben an sich ziehen darf, die von den Untergeordneten nicht erfüllt werden können.

Aktuelle Bedeutung erlangte es, als sich die Politik und mit ihr die Sozialpolitik im Nachkriegsdeutschland unter einer christlich-demokratischen Regierung neu gegen die im Nationalsozialismus erfahrene und vom Kommunismus her drohende Allmacht des Staates zu formieren begann. Verfassungsrechtlichen Rang hat das im Subsidiaritätsprinzip mitgedachte Postulat der Nachrangigkeit staatlicher

---

[5] Von vielen verschwiegen oder gänzlich verdrängt, finden sich u. a. im Ahlener Programm der Nachkriegs-CDU (Christlich Demokratischen Union) eine mit kritischem Blick auf den Kapitalismus, die damalige Rolle der Industrie in der Vorkriegszeit und im nationalsozialistischen Deutschland eine von der SPD bis in die 1980er-Jahre genüsslich zitierte, dann selber vergessene und von der Parteirechten (CSU) später als „Jugendsünde" (F. J. Strauss) abgetane Passage, in der von der Verstaatlichung der Schlüsselindustrien für den Fall die Rede ist, dass sich übergroße wirtschaftliche Macht in den Händen Einzelner zusammenballen sollte. Heute erteilt ein Kartellamt in solchen Fällen Fusionierungsverbote und/oder verhängt finanzielle Strafen, die von den kapitalmächtigen global operierenden Konzernen, um die es geht, problemlos aufgebracht werden können.

Sozialpolitik mit Ausnahme des Bekenntnisses zum Föderalismus zwar nie, weil es dem Solidaritätsgedanken und dem im Grundgesetz niedergelegten Bekenntnis zum Sozialstaat (Art. 20 und 28 GG) widerspricht. In der aktuellen Sozialstaatsdiskussion spielt es als Regulativ jedoch eine entscheidende Rolle (Ruland 2006). Insbesondere ist es den politisch Verantwortlichen in Deutschland und Europa in Zeiten wirtschaftlichen Abschwungs, knapper öffentlicher Mittel, wachsender Staatsverschuldung und der Hochkonjunktur marktradikalen Wirtschaftsdenkens von besonderem Nutzen. Unter Hinweis auf das Subsidiaritätsprinzip nämlich lässt sich der Rückzug des angeblich zu teuren Wohlfahrtsstaats aus seinen traditionellen Verpflichtungen für die Absicherung der Bürger gegen arbeits- und altersbedingte Krankheits- und Überlebensrisiken unter dem Tarnmantel der Förderung von Eigeninitiative und Selbstverantwortung relativ problemlos durchsetzen (Dahme 2005).

Dieser unter dem irreführenden Label „Modernisierung" seit Ende des zwanzigsten Jahrhunderts vor allem in England und Deutschland beschrittene Weg hat weder zur Lösung der im modernen Kapitalismus angelegten Widersprüche noch zur Beseitigung der damit zusammenhängenden Probleme (Globalisierung, Massenarbeitslosigkeit, Vergreisung der Gesellschaften, Zunahme chronischer Erkrankungen usw.) beigetragen (Dahme und Wohlfahrt 2005). Nach wie vor wird der subsidiär agierende Sozialstaat erst tätig, wenn sich Hilfsbedürftige als zur Selbsthilfe und Eigenverantwortung gänzlich unfähig erwiesen und dies durch den demütigenden „Gang auf die Ämter" öffentlich bekannt haben. Ist dies geschehen, erdrückt er sie mit der Allmacht administrativer Akte und motiviert vor allem die Armen, prekär Beschäftigten und wenig Verdienenden unter ihnen dazu, die Versorgung durch den Staat dem Status des Selbstversorgers durch unterfordernde und -bezahlte Arbeit vorzuziehen (Kaufmann 1986). Außerdem tut er, der als aktivierender Sozialstaat von seinen Bürgern, auch und gerade von den materiell und sozial zu kurz gekommenen Hilfsbedürftigen vor allem aus Kostengründen zunehmend mehr Eigenverantwortung und Selbstverantwortung *fordert*, viel zu wenig, um sie dazu auf eine Weise zu *fördern* und zu *befähigen*, zu der er als ein von Rechtswegen zu solidarischem Handeln angehaltener Sozialstaat verpflichtet wäre (u. a. Arnold et al. 2005; Schmidt 2008). In einem gesellschaftlichen Umfeld aufgewachsen zu sein, das tagtägliche Unterordnung verlangt, um zu überleben oder Karriere zu machen, kann sich Selbstbewusstsein und Eigenverantwortung nur dort entfalten, wo Freiraum zur Verfügung gestellt wird und auch genutzt werden kann, um zu lernen (vgl. dazu auch Abschn. 5.1 der vorliegenden Untersuchung), wie man das macht (Bittlingmayer und Ziegler 2012). Aus eben diesem Grund sind die Chancen, dieses auf dem Weg besserer Bildung und einschlägiger Erfahrung zu tun, in den Gesellschaften so ungleich verteilt, wie heute.

Den auf diese sublime Weise um die Fähigkeiten zu subsidiärer Selbst-bestimmung und die Möglichkeiten der Verantwortungsübernahme betrogenen Teilen der Bevölkerung würde es nützen, wenn sich Staat und Politik um die Wiederentdeckung seiner sozialen und solidarischen, eng mit den Maximen von Freiheit, Gleichheit und Gerechtigkeit verbundenen Verpflichtungen bemühen würden. Appellierende Umerziehungsprogramme und Soziale Arbeit für die bereits in Not Geratenen allein können das unter den sich zunehmend ver-komplizierenden Produktions- und Reproduktionsverhältnissen allein nicht leisten. Stattdessen sollte man sie unter den bestmöglichen Bedingungen fördern und befähigen, ein ihren Bedürfnissen und Interessen entsprechendes Leben führen zu können. Dabei sollte es dann aber nicht nur um die Förderung bloßen Arbeitsvermögens (Workfare), sondern um die Entwicklung und den Einsatz von Persönlichkeiten (Wellfare) gehen (Mohr 2009). Von Persönlichkeiten, die bereit und in der Lage sind, das Leben während und außerhalb der Arbeit wert-zuschätzen, eigenverantwortlich zu planen und es – was für die Entwicklung von Handlungsfähigkeit in unseren Tagen unerlässlich ist (u. a. Geulen 1971; Krapp-mann et al. 1994; Litau et al. 2016) – allein, besser noch in der Zusammenarbeit mit anderen auch durchzusetzen.

7.1.2   Zur Entwicklung einer Gesundheits-Wirtschaft, die diesen Namen verdient

Wirtschaft und Politik sind gegenwärtig funktional aber auch personell sehr viel schwieriger auseinander zu halten als in den Aufbaujahren in Europa, als sich Politik und Wirtschaft gegenseitig brauchten, um nach den katastrophalen Folgen nationalsozialistischer Herrschaft den Handlungsrahmen für ein nach demo-kratischen Spielregeln funktionierendes System gesellschaftlichen Zusammen-lebens neu zu justieren. Heutzutage werden der Staat und die in seinem Namen agierenden Politikerinnen und Politiker kaum noch als aktiv und programmatisch Gestaltende tätig, sondern fast nur noch als Vollzugsgehilfen eines ungezügelten und imperialen Privatkapitalismus. Das gilt nicht nur, aber auch für den gesamten Bereich der zu Unrecht so genannten „Gesundheits-Wirtschaft", die den Vor-hersagen des sowjetrussischen Wirtschaftswissenschaftlers und Konjunktur-theoretikers Nikolai Dmitrejewitsch Kondratieff demnächst den Bereich der industriellen Produktion in punkto Systemrelevanz (Produktivität, Arbeitsintensi-tät, Anteil am erwirtschafteten BNE) ablösen wird (Nefiodow 2007). Gestützt auf die sich überall auf der Welt ankündigende digitale Revolution, wird ihr nicht nur das Potenzial zugetraut, die bis heute ungelösten Probleme einer alternden, in

Teilen verarmenden, von zunehmenden Belastungen in Privat- und Arbeitsleben gekennzeichneten, entsolidarisierten Einwanderungsgesellschaft zu lösen, der die produktive Arbeit auszugehen droht. Die reichlich unkritischen Propagandisten der digitalisierten Gesundheitswirtschaft versprechen auch, nun endlich die Unter-, Über- und Fehlversorgungsdefizite (Sachverständigenrat 2002) beseitigen zu können, mit denen das medizinisch dominierte, privatwirtschaftlich orientierte, überwiegend kurativ und kriseninterventionistisch ausgerichtete Versorgungswesen auf die chronisch-degenerativen, überwiegend verhaltens- und verhältnisbestimmten Massenkrankheiten von heute reagiert.

Die Frage ist allerdings, ob eine noch striktere Ausrichtung der Krankenversorgung an privatwirtschaftlichen, vor allem auf Gewinnorientierung zielenden Regularien, eine damit einhergehende Ausweitung des Marktes um alles, was sich einer zahlungskräftige Kundschaft im Namen der Gesundheit verkaufen lässt, und eine Digitalisierung ihrer Herstellungs-, Verbreitungs- und Verfügungsmöglichkeiten tatsächlich zu einer Verbesserung der Versorgungslage breiter Teile der Bevölkerung beitragen wird (Unschuld 2014). Die Versorgungslage, ist jetzt schon durch Disparitäten im Hinblick auf die krankheitsgenerierenden Belastungen im Lebenslauf, die Zugriffschancen auf kurative Dienste und die Behandlung seitens der Anbieter gekennzeichnet, die sich der immer noch herrschenden, gegenwärtig sogar verschärfenden sozialen Ungleichheit und dem zunehmend geldförmig organisierten Markt für Versorgungsangebote verdankt. Daran werden die Propagandisten und Profiteure einer noch effektiveren, kostennutzenkalkulierten Gesundheitswirtschaft nichts ändern wollen und können. Zwar wäre davon auszugehen, dass infolge einer verschärften Ökonomisierung die Dienste immer kostengünstiger, weil von immer weniger Personal in immer kürzerer Zeit erbracht werden können. Ob dieser kurzfristige Vorteil nicht durch längerfristige Nachteile ausgeglichen oder sogar übertroffen wird, die den Patienten infolge schlecht ausgeheilter oder chronifizierender Erkrankungen und der Gesellschaft durch ein erhöhtes Aufkommen an bedingt einsatzfähigen Arbeitskräften und unheilbar Kranken entstehen, ist noch nicht hinreichend untersucht, kann aber mit einiger Sicherheit vermutet werden. Derart agierende Gesellschaften lösen die ihnen drohenden Probleme nicht. Sie schieben nur eine Welle von künftigen Problemen in der Hoffnung vor sich her, dass nicht sie, sondern kommende Generationen mit ihnen zu tun haben mögen.

Ähnlich verhält es sich mit der Digitalisierung der Versorgung. Sie verhilft den Laien auf der einen Seite zu mehr Kompetenz bei der Beurteilung ihrer eigenen Befindlichkeiten, sofern sie über die entsprechende Technik verfügen und außerdem gelernt haben, die Qualität von Fernsehsendungen, Interneteinträgen und Apps richtig einzuschätzen. Sie kann auch den mono- und

interdisziplinären Informationsaustausch zwischen den in das Behandlungs-
geschehen involvierten Ärzten und anderen Therapeuten verbessern und den
Patientendurchlauf in Krankenhäusern und Praxen effektivieren. Die für eine
erfolgreiche Behandlung ihrer Krankheiten und Gesundheitsprobleme unersetz-
liche zwischenmenschliche Kommunikation macht die Digitalisierung jedoch
nicht einfacher, sondern seltener und dadurch schwieriger. Zum einen, weil – wie
aufgrund von Befragungsergebnissen bekannt ist (Beneker 2010; Rinke 2013)
– der informierte Patient nicht weniger, sondern mehr wissen will und fragt, als
der uninformierte, und weil er zum anderen einer ist, mit dem nur eine Minderheit der Ärzte konstruktiv umzugehen gelernt hat. Digitalisierte Kommunikation,
die in der Regel nach dem „don't talk back"-Prinzip funktioniert, kann niemals
die dialogische „face to face" Kommunikation ersetzen, die es braucht (Schnabel
2009; Schnabel und Bödeker 2012), wenn sich Ärzte und Patienten, Therapeuten
und Klienten über eine funktionierende (d. h. zutreffende und von den Patienten
befolgte) Behandlung oder Prävention chronisch-degenerativer Erkrankungen
verständigen müssen.

Wer als anbietender oder konsumierender Teilhaber oder als politisch
Handelnde(r) in einer Gesundheitswirtschaft (vgl. Abb. 7.1) leben will, die ihren
Namen verdient, muss demgegenüber bereit sein, an anderen Stellschrauben zu
drehen, als die Propagandistinnen und Propagandisten einer noch strikteren Ökonomisierung. In ihr wird die Beseitigung von Krankheitsfolgen (Kuration) und
die Verhinderung von Krankheiten per Verhaltensprävention nach wie vor eine
notwendige von Ärzten, Therapeuten, Pflege- und anderem Hilfspersonal in
effizient gemanagten Krankenhäusern und Praxen erfüllte Aufgabe bleiben. Doch
wird sie eine Politik vorbeugenden Versorgungshandelns in Form präventiver
und gesundheitsfördernder Maßnahmen und mit ihnen die um den Erhalt ihrer
Gesundheit ringenden Menschen und nicht nur den zu reparierenden Patient ins
Zentrum ihrer Bemühungen stellen müssen. Dies nicht nur aus versorgungs-
ethischen Gründen, sondern weil Vorbeugung nach heutigem Stand der Erkenntnis (Naidoo und Wills 2003; Rosenbrock und Michel 2007; Hurrelmann et al.
2014) das einzig bekannte Mittel ist, um sich mit den gesundheitlichen Risiken
und Krankheiten der Moderne *ursächlich* auseinanderzusetzen.

Eine Gesundheitswirtschaft, die ihren Namen verdient, sorgt sich darüber
hinaus um gesunde Familien, Kindergärten, Schulen, Betriebe und Kommunen,
vor allem in der Absicht, den Heranwachsenden zukunftsfähiger Gesellschaften
ein Leben als selbstbewusste, kommunikationskompetente, zur Übernahme von
Verantwortung bereite und mündig konsumierende Mitglieder der Gesellschaft
zu ermöglichen. Gesundheitsbezogen wirtschaftende Menschen tun mehr und
anderes, als das Krankenversorgungsgeschehen mit Hilfe von Betriebswirtschaft,

Controlling- und Managementkonzepten auf allen Ebenen effektiver zu gestalten. Sie nehmen Geld in die Hand, um die Mitmenschen zu fördern und falls notwendig ihnen zu helfen, nicht um es im Interesse von profitierenden Berufsgruppen und Kapitaleignern zu mehren (Elsner et al. 2004). Und sie stellen ihr Denken und Handeln in den Dienst einer solidarischen zunehmend aber in Vergessenheit geratenen Politik (Bittlingmayer et al. 2009), die alles daran setzt, Gesundheitschancen, die neben materieller Absicherung zu den höchsten Gütern frei handelnder Bürger gehört, so gleich und so gerecht wie möglich zu verteilen.

7.1.3   Gesunde Organisationen in einer gesunden Gesellschaft

Die Autoren der 1986 von der WHO herausgegebenen „Ottawa Charta" haben früh erkannt, dass sich die Chancen zur Implementation von Gesundheitsideen innerhalb einer vom Krankheitsbeseitigungsparadigma durchdrungenen Gesellschaft erheblich steigern lässt, wenn es vor allem (vgl. Abb. 7.1) auf der Ebene der Institutionen (Familien, Kindergärten, Schulen, Betrieben) und Settings (Gemeinden, Kommunen, Quartieren) versucht wird, wo die Menschen leben, spielen, arbeiten und lieben. Sie sind die Orte, an denen Gesundheit als Reaktion der Individuen auf ihre soziale und natürliche Umwelt, als Produkt lebenslangen Lernens und als sich permanent verändernde Lebensleistung *entsteht.* Der Staat gibt die Leitlinien vor und liefert die Infrastrukturen, nach beziehungsweise innerhalb deren dies geschieht. Von den Institutionen und in den Settings werden die vielfältigen Prozesse organisiert, mittels deren Menschen lernen, mit der eigenen und der Gesundheit der anderen umzugehen, und soweit es sich um Ausbildungs- und Versorgungseinrichtungen handelt, sind sie es auch, die die benötigten Versorgungsdienstleister qualifizieren.

Es ist sehr viel einfacher, die Wechselwirkungen zwischen ihnen analytisch zu verstehen als unter den gegebenen Bedingungen auf Art und Qualität ihrer Aufgabenerfüllung praktisch einzuwirken. Je mehr sich staatliches Handeln für die Herstellung, Aufrechterhaltung und Förderung der Gesundheit aller Bürger interessiert, umso eher werden sich die Institutionen respektive Settings für die Botschaft der Gesundheit öffnen und die Voraussetzungen für das Erlernen von Gesundheitsfähigkeiten bereitstellen. Aus demselben Grund ist es aber auch schwierig, bis fast unmöglich, gesundheitsbewusstes Denken und gesundheitsförderliches Verhalten auf der individuellen Ebene durch bloße Appelle an die Vernunft einzelner Menschen und gegen die Gleichgültigkeit oder den Widerstand von Politik, Institutionen und der in ihnen tätigen Versorgungsexperten zu implementieren. Um dies erfolgreich zu meistern, ist es, wie in der Ottawa Charta (WHO 1986) bereits vorgedacht, unerlässlich, mit gesundheitsaffinen Maßnahmen und Projekten zusammen zu arbeiten, wo man sie findet, neue Gesundheitsregionen zu schaffen und die Versorgungsdienste, nicht ausschließlich, aber wesentlich stärker als bisher auf den Umgang mit Gesundheit hin zu orientieren.

Dabei ist zu berücksichtigen, dass soziale Systeme wie die Institutionen, die das Aufwachsen in unseren Gesellschaften organisieren, und die Settings, in denen unser Leben stattfindet, auf kommunikativem Wege lernen können, dass sie aber anders lernen als Individuen, und dass es deshalb für den Erfolg unerlässlich ist, mit ihnen anders zu kommunizieren als mit einzelnen Menschen (Schnabel und Bödeker 2012).

- Man muss sich bei allem, was man zu diesem Zweck unternimmt, immer ihrer besonderen Eigenschaft, der *operativen* Geschlossenheit bewusst bleiben.
- Man sollte sich auch im Klaren darüber sein, dass die Verantwortlichen, mit denen man dabei zu tun hat, nicht als autonom handelnde Individuen, sondern als *systemabhängige* Funktionsträger agieren.
- Bei sozialen Systemen handelt es sich nicht um triviale, nach einem einfachen Input–Output-Schema reagierende, sondern um hoch *komplexe* Gebilde, deren Verhalten nur schwer vorher zu sagen ist (Wimmer 2000).
- Und man muss sich ihnen gegenüber in einer *Sprache* verständlich machen können, die sie als Systeme verstehen (Willke 1992).

Das bedeutet erstens, dass alle Veränderungen, derentwegen interveniert wird, ihnen ihren Verantwortlichen und Funktionsträgern gegenüber unter dem Gesichtspunkt ihres Beitrags zum Systemerhalt kommuniziert werden müssen. Es muss zweitens versucht werden, ihnen als gesellschaftlich beauftragten oder frei und dennoch sozial verantwortlich agierenden Einrichtungen der Gedanke nahegebracht werden, dass und wann durch Veränderung mehr zur eigenen und zur Selbsterhaltung der Gesellschaft beigetragen werden kann als durch das Bewahren von Routinen, die ihren Zweck nicht mehr erfüllen.

7.1.4 Gesundheitsorientierte Versorgungsberufe

Aus dem Verständnis von Gesundheit, das dieser Untersuchung unter Bezugnahme auf die Gesundheitsförderungspolitik der WHO vorangestellt wurde (vgl. Kap. 3 der vorliegenden Untersuchung), ist abzuleiten, dass Menschen, die sich in Wissenschaft und Praxis um Gesundheit kümmern wollen, die mehr ist als das Freisein von Krankheit, ihrer Aufgabe mit Krankheitsreparatur- und Krankheitsverhinderungskompetenzen allein nicht bewältigen können (Pundt und Kälble 2014). Diese Erkenntnis ist zwar trivial, sie ist aber unter den gegebenen Bedingungen wichtig, weil die Ärzteschaft neben dem Monopol auf die Versorgung Kranker, von der sie etwas versteht, in zunehmendem Maße für sich auch ein Monopol auf die gesundheitliche Versorgung der Menschen reklamiert, obwohl sie dafür nicht besser ausgebildet ist, als die Vertreterinnen und Vertreter anderer Wissenschaften (u. a. Katzenmeier und Bergdoldt 2009; Robert Bosch Stiftung 2011; Lohmann und Debatin 2012). Über die Psychologie und Soziologie der Patho- und Salutogenese lernen angehende Ärztinnen und Ärzte herzlich wenig. Was dazu führt, dass sie, wo immer solches Wissen notwendig wäre, um ihren Patienten mit Empathie und Verständnis zu begegnen, dazu neigen, auf ihre herkunftsschichttypischen Erfahrungen zurückzugreifen, diese als absolut und normal zu setzen, auf diese Weise an denen vorbei zu reden und zu diagnostizieren, die ihren Vorstellungen von Normalität und ihren Verhaltensroutinen nicht entsprechen.

Das gilt weniger für die Berufsgruppe des Pflegepersonals, der zweiten „Säule" des Versorgungssystems. Der zukunftsorientiertere Teil dieser Berufsgruppe hat in Anknüpfung an ihre Geschichte und unter dem Eindruck soziologischer, psychologischer, pflege- und gesundheitswissenschaftlicher Forschungsergebnissen und vor einiger Zeit damit begonnen, sich als „Gesundheits"-Pflege neu zu erfinden und dafür auch gezielt auszubilden (u. a. Hasseler und Meyer 2006; Brieskorn-Zinke 2009; Leufgen 2012). Pflegekräfte, die in Kliniken, Krankenhäusern und ambulanten Diensten schon längst die Kommunikationsarbeit anstelle des ärztlichen Personals übernommen haben, wissen aus Erfahrung, dass es anderer als medizinischer Erkenntnisse und neuer Umgangsformen bedarf, um den Versorgungsnotwendigkeiten und Betreuungsbedürfnissen medizinisch versorgter und chronisch kranker Menschen gerecht zu werden. Nur bietet sich ihnen in den von der Ärzteschaft nach wie vor dominierten und nach betriebswirtschaftlichen Gesichtspunkten gemanagten Krankenhäusern, Praxen und ambulanten Diensten kaum Möglichkeiten, ihr in zahlreichen Lehrbüchern und Ausbildungskonzepten ausgearbeitetes neues Wissen einzusetzen. Planstellenkürzungen, Verknappung der Zeittakte, der Ersatz deutschsprachigen durch billigeres, kommunikativ weniger kompetentes ausländisches oder medizinisch-technisches Personal verhindern zusehends, dass der kommunikative Aufwand betrieben werden kann, der eigentlich notwendig wäre, um Gesundheitsberatung, -pflege und -förderung zum Wohl der Patienten Realität werden zu lassen (Marrs 2007). Den anderen in der Literatur und in den

öffentlichen Diskussionen ebenfalls unter die Gruppe der Gesundheitsberufe sub-
sumierten Professionen (Physiotherapie, Ergotherapie, psychologische Therapie,
Hebammen, Soziale Arbeit, Public Health, Gesundheitsförderung) geht es
nicht anders. Auch sie hängen am finanziellen Tropf eines nach wie vor krankheitsorientierten von kassenärztlichen Vereinigungen und Versicherungsträgern
administrierten Systems, das ihnen wenig Spielraum gewährt, um die in zahlreichen Papieren zur Qualifizierung und Praxis vorgelegten Reformvorschläge in
die Tat umzusetzen.

Auch im Hinblick auf diesen Innovationsbedarf, der befriedigt werden
müsste, um den Übergang von der Krankheits- zur Gesundheitsmedizin, von der
Kranken- zur Gesundheitspflege zu bewerkstelligen, hat die WHO mit einem
Konzept der kooperierenden „Hochschulen für Gesundheit" schon Ende der
1970er-Jahre Weitblick bewiesen. Inspiriert durch die Ergebnisse der „Primary
Health Care"-Tagung von Alma Ata, ausgehend von den wenig später veröffent-
lichten Beschlüssen (1981) und im Blick auf die veränderten Versorgungsbedürf-
nisse der Menschen, hebt dieses Konzept auf Zielvorstellungen ab, die mit der
augenblicklichen Ausbildungssituation in den Gesundheitsberufen nur wenig
zu tun haben. Nicht nur wird im Blick auf die veränderte Versorgungslage der
Bevölkerungen in der modernen Welt die schon klassische Forderung erhoben,
die Pflege und Förderung der Gesundheit zu einem zentralen Element der Ausbildung zu machen, und deshalb geistes- und sozialwissenschaftliche Inhalte viel
stärker zu berücksichtigen als bisher. Unter Bezugnahme auf die Ergebnisse der
Konferenz von Alma Ata schlagen die Experten der WHO außerdem vor, die Aus-
bildungsanstrengungen am Versorgungsbedarf der Regionen auszurichten, die
Ausbildung berufsgruppenübergreifend zu akademisieren sowie die Gesundheits-
berufsanwärterinnen und -anwärter praxisnah und während eines *gemeinsamen*
Grundstudiums auszubilden.

In Deutschland haben diese Anregungen einen Boom von Studienangeboten
vornehmlich an den Hochschulen für Angewandte Wissenschaft und Fach-
hochschulen ausgelöst, die sich zwar als Hochschulen für Gesundheit oder
Gesundheitshochulen bezeichnen, aber dem Krankheitsversorgungssystem
in Inhalten und Qualifikationszielen weitgehend verbunden geblieben sind.
Einige von ihnen haben sich zu einer Initiative unter dem Namen „Hochschulen
für Gesundheit e. V." zusammengeschlossen, in der inzwischen mehr als 40
Institutionenaus Deutschland, Österreich und der Schweiz zusammenarbeiten,
und sich darüber hinaus verabredet haben, die Ausbildung von Gesundheitsexperten nur unter gesundheitsförderlichen Bedingungen für Studierende und
Lehrpersonal stattfinden zu lassen (Hochschulen für Gesundheit 2015). Weder
hier noch anderswo ist es bisher jedoch gelungen, medizinische Einrichtungen

in Ausbildung von Gesundheitsfachkräften einzubinden. Und es scheint sich abzuzeichnen, dass ohne deren Mitarbeit und ohne geeignete strukturelle, organisatorische und versorgungsrechtliche Rahmenbedingungen die Absolventen dieser Gesundheitsstudiengänge auch in absehbarer Zukunft nur wenig Gelegenheit haben werden, ihr innovatives Wissen in praktisches Handeln umzusetzen. Gesundheitsmedizin, Gesundheitspflege und Gesundheitsförderung werden noch auf längere Sicht berufliche Perspektiven nur für belastungsfähige Menschen bleiben, die es als positive Herausforderung empfinden, das Öffnen noch verschlossener Türen und das Nutzen von Nischen (Schnabel und Bödeker 2012) zu ihrem Beruf zu machen.

7.1.5   Last but not least – gesunde Menschen

Im Zeitalter chronisch-degenerativer, verhaltens- und verhältnisbedingter Massenkrankheiten ist es zunehmend schwerer geworden, gesunde von kranken Menschen zu unterscheiden. Nicht zuletzt deshalb wurde von medizinischer Seite der Vorschlag gemacht, für den noch ungewohnten Umgang mit den Massenkrankheit von heute die Bezeichnung „relative" Gesundheit einzuführen, die einem anderen Teil der Ärzteschaft nicht behagt, weil er darauf angelegt sein könnte, das Gros der Menschen zu „Kranken" zu erklären (u. a. Lüth 1986; Bircher und Wehkamp 2011; Spijk 2011). Tatsächlich fällt es nicht nur ihnen, sondern auch einem großen Teil derjenigen, die sich seit den 1960er-Jahren in Deutschland mit der Erforschung von Gesundheit beschäftigen, schwer, für die degenerativ und irreversibel erkrankten, aber aufgrund medizinischer Einstellung funktions- und insbesondere arbeitsfähigen Menschen eine korrekte Bezeichnung zu finden. Absolut „gesund" sind sie – abzüglich der neuerdings zunehmenden Zahl von zum Teil sogar künstlich[6] erzeugten Frühgeburten wohl nur zum Zeitpunkt ihrer Geburt und in den ersten Lebensjahren. Ab da beginnen für viele Heranwachsende schon als Folge der in den Familien praktizierten Lebensstile

---

[6]Dies geschieht auf verschiedene Weise. Durch Anwendung einer verbesserten medizinischen Technik bei Frühgeborenen, die früher nicht überlebt hätten, oder durch Kaiserschnittgeburten, die aus den unterschiedlichsten (regionale Disparitäten, ökonomische Interessen, krankenhausplanerische Erwägungen, das Gebährendenalter betreffende, kosmetische u. a.) Gründen zunehmen (insges. über 30 % aller Geburten) (Kolip et al. 2011) und über deren pathogene Langzeitfolgen noch so gut wie keine Erkenntnisse vorliegen.

(Zuwendung, Ernährung, Bewegung, soziopsychosomatischer Stress) die psychosozialen Vorgeschichten für Erkrankungen, die sich erst im mittleren bis späteren
Erwachsenenalter körperlich manifestieren (u. a. Hurrelmann 1988; Schnabel
1988; Schnabel und Hurrelmann 1999; Franke 2005).

Ungeachtet dieser ungünstigen, weitgehend zivilisationsbedingten Voraussetzungen ist es nicht nur ein Naturrecht der Menschen, Gesundheit als höchstmöglichen Zustand körperlichen, mentalen und sozialen Wohlbefindens nach
bestem Wissen und Gewissen lebenslang genießen zu dürfen. Es berechtigt sie
auch dazu, darin von der Gesellschaft, in deren Dienst sie ihr Leben und ihre
Arbeit stellen, und von ihrem Staat größtmögliche Unterstützung (Förderung) zu
erwarten. Eine Förderung, die aus Gerechtigkeitsgründen umso größer ausfallen
muss, je ungünstiger die biopsychosozialen Voraussetzungen sind, unter denen
Menschen gezwungen sind, ihr Leben anzutreten. Den Versorgungseinrichtungen
genügt es aus pragmatischen Gründen, hilfsbedürftige Kranke von Nichtkranken
zu unterscheiden und letztere für nicht bedürftig und gesund zu erklären. Für die
Wissenschaften, die sich mit dem Gesundheitsphänomen auseinandersetzen, ist
Gesundheit, wie sie die WHO definiert, ein kritischer Begriff und eine regulative
Idee, ohne den/die es aus erkenntnislogischen Gründen (Schnabel 2015,
S. 269 ff.) unmöglich wäre, den gesellschaftlich etablierten Versorgungsroutinen
in kritischer und auf Veränderung zielender Absicht entgegen zu treten.

Gesunde Individuen, die diesen Bedenken zum Trotz neben einem gesunden
Staat, einer gesundheitsdienlichen Gesamtpolitik, einer Gesundheitswirtschaft, die diesen Namen verdient, gesunden Institutionen und angemessen
qualifizierten Gesundheitsberuflern zu den Bausteinen einer gesunden Gesellschaft gehören, sind nicht irreal oder unerreichbar utopisch. Sie sind wirkliche,
in dauerndem kommunikativen Austausch mit sich, dem „verallgemeinerten
Anderen" in sich, mit der natürlichen und sozialen Umwelt Lernende, die unter
Maßgabe der ihnen von Natur und qua Sozialisation mitgegebenen Chancen
nach Wegen suchen, um sich ihrer anthropologischen Bestimmung gemäß zu
mehr oder weniger unverwechselbaren, selbstbewussten und selbstwirksamkeitsüberzeugten Persönlichkeiten zu entwickeln (vgl. Kap. 1 der vorliegenden
Untersuchung). Dieser Weg beginnt in der Familie, findet in Kindergärten und
Schulen seine mehr oder weniger kongeniale Fortsetzung, führt über ein mit
Selbstverwirklichungsmöglichkeiten höchst ungleich bestücktes Arbeitsleben, ein
psychosozial und gesundheitlich mehr oder weniger auskömmliches Alter und
endet mit einem mehr oder weniger selbst bestimmten und menschenwürdigen
Sterben (Schnabel 2013). Hinderlich dabei ist, dass mit Ausnahme der Familie

die anderen Sozialisationsagenturen, die für das Aufwachsen in modernen Gesellschaften zunehmend wichtiger werden, überwiegend nach selbstreferenziellen Gesichtspunkten funktionieren. Kindergärten sollen Kinder und Erzieherinnen nicht primär gesund machen, sondern Kinder unter möglichst ökonomischen Bedingungen auf die Schulen vorbereiten. Auch Schulen sind nicht für die Gesundheit von Lehrer, Schülerinnen und Schülern da, sondern sollen diese für die verschiedenen Etagen des Arbeitsmarkts qualifizieren. Und Betriebe sind nicht primär dazu da, um für das Wohlbefinden ihrer Mitarbeiter zu sorgen. Sie sollen Mehrwert produzieren und Profite erwirtschaften. Die damit einhergehenden Risiken für Gesundheit, Wohlergehen sind gesellschaftlich weitgehend gleich verteilt. Ihnen sind die Menschen relativ unabhängig von Schichtzugehörigkeit, Bildung, Geschlecht und ethnischem Status gleichermaßen ausgesetzt. Zu dem, was in letzter Zeit nicht nur, aber sehr maßgeblich von den Gesundheitswissenschaften diskutiert und auf ihre Entstehungsgründe hin untersucht wird: die gesundheitliche Ungleichheit (u. a. Mielck 2005; Hurrelmann und Richter 2006; Bauer et al. 2008), kommt im Wesentlichen dadurch zustande, dass die Ressourcen, diese Risiken zu vermeiden oder ihre Folgen für Körper und Seele zu kompensieren, sowie das davon abhängige Gefährdungspotential sozial ungleich verteilt sind. Deshalb wird die Gesundheit für die Vielen weder als absolute noch als relative zu erreichen sein, ohne die politisch-ökonomischen Verhältnisse zu verändern, zu deren maßgeblichen Geschäftsgrundlagen eben diese Ungleichverteilung gehört.

7.2   Eine andere Demokratie wagen

In den politischen Diskursen, die gerade in letzter Zeit aufgrund gegebener Anlässe an Zahl und Intensität zugenommen haben, wird nur selten auseinandergehalten, ob diejenigen, die über Demokratie reden, lediglich das Legitimationsverfahren für politische Entscheidungen, eine von Monarchie und/oder Oligarchie unterschiedene Regierungsform oder die Charakterisierung eines gesellschaftlichen Entwicklungsstadiums meinen. Vermutlich ist sie, wie noch zu zeigen sein wird, etwas von allem (Merkel 2015). Nur eines ist sie so, wie sie sich gegenwärtig als präsidentielle in Frankreich oder in den Vereinigten Staaten von Amerika, als eine nach dem Mehrheitswahlrecht funktionierende, wie z. B. in Großbritannien, oder als repräsentative Mischform, wie sie sich in Deutschland präsentiert, ganz sicher nicht: der Höhepunkt oder das Ende der sozioökonomischen und politisch-kulturellen Entwicklung. Wo wir auch auf der Welt hinschauen, haben die Demokratien mit Delegations-, Differenzierungs-, Inklusions- und Integrations-, mit

Ressourcen-, Ziel- und Identitätsproblemen zu tun (Sebaldt 2015). Und fast überall fehlt es sowohl auf Seiten der demokratisch legitimierten politischen Eliten als auch auf Seiten ihrer Wähler am rechten Gespür für den Umgang mit Regularien, die wie die verantwortliche Treuhänderschaft, wie der Pluralismus, eine dosierte Verrechtlichung, wie Offenheit, Toleranz und Nachhaltigkeit sowie die angemessene Organisation von Partizipation und Kontrolle, für eine funktionierende Demokratie unerlässlich sind. Fast überall auch haben wir es unabhängig von den jeweiligen Spielarten mit einer wirtschaftslibertären Überformung der politischen Kommunikation, der relativen Entmachtung von Staat und Parlament und der Missachtung des Wählerwillens zu tun (Crouch 2011; Brown 2015), deren Folgen in fast alle Bereiche des täglichen Lebens, auch bis in die des privaten und gesellschaftlich organisierten Umgangs mit Krankheit und Gesundheit (u. a. Elsner et al. 2004; Bauer 2006; Gerlinger und Stegmüller 2009) hineinreicht.

Was heute die Demokratie zu zerstören droht,

- ob es allein der in den 1970er-Jahren in globalem Maßstab wieder auferstandene Neoliberalismus alleine war und ist, der, wie die US-amerikanische Politologin Wendy Brown (2015) vermutet,
- ob er nach dem Urteil des deutschen Politikwissenschaftlers Martin Sebaldt nur eine von mehreren Ursachen für die „Pathologie der Demokratie" (2015) darstellt oder
- ob es, wie der Sozialhistoriker Jürgen Kocka und der Politologe Wolfgang Merkel (2015) vermuten, daran liegt, dass der „Kapitalismus nicht demokratisch und Demokratie nicht kapitalistisch ist",

ist aus heutiger Sicht nicht eindeutig zu beantworten. Dass er, der Kapitalismus aber erheblich davon profitiert, dass Demokratie wie leider viele andere Bezeichnungen, die sowohl im wissenschaftlichen wie im politischen Diskurs zum „leeren Signifikant"[7], das heiß zu einer Worthülse verkommen ist, die von beinah jeder und jedem verwendet werden kann, um die unterschiedlichsten Inhalte zu transportieren und Interessen zu legitimieren, ist kaum von der Hand

---

[7]Übernommen vom Schweizer Linguisten Ferdinand de Saussure (1857–1913). Ihm zufolge ist damit das Lautbild eines Signifikats, d. h. der Inhalt gemeint, auf den der Signifikant verweist. Über das Verhältnis zwischen Lautbild und Inhalt, etwa in punkto Authentizität, Richtigkeit, Wahrheit, Wirklichkeitsangemessenheit wird aufgrund von Vereinbarungen und Konventionen mit variierendem Ausgang entschieden.

zu weisen und nicht weniger schädlich. Das gilt auch für die Prinzipien Freiheit, Gleichheit, Gerechtigkeit und Solidarität, mit deren wechselseitigen Verhältnis wir uns am Anfang dieser Untersuchung beschäftigt haben (vgl. Kap. 3), und für das Verständnis von Gesundheit (vgl. auch Kap. 2). Je nach der jeweiligen Lesart seiner Verwender und ihren Adressaten können sie ganz unterschiedliche Sicht- und Verhaltensweisen gegenüber den Dingen erschließen und begründen helfen, die mit ihnen bezeichnet werden:

- *Freiheit* als eine der unbehelligt und ohne Rücksichtnahme auf andere wirtschaftenden Subjekte oder Freiheit als Selbstbestimmung in allen gesellschaftspolitischen Angelegenheiten,
- *Gleichheit* als ein der Würde des Menschen geschuldetes Grundprinzip sozialen Verhaltens oder Gleichheit der Entwicklungschancen, die im Endeffekt zu sehr ungleichen Ergebnissen führen kann,
- *Gerechtigkeit* als alles übergreifende Lebenshaltung oder als Resultat aktueller, keineswegs immer gerechter (Zivil-, Verwaltungs- und Straf-)Rechtsprechung,
- *Solidarität* als ein voraussetzungslos geltendes Prinzip des zwischenmenschlichen Verkehrs oder als ein nach dem Subsidiaritätsmodus gewährtes Entgegenkommen von Staat und Gesellschaft, das sich die Empfänger durch Eigenleistung verdienen müssen oder
- *Gesundheit* als Freisein von Krankheit, die die Aufmerksamkeit der Menschen auf einen bestimmten Punkt im Leben und auf das Behandlungsmonopol bestimmter Berufsgruppen konzentriert, oder als Gesamtheit körperlichen, geistigen und sozialen Wohlbefindens und als Lebensleistung, die den Blick für den interdisziplinären Diskurs, die Kompetenz (Literacy, Capability) der Vielen und die gesellschaftlichen Verhältnisse weitet, unter denen Gesundheit entsteht und vergeht.

Darüber, was jeweils gemeint ist und zur Leitidee sozial- und versorgungspolitischen Handelns und zum Organisationsprinzip gesellschaftlichen Zusammenlebens werden soll, kann nur durch möglichst offene, demokratisch geregelte Kommunikation von möglichst vielen entschieden werden, die etwas von der Materie verstehen, von den Entscheidungen betroffen sind und/oder sich betroffen fühlen.

7.2.1   Wider die demokratische Zerstörung der Demokratie

Gesellschafts- und wirtschaftspolitische Pragmatiker, aber auch Kirchenvertreter, die Wissen durch Glauben ersetzen möchten, oder Mediziner, die niemandem Anderem als sich selbst zutrauen, über Leben und Tod der Menschen entscheiden zu können, streiten im professionellen Selbsterhaltungsinteresse natürlich ab, dass so etwas überhaupt möglich sei. Deshalb sind auch viele davon überzeugt und versuchen die öffentliche Meinung dahin gehend zu beeinflussen, dass mit der digitalisierten Kommunikation, die das heute schon absehbare Potenzial in sich trägt, die zur Verständigung zwischen Menschen unabdingbare verbale und non-verbale („face to face") Kommunikation sukzessive zu ersetzen, mit dem wirtschaftlichen Wachstum und dem politischen Fortschritt der Menschheit untrennbar verbunden sei (Memorandum 2015). Digitalisierung könne – so wird argumentiert – das Wissen über die Entstehung und Wirkung gesellschaftlicher Versorgungsdefizite von heute multiplizieren, seinen Einsatz effektiver und effizienter machen und durch unbegrenzte Vernetzung derer, die die dafür erforderlichen Daten generieren und verarbeiten sowie existierende und bislang ungelöste Steuerungs- und Managementprobleme beseitigen. Die damit verbundenen Risiken der Datenüberflutung seien beherrschbar, obwohl wir schon mit den bestehenden ohne Fremdhilfe nicht mehr zurande kommen (u. a. Brettschneider 2009; Hess 2016). Auch könne die Gefahr der Konzentration von zu viel Informationsmacht in zu wenigen Händen auf dem Rechtsweg und durch politische Kontrolle der existierenden Instanzen sowie das Handeln ihrer Funktionärinnen und Funktionäre problemlos vermieden werden.

Aber nicht die allseits beklagte Informationsüberflutung ist das Problem des Eindringens der Digitalisierung in fast alle Lebensbereiche, auch diejenigen, von denen wir dachten, dass sie sich ihr widersetzen würden. Menschen haben immer schon die Fähigkeit besessen, die Komplexität der auf sie einströmenden Eindrücke und Erfahrungen zwecks zielführender Verarbeitung zu reduzieren. Entscheidender und schon jetzt ein Problem ist die Fähigkeit von Politik und Konzernen, unter Nutzung der Eigenart digitaler Technik und unter Umgehung parlamentarisch-demokratischer Kontrollen immer mehr Informations- und Wirtschaftsmacht in immer weniger Händen zu konzentrieren (Michelsen und Walter 2013). Inhalte digitalisierter Botschaften sind x-beliebig, ihre Qualität ist – wie wir inzwischen wissen – zum Nachteil der Botschaften und ihrer Konsumenten nur schwer zu sichern. Der digitalisierten Kommunikation fehlt es trotz zahlreicher technischer Bemühungen an Unmittelbarkeit, Spontaneität und Authentizität. Der alltagsgenerierende und -gestaltende integrierte Austausch von Inhalten, Meinungen und Gefühlen findet kaum noch, allenfalls in Form von Emoticons als Beigabe mehr oder weniger verschlüsselter Kurzbotschaften statt. Streit, Konflikt, Empathie, Mitgefühl und Mitleid, alles das, was im Prozess der sozialen Konstruktion gelebter Freiheit, Gleichheit, Solidarität, Gesundheit und guten Lebens eines Menschen und Gesellschaft inspirierende Rolle spielt, verliert viel von seinem gemeinten und auf seine Richtigkeit, Ehrlichkeit und Wahrhaftigkeit hin überprüfbaren Sinn. Die Digitalisierung macht uns nicht nur überall und durchgängig überwachbar (Wenzel und Dziemba 2013). Sie stiehlt uns Zeit, die anderen Orts zur Selbstfindung und Muße verwendet werden könnte, und wird auf längere Sicht mehr Arbeitsplätze vernichten als schaffen (Rifkin [1995] 2005). Durch den tagtäglichen Umgang mit zu Akronymen verkürzten Symbolen verlernen die Menschen außerdem im Laufe der Zeit die Fähigkeit, sich schriftlich und mündlich auszudrücken. Die Begriffe werden leer (Becker 2013). Der „deliberativen" oder „robusten", auf konstruktive Kritik, öffentlichen Diskurs und Partizipation bauenden Demokratie (u. a. Habermas 1996; Willke 2001; Lösch 2005; Velasco 2010) geht die sinnschöpfende zwischenmenschliche, spontane und unverstellte Kommunikation durch den massenhaften Einsatz einer Kommunikationstechnik verloren, von der ihre Erfinder und Profiteure uns weiß zu machen versuchen, dass sie die Chancen für Demokratie verbessere.

7.2.2 Ein Blick in die Werkzeugkiste der Demokratiekonstrukteure

Über die Gründe und Folgen der möglichen Zerstörung der Demokratie kommt erst jetzt wieder ein Diskurs zustande, der sich ähnlich wie die weltweiten Proteste der 1970er-Jahre der Enttäuschung über die Konzeptionslosigkeit, Korrumpierbarkeit und Durchsetzungsschwäche demokratischer Institutionen verdankt. Die Auslöser sind natürlich andere. Aber auch die von den gegenwärtigen Diskursteilnehmern geäußerte Kritik (u. a. Lösche 2005; Crouch 2008; Agamben et al. 2012; Keil und Thaidigsmann 2012; Michelsen und Walter 2013; Willke 2014; Brown 2015; Merkel 2015; Sebald 2015) lässt sich in zwei zentralen Forderungen, der nach einer anderen Wirtschaft und der nach einer Demokratie zusammenfassen, die eine Änderung des wirtschaftlichen Kurses ermöglichen würde.

Die Qualität der im weltweiten Einsatz befindlichen Konzepte von Demokratie sollten nicht nur danach beurteilt werden, ob und inwieweit es durch sie und

innerhalb ihrer gelingt, die Basiswerte: Freiheit, Gleichheit, Solidarität (Brüderlichkeit) in gestaltungs- und versorgungspolitisches Handeln umzusetzen (vgl.
Abschn. 4.1 der vorliegenden Untersuchung). Wichtig für ihr wesensgerechtes
Funktionieren ist außerdem, in welchem Ausmaß es ihnen gelingt, dem Volkswillen Geltung zu verschaffen und den tatsächlichen Eigner dieses Willens, die
Zivilgesellschaft aktiv daran zu beteiligen. Abgesehen von den Scheinformen,
wie die oligarchisch-demokratische, die im postsowjetischen Russland etabliert
wurde, und Politiker, Wahlen und Parlamente überwiegend nur dazu gebraucht,
Entscheidungen im Interesse politisch und wirtschaftlich mächtiger Interessengruppen durchzusetzen, lassen sich eigentlich nur drei Grundtypen unterscheiden,
die einem solchen Qualitätstest konzeptionell gewachsen wären (Dahl 2000;
Nolte 1012; Mittermaier und Mair 2013).

Die *direkte* Demokratie nach dem Modell der Schweiz ist am engsten mit
dem Volkswillen und dem Volk verbunden. Das Staatsoberhaupt (Präsident), das
jährlich wechselnd aus der Mitte der Regierungsmitglieder bestimmt wird, hat
überwiegend repräsentative Aufgaben. Bei der Regierung handelt es sich um
eine auf Zeit gewählte und nur im Extremfall (z. B. bei strafbaren Handlungen)
durch das Parlament absetzbare Kollegialbehörde ohne einen Chef. Die Landes-
regierung wird durch das Parlament und die Regierungen der einzelnen Kantone
direkt durch das Volk gewählt. Regierungsmitglieder können, müssen aber nicht
gewählte Parlamentsmitglieder sein. Großen Raum innerhalb des Gesetzgebungs-
verfahrens nehmen Referenden und Volksentscheide ein, die sich in Sachfragen
von Regierung und Parlamentsmehrheit unterscheiden können. Oft reicht in
Konfliktfällen allein schon die Androhung zeitaufwendiger Referenden, um
Parlament und Regierung zu volksnahen politischen Kompromissen zu bewegen.
Die direkte oder plebiszitäre Demokratie ist der Versuch, breite Bevölkerungskreise so unmittelbar und derart frühzeitig, wie es bei einem Millionenvolk
überhaupt möglich ist, in das politische Entscheidungsgeschehen zu integrieren.
Volksentscheide haben den Vorteil, dass die Politik von einer breiten Mehrheit der Bevölkerung getragen wird. Ihr Nachteil besteht vor allem darin, dass
sie die Gesetzgebung verlangsamen und die Gesetze den Entwicklungen der
gesellschaftlichen Realität oft hinterherhinken. Unklar ist außerdem, ob und
inwieweit sich die direkte oder plebiszitäre Demokratie eignen würde, die
politische Selbstverwaltung in Ländern von der Größenordnung Russlands, der
Vereinigen Staaten von Amerika, Großbritanniens, Deutschlands oder Frankreichs zu organisieren.

Die *Präsidialdemokratie* mit einem starken Präsidenten, der gleichzeitig
Staatsoberhaupt, Regierungschef und oberster Kriegsherr ist, wie in den USA
oder mit einem schwächeren Präsidenten, wie in Frankreich, ist der Versuch, das

Prinzip der Gewaltentrennung und der gegenseitigen Gewaltenkontrolle („checks and ballances") von Präsident und Parlament möglichst konsequent umzusetzen. Der vom Volk gewählte Präsident, der nur im Fall strafbarer Handlungen seines Amtes zu entheben ist, kann seinerseits das Parlament nicht auflösen. Da beide in getrennten Wahlen und für eine ungleiche Dauer ermittelt werden, besteht ein starker Zwang zu Kompromissen, die gegenüber den Linien der Parteien erheblich differieren können. Es kann aber auch zu politischen, insbesondere haushaltspolitischen Blockaden kommen, wenn der Präsident mit einem Parlament zu tun hat, in dem die Abgeordneten einer oder beider Kammern (z. B. Senat und Repräsentantenhaus, Assemblé Nationale und Sénat) der Gegnerpartei die Mehrheit haben. Die Gesetzgebung ist primäre Angelegenheit des Parlaments. Der Präsident kann formell kein Gesetz vorschlagen. Dies geht nur über seine Parteifreunde im Parlament. Er kann durch sein Veto unliebsame Gesetze blockieren, was wiederum von einer Zweidrittelmehrheit im Parlament überstimmt werden kann. Oft genügt aber schon die Ankündigung seines wahrscheinlichen Vetos, um Einfluss auf das Gesetzgebungsverfahren auszuüben.

Die *parlamentarisch-repräsentative* Demokratie wie in der Bundesrepublik Deutschland kann in vielfacher Hinsicht als Mischtypus von direkter und Präsidialdemokratie angesehen werden. Das Staatsoberhaupt (Bundespräsident) wird nicht direkt vom Volk, sondern durch ein periodisch zusammentretendes Wahlfrauen- und Wahlmännergremium (Bundesversammlung) gewählt, das sich zur einen Hälfte aus den Mitgliedern des Bundestags und zur anderen Hälfte aus einer gleichen Zahl von Mitgliedern zusammensetzt, die von den **Volksvertretungen der Länder** (Landtage, Abgeordnetenhaus, Bürgerschaften) nominiert werden. Das Staatsoberhaupt kann die Regierung unter bestimmten Bedingungen absetzen oder das Parlament auflösen. Die Regierung wird aus dem Parlament heraus gewählt, über dessen Zusammensetzung nach dem Verhältniswahlprinzip unter Mitarbeit der Parteien entschieden wird. In der Regel ist die Regierung, die die Kabinettsmitglieder (Ministerinnen, Minister) mit Billigung des Staatsoberhaupts ernennt, auf eine Parlamentsmehrheit angewiesen. In Ausnahmefällen, das heißt durch Tolerierung von Teilen der Opposition, kann es aber auch zu Minderheitsregierungen kommen. Ansonsten spielt die Opposition eine staatstragende Rolle als wichtigste Kontrollinstanz der Regierung. Im Unterschied zum Mehrheitswahlrecht kann es im Repräsentativsystem zur Bildung von sogenannten Splitterparteien kommen, die die Regierung vielfach dazu zwingt, kompromissbereite Koalitionen einzugehen. Im plebiszitären System verfügt das Volk, im Präsidialsystem der Präsident über eine starke Stellung innerhalb des politischen Entscheidungs- und Durchsetzungsverfahren. Innerhalb der parlamentarisch-repräsentativen Demokratie spielen die Parteien die wichtigere Rolle, die – wie in der Verfassung der Bundesrepublik Deutschland (GG, Art. 26) festgelegt – die Aufgabe haben, an der politischen Willensbildung des Volkes mitzuwirken.

Bei der parlamentarisch-repräsentativen Demokratie handelt es sich um den Versuch, den Wettbewerb zwischen den Parteien zu unterstützen. Kleine Parteien haben eine Chance, sich im Falle von Koalitionsbildungen mit ihren Zielen regierungswirksam durchzusetzen. Die Bindung der Regierungs-(Gesetzgebungs-)Arbeit an eine Parlamentsmehrheit sorgt für eine relativ konsequente Anwendung der Gesetze. Nachteile des Systems bestehen nicht nur darin, dass im Rahmen von Koalitionsbildungen die Programmatiken, mit denen sich die Parteien zur Wahl stellen, auf eine für das Wahlvolk oft undurchschaubare Weise verwässert werden. Die größeren Parteien laufen in ihrem Bemühen um Alleinregierungsmehrheiten vorzugsweise aus der politischen Mitte der Bevölkerung außerdem Gefahr, sich von kontrollier- und per Wahl abstrafbaren Programmparteien zu reinen Mehrheitsbeschaffungsmaschinen zu entwickeln, denen die politisch-professionelle Absicherung ihrer gewählten Volksvertreter und der Machterhalt wichtiger sind, als der Volkswille, den sie zu vertreten und der politische Gestaltungswille, dem sie verpflichtet zu sein behaupten.

7.2.3 Eine andere Demokratie denken

In Deutschland hat sich unter dem Einfluss dieser und anderer Nachteile eine Situation ergeben, in der die Furcht vor dem Machtverlust (vgl. auch Kap. 2 der vorliegenden Untersuchung) vor allem die größeren, ideologisch verschiedenen Parteien zur Bildung so genannter „großen Koalitionen" zwingt, innerhalb deren sie sich gegenseitig programmatisch nivellieren und dadurch im zunehmendem Maße durch das Wirken externer, meist wirtschaftlicher, zunehmend aber auch anderer Interessengruppen erpressbar machen (u. a. Czerwick 2013; Michelsen und Walter 2013; Merkel 2015). Die Oppositionsrolle fällt an kleinere Splitter- und Protestparteien, die über keine Durchsetzungsmacht verfügen und deren politische Stimmen im öffentlichkeitswirksamen, aber nutzlosen Verbalgetöse der sich streitenden Koalitionspartner oft ungehört verhallen. Wahlen erzeugen immer gleiche Ergebnisse. die Chance, langanhaltende und schon oft kritisierte Probleme in der Versorgung materiell, sozial und gesundheitlich zu kurz gekommener Bevölkerungsteile durch rechtliche, strukturelle und organisatorische Veränderungen erfolgreicher zu bearbeiten als in der Vergangenheit, schwinden. Ein frustriertes, ratloses und zunehmend beteiligungsmüdes Wahlvolk zieht es vor, zu Hause zu bleiben, zu Splitterparteien abzuwandern oder durch die Abgabe immer gleicher Stimmenverteilungen den Status quo und die ihn tragende Regierung zu zementieren. Tendenzen der systemischen Verkrustung, des Absterbens einer zukunftsweisenden Kommunikation und zur „Aristokratisierung" (Manin 2007) einer eigensinnigen, zunehmend auf Distanz zum Volkssouverän gehenden politischen Elite sind nicht von der Hand zu weisen.

Fraglich ist auch, ob und wie unter einer deutschen Regierung politisches Engagement und demokratische Selbstbestimmung entstehen, d. h. in erster Linie erlernt werden soll, deren tragende Parteien die Kritik am eingeschlagenen Sozialpolitik- und Wirtschaftskurs als Majestätsbeleidigung und Fundamentalkritik als Landesverrat oder gar Terrorismus bewerten[8]. In die politische Sozialisation in und durch die Familien mischt sich der Staat nicht ein. An den Schulen legen sich vor allem parteipolitisch unterwanderte Elternverbände, Administrationen und Philologenverbände quer, wenn versucht wird, tradierte, kaum noch brauchbare durch modernere, kompetent vermittelte Unterrichtsinhalte zu ersetzen, die Schüler zur politischen Teilhabe motivieren und sie für den konstruktiven Umgang mit den privaten und beruflichen Überlebensproblemen von heute zu befähigen.[9] In den Betrieben wird wirksame Politik überwiegend nur von Großgewerkschaften betrieben, die sich vor allem für Menschen in Normalarbeitsverhältnissen und ihre Duldung durch die Arbeitgeber und viel zu wenig um diejenigen kümmern, die keine Arbeit haben, oder von der Arbeit, die sie haben, nicht mehr leben können. Während in vielen mittelgroßen und Kleinbetrieben, in denen das Gros deutscher Arbeitnehmer beschäftigt ist und ausgebildet wird, noch immer oder schon wieder Beschäftigungsverhältnisse wie zur Zeit des Hochkapitalismus herrschen und trotz anderslautender Sozialgesetze nichts dagegen unternommen wird.

---

[8] So wie wir es im Zusammenhang mit den Geheimverhandlungen über Freihandelsabkommen zwischen den USA, Kanada und Europa (TTIP, CETA) oder beim zögerlichen Umgang mit den Abhörgewohnheiten der deutschen und US-amerikanischen Geheimdienste, den Marketinggepflogenheiten der Fa. Monsanto oder der Umweltpolitik der deutsch/ausländischen Energiegroßkonzerne erleben.

[9] Mathematik lässt sich z. B. auch über die Berechnung von Armutsverteilungen oder die Säuglingssterblichkeit in den Entwicklungsländern, Sprachen über die Auseinandersetzung mit der Willkommenskultur für Flüchtlinge, Erdkunde über die Auseinandersetzung mit den Stellvertreterkriegen auf der Welt und Soziologie durch Aufklärung über nationalen und internationalen Gründe und Gefahren des Neo-Faschismus oder über Beschäftigung mit der Genderproblematik in deutschen Unternehmen und der gesundheitsfördernde Umgang mit dem Körper durch koordinierte Anstrengungen von Biologie-, Chemie-, Physik- und Sportunterricht vermitteln.

Um eine andere Demokratie zu erlernen, braucht es nicht nur andere Werte (Zsifkovits 1998; Bohnsack 2003). Sie stellt Anforderungen an Kinder, Schüler, Auszubildende und an Eltern, Erzieherinnen und Erzieher, Lehreinnen und Lehrer, Ausbilderinnen und Ausbilder. Auch die Institutionen, in deren Verantwortung und unter deren ordnenden Zugriff solches Lernen geschieht, müssen sich ändern (u. a. Burk et al. 2003; Dewey 2004; Dobrick 2012), weil das Erlernen von Demokratie unter besonderen, undemokratischen oder nur bedingt demokratischen Verhältnissen nicht gut funktioniert (Himmelmann 2004). Das ist insbesondere dann der Fall, wenn Wissen und Kompetenzen durch Fachkräfte vermittelt werden, die es gewöhnt sind und/oder einfacher finden, die Einsicht der Zöglinge in die Richtigkeit der Lerninhalte nicht wachsen zu lassen, sondern mit Expertenmacht durchzusetzen.

Die Inhalte und Ziele für das Erlernen von Demokratiefähigkeit durch Kinder/ Jugendliche und Erwachsene sowie die Fähigkeiten, über die das Erziehungs- oder Lehrpersonal verfügen sollte, sind vielfältig und stellen angesichts der sozialen, von Leistungsdruck, Karriere- und Profitstreben geprägten Wirklichkeit, in der die meisten von uns leben, keine Selbstverständlichkeiten dar (Burk et al. 2003). Schließlich geht es um.

- die Übernahme von Verantwortung, die übergeben und eingeübt werden muss,
- das Erlernen von Selbstständigkeit,
- das Erfahren von Ich-Stärke bei sich und anderen und deren gezielte Förderung.
- Es geht um das Entwickeln von Respekt und Toleranz unter dem Einfluss toleranter und respektvoll agierender Erziehungspersonen,
- um den Aufbau und das Zeigen von Zivilcourage,
- die Bereitschaft sich einzumischen, die von den Organisatoren des Vermittlungsgeschehens toleriert werden muss,
- um das Praktizieren von Mitgestaltung, Mitbestimmung, Mitbeteiligung, Mitdenken und Mitreden, deren lernende Vermittlung ganz neue Formen der Erfahrungspädagogik und des partizipativen Lernens erfordert sowie
- um die Aneignung und das Praktizieren von sozialer Kompetenz, die erlebbar gemacht, d. h. von den Erziehenden und Lehrenden vorgelebt werden muss.

Erstaunlich daran ist nicht nur, wie ungleich diese Inhalte und innovativen Lehrformen in unserer Gesellschaft über das dreigliedrige Schulsystem mit der Folge verteilt werden (Bremer und Lange-Vester 2014), dass diejenigen, die als materiell, bildungsmäßig und sozial zu kurz Gekommene ihrer am meisten bedürfen, am wenigsten durch sie erreicht werden (Bittlingmayer und Bauer

2006; Krüger et al. 2011). Auffällig ist außerdem, wie Inhalte und Ziele demokratischer Erziehung positiv mit denjenigen Kompetenzen korrelieren, die Heranwachsende brauchen, um sich die Voraussetzungen für ein gutes und gesundes
Leben zu sichern (vgl. dazu auch Kap. 1 und 3 der vorliegenden Untersuchung),
das viele von den gewählten Verantwortungsträgern in der repräsentativen Demokratie zwar versprechen, das ihnen aber niemand aus freien Stücken überlässt.

Ihre Vermittlung und Einübung sollte möglichst früh in den Familien und
durch Eltern beginnen, die auf ihre Aufgaben in ihrer eigenen Schulzeit vorbereitet worden sind. Nur gesunde und das heißt immer auch kritisch-reflexiv
agierende und lernbereite Eltern sind in der Lage, ein Familienleben zu
organisieren, das von basisdemokratischen Partizipationsmöglichkeiten für alle
Beteiligten geprägt ist. Ähnliches gilt für Kindergärten und Familienzentren mit
einem erheblich erweiterten Aufgabenspektrum, zu dem neben der Vermittlung
sozialer Kompetenzen auch die Gewöhnung an demokratische Spielregeln gehört.
Um nachhaltig zu wirken, müssten diese nicht nur das Denken und Verhalten der
Kinder, sondern auch das Verhalten und Befinden des Personals und die Arbeitsverhältnisse vor Ort miteinschließen. Denn um einen sozialverträglichen und auf
das Befolgen demokratierelevanter Umgangsformen ausgerichteten Kindergarten-
alltag zu organisieren, braucht es entsprechend geschultes Personal und Arbeitsbedingungen, unter denen Erzieherinnen, Kinder und deren Eltern achtsam,
respektvoll, sozial kompetent und gesundheitsförderlich miteinander umgehen
können.

Im Alltagshandeln der einzelnen Institutionen und Einrichtungen spielen
solche Gesichtspunkte bisher eine viel zu geringe Rolle. Aus unerklärlichen
und inakzeptablen Gründen kommunizieren Kindergärten und Schulen,
Erzieherinnen und Erzieher, Lehreinnen und Lehrer nach eigenen Bekundungen
nur ungenügend miteinander. Das gilt auch für den Meinungsaustausch darüber,
ob, in welchem Alter und wie dem Thema Demokratiefähigkeit nachgegangen
werden und wie man sie, aufbauend auf den Bemühungen demokratisch
erziehender Familien und demokratisch organisierter Kitas, ausbauen und
stärken kann (u. a. Sommer et al. 2010; Ungerer-Röhrich und Tietze 2011). Auch
innerhalb der Schulen muss und kann, wie eine Vielzahl von „good practice"-
Projekten zeigen, im Interesse eines interdisziplinären Ansatzes mehr für die
Kommunikation und Kooperation zwischen den Lehrern und Schülern, besonders
zwischen den Fachlehrern und zwischen Schulen und Schuladministration getan
werden.

Die Kommunikation in den Betrieben, die immer auch eine politische, weit
seltener aber eine demokratische ist, spielt in konjunkturell schwierigen Zeiten
und hoher Arbeitslosigkeit so gut wie keine Rolle. In Zeiten der Hochkonjunktur

und Vollbeschäftigung ist sie bisher nur ein von den Gewerkschaften organisiertes „Gutwetterthema" geblieben. In den mittleren und kleinen Betrieben in Deutschland muss sich erst noch durchsetzen, was auf europäischer Ebene dank der Politiken in anderen, vor allem den skandinavischen Mitgliedsländern inzwischen Standard ist (Jirjahn 2010; Wittig et al. 2013). Dass nämlich auch hier die innerbetriebliche Mitbestimmung, Qualitätszirkel- und Qualitätsförderungsarbeit und die Beteiligung der Mitarbeiter an Managemententscheidungen den inneren Frieden und die Arbeitsabläufe nicht stören, sondern verbessern, und dass das Erleben bestimmter Umgangsformen am Arbeitsplatz, an dem Menschen im Schnitt ein Drittel ihres Lebens verbringen, auf das Privatleben und die Einstellungen zur Demokratie zurückwirken. Einerlei, ob es sich dabei um demokratiefeindliche oder -förderliche Erfahrungen handelt.

7.2.4 Merkmale einer robusten Demokratie

Nichtwähler sind in ihrer Mehrheit weder Nichtwähler aus Überzeugung noch Anti-Demokraten (Güllner 2013). Viele von ihnen setzen ihre Enthaltung bewusst als Protestentscheidung ein. Ihre Verdrossenheit wächst, wenn sie die langjährige Erfahrung machen, dass die von ihnen über die jeweils favorisierten und nominierten Parteien ins Rennen geschickten Regierungen als Koalitionsregierungen aufgrund von Koalitionszwängen und zunehmendem Lobbyismus nur politisches, sich zum Teil sogar konterkarierendes Entscheidungsstückwerk zustande bringen. Der Entschluss, gar nicht zur Wahl zu gehen oder aus Protest zu wählen, reift außerdem, wenn sich die Parteien, die sich zur Wahl stellen, in ihrem Bemühen um Wählermehrheiten nur noch um die angenommene „politische Mitte" der Gesellschaft bemühen, die linken und/oder rechten Ränder ganz oder einseitig ignorieren, programmatisch nicht mehr auseinander zu halten sind oder sich im Wahlkampf als Programmparteien inszenieren (Merkel 2015). Nur um sich dann als Regierungsteilnehmer unter Hinweis auf Kompromissnotwendigkeiten von wichtigen Aussagen ihres Programms zu verabschieden. Nicht zur Wahl zu gehen, wird letztlich aber auch zur Option, wenn sogenannte große oder Mehrheitskoalitionen zur entscheidungsschwachen Dauereinrichtung werden, sich Posten und Gelder auf eine für die Umwelt wahrnehmbare Weise gegenseitig zugeschanzt werden und Oppositionsparteien immer weniger Aussicht haben, die Regierung abzulösen.

Gegen diese Erscheinungen, bei denen es sich nicht um Zufallsprodukte, sondern um *Webfehler* des repräsentativen Systems handelt (Merkel 2015), ist durch Demokratieerziehung allein nichts auszurichten. Im Gegenteil – die Enttäuschung

derer, denen Lust auf Demokratie gemacht worden ist, wird umso größer ausfallen, wenn die Heranwachsenden schließlich als Erstwähler mit den Unzulänglichkeiten des repräsentativ-demokratischen Systems konfrontiert werden. Nicht
weniger entscheidend ist es, die *Unabhängigkeit* von Regierungen gegenüber dem
zunehmenden Einfluss wirtschaftlicher Interessengruppen zu sichern sowie für
programmatisch und authentisch *agierende* Parteien zu sorgen, die sich tatsächlich und mit Mut zum Risiko an der Willensbildung beteiligen, statt den Proporz
und ihren Repräsentanten das Auskommen zu sichern. Eine überzeugende und zur
Mitarbeit motivierende Demokratie braucht außerdem ein Parlament, das mit dem
Mut zum *Wandel* entscheidet, statt vor jeder qualifizierten Veränderung und aus
Angst vor Popularitäts- und Stimmenverlusten zurückzuschrecken. Und sie sollte
sich darum bemühen, die immer noch vorhandene, inzwischen aber enttäuschte
und nach neuen politischen Betätigungsfeldern (Amnesty International, Green
Peace, Attack, Lobby Control usw.) suchende, meist jüngere Wählerschaft für
den Einstieg in und die Teilnahme an einer anderen, transparenten, öffentlich und
zukunftsinteressiert diskutierenden, durchsetzungsfähigen, kurzum „gesunden"
Demokratie zu gewinnen. Das Gegenteil erreicht, wer sie stattdessen als Außenseiter
oder Störfaktoren eines Systems diskreditiert, das inzwischen nicht nur seine
erklärten Gegner, sondern manche seiner frustrierten Freunde als „Parteiendiktatur"
bezeichnen.

Tatsache ist, dass die repräsentative Demokratie dabei ist, sich hin zu einem
derjenigen Extreme zu entwickeln, das ihr konzeptionell von Anfang an inne-
wohnt. Aus dem begründeten Misstrauen gegenüber dem demokratischen Zerr-
bild einer populistischen Einparteiendiktatur, wie sie der Nationalsozialismus
oder die SED verkörperte und gegenüber einem Volk, dass kaum Gelegenheit hatte, sich mit der Demokratie als Lebens- und Regierungsform vertraut zu
machen, bauten die Verfassungsmütter und -väter der Bundesrepublik Deutschland auf den *Notanker* weltanschaulich gebundener Parteien und auf die Kunst-
figur des Abgeordneten, der im Ernstfall nur seinem Gewissen und keiner
Fraktionsdisziplin unterworfen ist (Allemann 2010). Davor jedoch, dass Parteien
zu Mehrheitsbeschaffungsmaschinen, zu Absicherungsvereinen politischer und
nachpolitischer Abgeordnetenkarrieren degenerieren, denen letztendlich das
Programm und Wählerauftrag gleichgültig sind, schützen beide nicht. Das vermag nur ein verändertes *Wahlsystem,* das, wie das britische, klare Mehrheiten
schafft, das Minderheitenrecht nicht missbraucht, um damit die Bildung von
Mehrheitsmeinungen und die Durchsetzung von Mehrheitsentscheidungen zu
unterlaufen, und, wie das schweizerische direkt-demokratische System, der
Bevölkerung die Gelegenheit gibt, sich im Bedarfsfall durch Volksentscheide
über die lähmende Selbsterhaltungspolitik der sogenannten Volksparteien

hinwegzusetzten. Auch ein direkt gewähltes, statt nach Parteienproporz ernanntes Staatsoberhaupt kann zu mehr Volksnähe des politischen Geschehens und zu einer wirksameren Regierungskontrolle beitragen. Parteien, die bereit und fähig sind, als offene und diskussionsfreudige tatsächlich dabei mitzuhelfen, Willensbildungsprozesse in und mit der Bevölkerung zu organisieren, sollen nicht geschwächt werden. Vielmehr geht es darum, dem System der wechselseitigen Kontrollen von Exekutive, Legislative und Judikative („checks and balances") eine funktionierende, d. h. systematisch aufgeklärte, politisch wache und partizipationsbereite *Öffentlichkeit* als vierte Kraft an die Seite zu stellen. Eine Kraft, die alle Möglichkeiten erhält, korrigierend einzugreifen, wenn Regierung, Parlament und Rechtsprechung ihren eigentlichen Daseinszweck, dem *ganzen* Volk zu dienen, aus dem Blick verlieren.

Ein solches System erzeugt kein Zweiklassenparlament, in dem der eine Teil der Abgeordneten über Listen abgesichert und damit dem politischen Wettbewerb weitgehend entzogen ist. Es würde außerdem zu einer Intensivierung der politischen Arbeit der Abgeordneten in ihren Wahlkreisen führen und es der Regierung bei Strafe ihrer Abwahl erschweren, sich mit ihren wirtschafts-, sozial- und versorgungspolitischen Entscheidungen und unter Hinweis auf systemrelevante Wirtschaftsinteressen über die Bedürfnisse der Bevölkerung hinwegzusetzen. Keine selbstreferenziell agierenden Parteien oder im Verborgenen arbeitende Expertokratien, nur eine volksnahe, transparente, streitbare und durchsetzungsfähige Demokratie wäre auch überzeugend, mutig und kraftvoll genug, eben jene grundlegenden Veränderungen durchzusetzen, die für die Veränderung des Wirtschaftssystems, für die Einrichtung eines an der Gesundheit der Menschen interessierten Versorgungswesen erforderlich sind, und sich darüber hinaus auch international als glaubhaftes Modell *gelebter* demokratischer Praxis zu präsentieren.

7.3   Suffizienz und Subsistenz – gegen die Übermacht umwelt- und demokratiefeindlichen Wirtschaftens

Der Befund, dass Kapitalismus nicht demokratisch und Demokratie nicht kapitalistisch sei (Kocka und Merkel 2015), verwirrt auf den ersten Blick. Schließlich haben wir es in zahlreichen Ländern der Welt, die sich als demokratisch regiert verstehen, mit einem Nebeneinander von Privatkapitalismus und Demokratie zu tun, das scheinbar besser funktioniert als alle anderen Modelle, in denen es Diktaturen mit dem Privatkapitalismus oder Demokratien mit dem

Staatskapitalismus oder anderen sozialistischen Wirtschaftsformen versucht haben.

Bei Licht besehen ist aber auch eine aus dem obigen Befund ableitbare Unverträglichkeitsthese (Kocka und Merkel 2015) nicht von der Hand zu weisen. Sie stimmt erstens, wenn unter Demokratie eine direkte, am Volkswillen orientierte und unter Kapitalismus ein umweltzerstörerischer, global entfesselter und marktradikaler verstanden wird, wie wir ihn heute aus vielen Ländern der Welt kennen. Und sie ist zweitens richtig, wenn der kritisch-analytische Blick auf die augenblickliche Gegenwart konzentriert bleibt. Wird unter Demokratie eines der oben (vgl. Abschn. 7.2.2 und 7.2.3 der vorliegenden Untersuchung) diskutierten faktischen, d. h. im Einsatz befindlichen Mischsysteme verstanden, wäre dem Befund nicht zuzustimmen, denn gerade in der Bundesrepublik Deutschland, die in ihrer Nachkriegsgeschichte Elemente der präsidialen, parlamentarisch-repräsentativen und direkten Variante miteinander verbindet, scheinen Demokratie und Privatkapitalismus bestens zu harmonieren. Soll Demokratie jedoch als Regierung des Volkes, durch das Volk, für das Volk den Interessen der ganzen Bevölkerung dienen, dann ist sie schwerlich mit einer Wirtschaftsform vereinbar, deren innere Logik zwar einerseits darin besteht, marktgängige Waren und Dienstleistungen gegen Entgelt produzieren zu lassen und an die Frau beziehungsweise den Mann zu bringen. Andererseits jedoch erwirtschaftet sie über den Mehrwert unterbezahlter Arbeit Profite, konzentriert immer mehr Besitz in immer weniger Händen, vernutzt die Arbeitskraft und die Gesundheit der Menschen, zerstört die Umwelt und vernichtet auf diese Weise die humanen und ökologischen Voraussetzungen, die sie selber braucht, um nachhaltig zu funktionieren (u. a. Paech 2014; Rosa 2014; Sommer und Welzer 2014, S. 13 ff.).

Diese Einschätzung wird durch eine Vielzahl sozial- und politikwissenschaftlicher Untersuchungsergebnisse (u. a. Weber et al. 2004; Siebholz et al. 2013; Welzer und Wiegand 2014; Merkel 2015) bestätigt, die die fast vollständige ökonomische Kolonialisierung der Politik in Europa und Übersee konstatieren. Gleichzeitig bescheinigen sie den demokratischen Systemen und ihren Vertretern die Unfähigkeit, dem repräsentativen System sogar den fehlenden Willen (Manin 2007; Michelse und Walter 2013), die kapitalistisch generierten materiellen, sozialen und soziopsychosomatischen Gefährdungsrisiken für Menschen und Gesellschaft zu beseitigen. Neben einer anderen Demokratie braucht es offensichtlich auch einer anderen Wirtschaft und einer neuen *Wirtschaftsethik*, um sich im Interesse eines guten, gesunden und von der Mehrheit der Menschen als glücklich empfundenen Lebens aus dem momentan herrschenden Unverträglichkeitsdilemma von Wirtschaft und Politik und dessen Folgen heraus zu arbeiten.

7.3.1   Auf der Suche nach einer neuen Wirtschaftsethik

Ethik, ein Jahrtausende altes Dauerthema der theoretischen und praktischen
Philosophie, beschäftigt sich in Abhängigkeit von den Weltanschauungen
und Interessen der jeweiligen Denker mit der Anwendung von Maßstäben des
Tugendhaften, der Würde, des Guten, der Gottgefälligkeit, der aufgeklärten
Rationalität, um nur einige zu nennen, auf menschliches Handeln. Für die Wirtschaftsethik, also das Fragen nach den angemessenen Leitlinien optimalen
wirtschaftlichen Handelns, mit dem das Handeln von.

- Unternehmern und Produzenten,
- Produktionsarbeitern und Konsumenten,
- Wirtschaftspolitikern oder
- das Handeln aller in das Wirtschaftsgeschehen involvierter Personengruppen
  gemeint sein kann,

gilt dasselbe (Ulrich und Breuer 2004). Wirtschaftsethik wirkt aus der Gesellschaft kommend auf dieses Geschehen ein und als Subsistenzsichernde beeinflusst die Wirtschaft und die in ihrem Namen Agierenden wiederum das soziale
Leben in einer Weise, wie es kein anderer Bereich gesellschaftlichen Handelns
vermochte und vermag (Noll 2010). In seiner heute noch viel zitierten Untersuchung über die kapitalismuskonstituierende Wirkung des Protestantismus
beschreibt der deutsche Nationalökonom und Soziologe Max Weber ([1934]
1993) folglich nur die halbe Wahrheit (Maurer 2010). Denn der Geist des
Protestantismus verdankt sich selbst keineswegs nur einer ausschließlich theo-
logischen Kontroverse. Hinter ihm steht die von Martin Luther und anderen
rebellischen Geistesgrößen seiner Zeit initiierte kritische Auseinandersetzung
mit der Wirtschafts- und Herrschaftspolitik der katholischen Kirche, die nicht nur
eine glaubens-, sondern auch eine der geo-politisch stärksten Mächte des Mittelalters gewesen ist.

Nicht anders verhält es sich mit den Voraussetzungen und Folgen privatkapitalistischen Handelns, an die wir uns seit Jahrzehnten gewöhnt haben, und
die wir seit dem Ausscheiden der Sowjetunion aus dem sogenannten Wettkampf der Systeme sowie dem damit einhergehenden Untergang fast aller
Modelle sozialistischen bzw. staatkapitalistischen Wirtschaftens als alternativlos betrachten. Der Privatkapitalismus hat zwar, wie wir oben (vgl. Abschn. 4.2
der vorliegenden Untersuchung) bereits gesehen haben, seine mit den Konzepten
von Adam Smith und Maynard Keynes verbundenen Traditionen, die sich im

Hinblick auf die Rolle des Marktes, die Geldpolitik des Staates und die Unternehmensphilosophien unterscheiden. Was aber heute von der Mehrheit der Menschen in der westlichen Welt für wirtschaftsethisch opportun gehalten wird, hat sich erst in den 80er-Jahren des zwanzigsten Jahrhunderts unter dem Einfluss sozialer, technologischer und ökonomischer Veränderungen, insbesondere der Globalisierung von Produktion und Vermarktung, der Digitalisierung aller Lebensbereiche und der Entmachtung von Politik und Staat herausgebildet. Seine normativen Grundpositionen und die aus ihnen abgeleiteten Strategien wirtschaftlichen Handelns tragen eindeutig neo-klassizistische, libertäre und vor allem kolonialistische Züge. Worunter der Sozialphilosoph und Kommunikationstheoretiker Jürgen Habermas (1981a), von dem der Begriff der „Kolonialisierung der Lebenswelt" stammt, das Eindringen von Formen ökonomischer und administrativer Rationalität in Handlungsbereiche versteht, die sich wie viele Sektionen des privaten, kulturellen oder sozialen Lebens der alleinigen Umstellung auf die Medien Geld und Macht, mit schwindendem Erfolg widersetzen.

Nicht nur, wer mehr leistet und andere im Wettbewerb um Lohn/Gehalt, Besitz und Ansehen übertrifft, handelt – so die öffentliche Meinung – gut und richtig. Die Wirtschaft, die wächst und sei es auf Kosten der Natur und des Wohlbefindens von arbeitender Bevölkerung und Konsumenten und die das Bruttosozialprodukt ungeachtet der Art und Weise steigert, wie dessen Nutzen in der Gesellschaft verteilt wird, gilt als Maßstab aller Dinge. Vom marktförmig organisierten Warenverkehr wird angenommen, dass er zum Vorteil von Individuen und Gesellschaften am besten funktioniere, wenn weder die Politik noch andere Instanzen regulierend eingreifen. Der Staat ist dazu da, für die gesetzlichen, strukturellen und über das Steueraufkommen die finanziellen Rahmenbedingungen dafür bereit zu stellen, dass die Unternehmen frei agieren können, das heißt ihre Gewinne privatisieren, ihre Shareholder befriedigen und ihre Verluste sozialisieren können. Der Erfolg und damit das ökonomisch korrekte Handeln bemisst sich an der Marktmacht, der Produktivität und der Höhe der erwirtschafteten Rendite, ohne dass die Akteure und Akteurinnen dabei in angemessener Weise für die Schäden zur Verantwortung gezogen würden, die sie auf ihrem Weg den Unternehmungen der Konkurrenz, deren Arbeitnehmern und der Gesellschaft zufügen. Dieser Ethik korrespondiert das Bild vom Arbeitnehmer, der sich bis an die Grenzen seiner Leitungsfähigkeit ausbeuten lässt und als Verbraucher konsumiert, was der Markt ihm bietet, einerlei, ob er es braucht, sich und seiner Umwelt damit schadet oder etwas Gutes tut.

Die politischen, sozialen, gesundheitlichen aber auch wirtschaftlichen Langzeitwirkungen, die das nach diesen Prinzipien geregelte Wirtschaftsleben für
Menschen und Gesellschaft mit sich bringt, sind – wie wir inzwischen aufgrund mehrerer seit den siebziger Jahren des zwanzigsten Jahrhunderts durchlebter Krisen in Deutschland, Europa und den USA wissen (Koppetsch 2011)
– verheerend und aus systemischer Sicht geradezu selbstmörderisch (Wallerstein et al. 2014). Nicht nur verlieren die demokratietragenden politischen Einrichtungen wie die Parlamente, Regierungen und Parteien ihre Macht, indem sie
ihre Planungen, Entscheidungen und gesetzgeberischen Aktivitäten zunehmend
dem Diktat der Wirtschaft unterstellen, deren Akteurinnen und Akteure über die
Macht und das Kapital verfügt, um ganze Volkswirtschaften gegeneinander auszuspielen. Marktradikales, profitorientiertes, auf Produktivitätssteigerung und
Wachstum ausgerichtetes wirtschaftliches Handeln ist zwar in sozialer Hinsicht
nicht völlig blind, weil es die Menschen als Produzenten und Konsumenten
braucht, um zu reüssieren. Es ist aber kostenorientiert und neigt deshalb dazu,
die Entlohnung der arbeitenden oder dienstleistenden Bevölkerungsmehrheit so
gering, die eigenen Profite so hoch wie möglich zu halten, die Arbeitskraft der
Menschen extensiv auszubeuten und sich für den Erhalt eben jener Gesellschaftsstrukturen einzusetzen, die die Ungleichverteilung von Sozialchancen, Einkommen, Besitz und Versorgungsmöglichkeiten organisieren.

Bedingungsloses Gewinnstreben im eigenen und/oder im Interesse der Shareholder ist es auch, das Unternehmer dazu zwingt, die Gewinne kapitalistischen
Wirtschaftens zu privatisieren, auf diese Weise dem Wirtschaftskreislauf weitestgehend zu entziehen und die direkten und indirekten sozialen Kosten, die
durch sein solipsistisches Handeln entstehen, dem Staat und damit eben jenen
Steuerzahlern anzulasten, die sie zuvor um den profitgenerierenden Mehrwert
ihrer Arbeit gebracht haben. Dem Staat, der sich dem privatkapitalistischen
Ethos zufolge auf der einen Seite nicht einzumischen hat und dem deshalb
administrative Vollmachten und Mittel zur Entlastung öffentlicher Haushalte entzogen werden, soll auf der anderen Seite kompensieren, was unter den
existierenden Ungleichheitsbedingungen nicht angemessen sozialisiert worden
ist, und den Volkszorn beruhigen, der sich auf der Straße, in Fußballstadien, bei
Demonstrationen und in Wahlverweigerung oder obskurem Wählerverhalten
längst schon entlädt. Hinzu kommen die Versorgungsaufwendungen, die der
Solidargemeinschaft in Formen beschädigter Gesundheit, berufsbedingter Krankheiten, durch Unfälle, Alkoholmissbrauch und den Konsum illegaler Drogen entstehen, denen sich die Unternehmen neuerdings mit Billigung des Gesetzgebers

entziehen dürfen, um die so genannten Lohnnebenkosten in ihrem Eigeninteresse so niedrig wie möglich zu halten.

Was diese auf Wachstum, Produktivitätssteigerung, Massenproduktion und -absatz zielende und dafür den unwiederbringlichen Raubbau an Menschen und Natur in Kauf nehmende Ethik zu verdrängen hilft, ist die Tatsache, dass die Leistungsfähigkeit des menschlichen Organismus begrenzt und die natürlichen Ressourcen des Planeten endlich sind. Es ist deshalb nicht nur in seinem, sondern auch im Interesse seiner Bewohner sowie der Individual- und Sozialverträglichkeit ihrer Lebensverhältnisse dringend erforderlich, sich der ihrem Untergang entgegeneilenden Wirtschaftsweise in den Weg zu stellen. Ein für sich allein sicher nicht ausreichender, aber wichtiger Schritt in diese Richtung besteht darin, sich für die Einführung alternativer sozialer, politischer und wirtschaftlicher Regularien des Zusammenlebens und -arbeitens einzusetzen, die das Überleben der Menschheit sichert, ohne deren Lebensgrundlagen zu vernichten. Eine noch weit größere Herausforderung ist es und wird es sein (vgl. dazu Kap. 8 der vorliegenden Untersuchung), diese von ihren Erfindern so genannte suffizienzorientierte Subsistenz-, beziehungsweise subsistenzorientierte Suffizienzwirtschaft gegen den Widerstand der Profiteure der klassischen Ökonomie und ihre vielen, wenn auch zunehmend frustrierten Mitläufer in die Tat umzusetzen.

Nach dem Zusammenbruch der sozialistischen Systeme und im Zeitalter öffentlich proklamierter „Alternativlosigkeit", ist es nicht nur schwierig geworden, über gesellschafts-, wirtschafts- und versorgungspolitische Veränderungen nachzudenken. Fast jeder praktische Vorstoß in diese Richtung, von denen es inzwischen einige gibt, muss außerdem mit vernichtungsargumentativen Hinweisen darauf rechnen, dass es.

- den Menschen dank der bestehende Politik-, Wirtschafts- und Versorgungssysteme erheblich besser ginge als vor hundert Jahren,
- schon genügend sektiererische Überlegungen und Utopien in die Welt gesetzt worden seien, die nichts anderes täten, als die Menschen unzufrieden und unglücklich zu machen,
- angesichts der Globalisierung von Wirtschaft und Kommunikation völlig unergiebig und wirkungslos sei, nach nationalen, gar lokalen Lösungen für Probleme zu suchen, über deren Gehalt und Schwere auf internationaler Ebene entschieden würde und

- es keinen Sinn mache, über örtlich begrenzte Veränderungen nachzudenken, weil effektive Wirkungen nur zu erzielen seien, wenn alle (entwickelte Industrienationen, Schwellenländer, Entwicklungsländer) mitziehen würden.[10]

Da es sich eben so verhielte und deshalb alles nicht gehe, so die verdrehte argumentative Logik, sei es Zeitverschwendung, über Veränderungen überhaupt nachzudenken, und sehr viel vernünftiger, sich vor die Spitze jenes Express-zuges zu spannen, der in blindem Vertrauen auf die technologische Entwicklung, mit wachsendem Tempo und ohne Rücksicht auf die Folgen für die Umwelt und nachwachsende Generationen dem ökologischen und in ihrem Gefolge der sozio-kulturellen Katastrophe entgegenrast (Welzer 2014). Das schließt die sukzessive Vernichtung der natürlichen Umwelt samt ihrer biologischen Artenvielfalt, die wachsende Dominanz der Konzerne und die Profite ihrer Anteilseigner ebenso mit ein, wie die sich permanent verschlechternde Lebensqualität der Menschen. Auch die Bevölkerungen der Industrienationen, die es augenblicklich noch schaffen, sich ihren Wohlstand und ihren gesundheitlich riskanten Lebensstil auf Kosten der Entwicklungs- und Schwellenländer mit immer weniger Aus-sicht auf Erfolg zu sichern, sind davon nicht ausgenommen. Wegen ihres auf die hemmungslose Vernutzung der Umweltressourcen, das Wirtschaftswachstum um jeden Preis, die Produktivitätssteigerung und den Massenkonsum ausgerichteten Tunnelblicks (Paech 2014) erkennen sie nicht, dass sie sich durch die Plünderung nicht erneuerbarer Ressourcen und durch die Vernutzung der Arbeitskraft und der Gesundheit von Produzenten und Konsumenten nicht nur – wie von Karl Marx ([1867] 1976) prognostizierte – das kontinuierliche Absinken ihrer Profit-raten riskieren, sondern drauf und dran sind, die gesamten physiologischen und psycho-sozialen Geschäftsgrundlagen kapitalistischen Wirtschaftens unwieder-bringlich zu ruinieren (Schumacher 2016).

---

[10]Auch die für viele politische Diskurse bezeichnenden Verweise darauf, dass alle wirtschafts-, sozial- und versorgungspolitischen Probleme von lokaler, regionaler oder nationaler Bedeutung überhaupt nur im *europäischen* Maßstab gelöst werden könnten, zeugt von dieser fatalen Politik, unter Bezugnahme auf das große Ganze überhaupt nichts tun, für nichts Verantwortung übernehmen zu können (Beck 1988), um alles beim Alten zu lassen.

7.3.2 Suffizienzorientierung – pro Mensch und Umwelt

Der auf den lateinischen Wortstamm „sufficere" (hinreichen, genug sein) zurück-
gehenden Begriff „Suffizienz" wird in der neueren politisch-ökonomischen Diskussion verwendet, um eine Verhaltensorientierung zu charakterisieren, die
sich vor allem durch zwei Besonderheiten auszeichnet. Menschen, die sie sich
zu Eigen gemacht haben, schränken Praktiken ein oder vermeiden sie ganz,
wenn von ihnen bekannt ist, dass sie körperliche, geistige, soziale und ökologische Ressourcen im Übermaß verbrauchen. Und sie tun es, indem sie sich
aus freien Stücken verändern, ohne dabei auf das Notwendige verzichten zu
müssen (Stengel 2011; Paech 2014; Rosa 2014). Ihr Ziel ist es, durch eine Ver-
ringerung der Nachfrage nach Gebrauchsgütern und Dienstleistungen, für deren
Herstellung respektive Erbringung ein *zu großes*, unnötiges und/ oder unersetz-
bares Maß an Materialien und Energiemengen aufgewendet werden, zu einer
nachhaltigen Entwicklung von Wirtschaft und Gesellschaft beizutragen (vgl.
dazu auch Abschn. 7.4.3 und Kap. 10 der vorliegenden Untersuchung). Aus der
Einsicht, dass die Natur im Interesse ihrer eigenen Vielfalt und im Interesse der
von ihr abhängigen Menschen geschont werden muss, fordern sie den freiwilligen
Verzicht auf das nicht Notwendige. Bei einer vom Suffizienzprinzip agierenden
Wirtschafts- und Gesellschaftspolitik handelt es sich – wie im Schlussbericht
der vom deutschen Bundestag eingesetzten Enquete-Kommission „Wachstum,
Wohlstand, Lebensqualität" (2013) festgestellt wurde – nicht um den einzigen
Weg oder ein fertiges Konzept. Vielmehr geht es um einen Prozess permanenten
Lernens, der alle, Verbraucherinnen und Verbraucher, Unternehmen, Kultur,
Wissenschaft und Politik mitnehmen müsse und der Pioniere und Vorbilder
brauche, an denen sich die Gesellschaft orientieren kann. Nicht weniger als.

- die beschleunigte *Zeit*, mit der und nach der wir leben,
- die *Erwerbsarbeit*, wie wir sie kennen,
- das *Wachstumsdiktat*, dem wir uns tagtäglich unterwerfen,
- die *Entfremdung* von uns selbst und dem, was wir tun,
- der *Wettbewerb* aller gegen alle, der uns stresst,
- der geizige *Massenkonsum*, den wir „geil" zu finden uns angewöhnt haben,
  sowie
- der *Wohlstand*, für den wir unsere Umwelt opfern und unsere *Gesundheit* zu
  Markte tragen,

kurz all dasjenige, was uns zur quälenden, aber kaum noch hinterfragten Gewohnheit geworden ist, stehen auf dem Spiel. Die Frage ist, was eine am Suffizienzprinzip orientierte Lebens- und Wirtschaftsweise an deren Stelle setzen könnte und wie dabei politisch und interventionsstrategisch vorzugehen wäre.

Wachstum (von 0,8 auf 1,1 %), Beschleunigung (alles auf einmal und möglichst gleichzeitig) und Innovationsverdichtung (in immer kürzeren Zeitinterwallen wird erfunden, was sich verkaufen und schnell verbrauchen lässt) wurden von uns – wie der Jenaer Soziologe und Politikwissenschaftler Hartmut Rosa (2014, S. 64 ff.) in seinen Thesen gegen die „Steigerungslogik der Moderne" vermerkt – noch bis in die Gegenwart hinein mit gesellschaftlichem Fortschritt assoziiert. Sie stellen die Medien dar, mittels deren vor allem entwickelte Industriegesellschaften, wie die unsrige, ihren Status Quo auf dynamische Weise stabilisieren. Rosa zufolge ist dieser Selbsterhaltungsmodus dabei, sich in sein dialektisch-dysfunktionales Gegenteil zu verkehren. Seit Längerem müssen sich Elterngenerationen sorgen, dass es ihren Kindern *schlechter* gehen könnte als ihnen selbst und dass sie infolge von Krisen ihren bescheidenen Wohlstand verlieren könnten, der nur noch durch immer mehr Leistung, den Einsatz von noch mehr Energie und das Verbrennen von noch mehr Ressourcen aufrecht zu erhalten ist. Statt optimistisch in die Zukunft zu schauen und einer besseren Welt entgegen zu gehen, laufen die Menschen neuerdings vor den wirtschaftlichen und politischen Katastrophen davon, die sich in immer kürzeren Abständen wiederholen.

In dieser dramatisch veränderten Lage wäre es menschen- und umweltverträglicher, als Bemessungsgrundlage für wirtschaftlichen und gesellschaftlichen Fortschritt und zukünftige politische Entscheidungen einen neuen Maßstab einzuführen, der wie der von dem Wirtschaftswissenschaftler Hans Diefenbacher (2013) mitentwickelte NWI (Nationaler Wohlfahrtindex) möglich macht, reale Verluste und Gewinne technischer, wirtschaftlicher und sozialpolitischer Neuerungen an Hand eines multifaktoriellen Indikatorensets miteinander zu verrechnen. Absicht ist es, zu erklären, aus welchen Gründen die Verlaufskurven des kontinuierlich steigenden Bruttoinlandprodukts (BIP) und der sinkenden Bevölkerungszufriedenheit seit den 1970er-Jahren *auseinanderstreben* und nach Synchronisierungsmöglichkeiten zu suchen, ohne den bescheidenen Wohlstand der Vielen zu gefährden.

Dass die Ersetzung von wachstums- durch wohlfahrtsorientierte Entscheidungshilfen für Politik und Wirtschaft ausreichen würde, um das Tempo aus dem Leben und der Arbeit zu nehmen und die destruktiven Langzeiteffekte des Wettbewerbs, des Massenkonsums und/oder der Entfremdung von Selbst und Welt zu beseitigen, nimmt natürlich keiner derjenigen Theoretiker und Praktiker an, die sich seit der Jahrhundertwende und in der Nachfolge des Club of Rome[11] mit Wegen aus der Krise und möglichen Übergängen in eine zukunftsfähige Moderne beschäftigen. Ohne Einlösung des Grundversprechens der Moderne, der Aussicht auf ein selbstbestimmtes Leben, das erheblich mehr zu sein hat, als die „Freiheit" der Menschen, Arbeitsverträge zu schließen, Freizeit gegen Lohn oder Gehalt einzukaufen oder möglichst enthemmt zu konsumieren, wird dieses Transformationsproblem nicht zu bewältigen sein. Erst die mit umfassender und tatsächlich gelebter Selbstbestimmung einhergehende Bereitschaft zu Selbstreflexion und Sozialkritik versetzt Menschen in die Lage, die problematische Gleichsetzung von gesellschaftlichem Fortschritt, ökonomischem Wachstum, technischen Innovationen und sozialer Beschleunigung zu hinterfragen, die in das moderne Leben eingebauten Steigerungszwänge zu durchbrechen und die dafür erforderlichen Freiheitsspielräume und Kommunikationschancen in Arbeit und Privatleben tatsächlich einzufordern.

- Erst gelebte, auf kritischer Selbst- und Fremdbeobachtung basierende Selbstbestimmung befähigt zu der Einsicht, dass Wachstum, Bewegung und die permanente Steigerung von technisch-produktiven und konsumtiven Möglichkeiten die *Lebensqualität* nicht verbessern (Jackson 2011). Wohl aber die Einsicht, nur noch zu konsumieren, was Körper und Seele zum guten Überleben brauchen und keine Innovationen voranzutreiben, bei denen schon zum Zeitpunkt ihres Entstehens absehbar ist, dass ihre Verbreitung mit unabsehbaren Folgen für Natur, Mensch und/oder Gesellschaft verbunden sein werden.[12]
- Kritik und Selbstreflexion helfen den Menschen dabei, den *Wettbewerb* als unwillkommenen Motor ertragener Ausbeutung und den Einsatz von „Human Enhancement"[13] als Mittel zu entlarven, um die Leistungsfähigkeit über

---

[11] Eine internationale Vereinigung von Experten, die u. a. mit der Veröffentlichung über die „Grenzen des Wachstums" (1974) erstmalig und 1992 erneut auf die Endlichkeit planetarer Ressourcen aufmerksam machte und ein Umdenken in der Wirtschafts- und Umweltpolitik forderte.

[12] Den Erfindern und Entwicklern der *Atomtechnik*, die heute auf den Endprodukten ihrer friedlichen Nutzung sitzen und die bis heute nicht wissen, wie sie diese loswerden sollen, hat man dies mit Recht zum Vorwurf gemacht. Inzwischen steht uns mit der in den USA und Kanada bereits verbreiteten *Fracking-Technologie* der Erdgasgewinnung ähnliches ins Haus, ohne dass Politik und Unternehmen bereit wären, aus den Fehlern der Vergangenheit zu lernen.

[13] Bei „Human Enhancement" werden kranke oder gesunde Menschen mit Wirkstoffen, Hilfsmitteln, echten und prothetischen Körperteilen in der Absicht versorgt, ihre Möglichkeiten, insbesondere ihre Leistungsfähigkeit zu steigern.

die durch Körper und Geist gesetzten Toleranzgrenzen hinaus zu steigern (Heilinger 2010). Außerdem regen sie dazu an, über Kooperations- und Kommunikationsformen nachzudenken, die Zufriedenheit und Leistungsbereitschaft gerade deshalb generieren, weil sie von Respekt, Lob, Anerkennung und leistungsgerechten Gratifikationen getragen sind.

- Infolge von Selbstreflexion und Kritik beginnen die Menschen vielleicht zu verstehen, dass es sich bei „burn out" und anderen krankheitsgenerierenden psycho-physiologischen Phänomenen nur selten um selbstverschuldete Schwächen, sondern um *Alarmzeichen* handelt (Burisch 2006). Mit ihnen reagiert der physio-psycho-soziale Organismus der Menschen auf die Nüchternheit, Distanz, die emotionale Leere und soziale Kälte, die die normale Geschäftswelt ihnen abverlangt, und die sie irgendwann auch ins Privatleben hinein tragen, wo sie erst recht nicht hingehören.

- Nur Selbstreflexion und Kritik, die nicht unbedingt zur sozialisatorischen Grundausstattung der Menschen in den modernen Volkswirtschaften dieser Welt gehören, sondern unter widrigen Bedingungen erst erlernt werden müssen, machen ihren Besitzern unter Umständen bewusst, dass sie schon längst damit begonnen haben, ihre angebliche Freiheit als konsumierendes Subjekt unter dem Einfluss manipulativer Werbung gegen *Konsumsucht* auszutauschen (Speer 2009). Dagegen kann, je nach der Stärke des Phänomens und der Lebenssituation der Betroffenen, durch geschulte Therapeuten oder durch die vorbeugende Heranbildung von widerstandsfähigen Persönlichkeiten vorgegangen werden. Wobei es sich im ersten Fall um den Einsatz von sehr viel Geld, im zweiten Fall vermutlich um weniger Geld, dafür aber um die Bereitschaft handelt, an der Betreuung von Heranwachsenden durch Familien, in Kindergärten, Schulen und Berufsausbildung (vgl. Kap. 8 der vorliegenden Untersuchung) Einiges zu verändern.

Kritik und Selbstreflexion als Folge gelebter Autonomie und Selbstbestimmung stellen – wie Rosa (2013, 2014) resümierend feststellt – die habituellen Bedingungen dafür dar, der grassierenden Selbst- und Weltentfremdung mit dem Mittel der „*Resonanz*"-Erfahrung zu begegnen. Damit bezeichnet er eine Haltung des Berührt-, Ergriffen- und Engagiertseins, deren Fehlen Menschen in der Moderne hauptursächlich davon abhält, ein Leben zu führen, das sie als angenehm empfinden. Ihr Entstehungsort ist vor allem die Familie. Resonanz hat mit der Erfahrung des Gelobt- und Anerkanntwerdens zu tun, kommt dort vermehrt vor, wo Menschen in der Arbeit ihre Befriedigung finden, mit einer unbeschädigten Natur interagieren, sich mit Kunst und Religion beschäftigen oder als engagierte Demokraten betätigen können. Besonders im Hinblick auf die Politik geht sie verloren und schlägt um in Verdrossenheit (Rosa 2014), wenn sich bei den Bürgern der Eindruck verfestigt, dass die von ihnen Gewählten nicht mehr auf sie reagieren, sie nicht ernst nehmen, nur noch als von Wirtschaft und Märkten Getriebene erscheinen oder gar nichts mehr tun. Ohne Resonanz verlieren die Menschen ihre Motivation, sich mit den mehrheitlich von anderen verursachten Widrigkeiten des Alltagslebens selbstbestimmt, eigenverantwortlich, kommunikativ, schöpferisch und, was die wachstums- und entfremdungstreibende Konsumsucht anbetrifft, selbstbeschränkend auseinanderzusetzen. Dem auf einem anderen Gebiet forschenden Arzt und Gesundheitsforscher Theodor D. Petzold (2011) zufolge muss Resonanz allerdings durch eine ausgeglichene Bilanz von lust- (z. B. Gesundsein, Lebenswille, Selbstbestimmtheit, Sicherheit, Mut, Handlungsfähigkeit, Wohlbefinden) sowie unlustinduzierenden und dadurch vorwarnenden *Attraktoren* (z. B. Kranksein, Resignation, Angst, Schmerz, Isolation) fundiert sein. Und es braucht, wie die von dem Zivilisationstheoretiker und Soziologen Norbert Elias ([1939] 1997) inspirierten Zukunftsforscher Bernd Sommer und Harald Welzer (2014) feststellen, ein komplexes *Transformationsdesign*, um vom Punkt A, dem Zustand des Desinteresses, der Mutlosigkeit oder Aversion hin zu Punkt B, der Wiederentdeckung des Selbst und der Gesellschaft zu gelangen.

Transformationsdesign, das hält, was es verspricht, und deshalb immer auch ein auf die natürliche und die soziale Umwelt gerichtetes sein muss (Sommer und Welzer 2014, S. 115 ff.), macht Schluss mit dem *Mythos*, dass Fortschritt notwendigerweise auf Wachstum, Wachstum auf Massenproduktion und letzterer auf dem möglichst zügigen Ersatz vorhandener, durch oft nicht einmal bessere Produkte und Dienstleistungen beruht. Angesichts des weltweit erkennbaren Ausmaßes und den beobachtbaren Folgen der wirtschaftlich bedingten Zerstörung der natürlichen und sozialen Umwelt zielen seine Protagonisten auf das Gegenteil: *Selbstbeschränkung* und *Reduktion* aller Extreme und Maßlosigkeiten, die das privatkapitalistische Wirtschaftssystem am Leben halten. Das gilt insbesondere für den Verbrauch an Rohstoffen, die De-Balancierung des Erdklimas, die Vernutzung der Arbeitskräfte, die Überforderung der Konsumenten und die Uni-Formierung der Kulturen.

An seinem Anfang, Verlauf und Ende steht nicht die bloße *Expertise* von Ingenieuren, Architekten, Sozialplanern oder Implementationsspezialisten, die meist von außen kommend, ohne Reflexion der kulturellen Kontexte, innerhalb deren sie sich betätigen, ohne genauere Kenntnis der Lebensverhältnisse und -gewohnheiten, die sie beeinflussen, und ohne die Berücksichtigung der Folgen ihres Handelns für Menschen und Umwelt intervenieren.

- Transformationsdesign beginnt dem gegenüber damit, ideologie- und sozial-kritisch über das *Wesen,* die Entwicklungsgeschichte und die Funktionen der Artefakte, Verhaltensroutinen und (Infra-)Strukturen nachzudenken, auf die sich der erteilte Umbau- bzw. Veränderungsauftrag bezieht.
- Danach wird mittels Beobachtung und Befragung der Betroffenen recherchiert, wie die Menschen, die er betrifft, *leben* und was sie erwarten.
- Dann wird mit ihnen diskutiert, in welchem Verhältnis *Bestehendes* und *Erwartetes* zueinander stehen und
- es wird gemeinsam überlegt, wie beides unter Berücksichtigung der öko-nomischen, rechtlichen und strukturellen Gegebenheiten und mit dem geringstmöglichen Schaden für die Natur und den größtmöglichen Nutzen für Menschen und Gesellschaft, miteinander in *Einklang* gebracht werden kann.

Dabei steht die Verwirklichung der Ethik und Ästhetik des *Weglassens* im Vordergrund, zu deren Schwerpunkten die werterhaltende oder -schöpfende Einschränkung, *Wiederverwendung* und des Recyclings unter Anwendung zukunftsfähiger, das heißt die Gesundheit der Vielen und deren Zusammenleben fördernden *Praktiken* im Wohnungsbau, bei der Nahrungsverarbeitung oder im Personen- und Warenverkehr gehören. Um einem der Hauptbelastungsfaktoren für Mensch und Natur, die industrielle *Produktions-* und die inzwischen eben-falls industrieförmig organisierte *Dienstleistungsarbeit* zu entschleunigen und mit dem Privatleben auf verträglichere Weise zu synchronisieren, muss über die Ein-führung eines *Grundeinkommens* für alle geredet werden. Es kann im Blick auf die Erholungseffekte einer verringerten Produktivität über die entschiedene Ver-kürzung (Halbierung) der *Arbeitszeit* nachgedacht und es sollten die durch den Privatkapitalismus verbreiteten Aversionen gegenüber alternativen Formen des Wirtschaftens problematisiert und revidiert werden. Dazu gehören vor allem die von Kommunismusfurcht befeuerten Vorbehalte gegenüber der *Gemeinwohlöko-nomie,* der Produktion, Nutzung und Wiederverwendung von *Gemeingütern* und dem sozialpolitischen und -ökonomischen Gewinn von Infrastruktureinrichtungen in *öffentlichem* Besitz und/oder kommunaler Kontrolle. Denn Teilen, das gegen-wärtig noch schwer zu organisieren ist und gegen erheblichen Widerstand durch-gesetzt werden muss, macht diejenigen, die es schaffen, nachgewiesener Maßen glücklicher, als Geld und Besitz in egozentrischer Manier zu horten (Jensen und Scheub 2014).

7.3.3 Subsistenzorientiert leben

Der friedliche Übergang von einer marktradikalen zu einer Reduktionswirtschaft, von einer wettbewerbsorientierten Leistungs- zu einer solidarisch und gemein-wirtschaftlich agierenden Gesellschaft wird sich nicht von alleine, etwa durch die ungestillte Sehnsucht der Vielen nach einem guten Leben oder als Folge herein-brechender klimatischer, demographischer oder gar kriegerischer Katastrophen ereignen (Welzer und Wiegandt 2014b). In solchen Belastungssituationen neigen Gesellschaften und ihre Mitglieder viel eher dazu, zusammenzurücken, sich abzu-kapseln und an gewohnte Routinen festzuhalten. Um nachhaltige Wirkung ent-falten zu können, muss die Durchsetzung von Veränderungsideen der oben nicht nur pädagogisch initiiert, sondern vor allem auch *politisch* gewollt und *sozial* organisiert werden (Sommer und Welzer 2014).

Eines der konsequentesten von mehreren der inzwischen diskutierten Konzepte, denen gemäß dies geschehen könnte, firmiert unter Überschriften wie „Postwachstumsgesellschaft" „Subsistenzwirtschaft"oder „Glücksökonomie" (Plöger 2011; Paech 2013; Jensen und Scheub 2014). Es hat in den 1990er-Jahren eine feministische Renaissance erlebt und knüpft heute auf allgemeinerer Ebene an Wirtschafts- und Lebensformen an, die bis in die Gegenwart hinein für das Leben und Wirtschaften indigener Bevölkerungen in den Entwicklungsländern maßgeblich geblieben sind. Subsistenzwirtschaft ist am eigenen oder persön-lichen *Bedarf* orientiert. Sie schließt mütterliche und väterliche *Hausarbeit* und *ehrenamtliche* Betätigung als geldlich und/oder anderweitig gratifizierte Arbeit mit ein. In ihr wird nicht für den Profit anderer, sondern aus eigenem Antrieb für die Deckung individueller und gemeinschaftlicher *Güterwünsche* erzeugt. Sub-sistenzwirtschaft bezieht ihre Kraft aus der freiwilligen, eigenmotivierten Über-nahme von *Verantwortung* für sich und die soziale Mitwelt (Dahm 2002). Ihre wichtigsten Ressourcen sind *Kommunikation*, Partizipation, Kooperation, die sich in Gestalt gemeinnütziger Ideen, Verhaltensweisen und Kreationen immer wieder neu reproduzieren. Von einer subsistenzorientierten Wirtschafts- und Lebensweise kann aufgrund bereits gemachter Erfahrungen angenommen werden, dass sie auch die Selbstbestimmungsfähigkeit, das Selbstwirksamkeitsempfinden und die Bereitschaft zur Verantwortungsübernahme aufseiten der Akteure stärkt. Dabei handelt es sich um einen sehr wichtigen Teil jener Eigenschaften, von denen oben (vgl. dazu Kap. 2 der vorliegenden Untersuchung) bereits festgestellt wurde, dass sie für die Persönlichkeit sozial eingestellter, kommunikativ kompetenter und *gesundheitsfähiger* Menschen bedeutsam sind.

Dieser unbestreitbaren Vorteile zum Trotz wird eine Subsistenz- als Leitorientierung gegenwärtig nur schwer durchzusetzen sein. Die an Verschleißproduktion und Massenkonsum gewöhnten Bevölkerungen moderner Volkswirtschaften und deren Profiteure konfrontiert sie mit überaus schmerzlichen Reduktionserwartungen. Auch hat ein ihr gemäß organisiertes Leben und Wirtschaften nach allem, was wir bisher wissen, nur in regional begrenztem Maßstab, das heißt in Dörfern, Kommunen, Großstadtquartieren funktioniert (Rosa et al. 2014; Paech 2014). Auch mit den Regierungen und Bevölkerungen in den Entwicklungsländern ist in dieser Hinsicht kaum zu rechnen. Denn sie sind mehrheitlich davon überzeugt, ihr Recht auf Wohlstandsmehrung in gleicher privatkapitalistischer Manier erwirtschaften und nutznießen zu wollen, wie die Industrienationen, und halten es für ihr einklagbares Recht, dafür die gleichen negativen Folgen für Ökologie und soziale Umwelt riskieren zu dürfen. Überall dort, wo es jedoch gelungen ist, subsistenzorientiertes Leben und Arbeiten kleinflächig zu verwirklichen, hat sich gezeigt, dass die betroffenen Bevölkerungen in der Lage und bereit gewesen sind, nicht nur die zweifelhaften, weil missbrauchsunsicheren Bequemlichkeiten der weltweiten digitalen Informationsverarbeitung (www.) aufzugeben. Ihnen fiel es nicht schwer, die fragwürdigen Vorteile ihrer meist unwissentlichen und/oder unwillentlichen Beteiligung an der globalen Ausbeutung von Rohstoffen und von den Arbeitskräften in Billiglohnländern, den grenzüberschreitenden, nur einer Minderheit wirkliche Gewinne bringenden Warenverkehr und auf den mit unnötigen Produkten, Dienstleistungen, (Transport-) und (Reise-)Mobilität vollgestopften Alltag zu verzichten (Fischer und Grießhammer 2013). Und sie fanden, wann immer sie es so wollten, Spaß daran, die Eigenheiten und Vorzüge des analogen, das heißt Bücher, Zeitungen, Briefe mit einschließendem Informationsverkehr, der Face-to-face-Kommunikation in den Familien, bei der Arbeit, unter Freunden, der kooperativen an Jahreszeiten und Ökologie orientierten Daseinsvorsorge und die besonderen Reize eines entschleunigten, naturnahen, leiseren und genügsameren Lebensstils wiederzuentdecken.

Die zurzeit im Raum stehende Vermutung, dass alternatives Wirtschaften und Leben überall auf der Welt nur in derart begrenzten Arealen verwirklicht werden kann beziehungsweise muss, scheint realistisch, lässt sich angesichts der Neuheit und Begrenztheit der bislang gemachten Erfahrungen allerdings nicht endgültig beantworten. *Gemeinschaftsnutzung,* die soziale Beziehungen an die Stelle industrieller Fertigung setzt, *Nutzungsdauerverlängerung,* die Brauchbarkeit von Produkten erhöht und deren Herstellungsmenge vermindert, *Eigenproduktion* in Haus-, Dach- oder Gemeinschaftsgärten, *Selbstverwaltung* und die Übernahme von *Eigenverantwortung* über das Gros lebens- und versorgungswichtiger

Politiken ist nicht jedermanns Sache. Zumindest solange nicht, wie die meisten Menschen gezwungen bleiben, sich unter maßgeblich fremdbestimmten Verhältnissen ihre Lebenswirklichkeit anzueignen, in dieser zu arbeiten und ihre Freizeit zu verbringen (u. a. Diefenbacher et al. 2014; Sommer und Welzer 2014; Welzer und Wiegandt 2014b). Vieles wird von den gesellschaftlichen und ökologischen Rahmenbedingungen abhängen, vom jeweiligen Grad der sozial-ökonomischen Zerstörungen, die in den zur Veränderung bereiten Regionen oder Ländern existieren, und von den Widerständen, mit denen die dort aktiven Antiwachstums- und Reduktionsstrategen zu rechnen haben.

Unter Berücksichtigung dieser Bedingungen wird gegenwärtig wohl nur mit alternativen, gut gemanagten, im Kern erfolgreichen und überzeugend kommunizierten Projekten gepunktet werden können. Darüber hinaus muss die Bevölkerung einbezogen und mitgenommen werden (u. a. Loske 2014; Schneidewind 2014; Ullrich 2014). Man muss sie in weit stärkerem Maße, als das bisher der Fall gewesen ist, darüber informieren, dass es im eigenen Interesse und im Interesse einer menschenwürdigen und lebenswerten Zukunft unverzichtbar ist, über alternative Formen der Lebensgestaltung nachzudenken. Eine solche Informationspolitik sollte möglichst früh, d. h. schon in den Familien und nicht erst im Erwachsenenalter ansetzen, und sich aller an der Sozialisation beteiligten Instanzen (Familien, Kindergärten, Schulen) bedienen. Sie sollte sich in weit stärkerem Maße als bisher, auf die Vermittlung der im karriere- und aufstiegsmotivierten Wettbewerb aller gegen alle weitgehend verloren gegangene und neue Werte und auch darauf konzentrieren, die Heranwachsenden zu handlungsfähigen, d. h. selbstbewussten, selbstwirksamkeitsüberzeugten und durchsetzungsfähigen Subjekten ihrer eigenen Lebensgestaltung heranzubilden. Dem dient eine Wirtschafts- und Sozialpolitik, die bereit ist, sich im Selbsterhaltungsinteresse der Gesellschaft und ihrer Menschen, aus dem Kreislauf von Ökonomisierung und Umweltzerstörung sukzessive auszuklinken, und eine Demokratie, die es ermöglicht, die dafür erforderlichen Entscheidungen strittig durchzusetzen.

7.3.4 Kann so eine Wirtschaft überhaupt funktionieren?

Skeptikerinnen und Skeptiker, die sich von der Vielfalt und kreativen Phantasie der bereits existierenden, auf die neuen Leitideen von Suffizienz und Subsistenz ausgerichteten Projekten (vgl. dazu auch Kap. 10 der vorliegenden Untersuchung) überraschen, wenn auch nicht überzeugen lassen, werden nach wie vor einwenden, dass sie unter den herrschenden Bedingungen ethisch und global entgrenzten

Wirtschaftens keine Realisierungschance besitzen. Dieses Argument, das auch gern benutzt wird, um sich selbst zu entlasten, ist auf den ersten Blick nur schwer von der Hand zu weisen. Bei Licht betrachtet offenbart es aber nur einen Mangel an Fähigkeiten, in längeren Zeiträumen zu denken, und das Fehlen einer dafür notwendigen neuen „Geschichte" oder Vision (Welzer 2014). Sie soll über das Hier und Jetzt hinausreichen, den Menschen Hoffnung geben und sie in die Lage versetzen, Fragen danach zu beantworten, wie wir die Welt einrichten wollen, um den nachfolgenden Generationen einen bewohnbaren Planeten und eine lebenswerte (befriedigende und befriedete) Zukunft zu überlassen.

In dieser Absicht hat der Hoffnungstheoretiker Ernst Bloch ([1947] 1985), wie oben bereits erwähnt, darauf bestanden, x-beliebige und „konkrete" Visionen oder Utopien zu unterscheiden. Konkrete und zukunftsfähige Utopien zeichnen sich seiner Meinung nach dadurch aus,

- dass sie sich mit ungelösten und/oder strittigen *Problemen* des Überlebens in bestehenden Gesellschaften auseinandersetzen,
- in der *Gegenwartgesellschaft* Bedingungen ausfindig machen, die nahe legen, dass diese Probleme in einer anderen als der der bestehenden Gesellschaft gelöst werden können und
- im Hier und Heute bereits angedachte, aber nicht realisierte Mittel und Wege zu nutzen versuchen, mit deren Hilfe das *künftige* bessere *Zusammenleben* zu erreichen ist und zum Funktionieren gebracht werden kann.

Aufgrund dieser Bedingungen würde es jeder Vision oder Utopie, die dem Übergangsdesign in eine Postwachstumsgesellschaft voranzugehen hätte, gut anstehen, sich neben bloßer Kritik an den bestehenden Verhältnissen mit den Erfahrungen zu beschäftigen, die bei der Realisierung alternativer Modelle gesellschaftlichen Zusammenlebens und -arbeitens gemacht worden sind und daraus verallgemeiner- und verwirklichbare Schlüsse zu ziehen (u. a. Plöger 2011; Welzer und Wiegandt 2014a; Jensen 2015; Schumacher 2016).

Eines der weitreichendsten Beispiele für ein Transformationsgeschehen, das zwar noch lange nicht als geglückt, wohl aber als chancenreich bezeichnet werden kann, ist das der so genannten *Energiewende* (Hackstock 2014). Fast schon am Widerstand der Konzerne gescheitert, wurde sie angesichts der Atomkatastrophe in Fukushima/Japan wieder belebt, gesetzlich geregelt und steht jetzt an einem Scheideweg. Diskutiert wird, ob sich die künftige Energiepolitik, wie sie inzwischen von fast allen Parteien des deutschen Bundestags vertreten wird, damit begnügen soll, die fossile Energiegewinnung lediglich durch die Arbeit mit erneuerbaren Energien zu ersetzen, oder, ob es im Interesse einer nachhaltigen

Problemlösung erforderlich sei, parallel zum Ausbau alternativer Techniken auch noch über eine alternative und zukunftsfähige Volkswirtschaft nachzudenken. Die Vertreter der einstmals von der Partei „Die Grünen" in Deutschland salonfähig gemachten ersten Position setzen darauf, dass sich ein Transformationskonzept, welches der Wirtschaft als Kompensation für den Verzicht auf eine umweltzerstörerische, eine ebenso profitable, aber saubere Energiegewinnung anbieten kann, leichter durchzusetzen ist. Dem halten die Kritiker dieser und Verfechter der zweiten Position entgegen, dass sich unter Beibehaltung privatkapitalistischer Rahmenbedingungen die Umweltbelastungen in einem noch nicht vorhersagbaren Maße verringern und die Produktionskosten sinken werden. Dass sich aber gerade deshalb die Produktivität insgesamt erhöhen und die psychosozialen Folgen von Wachstumswahn und Massenkonsum ungebremst potenzieren werden. Nur im Rahmen eines auf den Abschied vom Wachstum zielenden zivilisatorischen Gesamtprojekts (Welzer und Wiegandt 2014b) könne die Energiewende als eines seiner Teile die in sie gesetzten Hoffnungen erfüllen.

Ähnlich verhält es sich mit den vielen anderen Projekten, über die seit einiger Zeit überall auf der Welt berichtet wird (u. a. Rosa et. al. 2014; Sommer und Welzer 2014; Jensen 2015). Unter ihnen gibt es zwar einige oberflächlich betrachtet erfolgreiche Programme wie die Herstellung und Vermarktung von *Bio-Produkten*, die unter dem Einfluss üblicher Wettbewerbsbedingungen schon nach kurzer Zeit damit begonnen haben, negative (z. B. Qualitätsmängel, Etikettenschwindel, Überproduktion), aus den privatkapitalistisch organisierten Volkswirtschaft bekannte Eigenschaften an den Tag zu legen. Es gibt aber auch andere, die nicht nur bewundernswerte Fähigkeiten der Aufrechterhaltung alternativer Prinzipien in einer kontrafaktisch organisierten Umwelt entwickelt haben, sondern in der Lage waren, anders eingestellte Öffentlichkeiten und Politiken positiv für den Sinn und die Machbarkeit einer suffizienz- und subsistenzorientierten Wirtschaft- und Lebensweise einzunehmen (Barber 2013, Hopkins 2013). Den Journalistinnen Annette Jensen und Ute Scheub (Jensen und Scheub 2014; Jensen 2015) zufolge, lassen sie sich sowohl national als auch international den Bereichen Energiegewinnung, Verkehr, Nahrungsmittelproduktion, Architektur, Wohnen und Geldwirtschaft zuordnen. Allesamt Bereiche, in denen sich privatkapitalistisch agierende Großkonzerne als Umweltschädlinge im großen Stil, als Verhinderer umweltverträglicher Nah- und Fernverkehrskonzepte, als veränderungsaversive Nutznießer einer nicht nur ökologisch bedenklichen und ungesunden Agrar-, Massenproduktions- und Verteilungspolitik hervorgetan haben. Sie treten als Planer und Realisatoren von Städten auf, in denen nicht gelebt, von Wohnverhältnissen, die körperlich und seelisch krank machen und als spekulationsversessene Vernichter von Geld hervor, das von den Gesellschaften und ihren Regierungen an anderer Stelle dringend gebraucht wird.

Von außen besehen und die Erfahrungswelt derer widerspiegelnd, die ihn aufgenommen haben, lässt sich das, was sich aufseiten der alternativen Szene abspielt, als Kampf zwischen David und Goliath, zwischen einer inzwischen beeindruckenden Vielzahl regional begrenzter Miniprojekte einer- und den finanzstarken internationalen Großkonzernen, den ihnen ergebenen Regierungen und ihren Administrationen andererseits beschreiben. Um die Implementations- und Überlebenschancen der Davids, die sich um umweltverträgliche Energie- gewinnung, um fairen Handel, eine auf Selbsthilfe zielende Entwicklungspolitik, um eine partizipativ organisierte Stadtplanung und um die Unabhängigkeit von Großbanken kümmern, steht es vor allem dann nicht gut, wenn sich ihre Akteure von den Warnungen der notorischen Bedenkenträger in Politik und Ver- waltung beeinflussen und/oder sich von den Negativprognosen voreingenommen forschender Großunternehmen beeindrucken lassen. Schaden tut es ihnen auch, sich aufgrund fehlender materieller Ressourcen noch während der Entwicklungs- phase innovative Pläne, Konzepte oder Produkte von finanzstarken Investoren abkaufen zu lassen, weil deren Übernahmeinteressen oft nicht darauf gerichtet sind, Innovationen zum Durchbruch zu verhelfen, sondern lästigen Konkurrenten den Zugang zum Markt zu verwehren (Welzer und Wiegandt 2014a). Erfolge hingegen sind diesen insulären Aufbrüchen in eine andere Wirtschafts- und Sozialpolitik umso sicherer, je eher es ihnen gelingt, selbstbewusste, wirk- samkeitsüberzeugte und fachlich kompetente Individuen für die Mitarbeit zu interessieren, die in ihrer Kommune, ihrer Stadt oder ihrem Quartier etwas zu sagen haben (Plöger 2011; Jensen 2015). Hilfreich ist es außerdem, wenn mit den jeweiligen Maßnahmen die Bewältigung von Problemen in Angriff genommen wird, mit deren Lösung sich die Bürger und die politische Verantwortlichen einer Region jahrelang erfolglos herumgeschlagen haben. Es muss ein experimentier- freudiges oder wenigstens lernbereites soziales Umfeld und es müssen öffentliche oder private Kapitalgeber existieren, die bereit sind, in eine mögliche, aber erfolgsunsichere Zukunftsentwicklung zu investieren (Sommer und Welzer 2014; Welzer und Wiegandt 2014b). Bei all diesen Aktivitäten hat sich das Internet neben den klassischen Kommunikationskanälen wie Publikationen, Workshops, Tagungen und gut organisierten Kampagnen, Funk und Fernsehen überall dort als Erfolgsgarant bewährt, wo es dazu beitragen konnte, das Zusammengehörigkeits- und Kohärenzgefühl der vielen, oft isoliert und unter dem Eindruck massiver Widerstände agierenden Projekte erheblich zu fördern.

Jensen, Plöger, Rosa, Scheub, Sommer, Welzer, Wiegand und andere Trans- formationsstrategen weisen darauf hin, dass mit der Implementation neuer

Projekte, insbesondere solcher, die auf die Reduktion von umweltschädigendem Wachstum und Massenkonsum und einen „Pfadwechsel" in Richtung einer nachhaltigen Lebensweise abzielen, nicht nur einen großen Teil der oft überflüssigen Produkte und Produktionstechnologien zur Disposition stellen, denen wir unseren Wohlstand verdanken. Gut gemanagt und nach außen erfolgreich kommuniziert, sind sie *subversiv*. Das heißt, sie stellen immer auch den Wertschöpfungskreislauf kapitalistischen Wirtschaftens und damit die materiellen, bildungs-, rechts-, und versorgungspolitischen Ungleichheitsverhältnisse in Frage, die der Kapitalismus braucht, erzeugt und unterstützt und rührt damit an, ein wenn auch oft diffuses Ungerechtigkeitsempfinden, das sich seit den 1970er-Jahren bevölkerungsweit auszubreiten begonnen hat. Alles zusammen genommen erklärt es das schon länger beobachtete, zunehmend aber tragfähige, von den Transformationsdesignerinnen und –designern so bezeichnete Phänomen der „Autopoetik des ersten Schritts" (Sommer und Welzer 2014, S. 178 ff.). Dabei geht es um eine Interventionsstrategie des Schon-Mal-Anfangens, innerhalb deren auf einen ersten gewagten und gegen Widerstand durchgesetzten Schritt, dem weitere zunehmend einflussreiche, weil auf immer weniger Widerstand treffende Schritte folgen. Schritte, bei denen man sich auf immer mehr Erfahrungen und immer mehr Organisationen berufen kann, die sich wie beispielsweise das in Deutschland schon weit verbreitete Genossenschaftswesen (Stappel 2013)[14] an Prinzipien des Gemeinsinns, der Selbsthilfe, Solidarität und Nachhaltigkeit orientieren.

Mit vergleichbaren Implementations- und Akzeptanzproblemen konfrontiert, haben die österreichischen Pädagogen und Gesundheitsförderungsexperten Ralph Grossmann und Klaus Scala ([1994] 2006) auch von der *List* gesprochen, deren sich Akteurinnen und Akteure bedienen können, die versuchen, Gesundheit – bei Licht besehen ein nicht weniger sprödes „Einführungsprodukt" als eine alternative Wirtschafts- oder Gesellschaftsordnung – durch *Projekte* zu fördern. Die Kontexte, in die interveniert wird, sind in der Regel systemisch organisiert und auf Selbsterhaltung programmiert. Wer Förderung mit Hilfe von Projekten betreibt, die immer auch auf Veränderung von Menschen und Organisationen hinausläuft, macht folglich nichts anderes, als ein System durch eine zeitlich

---

[14] In einem von der DZ Bank in Auftrag gegebenen Bericht ist immerhin von 2.609 gewerblichen, 2.773 ländlichen, 1.907 Wohnungs-, 1.065 Bank- und 27 Konsum-Genossenschaften die Rede. Insges. sind es 8.007 Einrichtungen, in denen sich Firmen und Menschen zusammenschließen, um bestimmte Aufgaben gemeinsam und zum allseitigen Vorteil zu bewältigen. Hinter ihnen stehen der 21.912.000 Mitglieder (Anteilseigner) und für sie arbeiten fast eine Million (932.700) Menschen.

begrenzte Einführung eines anderen alternativ ausgerichteten Systems herauszufordern und dadurch aus Selbsterhaltungsinteresse zum *Lernen* zu bringen. Die List der Projektförderung besteht darin, dass das Zielsystem, in das nach der Zustimmung seiner Funktionsträger projektförmig eingegriffen wird, genau das tut, was Systeme immer tun. Es reagiert auf das alternative Projekt und setzt sich solange es läuft, mit seinen Zielen und Zwischenergebnissen auseinander. Wenn die verantwortlichen Funktionsträger des Zielsystems nach Beendigung des Projektes dann erneut entscheiden, können sie die projektförmig erarbeiteten Förderungs- bzw. Veränderungsvorschläge ablehnen, ganz oder teilweise übernehmen. Aber selbst wenn sie sich für eine Ablehnung entscheiden, hat das Projekt *gewirkt,* und zwar umso durchgreifender, je kompetenter es gemanagt wurde, und je erfolgreicher seine Ideen und (Teil-)Ergebnisse schon während der Laufzeit in das Zielsystem hinein kommuniziert werden konnten. Kaum ein System ist nach der Intervention durch ein Projekt das gleiche wie vorher, einerlei, ob es in den Augen des Zielsystemmanagements ein erfolgreiches oder erfolgloses gewesen ist.

Die Autopoetik des *ersten Schritts* und des *systemischen Lernens* stellen, so scheint es, die momentan einflussreichsten, durch zahlreiche Teilprojekte in allen für die Veränderung von Politik, Wirtschaft und Gesellschaft wichtigen Bereichen *überprüften* Vorgehensweisen dar, die es uns unter den anders gepolten Bedingungen im Hier und Jetzt bereits ermöglichen, einer besseren Zukunft entgegen zu arbeiten. Nächster strategischer Schritt kann und muss es dann sein, aus alle diesen vielversprechenden Ansätzen eine nachkapitalistische Bewegung zu schmieden, die den *Gesundheitsbewegungen* der 1980er-Jahre (Göpel 1989) und der aktuellen *Décroissance-* Bewegung der europäischen Linken an Umfang und Einfluss ähnlich ist (Rätz et al. 2011). Von dort ausgehend etwas zu erreichen, das als *„revolutionärer"* Schritt in eine durch und durch solidarische, d. h. gerecht verteilende, suffizient wirtschaftende, entscheidende, fördernde und versorgende Gesellschaft (Winker 2015) erscheint nicht unmöglich, wird aber noch mehrere Jahrzehnte zu sich findender ökologischer und sozialer Vernunft in Anspruch nehmen. Dieser Wandel wird, wie der US-amerikanische Transformationsforscher Stephan A. Schwartz (2015) erst jüngst betonte, wenn er nachhaltig wirken soll, weder durch physische Gewalt noch mit den Mitteln der (Internet-)Technologie, sondern nur durch das integrierte Zusammenwirken von Überzeugungsarbeit auf der persönlichen und durch Good-Practice-Modelle auf der psycho-sozialen Ebene herbeigeführt werden können.

7.3.5 Subsistenz- und suffizienzorientierte Gesundheitspolitik

Ähnlich verhält es sich mit dem sogenannten Gesundheitssystem, dass im Zuge der Ökonomisierung aller Gesellschaftsbereiche viel von seinen karitativen (care) und humanitären Intentionen verloren hat (u. a. Kühn 2004; Bauer 2006; Gerlinger und Stegmüller 2009). Auch ihm müsste im Namen einer Versorgungspolitik, die Geld in die Hand nimmt, um Kranke zu versorgen, statt Kranke zu versorgen, um damit Geld zu verdienen (Kühn 2004), neue Regulative der Suffizienz (so viel wie nötig) und der Subsistenz (so viel wie volkswirtschaftlich möglich) implementiert, und es müssten darüber hinaus alte in Vergessenheit geratene Prinzipien der Solidarität und Versorgungsgerechtigkeit zu neuem Leben erweckt werden.

Angesichts der existierenden sozialen Ungleichverteilung von Gesundheitschancen, die einer wohlhabenden, (informations-)technisch hoch entwickelten Leistungsgesellschaft wie der unseren unwürdig ist, hätte sich eine solche Politik neue *Ziele*, wie z. B. die Inklusion, statt der Exklusion sozial und materiell Minderbemittelter und einen verantwortlichen statt eines am Geldbeutel der Patienten orientierten *Umgang* mit der Knappheit beziehungsweise Fehlsteuerung existierender Angebote zu setzen. Ihr hätte zu allererst an den Bedürfnissen der Vielen, statt am Gewinn der Wenigen zu liegen, und an einer vorbeugenden *Interventionsphilosophie*, deren wichtigstes Bestreben es wäre, Kosten und Nutzen der Krankenversorgung in ein ausgewogenes Verhältnis zueinander zu bringen (Dabrock 2012). Ihr obläge es außerdem, sich um angemessene *Ressourcen* (Personal, Zeit, materielle Sicherheit) der dort Arbeitenden zu kümmern, und sie muss von der Überzeugung getragen sein, dass eine solche *Vorbeugungspolitik* nur funktioniert, wenn man die zu Versorgenden erst einmal befähigt, vorbeugend zu denken und zu handeln, das heißt, sie fördert (u. a. Schmidt 2008; Remmers 2009; Schnabel und Bödeker 2012), bevor man von ihnen verlangt (fordert), ihre Lebensstile nach Suffizienz- und Subsistenzkriterien auszurichten (vgl. auch Abschn. 7.3.2 und 7.3.3 der vorliegenden Untersuchung). Welche interventionsstrategischen Konsequenzen daraus zu ziehen wären, soll uns im folgenden Teil der Untersuchung (vgl. dazu Kap. 8) noch genauer beschäftigen.

7.4 Leben, das ein glückliches werden soll, fällt nicht vom Himmel. Man muss lernen, es zu leben

Wir haben oben (vgl. Kap. 5 der vorliegenden Untersuchung) gelernt, das „Leben" als deskriptiver Begriff lediglich eine *Daseinsform* beschreibt, die sich von toter Materie oder den bereits verstorbenen Mitgliedern einer existierenden Gattung unterscheidet. Erst mit dem Adjektiv „lebendig" werden die verschiedenen *Verkörperungen* bestimmter tierischer oder pflanzlicher Spezies beschrieben, die die Fähigkeit besitzen, sich zwischen ihrer Geburt respektive Entstehung und ihrem Tod oder Absterben auf selbstregulative (regenerative, reproduktive, teilweise mobile) Weise funktionsfähig zu erhalten. Unter „gelebtem" Leben ist, wie wir außerdem gesehen haben, nicht nur das *biophysiologische* Substrat dessen zu verstehen, was menschlichen, tierischen und pflanzlichen Organismen das Überleben ermöglicht. Gelebtes Leben umschreibt auch, was die so genannte *„Biographie"*, einschließlich aller Wahrnehmungs- und Erfahrungsverarbeitungs- bzw. Erfahrungsaneignungs- oder Lernprozesse anbetrifft, die Heranwachsende während ihres Lebens durchlaufen. Ferner hat man uns im Zuge der Industrialisierung beigebracht, zwischen „Privat"- und „Arbeitsleben" zu *unterscheiden* und beide sogar gegeneinander auszuspielen. Und wenn wir es, das Leben, als „schlechtes", „defizitäres" und „prekäres" oder „gutes", „befriedigendes" oder „sinnvolles" bezeichnen und uns fragen, was das denn sei, dann werden wir uns sehr schnell der Tatsache bewusst, dass wir es nicht nur mit etwa zu tun haben, was uns in mehr oder weniger schuldhafter Weise eignet. Wie alle Wirklichkeiten, mit denen wir uns ein Leben lernend, verlernend oder umlernend auseinanderzusetzen haben, ist es außerdem *gesellschaftlich* konstruiert. Damit ist mit den Wissenssoziologen Peter L. Berger und Thomas Luckmann (1980, S. 1 ff.), die sich mit den Konsequenzen dieser Einsicht intensiv beschäftigt haben, dass es „ungeachtet unseres Wollens vorhanden ist", dass wir es zwar „verwünschen", aber es uns nicht „wegwünschen" können, und dass es nur innerhalb der Grenzen, die uns die strukturellen und organisatorischen Kontexte setzen, innerhalb deren es sich abspielt, von uns beeinflusst werden kann.

Es ist immer schon da. Es fällt uns nicht in den Schoß und trotzdem müssen wir uns, wenn wir es als sinnvolles, befriedigendes und so weiter, kurz als „gutes" gestalten und als „glückliches" (vgl. dazu auch Kap. 9 der vorliegenden Untersuchung) empfinden wollen, fragen, wie wir seiner teilhaftig werden können, obwohl *andere,* das heißt die Personen und Einrichtungen der sozialen und die Gegebenheiten der natürlichen Umwelt darüber nach weitgehend selbst-referentiellen Gesichtspunkten mitbestimmen.

7.4.1   Das Leben erlebend leben lernen

Die selbstreflexive, nicht nur am Wie, sondern auch an ihrer Geschichte und am Warum ihres Handelns interessierte (Sozial-)Pädagogik (u. a. Friebertshäuser et al. 2006; Dewe und Otto 2012) hat in Übereinstimmung mit den Erkennt-nissen der Sozialisationsforschung (vgl. dazu Kap. 6 der vorliegenden Unter-suchung) und im Unterschied zur praktischen Politik längst begriffen, dass es fast unmöglich ist, junge Menschen unter fremdbestimmten Bedingungen, mit restriktiven Methoden und unter der Leitung didaktisch unreflektierter und autoritär agierender Mittlerinnen und Mittler zu handlungsfähigen, das heißt selbstbestimmten, selbstwirksamkeitsüberzeugten und durchsetzungsfähigen Persönlichkeiten heranzubilden. Eben diese Quadratur des Kreises jedoch muss vollbracht werden, wenn ihnen nicht nur das Wissen darüber vermittelt werden soll, wodurch sich ein gutes Leben auszeichnet und was gut für sie als Lebende ist, sondern auch die Fähigkeit, das für sich als gut Erkannte (z. B. ihre tat-sächlichen Bedürfnisse) allein oder – was sehr viel häufiger geschieht – in Zusammenarbeit mit anderen durchzusetzen.

Alles, was wir sind, was wir wollen und können, erlangen wir durch erlebte verbale und nonverbale (lautmalerische, gestische, mimische) Kommunikation mit anderen, die uns nur selten als autonom Handelnde (Planende, Entscheidende, Durchsetzende) und so gut wie immer als Träger verschiedener Funktionen gegenübertreten, die sie innerhalb unterschiedlicher Einrichtungen, Institutionen und Organisationen erfüllen (Schnabel und Bödeker 2012). Auch wir selbst, die wir z. B. über Freiheit, Gleichheit und Solidarität philosophieren, sind in unserem Denken und Verhalten weder wirklich frei oder gleich noch können wir dabei mit sonderlich viel Unterstützung rechnen. Vieles wird uns durch das kommunikative Verhalten der Mitglieder unserer Herkunftsfamilie, später durch Erzieherinnen und Erzieher, Lehrerinnen und Lehrer, Ausbilderinnen und Ausbilder, Chefs, Cheffinnen vorgegeben. Von der Mischung rationaler, emotionaler und kreativer Erlebnismomente, die wir mit ihrer Hilfe und/oder unter ihrer Leitung durch-leben dürfen, hängt nicht nur ab, welches Repertoire an Erfahrungsverarbeitungs-kompetenzen wir uns aneignen können. Die Qualität der Lernumwelt, an der wir dank der alltäglichen Organisationsleistungen dieses Personenkreises teil-nehmen können, bereitet uns zugleich auch mehr oder weniger angemessen darauf vor, die folgenden Phasen unserer Sozialisation als Kinder, Jugendliche, jüngere und ältere Erwachsene, Seniorinnen und Senioren mit mehr oder weniger hohem gesundheitlichem, intellektuellem, emotionalem und kreativem Gewinn zu absolvieren (vgl. dazu auch Abschn. 6.1 der vorliegenden Untersuchung). Ein angemessener bis großer Gewinn in diesen Sektoren, den wir uns auch als relativ hohen Pegel in einem System kommunizierender Röhren vorstellen können, kommt dem sehr nahe, was als *gutes Leben* bezeichnet werden kann. Entscheidend für den Erfolg eines solchen Lern- und Aneignungsgeschehens ist den Erkenntnissen der Sozialpsychologie zufolge die Art und Weise, wie Menschen gelernt haben, mit Lernsituationen, nicht nur den *intendierten* und/oder professionell organisierten, sondern auch den viel zahlreicheren umzugehen, in denen das Erfahrungslernen quasi *nebenbei* erfolgt.

Die auf den ersten Blick trivial erscheinende, dennoch erfahrungsgesättigte Theorie der kognitiven Dissonanz (Festinger [1957] 2012)[15] , die es zu erheblichem Ansehen in der Pädagogik, der Werbe- und der Beratungsbranche gebracht hat, geht davon aus, dass es Menschen immer zum Reagieren, manchmal auch zum Lernen mit der Folge einer Veränderung angeeigneter Denk- und Verhaltensmuster motiviert, wenn sie *erhebliche* Diskrepanzen feststellen, zwischen dem, was sie auf kommunikativem Wege aus der Umwelt an Signalen empfangen und ihren eigen Einstellungen und Verhaltensroutinen. Derartige Diskrepanzerfahrungen erzeugen seelischen Druck, können sogar zu Psychosomatopathien führen und müssen bearbeitet beziehungsweise beseitigt werden, weil Menschen nach Überzeugung der Theoriekonstrukteure (Festinger [1957] 2012) grundsätzlich darauf programmiert sind, im Zustand der *Konsistenz* mit sich, mit den Anderen und der Umwelt zu leben. Angesichts belastender Diskrepanzerfahrungen oder Dissonanzen werden sie deshalb entweder ihre Einstellungen und/oder ihr Verhaltensgewohnheiten ändern, damit sie zu ihren Wahrnehmungen passen oder sie werden ihre Wahrnehmungen ändern, um diese in Einklang mit ihren Erfahrungen zu bringen. Es können natürlich auch weitere entlastende oder erklärende Zusatzannahmen getroffen werden, die es letztendlich ermöglichen, den widerstreitenden

---

[15]Festinger und einige Mitglieder seiner Arbeitsgruppe haben sich zum Schein in eine Sekte aufnehmen lassen, deren Leitfigur den Untergang der Welt und die Rettung seiner Anhänger durch Außerirdische zeitgenau vorausgesagt hatte. Mit der von ihnen entwickelten Theorie der kognitiven Dissonanz konnten sie erklären, weshalb die Sektenmitglieder weiterhin treu zu ihrem Anführer hielten, obwohl sich dessen Prophezeiung als falsch erwiesen hatte, statt ihn – was den psychoemotional wesentlich aufwändigeren Schritt bedeutet hätte – ihn zu verlassen.

Wahrnehmungen zum Trotz an den vorhandenen Einstellungs- und/oder Verhaltensmustern festzuhalten.

Wird allerdings eine Änderung aus den unterschiedlichsten Gründen unvermeidlich, zu denen der eigene Leidensdruck wie auch die Leistungs-, Erwartungs- oder Anpassungserfordernisse der Umwelt oder die sich wandelnde Lebensverhältnisse beitragen können, neigen Menschen zuerst dazu, ihre Wahrnehmungen (Kognition) zu verändern, und sie werden dazu instinktiv diejenigen wählen, deren Veränderung ihnen die geringsten Anpassungsleistungen abverlangt. Lernstrategisch bedeutet dies, dass sie sich dabei vor allem aus jenen Erkenntnisbereichen mit zusätzlichem Wissen, Eindrücken, Begründungen (Ausreden) munitionieren, die ihnen besonders zugänglich, weil bekannt erscheinen. Erst wenn sich infolge dieser Maßnahme nicht die erwünschte Druckabfuhr ereignet, wird zu anderen, sehr viel aufwendigeren Kompensationsstrategien, wie der Veränderung lang gehegter Einstellungen gegenüber dem eigenen Verhalten oder zur direkten Verhaltensänderung gegriffen. Letztere gehört – wie jeder aus Erfahrung weiß – zu den weniger gern gewählten, weil sie auf die Trennung von lieb gewonnenen Routinen und oft auch darauf hinausläuft, sich mit den Erwartungen Anderer und den darauf bauenden Strukturen und Organisationsformen gesellschaftlichen Zusammenlebens- und -arbeitens kritisch auseinanderzusetzen.

Wie viele andere vor allem aus der behavioristischen Denktradition stammenden Theorien oder Theoreme (klassisches und operantes Konditionieren, Modelllernen usw.), die sich mit den Beeinflussungsmöglichkeiten unseres Denkens und Verhaltens auseinandersetzen (Bodenmann et al. 2004; Göhlich und Zirfas 2007), liefert uns das Dissonanz- bzw. Konsistenzkonzept einen durchaus realistischen Eindruck davon, wie Anpassungslernen unter den gegenwärtig herrschenden Lebensbedingungen funktioniert. Nicht anders verhält es sich auch mit Ansätzen des instrukturellen Konditionierens oder dem Lernen durch Einsicht. Ihnen allen fehlen nicht nur Annahmen darüber, wohin dieses Geschehen die Lernenden führen soll. Sie erklären auch nicht, wie lernendes Sich-Verändern, das vor allem auf Stressreduktion durch Andocken an und Erweitern des ohnehin schon Bekannten zielt, Menschen dazu bringen soll, ihre kreativen und innovativen Potenziale und entsprechende, damit einhergehende Veränderungsbereitschaften zu entfalten (Zimbardo 2008).

Anders dagegen argumentiert und operiert die kritisch-reflexive Lernforschung (Krüger 2012). Sie kümmert sich nicht nur um die normativen Grundlagen des eigenen Fragens und derer, die sie adressiert. Sie gründet die Art und Richtung ihres Interventionshandelns auf präzisen Informationen darüber, wie die Lebens- und Arbeitssituation derer beschaffen ist, an die sie sich wendet, und ob beziehungsweise wie sich diese von denjenigen Situationen unterscheidet, die den Bedürfnissen der Adressaten und den Vorstellungen über eine aufgeklärte, demokratisch intakte, von verantwortungsbereiten Bürgern partizipativ gestalteten Gesellschaft angemessen ist. So sind sie und die in ihrem Namen agieren Interventionsexperten in der Lage, den an Anpassung gewöhnten Angehörigen unserer auf Entfremdung, Ausbeutung, Massenkonsum und permanentes Wirtschaftswachstum zugunsten Weniger ausgerichteten Volkswirtschaften eine kritische Vorstellung davon zu vermitteln,

- wie mit ihnen und ihrem Leben tatsächlich umgegangen wird,
- von welchen Fremdinteressen dieses bestimmt wird,
- wie eine Gesellschaft aussehen könnte, der an ihrer unantastbaren Würde und der Befriedigung ihrer tatsächlichen Bedürfnisse gelegen ist,
- was von heute an getan werden kann, um den Aufbau einer derartigen Gesellschaft selbst in Angriff und
- die damit verbundenen Anstrengungen trotz hoher Unwägbarkeiten und Scheiternsrisiken auf sich zu nehmen.

Ohne Hinzuziehung dieser Sichtweise werden die Befunde wie sie in letzter Zeit aus mehreren Volksbefragungen gemeldet werden, für die politisch Verantwortlichen, die gerade erst damit beginnen, sich für die Befindlichkeiten ihrer Bevölkerungen zu interessieren, unbegreiflich bleiben. Nicht nur den Deutschen, sondern den Menschen in ganz Europa geht es den üblicherweise verwendeten Wohlstandsindikatoren (BIP) zufolge verhältnismäßig *gut,* aber sie sind in zunehmendem Maße *unzufrieden.* Verstehen tut dies nur, wer begriffen hat, das Gut-Gehen sich eben nicht nur an materiellen Vorteilen bemisst, und dass sich vieles von dem, was zum guten, als beglückend empfundenen Leben gehört, mit Geld allein nicht kaufen lässt.

Einer kritischen Evaluationsforschung ist außerdem die erst neuerdings wiederentdeckte, Einsicht zu verdanken, dass alle, vor allem aber junge Menschen besonders dann erfolgreich lernen, wenn man ihnen in Form von Projektunterricht, Kursen, Praktika die Gelegenheit bietet, Sinn und Bedeutung des Gelernten quasi hautnah zu erfahren (u. a. Fischer und Ziegenspeck 2008; Paffrath 2012). Die als „Erlebnispädagogik" bezeichnete handlungsorientierte Methode zielt darauf ab, die Persönlichkeitsentwicklung vor allem junger Menschen zu fördern und sie zur verantwortlichen Gestaltung ihrer Lebensumwelt zu befähigen, indem man sie in exemplarischen Lernprozessen mit konkreten physischen, psychischen und sozialen Herausforderungen konfrontiert (Heckmair und Michl 2004). Sie, die mit ihren historischen Wurzeln bis auf die Urväter Rousseau und Thoreau zurückreicht, ist von ihren theoretischen Voraussetzungen her immer schon kultur- und gesellschaftskritisch und von ihren politischen Intentionen her immer schon alternativ bis subversiv orientiert gewesen. Ursprünglich vor allem erdacht, um den Menschen des heraufdämmernden Industriezeitalters die Freiheit, Ursprünglichkeit und Schönheit der Natur vor Augen zu führen, haben wir ihnen neben einer Vielzahl von alternativen Schulkonzepten unter anderem auch die Pfadfinder-, die Sport-, die Wander- und die Kleingartenbewegung zu verdanken. Gegenwärtig wird die Erlebnispädagogik, wenn auch noch viel zu wenig, im Unterricht nicht nur verwendet, um Wissen über das wirkliche (Arbeits-)Leben zu vermitteln. Gelegentlich wird sie auch eingesetzt, um den Schülern Selbstbewusstsein, Selbstwirksamkeitsempfinden, Konfliktmanagement, Problemlösungskompetenz, Teamfähigkeit, soziale Kompetenzen und politische Verantwortungsbereitschaft beizubringen. Sogenannte extrafunktionale Qualifikationen, wie sie im Privatleben, in modernen geführten Unternehmen der Gegenwart und in der Arbeitswelt von morgen gebraucht, heute jedoch noch unterdrückt werden.

Wenig spräche allerdings dagegen, die Bedingungen für den Einsatz dieser erfahrungsbasierten, auf Selbstvertrauen und Mündigkeit abzielenden Pädagogik (Baig-Scheeder 2012) nicht nur in Schulen, sondern an allen mit der Sozialisation des Nachwuchses betrauten Instanzen und Einrichtungen zu verbessern. Sie ist erprobt, in inner- und außerschulischen Bereichen eingeführt und könnte darauf ausgerichtet werden, Heranwachsenden im Interesse ihrer Zukunftsfähigkeit nicht nur den Alltag, sondern auch die Erfahrungswelt der zahlreichen, bereits existierenden Projekte, Programme und Maßnahmen zu erschließen, die sich als Alternative zu den etablierten Formen des Lehrens und Lernens, Zusammenlebens und Wirtschaftens begreifen. Was dort gedacht und in die Tat umgesetzt wird, könnte sich als Inspiration für all jene erweisen, die sich darum bemühen, die Diskrepanzerfahrungen auf konstruktive Weise zu bewältigen, die für das Aufwachsen in unseren Gegenwartsgesellschaften typisch sind. Wie die Strategie der ersten Schritte und die projektförmige, auf die Reagibilität von Systemen setzende Interventionsweise (s. o.) eignet sich auch die kritisch-reflexiv orientierte Erlebnispädagogik dazu, den zunehmend verunsicherten Menschen moderner Gesellschaften vielleicht noch nicht das glückliche Leben, wohl aber das kritische Denken und Verhalten im noch Falschen (Adorno [1951] 1997), quasi als ersten orientierenden Schritt in die richtige Richtung zu ermöglichen. Aber selbst sie werden nicht getan werden können, ohne zuvor die Perspektiven, die Bildung und die Handlungskompetenz sowohl der Initiatoren als auch der Adressaten bei allen sich bietenden Gelegenheiten auf zielführende Weise zu verändern.

7.4.2   „Literacy" … ohne Bildung ist vieles nichts …

Kritisch-reflexiv agierende Wissenschaftler und Interventionsexperten ebenso wie ihre Adressaten haben nicht nur mit Desinteresse, sondern auch mit Schwierigkeiten zu rechnen, wenn sie sich daran machen, die Botschaft über die Möglichkeiten guten und deshalb anderen Lebens, Regierens und Wirtschaftens mit den Mitteln des experimentierenden Erfahrungslernens in die Tat umzusetzen. Wie die Botschafter von Public Health und Gesundheitsförderung (Grossmann und Skala 2011 und Kap. 3 der vorliegenden Untersuchung) stehen sie vor den Toren einer Gesellschaft, die sich nur wenig für die Gesundheit, sondern überwiegend nur für die Arbeitsfähigkeit, nicht für das Glück oder gute Leben der Vielen, sondern für die Steigerung von Massenkonsum und wirtschaftlichen Wachstum zugunsten Weniger interessiert und müssen irgendwie hineingelangen. Was ihnen in den auf Leistung und Wettbewerb bauenden Dienstleistungs- und Wissensgesellschaften der Gegenwart nur über den Zugang zur Bildung gelingen will. Über Bildung, unter der sehr Verschiedenes verstanden wird, die von vielen gewollt und ihrer universellen Brauchbarkeit wegen auch meistens gewährt wird. In der Regel geschieht das aber nur bis zu dem Punkt, wo diejenigen, die die Chance erhalten, ihrer teilhaftig zu werden, gegen das System aufzubegehren beginnen, dem sie ihre Bildung verdanken.

Bildung ist dem Stand der Gesundheitsforschung zufolge nicht nur dafür verantwortlich, wie lange Menschen leben, wie häufig und schwerer sie erkranken und über welche Gesundheitschancen sie verfügen (Richter und Hurrelmann 2006; Bauer et al. 2008; Mielck et al. 2012). Sie entscheidet – so wird heute aufgrund einschlägiger Forschungsergebnisse vermutet – auch darüber, wie privilegiert oder prekär das Leben der Menschen verläuft und in welchem Ausmaße man ihrer teilhaftig wird. Was, wie es u. a. die IGLU- und PISA-Studien (Werstedt und John-Ohnesorg 2008) verraten, in keinem anderen OECD-Land der Welt abhängiger von der sozialen Herkunft und dem Geldbeutel der Eltern ist, als in Deutschland. Deshalb setzt nicht erst seit heute, gegenwärtig allerdings unter dem neudeutschen Schlagwort „Literacy"[16] alle Welt auf Bildung, um die unvermindert bestehende soziale Ungleichheit und deren allokativen Folgen für das psychosoziale Überleben der Heranwachsenden auszugleichen. Sozialgeschichtlich betrachtet ist

---

[16] Auf die existierende, bisweilen recht akademisch anmutende und ausufernde Diskussion über die Unterschiede zwischen dem, was jeweils durch den neueren anglo-amerikanischen Begriff „Literacy" und den deutschen Begriff „Bildung" zum Ausdruck gebracht werden soll, kann an dieser Stelle nicht näher eingegangen werden.

Bildung überall dort, wo sie sich zum öffentlichen Programm entwickelte, mit dem Anstieg des materiellen und sozialen Wohlstands der Bevölkerungen positiv korreliert. Wie bei der wirtschaftlichen Entwicklung, mit der wir uns unten noch beschäftigen werden, haben davon aber immer die Ober- und die bürgerliche Mittelschicht erheblich mehr und nachhaltiger profitiert, als die materiell, sozial und versorgungsmäßig schlechter gestellten Teile der Bevölkerung (Bauer et al. 2014).

Wie wir noch sehen werden, ist die bevölkerungsweite Förderung von Bildung, der die neuere Auffassung von Literacy in weiten Teilen entspricht, trotz vielfach anderer Bekundungen ihrer Initiatorinnen und Initiatoren nie von humanistischen Motiven allein bestimmt gewesen. Stets wurde sie unter dem Einfluss gesellschaftlich dominierender, oft militärischer, nationalstaatlicher, wirtschaftlicher, zunehmend auch aus anpassungs- und sicherheitspolitischen Interessen konzeptionell erdacht, durchgesetzt und in ihren jeweiligen historischen Erscheinungsformen protegiert. In der Regel geschah das so lange, bis sie ihre Aufgaben nicht mehr erfüllen konnten oder technologische Entwicklungen und veränderte Lebensbedingungen neue bildungs-, vorwiegend anpassungspolitische Initiativen erforderlich machten (Tenorth 2010; Kuhlmann 2013). So begnügte man sich zu Beginn der ersten systematischeren, nicht nur den Adel und das wohlhabende Bürgertum betreffenden Förderungsbemühungen noch im achtzehnten Jahrhundert damit, der breiteren Bevölkerung Grundfertigkeiten im Lesen, Schreiben (Alphabetisierung) und Rechnen beizubringen. Im Verlaufe des neunzehnten Jahrhunderts wurde es dann notwendig, den Menschen neben Orthographie, Grammatik, Semantik zum Lesen und Verfassen komplizierterer Texte, Fähigkeiten für das Verstehen und die Durchführung komplizierterer Rechenoperationen und zusätzlicher Kenntnisse über den angemessenen Umgang mit den sich wandelnden Symbolen und Normen jener neuen Alltagskultur zu vermitteln, mit der die Industrialisierung das Leben der Menschen zu prägen begann. Arbeitsverträge mussten geschlossen, Gehälter vereinbart, Maschinen bedient, Mietverträge eingegangen, Massenware konsumiert, Arbeitskraft erhalten und Nachwuchs in gesellschaftlich vorgegebenem Ausmaß reproduziert und sozialisiert werden. In der Moderne und der sich inzwischen andeutenden Postmoderne schließlich umfasst Literacy nicht zuletzt deshalb noch erheblich mehr, weil es zur Überlebenstatsache geworden ist, sich nicht nur hoch komplizierten technologischen Veränderungen samt ihrem Einfluss auf das gesellschaftliche Zusammenleben zu stellen. Sie fordert von den Menschen darüber hinaus auch noch, sich in nationalen, internationalen und globalen Kontexten zurechtzufinden.

Entsprechend definiert die „United Nations Educational, Scientific and Cultural Organization" Literacy als „the ability to identify, understand, interpret, create, communicate and compute, using printed and written materials associated with varying contexts". Und sie fährt fort: „Literacy involves a continuum of learning in enabling individuals to achieve their goals, to develop their knowledge and potential, and to participate fully in their community and wider society" (UNESCO 2004). Theoretisch umfasst sie somit nicht nur die gesamte Persönlichkeit des Menschen, einschließlich seiner kognitiven, psychoemotionalen und sozialen Fähigkeiten. Wer sie zu fördern behauptet, nimmt zwangsläufig den Menschen als Produkt lebenslangen Lernens in den Blick und tut dies mit dem anspruchsvollen Ziel, ihn zum verantwortlichen Gestalter der Umwelt heranzubilden, in der er lebt und arbeitet. Dafür reicht Informationswissen allein und die Fähigkeit, sich den Anforderungen des Alltagslebens anpassen zu können, allein noch nicht aus. Ein nach den modernen Prinzipien von Literacy sozialisierter Menschen zeichnet sich durch etwas aus, was schon seit Ende des zwanzigsten Jahrhunderts in der kritischen Sozialwissenschaft unter dem Begriff „Handlungsfähigkeit" (Geulen 1971, 1988; Habermas 1981a, vgl. dazu auch Kap. 1 der vorliegenden Untersuchung) diskutiert wird. Sie eignet denjenigen, die auf Anforderungen ihrer Umwelt nicht bloß reagieren, sondern in der Lage sind, die Welt in der sie leben, unter dem Gesichtspunkt ihres Beitrags zum eigenen und zum Wohlergehen anderer richtig einzuschätzen, die eigenen Bedürfnisse zu erkennen und sie allein oder in Kooperation mit anderen gegen politische und wirtschaftliche Interessen Dritter und der sie privilegierenden Strukturen durchzusetzen.

Von der Wirklichkeit dessen, was in Familien, Kindergärten, Schulen und anderen Ausbildungsstätten getan, was schlussendlich erreicht und in Privat- und Arbeitsleben von den Menschen erwartet wird, sind solche hehren in zahlreichen Bildungsmodellen, -konzepten und -programmen der Gegenwart propagierten Ziele (Bosse 2009) allerdings noch weit entfernt. Das hat Gründe, die sich im Wesentlichen den Hindernissen auf drei miteinander verbundenen, aber in ihren Konsequenzen unabhängig voneinander variierenden Ebenen verdanken:

- den sozial ererbten und in Abhängigkeit von Herkunft und ungleich verteilten Chancen sozialisierten Einstellungen und Verhaltensweisen der *Einzelnen,*
- dem selbstreferenziellen Funktionieren derjenigen Instanzen und *Einrichtungen* sowie deren Akteuren, die an der Organisation dieses Sozialisationsgeschehens beteiligt sind und
- dem interessengeleiteten Verhalten der Herrschenden, d. h. derjenigen Menschen und Gruppen, die – wie es der Soziologe und Nationalökonom Max Weber

([1918] 2005, S. 38 ff.) seiner Zeit vermerkte – aufgrund ihres Charismas, qua
Tradition und/oder auf legale Weise als Politiker, Religions- oder Wirtschafts-
führer und Versorgungsexperten die *Macht* erlangten, für ihre Anordnungen oder
Befehle bei angebbaren Personen(-gruppen) Gehorsam zu finden.

Es ist davon auszugehen, dass diejenigen, denen es in dem für die Aufrechterhaltung und Funktionsfähigkeit von Gesellschaften wichtigen Wirtschaftssystem aufzusteigen und politischen Einfluss auszuüben, alles dafür tun werden,
dasjenige System der Kompetenzaneignung und Privilegienverteilung zu unterstützen und gegen die Ambitionen derer zu verteidigen, die es zugänglicher und
gerechter gestalten wollen, um an den gleichen materiellen, politischen und
sozialen Vorteilen teilzuhaben. Nicht weniger, wenn zum Teil auch aus anderen
Gründen veränderungsresistent verhalten sich die Instanzen (Familien, Verwandt-
schafts- oder Freundesgruppen) und Einrichtungen (Kindergärten, Schulen,
Ausbildungs- und Arbeitsstätten), die eingerichtet worden sind beziehungsweise
geschützt werden, um im Auftrag der Gesellschaft und ihrer Entscheidungsträger dafür zu sorgen, dass die Verteilung der knappen Güter wirtschaftlichen,
politischen und gesellschaftlichen Erfolgs weiterhin auf diejenige Weise erfolgt,
denen die Auftraggeber ihre systemrelevante Position und ihre Gestaltungsmacht
verdanken. Dieses nicht nur deshalb, weil es verschiedentliche Vorteile bietet,
sowohl in formellen wie informellen Einrichtungen der erwähnten Art eine tonangebende Rolle zu spielen. Als etablierte Einrichtungen tun diese sozialen Systeme
alles Erdenkliche, um sich aus Gründen der Selbsterhaltung gegen internen und
externen Veränderungszumutungen so lange wie möglich zur Wehr zu setzen.
  So wie sie heute strukturiert, gesellschaftlich unterstützt und gefördert werden,
dienen Familien, Kindergärten, Schulen und andere Bildungseinrichtungen nicht
in erster Linie dazu, Menschen ein gutes Leben zu ermöglichen oder gar, sie
glücklich zu machen. Familien sollen den Nachwuchs an die Übernahme derjenigen Positionen im Gesellschaftssystem gewöhnen, die sie ihrer Herkunft
nach einnehmen sollen. Sie sollen ihn sozial integrieren und den Mitgliedern
als Rückzugsraum dienen, um sich vom Stress des Schul- und Arbeitsalltags zu
erholen. Kindergärten haben vor allem die Aufgabe, Kinder körperlich, seelisch
und sozial auf die Eingliederung ins Schulsystem vorzubereiten. Dessen verschiedene Sparten wiederum sind so verteilt und ausgerichtet, dass sie die Schüler
für die unterschiedlichen Bedarfe des Arbeitsmarkts qualifizieren. Und die daran
anschließende Berufsbildung tut mehrheitlich, was sie soll, nämlich, den Einrichtungen und Betrieben frühzeitig billige Arbeitskräfte zuzuführen und deren
möglichst reibungslose Eingliederung in das Berufsleben zu ermöglichen, statt sie
zu selbstbewusst agierenden Arbeitnehmern heranzubilden. Was hier geschieht

sieht auf den ersten Blick zwar aus wie politische Sozialisation oder wird in der Literatur oft, selten gesellschaftskritisch, unter familiärer, schulischer, beruflicher oder sekundärer, primärer oder tertiärer Sozialisation abgehandelt. Tatsächlich haben wir es aber in erster Linie mit kapitalismuskulturellen Anpassungseffekten zu tun, die sich bewährt haben, und auf nur schwer zu revidierende Weise ineinandergreifen (u. a. Claußen und Geißler 1996; Borst 2011; Bruder et al. 2013).

Um Kinder und Jugendliche mit all der physischen, emotionalen, intellektuellen und sozialen Unterstützung zu versorgen, die sie brauchen, um sich in einer zunehmend komplexeren, sich ungebremst technisierenden und sich in ihren Anforderungen an die Menschen rasant verändernden Lebenswelt zu selbstbewussten, selbstwirksamkeitsüberzeugten, reflexionsfähigen und sozial kompetenten Persönlichkeiten zu entwickeln, bleibt auf fast allen Ebenen und für die Mehrheit der Bevölkerungen zu wenig *Zeit.* Auch gibt es aufseiten der Verantwortlichen zu wenig Kompetenz und *Bereitschaft,* um in diese Richtung zu wirken. Schon gar, wenn – wie es die moderne Pädagogik empfiehlt – das Aneignungsgeschehen von entsprechend ausgebildeten Sozialisationsexperten erfahrungspädagogisch unterfüttert und das Ganze im Sinne der Literacy-Förderung auch das Wissen und die Fähigkeit einschließen soll, sich kritisch-konstruktiv und gestaltend mit den eigenen Lebensverhältnissen auseinanderzusetzen. Das gilt auch und besonders, wenn es für die Menschen unter den herrschenden *ungleichen* Bedingungen darum geht, durch Aneignung vieler dieser nicht selbstverständlichen Kompetenzen die Voraussetzungen für die Verbesserung ihrer gesundheitlichen Lage und ein qualitativ *hochwertiges* Leben zu schaffen. Das heißt für ein Leben, dessen Qualität sich nicht nur an der Höhe des Bruttoinlandsprodukts, des Einkommens oder der konsumtiven Potenz, sondern an dem Ausmaß bemisst, in dem sich die Menschen ungeachtet ihrer sozialen Herkunft, ihres Geschlechts, ihrer religiösen Überzeugung oder ihrer ethnischen Abstammung in der Lage sind, sich selbst zu verwirklichen (u. a. Bauer et al. 2008; Rosenbrock und Hartung 2012; Schnabel und Bödeker 2012).

7.4.3 „Capability" … aber ohne Handlungskompetenz nützt Bildung nur wenig

Aus guten Gründen haben deshalb die Erziehungs- und Gesundheitswissenschaftler Uwe H. Bittlingmayer und Holger Ziegler (2012) unter Bezugnahme auf die Überlegungen des indischen Wohlfahrtsökonomen und Nobelpreisträgers Amartya Sen und der US-amerikanischen Gerechtigkeitstheoretikerin Martha Nussbaum das Capability- als Weiterentwicklung des Literacy-Konzepts in die bildungspolitische und gesundheitsförderungstheoretische Debatte zurückgeführt.

In einer von ihnen zitierten Merkmalsliste, die Nussbaum (1999, S. 200) ausarbeitete, um die gewährte bzw. den Menschen vorenthaltene Lebensqualität messbar zu machen, zählt sie eine Reihe von „Grundfähigkeiten" auf, die jeder Bürger ihrer Meinung nach zum eigenen und zum Wohl der Gesellschaft, Wohl der Bürger anstreben sollte. Zu ihnen gehört die Fähigkeit.

- „ein menschliches Leben von normaler Länge zu leben, nicht vorzeitig zu sterben, oder zu sterben, bevor das Leben so reduziert ist, dass es nicht mehr lebenswert ist",
- „sich guter Gesundheit zu erfreuen, sich angemessen zu ernähren, eine angemessene Unterkunft und Möglichkeiten zu sexueller Befriedigung zu haben, sich in Fragen der Reproduktion frei entscheiden und sich von einem Ort zu einem anderen bewegen zu können",
- „unnötigen Schmerz zu vermeiden und freudvolle Erlebnisse zu haben",
- „seine Sinne und seine Phantasie zu gebrauchen, zu denken und zu urteilen – und diese Dinge in einer Art und Weise zu tun, die durch eine angemessene Erziehung geleitet ist, zu der auch (aber nicht nur) Lesen und Schreiben, mathematische Grundkenntnisse und eine wissenschaftliche Grundausbildung gehören" und
- „Beziehungen zu Dingen und Menschen außerhalb seiner selbst einzugehen, diejenigen zu lieben, die uns lieben und für uns sorgen, traurig über ihre Abwesenheit zu sein, allgemein Liebe, Kummer, Sehnsucht und Dankbarkeit zu empfinden".

Die Fähigkeit, so fügt sie erläuternd hinzu, sein Denkvermögen und seine Phantasie einzusetzen, um Werke und Ereignisse der eigenen Wahl auf den Gebieten von Religion, Literatur und/oder Musik hervorzubringen oder auch nur zu genießen, erfordert nicht nur die sozial faire Bereitstellung von Möglichkeiten und gesetzliche Gleichheitsgarantien. Es bedeutet auch, Formen des menschlichen Miteinanders einzugehen und zu unterstützen, die eine nachgewiesenermaßen große Bedeutung für die menschliche Entwicklung und Überlebenssicherung besitzen.

Nach Bittlingmayer und Ziegler (2012, S. 18 ff.) ist der Capability-Ansatz nicht nur in der Lage, die körperlichen, seelischen und gesellschaftlichen *Entstehungsbedingungen* von Einstellungen und Verhaltensweisen präziser herauszuarbeiten und veränderungsstrategisch zu nutzen als das Literacy-Konzept[17]. Er erlaubt es außerdem, die soziale Herkunft und Qualität der *Motive* besser zu verstehen, die Menschen dazu treibt, sich mit der künstlich geschaffenen und der natürlichen Umwelt unterschiedlich ertragreich für sich und andere auseinanderzusetzen. Er hilft dabei, die den Sozialisanden im Lebenslauf zugetragenen, sowohl *hinderlichen* als auch *fördernden* Momente des Aneignungsgeschehens klarer herauszuarbeiten und in ihren Auswirkungen zu *beurteilen*. Außerdem ermöglicht der Capability-Ansatz es seinen Vertretern, zu erkennen, was getan werden muss, um vorhandene Ressourcen zu *stärken,* den vielfältigen Barrieren einer fairen Kompetenzaneignung möglichst frühzeitig und mit den geeigneten Mitteln *entgegenzutreten,* die dafür benötigten individuellen (Bildung), materiellen (Gelder) und strukturellen *Ressourcen* (Dienste) sozial *gerecht* zu verteilen und dabei die Freiheits- insbes. Selbstbestimmungs- und Partizipationsrechte ebenso wie das Gerechtigkeitsempfinden[18] aller, nicht nur der unmittelbar adressierten Bürger, so wenig wie möglich anzutasten.

Die Gerechtigkeitsfrage zu erörtern, so wie es Bittlingmayer und Ziegler (2012) unter Bezugnahme auf die Theorie des US-amerikanischen Philosophen John Rawls tun, macht auch für den konstruktiven Umgang mit dem im vorliegenden Kapitel thematisierten Problem der Aneignung alternativer Kompetenzen unter kontrafaktischen Verhältnissen einen doppelten Sinn. Zum *einen* ist vonseiten derer, die sich von alters her gegen eine systematische Förderung der materiell und sozial minderbemittelten Bevölkerungsteile ausgesprochen haben, neben dem Korruptions-Risiko (sie würden dann gar nichts mehr tun) immer schon argumentiert worden, dass es sich dabei um eine ungerechte, vormundschaftlich verhängte Zurücksetzung derer handele, die sich ihre Privilegien und Wohlstand durch Leistung verdient hätten. Dieses Argument würde nur zutreffen, wenn die Bedingungen der Fähigkeitsgenese gesellschaftlich wesentlich gleicher verteilt wären, als sie es tatsächlich sind. Zum *anderen*

---

[17]Welches sich aus pädagogisch nachvollziehbaren Gründen vor allem mit den (früh-) kindlichen Realitätsaneignungschancen beschäftigt (u. a. Zimmer et al. 2009; Näger 2013) und im weiteren Lebenslauf auf die Fähigkeiten konzentriert, die Heranwachsenden durch andere in mehr oder weniger *paternalistischer* Weise zu vermitteln (so u. a. genauer nachzulesen im Heft 3 der Zeitschrift Report von 2014).

[18]Nach Brumlik (1990), den Bittlingmayer und Ziegler entsprechend erwähnen, ist dieses *nicht* tangiert, wenn bei Interventionen zum Zweck der Kompetenzverbesserung „entmündigende Nebenwirkungen minimiert" und die ergriffenen Maßnahmen „bei geringstmöglichem Einsatz von Kontrollen maximal nützen".

zeichnet sich, wie oben bereits angemerkt, die Gewohnheit, ausgerechnet jene Menschen in fremdbestimmten Kontexten und mit überwiegend paternalistischen Mitteln zu handlungsfähigen Persönlichkeiten heranziehen zu wollen, die aufgrund ihrer Entwicklungsbedingungen eine pädagogisch besonders durchdachten Förderung brauchen, durch Widersprüche aus, die der Rechtfertigung bedürfen (Ahlheim 2007). Aus der Perspektive des Capability-Ansatzes wäre es schlüssig, dieses Vorgehen als gezielte Strategie zu entlarven, die es ermöglicht, in der Öffentlichkeit und in den vom mittelständischen Bürgertum für das mittelständische Bürgertum veranstalteten Diskursen viel über die Notwendigkeit der Heranführung so genannter „bildungsferner" Schichten an die Bildung bloß zu reden, sie aber in Wirklichkeit gar nicht realisieren zu wollen.[19]

In beiden Begründungsfällen ließe sich mit Bittlingmayer und Ziegler gerechtigkeitstheoretisch argumentieren, deren Anliegen es im Unterschied zu dem an der Herstellung des Lebensglücks vernünftig handelnder Menschen interessierten Rawls (1975) darum geht, den advokatorischen[20] Einsatz von Gesundheitsförderungsmaßnahmen zu rechtfertigen. Das Bekenntnis zur Herstellung gerechter Ausgangsbedingungen für die natur- und verfassungsrechtlich garantierte freie Entfaltung der Persönlichkeit rechtfertigt es angesichts chronisch knapper Mittel jederzeit, sich besonders für diejenigen Bevölkerungsgruppen einzusetzen, die aufgrund ihrer sozialen Herkunft und der gesellschaftlich ungleich verteilten Qualifizierungschancen benachteiligt sind. Gerechtigkeit als Prinzip gebietet es ebenfalls, vor allem denjenigen unter die Arme zu greifen, denen der ungehinderte Zugriff auf eben diese Kompetenzen unverschuldet vorenthalten wird. Diese Hilfe unter den weithin verbreiteten paternalistischen Bedingungen, das heißt unter Einsatz von Experten, gegebenenfalls sogar von Verboten und Strafen zu gewähren beziehungsweise gewähren zu müssen, lässt sich nur auf Zeit und unter glaubhaften und vertrauenswürdigen Hinweisen darauf begründen, dass diese in sich widersprüchlichen Maßnahmen in absehbarer Zukunft zu einer

---

[19] Ein in diese Richtung weisendes Beispiel sind die Bachelorstudiengänge an deutschen Universitäten, deren Einführung mit der internationalen Anschlussfähigkeit, aber auch der Demokratisierung der höheren Bildung betrieben wurden, die vom pädagogischen Standpunkt her gesehen aber kaum noch etwas mit bildendem Studieren zu tun haben und den Absolventen auf dem Arbeitsmarkt so gut wie keine Vorteile bringen.

[20] Die Autoren beziehen sich hierbei auf die oben bereits mehrfach erwähnte „Ottawa Charta for Health Promotion" der WHO von 1986, in der unter der Rubrik „Strategien" den weltweit agierenden Public Health Experten vorgeschlagen wird, sich mit ihren Fördermaßnahmen vor allem um die sozial und gesundheitlich zu kurz gekommenen Bevölkerungsteile zu kümmern.

sozial gerechteren Verteilung von Be- und Entlastungen im Lebenslauf aller Menschen führen werden. Eben dieser Gerechtigkeitsgedanke ist es auch, der die in vielen Diskursen dieser Art von interessierter Seite geäußerte Behauptung, dass eine gerechtere Verteilung der für ein gutes Leben unverzichtbaren knappen Güter unmöglich sei, nicht nur als ökonomisch und (sozio-)logisch falsch, sondern auch als politisch kurzsichtig erscheinen (Vossenkuhl 2006).

Der von Bittlingmayer und Ziegler an hervorragender Stelle erwähnte Pflege- und Gesundheitswissenschaftler Hartmut Remmers (2009), dem es in erster Linie um die normative Begründung einer auf Krankheitsverhinderung und Gesundheitsförderung abzielenden Politik vorbeugenden Versorgungshandelns geht, hat im Namen der *Befähigungsgerechtigkeit* und unter Hinweis auf Nussbaums Überlegungen den Begriff der „Grundbefähigungsgleichheit" eingeführt. Darunter versteht er die Ermöglichung von Bedingungen, zu denen Kompetenzen aber auch Dienstleistungsangebote gehören, „die es erlauben, …ein wünschenswertes, gutes Leben zu führen" (Remmers 2009, S. 121). Intention und Ziel des Ansatzes, der dem in der vorliegenden Untersuchung verfolgten nahekommt, sind darauf gerichtet, den Bürgern unter Einsatz von Befähigungsbedingungen, auf die alle den uneingeschränkt gleichen Zugriff haben müssen, ein „zivilisatorisches Minimum" als Basis für die Teilhabe am gesellschaftlichen, wirtschaftlichen und kulturellen Leben zu garantieren, um dann darauf aufbauend eigene Lebenspläne zu verfolgen. Und kaum etwas, so schlussfolgern Bittlingmayer und Ziegler unter Bezugnahme auf Remmers Mahnung an eine säumige Politik, tangiere das Prinzip der gerechten Verteilung von Befähigungschancen stärker, als die durch die Forschung hinreichend belegte ungleiche Verteilung von Zugriffsmöglichkeiten nicht nur auf kurative, sondern auch auf gesundheitsförderliche und krankheitsverhindernde Dienste.

Dank einer funktionierenden Hochleistungsmedizin ist heutzutage eine Entfaltung der Persönlichkeit in und mit beeinträchtigter Gesundheit zwar durchaus möglich. Aber so frei, wie es die Verfassung (GG Art. 2) jedermann verspricht, ist sie weder im Leben noch im Sterben (Schnabel 2013). Wer sie als Bedingung für ein gutes und als befriedigend empfundenes Leben fordert, kommt nicht umhin, im Interesse der Überwindung herrschender Grundbefähigungs*ungleichheiten* auch über eine Veränderung der Machtverhältnisse und der gesellschaftlichen Strukturen nachzudenken. Im Folgenden soll deshalb unter Berücksichtigung der in den vorgängigen Kapiteln zusammengetragenen Erkenntnisse festgestellt werden, welchen Zusammenspiels individueller und gesellschaftlicher Voraussetzungen es bedarf (vgl. dazu auch Kap. 7. 5 der vorliegenden Untersuchung), um eben jene Befähigungsgerechtigkeit herbeizuführen, ohne die ein gutes, beglückendes Leben der Vielen nicht zu verwirklichen ist. Daran anschließend wird überlegt werden müssen (vgl. dazu auch Kap. 8), was sich davon unter den augenblicklich vorherrschenden politischen und sozialen Verhältnissen auf welche Weise, mit welchen Mitteln und im Namen welcher Ziele bewerkstelligen lässt.

7.5   Kein wirklich glückliches Leben der Vielen ohne grundlegende Veränderungen von Politik, Wirtschaft und Versorgung (zweite vorläufige Zusammenfassung)

Was ein gutes als glücklich empfundenes Leben tatsächlich ausmacht wussten die philosophischen Denker des klassischen Altertums ziemlich genau (Kitzler 2014, vgl. dazu auch Kap. 6 der vorliegenden Untersuchung). Sich in dieser Beziehung festzulegen, sich öffentlich zu engagieren und von anderen entsprechende Bekehrungen einzufordern, war – wie das Schicksal von Sokrates zeigt – immer schon riskant. Denn solche Versuche wurden in der Regel unternommen, um den Lebensstil und die Konsumgewohnheiten der Menschen zu verändern, und riskierten damit, den Zorn jener Mitbürger zu erregen, die von deren Aufrechterhaltung materiell und/oder ideell profitierten. Außerdem war der Kreis der Adressaten ebenso wie die Inhalte und die Wirkung ihrer Botschaften überschaubar, weil sich die damaligen Sozialphilosophen, die sich als „Volks"-Erzieher begriffen, mit ihren Veränderungsappellen in der Regel nur an eine kleine, ohnehin gebildete Oberschicht der damaligen Sklavenhaltergesellschaften, in Sonderheit an deren Nachwuchs richteten.

In den hochgradig differenzierten, technisierten, arbeitsteilig organisierten postindustriellen Leistungsgesellschaften der Gegenwart jedoch, in denen weder die Geburt noch die Götter, sondern neben ererbten Privilegien vor allem das Wissen, die Kompetenzen und Leistung Einzelner über den gesellschaftlichen Stand der Menschen entscheiden, ist es unendlich viel schwerer, zu erkennen,

- was den Wert, den Sinn oder die Qualität des Lebens ausmacht,
- was in den unterschiedlichen Teilen der Gesellschaft aus welchen Gründen darunter verstanden wird und
- an welchen Leitlinien sich die Menschen bei ihrer Lebensplanung aus welchen Gründen orientieren sollen (u. a. Joas 1999; Oesterdiekhoff und Jegelka 2001).

Allein schon der Blick auf die überbordende Beratungs- und die Forschungsliteratur[21], die in den vergangenen Jahren erschienen ist, macht nicht nur deutlich,
welche Bedeutung der *Lebensqualität* neuerdings wieder beigemessen wird. Er
zeigt auch, mit was für einem hohen Klärungsbedarf wir es auf diesem Gebiet
offensichtlich zu tun haben. Wenn es also heute darum geht, herauszufinden, was
unter gutem, als glücksbringend empfundenem (vgl. dazu auch Abschn. 7.5.1 und
Kap. 9 der vorliegenden Untersuchung) Leben zu verstehen ist, dann wäre es ein
guter Anfang, die Beziehungen zwischen den drei wichtigsten seiner noch relativ
unverbunden nebeneinanderstehenden, gelegentlich auch mit ihm verwechselten
Begleitphänomenen: Lebensglück, Lebenszufriedenheit und Lebenswirklichkeit
etwas genauer zu vermessen.

7.5.1 Lebensglück, Lebenszufriedenheit, Lebenswirklichkeit und wie eine(s) mit den anderen zusammenhängt

Der diesbezüglich viel zitierte griechische Philosoph Aristoteles (350 v. Chr.,
2006) hat in seiner Nikomachischen Ethik darauf hingewiesen, dass viele
Menschen irrigerweise glauben, Glück ausschließlich um seiner selbst Willen
und nicht als Mittel anzustreben, um damit anderes zu erreichen. Seiner Meinung
nach folgt das, was er als Glückserleben bezeichnet, immer einer diesem Erleben
vorausgehenden Tat. Gut fühlt eine solche sich an, wenn der Mensch sich auf
eine Weise verhält, die seinem Wesen oder Charakter entspricht und dieses allein
oder im Verein mit anderen dazu führt, körperliche und emotionale Bedürfnisse
zu erfüllen oder entsprechende Mangelzustände (z. B. Schmerz oder Angst)
zu beseitigen. Dass aber auch Geizhälse, Ruhmsüchtige, Vielfraße und andere
schlechte Menschen der Glücksgefühle durchaus fähig sind, macht Aristoteles
zufolge deutlich, dass derartige subjektive Empfindungen allein noch nicht ausreichen, sondern es eines übergeordneten Kriteriums, wie dem der *Tugendhaftig-
keit* bedarf, um dem Leben eines Menschen eine gute Qualität zu attestieren.

Offen ließ er wie andere Glückstheoretiker nach ihm, was den Lebensberater
und Glücksforscher Herbert Laszlo (2008) und seine Kolleginnen und Kollegen
von Berufswegen interessiert, nämlich, was Glück seiner Natur nach ist: ein bloße

---

[21] Ein Überblick findet sich u. a. auf der Homepage des IFEG – Institut für europäische
Glücksforschung www.optimalchallenge.de (Zugriff 04.01.2016).

Stimmung, ein programmierbarer Gemütszustand im Sinne der positiven Psychologie oder – was dieser in Übereinstimmung mit neueren Forschungserkenntnissen für angemessener hält – als komplexe, von den eigenen Kompetenzen und Lebenssituationen abhängige Reaktion des Menschen auf soziale und andere Umweltereignisse, die sowohl positive wie negative Erlebnisse und Empfindungen, wie z. B. Krankheit und Leiden, Tod und Trauer miteinschließen. Jeder kennt das erhebende (Glücks-)Gefühl, das sich einstellt, wenn es gelingt, belastende Ereignisse mit Gewinn für sich und andere zu überstehen oder bedrohliche Probleme erfolgreich zu meistern.

Über das solipsistische Phänomen des privaten Glücksgefühls indes, welches sich nur schwierig objektivieren lässt, geht das, was die Journalistinnen und Glücksforscherinnen Annette Jensen und Ursula Scheub (2014) unter Lebensfreude bzw. -zufriedenheit verstehen, hinaus. Sie dient ihnen, die sich vor allem für die Vitalzeichen einer ihrer Meinung unübersehbar heraufdämmernden „Glücksökonomie" interessieren, als operationalisier- und messbarer Faktorenkomplex, an Hand dessen sich bestimmen lässt, was gutes Leben ist, was Menschen tun oder anstreben müssen, um ein solches zu führen, und was politisch unternommen werden muss, um es gesellschaftsweit zu realisieren. Wie sie in ihrem Ergebnisbericht in Übereinstimmung mit den vorliegenden Erkenntnissen der Glücks- resp. Zufriedenheitsforschung behaupten, hängt Lebensfreude immer weniger von Besitz und Geld ab. Mit mehr Glücksgefühl sei es für die Menschen von heute verbunden, auf andere *zuzugehen*, mit ihnen *zusammenzuarbeiten*, zu *teilen* oder sich für sie *einzusetzen*.

Diese Werte fänden immer mehr Beachtung in Arbeitswelt und Gesellschaft. Erfolgreiche Unternehmer beschäftigen vorzugsweise Alleinerziehende, bezahlten sich weniger Gehalt aus als ihren Angestellten. Es gäbe Verbraucherinnen, die ökologisch wirtschaftende Bauernhöfe finanziell unterstützen, Softwareentwickler, die ihre Arbeit unentgeltlich zur Verfügung stellen. Überall werde getauscht und geteilt, machen sich Menschen auf, um neue Wege des Wirtschaftens auszuprobieren, werden Initiativen gegründet, denen es nicht primär auf Gewinn, sondern auf Zufriedenheit und Nachhaltigkeit ankomme. Es bilde sich ein flächenmäßig überschaubares Gemeinschaftsleben heraus, in dem versucht werde, Elemente dörflicher Solidarität und urbanen Freiheitsstrebens miteinander zu verbinden. Dank digitaler Technik tauscht man dort Erfahrungen aus, hilft sich gegenseitig und plant gemeinsame Aktionen, die sich nicht konfrontativ mit den bestehenden sozialen und wirtschaftlichen Verhältnissen auseinandersetzen, sondern „fröhlich in sie hinein [wuchern], um Räume zu schaffen, in denen Teilen wichtiger ist als Besitzen" (so Jensen und Scheub 2014 im Klappentext zu ihrem Buch).

Auf ihrer inspirierenden Suche nach funktionierenden alternativen Lebensformen haben die Autorinnen viele der von ihnen beschriebenen Projekte in Augenschein genommen. So können sie ein breites Spektrum von Bedingungen für gutes Leben benennen, die zu einem Indikatorenkatalog umgearbeitet und – was sie noch nicht sind – empirisch überprüft werden könnten. Von dem, was oben als hochgradig subjektive Momente empfundenen Glücks andiskutiert worden ist, unterscheidet sich dieses Spektrum durch den Grad an Erfahrungssättigung, ihre relative Verallgemeinerbarkeit, vor allem aber auch dadurch, dass sich die berichteten Marker jederzeit *in actu* auf ihre individuelle und kollektive Wirkung hin überprüfen lassen. Im Interesse unserer Suche nach Merkmalen glücklichen Lebens wollen wir sie hier (vgl. Tab. 7.1) den Gruppen: „verändertes Selbst", „neues Miteinander", „alternatives Wirtschaften", „politisches Engagement" erst einmal zuordnen, im Detail aber nicht noch einmal erläutern und kommentieren. Bezeichnender Weise kommen sie den Gebieten sehr nahe, auf denen der Hauptthese der vorliegenden Untersuchung zufolge gravierende und nachhaltig wirkende Änderungen passieren müssten, wenn ein gutes und als solches auch empfundenes Leben zur Normalität werden soll.

Obwohl noch lange nicht alle dieser sekundäranalytisch und durch teilnehmende Beobachtung, qualitative Einzelinterviews und Gruppendiskussionen erhobenen Aspekte quantifiziert und statistisch überprüft worden sind, spricht viel für die Vermutung, dass das Ausmaß an empfundener Lebenszufriedenheit positiv mit der Menge an persönlichen, sozialen, politischen und wirtschaftlichen Zufriedenheitsmomenten korreliert, die die Lebens- und Arbeitswelt den Menschen bietet, und mit der jeweiligen Pegelhöhe, die innerhalb der einzelnen oben (vgl. Tab. 4) aufgeführten Determinanten oder Determinantengruppen erreicht wird oder erreicht werden kann. Mit ihrer Höhe steigt, wie aufgrund neuerer Forschungsergebnisse (s. die zusammenfassende Würdigung von Martens 2014) angenommen werden kann, immerhin das Ausmaß an Wohlbefinden und Gesundheit, welches Menschen einzubringen vermögen, um sich vor Erkrankungen unterschiedlichster Provenienz zu schützen und sich mit den Herausforderungen des Lebens erfolgreich auseinanderzusetzen.

Unnötig zu sagen, dass sich die Menge der Determinanten in den Bereichen, aber auch die Zahl der Bereiche insgesamt jederzeit durch neu hinzukommende Forschungsergebnisse vergrößern ließe. Außerdem könnte es sich als Vorteil erweisen, nicht nur die oben (vgl. Tab. 4) erwähnten, in ausgewählten Life-Experimenten/Projekten bewährten Bedingungsmarker, sondern auch alle hinzukommenden vor ihrer interventionsstrategischen Verwendung auf die Ebene individueller, empirisch überprüfter Empfindungen und Kompetenzen herunterzubrechen (Bellebaum und Hettlage 2010 und Kap. 9 der vorliegenden

Tab. 7.1 Determinanten der Lebenszufriedenheit im Überblick (eigene Darstellung in Anlehnung an Jensen und Scheub 2014)

Verändertes Selbst
Empathie entwickeln und Bindungen eingehen
Selbstbestimmung und –beteiligung stärken
Altruismus pflegen
Möglichst viele Waren des täglichen Bedarfs selber produzieren
Den Alltag entschleunigen (Zeitwohlstand mehren)
Trauern und hoffen lernen
Mut zum Experimentieren entwickeln
Strategischen Optimismus entwickeln
Sich und andere bei Erfolg belohnen

Anderes Miteinander
Weniger Wettbewerb, mehr zusammenarbeiten
Hierarchien abbauen (miteinander von Gleich zu Gleich umgehen)
Neue Formen der Bildung entwickeln
Soziale Anerkennung auf Ansehen statt auf Geld gründen
Materiellen Unterschied verringern (Egalität fördern)
Offlineanteile im zwischenmenschlichen Verkehr steigern
Dem Lokalen gegenüber dem Globalen den Vorzug geben
Selbstbestimmtes Erproben von und Experimentieren mit alternativen Formen des Zusammenlebens

Alternatives Wirtschaften
Teilen und gemeinsam nutzen
Selbstorganisation von und bei der Arbeit fördern
Gemeingüter schützen und vermehrt einsetzen
Open Source als Lebensprinzip installieren
Öffentliche und transparente Bewirtschaftung öffentlicher Güter
Open-Source- anstatt von Privatwirtschaftsquellen im Internet nutzen
Dezentralität und kleinteilige Produktion fördern
Förderung von Bedürfnisbefriedigung und Glück statt Wachstum (Brutosozialglück)

Politisches Engagement
Sich für die Nutzung von Sonnen- und anderen alternativen Energien einsetzen
Das herrschende System kreativ durchwuchern, statt es zu konfrontieren
Funktionierende Formen direkter Demokratie entwickeln und nutzen
Partizipationschancen der Durchschnittsbürger erhöhen

Sonstiges
Die Diskurskultur stärken
Die Umwelt schützen, Schäden reparieren
Artenvielfalt erhalten und – wo immer möglich – vergrößern

Untersuchung). Etwa davon auszugehen, dass hierarchisch flach organisierte, von kommunikativ kompetenten Vorgesetzten supervisierte, Kreativitätsspielräume gewährende Arbeitsverhältnisse der Gesundheit von Arbeitnehmern zuträglicher sind, als solche, in denen ihre Arbeitskraft und -motivation unter dem Druck restriktiv agierender Vorgesetzter und unerfüllbarer Normen verschlissen wird, ist hoch plausibel. Ob es sich aber tatsächlich so verhält, kann nur in kontrollgruppenorientierten Längsschnittstudien verifiziert werden, von deren Erkenntnissen die Aufklärungs- und Überzeugungsarbeit in gegenwärtig noch desinteressierten bis aversiven Betrieben mittlerer und kleiner Größe erheblich profitieren würde. Aus Gründen, die selbst wieder einer Untersuchung wert wären, ist es nach wie vor schwierig, die für die Durchführung solcher Studien erforderlichen Forschungsgelder aufzutreiben.

Nicht ein, vielleicht noch nicht einmal zehn, wohl aber eine ganze, nicht notwendig ununterbrochene Reihe von *Glücksempfindungen* tragen dazu bei, Lebenszufriedenheit vorübergehend oder dauerhaft aufzubauen. Insofern liegen die beiden Phänomene, mit denen sich die gegenwärtig boomende Glücks- und Zufriedenheitsforschung beschäftigen, genetisch dicht beieinander. Zur Lebenswirklichkeit und gar zu dem, was als gutes Leben empfunden wird, stehen beide jedoch in einem noch klärungsbedürftigen Verhältnis. Einerseits geht es den Bevölkerungen, wie oben bereits bemerkt, insgesamt besser als je zuvor, was sich folgerichtig auch in einer empirisch mehrfach belegten Grundzufriedenheit niederschlägt. Gehen die Befragungen jedoch ins Detail (vgl. dazu auch Abschn. 6.2.1 der vorliegenden Untersuchung), dann zeichnen sich die Organisation der Arbeitswelt, die Bedingungen auf dem Arbeitsmarkt, die Besitzverhältnisse, ungleiche Verteilung der Bildungs- und Qualifizierungschancen, mit sinkender Sozialschicht der Respondierenden durch ein derart hohes Belastungspotential aus, dass zumindest für das *untere Drittel* der so genannten „Zweidrittelgesellschaft"[22] von einem guten Leben nicht die Rede sein kann. Zu diesem Drittel hinzuzurechnen wäre außerdem ein schwierig zu quantifizierender unterer Teil der so genannten „bürgerlichen" *Mittelschicht,* dessen Lebensgefühl zurzeit

---

[22] Ein in den 1970er- und 1980er-Jahren in die politische Debatte (Glotz 1987) eingeführter Begriff, um unter dem Stichwort „neue Armut" den Umfang jenes unteren auch als das der „Modernisierungsverlierer" bezeichnete Drittels der Gesellschaft zu veranschaulichen, um das sich der Sozialstaat zu kümmern habe. Inzwischen sind die Einkommens- und Besitzverhältnisse z. B. in Deutschland so ungleich verteilt, dass man mit dem Mut zur Verallgemeinerung davon sprechen kann, dass dem oberen Viertel demnächst zwei Drittel des gesamten Volksvermögens gehört.

eher von Abstiegsangst als von Glücks- und Zufriedenheitsgefühlen bestimmt sein dürfte und der deshalb protestierend auf die Straße geht. Rechnet man zu diesen beiden Teilen noch jene Menschen hinzu, die in derartigen Befragungen dazu neigen, aufgrund antizipierter sozialer Erwünschtheit unzutreffende oder ungenaue Angaben zu machen (Esser 1999), dann ergibt sich eine *kritische Menge* an schlecht situierten Unzufriedenen, schlecht situierten Zufriedenen und mittelmäßig bis gut situierten Unzufriedenen, die von ihren Regierungen aus Gründen der inneren Sicherheit nicht länger ignoriert werden können. Überdies signalisiert ihre Existenz, dass irgendetwas mit der Verteilung von Lebensglück und Zufriedenheit innerhalb der wirtschaftlich relativ erfolgreichen Ländern des Westens nicht stimmt, und dass es aller Wahrscheinlichkeit nach nicht ausreicht, den Bürgern auf erzieherischem oder positiv psychologischem Weg Glücks- oder Zufriedenheitsempfindungen gegenüber Lebens- und Arbeitsverhältnissen bloß einzureden, die sie ängstigen und unter denen viele von ihnen leiden.

Über der Glücks- bzw. Lebenszufriedenheitsforschung, an der sich im Augenblick sogar die deutsche Bundesregierung und an vorderster Stelle die Bundeskanzlerin als Teilnehmerin und Mediatorin von „Bürgerdialogen" beteiligt, und der Verwertbarkeit ihrer Ergebnisse liegt ein häufig übersehener *Schatten.* Lebenswirklichkeit und Lebenszufriedenheit bedingen sich nicht unmittelbar (u. a. Bulmahn 2002; Niven 2003). Aus der vielfach geäußerten relativen Zufriedenheit kann nicht auf eine heile Wirklichkeit geschlossen werden, und angesichts einer Wirklichkeit, die Ökonomie, Epidemiologie, Sozialberichterstattung, Versorgungsforschung und andere zur qualitativ hochwertigen erklären, kann nicht automatisch davon ausgegangen werden, dass die Bevölkerung in toto zufrieden ist und es sich bei ihren unzufriedenen Kritikern nur um undankbare und realitätsblinde Menschen handelt. Lebenswirklichkeit, wenn sie denn wirklich eine objektiv gute ist, und Lebenszufriedenheit, gutes Gesellschaftsleben und Glück haben zwar irgendwie miteinander zu tun, variieren aber unabhängig voneinander. Was heißt, dass sie über eine Reihe persönlichkeitsspezifischer, schichtabhängiger und gelegenheitsstruktureller Mediatoren miteinander vermittelt werden (u. a. Habich 1999; Kern 2002; Weidenkamp-Maicher 2008).

- *Ältere* Leute, bei denen dieses Phänomen häufiger anzutreffen ist, urteilen deshalb gar nicht, wie es in der Forschungsliteratur heißt, so *paradox,* wenn sie sich trotz oft schwieriger Lage als Glückliche oder Zufriedene zu erkennen geben. Zum einen kann man bei ihnen annehmen, dass sie sich noch an die Kriegs- und Nachkriegszeit erinnern, in denen es den Menschen erheblich schlechter ging als heute. Viele von ihnen haben außerdem die Erfahrung gemacht, dass es einer Gesellschaft, die man einmal als vom Jugendwahn befallene und im Generationenkonflikt befindliche bezeichnet hat, nicht gut ankommt, sich über sein Leben zu beschweren.

- Da haben es diejenigen, die sich ihrer schlechten materiellen, beruflichen und sozialen Lage wegen unzufriedener äußern und als *Deprivierte* leichter. Ihnen nimmt man ihre Unzufriedenheit ab. Sie, die als Hauptschulabsolventen, alleinerziehende Mütter, Menschen mit Migrationshintergrund geringe Gehälter, kleine Renten beziehen, müssen sich zwar Diskriminierungen als Leistungsverweigerer gefallen lassen. Dank einer wachen und unermüdlichen sozialwissenschaftlichen Forschung wissen wir jedoch, dass sie im Unterschied zum oberen Drittel beziehungsweise Viertel der einstmals so genannten „Zweidrittelgesellschaft", die sich langsam zu einer Dreiviertelgesellschaft zu entwickeln scheint, nicht über die Voraussetzungen und Gelegenheiten verfügt, um sich ein gutes und leistungsgerechtes Leben zu ermöglichen.
- Neben denen, die auf Knopfdruck und/oder weil es ihrer Lebenssituation tatsächlich entspricht, hohe Zufriedenheit signalisieren und als gut *Integrierte* oder Adaptierte bezeichnet werden könnten, gibt es dann noch diejenige Gruppe, die in der Literatur als *Dissonante* firmiert. Dabei handelt es sich um gut situierte Bürger, die hohe Unzufriedenheitswerte produzieren. Zu ihnen gehört ein kleiner Teil der Unbelehrbaren und Unersättlichen. In ihrer Mehrheit repräsentieren sie aber wohl jene, die als Gebildetere und gut Informierte bereits begriffen haben oder wenigstens zu verstehen beginnen, dass die ungehinderte Plünderung der natürlichen Ressourcen und die ungebremste Ausbeutung der Menschen das Leben aller auf diesem Planeten, auf längere Sicht auch das der Wohlhabenden zerstören wird.

Daran gemessen, was unter gutem, tugendhaftem, sinnvollem Leben oder im Sinne der Aufklärung unter einem freien, gleichen und solidarischen Miteinander der Menschen zu verstehen wäre (vgl. dazu auch Abschn. 4.2 der vorliegenden Untersuchung), ließen sich die meisten der von der Forschung als sozial schlecht, unsicher Situierte oder unzufrieden Zufriedene geführten Respondenten auch in einer *Gesamtgruppe* der Dissonanten zusammenfassen. Dabei dürfte es sich wiederum um eine von ihrem Umfang her schwer einzuschätzende Gruppe mit ausfransenden Rändern handeln, die eine mehr oder weniger kritische Einstellung zu den Lebens- und Arbeitsverhältnissen eint, und deren Mitglieder infolge wiederholt erfahrener Hilfs- oder Ausweglosigkeit (Seligman [1975] 2010) gelernt haben, sich mit ihnen abzufinden und/oder in auto- oder fremdaggressiver Weise dagegen aufzubegehren (Lewin 2003). In dieser Gruppe dürfte auch die Mehrzahl derer enthalten sein, die durch wahrhaftige Aufklärung, besser noch durch eine systematische, auf die Befähigung zu Selbstreflexion, -bestimmung und -wirksamkeit zielende Sozialisation dazu gebracht werden könnte, gegen die gesellschaftlichen Leiden und das Leiden an der Gesellschaft (u. a. Dreitzel 1988; Schnabel 1988; Keupp 2010; Ehrenberg 2011) protestierend und politisch gestaltend vorzugehen. Dessen eingedenk sollte es zu den unmittelbar anstehenden Aufgaben in Wissenschaft, Politik und Gesellschaft gehören, Formen der Zufriedenheit eindeutiger als bisher von denen der Angepasstheit zu unterscheiden. Innerhalb der Bevölkerung sollte unter besonderer Berücksichtigung der Dissonanten ein wacheres Bewusstsein dafür geschaffen werden, dass neben der existierenden als alternativlos präsentierten Wirklichkeit, eine denk- und realisierbare Alternative möglich ist, in der gelebtes Leben, Glücksgefühl und Zufriedenheit in einer anderen als der bestehenden Variante „guten" Lebens zusammengeführt werden können. „Das Gute ...", so schreibt der Philosoph und Ethiker Wilhelm Vossenkuhl (2006, S. 253), „bleibt in der Schwebe zwischen Möglichkeit und Wirklichkeit". Aber nur als Möglichkeit oder praktische Utopie (Schnabel 2015, S. 269 ff. und vgl. Kap. 6 der vorliegenden Untersuchung) einer Gemeinschaft selbstbestimmt, zufrieden, verträglich und gesund miteinander umgehender Menschen macht uns das, was wir als gutes Leben bezeichnen, fähig, die Wirklichkeit nicht nur zu ertragen, sondern – wichtiger noch – sie zu bearbeiten und in unserem Sinne umzugestalten.

7.5.2 Soziopsychosomatische Gesundheit, robuste Demokratie und Suffizienz-Ökonomie als Bedingungen guten Lebens und vice versa

Langsam nähern wir uns einer Antwort auf die Frage, was aus heutiger Sicht als glückliches Leben der Menschen betrachtet, zum Maßstab gesellschaftlicher Selbstorganisation gemacht und als Ziel einer zukunftsorientierten Veränderungspolitik erhoben werden könnte. Als dermaßen aufgeladener *kritischer* Begriff vermag er uns den Ausweg aus einer Gesellschaft zu weisen, in der es den Menschen wirtschaftlich zwar gut geht, in der sich jedoch ein wachsender Teil der Bevölkerung der in ihr und durch sie generierten Leiden kaum noch erwehren kann, ohne psychisch oder psychosomatisch zu erkranken. Er sagt uns aber auch, dass der noch größere Teil, der in Befragungen hohe Einverstandenheit mit den bestehenden Verhältnissen signalisiert, im Detail von Zufriedenheit oder Wohlbefinden, wie sie den Autoren der WHO-Verfassung und der Ottawa Charta vorgeschwebt haben mögen, noch weit entfernt ist.

1. Begonnen hatten wir diese nicht ganz einfache Suche mit einem Ausflug in die *Anthropologie.* Ihm verdankten wir nicht nur die Einsicht, dass Mensch zur Verwirklichung dessen, was wir oben mit van Spijk (2011) als „sinnvolles" Leben bezeichnet haben, der ungehinderten Entfaltung und des Einsatzes aller ihnen von Geburt an mitgegebenen oder im Lebenslauf angeeigneten Ressourcen bedarf. Die Mehrheit von ihnen – so musste außerdem festgestellt werden – wird durch Herkunft und Geschlecht sowie die gesellschaftlich vorgegebenen Lebens- und Arbeitsbedingungen in ungleicher und unterschiedlich starker Weise daran gehindert, sich ihrer Bedürfnisse, Fähigkeiten und Leistungen entsprechend frei zu entfalten. Die oft und bedenkenlos zitierte Volksweisheit, dass jede/r seines Glückes Schmied sei, und die dahinterstehenden Botschaften, dass jede/jeder alles werden könne, wenn sie/er sich nur genügend anstrenge, für die Mehrheit der Menschen als falsch erwies. Es handelt sich dabei um nichts mehr, als um einen sorgsam genährten, durch seltene Einzelschicksale belegten, statistisch aber unhaltbaren *Mythos,* mit dem die Leistungsbereitschaft der Menschen gepuscht, gleichzeitig aber vertuscht werden soll, dass genau dieses der Lebenswirklichkeit der Meisten in den heutigen Gesellschaften nicht entspricht.

2. Um die Frage, warum wir über subjektiv Wünschenswertes oder die Verwirklichung politischer Ziele zwar viel reden, zu selten aber motiviert sind oder den Mut aufbringen, uns unsere eigentlichen Freiheits- und Gleichheitsbedürfnisse zu erfüllen, und dies in einer Mischung aus Frustration und Furcht vor Veränderungen durch überzogenen, teilweise völlig unsinnigen Konsum zu kompensieren versuchen. Bei *Angst* – so hatten wir gesehen – handelt es sich um einen der kreatürlichsten und wichtigsten Motivatoren menschlichen Verhaltens, der ebenso wie der der Lust mit der Entwicklungsgeschichte politischer Systeme, auch mit der Demokratie eng verbunden gewesen ist. Als Stressor hat sie die Menschen dazu veranlasst, zu tun, was nötig ist, um sie von den Leiden autokratischer Herrschaft zu befreien, und sie hat uns – wenn auch nicht immer erfolgreich – davor bewahrt, Fehler zu begehen. Heute jedoch wird sie von den Dompteuren der Angst hochgehalten, zu denen neben Politik, Religion und Kirchen vor allem die Versorgungsdienstleister und die Medien gehören. In Form künstlich geschürter Sekundärängste oder Befürchtungen trägt sie wesentlich dazu bei, einer vor Schreck gelähmten Öffentlichkeit die bestehenden Verhältnisse als die am wenigsten riskanten und alternativlosen zu präsentieren, und mithilfe einer auf Leistung, Verdrängungswettbewerb und Wachstum setzenden Wirtschaft vom Wohlverhalten einer intensiv ausgebeuteten, vom Abstieg bedrohten Mittel- und einer von Armut bedrohten und beliebig ausbeutbaren Unterschicht zu profitieren.

3. Gegen diese Verdrängungs-, um nicht zu sagen, Tabuisierungspolitik, setzt sich – wie daran anschließend gezeigt werden konnte – der soziopsychosomatische Gesamtorganismus des Menschen nicht nur durch eine neue, überwiegend verhaltensbedingte Form chronischer *Erkrankungen*, sondern durch ein von Forschung und Politik noch viel zu wenig beachtetes Ausmaß an vermeidbaren *gesundheitlichen* Gefährdungstatbeständen zunehmend zur Wehr. Kein Zufall, dass sich die Versorgungspolitik nicht nur, vor allem aber auch in Deutschland bis heute dagegen verwahrt, aus den von der New Public Health Strategie der WHO angestoßenen und von den neu entstandenen gesundheitswissenschaftlichen Forschungseinrichtungen voran gebrachten Erkenntnisse über die Zusammenhänge zwischen riskantem Lebensstil und gesundheitlichen Gefährdungen die notwendigen analytischen und interventionsstrategischen Konsequenzen zu ziehen. Eine Bevölkerung, die diese Zusammenhänge nicht erkennt, und der mit Erfolg eingeredet werden kann, dass sie ihre Krankheiten und Gefährdungslagen selbst verschuldet hat, ist mithilfe der Medizin und anderer Versorger leicht zu kontrollieren. Sie hält sich im Bedarfsfall für reparierbar und kommt gar nicht auf die Idee, dass ein großer Teil der von ihr in Kauf genommenen Risiken und Gefahren nicht den Menschen, sondern den von ihnen nur wenig beeinflussbaren Lebens- und Arbeitsverhältnissen geschuldet sind. Und, dass man die einen nicht eindämmen oder aus der Welt schaffen kann, ohne auch die anderen grundlegend zu verändern.

4. Dass *Demokratie*, allerdings nicht als repräsentative, sondern als robuste, d. h. wehrhafte und dem kollektiven Ganzen verpflichtete, als einzig bislang erprobtes System in der Lage wäre, die Weichen in Richtung einer auf die Verhältnisse durchgreifenden Veränderungspolitik zu stellen, war das Ergebnis der daran anschließenden Überlegungen gewesen. Voraussetzung dafür ist allerdings, dass Politik und Politiker die Bereitschaft und Fähigkeit entwickeln, sich gegenüber einer Wirtschaft zu emanzipieren, die heute nicht nur dahin tendiert, alle Lebensbereiche einzelner Gesellschaften zu durchdringen. Sie zögert auch nicht, im Rahmen der sogenannten Globalisierung die Bevölkerungen und die Regierungen ganzer Nationen gegeneinander auszuspielen. Eine zukunftsorientierte Veränderungspolitik müsste sich deshalb darauf konzentrieren, direktere Formen demokratischer Beteiligung zu ermöglichen, die Dank entsprechender politischer Repräsentanten, entsprechender Strukturen und transparenter Verfahren in der Lage wäre, die Wirtschaft und deren Vertreter im Fall des Missbrauchs ihrer politisch-gesellschaftlichen Macht in die Schranken zu weisen. In Kombination mit einem finanziell hinreichend ausgestatteten, kontroll- und durchsetzungsfähigen Staat wäre

eine solche Demokratie außerdem durchsetzungsmächtig genug, den Übergang von einer demokratieaversiven marktradikalen und ausbeuterischen zu
einer demokratieverträglichen subsistenzorientierten Suffizienzwirtschaft im
Interesse der Bevölkerungsmehrheit auf friedliche Weise zu organisieren.

5. Als einer der wichtigsten Störfaktoren auf dem Weg in eine robuste und wehrhafte Demokratie hatte sich sodann das libertäre *Wirtschaftssystem* erwiesen.
Es müsste nach ganz anderen Leitlinien als das bestehende organisiert
werden, um eine gerechtere Verteilung derjenigen Güter und Ressourcen
zu gewährleisten, die die Menschen brauchen, um sich zu handlungsfähigen und gesunden Persönlichkeiten zu entwickeln. Eben dieser Persönlichkeiten bedarf aber auch die Demokratie, wenn sie die Kraft aufbringen
soll, sich selbst gegenüber den Einflüssen der Wirtschaft zu emanzipieren
und darüber hinaus die Gesellschaft als Ganze von den Kolonialisierungs-
effekten zu befreien, die der entfesselte Kapitalismus vielen für die Qualität
des Lebens entscheidenden Gebieten in Gestalt affiner Ideologien, Strukturen
und Organisationsformen aufzwingen konnte. Dazu gehören das Familienleben und die Familienplanung, die Bildung, die Sozialpolitik ebenso wie
die Arbeitswelt, der Waren- und Güterverkehr, die Krankenversorgung, der
Umgang mit älteren Menschen und die Behandlung der Sterbenden. Sie, die
Wirtschaft, die mit ihren weitverzweigten und komplizierten Strukturen für
die Subsistenz der Gesellschaften und den Wohlstand der Nationen sorgt,
erscheint zurzeit noch zu groß und zu mächtig, um sich mit ihr auf politisch-
konfrontative Weise auseinanderzusetzen. Wie im Hinblick auf das oben
erwähnte Erwachen außerparlamentarischer politischer Vernunft und bürgerlichen Selbstverwaltungsengagements lässt sich aber auch auf dem Gebiet
alternativen Wirtschaftens eine Bereitschaft zum riskanten Experimentieren
und eine erstaunlich hohe Zahl an funktionierenden Projekten, Programmen
und Maßnahmen beobachten. Allesamt imponierende Erscheinungen, aus
denen zwar nicht heute oder morgen, wohl aber auf längere Sicht der Mut
und das Know How für die Transformation in menschen- und umweltverträg-
lichere Formen der Warenproduktion, des Warentauschs und der Konsumtion
hervorgehen könnten.

6. Dem eigentlichen Ziel der vorliegenden Untersuchung entsprechend, haben
wir uns schließlich mit Fragen nach den Maßstäben und den Nutznießern
eines qualitativ hochwertigen, objektiv als gut und subjektiv als glücklich zu
bezeichnenden Lebens beschäftigt, für die sich die praktische Philosophie seit
Jahrtausenden und die praktische Politik in den entwickelten Industrieländern
seit kurzem wieder in auffälliger Weise interessiert. Diese Politik, möchte
zwar glauben machen, dass ihr daran vor allem aus christlich-humanistischen

und/oder aus Gründen der Verteilungsgerechtigkeit in einer von ungleichen Selbstverwirklichungschancen gekennzeichneten Gesellschaft gelegen sei. In Wirklichkeit interessiert sie sich, insbesondere auch die deutsche dafür nur, weil die psychosomatischen und sozialen Konsequenzen und Kompensationserfordernisse ökonomisch indizierter Unfreiheit, Ungleichheit und Ungerechtigkeit kaum noch zu finanzieren sind und sich die bahnbrechenden Ängste und Unzufriedenheiten ordnungspolitisch immer weniger kontrollieren lassen. Gutes Leben, dass zwischen gelebter Wirklichkeit und erahnter Möglichkeit aufgehängt ist und zurzeit nur von vergleichsweise wenigen sozial und materiell Privilegierten tatsächlich gelebt werden kann, ist weder da noch fällt es in den Schoß. Um zur gelebten Wirklichkeit der Bevölkerungsmehrheit zu werden, müssen nicht nur die zurzeit noch ungleich verteilten Gesundheitschancen egalisiert werden. Damit es von den Vielen als glücklich empfunden werden kann, braucht das Leben eine Politik, ein Wirtschaftssystem und eine Gesellschaft mit unterstützenden Subsystemen, in der und innerhalb deren es vor allem um das geht, weshalb und wofür sie eigentlich existieren – um die Menschen.

Im Unterschied zur natürlichen Umwelt, in der wir leben, ist das sozial konstruierte Leben, das wir leben, glücklicher Weise nicht alternativlos. Wenn es wirklich so wäre, würde dies auf das Ende jeglicher Entwicklungsgeschichte hinauslaufen. Weil dieses ebenso undenkbar wie unmöglich ist, sollten wir uns aber auch von dem durch Politik und Wirtschaft sorgsam gepflegten *Irrglauben* verabschieden, dass all das, was auf den vorgängigen Seiten als unverzichtbare Voraussetzungen für ein gutes Leben der Vielen herausarbeitet worden ist, unter den Bedingungen des Hier und Jetzt zu haben ist; ohne Visionen von einem anderen Leben, ohne Vorstellungen davon, wie dort hinzugelangen und ohne die Bereitschaft, uns zu verändern.

Um die Beseitigung von Angst, die uns vorantreibt oder vor Schaden bewahrt, sollte es uns dabei nicht gehen, weil wir sie brauchen, um zu überleben. Sie ist es vielmehr, auf die wir hören sollten, wenn das überalterte, zur Ruine erklärte Atomkraftwerk in unserer Nachbarschaft sich zum dritten Mal hintereinander wegen technischer Mängel selbst abschaltet, wenn uns Freihandelsabkommen aufgenötigt werden, die niemandem außer der Großindustrie in anderen Ländern nützen, oder wenn industrieller Ackerbau und die dabei eingesetzten Dünge- und Unkrautvernichtungsmittel die Krebsraten in unseren Ländern in die Höhe schnellen lassen. Um die uns von anderen suggerierte und zu Geld und Einfluss gemachte *Furcht* jedoch vor Sünde und dem Verlust unseres Seelenfriedens, dem Verlust des Wenigen, das wir besitzen, der Lebens- und Arbeitswelt, die wir nicht lieben, mit der wir uns aber unter Bedingungen arrangieren, über die andere bestimmen, dem Verlust einer Gesundheit, die wir ohnehin zum Markt tragen, damit andere daraus ihren Nutzen ziehen, oder die Furcht vor der Angst sollten wir uns im Interesse unseres eigenen Wohlergehens und des Zusammenlebens mit anderen kümmern und zur Wehr setzen. Zum Beispiel durch.

- eine unermüdliche, lebenslange, geschichtsbewusste, zielgruppengerechte und altersangemessene Aufklärung,
- die bevölkerungsweite Vermittlung von kommunikativen und digitalen Fähigkeiten,
- die Förderung von Denk- und Kritikfähigkeit,
- von Selbstwirksamkeitsüberzeugung, Verantwortungsübernahmebereitschaft und politischem Gestaltungswillen,
- das möglichst frühe Einüben von politischer Beteiligung,
- eine klare Trennung von Politik und Religion,
- die Förderung sensationsunabhängiger, sauber recherchierender Medien,
- eine wirksame, externe Evaluation der Versorgungsdienstleister und ihres Handelns sowie
- eine sorgsame demokratische Auswahl und funktionierende Kontrolle der Personen, die und soweit sie in unserem Namen politischen Entscheidungen treffen.

Schon die Gesamtheit dieser Maßnahmen, insbesondere diejenigen, die sich auf gravierende Veränderungen des Erziehungswesens, den neue Umgangsformen mit Politik, Religion, Versorgungssystem und Medien beziehen, macht deutlich, dass sie nach dem historisch grandiosen Scheitern von Monarchien und Diktaturen nur im Rahmen eines demokratischen, auf Mehrheitsentscheidungen basierenden Systems und von handlungsfähigen Menschen bewerkstelligt werden kann. Dazu muss es allerdings politische Institutionen geben, mithilfe deren dem Wählerwillen in klarerer und unmittelbarerer Weise Rechnung getragen wird, als dies mit den Instrumenten der repräsentativen Demokratie heute möglich ist; einer Demokratie, die ihre augenblickliche Gestalt dem Misstrauen gegenüber der politischen Vernunft der Menschen, der Abwehr rechts- und linksautoritärer oder -diktatorischer Entwicklungen und ihrem Hang zur Stärkung des Konservativismus verdankt. Besonders in ihrer jüngsten deutschen Variante mit einer großen Koalition der programmatisch eng beieinander liegenden und wirtschaftspolitisch angebundenen Parteien der bürgerlichen Mitte und einer Opposition, die zu klein und zu zerstritten ist, um politische Wirkung zu entfalten, zeigt sie sich dazu nicht in der Lage. Weder schafft sie es, die zunehmend häufiger hereinbrechenden wirtschaftlichen und sozialen Krisen anders als im Interesse des Großkapitals und zu Lasten der Bevölkerungsmehrheit zu lösen. Noch zeigt sie sich wegen der Opposition in den eigenen Reihen und dem um sich greifenden Lobbyismus finanzmächtiger Kreise in der Lage, notwendige und zukunftsweisende Veränderungsentscheidungen in der Gesellschafts-, Wirtschafts-, Versorgungs- und Umweltpolitik herbeizuführen.

Um sich den wichtigen Zukunftsaufgaben zuwenden zu können, müsste sich die Demokratie einschließlich ihrer Repräsentantinnen und Repräsentanten aus sich heraus als veränderungsfähig erweisen. Die oben erwähnten und vielfach publizierten Zweifel, dass dies wegen der strukturellen Verankerung des repräsentativen Systems und der Gewohnheiten der Bevölkerung möglich werden könnte, müssen ernst genommen werden. Ebenso hinderlich wie diese, sind die politisch-soziale und wirtschaftliche Erfolgsgeschichte der deutschen Nachkriegsgesellschaft, die Selbsterhaltungs- und Abschottungsmentalität der Parteien und das Selbstverständnis einer politischen Elite, der ihre berufliche Versorgung und Alterssicherung wichtiger geworden ist, als das riskante Ringen um Wählerstimmen. Andererseits lassen sich inzwischen Phänomene beobachten, die nicht zwangsläufig, aber möglicherweise in eine neue, den Interessen der Bevölkerung zugewandtere Richtung weisen. Dazu gehört,

- neben der zunehmenden politikwissenschaftlichen Kritik, der sich das System und die Mehrheit ihrer gewählten politischen Repräsentantinnen und Repräsentanten bisher noch verweigert,
- das öffentlich artikulierte Interesse an der verstärkten Einbeziehung von Volksbefragungen in politische Planungs- und Entscheidungsprozesse,
- das Wiederaufleben von Selbsthilfe und ehrenamtlichen Tätigkeiten in den Bereichen, von denen sich der Staat aus ideologischen Gründen und durch Entzug seiner Mittel verabschiedet hat,
- das wachsende Interesse an alternativen Lebensformen und die Bereitschaft, sie unter Aufgabe gewohnter, aber verzichtbarer Annehmlichkeiten in die Tat umzusetzen,
- die auf Veränderung hin drängende Politikverdrossenheit und Wahlmüdigkeit,
- der überraschende Erfolg von Splitter- und Protestparteien sowie
- das Entstehen innerparteilicher Oppositionsbewegungen.

Sie alle könnten das bestehende von Krisen gebeutelte System demnächst in einer Weise kompromittieren, die Politiker, Regierungen und Administrationen davon überzeugt, dass die aktuellen Selbststeuerungs- und Selbsterhaltungsprobleme nicht mehr wie bisher durch Abschottung gegenüber der Bevölkerung und das Ignorieren ihrer Bedürfnisse, sondern nur noch durch konsequentes Kommunizieren sowie das Signalisieren von Veränderungs- und Lernbereitschaft zu bewältigen sind.

Ein gutes Leben (vgl. Abb. 7.2, Mitte) ist ein von Einzelnen in unzähligen Variationen gelebtes Leben, welches aber um das Qualitätskriterium „gut" erfüllen zu können, bestimmter angebbarer individueller Kompetenzen und besonderer, ebenfalls angebbarer Rahmenbedingungen bedarf.

Zu den individuellen Kompetenzen gehören – wie oben herausgearbeitet – die Fähigkeiten, zum eigenen soziopsychosomatischen Wohlbefinden beitragen zu können, ohne andere dabei zu behindern, Zufriedenheit, Selbstbewusstsein, Selbstwirksamkeitsüberzeugung zu entwickeln, ein maßvolles und ökologisch verantwortungsbewusstes Handeln an den Tag zu legen und unabhängig von sozialer Herkunft, Geschlecht, religiöser Orientierung und ethnischer Abstammung materielle Sicherheit sowie ein angemessen langes und gesundes Leben genießen zu dürfen. Bildung ist das Medium, das kompensatorisch eingesetzt werden kann und muss, solange die Gesellschaften, in denen und im Namen derer sie angeboten wird, von ungleichen materiellen Bedingungen und Selbstverwirklichungschancen gekennzeichnet sind. Sie funktioniert aber nur, wenn die Einrichtungen, in denen und mittels derer sozialisiert und vor allem Funktions- beziehungsweise Arbeitsfähigkeiten vermittelt werden, über sich hinauswachsen. Das heißt, wenn sie die ihnen zur Verfügung stehenden Spielräume im Interesse eigener Funktionsoptimierung nutzen, um Heranwachsende darüber zu handlungsfähigen Bürgern im Sinne der klassischen, bis heute noch nicht hinreichend realisierten Werte der Aufklärung (Freiheit, Gleichheit, Solidarität) heranzubilden.

Gesundheit als ein auf die ständige Optimierung des soziopsychosomatischen Wohlbefinden ausgerichtetes kommunikativ kompetentes lebenslanges Handeln braucht neben den oben erwähnten Sozialisationsinstanzen ein System politischer Selbststeuerung, welches die Bevölkerung in Gestalt ihrer politischen Akteure und Funktionsträger in die Lage versetzt, die eigenen Interessen authentisch vorzuleben und Wege aufzuweisen, auf denen ihrer sukzessiven Verbesserung (Demokratisierung der Demokratie) entgegen gearbeitet werden kann. Solange es dabei aber nicht gelingt, sich der Humanisierungshindernisse und Kolonialisierungseffekte bewusst zu werden und zu erwehren, die die kapitalistische Wirtschaft auf fast allen Ebenen insbesondere in der Politik, Bildung und Versorgung hinterlassen hat, wird es keine nachhaltigen Veränderungen weder in Bezug auf das gesundheitliche Wohlbefinden der Bevölkerungsmehrheit noch Fortschritte bei der Demokratisierung der Gesellschaft geben. Deshalb ist es unerlässlich, nach vorhandenen und erprobten,

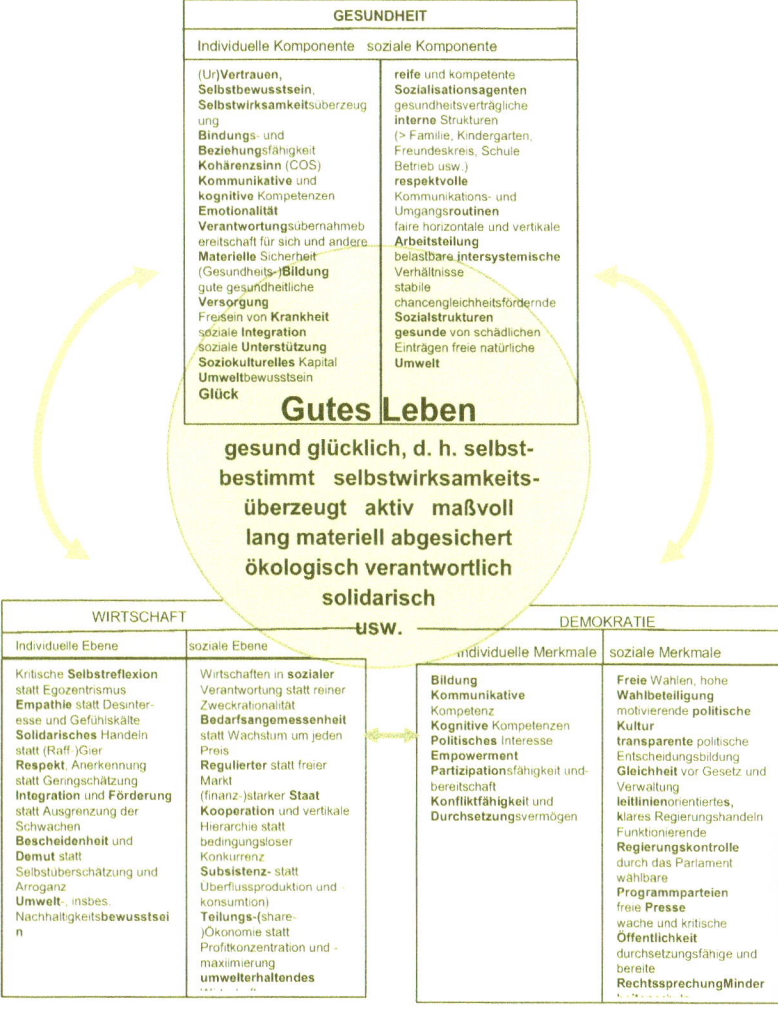

Abb. 7.2 Ansatzpunkte für eine demokratisch, wirtschaftlich und gesundheitlich kompatible Lebensführung auf individueller und systemisch-sozialer Ebene. (Eigene Darstellung in Anlehnung an u. a. Jackson 2011; Ploeger 2011; Schnabel und Bödeker 2012; Habermas 2013; Michelsen/Walter 2013; Streeck 2013; Paech 2014; Welzer/Wiegand 2014; Wilson/Mabhala/Massey 2015)

aber auch neuen Wegen zu suchen, auf denen die bestehende Wirtschaft in eine Form transformiert werden kann, die es ermöglicht, Versorgung nach anderen als Markt-, Profitmaximierungs- und Kapitalkonzentrationsgesichtspunkten zu organisieren (vgl. Abb. 7.2, oben). Aus den gleichen Gründen, aus denen eine robuste Demokratie nur mit furchtlosen, selbstbewussten und gesunden Menschen und Akteuren durchzusetzen ist, die eine visionäre und dazu noch umsetzbare Vorstellung vom guten Leben besitzen, braucht es glückliche, zufriedene, engagierte und konfliktfähige Bevölkerungen, um Versorgungs- bedürfnisse zu erkennen und durchzusetzen. Dass sich dazu das demokratische System am besten eignet, hat sich im Verlaufe seiner hoch problematischen Ent- wicklungsgeschichte herausgestellt. Eben diese Geschichte, die hoffentlich noch lange nicht beendet ist, zeigt aber auch, dass es allein nicht ausreicht, abstrakte demokratische Zielwerte bloß vorzugeben (vgl. dazu Abb. 7.2. rechts unten). Es kommt auch darauf an, Wege ausfindig zu machen, auf denen sie realisiert werden können und diese dann auch zu gehen.

Die absehbar schwierige und an Konsequenzen reiche Auseinandersetzung um ein humaneres, nach anderen Kriterien (Transparenz, Subsistenz, Suffizienz, Kooperation, Teilung, Regionalität) organisiertes Wirtschaft- und Verteilungs- system lässt sich ohne eine Bevölkerung, die in ihrer Mehrheit erkannt hat, was ihre Bedürfnisse sind und welche Interessen es zu verfolgen gilt, nicht erfolgreich bestehen (vgl. Abb. 7.2, links unten). Darüber hinaus bedarf es eines politischen Systems, welches ihm ermöglicht, Bedürfnisse und Interessen auf legitime Weise durchzusetzen. Dafür stehen grundsätzlich drei Möglichkeiten zur Verfügung, die nicht erst in der Zukunft, sondern schon heute ergriffen werden können:

1. Von *außen* kann auf das Wirtschaftssystem durch einen starken *Sozialstaat,* seine Kontrolle, eine entsprechende (Steuer-)Gesetzgebung und bei Nichtein- haltung durch das Wirtschaftssystem und seine Akteure durch die Verhängung empfindlicher Sanktionen Einfluss genommen werden.
2. Aus der *Mitte* des Systems heraus ist es möglich, in Form *innovativer Konzepte* subsistenz- und suffizenzorientierten Wirtschaftens möglichst viele *Anschauungsmodelle* zu schaffen und sie einer Wirtschaft, die dabei ist, ihre eigenen Funktionsvoraussetzungen zu zerstören, auf kommunikations- strategisch durchdachte Weise entgegen zu setzen.
3. Darüber hinaus bleibt der *Bevölkerungsmehrheit* die schon zahlreich genutzte Chance, den Kampf um eine humanere Wirtschaftsweise in die Praxis (Betriebe, Administrationen, Dienstleistungsorganisationen usw.) *hineinzutragen,* deren Management langsam zu verstehen beginnt, dass

sie sich selbst und ihren Unternehmungen durch einen schonenderen Umgang mit ihren personellen und natürlichen Ressourcen auf längere Sicht einen größeren Gefallen tun, als es bei den naturzerstörerischen und menschenverschleißenden Produktionsverhältnissen zu belassen.

Als handlungsleitende Idee braucht das gute Leben (vgl. Tab 4, Mitte) alles an humanen, institutionell und ökologisch verfügbaren und auf die Möglichkeit seiner künftigen Verwirklichung hinweisenden individuellen und institutionellen Ressourcen, um seine Strahlkraft als *lustbetonter* Treiber politisch-sozialen Gestaltungswillens (vgl. dazu auch Kap. 2 der vorliegenden Untersuchung) nicht zu verlieren. In Gestalt nach *Glück*, Zufriedenheit und Gesundheit strebender Menschen (vgl. dazu auch Kap. 9) stellt gutes Leben, wo und soweit es existiert, aber auch heute schon eine wichtige, vielleicht die wichtigste *Produktivkraft* dar, ohne die eine Demokratie nicht überleben und eine Gesellschaft nicht die nötige Energie aufzubringen vermag, um sich aus dem zerstörerischen Klammergriff einer Wirtschaft zu befreien, die nur noch sich selbst und ihre Profite im Auge hat, statt den Menschen zu dienen. Weil es aufgrund einschlägiger Sozialisations-effekte im Hier und Heute von vielen bereits als real Existierendes eingeschätzt wird, dass unter den zu Unrecht für alternativlos gehaltenen Verhältnissen in Politik, Wirtschaft und Gesellschaft zu haben ist, reicht sie als alleinige Zielgröße jedoch nicht aus, um Menschen zum Eintreten für eine humanere Gesellschaft zu motivieren und ihnen die Furcht vor Veränderung zu nehmen.

Im Hinblick auf die *Gesundheit* verhält es sich anders. Sie ist mehr als die Beseitigung bzw. Verhinderung von Erkrankungsfolgen, die uns das bestehende Versorgungssystem verspricht. Der Grad ihrer Beeinträchtigung, mit dem wir in fast allen bedeutsamen Bereichen des täglichen Lebens konfrontiert werden, lässt uns psychisch und psychosomatisch leiden und drängt auf Veränderung, schon lange bevor sie sich in Form von Krankheit manifestieren, die die Medizin erkennen und behandeln kann. Obwohl Gesundheit viel mit ihm zu tun hat, liegt sie uns offenbar wahrnehmungsmäßig näher als das glückliche Leben. Könnte sie, für die dann allerdings in angemessener Form geworben werden müsste, ein Türöffner sein, der die Menschen dazu veranlasst, nicht nur ihr eigenes Verhalten und/oder ihren Lebensstil zu ändern, sondern sich darüber hinaus auch aktiver als bisher in die Veränderung ihrer von anderen dominierten Lebens- und Arbeits-verhältnisse einzumischen?

7.5.3   Gesundheit – ein möglicher Türöffner?

Die oben beschriebene Gemengelage an wechselseitigen Voraussetzungen für ein gutes Lebens erschwert es, zu erkennen, wo der Hebel für Veränderungen angesetzt werden muss und inwieweit die Gesundheit als eine Arme wie Reiche, Männer wie Frauen, Gebildete wie Bildungsferne tangierende Schlüsselerfahrung und Ressource taugt, um die Tür für einen gangbaren Weg hin zu einer humaneren Gesellschaft zu öffnen. Einer Gesellschaft, die der Mehrheit der Bevölkerung ein qualitativ hochwertiges und langes und als glücklich empfundenes Leben in bestmöglicher Gesundheit bietet.

Bei der augenblicklich verbreiteten *Wirtschaftspolitik* anzusetzen, dürfte sich als wenig erfolgreich erweisen. Als „neo-liberale" hat sie es aus Gründen, die selbst einer noch intensiveren Analyse würdig wäre, nicht nur gegenüber allen Alternativmodellen als durchsetzungsfähigere und langlebigere erwiesen. Und sie hat es vermocht, alle gesellschaftlich konstitutiven Lebensbereiche, auch diejenigen, mit denen sie wenig oder gar nichts zu tun hat beziehungsweise haben sollte, zu durchdringen. Ihr ist es außerdem gelungen, die Mehrheit der Bevölkerungen in einem vergleichsweise geringen, dennoch umfangreicheren Maße am allgemeinen Wohlstand zu beteiligen, als alle Konzepte zuvor, und dadurch den Eindruck der Unfehlbarkeit und Unersetzbarkeit ihrer selbst und aller in ihrem Sinne agierenden Subsysteme zu hinterlassen. Wer Hand an sie legt, theoretisch wie praktisch, steht unter dem Verdacht, sich an den Existenzgrundlagen der Gesellschaft zu vergreifen, und sieht sich sinniger Weise mit dem durch nichts zu belegenden Totschlagsargument konfrontiert, dass jede Veränderung mehr Geld kosten würde, als bei der existierenden Wirtschaftsform zu bleiben. Einer Wirtschaftsform, zu deren Prinzipien es gehört, immer mehr Geld in immer weniger Händen zu konzentrieren, bislang für unmöglich geglaubte Geldmengen im Namen von wenig Wachstum und fragwürdigem Fortschritt zu verbrennen, den Staat finanziell auszutrocknen und einen zwangsläufig wachsenden Teil der Bevölkerung die Existenzgrundlagen zu entziehen.

Dass eine demokratische *Politik,* die zu ihren eigentlichen Aufgaben, der Sicherung der Lebensgrundlagen aller Bevölkerungsteile (des Volkes, durch das Volk, für das Volk) zurückkehren würde, sich demnächst als willfähriger Türöffner in eine bessere Zukunft erweisen würde, ist derzeit auch nicht zu hoffen. Gesellschaftliche Systeme, die sich in ihrem Namen agierende politische Systeme und Repräsentanten leisten, tun dies vor allem, um sich in Gestalt ihrer Funktions- und Kommunikationsroutinen und zum Nutzen der in und von ihnen profitierenden Minderheiten am Leben zu erhalten. Aus eben diesen Gründen verändern sie sich erst, wenn sie in einer Situation äußerer oder inneren Bedrohung zu der Entscheidung gelangen, dass Veränderung ihnen selbst und dem Gesamtsystem eine sicherere Daseinsperspektive ermöglicht, als der immerwährende Versuch, sich gegen eben diese abzuschotten.

Eine solche Herausforderung oder Bedrohung ist zurzeit nicht in Sicht. Von außen nicht, weil sich die Gesellschaften mit Ausnahme weniger, regelmäßig scheiternder Versuche, die Demokratie in andere Länder zu exportieren, darauf verständigen, sich aus wirtschafts- und friedenspolitischen Gründen mit den politischen Verhältnissen in jeweiligen Partnerländern abzufinden; einerlei, welche (Völker-)Rechtsverletzungen dort stattfinden. Aber auch nicht von innen, weil die Mehrheit der politischen Eliten mithilfe der jeweils etablierten, von Experten abhängigen und vom Lobbyismus unterwanderten Systeme repräsentativer Demokratien schon längst einen für sie und ihre Karrieren vorteilhaften Frieden mit der herrschenden Geldaristokratie und den systemrelevanten international operierenden Großunternehmungen geschlossen haben. Kritik und Widerstand konzentriert sich in den macht- und durchsetzungspolitisch unterlegenen Oppositions- und Protestparteien, in den Nichtregierungsorganisationen und Selbsthilfeinitiativen, die immer mehr Aufgaben der finanziell kaputt gesparten Staaten übernehmen. Darüber hinaus auch in außerparlamentarischen Protestbewegungen, die es aufgegeben haben, nach Unterstützern unter den Parlamentariern zu suchen, und in einer Vielzahl funktionierender alternativer Modelle wirtschaftlichen und politisch-sozialen Zusammenlebens, die aber insgesamt noch weit davon entfernt sind, eine von immer weniger Wählerinnen und Wählern sanktionierte Wirtschafts- und Sozialordnung herausfordern zu können.

Während man sich von einer Politik, die nichts für einen tut, vor allem den Reichen gibt, aber den Bedürftigen nimmt und einer Wirtschaft, die einem in Minijobs und durch Mindestlohn das knappe Überleben gewährt, innerlich problemlos distanzieren kann, geht das mit der *Gesundheit* nicht so leicht. Sie geht jeden direkt an, weil sie und die von ihr abhängige Arbeitskraft für viele unter den Bedingungen des Privatkapitalismus lebenden und arbeitenden Menschen das einzige von Wert darstellt, das sie gegen Entgelt einzutauschen vermögen, um ihre Subsistenz (Nahrung, Kleidung, Miete, Kinderbetreuung, Urlaub und ein Minimum kultureller Teilhabe) zu sichern. Solange Politik und Wirtschaft sowie Professionelle in der Versorgung und bei den Versicherungsträgern erfolgreich darin sind,

- Gesundheit auf einen Bruchteil dessen zu reduzieren, was sie tatsächlich ausmacht,
- es darüber hinaus auch schaffen, den Betroffenen die Schuld für ihr Kranksein einzureden und

- sie dazu bringen, die alleinige Verantwortung für etwas zu übernehmen, was nicht durch sie, sondern maßgeblich von anderen bestimmten Lebens- und Arbeitsverhältnisse geschuldet ist,

stellt sie in der Tat nichts Anderes dar als ein Instrument, um Bevölkerungen im Zaum zu halten. Wird sie aber als soziopsychosomatische, das heißt die Gesamtheit körperlichen, geistigen und sozialen Wohlbefindens umfassende begriffen, die unter Beteiligung aller Lebensbereiche und der dort Verantwortlichen im Lebenslauf entsteht und vergeht, und gelingt es der *Gesundheitsforschung,* dafür immer mehr unstrittige Belege beizubringen und zu kommunizieren, dann sähe nicht nur die Beweislage in punkto Potenziale und Gefährdungen erheblich besser aus (Schnabel 2015). Es müssten auch umfangreichere Konsequenzen im Hinblick auf die künftige Gestaltung des politischen, wirtschaftlichen und gesellschaftlichen Zusammenlebens gezogen werden.

„Türe öffnen" ist ein Fachterminus aus der Coaching-, Beratungs- und Werbebranche. Wo er verwendet wird, geht mit ihm meistens die Klarstellung einher, dass es sich im Kern, will sagen, jenseits von Tools und Techniken (Böning 2015), darum handelt, auf Seiten der Gecoachten, Beratenen oder Beworbenen Blicke, Sichten auf Gedanken, Dinge oder Lösungen hervorzulocken, die – verschüttet zwar – vorhanden sind. Dass es aber immer an den Menschen selber sei, die dermaßen geöffneten Türen zu durchschreiten. Dabei kann es wie in der Psychotherapie um Türen in das eigene *Selbst,* um die Beschäftigung mit verdrängten *Leid,* mit der eigenen als Schwäche verkannten *Krankheit* gehen, über die man sonst mit niemandem redet. Es kann sich aber auch um das Verstehen und den Zugang zu Mitgliedern sozial, geschlechtlich oder ethnisch anders gearteter *Gruppen* handeln. Es kann um Einsichten und Erkenntnisse darüber gehen, weshalb *Wirtschaft* und *Politik* tun, was sie tun, was dabei mit den Menschen selbst und der Gesellschaft geschieht, in der sie leben. Oder darum, wie sich das Freisein von Krankheit, von *Gesundhei*t, wie sich das tatsächlich Gelebte vom *guten* und gesunden *Leben* unterscheidet, und was geschehen muss, um dort hinzugelangen.

So wie wir es in einer vom technologischen Wahn des reibungslosen Funktionierens geprägten industriellen Lebens- und Arbeitswelt gelernt haben, führt Gesundheit dem Philosophen Hans-Georg Gadamer (2003) zufolge eine Existenz in „Verborgenheit". Dies zumindest so lange, wie sie uns nicht abhandenkommt und wir unsere Arbeitsfähigkeit nicht verlieren. Wenn man aber nicht ganz verlernt hat, auf ihre Signale zu hören beziehungsweise die Zeichen zu entdecken, die in jedem Kinderlachen, jedem harmonisch verbrachten

Familienwochenende, jedem stressfrei durchlebten Arbeitstag, jedem in fruchtbarer Teamarbeit vollendeten Projekt, jeder erholsamen und/oder belehrenden Urlaubsreise, jedem stimmungsvoll durchfeierten Fest, jeder erfüllten Partnerschaft, jeder funktionierenden Ehe, jedem beruflichen und familiäre Erfolg seiner Kinder, jedem guten Gespräch oder jeder erfüllenden Freundschaft stecken, dann werden wir der Gesundheit zumindest in Form von *Wiederholungssehnsüchten* gewahr. Als solche können sie uns verzagen lassen, wenn sich alles auch beim zweiten Verwirklichungsversuch nicht so entfaltet wie erhofft. Sie können aber auch Türen öffnen, Durchblicke schaffen, wo sonst Wände oder das Wort „alternativlos" standen. Sie kann zur Selbstreflexion animieren, uns anregen, Bilanz zu ziehen, und in deren Folge zur Umkehr motivieren. Sie kann Mut für neue Anfänge erzeugen und uns Wege einschlagen lassen, von denen wir hoffen und/ oder plausibler Weise annehmen dürfen, mangels systematischer Forschung aber noch nicht sicher wissen können, ob sie Leben und Wohlbefinden tatsächlich verbessert.

Nicht zuletzt daran, wie schwer es uns als Experten und Betroffenen nach dreißig Jahren Gesundheitsforschung immer noch fällt, über Gesundheit in anderen als den Terms von Krankheitslosigkeit und -verhinderung nachzudenken, wird außerdem deutlich, wie viel Subversivität, ja Sprengkraft darin steckt, sich wissenschaftlich mit der Entstehung und praktisch mit der Förderung von Gesundheit als soziopsychosomatischem Gesamtphänomen zu beschäftigen (Schnabel 2008b). Denn die Aufdeckung fast aller Faktorenkomplexe, die zur Entstehung und Pflege dieser Art von Gesundheit beitragen, klären uns nicht nur darüber auf, was dem von uns gelebten Leben heute fehlt. Sie verraten außerdem, was sich ändern müsste, um es wirklich als Gutes und Glückbringendes empfinden zu können. Aus dem gleichen Grund bereitet es auch so große Schwierigkeiten, Gesundheit(-sförderung) in der durch die WHO propagierten Verständnisvariante als wissenschaftliches Thema und Leitidee gesamtgesellschaftlichen Handelns (vgl. dazu auch Kap. 3 der vorliegenden Untersuchung) zu implementieren (Grossmann und Scala [1994] 2006; Kühn und Rosenbrock [1994] 2009; Schnabel und Bödeker 2012). Man bekommt es mit dem unmittelbaren und indirekten Widerstand derer zu tun, die ihren mehr als auskömmlichen Nutzen aus der bestehenden Krankheitskultur in all ihren wahrnehmungs- und verhaltensdeterminierenden Konsequenzen ziehen. Es ist nicht unmöglich, wie wir noch sehen werden. Allerdings muss dafür erheblich mehr, sehr viel Ungewohntes, mit anderen Mitteln, an anderen Orten und in anderen Situationen getan werden als bisher.

Was tun? Ansatzpunkte für eine integrierte alters- und zielgruppenaffine Empowermentstrategie

> *„Wer die Gesellschaft ändern will, muss auch die im Zuge der immanenten Entwicklung auftauchenden Widersprüche im Bildungswesen nutzen, sie sind wichtiger denn je; er muss sie jedoch nutzen, um aus einer bestehenden Gesellschaft herauszuführen."*
>
> H.-J. Heydorn *(Pädagoge und Politiker, 1995, S. 270)*

Vieles von dem, was gegenwärtig getan werden müsste, um einer gesundheitsaffinen und ein gutes Leben ermöglichenden Versorgungskultur zum Durchbruch zu verhelfen, kommt dem vom Geschichtenerzähler Baron von Münchhausen beschriebenen Kunst sehr nahe, sich am eigenen Zopf aus dem Sumpf zu ziehen. Denn fast alle Gedanken, Konzepte und Instrumente, die uns für diesen physikalisch an sich unmöglichen Befreiungsakt zur Verfügung stehen, haben wir uns über die Vermittlungsmechanismen und das Erleben in einer kapitalistisch eingefärbten Kultur angeeignet, der Profitmaximierung und Ausbeutung wichtig und die Gesundheit der Menschen so lange gleichgültig ist, solange diese bereit sind, sie weitgehend widerspruchlos zu Markte zu tragen. Was uns momentan jedoch die Tür oder das Fernster öffnen, uns auf neue Idee bringen und zum Handeln animieren könnte, sind zwei Dinge, die in ihrer Wirkung nicht unterschätzt werden sollten.

1. Ist es das vom Begründer der Psychoanalyse, Siegmund Freud als einem der Ersten so beschriebenen „Unbehagen in der Kultur" ([1930] 1994), das uns fast täglich befällt und dem wir in kleinen oder größeren Fluchten (Franzkowiak 1986) unter anderem in die Krankheit oder in den Urlaub zu entkommen versuchen. Ein Unbehagen, das sich nicht nur der systematischen

© Springer Fachmedien Wiesbaden GmbH, ein Teil von Springer Nature 2022
P.-E. Schnabel, *Soziopsychosomatische Gesundheit, robuste Demokratie,
Suffizienzökonomie und das „glückliche" Leben*, Gesundheit und Gesellschaft,
https://doi.org/10.1007/978-3-658-17810-9_8

Verdrängung erotischen, sondern aller Komponenten lustvollen menschlichen Strebens verdankt, die auf Befreiung und eine Selbstverwirklichung in und mit Gesellschaft (Marcuse [1955] 1965; Habermas 1981a) gerichtet sind.

2. Sind es die vielen nicht nur erdachten, sondern auch schon in die Tat umgesetzten Modelle alternativen Lebens und Wirtschaftens, von denen wir (vgl. Abschn. 7.3 der vorliegenden Untersuchung) bereits Zeugnis besitzen (u. a. Jensen und Scheub 2014; Rosa et al. 2014; Sommer und Welzer 2014), von denen wir im Moment aber noch nicht sicher sagen können, ob sie ihr Funktionieren ihrer Andersartigkeit verdanken oder dem Umstand, dass parallel zu ihnen noch die kapitalistische Wirtschafts- und Lebensweise existiert.

Seit den Abhandlungen des US-amerikanischen Sozialpsychologen Julian Rappaports (1987) trägt die Kunst des „Sich am eigenen Zopf aus dem Sumpf Ziehens" den Namen „Empowerment". Gemeint ist damit ein neuartiges Konzept der motivierenden und befähigenden Intervention, das erstmalig in der gemeindeorientierten Sozialarbeit zum Einsatz kam, um die Dominanz der Experten zu brechen, und das inzwischen auch in der medizinischen Therapie, in der Arbeitspsychologie und -soziologie, der Politikwissenschaft und neuerdings in der Gesundheitsförderung angekommen ist. Mit seiner Hilfe soll nicht nur die Fähigkeit für selbstständiges und selbstbestimmtes Handeln gefördert werden. Durch höchstmöglichen Nutzen der den Menschen eignenden *Selbsthilfepotenziale* soll darüber hinaus auch nachhaltige Wirksamkeit erzeugt und – ein selten ausgesprochenes, aber meist mitgedachtes Einführungsmotiv – ein größtmöglicher Teil derjenigen Mittel eingespart werden, die der Einsatz von Fremdhilfe zur Erreichung gleicher Versorgungszwecke kosten würde. Die Wirkungen sind unterschiedlich und ambivalent (Lenz und Stark 2002), je nachdem, wer sich des Konzepts bedient, wer angesprochen und gefördert werden soll und welche Ziele damit verfolgt werden.

8.1   Empowerment – im Falschen das Richtige tun

Für den Sozialphilosophen Theodor W. Adorno, dessen Minima Moralia ([1951] 1997) im US-amerikanischen Exil und unter dem Eindruck des in Europa wütenden Naziterror geschrieben wurden und von dem der oben bereits kommentierte Satz stammt: „Es gibt kein richtiges Leben im falschen", dürfte es etwas einfacher gewesen sein, zwischen richtig und falsch zu unterscheiden. Demgegenüber erleben und reflektieren wir, worauf die Transformationsdesigner wie Sommer und Welzer (2014, S. 16 ff.) verweisen, aus der Situation der „Privilegierten" dieser Welt. Vordergründig geht es uns vergleichsweise gut, was zur Folge hat, dass es eines erheblich höheren analytischen Aufwands bedarf, um angesichts unseres heutigen Lebensstandards das Richtige vom Falschen zu unterscheiden, beziehungsweise im Falschen das Richtige und förderungswürdige zu erkennen. Es bereitet größere Schwierigkeiten, zu durchschauen, dass dasjenige, was unseren bescheidenen, mit Zähnen und Klauen verteidigten Wohlstand ausmacht, mit Opfern an Gesundheit und Leben erkauft werden muss, die unnötig sind und nur wenigen nützen. Und es ist heute kaum möglich, die Nutznießer dieser Verhältnisse zu benennen und das Beschreiten längst bekannter Auswege einzufordern, ohne sich dem Verdacht des „Sozialneid"-Debattierens auszusetzen.

Die für die herrschenden politischen und sozialen Verhältnisse verantwortlichen Konstrukteure können in jeder dieser Debatten mit ihren wirtschaftlichen Erfolgen und einer ungewohnt langen Phase innereuropäischen und internen sozialen Friedens punkten. Die Menschen davon zu überzeugen, dass es sich im Interesse der Verbesserung ihrer Lebensqualität dennoch lohnen könnte, sich selbst zu ermächtigen, das heiß, sich den unnötigen und nachhaltigen Kosten dieses Wohllebens nicht bloß entgegen zu stellen, sondern sich darüber hinaus auch noch die dafür notwendigen Fähigkeiten anzueignen, macht kommunikative Kompetenzen aufseiten der Versender und Empfänger solcher Botschaften erforderlich, die selbst erst einmal erlernt werden müssen (Schnabel und Bödeker 2012; außerdem auch das folgende Kap. 8 der vorliegenden Untersuchung).

8.1.1   Jenseits von (Gesundheits-)Diktatur und Hyper-Compliance

Skeptische Auseinandersetzungen mit dem Empowerment-Konzept gibt es viele (u. a. Batiliwala 2007; Bröckling 2008; Bakic 2013; Bettig et al. 2014). Sie weisen nicht nur darauf hin, dass es sich bei denjenigen, die die Gesellschaft und ihre Hilfsorgane in Anspruch nehmen müssten, um mehr oder weniger schuldhaft abgestiegene, schwache, versorgungsbedürftige Menschen handele, die entweder außerstande seien oder keinerlei Interesse daran hätten, Verantwortung für sich und ihr Leben zu übernehmen. Dies gelte für Sozialhilfeempfänger, Niedriglöhner, den von Armut bedrohten Teil der Familien, Jugendliche und ältere Menschen ebenso wie für Kranke und Pflegebedürftige. Kurz: für all diejenigen Menschen, die im wirtschaftlich-technologischen Modernisierungsgeschehen nicht mitzuhalten vermögen, aussteigen und ohne Beanspruchung der gesellschaftlich vorgehaltenen Auffangnetze nicht überlebensfähig wären.

Andere möchten das Power-Element lieber aus dem Empower-Konzept herausgenommen wissen, weil sie denen, die es im neo-liberalen Kontext propagieren, nicht abnehmen, dass sie Empowerment wirklich nutzen wollen, um den Menschen wenigstens Teile ihrer Verantwortung für das eigene Überleben zurück zu geben. Unter dem Deckmantel der Selbstermächtigung, so argwöhnen sie, würden Versprechungen gemacht, in denen von Selbstbestimmung bloß geredet werde, um sich die Klientel der Bedürftigen nur umso gefügiger und kooperativer zu machen. Wieder andere befürchten, dass sich im Kielwasser der Selbstermächtigung und mangels der von den Befürwortern des Konzepts bekämpften Bevormundung durch Dienstleister und Sachverständige die Versorgungssysteme zu kostentreibenden Selbstbedienungsläden entwickeln könnten. Und schließlich gibt es die kritischen Stimmen derer, die befürchten, dass sich infolge der Selbstermächtigung ganzer Gruppen Zwangsverhältnisse ausbilden könnten, die zur Wohlfahrts- oder Gesundheitsdiktatur und damit zum genauen Gegenteil der emanzipatorischen Absichten führen könnten, die dem Empowerment-Konzept grundsätzlich innewohne.

Tatsächlich sind all diese und sicher noch andere Fehlentwicklungen, wie bei allen gut gemeinten Interventionen, die im Interesse sozialer Verbesserungen getätigt werden, *theoretisch* möglich. Die Wahrscheinlichkeit ihres Eintretens ist besonders groß, weil der politisch-ökonomisch-administrative Kontext, in dem die Selbstermächtigungsexperimente neuerdings propagiert und unternommen werden, von ganz anderen, geradezu gegensätzlichen Leitideen bestimmt werden (z. B. auf dem Massenmarkt, in der Massenfertigung und im Massenkonsum). Aber auch in anderen Bereichen des gesellschaftlichen Lebens (z. B. in Bildung und Versorgung), wo auf Freiheit und Egalisierung zielendes Denken und Handeln nur insoweit toleriert wird, wie sie die kapitalistische Wirtschafts- und Sozialordnung nicht ernsthaft infrage stellen, sind Abweichungen und Fehlentwicklungen möglich. Wer es im Laufe seines Lebens und von Anfang an nicht gelernt hat, selbstbewusst zu agieren und/oder in seinen Versuchen, dies zu tun, permanent frustriert worden ist, wird bis an sein Lebensende in der Rolle des/der Hilfsbedürftigen verharren, um wenigstens in den Genuss der wenigen Vorzüge zu gelangen, die ihm der Sozialstaat bietet. Und wo immer heute unter der Kontrolle von Experten Selbstdiagnose- oder Selbsttherapiekonzepte an die Frau oder den Mann gebracht, ehrenamtliche Arbeit in der Betreuung von hilfsbedürftigen Bürgern eingesetzt oder Eigeninitiative in Bereichen forciert wird, wo früher Ämter oder professionelle Einrichtungen tätig waren, liegt der Verdacht nahe, dass dies weniger der Humanisierung von Arbeit und Leben wegen geschieht, sondern um auf Kosten ausgerechnet derer zu sparen, die Selbsthilfe und Selbstverantwortung zuwege bringen.

Derartige Nischen, die sich in diesen und anderen Bereichen gesellschaftlicher Vor- und Fürsorge ungeachtet der Motive ihres Zustandekommens auftun,
können natürlich auch genutzt werden, um die Chancen des Gewinns von Selbstbestimmung und Selbstwirksamkeit zu vergrößern. Nicht nur können anfänglich
nur wenig politisch ambitionierte Großmütter, wie die von der Plaza de Mayo in
Buenos Aires, die zunächst nur Aufklärung über das Verschwinden ihrer Kinder
und Enkelkinder von der argentinischen Militärjunta verlangten, zur deren Sturz
beitragen (Guzman Bouvard 1994). Arbeitnehmer, denen das Management mehr
Qualifikation und mehr innerbetriebliche Verhaltensspielräume gewährt, weil der
Arbeitsprozess dies verlangt, sind in der Lage, die im Zuge dieser Neuerungen
eingeführten Qualitäts- und Gesundheitszirkel zu nutzen, um das Betriebs-
klima und die zwischenmenschliche Kommunikation grundlegend zu verändern (Badura und Hehlmann 2003). Gelegenheiten, die sich im Rahmen der
Erwachsenenbildung bieten, können unter Einsatz kommunikationsstrategisch
reflektierter Instrumente dazu führen, die von der herkömmlichen Pädagogik
aufgegebenen Familien aus der Unterschicht mit als schwererziehbar geltendem
Nachwuchs zu einem selbstreflexiven, phantasievollen und kompetenten
Umgang mit ihren Kindern zu animieren (Armbruster 2004). Schulen, die ihren
curricular festgeschriebenen Bildungsauftrag ernst nehmen würden, könnten den
Heranwachsenden etwas über das Leben insbesondere darüber beibringen, wie
man sich der Profiteure von Unfreiheit und Ungleichheit erwehrt, statt sie zu
Anpassungsvirtuosen und suchtgefährdeten Konsumenten zu erziehen (Dür und
Felder-Puig 2011). Aber auch Patienten, die aus Kostengründen im Gebrauch von
Messinstrument und Spritzbesteck geschult („empowered") werden, um z. B. ihre
Zuckerkrankheit selbst zu behandeln, könnten über diese Erfahrung dazu bewegt
werden, nicht nur mit anderen Krankheiten, sondern auch mit den für deren
Therapie zuständigen Personen selbstbewusster und -bestimmter umzugehen
(Laverack 2005).

Wie das gute als glücklich empfundene Leben, mit dem wir uns oben (vgl.
dazu Kap. 5 und 7 der vorliegenden Untersuchung) beschäftigt haben, fallen uns
die mit der Förderung von Selbstbewusstsein, Selbstwirksamkeitsüberzeugung,
proaktivem Identitätsmanagement und Verantwortungsübernahmebereitschaft
verbundenen Vorzüge nicht in den Schoß (Armbruster 2015). Wir müssen lernen,
sie uns anzueignen und zu nutzen. Dazu stellen Beispiele aus der Praxis, wie
die oben erwähnten erste Schritte in die richtige Richtung dar. Wie wir jedoch
durch Erfahrungen mit der Gesundheitsförderung wissen (u. a. Pelikan et al.
1993; Bauer 2005; Rosenbrock und Michel 2006; Schnabel 2007; Rosenbrock
und Hartung 2012), verpuffen die Wirkungen solcher Ermächtigungsexperi-
mente sehr schnell, wenn sie der sozialen Umwelt schlecht oder gar nicht

kommuniziert oder ihre Erfolge ohne nennenswerte Gegenwehr von anderen kleingeredet werden. Hinderlich ist es außerdem, wenn die mit Gesundheitsförderung befassten Projekte auf eine desinteressierte Umwelt stoßen, aus der unmittelbaren Versorgungs- oder der allgemeinen Sozialpolitik keinerlei programmatische Unterstützung erfahren, und wenn es die Projektträger aus finanziellen oder terminlichen Gründen versäumen, während der Projektlaufzeit nachhaltigkeitssichernde Strukturen zu etablieren (Grossmann und Scala [1994] 2006). Wird aber den zahlreichen Faktoren präventiv Rechnung getragen, aus denen Empowerment scheitern kann oder seine Aufgaben schlichtweg nicht erfüllt, dann kann es Menschen dazu verhelfen, selbst unter defizitären Lebens- und restriktiven Arbeitsbedingungen intentional gegenläufige Kompetenzen zu entfalten. Es vermag Menschen zu motivieren, sich allein, meist aber zusammen mit anderen zur Befriedigung eigener Bedürfnisse einzusetzen, und es kann verhindern helfen, dass das Empowermentkonzept dazu missbraucht wird, emanzipationsaversiven Zielen zu dienen. Voraussetzung dafür ist allerdings, dass seine Anwender beziehungsweise Nutzer, dem hoffnungsfrohen Menschenbild des Empowermentansatzes entsprechend, über eine Mischung aus positiven (z. B. Wissen, Begeisterungsfähigkeit, Leistungsbereitschaft) und negativen (z. B. Leidensdruck) Merkmalen verfügen, auf denen sich aufbauen lässt.

Trifft all dies in angemessener Dosierung zu, so lassen sich nach allem, was wir bisher darüber unter anderem aus der Sozialen Arbeit (Herriger 2014) und Gesundheitsförderung (Kliche und Kröger 2008) wissen, bislang unverhoffte Wirkungen auf mindesten vier Ebenen erzielen, die sich gegenseitig beeinflussen, aber unabhängig voneinander variieren:

1. auf der *individuellen* Ebene, durch die Mobilisierung und Vernetzung von Alltagsressourcen, die uns sonst nur als singuläre, voneinander getrennte zur Verfügung stehen und als integrierte höhere Wirksamkeit und Nachhaltigkeit entfalten,
2. auf der Ebene informeller *Gruppierungen* (Verwandte, Freunde, Nachbarschaften usw.), durch den Aufbau und die Pflege von Selbsthilfe-Initiativen, bürgerschaftlichen Solidargemeinschaften, in denen Menschen mit gleichartigen Betroffenheiten und Bedürfnissen ihre individuellen Stärken bündeln und damit effektive Kraftfelder der Veränderung erschaffen,
3. auf der Ebene der *Institutionen,* durch die Umorientierung und Reform bestehender Verbände, Dienstleitungseinrichtungen und Administrationen, vor allem durch deren Öffnung für bürgerliches Engagement und durch die Einführung von Arbeitsbedingungen (flache Hierarchien, kompetentes

Kommunizieren, Kreativitätsfreiräume usw.), um eine Kultur des sich gegenseitigen Förderns und Helfens entstehen zu lassen und

4. auf der Ebene der *politischen Instanzen,* durch die Stärkung von Verfahren der formalen demokratischen Partizipation (Bürgerbeiräte, -ausschüsse, -parlamente), die systematische Einbeziehung sachverständiger Laien in Planungs- und Entscheidungsprozesse, die ihre Versorgung, ihr Leben und ihre Umwelt betreffen.

Um all dieses auf Dauer funktionieren zu lassen, genügt es allerdings nicht, die Bürger nur als Selbstversorger kompetent zu machen. Mindestens ebenso wichtig ist es, das *Menschenbild* und die Interventionsroutinen derer zu verändern, zu deren Aufgabe es gehörte, von Amts wegen dirigierend, kontrollierend und regulierend in das Leben der Menschen einzugreifen. Insbesondere käme es darauf an, endlich das Bild vom untertänigen, staatliche Dienstleitungen als Gnade empfangenen Bürgers durch das vom mündigen, koproduktiv handlungsfähigen Konsumenten (u. a. Reibnitz et al. 2001; Quindel 2004; Röh 2013) zu ersetzen.

8.1.2 Konstruktionselemente emanzipationsfähiger Persönlichkeiten

Es ist oben (vgl. dazu Kap. 3 und 4 der vorliegenden Untersuchung) bereits darauf hingewiesen worden, wie auffällig dicht die Kompetenzen und Verhaltensmerkmale derer, die aus Sicht der Sozialisationsforschung ihre Persönlichkeit optimal zu entwickeln vermögen und die Konstruktionsmerkmale derjenigen Menschen beieinanderliegen, von denen die Gesundheitsforschung heute behaupten würde, dass ihnen die Wahrscheinlichkeit soziopsychosomatischer Gesundheit beschieden sei. Dies trifft bemerkenswerter Weise auch auf diejenigen zu, von denen wir neuerdings in Übereinstimmung nicht nur mit den analytischen, sondern auch mit den individual- und sozialtherapeutisch intervenierenden Sozialwissenschaften unter der Bezeichnung „Ressourcen" Kenntnis erhalten haben (u. a. Lenz und Stark 2002; Adams 2008; Pfaff et al. 2011; Röh 2013). Dazu gehören im Idealfall u. a.:

- *Urvertrauen,* welches dem US-amerikanischen Sozialpsychologen Erik H. Erikson ([1959] 1997) nach frühkindlich erfahrenen Klima liebevoller Zuwendung, sozialer Geborgenheit und emotionaler Sicherheit entsteht, die

Wurzel positiver Selbstwahrnehmung (Selbstvertrauen) bildet, dem Säugling die panische Erfahrung erspart, allein auf der Welt und verlassen zu sein, und ihn im späteren Leben eher als Menschen mit primären Verlassenheitserfahrungen ermöglicht, sich sozial zu integrieren.

- *Beziehungs- und Bindungsfähigkeit,* die ebenfalls auf der Erfahrung von Körperkontakt, zärtlicher und regelmäßiger Zuwendung beruht, und die den Erkenntnissen der Bindungsforschung zufolge nicht nur über die Qualität der Eltern-Kind-Beziehung, sondern auch über die Fähigkeit von Erwachsenen entscheidet, verlässliche Beziehungen zu Menschen gleichen und anderen Geschlechts aufbauen und durchhalten zu können (Hopf 2005; Schnabel 2012). Bindungs- bzw. Beziehungsfähigkeit schließt die Sensibilität für die Befindlichkeiten, die Motive und Wünsche anderer Menschen, Offenheit, Ehrlichkeit und Verlässlichkeit in der Kommunikation sowie die Fähigkeit mit ein, Kritik zu ertragen und Probleme auf konstruktive (ver- oder dazulernende) Weise zu bewältigen.

- *Selbstakzeptanz* und *Selbstwertüberzeugung,* die im Lebenslauf mit ausbalancierter Affektivität, einem erschütterungsfesten Selbstwertgefühl und in Übereinstimmung mit dem vom Salutogenese-Forscher Aaron Antonovsky (1987) entdeckten „sense of coherence" (SOC), der felsenfesten Überzeugung von der Sinnhaftigkeit der eigenen Existenz, mit der das Vertrauen in die Handhabbarkeit des eigenen Lebens und die Überzeugung einhergeht, durch Eigeninitiative und Zusammenarbeit mit anderen zu seiner Verbesserung beitragen zu können.

- Ein *transitorisches,* gegenüber mannigfaltigen Rollenerwartungen und positiven wie negativen Einflüssen der natürlichen Umwelt gegenüber stabiles *Identitätsmanagement* (Hoff 1981; Schnabel 1988), welches seinem Träger erlaubt, sich einer immer komplexeren und schnelllebigeren, von diversen Normativitäten und weitgehend unverschuldeten Belastungen bestimmten Welt anzupassen, zwischen akzeptablen und inakzeptablen Denk- und Verhaltenszumutungen zu unterscheiden und Probleme nicht nur erkennen, sondern auch zielorientiert lösen zu können.

- Eine über alle Phasen der menschlichen Entwicklung und des Lebens hinweg kontinuierlich wachsende *Lernfähigkeit* (vgl. Abschn. 6.1 der vorliegenden Untersuchung) und *kommunikative Kompetenz,* die nicht nur das Wissen um die Dinge, die das Leben bestimmen, sondern auch das Vermögen und die Bereitschaft mit einschließt, sich im Kontakt mit anderen darüber kritisch-reflexiv und strittig auseinanderzusetzen und aus den Ergebnissen dieser Auseinandersetzung angemessene gestaltungspraktische Schlüsse zu ziehen.

- *Offenheit, Empathie* und *Solidaritätsempfinden*, um in eigenen Lebenskrisen Hilfe von Anderen annehmen zu können und darauf aufbauend Anderen in deren Lebenskrisen Hilfe und soziale Unterstützung (Bruns 2013) – zugleich auch einer der wichtigsten empirisch belegten Input-Faktoren für Gesundheit (Badura 1999) – anbieten beziehungsweise sich angedeihen lassen zu können.
- Neben *sozial-* auch *digital-kommunikative* Kompetenzen, die diejenigen, die Empowerment vermitteln oder es erlernen, bei den Recherchen über und dem Management von Aktionen unterstützt, ihnen hilft, die oft verstreuten Informationen zu bündeln, Akteurinnen und Akteure umfänglich aufzuklären und ihre Aktivitäten über weite Entfernungen hinweg effektiv miteinander zu vernetzen; einerlei, ob es dabei um die Selbstermächtigung von Menschen mit (Bühler und Pelka 2014) oder ohne Behinderung (Makinen 2016) geht.

Überall, wo Menschen sich in objektiv problematischen und/oder als problematisch empfundenen Lebenssituationen befinden, erweisen sich diese Kompetenzen nicht nur als stabilisierende Faktoren für die Verortung in der Welt und als Voraussetzungen für das Führen eines guten und gesunden Lebens. Sie sind es auch, die als Ressourcen für die Persönlichkeitsentwicklung ihrem jeweiligen Entwicklungsstand entsprechend gefördert (optimiert) werden müssen, wenn Menschen durch informative, emotionale, instrumentelle Unterstützung befähigt werden sollen, ihr Leben unter widrigen Umständen in die eigene Hand zu nehmen, und wenn sie dazu Anleitung oder Beratung von anderen brauchen (Empowerment.de 2015).

Dass es sich bei der Generierung von Empowerment nicht um ein partielles Geschehen, sondern ein mehrstufiges Wachsen aufeinander aufbauender Fähigkeiten handelt, welches wiederholt werden und, um nachhaltig zu wirken, auch erfolgsbewertet und durch positive Erfolgserlebnisse immer wieder neu bestätigt werden muss, darauf hat unter anderen der Organisationspsychologe Wolfgang Stark (1996) besonders hingewiesen.

Der Prozess beginnt (vgl. Abb. 8.1) mit der Mobilisierungsphase, der in der Regel eine Situation des Mangels, aber auch andere Dissonanzerfahrungen, wie Empfindungen von Ungleichheit und Ungerechtigkeit (vgl. dazu auch Abschn. 7.4.1 der vorliegenden Untersuchung) vorausgehen, die zu einem Bruch mit der Alltagsidentität, besonderem Betroffenheitserleben, Veränderungen in der Selbst- und Fremdwahrnehmung und zur Infragestellung von Routinen einschließlich der dahinter stehenden Machtstrukturen führen können.

Halten diese Wahrnehmungen an, so kann dies in der zweiten Phase der Entwicklung von Engagement (vgl. Abb. 8.1) zu einem eigeninitiativen oder durch Andere geförderten Austausch mit Gleichbetroffenen, zur Erkundung alternativer

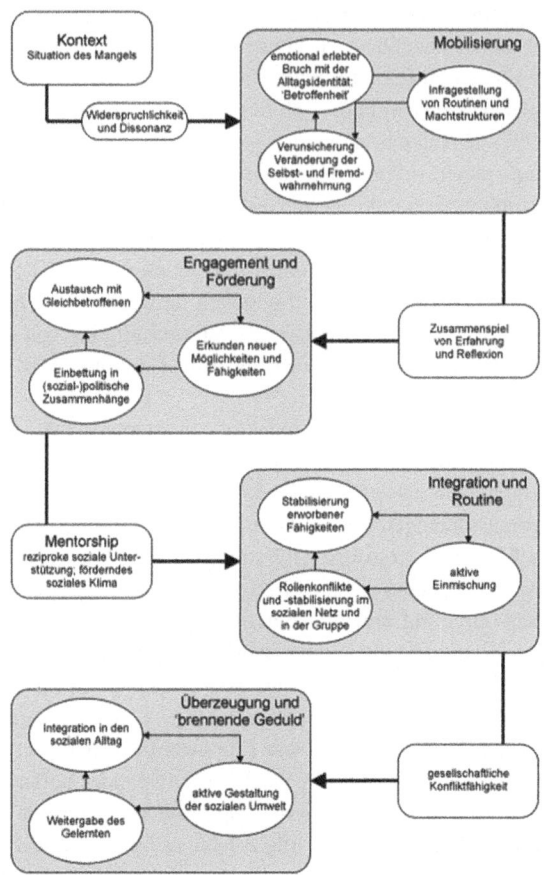

Abb. 8.1 Vier Phasen der Empowermentgenese nach Stark (1996, S. 119)

Möglichkeiten und dazu erforderlicher Fähigkeiten und zu ersten Versuchen führen, sich und die neuen Ambitionen sozialpolitisch zu verorten. Hier kann dann auf zielführende Weise ansetzen, was oben unter den Überschriften „Literacy" (vgl. dazu auch Abschn. 7.4.2 der vorliegenden Untersuchung) und „Capability" (vgl. Abschn. 7.4.3) diskutiert worden ist.

In der dritten Integrations- und Routinisierungsphase (vgl. Abb. 8.1) kann es dann unter dem Einfluss von Mentorenschaften, mentaler und sozialer Unterstützung und innerhalb eines fördernden sozialen Klimas zur Verstätigung zwischenzeitlich angeeigneter Fähigkeiten, zu aktiver Einmischungsbereitschaft und zu Routinen im individuellen und kollektiven Umgang mit Widerstand und den damit einhergehenden Rollenkonflikten kommen.

Unter dem Einfluss wachsender Konfliktfähigkeit und wiederholter Durchsetzungserfolge kann sich dann im Extremfall während der vierten Phase (vgl. Abb. 8.1) anstelle eines ehemals adaptionsaffinen ein neuer durch Reflexionsfähigkeit, Kritikvermögen, Widerständigkeit und politischem Gestaltungswillen gekennzeichneter Habitus entwickeln. Dem Analytiker dieses Phänomens, dem französischen Soziologen Pierre Bourdieu (1982) zufolge, betrifft er das Auftreten und die Umgangsformen einer Person einschließlich all ihrer Vorlieben, Gewohnheiten und Verhaltensweisen. Es umfasst den gesamten Lebensstil und die Art und Weise, wie sich Menschen die alltägliche soziale Umwelt aneignen und mit ihr verfahren. Kommt ein Habitus als solcher zustande, ist er kurzfristig kaum noch zu verändern, und qualifiziert dann den ehemals Lernenden in besonderer Weise, seine Erfahrungen und Empfehlungen mit anderen zum Zweck der Initiierung weiterer, ähnlich gearteter Dazulern-und Umlernprozesse zu teilen. Und es braucht vielleicht nicht ein ganzes Leben, aber doch einer erheblichen Entwicklungszeit, um aufgebaut werden und individuell und sozial nachhaltig wirken zu können.

8.1.3 Konstruktionseigenheiten empowermenunterstützender Organisationen

Alle oben beschriebenen individuellen Voraussetzungen sind, wie uns die Befunde der kommunikationsanalytischen Sozialisationsforschung und Sozialanthropologie (vgl. dazu Kap. 1 der vorliegenden Untersuchung) lehren, nicht von vornherein vorhanden. Sie müssen erlernt werden. Um die erforderliche empowermenttaugliche Qualität erreichen zu können, bedürfen sie im Idealfall eines geeigneten Kontextes, in dem sie gefördert werden und sich entfalten können. In der augenblicklich herrschenden politisch-ökonomischen Normalsituation müssen sie sich als stark genug erweisen, um durch das Ausnutzen singulärer Aneignungsangebote, existierender Nischen und/oder bereits realisierter alternativer Projekte in das Denken der Menschen, deren Alltag und Lebensplanung vorzudringen.

Sich bei Überlegungen, wie dieses Vor- oder Durchdringen intensiviert oder beschleunigt werden könnte, auf die Arbeitswelt, ihre Strukturen und Organisationsformen zu beschränken, wie dies augenblicklich das Gros der

Empowerment-Consultants tun, ist nachvollziehbar. In den postindustriellen Leistungsgesellschaften dreht sich fast alles, während die Menschen im Zeitalter der digitalen Wiedervereinigung von Lebens- und Arbeitswelt immer mehr Zeit bei der Arbeit und als Arbeitende zu Hause verbringen. Aus dem Blickwinkel des auf kommunikativer (kognitiver und sozialer) Kompetenzaneignung beruhenden Sozialisationsgeschehens, in dem die aktuellen Erfahrungsverarbeitungsaktivitäten auf den in vorgängigen Phasen erworbenen Be- und Verarbeitungskompetenzen aufbauen, würde es aber durchaus Sinn machen, mit der Vermittlung von Emanzipationsfähigkeiten schon viel *früher,* etwa in den Familien, Kindergärten und Schulen zu beginnen. In jedem Fall aber sind sie als Sozialisationsagenturen in das Sozialisationsgeschehen eingebunden. Ohne ihr aktives Mitwirken ist kein empowermentförderndes Lernklima zu schaffen und lassen sich entsprechende Inhalte nicht nachhaltig vermitteln.

Ungeachtet dessen, dass die einzelnen Instanzen über sehr spezielle Möglichkeiten und Kraftquellen verfügen, über die in den noch folgenden Kapiteln noch zu reden sein wird, lassen sich schon an dieser Stelle einige generalisierende Aussagen darüber treffen, über welche Konstruktionseigenheiten Empowerment gewährende beziehungsweise generierende Einrichtungen verfügen müssen. Wie im Sprachgebrauch jener Experten, die sich mit der Überlebensdynamik so genannter sozialer Systeme auskennen, handelt es sich dabei um „lernende Organisationen" (u. a. Willke 1992; Güldenberg 2001; Perkins et al. 2007), die wiederum in mancher Beziehung demjenigen ähneln, was in der Management- (Creuzfeld 2004) oder Gesundheitsförderungsforschung (Badura und Hehlmann 2010) unter den Überschriften „vitale" oder „gesunde" Organisation firmiert.

Sie zeichnen sich dadurch aus, dass sie

- in ihrer Management-Philosophie und ihrem generellen (Betreuungs- oder Behandlungs-)Verhalten von der Hoffnung auf und dem Vertrauen in die kreativen *Potenziale* ihrer Mitarbeiter, Klienten und Patienten bestimmt werden,
- auf allen Stufen und in allen Phasen ihres Herstellungs- und Vermittlungsgeschehens dafür sorgen, dass jedes Mitglied, jeder Mitarbeiter und Klient eine zu *respektierende* Stimme/Meinung hat und diese auch zu Gehör bringen kann,
- selbst in schwierigen Entwicklungsphasen oder angesichts anspruchsvoller Aufträge und Aufgaben der Versuchung *widerstehen,* existierende Probleme durch erhöhte Kontrolle und die Erzeugung von Stress zu lösen,
- steile Weisungshierarchien und hohe Abhängigkeiten *vermeiden,* die Mitarbeiter und Klienten zur Unselbständigkeit und Verantwortungslosigkeit

erziehen und Kreativität Eigenkompetenz, Selbstbestimmung oder die Entwicklung von Selbstbewusstsein und Selbstwirksamkeitsüberzeugungen im
Keim ersticken und dass sie

- Sorge dafür tragen, dass den Mitgliedern, der Belegschaft und/oder den
  Klienten *keine Aufgaben* erteilt oder Lösungen für Probleme aufgebürdet
  werden, die sie mit ihren eigenen und/oder im Rahmen der durch die jeweilige
  Organisation vorgegebenen Mitteln und Strukturen nicht erfüllen bzw.
  bewerkstelligen können.

Zu alledem trägt es bei, die Entscheidungsprozesse in den Instanzen und
Institutionen zu *dezentralisieren,* den Informationsfluss und die *Kommunikation*
zu verbessern, gerechte *Gratifikationssysteme* für gute Leistungen zu unterhalten,
die *Teamarbeit* zu fördern, wo immer dies geht, und sich in regelmäßigen und
dazu geeigneten Veranstaltung zu *vergewissern,* dass Management- und Dienstleister (Erzieher, Berater, Betreuer), Mitglieder, Mitarbeiter und Klienten die
gleichen Ziele verfolgen und sich über die dorthin führenden Wege einig sind
(Creuzfeld 2004). Darüber hinaus ist zur Absicherung der Gesamtstrategie
unerlässlich, Programme unter Einbeziehung aller Beteiligten durchzuführen, in
denen darüber aufgeklärt wird, wie innersystemische Empowermentbemühungen
und gesellschaftliche Verhältnisse sich gegenseitig beeinflussen.

Empowerment, so die einhellige Meinung derer, die sie propagieren, bringt
nicht nur Individuen dazu, das in ihnen steckende Potenzial bestmöglich aus-
zuschöpfen und die Gemeinschaft der Zusammenlebenden und -arbeitenden in
zufriedenheitsstiftender Weise zu stärken. Es steht auch für die geballte Kraft,
die Institutionen und Einrichtungen, die das gesellschaftliche Zusammenleben
maßgeblich organisieren, im Unterschied zu den lernunfähigen Organisationen
überlebens- und leistungsfähig macht (Duden 2015; Sprafke 2016).

8.1.4 Aus kommunikationsstrategischen Gründen sind nicht nur die Botschaften wichtig

Wir wissen im Grunde erst sehr wenig darüber, wie Botschaften mit dem Ziel
der Aktivierung von Selbstbestimmung, Selbstwirksamkeitsüberzeugung,
Partizipations- und Verantwortungsübernahmebereitschaft erfolgreich an die
Menschen herangetragen werden können. Vieles was zurzeit in dieser Richtung in
Kindergärten, Schulen und Ausbildungseinrichtungen unternommen wird, krankt
daran, dass es im Stile asymmetrischer beziehungsweise „komplementärer"
Kommunikation (Watzlawick et al. 1996) von bildungsüberlegenen Experten und

im Kontext von Einrichtungen geschieht, zu deren existenzsichernden Aufgaben es in erster Linie gehört, nachwachsende Generationen in die Funktionsbereiche moderner Gesellschaften möglichst reibungslos zu integrieren. Wo zur Selbstermächtigung ausgebildet wird, erfolgt dieses nicht als Selbstzweck oder aus humanitären, sondern aus systemfunktionalen Gründen. „Repressive Toleranz" sorgt, wie es der kritische Sozialphilosoph Herbert Marcuse ([1965] 1970) einmal genannt hat, dafür, dass Eigensinn und Eigenständigkeit nur soweit honoriert werden, wie sie sich als notwendig erweisen, um immer kompliziertere Aufgaben in einer immer komplexeren Lebens- und Arbeitswelt zu erfüllen. Die Grenzen jedweder Toleranz sind jedoch gesetzt und erreicht, wenn infolge dieser Eigenschaften systemkritisches Denken entsteht und sich daraus gar kollektives, auf die Veränderung politisch-ökonomischer Machtverhältnisse zielendes Handeln entwickelt.

Aufgrund der neueren Befunde der Gesundheitsverteilungs-, Gesundheitskommunikations- und Gesundheitsförderungsforschung können wir uns ein ungefähres Bild davon machen, wie dieses beispielsweise in der Verfassung der Bundesrepublik Deutschland (Art. 2) als „freie Entfaltung der Persönlichkeit" bezeichnete und garantierte Zurichtungsgeschehen (vgl. dazu auch Kap. 2 der vorliegenden Untersuchung) tatsächlich funktioniert. Die Wahrscheinlichkeit zu erkranken oder gesund zu bleiben, variieren nicht nur in Abhängigkeit von sozialer Lage, materiellen Voraussetzungen, dem Bildungsgrad, Geschlecht, ethnischer Herkunft und dem gesellschaftlich ungleich verteilten Zugriff auf Versorgungsdienstleistungen (u. a. Mielck 2005; Richter und Hurrelmann 2006; Bauer et al. 2008; Bittlingmayer et al. 2009), was sie den verfassungs- und sozialrechtlichen Normen nach nicht sollen. Die gleichen sozialen Ungleichheitsdeterminanten sorgen auch dafür, dass die Konzepte vorbeugenden Versorgungshandelns, bei denen es sich um die bislang einzig gangbaren Maßnahmen handelt, mit denen die chronisch-degenerativen Massenkrankheiten der Gegenwart ursächlich bekämpft und die Lebensqualität der Menschen wirksam verbessert werden können, überwiegend von denen genutzt werden, die ihrer am wenigsten bedürfen (Bauer 2005; Kühn und Rosenbrock [1994] 2009). Die Gründe dafür liegen, wie die Gesundheitskommunikationsforschung herausarbeiten konnte, aber nicht nur in der Qualität der Botschaft, sondern an dem Ineinandergreifen aller Bestimmungsfaktoren, die an ihrem Implementierungs- und Durchsetzungsgeschehen, wie in der vorliegenden Grafik Schnabels und Bödekers dargestellt (vgl. Abb. 8.2), beteiligt sind. Einerlei, ob es sich dabei um die Botschaft der Gesundheit, der Selbstermächtigung oder der Toleranz und Solidarität, d. h. anderer Prinzipien und Regulative handelt, die für das gute,

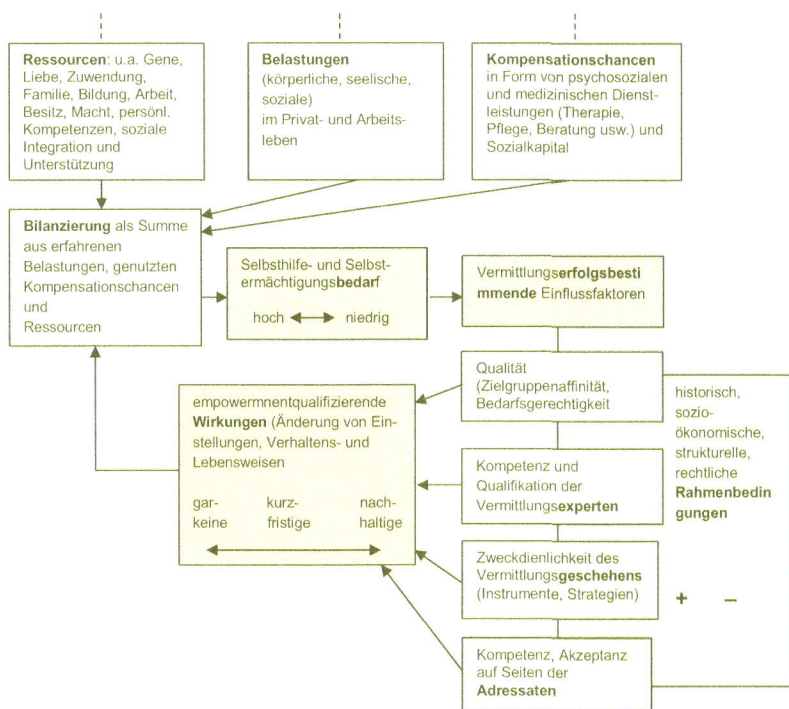

Abb. 8.2 Das Zusammenwirken von Bestimmungsfaktoren, die am Verlauf und dem Erfolg der Implementation von Qualitätsdeterminanten gesellschaftlichen Zusammenlebens beteiligt sind. (Eigene Darstellung in Anlehnung an Schnabel und Bödeker 2012, S. 168 ff.)

von Glücksempfindungen begleitete und zufriedenstellende Zusammenleben der Menschen unerlässlich sind.

Das zentrale Medium, mittels dessen sich dieses Geschehen vollzieht, ist Kommunikation (Schnabel und Bödeker 2012). Durch sie lernen wir, uns Kompetenzen im Austausch mit anderen anzueignen (vgl. Abb. 8.2). Unsere Fähigkeit, zu kommunizieren, entscheidet darüber, welchen *Bedingungen* (be- oder entlastenden) wir uns im Lebenslauf aussetzen, aber auch, wie wir sie verarbeiten. Kommunikation befähigt uns, unter Zuhilfenahme eigener Erfahrungen, erlerntem eigenem Wissens und fremder Expertise unsere Bedürfnisse zu *bilanzieren*, und sie verschafft uns die Möglichkeit, allein und oder mit fremder Unterstützung zu deren *Befriedigung* beizutragen.

Rückblickend kann man sagen, dass mit *Kommunikation* das zentrale Medium, mit *Gesundheit* ein möglicher Türöffner und mit der mehr oder weniger steuerbaren *Persönlichkeitsentwicklung* (Sozialisation) der wohl wichtigste Schlüssel zur Verfügung steht, um gesundheitsverträgliche Lebensbedingungen für die Mehrheit der Bevölkerung herzustellen und aufrecht zu erhalten. Es hat seit Mitte des zwanzigsten Jahrhunderts mit der Friedens-, Studenten-, Frauen-, Gesundheits-, Schwulen- oder Ökologiebewegung noch andere Empowermentbewegungen in verschiedenen Ländern Europas und den USA gegeben (Kern 2008), mit denen eine erstaunliche, meist aber nur vorübergehende und auf bestimmte Bevölkerungsgruppen beschränkte Wirkung erzielt werden konnte. Über die meisten von ihnen wird heute noch geredet, einige ihrer Absichten und Teilziele haben Gesetzeskraft erlangt und aus manchen sind sogar Parteien hervorgegangen. Im implementationsanalytischen Sinne war ihnen also Erfolg beschieden. Über kaum eine ihrer Wirkungsgeschichten jedoch ist in jüngster Zeit so viel geschrieben worden, wie über die von Public Health. Wenn dem so ist, dann sollte es aber auch zulässig sein, unter Bezugnahme darauf insbesondere auf die Erfahrungen, die mit der wissenschaftsgestützten Erforschung und Förderung von Gesundheit gemacht worden sind (Schnabel und Bödeker 2012, S. 167 ff.), zu überlegen, welcher Selbstermächtigungsleistungen und welcher Potenziale es bedarf, um den Weg aus dem ihnen vertrauten und tagtäglich gelebten Leben heraus ins gute und gesunde Leben zu finden und erfolgreich zu beschreiten.

Die Präventionspolitik hat sich lange Zeit damit begnügt, wie die Medizin, an der sie sich orientierte, den *Adressaten* (vgl. Abb. 8.2) die Schuld für die spärlichen, einseitigen und wenig zielführenden Effekte zu geben, die sie mit ihren Bemühungen erreicht. Wer nichts für die Vorbeugung tat, galt entweder für zu ungebildet, zu sorglos oder unvernünftig, um zu erkennen, wie sehr er sich und Anderen schadet, wenn er die ihm angebotenen Maßnahmen ignoriert oder verweigert. Auch für den Umgang mit Minderheiten, unter anderem Juden, People of Colour, Sinti und Roma, Migranten, Misshandelten oder Vergewaltigten ist dieses so genannte „victim-blaming" ein immer schon probates Mittel gewesen, welches den Tätern ermöglicht, sich selbst gegenüber einer indifferenten, zum Wegschauen bereiten Öffentlichkeit zu rechtfertigen, indem sie die Opfer selbst für das ihnen angetane Leid verantwortlich machten. Aufmerksamkeit und gelegentliche Gerechtigkeit erfuhren die Opfer nur, wenn sie sich dieser perfiden Strategie allein oder mit Unterstützung Anderer widersetzten (Ryan 1971).

Lange, eigentlich bis in die Gegenwart hinein, hat es außerdem gedauert, bis sich die Interventionsstrategen zu fragen begannen, inwieweit nicht auch die Inhalte ihrer *Botschaft* (vgl. Abb. 8.2), etwa das Fehlen von Zielgruppengerechtigkeit oder

der Mittelschichtbias in Problemstellung, Wortwahl und Argumentationsduktus an
der Präventionsferne der hochgradig belasteten und riskant lebenden Unterschicht
genetisch beteiligt sein könnten (Bittlingmayer et al. 2009). Die Untersuchungen
auf diesem Gebiet, ganz besonders die empirischen, sind spärlich. Aufgrund des
Wenigen, das wir gegenwärtig wissen, kann aber vermutet werden, dass Gesundheit
und das Wie ihrer Pflege anders thematisiert und mit anderen Mitteln transportiert
werden müssen, um bei den Bedürftigen die zum Umlernen erforderliche Resonanz
zu erzeugen. Besserwissende Appelle allein sind, wie schon die österreichischen
Pioniere der gemeindeorientierten Gesundheitsförderung feststellen mussten, dafür
zu wenig (Breitwieser et al. 1991).

Intensiver als mit den Inhalten und deshalb mit wenig Inspiration und Mut
zur Veränderung (Marstedt und Rosenbrock 2009), hat man sich mit der beruflichen *Qualifizierung* (vgl. Abb. 8.2) derjenigen beschäftigt, die sich zur Aufgabe
machen, Prävention und Gesundheitsförderung als Leitideen und Interventionsstrategien in die verschiedenen Bereiche der Gesellschaft hineinzutragen. Sie
werden inzwischen an sechs Universitäten und über zweihundert Hochschulen
darin ausgebildet, sich um die Identifikation und Minderung pathogener Verhaltensrisiken, aber viel zu wenig um die veränderungsresistenten Verhältnisse zu kümmern (Schnabel 2007, S. 201 ff., 2008; Schnabel und Wolters
2011), die in sehr viel stärkerem Maße auf die Entstehung der dominierenden
Massenkrankheiten und die gesundheitlichen Probleme von heute einwirken als
das individuelle Verhalten (Marmot 2000). Gewiss nicht falsch liegt, wer aufgrund solcher Befunde zu berücksichtigen empfiehlt, dass neben dem Willen
der Bevölkerung und der Qualität der Botschaften auch die Kompetenzen
des Ausbildungs-, Beratungs- und Begleitungspersonals und die Intentionen
ihrer Ausbilder zu den wichtigeren Einflussfaktoren gehören, die über die Art,
Wirkungsbreite, -tiefe und Nachhaltigkeit von Empowermentstrategien entscheiden.

Schon gestellt, aber bei weitem noch nicht hinreichend beantwortet, wurde
schließlich die Frage, nach dem Einfluss der eingesetzten Instrumente, Strategien,
insbes. aber auch nach der Zweckdienlichkeit der *institutionellen Gegebenheiten* (vgl. Abb. 8.2), unter denen heute Sozialinterventionismus mit dem Ziel
der Entwicklung von Empowermentqualitäten, Emanzipationskompetenz oder
Gesundheitsfähigkeit betrieben wird (Spieker und Lang 2009). Was die Gesundheitsförderung anbetrifft, so hat sich herausgestellt, dass *Krankenkassen* und
andere Versicherungsträger aufgrund ihrer speziellen Interessen für die Vermittlung derart komplexer Zusammenhänge nur bedingt geeignet sind. *Familien*
lässt man bis auf geringe finanzielle Hilfen mit der Erziehung ihres Nachwuchses zu Selbstbestimmung, Gesundheit, politischem Interesse weitgehend

allein. Der verfassungsrechtliche Auftrag des Staates, die Familien zu schützen, wird von Behördenseite dahin gehend fehlinterpretiert, dass man sich um sie nicht zu kümmern habe. *Kindergärten* insbesondere in ihrer neuern Form der mit Beratungsaufgaben zusätzlich belasteten Familienzentren, können ihre Aufgaben aus personellen Gründen kaum noch erfüllen. *Schulen,* die wie sie den umfänglichsten Zugang zum Nachwuchs aller Bevölkerungsteile ermöglichen, sind bis auf wenige prämierte Ausnahmen weder von ihrer aktuellen Struktur und Organisation noch von der Qualifikation des Lehrpersonals her in der Lage, ihre die Persönlichkeits- und Kompetenzentwicklung der Schüler betreffenden Aufgaben zu erfüllen. Mit den Eltern kooperieren sie zu wenig und schaffen es auch nicht, sich mit den Kindergärten auf der einen und den Berufsausbildungsstätten und *Betrieben* hinreichend auszutauschen. Während sich letztere, die Betriebe, nur ab einer bestimmten Größe die Aufwendungen glauben leisten zu können, die notwendig dafür sind, sich in nachhaltiger Weise für die Verbesserung der Gesundheit oder die Förderung der anderen Potenziale ihrer Mitarbeiter zu engagieren.

Wenn trotzdem der Gedanke und das Ziel des auf Gesundheit, Privat- und Arbeitsleben zielende Selbstermächtigung nicht aufgegeben werden soll, dann muss darüber nachgedacht werden, wie die vielen, allein schon aufgrund ihrer Menge und Vielfarbigkeit optimistisch stimmenden Konzepte, Ansätze und Programme guten Lebens integriert, verstetigt und vervielfältigt werden können, um dem bleiernen Klima der auf vorauseilendem Gehorsam und freiwilliger Anpassung aufgebauten Alternativlosigkeit eine zukunftsfähige, Menschen und Umwelt fördernde und fordernde Alternative entgegen zu setzen. Dies soll im anwendungspraktischen zweiten Teil der vorliegenden Untersuchung.

- an Hand eines lebenslangen, Erfahrungen, Lernen und Handeln miteinander verbindenden Interventionskonzeptes geschehen,
- das geeignete Angebote für Kinder, Jugendliche, Erwachsene und ältere Menschen umfasst,
- innerhalb dieser Gruppen auf die psychosozialen Besonderheiten wichtiger Untergruppen mit unterschiedlicher Herkunft und Bildung, unterschiedlichen Geschlechts und ethnischer Abstammung ausgerichtet ist und
- versucht, dabei kommunikations- und motivationsstrategisch durchdacht vorzugehen.

Bevor es jedoch so weit ist, sollten wir uns noch mit den verschiedenen, insgesamt zu wenig und zu unsystematisch genutzten Instrumenten der Förderung von Empowermentkompetenzen beschäftigen.

8.1.5   Anforderungen und Instrumente der Förderung von Empowermentkompetenzen

Experten, die darin ausgebildet sind, anderen bei der Selbstermächtigung unter die Arme zu greifen, entstammen als studierte Sozialarbeiter, Sozialpädagogen, Sozialpsychologen mehrheitlich der bürgerlichen Mittelschicht. Mit ihrem mittleren Status weitgehend zufrieden, versäumen sie es oft, eine sie *selbst* betreffende Empowermentbilanz (vgl. Abb. 8.2) zu erstellen, die es ihnen erleichtern würde, sich in die Emanzipationsbedürfnisse *Anderer* hineinzudenken. Weil sie es während ihrer Ausbildung nur selten lernen, versäumen sie es außerdem, danach zu fragen, ob und inwieweit das Festhalten an den eigenen im Verlaufe ihrer speziellen Sozialisation angeeigneten Werte, Zielvorstellungen, Denk- und Verhaltensweisen daran schuld sein könnten, dass sie von den Adressaten ihrer Aktivitäten gar nicht oder missverstanden werden. Sie kommunizieren herkunftsspezifisch, d. h. so, wie sie es gewohnt sind und für normal halten. Mit anderen gehen sie um, als wären sie Ihresgleichen und setzen bei ihrer Arbeit Instrumente ein, von denen sie glauben, dass sie überall und bei allen gleich gut funktionieren (Gramelt 2010). Sie sprechen zwar von Empowerment, bei Licht besehen, handelt es sich jedoch bei dem, was sie tun, nicht um Hilfe zur Selbsthilfe, sondern – wie es im Volksmund heißt – um den alten autoritär-pädagogischen Wein, verpackt in neuen Schläuchen.

Die große *Herausforderung* bei der empowermentstrategischen Arbeit besteht darin, dass Prozesse der Selbstermöglichung von ihnen zwar angestoßen werden können, das eigentliche Geschehen aber, zu dessen wichtigsten Besonderheiten die Gleichzeitigkeit von Lernen und Handeln gehört, soweit wie irgendmöglich *ohne* das Eingreifen der Helferinnen und Helfer ablaufen muss. Mit dem konventionellen Intervenieren, wie es in der Beratung, Betreuung oder Therapie üblich ist, lässt es sich nicht vergleichen. Wer dem Konzept gerecht werden möchte, muss

- sich damit begnügen, Möglichkeiten für die Entwicklung von Kompetenzen anderer bereitzustellen,
- Situationen, in denen sich die Adressaten befinden und die sie selbst als veränderungsbedürftige empfinden, gestaltbar zu machen und
- offene Prozesse, deren Ausgang aufgrund vieler intervenierender Variablen, zu denen vor allem der Eigensinn der Partizipierenden gehört, nicht genau geplant und vorhergesagt werden kann, dennoch anzustoßen (Lenz und Stark 2002). Nicht zuletzt an diesen Herausforderungen, die von den Initiatoren,

Beratern, Betreuern, Mediatoren oder wie man sie sonst noch nennen mag, ein völlig neues, von der traditionellen und asymmetrischen In-Put-Pädagogik verschiedenes Rollenselbstverständnis verlangt, sind unzählige dieser Maßnahmen gescheitert.

Ob es sich um *ernst* gemeinte Empowermentstrategien handelt, erkennt man daran, dass nicht implementiert wird, was andere, von außen Kommende für wichtig halten, sondern dass vor allem solche Kompetenzen und Ressourcen zum Vorschein gebracht und befördert werden, über die die Teilnehmerinnen und Teilnehmer solcher Maßnahmen selber verfügen. Wichtige *Erkennungsmerkmale* sind außerdem, dass darüber, wie dies geschieht und in welchem Ausmaß, nicht von Anderen sondern von ihnen selber entschieden wird, egal wie strittig dies vonstattengeht und wie lange es dauert (Gershon und Straub 2011). Um für diese internen Entscheidungsprozeduren die bestmöglichen Voraussetzungen zu schaffen, müssen die nötigen Informationen und Ressourcen verfügbar gemacht werden und es muss Handlungsalternativen und Wahlmöglichkeiten geben. Ungeachtet der damit erzeugten Resultate, zeichnen sich Empowermentstrategien auch dadurch aus, dass sie diejenigen, auf die sie gerichtet sind, zu kritischem Denken animieren, das Vertrauen in die Selbstwirksamkeit stärken, sie befähigen Problemlösungsversuche im Team zu realisieren, sich darüber hinaus der Kompetenzen sozialer Unterstützungsnetzwerke zu bedienen und in allem, was sie tun, der Versuchung zu widerstehen, die Bewältigung eigener Problemlagen auf Kosten anderer Menschen oder Bevölkerungsgruppen anzustreben.

Es ist deshalb nicht verwunderlich, dass zu den Instrumenten auf der individuellen *Mikroebene* des Selberermächtigungsgeschehens ein großer Teil der klassischen, aus der bürgerlichen Erziehung ebenfalls bekannten Verfahren gehören, die sich allerdings eignen müssen, um bei den Adressaten auf eine repressionsfreie Weise die größtmögliche Resonanz für bestimmte Themen (z. B. Wo stehe ich heute?, Wo will ich hin?, Was muss ich ändern, um dorthin zu gelangen?), zu erzeugen und sie zu einem proaktiven Umgang mit ihnen (Was kann ich als nächstes und wie kann ich es tun?) anzuregen. Dazu gehören geeignete, auf den Bedarf der anderen gerichtete Informations- und Beratungsgespräche ebenso wie Vorträge, Workshops, Selbsterfahrungskurse und – heute wichtiger denn je, weil die ganze Welt darauf setzt und es erwartet – der zielführende Einsatz digitaler Technik (Lenz und Stark 2002).

Als Instrumente auf der systemisch organisierten *Makroebene* haben sich nicht nur in der Gesundheitsförderung, sondern auch in der Sozialarbeit, der Erwachsenenbildung und hier besonders in der politischen Bildung das Arbeiten mit klar definierten und in ihren Bedürfnissen und Voraussetzungen hinreichend erforschten Zielgruppen (Roski 2009) bewährt. Gute Erfahrungen sind auch mit der Förderung von Selbstwirksamkeitsambitionen im familiären Kontext (Armbruster 2004) und in den überschaubaren, sogenannten Lebens(um-)welten, zu denen neuerdings auch Kommunen und zunehmend die Quartiere der Großstädte (Märzheuser 2009) gehören. Sie sind es, in denen den WHO-Experten zufolge nicht nur gelebt und gearbeitet wird, sondern auch Gesundheit entsteht und aufrechterhalten wird. Es um die alltägliche Lebensführung, um die materielle und ideelle Basisversorgung, deren Existenz die Menschen frei macht, um über mehr als über die unmittelbaren Überlebensnotwendigkeiten, wie zum Beispiel über die sozialen, weitgehend fremdbestimmten Arbeitsverhältnisse, über die Zukunft und das Überleben der Kinder und Enkelkinder nachzudenken. Hier, wo es darauf ankommt, die Menschen dazu zu bringen, die ihnen persönlich und in ihrer Umwelt verfügbaren personellen, ökonomischen, ökologischen und professionellen Ressourcen zu erkennen und zu mobilisieren, haben sich Eltern-AGs, Qualitäts- und Gesundheitsförderungszirkel sowie Bürgerversammlungen, Plakataktionen, so genannte Shit-Storms im Internet, aber auch Demonstrationen und Protestmärsche bewährt (Schnabel und Bödeker 2012, S. 102 ff.). Wirkungsvoll, wenn sachverständig geplant und durchgeführt, sind schließlich auch Kampagnen, die dem Empowermentgedanken aber nur dann entsprechen, wenn sie nach dem „Down-up"-Modus organisiert werden. In dem Fall eignen sie sich, um neue Themen innerhalb großer Kollektive anzureißen, dezentrale Maßnahmen zur Pflege wichtiger politischer, wirtschaftlicher und gesellschaftlicher Anliegen, wie literarische Aktionen, Workshops, Vorträge, Reklameaktionen, Preisausschreiben, Spiele, Theateraufführungen, Kreativwettbewerbe zielführend zusammenzufassen, zu begleiten, in ihrer Durchschlagskraft zu verstärken und um wichtige, dem Vergessen anheimfallende Anliegen der Bürger zurück ins kollektive Bewusstsein zu holen (u. a. Bonfadelli und Friemel 2006; Pott 2009).

Die gängige psycho-soziale Interventionspraxis beschäftigt sich aus Gründen, die ihrerseits einer Untersuchung Wert wären, mehrheitlich mit Erwachsenen. Das ist eine Bevölkerungsgruppe, deren Denk- und Verhaltensroutinen sich weitgehend verfestigt haben und nur noch unter großem Aufwand beeinflusst werden können. Theoretisch jedoch sind viele Experten (Roski 2009; Schnabel und Bödeker 2012; Chalofsky et al. 2014; Hurrelmann et al. 2014) längst der Meinung, dass mit der Förderung von Selbstbewusstsein, Selbstwirksamkeit, Empowerment und Überlebenskompetenz

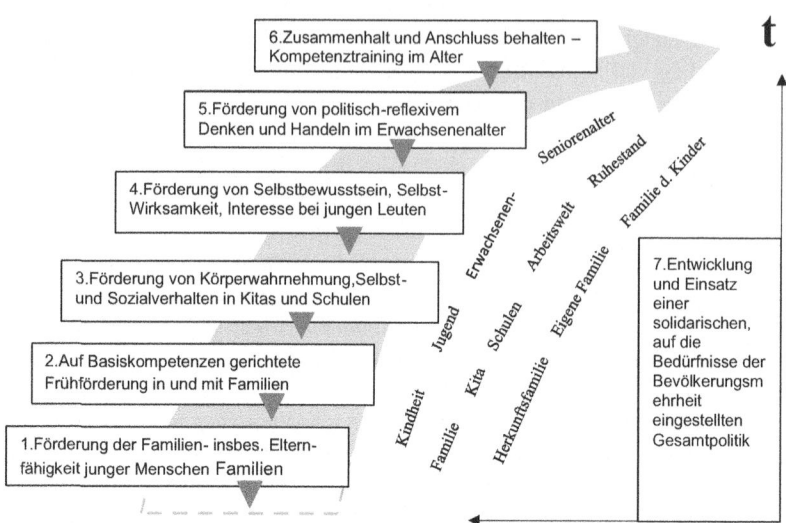

Abb. 8.3 Stationen und Module eines alters- und zielgruppengerechten, auf die Stärkung von Selbstbewusstsein, -ermächtigung und Gesundheit zielenden Förderungskonzeptes. (Eigene Darstellung in Anlehnung an Schnabel 2013)

- schon viel *früher* im Leben der Menschen angesetzt werden müsste,
- dass es *nachhaltiger* Wirkungen wegen sinnvoll wäre, nicht nur zufällig, singulär, situativ und quasi nebenbei, sondern
- *systematisch,* das heißt mehrfach wiederholt, zu gleichen Themen, in verschiedenen Situationen,
- *multimodal,* das heißt unter Einsatz verschiedenster Kommunikationsmittel und Nutzung diverser Kommunikationskanäle (Presse, Rundfunk, Fernsehen) sowie
- nach Maßgabe der sich im Lebenslauf entwickelnden psychosozialen und zielgruppenspezifisch variierenden menschlichen *Kompetenzen* zu intervenieren.

Daraus sollen im weiteren Verlauf unserer Untersuchung konzeptionelle Konsequenzen gezogen werden, deren inhaltliche und lebenslaufspezifische Ansatzpunkte (vgl. Abb. 8.3) in den nachgängigen Kapiteln beschrieben und begründet werden sollen.

Das implizite Programm besteht aus sieben altersgerechten und aufeinander aufbauenden Schwerpunktbereichen bzw. Modulen. Interventionslogistisch ist es nicht zwingend, alle Bereiche nacheinander erfolgreich zu durchlaufen, um bestmögliche Voraussetzungen für eine proaktive Lebensführung zu erlangen. In jedem der Bereiche ist mit jeder der adressierten Gruppen sinnvolle Arbeit möglich. Je häufiger jedoch interessierte Einzelindividuen oder Kollektive im Verlaufe ihres Lebens daran teilnehmen und je früher sie damit beginnen, von umso durchgreifenderen und nachhaltigeren Resultaten kann ausgegangen werden.

8.2   Frühförderung der Eltern- und Familienfähigkeit junger Menschen (Förderungsbereich Nr. 1)[1]

Nicht nur die Beförderung von Gesundheitsfähigkeit, sondern auch die erfolgreiche Vermittlung von anderen überlebensnotwendigen Kompetenzen in einer zunehmend bedrohten natürlichen und immer komplexeren sozialen Lebens- und Arbeitswelt legen es nahe, möglichst früh im Lebenslauf der Heranwachsenden zu beginnen. Die Instanzen, auf die dabei ein Hauptaugenmerk gelegt werden sollte, sind neben den weniger Groß- und den noch weit verbreiteten sogenannten Kernfamilien auch andere Formationen, wie die Eineltern- oder sogenannten Patchwork-Familien, aber auch unverheiratete Partnerbeziehungen unterschiedlichen oder gleichen Geschlechts, die sich im Verlauf der neueren gesellschaftlichen Entwicklung als primäre Sozialisationsagenturen herausgebildet haben. In ihnen allen, die die moderne Forschung im weitesten Sinne als Familien bezeichnet, wird nicht nur der Nachwuchs reproduziert und aufgezogen. Als primäre Sozialisationsinstanzen sorgen sie für die Vermittlung überlebenswichtiger Wertvorstellungen und Normen, in ihnen wird über die Bildungs- und

---

[1]An dieser Stelle sollte darauf hingewiesen werden, dass die folgenden Passagen über die physiologischen, lernpsychologischen und -soziologischen Voraussetzungen und absehbaren Folgen in den einzelnen Altersgruppen inhaltlich an ein Konzept angelehnt sind, das der Autor des vorliegenden Textes in einer anderen Veröffentlichung (2013) zur Diskussion gestellt hat, um Heranwachsende in lebenslanger, altersgerechter Weise an die ganz normalen Tatsachen von Tod und Sterben, einem der letzten Tabus in unserer anderweitig so quälend voyeuristischen Informationsgesellschaft heranzuführen. Mit dem Ziel, die Menschen am Ende ihres Lebens weniger erpressbar durch missliebige Familienmitglieder und Verwandte, die Kirchen, die Medizin, den Staat und eine wuchernde Beerdigungsindustrie zu machen und ihnen zu einem menschenwürdigen, das heißt selbstbestimmten Sterben zu verhelfen.

Berufskarrieren der Kinder entschieden, und sie repräsentieren den Privatbereich, in dem sich die Kinder nach getaner Ausbildungs- und die Erwachsenen nach getaner Berufsarbeit zurückziehen, um sich körperlich und seelisch zu regenerieren (u. a. Schnabel 2001; Krüger und Grunert 2002; Nave-Herz 2015). Darin werden sie assistiert von Verwandten, von Freundeskreisen und von einer Reihe von Einrichtungen und Vereinen, die in Ergänzung der Familien das Privatleben organisieren. Bei der Bewältigung dieser verantwortungsvollen, in einer sich zunehmend brutalisierenden Lebens- und Arbeitswelt immer schwierigeren und notwendigeren Aufgaben, lässt der Staat die Familien aus Gründen, die historisch bedingt sind, den modernen Notwendigkeiten aber längst nicht mehr entsprechen, weitgehend allein. Grund genug, um sich gerade heute, wo es um die Vermittlung alternativer und zukunftsfähiger Denk- und Verhaltensweisen geht, um die Familien und in einem ersten Schritt des oben (vgl. Abb. 8.3) dargestellten Konzeptes im Rahmen integrierter Anstrengungen von Familien und Schulen darum zu kümmern, dass junge Menschen, die die Elternschaft noch vor sich haben, möglichst früh, intensiver und kompetenter als bisher auf ihre verantwortungsvollen Rollen als Eltern und Vermittler identitätskonstituierender Basiskompetenzen vorbereitet werden.

8.2.1   Individuelle und systemische Voraussetzungen

Die Familie ist die einzige sozialisationsbeeinflussende Instanz, die den Menschen ein Leben lang, zuerst in Form der Herkunfts-, dann der eigenen und ab der zweiten Lebenshälfte zusätzlich in Form der Familie eigener Kinder begleitet. Sie stellt in vielfacher Weise ein Experimentier- und Lernfeld für die Aneignung zahlreicher Kompetenzen dar, die uns auf ein Leben außerhalb ihrer vorbereiten. Und vermutlich wichtiger als all dies: sie versorgt die heranwachsenden kleinen Menschen im Rahmen der an Nähe, Emotionalität und Intensivität durch nichts zu ersetzenden Eltern-Kind-Beziehungen mit den Basiskompetenzen wie Urvertrauen, Körperselbsterfahrung, Affektkontrolle, Bindungsfähigkeit (vgl. dazu auch Kap. 4 der vorliegenden Untersuchung), die die Grundlage für alle Kommunikations- und Lernprozesse bilden, mittels derer wir uns zu unverwechselbaren und gesellschaftlich lebensfähigen Persönlichkeiten entwickeln (Schnabel 2011). Dafür, dass Menschen auf eine für sie förderliche und andere nicht beeinträchtigende Weise überleben, ist die Familie unersetzlich. Ebenso wichtig ist es deshalb, dass die Eltern, die das Familienleben

in welcher Form auch immer organisieren, in einer Weise funktionieren[2], die es
dem Nachwuchs ermöglicht, sich die für seine weitere Entwicklung notwendigen
Grundfähigkeiten *erlebend* anzueignen und beizeiten und wesentlich intensiver
als bisher auf diese anspruchsvolle Arbeit vorbereitet werden.

Natürlich spricht einiges dafür, junge Menschen die Familienfähigkeit in den
eigenen Familien erlernen zu lassen und in das komplizierte Übermittlungsver-
fahren nicht einzugreifen. Die Hoffnung dabei wäre, dass die Kompetenzen
von der einen Generation auf die nächste übergehen und von den Kindern
erwartet wird, es genauso oder anders als ihre Eltern zu machen. Das mag dort
funktionieren, wo sich die Eltern als entwickelte und kompetente Persönlichkeiten erweisen und die Familie materiell abgesichert und dermaßen sozial
integriert ist, dass sich ihre Mitglieder sowohl im Beruf als auch in der Freizeit
selbst verwirklichen können (Bleses et al. 2012; Nave-Herz 2015). Fehlt aber eine
derartige Orientierung, weil die Familie überlastet und/oder zerrüttet ist und/oder
die Eltern sich aus anderen Gründen als Verhaltensmodelle und Vermittler nicht
eignen oder erweist sich das ganze System tradierter Bildungs- und Erziehungs-
leistungen aufgrund wissenschaftlicher Erkenntnisse und praktischer Erfahrungen
als ungeeignet, um dem Nachwuchs die erforderlichen individuellen und sozialen
Kompetenzen mit auf den Weg zu geben, dann sollte eine Gesellschaft und ihre
Organe die Qualität der Elternkompetenzen und eine entsprechende Sozialisation
des Nachwuchses nicht länger dem Zufall überlassen (Frank 2010). Sie wäre
dann gut beraten, im Rahmen ihrer primärpädagogischen und schulischen
Möglichkeiten, in Zusammenarbeit mit denjenigen Eltern, die im eigenen und im
Interesse ihrer Kinder bereit sind, dazu zu lernen, sich zu vervollkommnen und
unter Nutzung geeigneter, regional verfügbarer Dienste um eine entsprechende
Qualifizierung des Nachwuchses zu kümmern.

Im Zentrum der konzeptionellen Idee für die erste Vermittlungseinheit, die
sich wie die anderen sieben schnellstmöglich vom Modellprojekt zur festen

---

[2] Um an dieser Stelle vorhersehbare Einwände gegen die Betonung der Wichtigkeit
von Familien für das ungestörte Heranwachsen in moderne Gesellschaften vorweg zu
nehmen: Es geht hier nicht um das rückwärtsgewandte Heraufbeschwören traditioneller
Rollen- und Geschlechterverhältnisse, sondern um die Wiederbelebung einer Institution,
die als Institution wichtig ist für den sozialen Konstruktionsprozess guten Lebens. Dass
andere *modernisierte* Geschlechterverhältnisse und neue Rollenverteilungen erforderlich
sind, damit die unterschiedlichen, heute verbreiteten Familienformationen im Privat- und
Arbeitsleben als solche ihre positiven Wirkungen entfalten können, steht für den Autor
gänzlich außer Frage und wurde in mehrfacher Hinsicht von ihm herausgearbeitet (u. a.
Schnabel 2001, 2010a, 2010b, 2012).

Institution entwickeln sollte, stehen die letzte beziehungsweise die beiden letzten Klassen aller Schulformen. Ziel ist es, die Schülerinnen und Schüler, die am Ende der heute mit zwölf Jahren bei Mädchen und mit dreizehn Jahren bei Jungen beginnende Pubertät stehen oder sie bereits hinter sich gelassen haben, nicht nur auf ihre Rollen im Berufsleben, sondern auch auf die innerhalb künftiger Familien und besonders darauf vorzubereiten, wie sich beide gewinnbringend für sie selbst und ihren möglichen Nachwuchs miteinander verbinden lassen. Dazu ist es allerdings erforderlich, sich zunächst mit den absehbaren Widerständen auseinander zu setzen, die in Deutschland vonseiten der unsachlichen und interessengesteuerten Bildungspolitik in den Bundesländern, der zuständigen Behörden und den dort tätigen Lehrkräften geleistet werden (Bosse und Posch 2009). Nicht zuletzt wird es auch darum gehen, eine Elternschaft zu überzeugen, die von den Schulen größtenteils berufsvorbereitende Qualifizierungsarbeit, aber kein auf Selbstbestimmung, Selbstwirksamkeit und Durchsetzungskompetenz gerichtetes Überlebenstraining erwarten, welches das Funktionieren von Familien, das glückende Zusammenleben ihrer Mitglieder und die Persönlichkeitsentwicklung des eigenen Nachwuchses mindestens ebenso hoch, wenn nicht sogar höher bewertet, als das bloße Funktionieren im Beruf.

Über die grundsätzliche Eignung der *Schulen* als Entwicklerinnen, Anbieterinnen und Organisatorinnen derartiger Programme dürften keine Zweifel bestehen. Sie sind neben den Medien (hpts. Funk, Fernsehen und Internet) die Einzigen, die es ermöglichen, den heranwachsenden Teil der Bevölkerung flächendeckend zu erreichen. Sie bieten jedoch im Unterschied zu den Medien vielerlei Gelegenheiten, dies auf systematische und ergebniskontrollierte Weise zu tun. Die *Schulpolitik* der Länder wird am schwierigsten und vermutlich erst dann zu beeinflussen sein, wenn statt der auf die systematische Ungleichverteilung von Bildungs- und Berufschancen setzenden Ideologien die soziale Vernunft Einzug in die Programme der demokratischen Parteien findet und es ein entsprechend veränderter Wahlmodus erlaubt, solchen Parteien die erforderlichen Mehrheiten zu verschaffen (Malter und Hotait 2012). Die *Schulen* selber sind unabhängig von den politischen Verhältnissen curricular dazu verpflichtet, neben der fachlichen Unterweisung an der Persönlichkeitsentwicklung ihrer Schüler mitzuwirken. Sie entledigen sich dieser Aufgabe allerdings viel zu oft mit Hilfe von Lehrplänen, Unterrichtsinhalten und -methoden, deren Passung gegenüber dem Rezeptionsverhalten und für das Überlebenstraining moderner Jugendlicher aller Herkunftsschichten viel zu selten überprüft worden sind und werden (Czerny 2010; Precht 2015). Die unter den an Schulen vorherrschenden asymmetrischen Kommunikationsbedingungen meist nur halbherzig geförderte Persönlichkeitsentwicklung der Schüler findet kaum statt, variiert von Schulform

zu Schulform erheblich und endet meist dann, wenn deren angestrebte Reaktions-
und die Adaptionsfähigkeit in autoritäts- und/oder systemkritische Handlungsbereitschaft umzuschlagen droht.

Unter den Bedingungen zu großer, ethnisch gemischter Klassen und einer
seit Jahren ausgedünnten Personaldecke sind Lehrer nach eigenen Bekundungen
nicht nur arbeitszeitmäßig überfordert. Nicht immer für den Beruf begabt und
kaum daraufhin überprüft, werden viele von ihnen an den dafür zuständigen Einrichtungen unsachgemäß und praxisfremd ausgebildet (Allmendinger 2012). Sie
stehen wegen der von ihnen lancierten Eigen- aber auch von Fremdberichten
in der Kritik der Eltern, der Politik und der Öffentlichkeit und eignen sich aus
diesen Gründen nur wenig, um mit neuen Unterrichtsformen zu experimentieren,
alternative Inhalte auszuprobieren oder sich Arbeitsweisen anzueignen, die sich
mit den schuleigenen Routinen und Strukturen nicht vertragen. Die Schülerinnen
und Schüler derjenigen Altersgruppen, die sich für die vorbereitende Auseinandersetzung mit ihren künftigen Berufs- und Familienrollen eignen, sind
oft aus Altersgründen und durch ihr unmittelbares soziales Umfeld, familiäre
Probleme und schulische Erfahrungen auf Widerstand und Risiko eingerichtet
und wenig motiviert, sich mit der Veränderung von Schule und mit der Zukunft,
hier am wenigsten mit familiärer Verantwortung, eher noch mit beruflichen
Pflichten und Chancen zu beschäftigen.

8.2.2   Kommunikationsstrategische Konsequenzen

Ihnen gegenüber sollte es gelingen, alle drei Themenbereiche auf eine betroffen
machende Weise miteinander zu verbinden und dabei die in neueren Untersuchungen zutage geförderte Bereitschaft zu helfendem und gesellschaftsver-
änderndem Engagement, auch jenseits politischer Routinen, zu nutzen (Albert
et al. 2015).

- Eigene Kinder in die Welt zu setzen,
- das gemeinsame Abenteuer ihres Heranwachsens zu erleben,
- ihnen dabei die bestmöglichen körperlichen, seelischen und sozialen Voraussetzungen zu bieten,
- ihnen eine funktionierende Familienumwelt voller bedingungsloser Liebe,
  Zuneigung, Verständnis und Empathie zur Verfügung zu stellen,

kann einen ganz entscheidenden Beitrag zur Verbesserung der Welt leisten.
Einer Welt, an deren aktuellem Zustand wir alle, nicht zuletzt die jungen kritisch

reflektierenden und/oder von Armut und Arbeitslosigkeit betroffenen Menschen durch das Leben in Klicken, den Hype der Digitalisierung und modischen Konsum zwar notdürftig abgefunden werden, aber dennoch leiden. Gerade am Ende der Pubertät, wenn junge Männer und Frauen sich ausprobieren und anschicken, ihre aktiven Sexualrollen einzuüben, ist es möglich, und wie man auch aus dem schulischen Alltag hört, auch notwendig,

- das weit verbreitete Geschlechtermobbing zu thematisieren,
- über die Interpretation und das respektvolle Ausleben von Geschlechtsrollen zu diskutieren,
- unter Bezugnahme auf die eigenen familiären Erfahrungen, die den kritisch-selbstbestimmten Umgang mit den eigenen Eltern miteinschließen sollte,
- über das Zukunftsprojekt einer eigenen Familie konstruktiv und unter Berücksichtigung wissenschaftlicher (physiologischer, psychologischer, soziologischer und ökonomischer) Befunde zu sprechen.

Handelt es sich doch um ein Projekt, welches für die überwiegende Mehrheit der Jugendlichen beiderlei Geschlechts laut Befragungsergebnissen (Albert et al. 2015) immer noch mit den Vorstellungen über ein gutes und glückliches Leben eng verbunden ist.

Dass ein derart wichtiges Großthema unter den Bedingungen des schulüblichen Fachunterrichts nicht in die Tat umzusetzen ist, bei dem die einen Lehrkräfte kaum darüber Bescheid wissen, was die anderen tun, oder miteinander um die curriculare Wichtigkeit des eigenen Fachs konkurrieren, liegt auf der Hand (Bosse und Posch 2009). Um die Familienfähigkeit als Thema zu realisieren, müssen die mit überflüssigen Lehrinhalten vollgestopften Curricula der einzelnen Schulformen überdacht und dringend überarbeitet werden, um Platz für Unterrichtsinhalte und Vermittlungsformen zu schaffen, mittels deren das Interesse der Schülerinnen und Schüler an der Ermächtigung gegenüber dem eigenen Leben, seinen politischen, wirtschaftlichen und gesellschaftlichen Abhängigkeiten geweckt und Pläne zu dessen individueller und kollektiver Realisierung selbst erarbeitet werden können.

Die unterrichtlichen Instrumente für einen solchen Ansatz existieren bereits in Form möglichen, fachübergreifenden Projektunterrichts. Sie werden jedoch viel zu wenig genutzt, weil es von der Lehrerschaft in der Erarbeitungs- und Einführungsphase eines erheblichen Zeitaufwands, ungewohnter Orientierungen und des Einsatzes kaum, allenfalls theoretisch erlernter Kompetenzen bedarf, um solchen Unterricht durchzuführen. Außerdem ist es dafür notwendig, sich von der Rolle der frontal unterrichtenden Lehrkraft zu trennen und in diejenige eines nach Bedarf beratenden, Materialien zur Verfügung stellenden, nicht dirigistisch eingreifenden, allenfalls Lösungsalternativen anbietenden Betreuungsperson zu schlüpfen, die sich auch nicht scheut, die Eltern der Schüler zu Mitarbeit anzuregen und schulexterne Kontakte zur Praxis zu knüpfen. Dass der Staat, wie im Grundgesetz Art. 6 festgeschrieben, die Familie und Ehe schützt, sollte nicht dahin gehend missverstanden werden, dass er den Nachwuchs dem Schalten und Walten seiner mehr oder weniger kompetenten Eltern schutzlos überlässt. Vielmehr sollte dieser Artikel als Aufforderung interpretiert werden, der Familie und ihren Mitgliedern die besten Selbsthilfemöglichkeiten für den Start ins Leben an die Hand zu geben. Dazu kann es gehören,

- die Schülerinnen und Schüler zur selbstreflexiven, mit wissenschaftlichen Hilfen unterstützten Aufarbeitung des eigenen Familienlebens,
- der vorgelebten und eigenen Beziehungen zu Angehörigen des eigenen und des anderen Geschlechts,
- bis hin zum Umgang mit verschieden- und gleichgeschlechtlicher Sexualität zu motivieren,
- über eigene Kinderwünsche und die Erziehung ihres Nachwuchses und
- über die Familienpolitik in Deutschland zu diskutieren sowie
- sie dabei wissenschaftlich fächerübergreifend (physiologisch, psychologisch, soziologisch, ökonomisch) zu begleiten.

Aufgearbeitete Praktika und Hospitationen in öffentlichen Einrichtungen, die mit der Kontrolle, Beratung und Hilfe von Familien zu tun haben, können dabei ebenso nützlich sein, wie Straßenbefragungen und teilnehmende Beobachtungen im selbst gewählten Feld, um das Geschlechts- und Familienleben Anderer mit neu erarbeitetem Blick und nach fachgerechten Regeln zu untersuchen.

8.2.3 Mögliche Wirkungen

Insgesamt kann davon ausgegangen werden, dass Familien heute angesichts der zusätzlichen Anstrengungen, die das Berufsleben von den Mitgliedern, besonders von ihren nach wie vor doppelt belasteten weiblichen Mitgliedern fordert und unter Berücksichtigung der insgesamt schrumpfenden Personaldecke in modernen Familienformationen einem wachsenden Belastungsdruck ausgeliefert sind (Schnabel 2001). Die Folgen schlagen sich nicht nur – wie neuerdings die Krankenkassen berichten – morbiditätsstatistisch, sondern auch darin nieder, dass ein familienverträgliches Management von modern geführten Unternehmen als

wichtiger Produktivitätsfaktor zunehmend ernst genommen wird. Auch die Entwicklung des Scheidungsgeschehens legt Zeugnis davon ab, dass viele Familien
diesem Druck nicht mehr gewachsen sind und mit erheblichen Folgen für sich und
den meist noch jungen Nachwuchs auseinandergehen. Nicht von ungefähr, nehmen
die aus einer Scheidung oder Trennung hervorgegangenen Ein-Eltern-Familien mit
meist weiblichem Vorstand einen der vordersten Ränge in der deutschen Armuts-
statistik ein. Nach weiteren Auskünften des Statistischen Bundesamtes (2015) ist
die Scheidungsrate von 1960, als sie lediglich 10,6 % aller geschlossenen Ehen
betraf, bis 2012 auf 46,2 %, nach einem Höhepunkt von sogar 51,9 % in 2005,
kontinuierlich gestiegen. Die durchschnittliche Ehedauer beträgt heute 13,9 Jahre.
Davon gehen über das gesamte Bundesgebiet verteilt, rd. 35 % in den ersten sechs
Jahren und rd. 20 % bis zum zehnten Ehejahr auseinander. Die höchste Scheidungs-
freudigkeit unter denjenigen Ehepaaren, die sich in diesem Zeitraum trennen,
herrscht nach dem fünften Ehejahr. Die Anzahl der Eltern mit geschiedenen
Kindern hat sich seit den 1960er-Jahren nahezu vervierfacht. Die Zahl derjenigen
Kinder, die nicht immer, aber überwiegend unter der Trennung der Eltern zu leiden
und in ihrer Mehrzahl gerade erst das Schulalter erreicht haben, steigt an. Dazu
kommt ferner, dass die Wiederverheiratungszahlen, die bis in die 1960er-Jahre
hinein die Scheidungsraten noch teilweise ausgleichen konnten, in letzter Zeit
abnehmen und es einmal Geschiedene trotz in Kauf zu nehmender materieller und
betreuungstechnischer Nachteile vorziehen, weiter allein mit ihren durchschnittlich
1,3 Kindern zu leben (Braches-Chyrek 2002).

Zu heiraten, stellt in Deutschland ein nach wie vor wichtiges Konstruktions-
merkmal deutschen Familienlebens dar. Nur hält die Hälfte aller Ehen nicht
mehr sehr lange und sie werden zu einem Zeitpunkt geschieden, in denen der
belastende Einfluss auf die Entwicklung der Kinder erheblich ist. Dafür mag
es eine Menge von individuellen und sozialen Gründen geben, die noch besser
erforscht werden müssten. Auf die insgesamt nicht gute, sich auch in vergleichsweise niedrigen Geburtenzahlen niederschlagende Entwicklung vorbeugend und
auf eine schulunterstützte Weise zu reagieren, ist noch nicht versucht worden.
Ob so das Ziel der Verbesserung von Elternkompetenz unter jungen Menschen
erreicht werden kann, ist deshalb augenblicklich sehr schwer einzuschätzen. Der
Erfolg wird von einer ganzen Reihe der oben angedeuteten Faktoren insbesondere
den Gesetzgebern, der Kooperationsbereitschaft der Eltern und der Innovations-
bereitschaft der Schulen abhängen. Angesichts der verbreiteten, vor allem gegen
die Familien gerichteten Larmoyanz von Politik, Wirtschaft und Lehrerschaft
und der sich häufenden Berichte über die vor allem vonseiten der Arbeitswelt
unter Druck stehenden und in Mitleidenschaft gezogenen Familien, deren Mitglieder sich als Langzeitarbeitslose, mit niedrigen Gehältern, Mindestlohn, Harz

4, als Alleinerziehende oder unterbezahlte Doppelverdienende über Wasser halten müssen, wäre es allerdings zynisch, sich weiter wie bisher als Gesellschaft und Staat der diesbezüglichen Verantwortung zu entziehen.

8.3   Basiskompetenzorientierte Frühförderung in und mit jungen Familien (Förderungsbereich Nr. 2)

Im Idealfall könnten die Aktivitäten des konzeptionell zweiten Förderungs-bereiches (vgl. Abb. 8.3) bei den im ersten Bereich (vgl. Abschn. 8.2 der vor-liegenden Untersuchung) erzeugten Effekten ansetzen. Beizeiten auf die erheblichen Veränderungen aufmerksam gemacht, wird es den jungen Familien-gründerinnen und -gründern leichter fallen, sich auf die erheblichen Ver-änderungen einzustellen, die die Geburt von Kindern für die Beziehung, die Arbeitsteilung zwischen den Geschlechtspartner und das gesamte Familienleben, einschließlich der Verwandten und Bekannten mit sich bringen. In dieser neuen und ungewohnten Situation funktionsfähig zu bleiben, den Zusammenhalt zu bewahren, sogar noch enger zusammenzurücken und dem ersten und folgenden Kindern die bedingungslose Liebe und Zuwendung zukommen zu lassen, die sie brauchen, um körperlich, seelisch und sozial möglichst unbeschädigt aufzu-wachsen, ist vielen Paaren aus personellen und/oder sozialen Gründen verwehrt. Dies ist umso bedauerlicher, als es sich dabei um wichtige, über das Leben der Einzelnen wie über den gesellschaftlichen Zusammenhalt entscheidende Leistungen handelt, die umso eher und besser erbracht werden können, je besser sich die Erbringer darauf vorbereiten konnten.

8.3.1   Entwicklungsphysiologische und -psychologische Voraussetzungen

Als Mitglieder einer primär auf Konkurrenz, Produktion, Massenkonsum, sozialen Aufstieg fixierten und an immer weniger Nachwuchs interessierten Leistungs-gesellschaft neigen wir dazu, uns erst dann von Staats wegen für die Lage von Kindern zu interessieren, wenn sie das berufsausbildungsfähige Alter erreicht haben (Konietzka und Kreyenfeld 2007). Was sich in der Phase zwischen dem ersten und dritten Lebensjahr ereignet, ist Angelegenheit der Familie, die der Staat zwar verfassungsrechtlich schützt, für die er faktisch aber nur wenig tut, außer sie mit fiskalischen Mitteln meist zum Vorteil derjenigen zu subventionieren, die materiell und gesundheitlich gut situiert sind und eine Unterstützung nicht benötigen. Übersehen wird dabei nicht nur, dass dasjenige, was sich an interaktiven und kommunikativen Aktivitäten zwischen Eltern, Säuglingen und Kleinkindern ereignet, an Kompliziertheit, Intensität, Differenziertheit und Bedeutsamkeit kaum zu überbieten ist (Naumann 2010). In dieser Zeit wird die biophysiologische und psychosoziale *Grundausstattung* erworben, die über das spätere Sozialisationsgeschehen der Heranwachsenden, ihre individuellen Verhaltens- und gesellschaftlichen Integrationsfähigkeiten entscheidet. Während sie zwischen dem ersten und dritten Lebensjahr alle für die spätere Kompetenzbildung benötigten „Entwicklungsmeilensteine" (Oerter und Montada 2008) erwerben, vollbringen sie Höchstleitungen, die angesichts der ihnen in ihrem Alter zur Verfügung stehenden Mittel ihresgleichen suchen und die elterlichen Bezugspersonen auf eine Weise fordern, auf die die Wenigsten von ihnen wirklich, allenfalls theoretisch vorbereitet sind. Kleinst- und Kleinkindern lernen zu fühlen, zu erkennen, nonverbal zu kommunizieren und anzueignen, was ihren Bedürfnissen entspricht. Durch Trial-and Error-Verfahren und im Einklang mit ihrer neuro-physiologischen Reifung erwerben sie schließlich sprachliche Fähigkeiten, ihren Bewegungsdrang zu befriedigen und die Umwelt zu erkunden. Das Ausmaß und die Beschaffenheit, in der das gelingt, hängt ab von den Möglichkeiten und den Fähigkeiten der Eltern, sie durch verlässliche Anwesenheit, hinreichenden Körperkontakt, emotionale Zuwendung, visuelle und kommunikative Stimulation bei der alters- und entwicklungsgerechten Aneignung kognitiver, sprachlicher Kompetenzen zu fördern.

Werden die Kommunikationsleistungen bedürfnisangemessen erbracht, entwickelt der Säugling das, was der Psychoanalytiker und Soziologe Erik. H. Erikson ([1959] 1979) als Grundvertrauen („basic trust") bezeichnet hat (vgl. dazu auch Kap. 1 und 4 der vorliegenden Untersuchung). Es schafft ein Körperempfinden und eine emotionale Sicherheit, die es Kleinkindern ermöglicht, Gefühle und Bedürfnisse zu kommunizieren, es auszuhalten, wenn sie ihre Eltern erst für kurze, später für längere Zeit aus ihrem Blickfeld verlieren und noch später angstfreie Beziehungen auch zu fremden Personen aufzubauen. Ohne dieses Grundvertrauen sind Säuglinge nicht in der Lage, als Kleinkinder mit anderen störungsfrei zu interagieren, sich problemlos auf ihre Umwelt einzulassen und eine für die weitere Persönlichkeitsentwicklung wichtige, von Fehlverhaltensweisen freie Bindung zu Eltern und anderen Bezugspersonen auszubauen und durchzuhalten.

Diesbezüglich hat die Wissenschaft, ausgehend von den ersten Beobachtungen des britischen Kinderpsychologen John Bowlby gelernt, Typen durchlebter Bindungsqualität zu unterscheiden und diese als Resultate unterschiedlicher Interaktionsqualitäten zu deuten (Bowlby und Salter-Ainsworth 2001). Der

Mehrheitstypus „sichere Bindung" (bei 40 bis 50 % aller Probandinnen und Probanden) ist in der Lage, Nähe und Distanz zu Bezugspersonen und die damit zusammenhängenden emotionalen Effekte problemlos zu regulieren. „Unsicher vermeidend gebundene" Kinder des zweiten Typs (zwischen 20 und 25 %) reagieren, wenn sie verlassen werden, scheinbar unbeteiligt, erleben in Wirklichkeit aber erheblichen emotionalen Stress. „Unsicher-ambivalent gebundene" (15–20 %) und Kinder mit „desorganisierter Bindung" (5–10 %) reagieren nicht nur in Fällen tatsächlicher oder phantasierter Trennung von ihren Eltern, sondern auch im Kontakt mit Fremden emotional unsicher und überängstlich. Demgegenüber zeigen die meisten Kinder vom ersten Typ in Kindergarten und Schule ein angemessenes Sozialverhalten, mehr Kreativität beim freien Spielen ein höheres Selbstwertgefühl und weniger depressive Symptome (Hopf 2005). Mit einer Mischung aus speziellen physischen und psychischen Voraussetzungen und sozialen Bedingungen hat es zu tun, dass vor allem den Müttern die Aufgaben zufallen, die mit der Erteilung von Zuwendung, der Vermittlung von Urvertrauen, Sicherheit und Affektkontrolle gerichtet sind (Ahnert 2010). Dem gegenüber fällt den Vätern die nicht weniger wichtige Rolle zu, dem Nachwuchs und der Familie gegenüber die von Sachlichkeit und ökonomischer Rationalität geprägte Außenwelt zu repräsentieren und in spielerischer Form auf die dortigen Herausforderungen vorzubereiten (Fthenakis und Minsel 2002).

8.3.2   Essentials, förderungsstrategisches Vorgehen und mögliche Wirkungen

Der familienkulturelle Hintergrund und die von der Arbeitswelt überformten sozialen Verhältnisse sorgen also dafür, dass den Eltern in den frühesten Phasen der kindlichen Entwicklung, aber meist auch im späteren Leben verschiedene, in ihrer Differenz und Wirkung von Politik und Öffentlichkeit gerne kleingeredete Rollen spielen. Klappt die Arbeitsteilung zwischen den Eltern, dann gelingt es ihnen durch fürsorgliches, pflegendes und zuwendungsreiches Verhalten den Kindern nicht nur das Trauma der Geburt zu überwinden. Sie helfen ihnen auch dabei, sich den zunächst einmal immer ängstigenden Herausforderungen der Umwelt zuversichtlich, selbstbewusst und emotional kontrolliert zu stellen. Dazu trägt bei und beugt der Entwicklung psychisch instabiler, überängstlicher, kommunikativ inkompetenter und gesundheitlich anfälliger Kinderpersönlichkeiten vor, wenn sie bedingungslos, das heißt selbst im Scheiternsfall geliebt und akzeptiert werden und sich eines Bindungs- resp. Zuwendungsverhaltens sicher sein können, das mit überprotektivem, oft schädigendem Verhalten nicht verwechselt werden sollte (u. a. Schnabel 2001; Specht-Tomann 2007; Schmidt-Traub 2010).

Diejenigen Familien empowermentstrategisch zu erreichen, die daraus den größten Nutzen ziehen, aber die Gesellschaft auch am meisten verändern würden, ist aus mehreren Gründen schwierig. Dazu gehört nicht nur der bereits erwähnte nur scheinbare „Schutz" der Familien durch den Staat. Familien, deren Mitglieder sich an die Erfahrungstatsache gewöhnen mussten, dass sozial- und förderungspolitisch nur das getan wird, was ihre Arbeitskraft erhält und die sich damit abgefunden haben, nur das zu erhalten, was der Staat ihnen großzügiger Weise zukommen lässt, sind auf Dauer weder motiviert, zu fordern, was ihnen zusteht, noch glauben sie daran, es sich auf denjenigen politisch-demokratischen Wegen aneignen zu können, die man ihnen bietet. Die soziale Ungleichverteilung der insgesamt beobachteten Wahlmüdigkeit auf kommunaler, Länder- und Bundesebene ist nur eines der vermutlich vielen Indizien, die in diese Richtung weisen. Der Hang, sich wieder auf die Seite rechts-nationalistischer Gruppierungen zu schlagen, die den Staat zerstören wollen, ein anderes. Dazu kommt, dass die förderungsbedürftigen Familien allem Anschein nach im Hinblick auf ihre materiellen, ihre politischen Bedürfnisse, im Hinblick auch darauf, was sie glücklich macht und ihnen das Gefühl gibt, gut versorgt zu sein, ein andere Sprache sprechen als diejenigen, die damit beauftragt sind oder sich beauftragt fühlen, sie mit den üblichen Mitteln zu versorgen. Familien, die nicht in der erwarteten Weise funktionieren, stehen in den Kindergärten und Schulen in der zweiten Reihe. Vielen Erziehern, Lehrern und anderen Helfern, die unisono über ihr Desinteresse klagen, fehlt es an „Respekt", der dem Organisator eines der erfolgreichsten Elternprojekte in Deutschland, dem Psychologen Meinrat Armbruster (2006) zufolge zu den wichtigsten Voraussetzungen gehört, um belastete Familien zur Zusammenarbeit zu bewegen. Respekt vor der Lebensleistung des/der Anderen vermeidet es, sie wie gewohnt, von oben herab an Hand unangemessener (fremder) Maßstäbe zu kritisieren und ihnen Leistungen abzuverlangen, die sie unter den gegebenen Voraussetzungen und mit den ihnen verfügbaren Mitteln nicht erbringen können.

Armbruster und sein Team arbeiten mit dem Instrument der so genannten „Eltern-AGs", welches den vor allem in der Arbeitswelt erprobten Gesundheits- oder Qualitätszirkeln nachempfunden ist. Wie diese handelt es sich um Gesprächsrunden, deren ehrgeiziges Bemühen es ist, die Selbsthilfepotenziale der Teilnehmer zu entdecken und zu fördern und dieses auf komplett freiwilliger Basis zu tun. Anders als sie wenden sich die Eltern-AGs aber nur an erwachsene Mitglieder problematischer Familien, werden nur auf deren Wunsch von einer externen Kraft moderiert und verfolgen das Ziel, Kommunikation, Arbeitsteilung und Zusammenarbeit der Eltern so zu optimieren, dass im Familienalltag genügend Raum entsteht und Kompetenzen eingesetzt werden, um die Lernbedürfnisse der Kinder in punkto Selbstvertrauen, Bindungs-, Kommunikations-, Kontaktaufnahmefähigkeit zu befriedigen, und ihnen dabei zu helfen, sich als handelnde Akteure gegenüber einer sozialen Umwelt zu behaupten, die daran gewöhnt ist, sie aufgrund ihrer Normalitätsvorstellungen zu marginalisieren. Die Hauptmedien mittels derer dies gelingen kann, sind eine sich permanent verbessernde Mobilität und sprachliche Kompetenzen, die es den Kindern erlauben, immer kompliziertere Sinnzusammenhänge zu verstehen und zu artikulieren und sich darüber mit zuwendigen Familienmitgliedern, Spielgefährten, Verwandten und beim Eintritt in den Kindergarten auch mit fremden Menschen auszutauschen (Charlton et al. 2013, S. 152 ff.).

Im Vordergrund dieses Aneignungsgeschehens, welches der Phase der unmittelbaren Konzentration auf die elterlichen Bezugspersonen folgt, steht das *Spiel*. In spielerischen Situationen sind Kinder in der Lage, Erfahrungen aus der Vergangenheit zu verarbeiten, das Rollenverhalten anderer auf seine Richtigkeit und Akzeptanz hin zu überprüfen und eigene Fertigkeiten zu entdecken und weiter zu entwickeln. Ende des dritten Lebensjahres nimmt das rein sensomotorische, auf sich selbst und seine Fertigkeiten bezogene Spielen ab. Dagegen steigerte sich der explorative und konstruktive Umgang mit Gegenständen, um dann ab Mitte der Vorschulphase von Parallelspielen mit Symbolen, vornehmlich Spielzeugen abgelöst zu werden (Joswig 2003). Erst am Ende dieser Phase, frühestens mit dem fünften Lebensjahr beginnt das soziale Spielen als Vorbereitung auf das Rollen- und Regelspiel, welches dann die Prozesse kommunikativen Lernens im Schul- und Jugendalter bestimmt. Das Denken ist bis zum Übergang ins Schulalter noch sehr stark an der eigenen Wahrnehmung orientiert und egozentrisch ausgerichtet. Es fällt den Kindern schwer, sich die Sichtweise anderer von selbst durchlebten Situationen zu eigen zu machen. Es steckt noch voller Irrtümer, weil es noch sehr stark von der selektiven Wahrnehmung der Kinder und weniger von Logik bestimmt ist. Größere Zusammenhänge können zwar schon erkannt, aber nur dann im Sinne der Erwachsenen richtig verstanden werden, wenn sie konkret erfahren, am besten auch noch ausgeführt worden sind. Kinder in diesem Alter lernen vor allem, indem sie ihnen wichtige Bezugspersonen nachahmen und sie sich nach dem Prinzip von Versuch und Irrtum aneignen, was ihnen den höchsten Gewinn (Zuwendung, Lob, Anerkennung) verschafft.

Pädagogisch kompetentes (geduldiges, tolerantes) Selbstvertrauen und Bindungsbereitschaft förderndes Elternverhalten erleichtert den Kindern den an die primäre Sozialisation anschließenden angst- und affektkontrollierten Einstieg in die andersartige Welt der gleichaltrigen, verschiedenartigen und

-geschlechtlichen Spielgefährten mit gleichem oder unterschiedlichem sozialen und ethnischen Hintergrund. Weniger kompetent sozialisierten Kindern fällt eine solche Umstellung erfahrungsgemäß schwer. Der Kindergarten kann am Ende dieser Phase zu einem Ort werden, der manches zu kompensieren vermag, was in der Familie versäumt wurde. Er ist dazu aber auf die Mithilfe der Eltern angewiesen. Noch besser könnte er, könnten davor aber auch die Eltern in Förderungszusammenhänge eingebunden werden, die das vor Ort existierende Dienstleistungsangebot berücksichtigen und sich auf die Arbeit mit Kindern, auf die Eltern oder auf beide beziehen. Möglichkeiten dazu bieten die erst in letzter Zeit aufgebauten Familienzentren (Diller und Schelle 2009), die aber erst sinnvoll wirken können, wenn sie, wie die Kindertagesstätten auch (Laewen 2002), mit quantitativ ausreichendem, zielführend ausgebildetem und angemessen entlohntem Personal ausgestattet werden würden. Darüber hinaus könnten, von den zuständigen Gesundheitsämtern koordiniert, andere Pflege- und Beratungsdienste einbezogen werden, die wie die der Krankenkassen, der Ärzteschaft, der Hebammen oder wie die Volkshochschulen speziellere Aufgaben erfüllen. Das setzt allerdings voraus, dass der öffentliche Gesundheitsdienst seinem Namen entsprechend endlich damit beginnt, sich vermehrt um die Gesundheit ihrer regionalen Klientel und nicht nur um die kommunale Medizinalverwaltung zu kümmern (Kuhn und Heyn 2015).

8.4 Förderung von Körperselbst und Sozialverhalten in Kindergarten und Schulen (Förderungsbereich Nr. 3)

Ab dem dritten Lebensjahr greifen Kindergärten und Schulen (vgl. Abb. 8.3) massiv in die Entwicklung der Kinder ein, was bei einer Reihe von Eltern, meist mit sinkender Sozialschicht dazu führt, sie in den Einrichtungen nur noch abzuliefern und die Erziehung den dort angestellten Fachkräften zu überlassen (u. a. Dippelhofer-Stiem 2003; Textor 2006; Woll 2008). Tatsächlich ist es so, dass dort einerseits die höchste erzieherisch-pädagogische Kompetenz versammelt ist. Andererseits gehört aber bis in die Gegenwart hinein die Qualifikation zur Zusammenarbeit mit den Eltern nicht zu den Schwerpunkten der praktischen Ausbildung des Erziehungs- und Lehrpersonals und es wird, von hoffnungsvoll stimmenden Ausnahmen abgesehen, noch einige Zeit dauern, bis sich dieser Sektor moderner Bildungsarbeit im Rollenselbstverständnis der Experten niedergeschlagen haben wird. Für die Kinder geht es darum, aufbauend auf einem möglichst stabilen und störungsunanfälligen Körperselbst zunächst die Voraussetzungen

für ein Selbstkonzept (Ich-Identität) und aufbauend darauf die Basis für eine
kommunikations- und integrationsfähige soziale Identität (Erikson [1959] 1979) zu
legen.

8.4.1   Entwicklungsphysiologische und -psychologische Voraussetzungen in der Kindergartenzeit

Kindergärten und Kindertagesstätten (vgl. Abb. 8.3) sind, als solche lange unterschätzt, keine Bewahranstalten mehr. In ihnen kann aber auch nicht nachgeholt
oder umprogrammiert werden, was in den Familien falsch angelegt oder versäumt
wurde. Deshalb ist es nicht nur aus rechtlichen, sondern auch aus entwicklungs-
psychologischen Gründen nötig, die Eltern in die Erziehungsarbeit zwischen dem
dritten und fünften Lebensjahr miteinzubeziehen. Der Brückenschlag zwischen
dem Schonraum der Familie und der fremden Welt anders denkender und
reagierender Kinder und Erwachsener muss unter Bedingungen gelingen, die ein
Eingehen auf die einzelne Kinderpersönlichkeit nur in Ausnahmefällen erlaubt
und die kleinen Menschen, insbesondere dann, wenn es sich um Einzelkinder
handelt, dazu zwingt,

- zu teilen,
- zur Erreichung ihrer Ziele Kompromisse zu schließen,
- strategisches Denken und Handeln an die Stelle von unmittelbarer Bedürfnisbefriedigung zu setzen und
- in der Konfrontation mit Neid, Frustration und Gewalt diejenigen Mittel einzusetzen, die den eigenen Interessen am besten dienen.

Es wird deshalb davon Ausgegangen, dass es von Vorteil ist, erste Klärungs-
prozesse dieser Art mit den Geschwistern der eignen Familie durchgemacht
zu haben. Sie erfolgreich zu durchlaufen, ist für die Entwicklung von Persönlichkeiten wichtig, die im Normalfall die Fähigkeit besitzen sollten, im
kommunikativen Austausch mit anderen über die Rechtmäßigkeit eigener
Wünsche und Interessen zu urteilen und diese bei Bedarf mit mehr oder weniger
legitimen Mitteln durchsetzen zu können.

Bis zum Ende des fünften Lebensjahrs haben Kinder die körperliche Entwicklung vom Klein- zum Schulkind in der Regel vollendet. Sie haben zahlreiche
auf den Ernst des sozialen Lebens vorbereitende Fähigkeiten im nachahmenden
Rollenspiel erlernt und beginnen sich nun vermehrt für Spiele zu interessieren,
in denen Regeln für das Zusammenleben mit Anderen ausprobiert werden

können. Dort zu bestehen, setzt ein höheres kognitives Niveau und die Fähigkeit voraus, nicht nur non-verbal oder verbal zu kommunizieren, sondern mit der Kombination beider Äußerungsformen zu experimentieren, diese zur Erreichung eigener Zwecke einzusetzen und die Absichten von Kommunikationspartnern durch Deutung ihrer verbalen und nonverbalen Signale richtig einzuschätzen. In der Interaktion mit ihnen, zu denen Verwandte, Spielkameraden, deren Eltern, Erzieherinnen, Lehrer und Lehrerinnen, aber auch gänzlich fremde Menschen gehören können, werden sie dazu angehalten,

- Grenzen zu erkennen,
- Regeln einzuhalten,
- Emotionen zu kontrollieren sowie
- Frustrationstoleranz und ein Selbstbild zu entwickeln, das sich, wenn alles gut geht, von dem Egoismus des sich normal entwickelnden Kleinkinds deutlich unterscheidet.

In unserem Kulturkreis spielt der Kindergarten neben der Schule eine herausragende Rolle bei der Sozialisation der Kinder im Vorschulalter. Es gibt zwar keine Kindergartenpflicht, aber die Kindergärten sind Orte, an denen ein großer Teil der Kinder außerhalb der Familie erreicht, bei Bedarf zusammen mit den Eltern zu Fragen der Bildung und Erziehung beraten wird und berufstätige Eltern entlastet werden können. In ihnen werden die Kinder längst nicht mehr nur beaufsichtigt, sondern zunehmend auch erzogen. Was nicht immer reibungslos verläuft, kompensatorische Züge annehmen kann, in der Regel aber nicht ohne die Zusammenarbeit mit den Familien oder wenigstens mit deren Duldung funktioniert (Tietze 2008). Kindergärten und Kindertagesstätten sind Systeme besonderer Art, die sich nicht nur im Hinblick auf Organisation, Personal und Klientel, sondern auch durch die Art von Familie und Schule unterscheiden, in der Erzieherinnen, Erzieher und die Kinder miteinander umgehen. Was die dabei eingesetzte Mischung aus Emotionalität, Zuwendung, Bindung und pädagogischem Sachverstand angeht, bieten sich Kindergärten als ideale Vermittler an, indem sie persönliche und soziale Förderungsaufgaben übernehmen, die so weder in den Familien noch in den Schulen erfüllt werden können (Laewen 2002). Eine gute Qualität von institutionalisierter Erziehung, Bildung und Betreuung im Vorschulalter hat nachgewiesenermaßen (Wagner 2009) positive Auswirkungen auf die sozio-emotionale und kognitive Entwicklung der Kinder im Grundschulalter; einerlei, ob sie sich in Deutschland, Portugal, Spanien oder Österreich ereignet. Außerdem erreichen Viertklässlerinnen und Viertklässler eine höhere Lese- und Sprachkompetenz, wenn sie eine vorschulische Einrichtung mindestens ein Jahr lang besucht haben.

Weitere Möglichkeiten über eine von Eltern und Kindertagesstätten getragene Förderung von sozialer Identität als Voraussetzung für Ich-Identität und für kompetentes Rollenhandeln in natürlichen und kollektiven Kontexten, könnten die neuerdings aus der Taufe gehobenen „Familienzentren" bieten. Noch keinesfalls selbstverständliche Bedingung für ihr effektives Wirken wäre allerdings, dass sie flächendeckend und bedarfsgerecht etabliert werden können (Diller und Schelle 2009). Das heißt, dass sie sich nicht nur als Lückenbüßer innerhalb jener Regionen entwickeln, in denen das Angebot an Kindertagesstätten nicht ausreicht, um die Beratungs- und Betreuungsbedürfnisse ansässiger Familien zu decken. Außerdem müssen sie mit hinreichenden personellen und materiellen Ressourcen ausgestattet sein, dürfen von den Trägern nicht nur eingesetzt werden, um Finanzierungsengpässe auszugleichen oder, wie bereits geschehen, missbraucht werden, um erfahrene Erzieherinnen und Erzieher zu entlassen und für geringeres Gehalt wieder einzustellen. Angemessen ausgestattet wären sie aber durchaus in der Lage, die Fähigkeiten des toleranten sozialen, geschlechtlichen oder interkulturellen Zusammenlebens von früh an auf ein Niveau zu heben, dass sich nicht nur durch den verträglicheren Umgang der Schülerinnen und Schüler, sondern auch im späteren Zusammenleben und -arbeiten mit Anderen auszahlen würde. Aufgrund des dort versammelten pädagogischen Sachverstandes wären Familienzentren, die sich in der Regel aus Kindertagesstätten heraus entwickelt haben, nicht nur fähig, Eltern zu beraten. Sie wären auch in der Lage, Programme zur spielerischen Förderung emotionaler, kreativer, sozialer und kognitiver Fähigkeiten und zur Stabilisierung der Kinderpersönlichkeiten mit Lernmaterialien über das Verstehen und Aushalten von Andersartigkeit als natürlichen zum normalen Leben dazu gehörenden Phänomenen durchzuführen.

Da die Kinder in diesem Alter eine kaum zu befriedigende Neugier, gleichzeitig aber auch eine besondere Vorliebe für magische Zusammenhänge und Erklärungen besitzen und im Unterschied zu den Folgephasen daran interessiert sind, sich kreativ-bildnerisch auszudrücken, ist es angebracht, bei diesen schwierigen, tagtäglich erfahrenen Herausforderungen Elemente der Phantasiereise und des Erlebnislernens miteinander zu verbinden. Für ersteres hält die Kinderliteratur inzwischen eine Fülle von Texten engagierter Autorinnen und Autoren bereit, die der kindlichen Vorstellungswelt in einfühlsamer Weise Rechnung tragen. Auch eignet sich das kindliche Malen und Gestalten besonders gut, um Gefühle und Stimmungen von Einsamkeit, Unterdrückung, aber auch Macht und Überlegenheit zu artikulieren, die sonst nicht zum Ausdruck gebracht werden können. Diese sollten dann in den Zentren, Kindertagesstätten und

Familien wieder aufgenommen werden, in zwanglose Berichte über das Tages-
erleben eingehen, die Kinder zum Stellen von Fragen anregen und für die Übernahme von Verhaltensformen motivieren, die nicht nur praktikabel sind, sondern
sich darüber hinaus auch eignen, Selbstbewusstsein und Vorformen von Respekt
und Empathie zu fördern.

Da Themen wie die Gestaltung des Gemeinschaftslebens nicht weniger prekär
und schwierig zu bewältigen sind als andere für das Kindergertenalter relevante
Fragen, wie etwa die über Tod und Sterben, das Verhalten gegenüber den kleinen
Menschen vom anderem Geschlecht oder aus anderen Kulturen, der Umgang mit
Behinderten, Kranken oder Angehörigen eines anderen Glaubens, zu denen die
Eltern ihre eigenen bisweilen scham- und angsterfüllten und meist wenig kinder-
gerechten Vorstellungen hegen, sollte ihre betreute Verarbeitung nur in Absprache
mit den Familien erfolgen. Nur wenig lässt sich – wie wir inzwischen aus der
bundesweiten Bildungs-, Präventions- und Gesundheitsförderungsarbeit in der
Primarerziehung wissen (Kliche et al. 2008) – gegen deren Gleichgültigkeit
oder Widerstand erreichen. Können Eltern aber unter Berufung auf die damit
verbundenen Vorteile für Familie und Kind dazu gebracht werden, sich mit
ihnen zu beschäftigen und bezüglich der für Kindergärten und Zentren verbind-
lichen gesetzlichen, inhaltlichen und methodischen Regularien zu kooperieren,
dann lässt sich dies in eine modular organisierte Vermittlung von Überlebenskompetenz und zur Stärkung der emotionalen, sozialen und kognitiven Fähigkeiten von Vorschulkindern erfolgreich integrieren. US-amerikanische und
deutsche Erfahrungen mit inhaltlich zwar anders gelagerten, aber durchaus übertragbaren Kindergarten- und Grundschulprogrammen (Schnabel 2001, S. 140 ff.)
zeigen sogar, dass es möglich ist, durch die systematische Förderarbeit mit
Kindern Elterngruppen zu erreichen, an die mit den üblichen, auf Erwachsene
zielenden Umerziehungsprogrammen nur schwer oder überhaupt nicht heranzukommen ist.

Kindergartenprogramme mit Familienunterstützung, die erfahrungsgemäß
mit dem Eintritt in die Grundschule an Intensität verlieren, hätten somit das
Potenzial, um den auf starrsinnigen Traditionalismen, Vorurteilen, sozialer
Gleichgültigkeit und Kälte beruhenden Schwierigkeiten im Zusammenleben mit Anderen wirksam vorzubeugen. Im Idealfall könnten sie dazu beitragen, den Kindern den Umgang mit der Andersartigkeit von Menschen und
die Verunsicherung, die das erzeugt, als natürliche zur Vielfalt des Lebens dazu
gehörende Phänomene verständlich zu machen und die Bewältigung der daraus
resultierenden Herausforderungen einzuüben. Sich schon möglichst früh vonseiten der Eltern, Pädagoginnen, Pädagogen und Einrichtungen darum zu
kümmern, ist für die Qualität des zukünftigen Zusammenlebens in immer

komplexeren gesellschaftlichen Zusammenhängen wichtig. Denn schon in der Vorschulphase beginnen sich Grundhaltungen herauszubilden, deren tiefsitzende psychosoziale Effekte in späteren Phasen der Entwicklung nur noch schwer und, wenn überhaupt, dann nur noch unter Einsatz von ungleich viel höheren personellen und finanziellen Ressourcen zu beseitigen sind. Für sich genommen reichen sie jedoch nicht aus, um den Umgang mit dem eigenen Leben und das gedeihliche Zusammenleben mit Anderen nachhaltig zu stärken. Dazu sind weitere systematische über den Lebenslauf verteilte Förderungshilfen (vgl. Abb. 8.3) zumindest für diejenigen Kinder nötig, die aus materiell, sozial, bildungsmäßig und gesundheitlich schlechter gestellten Familien stammen, von dort nur eine geringe Förderung erhalten, aber ebenso wie die anderen ein verfassungsmäßiges Recht auf freie Entfaltung ihrer Persönlichkeit besitzen.

8.4.2   Entwicklungsphysiologische und -psychologische Voraussetzungen während der Schulzeit

Früh- und Mittelphase der Adoleszenz werden vor allem durch das Wachstum von Gliedmaßen und Körper und durch die Geschlechtsreifung bestimmt. Im Verlaufe der Mittel- und Spätphase (Pubertät) beginnen die Heranwachsenden sich mit diesen Veränderungen und mit den damit einhergehenden Verunsicherungen in der körperlichen Selbstwahrnehmung seelisch auseinander zu setzen. Ab dem vierzehnten Lebensjahr lernen sie sich selbst mit den Augen der Anderen zu sehen und fangen an, durch Vergleiche zwischen dem, was sie einmal waren, und Vorstellungen davon, was sie einmal personell und beruflich repräsentieren könnten, ein Selbstkonzept zu entwickeln (Joswig 2003). Das schließt

- die soziale Entwicklung,
- die emotionale Ablösung vom Elternhaus,
- die Einbettung in sogenannte Peer-Groups und
- den Aufbau von Beziehungen zu Personen beiderlei Geschlechts bis hin zur Ausprägung sexueller Neigungen und der Einübung sexueller Praktiken mit ein.

Nicht immer und in jedem Fall bindet dieses in seinen Auswirkungen auf die Persönlichkeitsentwicklung hoch dramatische Geschehen derart viel Aufmerksamkeit und Energien, dass es oft zu Einbrüchen in der Lernmotivation und zu Verhaltensirritationen kommt, die von Eltern und Lehrpersonen fälschlicher Weise als Haltungsverfall interpretiert werden. Das ändert sich jedoch in der

Mehrzahl der Fälle, wenn in der folgenden Phase Schulabschlüsse und der Übergang ins Berufsleben an Bedeutung gewinnen. Neben diesen an das biophysiologische Entwicklungsgeschehen gebundenen psychosozialen Effekten spielen Veränderungen in der Entwicklung eine zunehmend wichtigere Rolle. Jugendliche sind nun in der Lage, in der Möglichkeitsform zu denken, Hypothesen zu bilden und Abstraktes zu verstehen. Die Fähigkeit, metakognitiv zu denken, das heißt das eigene und das Denken und Verhalten der anderen zum Gegenstand ihres Denkens zu machen, nimmt zu. Es bildet sich das Vermögen, beobachtete und fiktive Sachverhalte von verschiedenen Seiten aus zu betrachten, miteinander in Beziehung zu setzen und auf diese Weise die Informationsverarbeitungskapazitäten erheblich zu steigern.

Während der Pubertät nimmt der Einfluss der Familie nicht etwa, wie oft irrtümlich angenommen, ab. Ähnlich wie die Schule kann sie aber für eine vorübergehende Zeit die Form einer vehement bekämpften Gegenwelt annehmen, die den Jugendlichen dazu dient, sich in der Auseinandersetzung mit den Eltern und ihren Regularien als eigenständige Persönlichkeiten neu zu erfinden. In der gleichen Phase beginnen die Beziehungen zu Gleichaltrigen in Form von geschlossenen Cliquen oder organisierter Netzwerke an Einfluss zu gewinnen, deren Binnenleben mit der Welt der Erwachsenen kontrastiert, auf andere Interessen ausgerichtet ist und sich durch spezielle Kommunikationsroutinen auszeichnet. Ihre Bedeutung nimmt immer stärkere und bedingungslosere Formen an, je weniger sich die Elternhäuser und Schulen in der Lage zeigen, zu den Schülern durchzudringen (Oswald 2008). Cliquen und Netzwerke fungieren dann als Orientierungsersatz und als Praxisfelder, auf denen neue Erfahrungen gemacht, alternative Rollen ausprobiert werden und sich die Beziehungs- als Sexualpartner in Szene setzen können. Eltern und andere ehemals wichtige Bezugspersonen stellen sich am besten darauf ein, indem sie sich bemühen, das richtige Maß an Haltgeben und Loslassen herausfinden (Rogge 2010). Je sicherer sie dabei sind und je pädagogisch durchdachter sie dabei vorgehen, umso erfolgreicher werden sie damit sein, den Nachwuchs vor den sozialen und gesundheitlichen Risiken der Persönlichkeitsentwicklung zu schützen, die das Experimentieren in den Gruppen Gleichaltriger neben vielen Vorteilen mit sich bringen kann (Oerter und Montada 2008).

Jugendliche während dieser intensiven, von zusätzlichen gesellschaftlichen Herausforderungen und Verlockungen unterstützten Phase der intensiven Beschäftigung mit sich selbst und den Gleichaltrigen mit den Themen Politik, Wirtschaft, Gesellschaft, mit Fragen der Selbstbestimmung und Selbstwirksamkeit zu beschäftigen, erscheint auf den ersten Blick sehr schwierig. Handelt es sich doch um eine Entwicklungsperiode, die vom Testen, Ausprobieren, von

Selbstfindung unter scheiternsriskanten Bedingungen geprägt ist, die sich der Festlegung auf Ziele, der Beschreibung gangbarer Wege oder der Definition verbindlicher Leitlinien für individuelles und soziales Handeln entziehen. Genau darum sollte es aber in allen Versuchen gehen, junge Menschen zu inspirieren, zur Entdeckung ihrer eigenen Fähigkeiten zu motivieren und dies unter dem Einsatz von Kräften zu tun, über die nicht andere, sondern sie selber bestimmen sollten. Gut für das Gelingen wäre es, sie auf der Grundlage eines möglichst weitgefassten, strukturell jedoch integrierten Curriculums zur politisch-kulturellen Selbstfindung mit dem größtmöglichen Angebot von Unterrichtsmethoden und -instrumenten zu unterstützen, zu denen moderne Schulen unter der Verantwortung interdisziplinär ausgebildeter und didaktisch kompetenter Lehrkräfte in der Lage wären. Darunter bräuchte der Fachunterricht in Mathematik, Sprachen, Natur- und Sozialwissenschaften für diejenigen, die schon frühzeitig wissen, wohin sie ihr Weg führen soll, nicht zu leiden. Wichtig für das hier angeregte und eher auf Allgemeinbildung und Lebensertüchtigung in zunehmend komplexeren Zusammenhängen zielenden Selbst-Empowerment ist demgegenüber, dass

- die Beschäftigung mit Mathematik (Statistik, Epidemiologie) auch zur Information über die politische, wirtschaftliche und soziale Lage der Bevölkerungen des eigenen oder fremder Länder verwendet werden kann,
- Sozial- und Politikwissenschaften dabei helfen können, über die Gründe und Verursacher von sozialer Unfreiheit, Ungleichheit und mangelnder Solidarität, aber auch über den Umgang der Geschlechter, das Zusammenleben der Angehörigen verschiedener Soziallagen und Ethnien aufzuklären.
- Sprachen könnten dazu dienen, den interkulturellen Diskurs zu fördern und für Auslandsaufenthalte zu interessieren, in denen mehr unternommen wird, als sich unter den Menschen der Herkunftskultur an den Swimmingpools teurer Hotels zu rekeln.
- Kunstunterricht, der nicht nur das mehr oder weniger lustlose Bemalen von Papier und/oder Leinwänden zum Thema hätte, wäre im Verein mit Tourismuswissen und/oder Museumspädagogik in der Lage, über die Kreativität der Zivilisationen Lateinamerikas, Afrikas, des europäischen Südens, des nahen, mittleren und ferneren Ostens aufzuklären und den Schülern beizubringen, sich mit den sehr viel älteren, überaus schöpferischen Kulturen anderer Länder respektvoll auseinander zu setzen.
- Durch fachlich breit gefächerten und ambitionierten Sportunterricht könnte in Verbindung mit Physik, Chemie und Biologie, Ernährungs- und Bewegungslehre sehr viel mehr für die Krankheitsverhinderung und vorbeugende

Gesundheitsförderung der Jugendlichen getan werden, als durch einen mühsam zwischen die Fachunterrichtseinheiten höherer Schulen gequetschten
Einzelstunden, in denen im Interesse weniger auch noch der Leistungs- statt
des Breitensportgedankens hochgehalten wird.

Zusätzlich ergibt sich gerade in dieser Entwicklungsphase die oft unter-
schätzte Gelegenheit, die Gruppe der Gleichaltrigen für die Bearbeitung von
Selbstverwirklichungs- und Lebensplanungsthemen zu nutzen. Als Informations-,
Fortbildungs- und Weiterbildungsansatz setzt das sowohl in der Krisenintervention und bei der Prävention von Risikoverhaltensweisen bewährte Konzept
des so genannten *Peer-Involvement* auf die speziellen Beziehungen, wie sie in den
Gruppen gleichaltriger Jugendlicher, aber auch junger Erwachsener herrschen.
Didaktisch und motivationsstrategisch unterscheidet es sich erheblich von der
Art und Weise, wie Erziehende und Zöglinge in den klassischen Lehr- und Lernsituationen miteinander umzugehen pflegen. Seine Vermittlungsvorteile zieht es
aus den unmittelbaren und vertrauten Kommunikationsroutinen, wie sie zwischen
Gleichaltrigen normalerweise herrschen, und es profitiert vom besonderen Elan,
der freigesetzt werden kann, wenn sich Jugendliche aus freien Stücken für
einander engagieren (u. a. BZgA 2001; Nörber 2003). Peer Involvement kann
in Form von Peer-Counseling, -Education und -Projecting geschehen (Backes
et al. 2001). Dazu braucht es den Einsatz kleiner Gruppen, die Schulung von
Peer-Moderatorinnen und -Moderatoren, aber auch qualifizierter Ausbilder und
einer zweckdienlichen Interventionspolitik gegenüber desinteressierten Jugendlichen und Lehrkräften, um zu funktionieren. Und es bedarf vorurteilsfreier,
partizipations- und veränderungsbereiter Propagandisten und Teilnehmer, um mit
so anspruchsvollen Themen, wie z. B.

- dem Zusammenhang zwischen Gesundheits-. und Sexualverhalten,
- den Umgang mit ungeborenem Leben oder
- mit Menschen, die anders sind als man selber,
- mit dem Gebrauch von Drogen und anderen auto- beziehungsweise fremd-
  aggressiven Bewältigungsformen sozialer Konflikte,
- dem Risikoverhalten im Verkehr oder
- sich konstruktiv mit der Frage auseinanderzusetzen, wie man sich der allwaltenden und zerstörerischen Fremdbestimmung durch die Familien-,
  Bildungs-, Arbeitsmarkt, Umwelt- oder Versorgungspolitik Anderer erwehren
  kann.

Wer die *Schule* zu empowermentstrategischen und/oder gesundheitsfördernden Zwecken nutzen möchte, muss sich allerdings im Klaren darüber sein, dass er es nicht nur mit einzelnen Schülerinnen und Schülern, ihren Fähigkeiten und Problemen, sondern darüber hinaus mit drei verschiedenen sozialen *Systemen* zu tun hat, die sich unabhängig voneinander entwickeln, gegenseitig beeinflussen, aber auch miteinander konkurrieren können (Schnabel 2010b). Neben den Einstellungen, Verhaltensweisen und Kompetenzen, die die Schülerinnen und Schüler *von Hause* aus mitbringen und den Eigenheiten der Unterrichtssituationen, die sie zusammen mit ihren Lehrerinnen und Lehrern durchleben, handelt es sich dabei um das Schüler-Lehrer-Interaktionssystem, die Schulklasse und die Schule als Organisationen. Sie bestimmen in einer oft übersehenen oder nicht ernst genommenen Weise darüber mit, welche Verhaltensweisen und welches Wissen in der Schule auf welche Weise angeeignet beziehungsweise gelernt werden kann.

Das *Schüler-Lehrer-Interaktionssystem* ist durch ein Ungleichheitsverhältnis von Lehrenden zu Lernenden, von Experten zu Laien und durch Umgangsformen gekennzeichnet, die die Kommunikationsforschung als komplementäre oder asymmetrische bezeichnet (Watzlawick et al. 1996). Sie kann gelingen, wenn sie von entsprechend qualifizierten und motivierten Lehrkräften mit dem erforderlichen Sachverstand und von beiden Seiten mit dem gebotenen Respekt vor der Persönlichkeit und Leistung des jeweils anderen betrieben wird (Grell 2001). Und sie muss scheitern, mindestens aber zu unerwünschten oder unkalkulierbaren Ergebnissen führen, wenn unqualifizierte, zu Vorurteilen neigende Lehrer und verhaltensproblematische und/oder kritische Schüler unter strukturellen, organisatorischen oder curricularen Bedingungen aufeinander treffen, die eine für beide Seiten gewinnbringende Kommunikation behindern.

Bei der *Schulklasse*, d. h. der Gemeinschaft der Schüler, handelt es sich demgegenüber um ein System ganz besonderer Art, das neben schulinternen vor allem auch von schulexternen bis schulfremden, in Extremfällen sogar antischulischen Determinanten beeinflusst wird und dessen Eigendynamik und Widerständigkeit nicht nur von Eltern, sondern auch von den Lehrkräften und der Schulverwaltung lange Zeit unterschätzt worden ist (Ulich 2001). Mit ihm lebt erfolgreich und kann sich seiner sogar bedienen, wer die Mechanismen kennt und akzeptiert, nach denen sich das Verhalten und das Miteinander der Schüler organisieren. Wer seine Entstehungsgründe und seine aus der Warte des Schulemachens und Unterrichtens ungewöhnlichen oder störenden Selbsterhaltungsmechanismen oder aus Gründen einer höheren elitär-pädagogischen Vernunft ignoriert, kann daran als Kommunikator und erfolgreiche Lehrkraft scheitern.

Das Lehrer-Schüler-Verhältnis und die Klasse sind Subsysteme der *Schule* als umfassende, stets in einer bestimmten ökoklogisch-sozialen und politischen Umwelt verankerte und mit ihr ebenso wie mit ihren Mitgliedern kommunizierende Organisation. Lehrern und Schülern tritt sie als das dritte System in Gestalt zwar hinterfragbarer, rechtlich aber weitgehend fixierter und deshalb nur schwer veränderbarer Muss- und Kann-Normen, Unterrichtspläne, Weisungsverhältnisse und Leistungserwartungen gegenüber. Zur Einführung neuer Lehr- und Lerninhalte lässt sie sich nur bewegen, wenn Lehrer, Klassen und Elternhäuser dafür interessiert werden können, zur Durchsetzung ihrer Wünsche politischen Druck zu entfalten, und wenn die Schule als Organisation dazu gebracht werden kann, Neuerungen nicht als funktionelle Bedrohung, sondern als Beitrag zur Lösung alter oder absehbarer künftiger Probleme einzuschätzen. In welchem Maße es gelingt, die Kinder bzw. Jugendlichen in dieser Altersphase über die Schule selbst zu ermächtigen, statt sie damit völlig allein zu lassen, hängt folglich vom Zusammenspiel folgender Faktorengruppen ab (Textor 2000):

- den Strukturen und den darin enthaltenen Dispositionsspielräumen des *Schulalltags,*
- den Fähigkeiten, Interessen und dem Engagement der *Lehrkräfte,*
- den Beteiligungsmöglichkeiten und -bereitschaften der *Elternhäuser* sowie
- von den biopsychologischen und psychosozialen Ressourcen, über die *Heranwachsende* zwischen dem sechsten und ca. vierzehnten Lebensjahr normalerweise verfügen.

Erschwerend kommt hinzu, dass diese Faktorengruppen zwar unabhängig voneinander variieren, dass aber die Chancen für das Gelingen mit sinkender Schulform und Schichtzugehörigkeit negativ korrelieren, und im Hinblick auf eben diese Bevölkerungsgruppen größerer förderungspolitischer Anstrengungen bedürfen als denjenigen, in die Gesellschaft, Parteien und Staat in die augenblickliche Bildungspolitik investieren.

8.4.3 Inhalte, förderungsstrategisches Vorgehen und angestrebte Wirkungen

Es ist keine Frage, dass das gesamte Schulsystem von den Interventionszielen über das Menschen- beziehungsweise Schülerbild bis hin zur Interventionsphilosophie, der Qualifikation der Lehrkräfte, der Organisation des Unterrichts und der Evaluation der Interventionsergebnisse neu überdacht werden muss, wenn dabei freie, selbstbewusste, selbstwirksamkeitsüberzeugte und zur Übernahme von Selbstverantwortung für Leben und Gesundheit fähige Persönlichkeiten herauskommen sollen. Zu sehr ist das herkömmliche System immer noch auf die Produktion von anpassungswilligen und funktionsfähigen Arbeitsbürgern konzentriert, und die Verwaltung, die im Namen von Gesellschaft und Staat die Rahmenbedingungen dafür setzt und kontrolliert, von jener hoheitsstaatlich-paternalistischen, bisweilen kustodialen Attitüde geprägt, die für die vordemokratische Epoche der deutschen Gesellschaft am Übergang vom Neunzehnten ins Zwanzigste Jahrhundert charakteristisch gewesen ist. Ihr liegt ein tiefsitzendes, in den Arbeitskämpfen des Neunzehnten Jahrhunderts entstandenes und durch die europäische Studentenbewegung der 1970er-Jahre noch einmal befeuertes Misstrauen gegenüber kommunistisch und sozialistisch ausgerichteter Kritik an Staat und Gesellschaft zugrunde. Ihm korrespondiert eine ebenso tief verankerte Skepsis gegenüber denjenigen Bevölkerungsteilen, die sich am Wohlfahrtsstaat bereichern, ohne sich dem Arbeits- beziehungsweise dem Leistungsethos des Bürgertums unterziehen zu wollen.

Heute, wo wir uns daran gewöhnt haben, von einer stabilen demokratischen Grundstimmung der Bevölkerung zu sprechen, vergessen wir gerne, dass uns die demokratische Gesinnung nicht „zugewachsen", sondern uns von anderen Kulturen als Konsequenz des Zusammenbruchs einer der schlimmsten diktatorischen Epochen der Weltgeschichte aufgezwungen wurde, und die Bevölkerung erst knappe siebzig Jahre Zeit hatte, die damit einhergehenden Veränderungen in Denk- und Verhaltensweisen in sich aufzunehmen. Von der schwierigen Phase der hochproblematischen ökonomischen und gesellschafts-politischen Eingliederung eines zusätzlichen Teils Deutschlands noch einmal abgesehen, dessen Bevölkerung sein Demokratieverständnis unter einer vierzig-jährigen realsozialistischen Einparteiendiktatur erlernen musste. Wer also heute die heranwachsende Jugend auf ein demokratieaffines, durch Solidarität und Toleranz gegenüber den sozial Schwächeren und am Prinzip der Chancengleich-heit (vgl. dazu auch Kap. 5 der vorliegenden Untersuchung) beruhendes und kooperatives Ethos einschwören möchte, hat einiges zu tun.

- Er muss nicht nur Abkömmlinge jenes Teils des *Bürgertums* hinter sich bringen, die es für ihr angestammtes Recht halten, sich aufgrund ihrer privilegierten Zugriffschancen auf Bildung, Studium und Beruf gegenüber den sozial Schwächeren durchzusetzen.
- Er sollte den Teil der Jugendlichen und Fortschrittsverlierer für das demo-kratische Zusammenleben dazu zu gewinnen versuchen, der aus Überzeugung

oder Protest im *rechts-faschistoiden* und antidemokratischen Lager nationalsozialistischen Denkens und Handelns verhaftet geblieben ist.

- Er muss darüber hinaus aber auch noch diejenigen Schülerinnen und Schüler
  für die Mitarbeit an einer robusteren und durchsetzungsfähigeren Demokratie
  zu motivieren versuchen, die aufgrund ihrer *links-sozialistischen* Kritik das
  Interesse an der bürgerlich-demokratischen Variante der Demokratie verloren
  haben und
- es kommt in zunehmendem Maße die Aufgabe auf ihn zu, sich mit *ein-
  gewanderten* Jugendlichen aus Kulturkreisen auseinanderzusetzen, in denen
  demokratische Rechte der persönlichen Selbstverwirklichung, religiösen
  Toleranz, die persönlichen Freiheitsrechte keine oder nur eine untergeordnete
  Rolle spielen (Diendorfer 2008).

Natürlich muss sich eine Gesellschaft einschließlich ihrer Wissenschaften
Gedanken darüber machen, welche Veränderungsrisiken sie in Kauf nehmen,
welche damit immer auch einhergehenden Chancen sie wagen und wie viel
Ressourcen sie einsetzen will, um ihren Fortschritt und ihrer Zukunft zu sichern.
Das gilt sowohl für ihren Umgang mit einer Wirtschaft, ihren Sitten und Vorgehensweisen, die das Leben der Menschen über kurz oder lang zerstört als
auch mit einer Politik, die die Reichen immer reicher, die Armen immer ärmer
macht und alles daran setzt, dieses System der ungleichen Chancenallokation
bildungs-, wirtschafts- und versorgungspolitisch am Leben zu halten. Diesbezüg-
liche Veränderungen über die seit Jahrhunderten zum Kulturerbe gehörende und
inzwischen mit einer Besuchspflicht versehene Schule in Angriff zu nehmen,
die eine flächendeckende Ansprache aller Bevölkerungsgruppen ermöglicht,
scheint vor allem aus drei Gründen eine verfolgenswerte Idee zu sein. Zum einen
werden in ihnen Schülerinnen und Schüler zusammengezogen und können entsprechend gefördert werden, die motiviert sein sollten, sich mit der zukünftigen
Lebensplanung im Spannungsfeld zwischen eigener Bedürfnislage und fremden
Erwartungen, Wünschen und Fähigkeiten aktiv auseinanderzusetzen. Zum
zweiten sind alle curricularen Konzepte, didaktischen Instrumente und unterrichtlichen Vorgehensweisen bereits angedacht oder liegen vor, um Unterrichts-
konzepte zu realisieren, die mehr und anderes bewirken, als der Wirtschaft
willige und entsprechend einseitig qualifizierte Arbeitskräfte zuzuführen. Auch
sie, die Wirtschaft fängt an zu begreifen, dass es der Mitarbeit eigenständiger,
kreativer und eigenverantwortlich handelnder Beschäftigter bedarf, um auf den
internationalen Märkten mit wettbewerbsfähigen Produkten zu reüssieren, und
dass es in Zeiten des Fachkräftemangels geeignete Arbeitsbedingungen braucht,

um sich der Mitarbeit solcher Arbeitskräfte zu vergewissern. Und zum dritten stellen die Schul*klassen* modernen Zuschnitts exzellente soziale Laboratorien dar, innerhalb derer sich das Wissen über die Probleme interkulturellen, sozial und geschlechtlich differenten Zusammenlebens von früh an austauschen, Lösungen erarbeiten und in ihren verschiedenen Varianten ausprobieren lassen. Damit dies funktionierte, ist es allerdings wichtig, dass die Lehrkräfte entsprechend ausgebildet und in der Lage sind, die damit verbundenen Probleme nicht als Störfaktoren ihrer erzieherischen Arbeit, sondern als obligatorische Herausforderung zu empfinden, die es in Bildungseinrichtungen zukunftsfähiger Gesellschaften zu verstehen und zu bewältigen gilt.

Das Hauptwagnis, welches es in dieser Hinsicht einzugehen und zu bestehen wäre, ist es, aller kulturhoheitlichen, politischen und bildungsideologischen Hemmnisse zum Trotz, endlich ein länderübergreifendes Schulsystem zu etablieren, welches dem der sozial integrierten, interkulturellen und inklusiven *Gemeinschaftsschulen* ähnlich sehen sollte. Die bestehende, von Elternvereinen, Philologenverbänden, christlichen und liberalen Parteien und weiten Teilen der Wirtschaft künstlich hochgehaltene Dreiteilung (Frankfurter Allgemeine 2016) in eine zusehends unattraktive ressourcenmäßig unterausgestattete Haupt-, eine mittlerweile bloß noch für höhere Ausbildungsberufe qualifizierende Real- und eine zum Studium berechtigende Gymnasialausbildung dient nicht nur, aber doch vor allem dem Zweck, die Bildungsprivilegien der bürgerlichen Mittel- und Oberschicht abzusichern. Ein von Grund auf verändertes Schulwesen hätte demgegenüber mehrfache empowermentstrategische Vorteile (Jungmann 2008). Heranwachsende aller Herkunftsbereiche könnten von der Grundschule an

- kommunikations- und interaktionsmäßig aneinander gewöhnt und im Austragen streitiger, aber auch von gegenseitigem Verständnis und Respekt gekennzeichneter Umgangsweisen trainiert werden.
- Es böte sich die Gelegenheit, weibliche und männliche Jugendliche frühzeitig an den Umgang miteinander zu gewöhnen, ohne dass sich die Geschlechtsdifferenzen zu Beginn und im Verlauf der Pubertät unvorbereitet und mit unbeabsichtigten Folgen aufeinandertreffen.
- Außerdem wäre es möglich, interkulturelle Beziehungen unter Berücksichtigung engagierter Elternhäuser einzuüben, religiöse und weltanschauliche Unterschiede zu rationalisieren und einzuebnen.
- Ferner wäre es allen Schülerinnen und Schülern möglich, sich rechtzeitig und schulbegleitend in sozial-interaktive Netzwerke einzubringen, die von Vertrauen, Freundschaft, Solidarität, Toleranz und der Bereitschaft geprägt sind

und sich über alle sozialen und kulturellen Unterschiede hinweg für ein gutes
Leben einzusetzen, ohne die Anderen in ihren eigenen Selbstverwirklichungs-
absichten zu beeinträchtigen.

Unnötig zu erwähnen, dass das Gros der in wirtschaftlicher Einheit miteinander
verbundenen, industriell voll entwickelten Gesellschaften Europas und der
Vereinigten Staaten von einer solchen Umwertung der Werte und einem entsprechenden Wandel der Leitideen gesellschaftlichen und staatlich-inter-
ventionistischen Handelns, ebenso weit entfernt ist, wie von dem Weg in ein von
qualifiziertes, von sozialstaatlich durchgehend geförderter Gleichheit bestimmtes
Gemeinschaftsleben (vgl. dazu auch Kap. 5 der vorliegenden Untersuchung).
    Was die britischen, französischen und amerikanischen Gründerväter der
modernen Industriegesellschaften auf der Grundlage des seit der Aufklärung
propagierten Naturrechts in ihre Verfassungstexte schrieben, ist bislang für die
sozial benachteiligten Mitglieder der verschiedenen Gesellschaften so gut wie
keine Realität geworden. Bis in die Strukturen, Rechts- und Verwaltungskonzepte
hinein dominieren immer noch Vorstellungen, die eher an den christlich-
moralischen Kriterien der Zumessung von Schuld, Sühne und Gottesgnadentum,
statt an den Erfordernissen einer modernen, auf Zuwanderung und Multikulturali-
tät eingestellten Massengesellschaften orientiert sind. Wer den sozialen Anschluss
wegen schlechter Ausgangsbedingungen, mangels materieller Ressourcen, entsprechender Bildung und sozialer Unterstützung nicht findet oder verliert, ist
der mittelalterlich anmutenden Wertlehre zufolge selbst daran schuld. Er/sie verdankt dies einem sündigen Leben und muss, wo immer er/sie vom Schicksal hin-
gestellt worden ist, alles dafür tun, sich einer arbeitsamen Lebensführung würdig
und wert zu erweisen. Wer daran scheiterte, konnte früher bei gottesfürchtigem
Lebenswandel mit dem baldigen Eintritt ins Paradies rechnen und wird heute
in einer säkularen Welt zusätzlich mit den gnädig gewährten, meist pekuniären
Akten einer chronisch misstrauischen, zögerlichen und kontrollsüchtigen Wohl-
fahrtsbehörde abgefunden (Kaufmann 1986). Nicht anders verhält es sich dem
Soziologen Max Weber (1934/1993) zufolge, mit denjenigen, die sich von der
protestantischen Ethik leiten lassen. Sie neigen dazu, wirtschaftlichen Erfolg
als unmittelbaren Akt göttlichen Gnadentums und Misserfolg als Versagen zu
interpretieren. Damit ist sie zu einer der geistig-ideologischen Triebfedern des
westlichen Industriekapitalismus und der so genannten Leistungsgesellschaft
geworden. Einer Gesellschaft, die zu Unrecht behauptet, sich nur denjenigen zu
verweigern, die nicht arbeiten und bloß schmarotzen wollen.

Beiden unmodernen Sicht- und Bewertungsweisen sowie den von ihnen abgeleiteten moderneren Interventionskonzepten wohnen Schuldinduktions-mechanismen inne (Schnabel 1988), deren Zweck es ist, von der hohen *Fremd-schuld* an den gesellschaftlich ungleich verteilten Selbstverwirklichungschancen von Menschen niedriger sozialer Herkunft abzulenken. Der einst gegen die auf-ständischen Bauern gerichtete warnende Botschaft Martin Lutters entsprechend, den von Gott eingesetzten Hochwohlgeboren seinerzeit zu lassen, was der Hoch-wohlgeborenen ist (Bräuer und Vogler 2016), entzieht solches mit Gottgefälligkeit und Staatsräson verbundenen Rechtfertigungsdenken gerade denjenigen Menschen die Legitimation, die wegen des ihnen zugemuteten Leidens jeden Grund hätten, sich gegen die Nutznießer ihrer desolaten sozialen, arbeits- und versorgungsrecht-lichen Situation damals wie heute zur Wehr zu setzten.

Die Wahrscheinlichkeit, dass sich an diesen Rechtfertigungsgewohnheiten sozial-, versorgungs-, umwelt- oder auch nur bildungspolitisch kurzfristig etwas Grund-legendes ändern wird, ist denkbar gering. Nach wie vor hat das von unhinterfragten Basisideologien befeuerte neo-liberale Wirtschaftskonzept die Welt in seinem Griff. Aller offensichtlich zerstörerischen Auswirkungen auf Gesellschaft und Umwelt zum Trotz kann es immer noch entscheidende und einverstandene, heutzutage als systemrelevant geltende gesellschaftliche Einrichtungen, mächtige Gruppierungen und deren Interessenvertreter hinter sich scharen. Die Hoffnung, von der der Volks-mund behauptet, dass sie zuletzt stürbe, liegt allein in der *Jugend*. Das aber nur, wenn diese eines Tages genug davon haben sollte, ihre Zukunft und die Lebensqualität ihrer Kinder dem Wohlstandshype, Massenkonsum und Wachstumswahn einer Eltern-generation zu opfern, der sie oft nicht mehr zu verdanken hat, als den Umstand ihrer problematischen und förderungsbedürftigen Existenz.

8.5 Förderung von Selbstbewusstsein, Selbstwirksamkeit und Interesse von Erwachsenen (Förderungsbereich Nr. 4)

Theoretisch bietet die mit dem Eintritt ins Berufsleben beginnende Erwachsenen-phase (vgl. Abb. 8.3) als weitaus längster Abschnitt des Sozialisationsgeschehens zwar die meisten Möglichkeiten, um im Hinblick auf den Umgang mit sich selbst, mit der natürlichen und der sozialen Umwelt dazuzulernen. Faktisch muss aber wohl davon ausgegangen werden, dass sich bis zu deren Beginn in der Regel schon viele lebensbestimmende Leitideen, Denk- und Verhaltensmuster ein-geschliffen haben, die im weiteren Verlauf nur noch schwer zu beeinflussen sind. Das gilt in unserer schnelllebigen, von wirtschaftlichem Wachstumswahn und

dem Unsinn des Massenkonsums bestimmten Zeit in erster Linie für den Lebensstil, die Ernährungsgewohnheiten oder den Umgang mit Belastungen. Es betrifft
aber auch die an den Tag gelegte Kreativität der Sozialisanden, die Art, wie sie
mit sozialen Konflikten umzugehen pflegen sowie Fragen des gesellschaft-
lich-politischen Engagements und der kulturellen Teilhabe. Alle samt Einflussfaktoren, von denen wir heute wissen (Rosenbrock und Hartung 2012), dass sie
für die Gesundheit Erwachsener entscheidend sind, und für das, was sie für ein
gutes (glückliches) und erstrebenswertes Leben halten (vgl. dazu auch Kap. 6 und
9 der vorliegenden Untersuchung).

Anzunehmen ist leider aber auch, dass fast alles, was in diesem Alter über
Agenturen wie die Zentralen für gesundheitliche und politische Aufklärung, für
Fortbildung einschließlich der Volkshochschulen versucht wird, um erwachsene
Menschen zu fördern, im Wesentlichen darauf ausgerichtet ist, sie noch
reibungsloser in die Gesellschaft und die Arbeitswelt zu integrieren. Die Hauptschulabsolventen, denen heute schon das Gros der Unternehmen gegen einen
finanziellen Ablass die Berufsausbildung verweigern darf, sind nur ein Indiz für
die vom uneinsichtigen Teil der Wirtschaft immer noch angezielte Engführung
künftiger Bildung. Die vom Interesse eben dieser Unternehmen zunehmend
beeinflusste, fast stromlinienförmige nur noch dem Papier nach wirklich „duale"
Qualifikation durch die Berufsschulen unseres Landes und das Erscheinungsbild
moderner Universitäten und Hochschulen sind weitere Zeichen (BMBF 2013).
Von Unternehmensdependenzen umstellt, halten letztere sich viel darauf zugute,
Forschungsergebnisse möglichst schnell in wirtschaftlich verwertbare Produkte
umzuwandeln (Kreiß 2015). Um eine systematische und konsequente Reflektion
dessen, was dort mit welchen Folgen für Politik und Gesellschaft an Neuerungen
entdeckt, hergestellt und/oder vertrieben wird, kümmert man sich zwar auch.
Nach wie vor findet das aber nur in den Ethikecken einschlägiger Tagungen und
Expertenkommissionen statt (Jonas 1985), die aufgrund ihrer Zusammensetzung
und ihrer unklaren Entscheidungen im politischen Alltag und in der konkreten
Gesetzgebung nur wenig zu sagen haben.

8.5.1 Entwicklungsphysiologische und -psychologische Voraussetzungen im Erwachsenenalter

Über die physiologischen und lernpsychologischen Voraussetzungen einer
erwachsenengemäßen und eingewöhnenden Auseinandersetzung mit den
Bedingungen und Beeinflussungsmöglichkeiten des eigenen Lebens und des
Zusammenlebens mit Anderen, braucht im Unterschied zu den oben behandelten

und für die Persönlichkeitsgenese prägenderen Entwicklungsphasen nicht viel nachgedacht zu werden. Der Organismus ist ausgereift und die Entwicklung psychosozialer Basiskompetenzen (Selbstinszenierung, Rollenmanagement, Problemlösungsfähigkeiten) ist in der Regel so weit fortgeschritten, dass sie den Menschen ein Überleben in ständig lernender Anpassung an eine Gesellschaft ermöglichen sollte, die sich vor allem für ihr Funktionieren als Arbeitende und Konsumenten interessiert. Erst in zweiter Linie, sofern überhaupt noch, wird honoriert, wenn sie darüber hinaus, in sorgsam dosierter Weise Kreativität, technische Intelligenz, Eigenverantwortung und Urteilsfähigkeit entwickeln.

Neben den meisten Weltreligionen, die die von Menschen seit eh und je gehegte Todesangst gegen bestimmte geistliche Anpassungsleistungen und die Aussicht auf ein Paradies erträglich zu machen versuchten und daraus erhebliches Kapital zu schlagen vermochten, hat die Medizin, dabei oft von sensationssüchtigen Medien assistiert, vergleichbare Funktion übernommen (vgl. dazu auch Kap. 2 der vorliegenden Untersuchung). Nicht nur verspricht sie den Menschen, die ihre Gesundheit eines vergleichsweise geringen Anteils am allgemeinen Wohlstand wegen über Gebühr und vor der Zeit verschleißen, eine Reparatur in fast allen Fällen. Als moderne tritt sie inzwischen sogar an, ihnen mit Hilfe von Physik, Chemie und Biologie, gestützt auf die Verheißungen der Gen-, Bio-, Nano-, Prothesen- und Digitaltechnik und unter Überschriften wie „Enhancement" und „Transhumanismus" nicht nur eine rundum verbesserte Physis, sondern auch ein ewiges Leben zu versprechen (Becker 2015). Dem gegenüber beteiligen sich die erst in den fünfziger Jahren des vergangenen Jahrhunderts etablierten Gesundheitswissenschaften nicht an der Konstruktion solcher unverantwortlichen und wahrscheinlich bald widerlegten Mythen. Sie gehen von der plausibleren These aus, dass Aufklärung an Stelle von Verdrängung, und zwar in Form einer lebenslangen, systematischen, aktiven und konstruktiven Auseinandersetzung mit den Gegebenheiten des tatsächlichen Lebens mehr zur Zufriedenheit der Menschen und zur Qualifizierung ihres Lebens beizutragen vermag (Schnabel 2013, 2015), als Glauben und technologische Phantastereien. Sie vertrauen darauf, dass der größte Teil der Menschheit bei entsprechend qualifizierter Förderung genügend Mündigkeit entfalten können wird, um die ihr biologisch vorgegebenen Tatsachen auszuhalten und damit auf eine für sich und andere segensreiche Weise umzugehen, so lange sie dauern.

Diese Fähigkeiten erringt den Erkenntnissen der kritischen Sozialisationsforschung (Geulen [1971] 1988) zufolge umso eher, wer unter der Obhut von elterlichen und anderen bedeutsamen Bezugspersonen aufwachsen konnte, die gereift und kompetent genug waren, um jenes Mischungsverhältnis von Freiheit und Kontrolle, Anleitung und Selbstverwirklichung in ihre Erziehung einzubringen, das Heranwachsende benötigen, um nicht nur zu einer auf Druck und

Zwang bloß reagierenden, sondern zu einer selbstbewussten, kommunikations- und handlungsfähigen Persönlichkeit heranzureifen (Habermas 1981b). Dies betrifft hochwahrscheinlich auch das Vermittlungs- und Aneignungsgeschehen von Einstellungen zu Politik, Wirtschaft, Gesellschaft und anderen wichtigen Determinanten des Lebens. Je mehr Gelegenheit den Sozialisanden geboten wird, sich auf den jeweiligen Stufen ihrer Entwicklung, in geeigneten Lernsituationen und auf eine ihren Lernbedürfnissen, Interessen und Fähigkeiten gemäßen Weise mit diesen Themen auseinanderzusetzen, um so eigenständiger und voraus- schauender werden sie sich verhalten, wenn es darum geht, die für ihre politische Zukunft wichtigen Entscheidungen zu treffen und ihr Leben danach einzurichten.

Sich von Fall zu Fall und nur unzureichend, das heißt auf eine Art zu ent- scheiden, für die im modernen Sprachgebrauch gern der Begriff „populistisch" verwendet wird, mag immer üblicher werden und besser sein, als sich überhaupt nicht mit den Dingen zu beschäftigen. Es kann jedoch dazu führen, den Beginn und die Verwirklichung einer auf das Hier und Jetzt bezogenen, realistischen Lebensplanung zu verzögern oder ganz zu verhindern. Und es befördert, je länger derartige Auseinandersetzungen ignoriert, herausgezögert oder unter- bunden werden, sich bei anstehenden Entscheidungen darüber, wie gelebt und wie gearbeitet werden soll, dem Einfluss der oben (vgl. dazu auch Kap. 2 der vor- liegenden Untersuchung) diskutierten Definitionsmächte in Wissenschaft, Politik, Wirtschaft und Versorgung auszuliefern. Erwachsene haben zwar die Möglich- keit, sich in Aus-, Fort- und Weiterbildungsveranstaltungen mit derartigen, für sie wichtigen Themengebieten zu beschäftigen (u. a. Brommer 1989; Ziegler et al. 1989). Aber erstens lässt es die knapp bemessene Zeit vieler Menschen kaum zu, sich mit ihren Lebensbedingungen und denen zu beschäftigen, die über sie bestimmen. Vor allem den Bildungsbedürftigen und stärker belasteten, oft mit anderen, meist materiellen Problemen der Überlebenssicherung konfrontierten, bieten Kirchen, Politik und Versorgungssysteme die einfacheren, leichter in das Alltagsleben integrierbaren und deshalb von ihnen bevorzugten Lösungen. Und zweitens sind die Informations- und Fortbildungsangebote selber inhaltlich und organisatorisch in einer Weise ausgelegt, dass sie, wenn überhaupt, nur das Interesse der gebildeten und kritischer eingestellten Bevölkerungsteile finden. Was nicht zuletzt auch damit zu tun haben dürfte, dass diejenigen, die sie planen und durchführen, über die Lebenswelt und die Bedürfnisse der Prekären unter ihren potenziellen Adressaten allenfalls theoretisches, schlimmstenfalls vor- urteilsbehaftetes Wissen besitzen (Trisch 2007; Gramelt 2010).

8.5.2   Inhalte, Settings, Vorgehen

Dessen und manch anderer Probleme der pädagogischen Arbeit mit Erwachsenen eingedenk (Zeuner und Faulstich 2007, S. 88 ff.) wird hier ein vierter Förderungsbereich vorgeschlagen (vgl. Abb. 8.3). Mittels seiner sollen die Menschen dazu angeregt, nicht darauf verpflichtet werden, sich vermehrt damit zu beschäftigen,

- wie sie ihr Leben zur kommunikativen Selbstverwirklichung mit Anderen nutzen können,
- mit der ihnen verbleibenden Zeit im Interesse von Gesundheit und Wohlbefinden so sorgsam wie möglich umzugehen und
- zu klären, was getan werden kann, um sich gegen Verhältnisse, Einrichtungen und Personen zur Wehr zu setzen, die sie daran aus eigennützigen Interessen zu hindern versuchen.

Um das dazu benötigte Wissen und die erforderliche Handlungsbereitschaft herzustellen, oder dort, wo sie bereits existiert, zu stärken, sollten möglichst viele der Mittel zum Einsatz kommen, die die moderne Erwachsenenpädagogik bietet (Heuer et al. 2001). Statt mit Schuldzuweisungen der unterschiedlichsten Art (Bildungsferne, selbstverantwortete Dummheit, Desinteresse, Demokratiefeindlichkeit usw.) zu argumentieren oder den Dompteuren von Widerstands- und Veränderungsängsten das Wort zu reden, sollte sie ihren potenziellen Adressaten einen positiven Zugang zur Materie bieten. Er sollte darauf gerichtet sein, die lebenslange und mündige Beschäftigung mit den Lebens- und Arbeitsbedingungen als ebenso legitime Voraussetzung vernünftiger Lebensplanung anzusehen wie das selbstverständliche Bemühen, sich im Sinne einer lebendigen und durchsetzungsfähigen Demokratie für deren Aufrechterhaltung und im Interesse gesellschaftlicher Gleichheit für eine suffizienzorientierte Wirtschaft einzusetzen. Um dieses zu bewerkstelligen, ist es angesichts einer „Zivilisation", deren Angehörige gelernt haben, sich dem Kultursoziologen Norbert Elias ([1939] 1976) zufolge über den Psycho-Mechanismus des „Selbstzwangs" zu assimilieren, dringend erforderlich, den Adressaten solcher Angebote das Wissen um den Wert von Extrovertiertheit und kommunikativer Kompetenz sowie die Bereitschaft zum verantwortlichen Umgang mit beidem nahe zu bringen. Beide, das Wissen und die entsprechenden Fähigkeiten müssen, wenn sie nachhaltig wirken sollen, ein Leben lang gelernt und dort, wo man sie den Menschen aus machtpolitischen und wirtschaftlichen Interessen vorenthält, systematisch und mit allen zur Verfügung stehenden Mitteln gefördert werden.

Erwachsenenbildung kann dieses nicht alles auf einmal, schon gar nicht im Rahmen einmaliger, zufälliger, an bürgerlichen Bildungsinteressen und Rezeptionsgewohnheiten orientierten Interventionen zuwege bringen. Bei jungen Menschen, die in vorgängigen Entwicklungsphasen, an Hand geeigneter Instrumente und in begünstigenden Lernsituationen von kompetenten Bezugspersonen gelernt haben, sich mit Fragen der Selbstbestimmung auseinanderzusetzen, wird ein im Erwachsenalter fortgesetzte, an frühen Wissensständen anknüpfende Beschäftigung mit der spröden Materie zu wahrscheinlich durchgreifenden Ergebnissen führen. Aber auch erstmalige Interventionen, sei es während der Ausbildungszeit und/oder im Rahmen späterer betriebsnaher oder privater Fortbildungsambitionen, für die sich sozial engagierte Parteien, Gewerkschaften auf der einen, aber auch die Volkshochschulen und die Medien auf der anderen Seite weitaus stärker engagieren müssten als bisher, können zumindest den bereits problematisierten Teil der Menschen erreichen. Erfolgsbedingend ist allerdings auch hier, dass sich die Fortbildungsangebote auf klar definierte Zielgruppen sowie deren Informationsbedürfnisse und Kommunikationsgewohnheiten einlassen, statt sich mit diffusen Inhalten, phantasielosen Vorgehensweisen an ein x-beliebiges Publikum zu richten. Darüber hinaus ist es wichtig, sich bei Planung und Durchführung an den Sachnotwendigkeiten der besonderen Materie zu orientieren, die sich wie beispielsweise auch das Thema Gesundheit einer monodisziplinär-medizinischen Zugangsweise entziehen. Und es bringt absehbare Vermittlungsvorteile, sich bei der Durchführung nicht nur um die Richtigkeit der Erkenntnisse, sondern auch um die Qualitätskriterien zu kümmern, für die sich neuerdings die Gesundheitskommunikationsforschung interessiert (Schnabel und Bödeker 2012; Hurrelmann und Baumann 2014).

Sie empfiehlt:

- auf systematische, integrierte und interdisziplinäre Weise vorzugehen,
- auf allen für die durchdringende Vermittlung von Botschaften wichtigen Ebenen (Individuen, Organisationen, Regionen und ganzen Gesellschaften) vorzugehen,
- sich dabei einer zielführenden Verbindung von Einzelstrategien (Beratung, Organisationsentwicklung, Kampagnen) zu bedienen,
- nicht nur eine einzige und/oder x-beliebige, sondern eine motivationspsychologisch durchdachte Kombination verschiedener Kanäle und Formate (Presse, Rundfunk, TV, Internet usw.) einzusetzen und
- sich bei deren Auswahl an den Rezeptionsroutinen der jeweiligen Adressatengruppen zu orientieren, mit deren Erforschung man erst kürzlich begonnen hat (u. a. Bonfadelli und Friemel 2006; Roski 2009; Fromm et al. 2010).

All dieses kann den potenziellen Adressaten, die wegen der lebens-
zyklisch variierenden Erfahrungen und Interessen in junge, mittlere und
ältere Erwachsengruppen eingeteilt und verschieden angesprochen werden
sollten, in den klassischen Formaten (Bücher, Zeitungsartikel, Seminare,
Kurse, Dokumentationen, Reportagen, fiktionale und semifiktionale filmische
Bearbeitungen) angeboten werden. Was unter anderem voraussetzt, dass es
gelingt, über Schulen und Elternhäuser wieder so etwas wie eine Lesekultur
aufseiten der Heranwachsenden zu etablieren. Möglich ist es aber auch, selbst
im Erwachsenenalter nach dem Peer- oder Team-Education-Ansatz vorzugehen (Backes et al. 2002) und dabei auf alternative Vermittlungsformen (Aus-
stellungen, Theaterstücke, Internetmeetings, Videokonferenzen, Konzerte usw.)
zu setzen. Sie haben sich besonders im Umgang mit jungen Erwachsenen, unter
anderem im Zusammenhang mit der Anti-AIDS- Kampagne der Bundeszentrale
für gesundheitliche Aufklärung in Deutschland (Pott 2009) bewährt, die zu den
erfolgreichsten Maßnahmen ihrer Art in Europa gehört. In diesem Zusammenhang sollte auch überlegt werden, ob nach dem Vorbild der im Augenblick
intensiv diskutierten Einrichtung von „kommunalen Gesundheitslandschaften"
(Luthe 2010) kommunale Bildungslandschaften organisiert werden könnten. Mit
ihrer Hilfe wäre es möglich, unter Bezugnahme auf Mechanismen regionaler
Bildungsberichte und -planungsansätze und in Zusammenarbeit mit Selbsthilfe-
initiativen, existierenden Netzwerken, Versorgungseinrichtungen und -ämtern vor
Ort weit über die Aufklärungsangebote hinauszugehen, die wir heute von Volkshochschulen und anderen singulär agierenden Bildungsanbietern erwarten dürfen.

8.5.3   Mögliche Wirkungen

Ein möglichst früh beginnendes, methodisch und inhaltlich auf die Förderung
von Selbstkonzept und Identitätsbildung ausgerichtetes Widerholungs- und Auf-
baulernen in der jeweils angebrachten Mischung aus theoretischer Wissens-
aneignung und Erfahrungslernen bietet die didaktisch besten Voraussetzungen
dafür, dass die im jüngeren und späteren Erwachsenenalter ansetzenden Fort-
bildungsbemühungen nachhaltige Wirkung entfalten. Je später mit ihnen
begonnen wird, mit umso mehr Desinteresse und Widerstand ist gegen die mit
ihnen transportierten Botschaften zu rechnen. Sinnlos sind sie deshalb jedoch
nicht. Immerhin können auch in diesem an Jahren umfangreichen Lebensabschnitt gut recherchierte, treffsicher platzierte und sinnvoll aufeinander
abgestimmte Informationen dabei helfen, sich mit den Ist- und Sollzuständen der
eigenen Existenz und ihren politischen, wirtschaftlichen und gesellschaftlichen

Einflussfaktoren im Bedarfsfall auch kritisch auseinanderzusetzen. Dabei lässt sich bei einer Vielzahl unterschiedlichster Themen ansetzen, die sich eignen, um Erwachsene zum Nachdenken und Lernen zu inspirieren; wie zum Beispiel bei

- den existierenden, auf die Berücksichtigung der psycho- und soziogenetischen Erklärungsmodelle gesellschaftlicher Unfreiheit und Ungleichheit,
- den gesellschaftlich ungerecht verteilten Selbstverwirklichungschancen und aktuellen Folgen für die Einzelnen und die Qualität des Zusammenlebens,
- der Sozialgeschichte der Wirtschaft und ihren ideologischen und politischen Beweggründen,
- den klassischen Diskursen über die Vorzüge und Nachteile der Demokratie, ihrer Wortführer und ihres Einflusses auf die Verfassungsentwicklung im In- und Ausland,
- den Entstehungsgründen, Wechselwirkungen, Konsequenzen und Beein- flussungschancen individueller und kollektiver Lebensplanungen und des Überlebensmanagements in komplexen Gesellschaften,
- der Vielfalt, mit der die sozial, geschlechtlich und ethnisch differierenden Erfahrungen gesellschaftlicher Wirklichkeit konkret erlebt und den unter- schiedlichen Möglichkeiten, wie sie bewältigt werden können,
- den Zusammenhängen zwischen den modernen wirtschaftlichen Ent- wicklungen (Ökonomisierung) im In- und Ausland und der Enteignung und Entfremdung der Menschen von sich selbst, den anderen und beider Einfluss auf die Entstehung und Aufrechterhaltung von rassistischen Vorurteilen, Hass und Gewalt sowie
- den ethisch-moralischen Problemen der unterschiedlichen, mehr oder weniger legalisierten Formen des Umgangs mit Fragen von Töten, Tod und Sterben.

Es sollte keinesfalls die Absicht solcher Anstöße zur kritischen Auseinander- setzung mit den Realitäten des gesellschaftlichen Zusammenlebens sein, den Adressaten ein anderes als das ihnen vertraute Bewältigungsverhalten aufzu- zwingen. Empowerment auf der Grundlage von erfahrungserschließender Ein- sicht und unter Nutzung bewusst gemachter und gestärkter Ressourcen muss und sollte bei allen Interventionen, die deshalb über ein Werben mit Selbsterkennt- nis und persönlichem Gewinn nicht hausgehen dürfen, unter allen Umständen die Leitidee bleiben. Wer nach der Auseinandersetzung mit obigen Themen immer noch meint, mit den Deutungs- und Bewältigungsformen besser leben zu sollen oder zu müssen, die ihm die konventionelle Bildung, Wirtschaft, Politik, Kirchen und Versorgungsdienste bieten, sollte dies auf jeden Fall tun. Wichtig im Sinne einer sozialkritischen Be- und Verarbeitung der singulären und kollektiven

Lebenswirklichkeit ist, dass das informierte Individuum als subjektiv fühlender und objektiv informierter, emotional kontrollierter und (selbst-)reflektierender Teilnehmer am Diskurs über das Leben und seine Gestaltung entscheiden können sollte, was mit ihm geschieht. Für den Erfolg solcher Diskurse, die heute viel zu oft deren Meinungsführern (Wissenschaft, Experten, Beratungs- und Werbe-fachleuten) überlassen werden, statt sie sich selber zuzumuten und in die eigene Verantwortung zurückzuholen, ist es bedeutsam, dass seine Organisatoren und Teilnehmer sich den Prinzipien kritisch-rationaler Realitätsaneignung und inter-subjektiver Wahrheitsklärung verpflichtet wissen.

Vom Interesse und der Akzeptanz aufseiten der Adressaten, der Quali-fikation der Vermittler und Koordinatoren, den von ihnen eingesetzten Medien sowie von den institutionellen Rahmenbedingungen, unter denen die Themen-bereiche angeboten werden, hängt es ebenfalls ab, wie stark Erwachsene sich zur Beschäftigung mit den Fragen ihrer Lebensqualität und Gestaltung motivieren lassen. Eine intensivere Herangehensweise lässt sich aller Erfahrung nach erreichen, wenn es – wie wir es unter anderem aus der Sterbebegleitforschung wissen – gelingt, unmittelbar an den speziellen Erfahrungen der Adressaten anzu-knüpfen (Schneider 2006), Betroffenheit und Achtsamkeit gegenüber Anderen zu erzeugen (Schmiedebach und Wollert 2008) und in Verbindung damit den Blick nicht nur auf die Vergangenheit, sondern auch auf den möglichen Verlauf einer besseren, von der Fremdbestimmung durch Profiteure und der Verführung durch Medien und Werbung unabhängigen und den fürsorglichen Umgang mit sich selbst, der Natur und den Mitmenschen ermöglichenden Zukunft zu richten.

8.6   Weder den Überblick noch den Anschluss verlieren – Empowerment auch und gerade im Alter (Förderungsbereich Nr. 5)

Die Zahl erschienener Buchpublikationen oder Ratgeber zu einem bestimmten Thema ist für sich gesehen kein verlässliches Indiz für die Bedeutung, die ihm in Wissenschaft und Praxis zugeschrieben wird. Ebenso wenig sagen sie allein etwas über die Wirksamkeit oder Verbreitung aus, die ihm beschieden ist. Dennoch ist es bedenkenswert und für sich gesehen interpretationsbedürftig, wenn sich das Gros der Fortbildungs- und Selbstermächtigungsliteratur auf das jüngere und ältere Erwachsenenleben und auf die Schulzeit bezieht. Abhandlungen, Untersuchungen und Ratschläge, die das für viele immer längere, seine Inhaber inzwischen vor ganz neue Herausforderungen stellende Senioren-alter betreffen, gibt es erheblich weniger (u. a. Weltzien 2004; Gabriel et al.

2011; Richter 2012). Und wo es sie gibt, haben sie mehrheitlich mit Versorgungs-
problemen im Alter und mit den wahrlich nicht unwichtigen Schwierigkeiten zu
tun, die das Älterwerden für betreuende Familienmitglieder und die in der Pflege
von chronisch und mehrfach erkrankten alten Menschen Tätigen mit sich bringen.

Dass es angesichts des demographischen Wandels und der geradezu rasant
wachsenden Lebenserwartung beider Geschlechter so wenig über das Leben von
Senioren und dessen aktive Gestaltung zu berichten gäbe, ist kaum anzunehmen.
Vielmehr ist im Hinblick auf die Zielrichtung der öffentlichen Beschäftigung mit
der letzten Lebensphase zu vermuten, dass sich sowohl die Wissenschaft als auch
die Öffentlichkeit überwiegend immer noch mit dem Alter als Grenzfall und, was
das Arbeitsleben betrifft, eher mit ihm als Störfaktor oder gar Krankheit innerhalb
einer umtriebigen, vom Jugendwahn befallenen Gesellschaft und nicht an den
tatsächlichen Problemen beziehungsweise Bedürfnissen von Senioren orientiert.
Selbst vom drohenden Krieg der Jungen gegen die Alten (Gronemeyer 1998)
war vor nicht allzulanger Zeit die Rede. Das war und ist natürlich übertrieben.
Tatsache aber scheint zu sein, dass beide Gruppen schon seit einiger Zeit eben
jenen kommunikativen Kontakt zueinander verloren zu haben scheinen, den es
bräuchte, um von einem Generationenvertrag zu sprechen (Dettling und Schüle
2010; Schuster und Reinhardt 2013). Auch stellt sich die Frage, welchen Anteil
der demographische Wandel und damit die zwangsläufig wachsende politische
Dominanz der älteren Bevölkerung daran tragen.

Wer heute zur Wahl geht und die Achtzig überschritten hat, hat seine ersten
politisch-sozialen und wirtschaftlichen Erfahrungen in einer Zeit gemacht, die von
der Weltkrieg I-Niederlage, den Endwirren des Kaiserreichs und den irritierenden
Erfahrungen mit der Weimarer Republik lagen. Wer die Siebzig erreicht, hat
die wirtschaftliche Not der dreißiger Jahre überlebt, ist Soldat oder Mutter der
Nation in der an Brutalität und Menschenverachtung ihres gleichen suchenden,
nationalsozialistischen Diktatur gewesen, von der sie/er selbst und eine höchst
problematische Geschichtsbewältigungsroutine bis in die Gegenwart hinein
behauptet, dass sie nicht vom Volk getragen, sondern dass das Volk zu ihr verführt
worden sei. Wer heute das Rentenalter erreicht, hat den Wiederaufbau und das
kurze Wirtschaftswunder zwischen 1950 und 1970 mit all seinen Verführungen und
Überlegenheitsphantasien erlebt, bevor sich die stockende Weltkonjunktur auch in
Deutschland mit zwischenzeitlich vergessenen Absatzkrisen, Arbeitslosenzahlen,
wachsender Armut und einem langsam bröckelnden Mittelstand zurückmeldete.
Oder sie/er hat im östlichen Teil Deutschlands eine sozialistische Einheitsparteien-
herrschaft erleben dürfen, die ihr Staatsvolk kollektiv erziehen wollte, dies aber nur
mit Drohung, Überwachung, Unterdrückung und Einsperrung, d. h. mit Formen

der Menschenbehandlung zu erreichen vermochte, wie sie für Diktaturen typischer sind als für Demokratien.

Würde man all diese Erfahrungen in einem Erleben zusammenführen, was ja für das Gros der älteren Mitbürger mehr oder weniger der Fall ist, dann wäre die Gesamtheit dieser Erfahrungen einerseits ganz sicher nicht geeignet, Vertrauen in die Gestaltungspotenziale eines robusten, innovationsfähigen politischen Systems und seine wirtschaftlichen Triebkräfte zu generieren. Andererseits droht uns, wovor der kürzlich verstorbene Altbundespräsident Roman Herzog die Deutschen in einer seiner berühmten Reden warnte, zu einer „Rentnerdemo-kratie" zu werden (bpb 2013). Dies mit der möglichen Konsequenz, dass vor dem Hintergrund aller gesellschaftlichen Verwerfungen, die mit dem Umbau des Sozialstaats, mit den Folgen der Finanz- und Wirtschaftskrisen und nicht zuletzt der ökologischen Frage zu tun haben, ausgerechnet die Jüngeren in verteilungs-politischen Debatten über ihre Zukunft auf lange Sicht das Nachsehen haben werden.

8.6.1 Physiologische, entwicklungs- und sozialpsychologische Bedingungen

Dass das Sterben streng genommen mit der Geburt beginnt, ist eine Binsenweis-heit. Sie wird jedoch in unserer auf Jugend, auf eine qualitativ hochwertige, von Konsum, Unterhaltung und Entspannung sowie von gesundheitsverschleißender Arbeit und reparierender Krankenversorgung geprägten und im Wesentlichen auf-recht erhaltenen Kultur über fast alle Altersgruppen hinweg tabuisiert (Schnabel 2013). Das kommt den Machterhaltungs- und den wirtschaftlichen Interessen derer zugute, denen es seit alters gelungen ist und noch immer gelingt, als Sach-walter von Tod und Sterben, als Fachleute für den Übergang in das andere oder als Bewahrer des gelebten Lebens öffentlich akzeptiert zu werden. Nicht anders verhält es sich mit der ebenso unangenehmen wie bemerkenswerten Tatsache, dass der menschliche Organismus nach dem relativ frühzeitigen Erreichen seines Entwicklungshöhepunktes zwischen dem zwanzigsten und dreißigsten Lebens-jahr bis ins hohe Alter an körperlicher und seelischer Spannkraft nur noch ver-liert. Alternsphysiologisch und -psychologisch ist dieses im Hinblick auf die Regenerationsfähigkeit der Zellen, die Sehfähigkeit, den Knochenabbau und das Frakturrisiko, die Sensibilität der Haut, die Leitungsgeschwindigkeit der Nervenbahnen, die Empfänglichkeit für Krankheiten, die Gehirnfunktion und die intellektuelle Leistungsfähigkeit, die Mobilität und soziale Kontaktfähigkeit belegt (Böhm und Tesch-Römer 2009). Oft werden ältere Menschen sich dieser

Phänomene erst gewahr, wenn nach dem Erreichen der beruflichen Altersgrenze die Körpersignale unübersehbar werden, die Erkrankungshäufigkeit steigt und/ oder infolge des Ablebens des Partners und der Familiengründung der Kinder die Einsamkeit für viele unerträglich zu werden beginnt.

Wie die Sozialgerontologie in Zusammenarbeit mit der Sozialarbeit zu erkennen beginnt (Witterstätter 2003), setzen sich ältere Menschen in vielerlei Weise, unter anderem als Resignierende oder gegen das Alter mit allen Mitteln des Massenkonsums und der Kosmetikindustrie Ankämpfende auseinander. Die Mehrheit der Senioren jedoch geht, bei entsprechender Betreuung und Förderung angemessen und konstruktiv mit den Bedingungen ihres physiologischen und psycho-sozialen Alterns um. Sie konzentriert sich auf das Mögliche und Machbare, entdeckt und nutzt das Positive und bemüht sich, dem Verfall körperlicher und geistiger Fitness durch eigene Anstrengungen und mithilfe anderer soweit wie möglich heraus zu zögern. Es ist davon auszugehen, dass diese drei Bewältigungstypen, denen unterschiedlich große Kontingente innerhalb der Bevölkerung entsprechen dürften, sich auch in Bezug auf ihre Erfahrungen, Bedürfnisse und die Erwartungen unterscheiden, die sie im Hinblick auf ihre letzte Lebensphase hegen. Vermutlich pflegen sie auch unterschiedliche Umgangsweisen nicht nur mit sich selbst, sondern auch mit ihrer Umwelt und dem zwangsläufig wachsenden Anteil beanspruchter professioneller und privater Hilfspersonen.

8.6.2   Inhalte und förderungsstrategisches Vorgehen

Förderungsstrategisch (vgl. Abb. 8.3) würde es natürlich keinen Sinn machen, Senioren, die an der Schwelle ihrer körperlichen und psychosozialen Leistungsfähigkeit angelangt und auf Institutionen und deren Dienste angewiesen sind, um zu überleben, mit Übungen zur Selbsterkenntnis, zum Selbstmanagement und zur eigenverantwortlichen Gestaltung ihrer Umwelt zu konfrontieren. Bei ihnen wird es vor allem darauf ankommen, verbliebene Restressourcen zu stärken und sich unter deren Einsatz eine bestmögliche und menschenwürdige Versorgung zu sichern. Bei älteren Menschen kurz nach dem Renteneintritt und in den Siebzigern sieht das, sofern sie weder dem Typus der Resignierenden noch dem Verdrängungstypus angehören und noch etwas aus sich und den ihnen durchschnittlich verbleibenden zwanzig Jahren machen wollen, anders aus (Backes und Clemens 2008). Für sie wäre es nicht nur interessant,

- sich unter Bezugnahme auf aktuelle Versorgungsprobleme und diskutierte politische Entscheidungen damit zu beschäftigen, wie sie sich den näher rückenden Abschied aus ihrem Leben vorstellen: ob mit oder ohne Organentnahme, unter medizinischer Lebenserhaltungsdirektive, ob im Krankenhaus, zu Hause oder im Hospiz (Ewers und Schaeffer 2005; Schnabel 2013).
- Mindestens ebenso wichtig wäre es, zusammen mit ihnen darüber nachzudenken, wo an welcher Stelle in der Gesellschaft sie sich mit welchen Diensten und Beteiligungen künftig für wen engagieren wollen und zu welchen Bedingungen dies ihrer Meinung nach geschehen sollte.
- Nicht wenige von ihnen – man schätzt inzwischen noch fünfzig bis sechzig Prozent – haben außerdem mit der Betreuung und Pflege von Ehepartnern und Verwandten zu tun und können von einer sie und ihr Handeln betreffenden Beratung über den angemessenen Einsatz ihrer Möglichkeiten sowie der von Staats wegen vorgehaltenen Hilfen enorm profitieren.
- Schließlich dürfte es unter ihnen auch noch einen politisch wacheren, durchaus unterstützungsbedürftigen Teil geben, dem die Art und Weise nicht gleichgültig ist, wie die ältere Generation unter Hinweis auf ihre Lebensleistung die Ressourcen der jüngeren Generationen verbraucht, um ihren eigenen Wohlstand zu sichern. Sie wäre durch Aufklärung und Förderung für die nötige Mitarbeit an einem aktuelleren Generationenvertrag zu motivieren, der die Zukunftsfähigkeit der Gesellschaft und allen Generationen ein umweltverträgliches und menschenwürdiges Überleben sichert.

Dafür können die sich mit dem Ausscheiden aus dem Berufsleben ergebenden Freiräume, Individualisierungs- und Selbstbestimmungschancen ebenso genutzt werden, wie die Möglichkeiten der differenzierten Wahrnehmung, des vertieften Erlebens und der größeren Gelassenheit und Ruhe, die das Alter mit sich bringt. Treffen sie nach einem lebenslangen Wettbewerb mit anderen um Karriere und beruflichen und materiellen Erfolg auf die Bereitschaft, eigene Bedürfnisse zurückzustellen, sich auch an kleineren, die eigene und/oder die Familie der Kinder und neuerdings auch Enkelkinder betreffenden Tätigkeiten oder an der ehrenamtlichen Beschäftigung mit Lern- und/oder Hilfsbedürftigen zu erfreuen, können Menschen nach der Pensionierung oder Berentung mit einem weiten Feld erfüllender Aktivitäten rechnen, über die manche von ihnen erst informiert, motiviert und qualifiziert werden müssen. In Verbindung damit besteht auch die Möglichkeit, sich nicht nur für die Vergangenheit und Gegenwart von Seniorenpolitik und -kultur, sondern auch um deren Zukunft in einer Weise zu kümmern, die rückwirkenden Einfluss auf das eigene Seniorenleben im Hier und Jetzt ausüben könnte.

Von den oben unterschiedenen Altersverarbeitungstypen werden vermutlich die *Verdränger* diejenigen sein, die sowohl für die Förderung der angesprochenen Potenziale, insbesondere der Auseinandersetzung mit dem eigenen Leben und dem der anderen am schwersten zu motivieren sein. Sie werden nur wenig Bereitschaft entwickeln, sich der Materie, vor allem der Tatsache zu stellen, dass es im Interesse eines absehbaren, für sie selbst und für ihre Umwelt geregelten Abgangs zuträglich sein könnte, sich beizeiten mit dem Lebensende zu beschäftigen. Hier müssten kognitive und emotionale Blockaden überwunden werden, bevor mit ihnen über die Möglichkeiten einer selbstverantwortlichen und verhaltensbeeinflussenden Bearbeitung der Rest-Ressourcen und mit der Förderung von Kompetenzen gedacht werden kann, die sich auf die selbstbestimmte Bewältigung der letzten Lebensphase und auf die mit dem Sterben verbundenen sozialen, seelischen und physischen Probleme zu richten wären (Schnabel 2013).

Sich mit den *Resignierenden* und depressiv Reagierenden auf die Bearbeitung des Lebens bis zum Sterben einzulassen, dürfte wegen der damit einhergehenden psychopathogenen Expositionsrisiken nicht unproblematisch sein und sollte nach vorheriger Klärung nur mit therapeutischer Begleitung unternommen werden. Während bei ihnen zu erwarten ist, dass sie sich den bestehenden Versorgungs- und Begleitangeboten auf einverständige Weise fügen, verspricht es empowermentstrategisch größeren Erfolg, sich um die größte Gruppe derer zu bemühen, die aufgrund einer entsprechenden Sozialisation und vergleichsweise günstiger Lebensumstände auf einen *konstruktiven* Umgang mit dem Alter eingestellt sind. Vor allem denen, die die Beschäftigung mit dem Leben, das von Anfang an ein Sterben ist, und mit dem Sterben, durch das die relativ kurze Zeit zwischen der Geburt und dem bloß zeitunsicheren Ende ihren eigentlichen Sinn erhält, aufgrund vorgelagerter Bildungserfahrungen und/oder anderer Sozialisationseffekte zur Gewohnheit wurde, kann in diesem Alter zugemutet werden, zu neuen Einsichten und Verhaltensentwürfen zu gelangen. So zum Beispiel zu der Einsicht, dass die in Aussicht stehende Fremdverfügung über das eigene Sterben und den eigenen Tod den gleichen Personengruppen und inakzeptablen Mechanismen geschuldet sein könnten, wie diejenigen, die sie über ihr ganzes Leben bestimmen ließen. Inwieweit das geschieht, hängt nicht allein von ihnen und ihren Kompetenzen ab. Entscheidend ist auch, welche Rolle gesellschaftskritisches Denken in ihrem bisherigen Leben gespielt hat, wie stark sie sich an traditionelle Bewältigungsrituale gebunden fühlen und mit welchen aktuellen Problemen und faktischen (subjektiven und sozialen) Abhängigkeiten sie in ihrer letzten Lebensphase zu kämpfen haben.

8.6.3   Mögliche Effekte

Wie der Psychoanalytiker Wolfgang Schmidbauer (2009) beobachtet zu haben meint, beginnen ältere Menschen sich umso mehr zu sorgen, je näher das objektiv prognostizierte und/oder subjektiv gefühlte Lebensende rückt. Hauptsächlich geht es um Ängste vor geistigem Verfall, körperlicher Behinderung, unkontrollierbarem Siechtum und vor der „Einsamkeit der Sterbenden", die dem Kultursoziologen Norbert Elias (1982) zufolge außerdem zu einer der entlarvendsten Indikatoren individualisierter und entsolidarisierter Gesellschaften der Moderne gehört. Hierbei handelt es sich nach Schmidbauer um Realängste. Hinzu kommen fiktive Ängste (vgl. dazu auch Kap. 2 der vorliegenden Untersuchung), die vor allem den Unwägbarkeiten des vereinsamten, kommunikationsausgedünnten und stressenden Überlebens in unseren postindustriellen Wohlstandsgesellschaften geschuldet sind und von jenen mit Namen versehen, herbeigeredet und zum individuellen Schicksal erklärt werden, die es zu ihren Berufen gemacht haben, sie auf eine für sie profitable Weise zu therapieren. Die Beschäftigung mit beiden Formen empfinden ältere Menschen als umso unnötiger, je niedriger sie materiell und sozial positioniert sind, und je weniger sie gelernt haben, im Lebenslauf selbst- und fremdreflexiv mit ihnen umzugehen oder sie im Austausch und/oder der Kooperation mit anderen zu bewältigen. Unverarbeitet wie sie dann sind, können sie nachgewiesenermaßen (Lampert et al. 2005, S. 176 ff.; Knesebeck und Schäfer 2008) die Gesundheit und die Lebensqualität von Seniorinnen und Senioren gefährden und zu typischen, oft auch finalen Alterskrankheiten führen, wie wir sie aus Alters- und Pflegeheimen und aus der häuslichen Pflege zur Genüge kennen.

Todesangst, die heutzutage mehr mit der Angst vor den gesellschaftlich legitimierten Formen organisierten Sterbens als vor dem Tod selber zu tun zu haben scheint, speist sich aus beidem. Als Realangst dient sie, sofern wir im Laufe unseres Lebens nicht gelernt haben, sie aus Gründen unentwegter Verfügbarkeit in Privatleben und Arbeitsleben zu ignorieren, dazu, uns vor dem Eingehen zu großer körperlicher und psychosozialer Risiken auch im Alter zu bewahren. Als sozial konstruierte Angst vor einem unsicheren „Leben danach" oder vor einem medizinisch un- oder unterversorgten Leben dient sie aber auch dem abschreckungspädagogischen Konzept, die Einverstandenheit der Menschen mit einer Auffassung vom guten und richtigen Leben und mit einer Lebensführung zu erzwingen, die für die Bevölkerungsmehrheit mit nur wenigen Annehmlichkeiten verbunden ist, aber für diejenigen Vorteile bereit hält, die genügend Einfluss besitzen, um zu bestimmen, was ein gutes Leben ist, und

mächtig genug sind, um ihre Vorstellungen politisch und wirtschaftlich durchzusetzen. Angst durch Aufklärung der Vielen abzubauen, kann folglich nicht in
ihrem Interesse sein. Es würde aber auch nicht mit dem Selbsterhaltungsinteresse
einer Gesellschaft korrespondieren, die ihre Mitglieder dazu nötigt, ihre Lebens-
und Arbeitskraft in ein politisches, wirtschaftliches und soziales System einzubringen, zu dessen allgemeinen Geschäftsgrundlagen es gehört, die Menschen
ungerecht zu behandeln, ihre Gesundheit frühzeitig zu verschleißen (Pfortner
2013) und auf diese Weise Versorgungsnotstände zu produzieren, die über kurz
oder lang weder organisatorisch noch finanziell zu bewältigen sein werden (u. a.
Deppe 2002; Rümmele und Feiertag 2009; Reimers 2011).

Man kann und sollte aber in einer Zeit, in der die Menschen die aufregenden
und belastenden Teile ihres Lebens hinter sich gebracht und noch auf eine durchschnittlich mindestens zwanzigjährige Phase einzustellen haben, nichts unversucht lassen, die Aufnahmefähigen unter den Seniorinnen und Senioren über die
Ursachen und Wirkungen ihrer unverarbeiteten Ängste aufzuklären. Dazu sollte
es unter anderem gehören,

- den Unterschied zwischen begründeten (lebensnotwendigen) und unbe-
gründeten (künstlich geschaffenen) Ängsten zu erkennen,
- die vermeidbaren Ängste entweder allein oder in Gesellschaft mit Anderen
abzubauen,
- sich selbst im Alter noch auf ein von professionellen Fremdeinflüssen möglichst wenig dominiertes Leben einzurichten, das die Bezeichnung würdig verdient,
- ihnen einen entsprechenden Versorgungsstatus (Rente, Krankenversorgung,
selbstbestimmtes Sterben usw.) garantiert und
- die Ehre antut, sie und ihren gesellschaftlichen Wert nicht daran zu messen,
was er geldlich einbringt oder kostet, sondern an ihrer Lebensleistung innerhalb und außerhalb der gesellschaftlich organisierten Arbeit, von der in der
Regel andere profitieren.

Eine derartige Selbst-Befreiung kann dazu führen, die verschütteten Wunschvorstellungen zu erkennen, der tatsächlichen Beschaffenheit der gegenwärtig
von fremdbestimmten Verhaltensritualen, entleerter Kommunikation und Ver-
marktungsroutinen weitgehend kolonialisierten Lebenswelt mit Kritik zu
begegnen und in rechtzeitiger Absprache mit Angehörigen und anderen Bezugspersonen die Weichen

- gegen soziale Isolierung,
- das plötzliche Vergessen und
- die Einsamkeit der Sterbenden zu setzen.

Ob das gelingt, hängt in dieser Lebensphase auch und besonders davon ab, inwieweit ältere Menschen bei ihren Angehörigen, in den versorgenden Einrichtungen, bei den dort Tätigen und in ihrer sonstigen sozialen Umwelt denjenigen Respekt und diejenige Unterstützung finden, die sie brauchen, um ihre Bedürfnisse tatsächlich auszuleben.

8.7 Entwicklung und Einsatz einer solidarischen, auf die Belange der wahrhaft Belasteten und Bedürftigen ausgerichteten Gesamtpolitik (Förderungsbereich Nr. 6)

Wie wir von der WHO und ihren Gesundheitsexperten wissen, gelingt es denjenigen, die sich zur Aufgabe gemacht haben, die Menschen von eingeschliffenen Verhaltensweisen oder *Lebensstilen* zu befreien, umso eher, wenn sie sich bei ihrer schwierigen Arbeit an einer konzeptionell flankierenden *Gesamtpolitik* orientieren können (vgl. Abb. 8.3). Selbige hat sich bewährt, wenn es darum geht, bei anderen Akzeptanz für neue Leitideen im Umgang mit gesundheitlichen und anderen sozialen *Problemen* zu finden und alternative Ideen für deren *Lösungen* erfolgreich zu implementieren. Dabei geht es um eine Politik, die ihren Niederschlag wenigstens in bundes- und landespolitischen Gesetzen und kommunalpolitisch abgesicherten Handlungsregulativen gefunden haben sollte (u. a. WHO 1986; Naidoo und Wills 2003; Bauer und Wesenauer 2015). Es spricht folglich einiges dafür, dies auch im Hinblick auf die Ein- und Durchführung der oben skizzierten Förderungsbereiche anzunehmen; auch wenn diese sich,

- beginnend mit der Vorbereitung junger Menschen auf das Zusammenleben und die Zusammenarbeit in Familie und Gesellschaft (vgl. Abschn. 8.2 der vorliegenden Untersuchung),
- über die Befriedigung der Neugier von Kindern (vgl. Abschn. 8.3),
- die sachangemessene und erfahrungspädagogisch vermittelte Aufklärung von Jugendlichen (vgl. Abschn. 8.4),
- die reflexive Arbeit mit jüngeren und älteren Erwachsenen (vgl. Abschn. 8.5),
- bis hin zur Versöhnung älterer Menschen mit den speziellen Herausforderungen ihrer letzten Lebensphase (vgl. Abschn. 8.6),

nicht nur auf den Umgang mit Gesundheit, sondern darüber hinaus mit der Qualität des Lebens in Vergangenheit, Gegenwart und Zukunft und seinen Verbesserungsmöglichkeiten bezieht.

Nicht anders als eine auf die Förderung von Gesundheit zielende Gesamtpolitik (WHO 1986) hätte diese mit einer Kritik der normativen Prämissen zu beginnen, an denen sich die deutsche Sozialpolitik seit dem 19. Jahrhundert fast unverändert und neuerdings auch Europa orientiert (Bittlingmayer et al. 2009). Darauf aufbauend müssten sodann die rechtlichen, strukturellen und materiellen Voraussetzungen für ein interventionsstrategisches Vorgehen geschaffen werden, aufgrund deren ein systematisches Aufklärungs- und Empowermentprogramm in der Lage wäre, den Definitionsmächtigen und Entscheidern in Politik, Wirtschaft und Kirche, ihren beauftragten Agenturen und ihren meinungsmachenden Helfern in den Parteien, in den Wirtschaftsverbänden und Gewerkschaften, in Schulen, Ausbildungseinrichtungen und Medien (u. a. Hahne 2001; Müller 2010) Paroli bieten zu können. Im Rahmen der allseits propagierten Sozial-, Bildungs- und Versorgungspolitik, die das Zusammenleben der Menschen einer auf das Ökonomische fixierten Rationalität wegen seit Jahrhunderten durch einen ebenso schonungslosen wie ungleichen Wettbewerb aller gegen alle bestimmen lässt, ist das nur schwer zu leisten. Denn es ist eine Gesamtpolitik, die sich den immer dringlicheren Warnungen einer nur langsam erwachenden kritischen Wissenschaft und Öffentlichkeit zum Trotz blind und taub gegenüber den Risiken und bereits absehbaren Gefahren ökologischer und gesellschaftlicher Zerstörung stellt (Baader 2005), die mit den weltweit agierenden Systemen privatkapitalistischen Wirtschaftens zwangsläufig verbunden sind (Butterwegge 2013). Infolge dieser Politik wird der von Wirtschaftslobbyisten zunehmend ausgebremste Staat nur noch zögerlich tätig, wenn es darum geht, Systeme und ihre Subsysteme zu reparieren, die für die Aufrechterhaltung der Gesellschaft wichtig sind. Um die Menschen kümmert er sich in der Regel erst, wenn es zu spät ist. Dann jedoch stürzt er sich mit geballten Macht seiner Sozialexperten auf alles, das im Wettbewerb um den gesellschaftlichen Anschluss und/oder Aufstieg versagt, unter dem Druck lebenslanger Belastungen den Rest an Selbstbewusstsein und Selbstwirksamkeitsüberzeugung zu verlieren droht und sich selbst nicht mehr zur helfen weiß.

Im Interesse der Veränderung einer solchen Politik muss nicht nur das Regulationsprinzip der Subsidiarität neu überdacht werden. Als eine unter anderen aus der kirchlichen Soziallehre abgeleiteten und seit Mitte des neunzehnten Jahrhunderts auch für die europaweite Sozialpolitik maßgeblichen

Leitideen stellt sie heute unter dem verbreiteten Schlagwort der „Hilfe zur Selbst-hilfe" die Selbstverantwortung des Einzelnen auf eine seltsam modern klingende Weise über das Eingreifhandeln des Staates (Lessenich 2013). Parallel dazu muss auch die gegenwärtige Rolle des unter anderem durch das Sozialstaatsgebot (GG, Art. 20.1) in unserer Verfassung verankerte Prinzip der Solidarität hinter-fragt und neu verhandelt werden. Seiner Zeit im Namen der Aufklärung und der bürgerlichen Revolution (Gleichheit, Freiheit, Brüderlichkeit) unter dem Begriff der Brüderlichkeit wurde es nicht aus Sentimentalität, sondern als Regulativ erdacht und eingeführt, um voraussehbaren Fehlentwicklungen einseitigen Frei-heitsstrebens und übertriebener Gleichmacherei vorzubeugen (Bayertz 1998, S. 34 ff.). Ist beides erst einmal erfolgt und sind dadurch die klassischen Denk- und Verhaltensmuster staatlichen Eingreifhandelns fraglich geworden, sollte konsequenter Weise auch das Verhältnis zwischen subsidiär gebundener Freiheit, Gleichheit und Solidarität im Blick auf die politischen und wirtschaftlichen Ver-hältnisse neu vermessen und zu Leitideen eines sozial- und sozialverträglicheren Zusammenlebens gemacht werden (Sommer und Welzer 2014). Dessen „Heil" wird vermutlich nicht in der Digitalisierung der Welt (Riffkin 2014), dem bereits vorprogrammierten digitalkapitalistischen Hype und der zwangsläufig damit ein-hergehenden Ausdünnung zwischenmenschlicher Kommunikation zu suchen sein, sondern in der *Vermenschlichung* des zwischenmenschlichen Verkehrs.

8.7.1   Neujustierung des Verhältnisses von Subsidiarität und Solidarität

Freiheit als eines der Schlagworte, mit denen die französische Bevölkerung als erste in Europa gegen die angeblich von Gott gegebene und in meist unerträg-licher Weise missbrauchte Macht der Feudalherren zur Wehr setzte, zielt auf das natürliche Recht der Menschen, ihr Leben in Gesellschaft nach eigenen Fähig-keiten und Bedürfnissen zu gestalten. *Solidarität*, in den gegenwärtigen Dis-kursen nicht nur, aber auch wegen seiner Geschlechtsneutralität an die Stelle von Brüderlichkeit gerückt, brachte und bringt die Erfahrung auf den Begriff, dass Freiheit und Gleichheit nicht ohne Achtung vor dem Selbstbestimmungsrecht der jeweils Anderen gedacht und gelebt werden kann. Das Steuerungsprinzip der *Subsidiarität* (Vorrang der Selbst- gegenüber der Fremdhilfe) hingegen wurde von der katholischen Kirche und ihrer Soziallehre ab Mitte des neunzehnten

Jahrhunderts[3] zur Absicherung ihrer eigenen individualinterventionistisch-karritativen Ziele und ihrer machtpolitischen und wirtschaftlichen Interessen gegenüber staatlicher Kontrolle und Einmischung eingeführt. Es begründet eine vom einzelnen Menschen ausgehende, dessen Freiheit, vor allem die des Glaubens gegen politische Willkür sichernde Ordnung, in der die jeweils übergeordnete Gemeinschaft die Wirkungsmöglichkeiten der jeweils untergeordneten (d. h. die Familie die des Individuums, die Gemeinde die der Familie, die Bundesländer die der Gemeinden und der Staat die der Bundesländer) anerkennt und nur Aufgaben an sich ziehen soll, die von diesen nicht erfüllt werden können.

Von der Deutschen Reichsregierung unter dem Kanzler Bismarck Ende des Neunzehnten Jahrhunderts als einer der Grundgedanken einer paternalistisch-kustodialen Sozialreform übernommen, die vor allem auf die Sicherung der Monarchie und ihrer machtpolitischen Interessen gegen den wachsenden politischen Einfluss von Sozialdemokratie und Kommunismus zielte, blieb der Subsidiaritätsgedanke bis in die 1930er-Jahre bestimmend. Neue Bedeutung erlangte er, als sich nach dem Ende des Zweiten Weltkriegs in Deutschland die Politik und mit ihr die Sozialpolitik unter einer christlich-demokratischen Regierung gegen die während der nationalsozialistischen Diktatur erfahrene Allmacht des Staats neu zu formieren begann. Verfassungsrechtlichen Rang erlangte das im Subsidiaritätsprinzip mitgedachte Postulat der Nachrangigkeit staatlicher Sozialpolitik mit Ausnahme des Bekenntnisses zum Föderalismus nie, weil es dem Solidaritätsgedanken und dem darauf aufruhenden Bekenntnis des Grundgesetzes der Bundesrepublik Deutschland zum Sozialstaat widerspricht. In der aktuellen Sozialstaatsdiskussion spielt es jedoch eine besondere Rolle (Ruland 2006), die den seit den 1970er-Jahren mit Wirtschaftskrisen unterschiedlicher Art konfrontierten Politikern in Deutschland, Europa und Übersee den Rückzug des Staats aus den Verpflichtungen gegenüber seinen Bürgern insbesondere die Sicherung von Arbeitsplätzen und auskömmlichen Renten und auf neo-liberale Art zu rechtfertigen (Dahme 2005).

---

[3] Aber erst 1931 in der Sozialenzyklika „Quadragesimo Anno" von Papst Pius XI. in besonders klarer Form zum Ausdruck gebracht. Dort heißt es: „Wie dasjenige, was der Einzelmensch aus eigener Initiative und mit seinen eigenen Kräften leisten kann, ihm nicht entzogen und der Gesellschaftstätigkeit zugewiesen werden darf, so verstößt es gegen die Gerechtigkeit, daß, was die kleineren und untergeordneten Gemeinwesen leisten und zu einem guten Ende führen können, für die weitere und übergeordnete Gemeinschaft in Anspruch zu nehmen [...]. Jedwede Gesellschaftstätigkeit ist ja in ihrem Wesen subsidiär; sie soll die Glieder des Sozialkörpers unterstützen, darf sie aber niemals zerschlagen oder aufsaugen" (Pabst Pius XI 1932/1992, S. 91 f.).

Genauer betrachtet, hat der Umbau des Sozialstaats, der seitdem unter dem irreführenden Schlagwort der Modernisierung vorangetrieben worden ist, nicht zur Verbesserung des Umgangs mit den Ungerechtigkeiten und Widersprüchen moderner, vor allem durch Globalisierung, wiederholte Konjunkturkrisen, Massenarbeitslosigkeit, demographischen Wandel und die Zunahme verhaltensbedingter chronischer Erkrankungen geprägten Lebensverhältnisse beigetragen (Dahme und Wohlfahrt 2002). Vielmehr setzt er die Unzulänglichkeiten der traditionellen, auf ungenügende Kompensation gesellschaftlicher Ungerechtigkeiten beruhenden, mit den neuen auf Aktivierung der Bürger zielenden Sozialkonzepten in einer Weise in Beziehung, die nun den Bürger als den überwiegend Verantwortlichen der von ihm durchlebten Probleme erscheinen lässt und den erheblich schuldigeren Organisatoren gesellschaftlich ungleicher Verhältnissen erlaubt, sich – wie es der Soziologe Ulrich Beck in „Gegengifte" (1988), seiner Antwort auf die von ihm selbst kritisierte „Risikogesellschaft", beschrieben hat – in organisierter Weise aus ihrer Verantwortung für das Ganze zurückzuziehen. Als Akteurinnen und Akteure des subsidiär agierenden Wohlfahrtsstaates werden sie erst tätig, wenn sich Hilfsbedürftige, seien dies junge Arbeitslose, notleidende Familien oder die Empfänger unzureichender Renten den zuständigen Instanzen gegenüber als zur Selbsthilfe Unfähige zu erkennen gegeben haben. Auch als aktivierender Sozialstaat, der von seinen Bürgern mehr Eigeninitiative und Selbstverantwortung fordert, tut er viel weniger, als er tun müsste, um die materiell, sozial und gesundheitlich schlechter gestellten Teile der Bevölkerung durch vorbeugende, frühzeitig einsetzende und systematische Hilfen in eben der Weise zu fördern, zu der er als ein von Rechtswegen solidarisch Intervenierender infolge einer gerechtigkeitsorientierten Auslegung des Gleichheits- und Freiheitspostulats verpflichtet wäre (Arnold et al. 2005, vgl. dazu auch Abschn. 4.2 der vorliegenden Untersuchung).

Bis in die Gegenwart hinein haben politisch einflussreiche Interessengruppen mit Unterstützung wechselnder Regierungsmehrheiten dafür gesorgt, dass die Solidarität des Förderns gegenüber den von ökonomisch kurzsichtiger Rationalität befeuerten Strategien des Forderns um jeden Preis in den Hintergrund getreten sind (u. a. Schmidt 2008; Evers und Heinze 2008; Zimmermann 2008).

- *Jugendlichen,* denen die allgemeinbildenden Schulen nicht mehr gerecht zu werden vermögen, und um deren Berufsausbildung sich immer mehr deutsche Betriebe herum zu drücken versuchen, bleibt ein von hoch qualifizierten Arbeitnehmern nahezu leer gefegter Arbeitsmarkt verschlossen.

- Als *Wettbewerber* auf einem deregulierten Arbeitsmarkt müssen sich weniger gut qualifizierte Arbeitnehmer mit Beschäftigungsverhältnissen zufrieden geben, die sie kaum noch ernähren.
- Als *Zugewanderte* sortiert man sie von vornherein aus.
- Als chronisch *Kranke* geraten sie, ausufernder Debatten über die Vorteile von Prävention und Gesundheitsförderung zum Trotz, erst in den Blick eines nicht zuletzt deshalb überteuerten, aber für die Anbieter hoch profitablen Versorgungssystems, wenn ihre Leiden seelisch oder körperlich manifest und die Schäden irreparabel geworden sind.
- Und als *Ältere* schiebt man sie ab und lässt sie in Alters- und Pflegeheimen unter unzureichenden personellen Bedingungen und von unternehmerfreundlichen Aufsichtsbehörden geduldet, einem Lebensende auf eine Weise entgegendämmern, welche mit dem ihnen verfassungsrechtlich garantierten Status unantastbarer Menschenwürde kaum noch etwas zu tun hat.

Wie bereits ausgeführt (vgl. dazu auch Kap. 5 der vorliegenden Untersuchung), hat nicht nur die in Deutschland von der Sozialdemokratie durchgesetzte, industriefreundliche und marktradikale Variante neo-liberalen Wirtschaftens dem Staat und der Gesellschaft zwar weniger Arbeitslose, einen bescheidenen, jederzeit prekären wirtschaftlichen Aufschwung zu kaum wieder gut zu machenden Kosten und ein Mehr an Beschäftigen in unterbezahlten Jobs gebracht, die im Alter versorgt werden müssen. Die Ungerechtigkeiten im Hinblick auf die mögliche Aneignung von Entwicklungschancen (z. B. über Bildung oder die Egalisierung von Versorgungsmöglichkeiten) und die Ungleichverteilung von politischer Macht, aber auch von Lebensqualität, Erkrankungsrisiken und Gesundheitschancen sowie die damit einhergehenden Risiken für das gesellschaftliche Zusammenleben sind nicht nur in Deutschland (Hradil 2005) und den USA (Stiglitz 2012), dem Musterland des ungebremsten Privatkapitalismus, sondern auch weltweit (Wilkinson und Pikett 2010) größer geworden. Anzunehmen, dass von dieser gigantischen, keineswegs alternativlosen Fehlsteuerung, in absehbarer Zeit abgerückt werden könnte, ist sicherlich illusionär. Das international verzweigte Bankensystem, die von ihr abhängigen weltweit agierenden Konzerne und die wiederum von ihnen abhängigen nationalen Wirtschaftssysteme sind gegenwärtig viel zu mächtig, um von den zerstrittenen und gegeneinander ausspielbaren Nationalpolitiken korrigiert werden zu können.

Dem stetig wachsenden Anteil materiell und sozial zu kurz Kommender, die sich heute längst nicht mehr nur aus den unteren Soziallagen der Gesellschaften

(Proletariat) rekrutieren[4], würde es zu Gute kommen, wenn sich der Staat neben aller notwendigen Sorge um sozialpolitische Effizienz und subsidiäres Engagement um die Wiederbelebung der von Rechts wegen festgelegten solidarischen Pflichten bemühte. Dazu würde es vor allem gehören, den Bedürftigen, über die eine wirklich zielführende Berichterstattung noch gar nicht existiert (Sell 2002; Groh-Samberg 2009), durch kompensatorische Förderung erst einmal in die Lage zu versetzen, zu tun, was ihnen normalerweise vorenthalten wird, nämlich sich selber zu helfen. (Galuske und Rietzke 2008). Das allein kann die Soziale Arbeit für die bereits in Not Geratenen unter den sich zunehmend verkomplizierenden gesellschaftlichen Verhältnisse nicht leisten. Wirkungsvoller und überzeugender wäre es, sie, wie hier (vgl. dazu Kap. 8 der vorliegenden Untersuchung) vorgeschlagen, von früh an, unter den bestmöglichen Bedingungen mit den geeigneten Mitteln und in vorbeugender Absicht zur Aufnahme eines ihnen gemäßen Lebens zu befähigen. Dabei sollte es dann nicht nur um die Förderung bloßen Arbeitsvermögens (Workfare) und weniger um die klassische, zum Überleben in modernen Gesellschaften kaum noch taugliche Bildung, sondern um die Entwicklung und den Einsatz von Wellfare gehen (Mohr 2009). Damit ist die Qualifizierung von Persönlichkeiten gemeint, die bereit und in der Lage sind, nicht nur das Leben innerhalb, sondern auch außerhalb der Arbeit wertzuschätzen, eigenverantwortlich zu planen und diese Sichtweise allein oder in Zusammenarbeit mit Anderen durchzusetzen.

Was dazu wiederum an bildungsinfrastrukturellen Umorientierungen und Veränderungen in den Familien, Kindertagesstätten, Schulen, Ausbildungseinrichtungen und im Alltagserleben stattfinden müsste, ist oben bereits herausgearbeitet worden und würde eines *Masterplans* bedürfen, der alle Bereiche gesellschaftlich organisierten Lebens betreffen müsste. Theoretische und singuläre Beispiele für alternative Lösungen gibt es, wie wir gesehen haben, etliche. Zur Zeit fehlen aber Organisatoren, die in der Lage wären, sie zu einer Einheitskonzeption oder wenigstens einer Vision davon zusammenzufassen, mit der die verängstigte, ausschließlich an Wohlstandssicherung auf Kosten der Natur und der Folgegenerationen interessierte, ökonomisch festgefahrene und politisch erstarrte Öffentlichkeit aufgeweckt, überzeugt und in Bewegung gesetzt werden könnte. Und es fehlt an einem System demokratischer Selbstverwaltung und an

---

[4] Diese materiell und sozial zu kurz Kommenden stammen immer mehr aus der Gruppe der Kinder und Jugendlichen, der Alten, Alleinerziehenden, Arbeitslosen und Migranten und einer abstiegsbedrohten unteren Mittelschicht, von der sich die Forschung nicht einmal mehr sicher ist, ob sie ein Fünftel, ein Viertel, ein Drittel der Gesellschaft oder inzwischen sogar mehr repräsentieren.

programmatischen Parteien, deren Akteurinnen und Akteure mutig genug wären, sich auf die Einführung von Formen des Wirtschaftens einzulassen, die die Zukunft des Zusammenlebens der Menschen auf diesem Planeten sichern, statt sie systematisch zu zerstören.

8.7.2 Mögliche Wirkungen einer solidarisch-subsidiären Förderungsoffensive

Eine Verwirklichung dieser in ihren Grundbausteinen durch die Verfassung und Teile der Sozialgesetzgebung zwar vorhandenen, aber wirtschaftspolitisch überformten Sozialpolitik ist den Erkenntnissen der Implementations- (Mayntz 1980, 1983) und Diffusionsforschung (Rogers 2003) zufolge nur unter bestimmten Bedingungen möglich. Zu ihnen gehört nicht nur, dass

- die *Inhalte* der Politikerneuerung (Politikformulierung),
- die *Ambitionen* der Ideenträger (Politikdurchführung) und
- das *Problemempfinden* einer hinreichend großen Öffentlichkeit auf besondere Weise zusammenfallen. Ebenso bedeutsam ist
- die *Leidensbereitschaft* und das anerzogene und habitualisierte *Akzeptanzverhalten* der Adressaten und Wähler,
- die mit ihrem *Abstimmungsverhalten* die Sozialpolitik eines Landes beeinflussen können (Adressatenreaktion) sowie
- Richtung und Qualität von etwas, das neuerdings als *„Politik-Marketing"* bezeichnet wird.

Hierzu zählt unabhängig von den Inhalten und neben den *strukturellen* Hindernissen (Systemreaktionen) vor allem auch die Qualität der *Kommunikationsstrategien,* mit denen die Neuerungen an die Menschen herangetragen werden. Darüber hinaus müssen die im Hinblick auf die Behandlung sozialer Fragen bestehenden *Wissens-* und, was nicht dasselbe ist, auch *Glaubwürdigkeitsprobleme* der aktuellen Politik gelöst werden. Dabei geht es vor allem um Probleme, mit denen viele an Amt, Würden und Einkommen gewöhnte Politik-Akteure im Bund und in den Ländern immer weniger zurande zu kommen scheinen und um die sich deshalb neue parlamentarische und außerparlamentarische Gruppierungen zu kümmern beginnen (Jucknat und Römmele 2008).

Ob durch wissenschaftliche Untersuchungen und ihre Publikation, durch Presseveröffentlichungen, Internetbotschaften und Kampagnen, ob durch Parteiprogramme und anderweitige Aufklärung auf die Krise des Sozialstaats und die Notwendigkeiten politischen und wirtschaftlichen Umdenkens hingewiesen wird, ist einerlei. Wichtig ist, dass es durch all diese Aktivitäten gelingt, einen möglichst flächendeckenden und möglichst viele Bevölkerungsteile miteinbeziehenden, zukunftsorientierten Diskurs in Gang zu bringen und aufrecht zu erhalten, der auf Solidarität mit den Leidtragenden setzt, statt ihnen Schuld zu induzieren, sie auszugrenzen und/oder zu bestrafen. Sie, die Kinder, Arbeitslosen, Jugendlichen mit und ohne Migrationshintergrund, die nach wie vor unterprivilegierten Frauen, die neuen und alten Armen, die Einelternfamilien, die immer ärmeren Alten, die so genannten bildungsfernen Schichten, aber auch die von den globalisierten Märkten ins gesellschaftliche und wirtschaftliche Abseits gestellten Bevölkerungen der Entwicklungsländer Afrikas, Lateinamerikas, des nahen und fernen Ostens gilt es als „Menetekel" (Schmidt 2008) einer Entwicklung zu begreifen, die sich mittelfristig zur Belastung für den sozialen Frieden auf der Welt und längerfristig zu einer Gefahr für Demokratie und Gesellschaft (Lösch 2008) ausweiten könnte.

Die Vorteile einer robusten Demokratie, einer suffizienzorientierten Wirtschaft und einer den Solidaritäts- und Förderungsgedanken wieder entdeckenden Sozialpolitik ist darin zu sehen, dass davon alle, nicht nur die materiell, sozial und gesundheitlich zu kurz gekommenen Bevölkerungsteile, profitieren würden. Die mit ihren Einführungen verbundenen Nachteile wären ungleich verteilt, und zwar zu Lasten derjenigen Wirtschafts- und Bildungseliten, die von den weltweit etablierten politischen Strukturen und den sie tragenden konservativen und sozialdemokratischen Parteien ihrer „Systemrelevanz" wegen bevorteilt werden. Ihres aktuellen Einflusses und ihres gewohnten Widerstands gegen jede Form der Umverteilung von Bildung, Besitz und Versorgungschancen, sind unter den bestehenden politisch-wirtschaftlichen Bedingungen nur drei Wege erkennbar, durch die politische Veränderungen auf *friedliche* Weise herbeigeführt werden könnten. Der eine besteht darin, *abzuwarten*, bis der ältere, mehrheitlich konservative, damit auch gegen seine eigenen Interessen handelnde Teil der Bevölkerung verstirbt, um einer jüngeren neu und anders denkenden und handelnden Generation Platz zu machen. Wer den zweiten auch nicht viel sichereren und schnelleren Weg favorisiert, muss auf die Grenzen der Leidensbereitschaft und das *Aufbegehren* der systematisch benachteiligten Bevölkerungsteile setzen, riskiert aber, indem er dies tut, dass sich der Volkszorn, wie aktuell in den meisten Ländern Europas, auch in politisch rückwärts gewendeter und demokratiefeindlicher Weise artikuliert. Ein dritter Weg ist der langwierigste, am schwierigsten durchzusetzende, aber nach allem, was wir bisher über die Lern- und Vernunftfähigkeit des Menschen wissen, vermutlich erfolgversprechendste. Er ist seiner Grundidee nach *präventiv* und bezogen auf den Kontext, indem er verwirklicht werden müsste, prinzipiell subversiv. Denn er zielt darauf ab (Schnabel 2009a), kommende Generationen mit den Mitteln, die den vergleichsweise wohlhabenden Gesellschaften Europas nach einer gerechten und solidarischen Umverteilung zu Verfügung stehen würden, in die Lage zu versetzen, sich nicht nur mit den Möglichkeiten und Bedingungen ihres Lebens konstruktiv und proaktiv auseinander zu setzen. Es würde sie im Blick auf die ihnen in dieser Welt zur Verfügung stehenden Zeit auch ermutigen müssen, sich die Verantwortung über wichtige, ihnen gegenwärtig weitgehend aus der Hand genommenen Teile ihres Lebens zurückzuholen. Dazu gehören: politische Selbstbestimmung, ökonomisch vernünftiges Handeln, Gesundheit, ein alle drei miteinschließendes gutes Leben und nicht zuletzt auch das Streben nach Glück. Denn die Fähigkeit, glücklich zu sein, Glück oder wenigstens Zufriedenheit zu empfinden (Thomashoff 2014 und Kap. 9 der vorliegenden Untersuchung), ist die psycho-physiologische Voraussetzung dafür, dass das, was gutes Leben ist oder für uns sein könnte, die Wahrnehmungsebene erreicht und zum treibenden Motiv für unser Handeln werden kann.

Last but not least – Man muss Glück erstreben dürfen, um empfinden und erkennen zu können, was glücklich macht

9

„We hold these truths to be self-evident, that all men are created equal, that they are endowed by their Creator with ceretain unalienable rights, that among these are Life, Liberty and the pusuit of Happiness."

Declaration of Independance of the thirteen united states of America, Preamble (Philadelphia 1776)

Wer dem Argumentationsduktus der vorliegenden Untersuchung bis hierher gefolgt ist, wird sich hoffentlich nicht wundern, im letzten Teil der Untersuchung die anfangs (vgl. die Einleitung und Kap. 4 der vorliegenden Untersuchung) gestellte Frage nach der physiopsychosozialen Konstruktion von Lebensglück oder dem, was als gutes und glückliches Leben bezeichnet werden kann, wieder aufgenommen zu finden. Hier soll nicht der späte Versuch unternommen werden, ein neues Themenfeld einzuführen. Nein – es geht immer noch um das *gute Leben;* darum, was auf politischem, wirtschaftlichen und gesellschaftlichen Gebiet geschehen kann und muss, um es nicht nur wenigen Privilegierten, sondern den vielen Bedürftigen auf eine Weise zugänglich zu machen, die sie als das *ihre* (an-) erkennen und das ihren *tatsächlichen* Wünschen und Bedürfnissen entspricht. Auf dem Weg dorthin sollen sie in die Lage versetzt werden, sich den *Verführungen* einer fiktiven Spaßgesellschaft und den ungebremsten, Länder, Menschen, Klima und Umwelt zerstörenden Folgen von Überproduktion und unsinnigem Massenkonsum (u. a. Pietschmann 2004; Barber 2004) zu widersetzen.

9

© Springer Fachmedien Wiesbaden GmbH, ein Teil von Springer Nature 2022   307
P.-E. Schnabel, *Soziopsychosomatische Gesundheit, robuste Demokratie, Suffizienzökonomie und das „glückliche" Leben*, Gesundheit und Gesellschaft, https://doi.org/10.1007/978-3-658-17810-9_9

9.1   Dem kustodial agierenden, soziale Ungleichheit instrumentalisierenden Staat ist selbstbestimmtes Streben nach Glück prinzipiell verdächtig

Glücklich zu sein, Glück zu empfinden, gehört im Unterschied zu etwa den Dänen, denen die Ehre widerfuhr, zum zufriedensten Volk in Europa gekürt zu werden (Helliwell et al. 2015), im längst bekannten Unterschied aber auch zu den für ihr „savoire vivre" bekannten Ländern wie Italien, Frankreich, Portugal, Spanien und Griechenland ebenso wenig zu den Tugenden der Deutschen, wie sich systemkritisch und veränderungsbereit zu betragen. Was diesbezüglich in der deutschen Geschichte an Ideen entwickelt worden ist und sich an politisch-sozialen Bewegungen zugetragen hat, scheiterte entweder an seinen inneren Widersprüchen oder wurde der Bevölkerung von außen aufgezwungen. Eine Ausnahme scheint der erfolgreiche und friedliche Umsturz in der DDR gewesen zu sein, dessen tatsächliche Hintergründe wir allerdings eben erst zu verstehen beginnen (u. a. Neubert 2008; Schuller 2009; Henke 2009). Über die historisch-traumatisierenden Ursachen dieses möglicherweise kulturtypischen Konservativismus (vgl. Kap. 2 der vorliegenden Untersuchung) ist vor kurzem unter dem Signum der „German Angst" viel Interessantes ans Licht gebracht worden (Bode 2007) und soll an dieser Stelle nicht mehr vertieft werden. Fest steht jedoch und soll hier nicht unerwähnt bleiben, dass dieses Phänomen nicht nur das Verhalten der Menschen und ihren Umgang mit all jenen Ideen und Konzepten prägt, die mit der Gestaltung ihrer politischen und wirtschaftlichen Zukunft zu tun haben. Es ist im Unterschied etwa zu den USA, die sich als eine der Siegermächte nach dem 2. Weltkrieg maßgeblich für die Implementation der politisch-demokratischen Kultur im nachnationalsozialistischen Deutschland engagierte, verfassungsnotorisch geworden.

Wie das obige diesem Kapitel voran gestellte Zitat aus der Präambel der Unabhängigkeitserklärung der sich von England lossagenden dreizehn US-amerikanischen Kolonien deutlich macht, gehört das „Streben nach Glück" dort neben dem Recht auf Freiheit und Gleichheit zu den höchstrangigen Menschenrechten. Es ist ein Recht, von dem uns eine von protestantischer Ethik befeuerte und vom Industriekapitalismus durchwirkte Denk – und Verhaltenskultur unstatthafter, aber erfolgreicher Weise zu suggerieren versucht, dass es sich dabei ausschließlich um das legitime Glück der wirtschaftlich Erfolgreichen handle. So auch in Deutschland und Europa, dessen regierende Politiker sich erst heute in Form professionell organisierter Bürgerdialoge voll inhaltlich, wie sie sagen,

und – so bleibt zu hoffen – mit dem Mut für das damit verbundene Risiko, zu
interessieren beginnen.

Zum Glück, das mehr umfasst als das positive Befinden erfolgreich
wirtschaftender Subjekte oder anderes als das Überlegenheitsgefühl des unter
anderem vom Philosophen Friedrich Nietzsche besungenen Übermenschen,
haben besonders die Deutschen ein gestörtes Verhältnis. Vergeblich durchsucht
man beispielsweise das deutsche Grundgesetz, den Entwurf zu einem Grundgesetz für einen Bund deutscher Länder (Herrenchiemseer Entwurf) aus 1948
oder die Berichte von den Sitzungen des Parlamentarischen Rats oder den
Schriftlichen Bericht zum Entwurf des Grundgesetzes für die Bundesrepublik
Deutschland (Parlamentarischer Rat/Bonn 1948/49 – Drucksachen Nr. 850, 854)
nach einem Recht der Deutschen auf das Streben nach Glück. Das verwundert
angesichts der Tatsache, dass es die deutschen Verfassungsväter, die sonst keine
Anstrengung unterließen, sich den westlichen Schutzmächten gegenüber als verlässliche antikommunistische Bündnispartner zu empfehlen, nur wenig gekostet
hätte, den Inhalt der amerikanischen Verfassung wortwörtlich zu übernehmen.
Dies zu tun, hätte aber den Grundprinzipien ihrer politischen Sozialisation und
der politischen Kultur widersprochen, in der die meisten von ihnen aufgewachsen
und ihre meist juristischen Erfahrungen gemacht hatten. Insbesondere, was dem
Umgang mit dem Gros der Bevölkerung anbetraf und wie sie diese zu regieren
beziehungsweise zu verwalten gelernt hatten.

Der amerikanische Verfassungsgrundsatz des Rechts auf Streben nach dem
Glück oder wie es in anderen Übersetzungen heißt, nach Glückseligkeit, ist
weit mehr als nur eine unbedeutende Absichtserklärung, die/den Einzelne(n)
dazu ermuntert, sich nach Herzenslust wohlzufühlen, den Anderen gegenüber durchzusetzen oder wirtschaftlich auszuleben. Für US-Amerikaner, die
sich in allem, was ihre Selbstbefreiung betraf, viel stärker als die Deutschen an
den Errungenschaften der französischen Revolution orientierten, handelte es
sich um einen Verfassungsgrundsatz, der ihnen die Freiheit von unvernünftigen
Regierungsmaßnahmen jedweder Kolonialherren, einschließlich des unverbrüchlichen Rechts garantiert, über ihr Leben selbst zu bestimmen und zu erreichen,
was sie selbst für richtig halten. Für uns in Deutschland gab und gibt es kein
verfassungsmäßig garantiertes Recht auf das Streben nach dem Glück. Und
es gab und gibt mächtige Interessensgruppen, denen daran gelegen ist, dies
auch in Zukunft zu kontrollieren[1]. Ihnen, denen die Produktion und Pflege von

---

[1] Dem widerspricht nicht das in den Medien und durch die Werbung propagierte süchtige
Streben nach der so genannten „Spaß-" oder „Erlebnisgesellschaft". Dabei geht es nicht

Ungleichheit einschließlich der damit einhergehenden Ungerechtigkeiten im Zugang zu Recht, Bildung und Versorgung immer schon diente, um ihre eigenen vor allem materiellen Freiheiten auszuleben, ist das Streben nach Glück(-selig-keit), ebenso wie das Verlangen nach soziopsychosomatischer Gesundheit, die mehr zu sein verlangt, als das Freisein von Krankheit, hochgradig suspekt. Denn als Menschen- oder Naturrecht wohnt dem echten Glück inne, was dem allgemeinen Rechtsverständnis (Verwaltungs-, Zivil- oder Strafrecht) zuwider-läuft. Es verweist nicht nur auf die möglichen Tätigkeiten von Personen und Organisationen. Es repräsentiert auch eine vielen Menschen innewohnende Lebenskraft (Kast 2001), die auf die Destabilisierung vorherrschender (staat-licher), vor allem auf die Schaffung und den Schutz von Privilegien abzielende Ordnung gerichtet ist. Eine Kraft, zu deren unangenehmen Eigenschaften es außerdem gehört, dass sie als solche nicht offen zutage tritt und sich im Unterschied zu den Effekten der fremdbestimmten Unterhaltungsindustrie (Postman 1985) kaum kontrollieren lässt. Das Verführerische und deshalb allem paternalistischen Sozialstaatshandeln abholde ist, dass es sich bei Glück und Gesundheit im Unterschied zu anderen Vorstellungen, die wie der Fundamentalis-mus, Rassismus, Antisemitismus oder Faschismus in diesen Tagen als Tabu-themen vor sich hin schwelen und unter bestimmten ungünstigen Bedingungen hervorzubrechen pflegen, um Sachverhalte/Phänomene handelt, die in der Bevölkerung – verschüttet zwar aber – durchweg positiv besetzt sind. Gesund-heit ist etwas, das jeder Mensch braucht, um sich in einer Gesellschaft, die die Leistung des gehalts- oder lohnarbeitenden Menschen über alles stellt, um sie gegen materielles Auskommen und relative Lebensqualität einzutauschen.

Dass dazu die Versorgung nicht ausreicht, die die Gesellschaft ihnen bietet, wird ihnen deutlich, wenn sie die Erfahrung machen, dass ihnen, die (arbeits-) bedingt und irreversibel erkranken, trotz des Einsatzes immenser, zunehmend nur noch von ihnen selbst aufgebrachten Mittel nicht wirklich geholfen werden kann.

Bei Glück im Sinn von „glücklich sein", nicht „glück haben" geht es dem gegenüber um einen Zustand, der den Marketingagenturen moderner Gesellschaft zufolge bereits gegeben ist, sobald die Menschen in Beruf und

---

um wirkliches (bedarfsorientiertes) Glück beziehungsweise um das authentische Glücks-empfinden der Menschen, sondern um das Hochhalten einer Amüsierkultur, deren Ziel es ist, möglichst viele marktgängige Produkte der Auto-, Nahrungsmittel-, Elektronik-, Dienstleistungs- und Unterhaltungsindustrie an die Frau und den Mann zu bringen (u. a. Postman 1985; Boberski 2004; Schulze 2005).

Freizeit ihre Rollen als konkurrierende Produzenten und Konsumenten wohl-
feiler Massenwaren und Dienste widerstandslos erfüllen. Dass es demgegenüber ein ganz anderes und selbstbestimmtes Glück geben kann, welches im
Sinne der praktischen Philosophie (Bloch [1947] 1985, vgl. dazu auch Kap. 3
der vorliegenden Untersuchung) mit einer vernünftigen, auf Solidarität gegenüber Menschen und Natur aufgebauten Lebensführung zu tun hat und mit Geld
allein nicht aufzuwiegen ist, scheint vorerst nur in alternativen Projekten auf.
In Projekten, die den Menschen die konkrete Erfahrung vermitteln, dass das
eigene und das Glück der Anderen viel weniger weit auseinanderliegen, als
neo-liberale und anderer Protagonisten marktgesteuerter Wettbewerbsgesell-
schaften den Menschen weiß zu machen versuchen. Allerdings finden sich in der
Art von Gesundheit und Glück, die die Politiker und Vermarktungsstrategen den
Menschen als alternativlose „verkaufen" wollen, jetzt schon Alternativen und
Entwicklungswege aufgehoben, an die im Hier und Heute und unter dem Einfluss gesellschaftlich tonangebender und veränderungsphobisch eingestellten
politischer und wirtschaftlicher Eliten noch schwer heranzukommen ist.

9.2   Zur soziopsychosomatischen Konstruktion von Lebens-Glück

Über die eigentlichen Motive des politischen und wirtschaftlichen Konservativismus und den ihm eigenen Hang zum Stillstand beziehungsweise zur Rückwärts-
gewandtheit ist viel geschrieben, psychologisiert, aber eigentlich nichts wirklich
überzeugend Vorteilhaftes herausgearbeitet worden. Seit Edmund Burk (1989),
einem seiner Klassiker und glühenden Vertreter wissen wir, dass er sich auf dem
Vertrauen in eine allwaltende göttliche und ein ebenso großes Misstrauen in die
menschliche Vernunft gründet. Was der Konservative für wirklich hält, gewinnt
er aus der unmittelbaren Erfahrung, das heißt aus dem, was er beobachten
und berühren kann. Abstrakte Ideen wie die Forderung nach einer von dieser
Erfahrungswirklichkeit abweichenden Gleichheit oder Gerechtigkeit zwischenmenschlicher Umgangsformen sind ihm gänzlich fremd. Die Tradition, so wie er
sie von seinen Vorfahren überliefert bekommen hat, ist ihm heilig, und Freiheit
vermag er sich nur als die des Privateigentümers und des erfolgreichen durchsetzungsmächtigen Handelns wirtschaftender und in seiner Zeit ausschließlich
adliger und patrizischer Subjekte vorzustellen.

Wohin diese engführende und perspektivlose Sicht auf die Welt, die
Menschen, das Leben und seine bewegenden Kräfte führt, ist unter anderem
von Karl Marx und Friedrich Engels im Zusammenhang mit der von ihnen so

genannten Charaktermaske des nimmersatten Kapitalisten beschrieben worden. Die Profitraten immer höher treibend und dadurch gegen alle wirtschaftliche Vernunft handelnd, eilt er von Krise zu Krise und kann sich am Ende die von ihm selbst produzierten Waren und Dienste nicht mehr leisten. Obwohl die prognostizierten Krisenerscheinungen längst Realität geworden sind, ist es bis heute gelungen, durch Instrumentalisierung ihrer Veränderungsängste, durch das Nähren von sozialen Aufstiegsmythen und das Versprechen auf ein gutes, in Form von Geld verrechenbares Leben, das Vertrauen der Menschen in den Kapitalismus und die sie stützenden politischen Systeme hochzuhalten. Das Lebensglück, so die immer noch verfangende Überlebensphilosophie des Kapitalismus, liegt auf der Straße. Dumm, wer sich seiner nicht bedient, um es in Form all dessen, was man heute kaufen kann, als öffentlich vorzeigbares Zeichen wirtschaftlich erfolgreichen und/oder gottgefälligen Handelns nach Hause zu tragen.

Dem gegenüber soll hier klargestellt werden, dass das gute Leben oder Lebensglück, über das wir im Interesse des Erhalts von Menschen, Gesellschaft und Natur von Anfang an gesprochen haben, mit dem Glück, das angeblich herumliegt, nur aufgehoben zu werden braucht und von jedem geschmiedet werden kann, außer dem irreführenden Namen nur wenig gemeinsam hat. Es ist weder mit dem identisch, was eine boomende Glücksforschung und in ihrem Kielwasser die um die wirtschaftliche Einheit Europas bangenden Politiker und Regierungen interessiert. Noch hat es mit dem zu tun, was Wirtschaft und Politik den Menschen heutzutage anzudienen versuchen, um sich deren Anpassungsbereitschaft und Funktionswilligkeit zu sichern. Das Lebensglück, von dem hier die Rede sein und das hier als regulatives Prinzip gegen alle politisch-ökonomischen Konventionen in Anschlag gebracht werden soll,

- muss von *jeder/jedem,* nicht nur den wenigen angestrebt und gelebt werden können, die besitzen,
- ist soziopsychosomatisch *fundiert,*
- muss ständig neu *erarbeitet* werden und
- soll etwas sein, von dem wir, wenn wir seiner teilhaftig geworden sind, mit relativer Gewissheit sagen können, dass wir *selbst* darüber bestimmen konnten.

Um damit erfolgreich zu sein, gehen wir hier davon aus, dass das gute Leben, über dessen Inhalte und Konzepte die Politik mit den Menschen in Europa so gern reden möchte, ohne jeden Zweifel etwas mit glücklichem Leben zu tun hat und dieses wiederum, soweit wir oben gesehen haben (vgl. dazu auch Kap. 2 der vorliegenden Untersuchung), nicht weit weg von demjenigen liegt, was Menschen brauchen, um gesund zu sein, sich rundherum wohl zu fühlen und als selbstwirksam zu empfinden. Wie Gesundheit, die mehr ist als das Freisein von Krankheit, hat auch das, was wir als Glück empfinden respektive bezeichnen wollen, vor allem, wenn es seinem Wesen nach wie Gesundheit lebenslang erlernt und erarbeitet werden muss (vgl. dazu auch Kap. 3 der vorliegenden Untersuchung), eine *subjektive* und eine *objektive* Komponente. Einerseits ist es ein *Gefühl*, d. h. es muss physiologisch und/oder emotional irgendwie erspürbar sein, damit Menschen sich überhaupt als Glückliche empfinden können. Damit dies aber funktioniert, muss es *objektivierbare Faktoren* geben, an denen sie mit ihren Glücksgefühlen andocken können. Ohne positive Auslöser aus der natürlichen oder sozialen Umwelt, über die die wissenschaftliche Glücks- und Gesundheitsforschung unter anderem auch deshalb noch zu wenig weiß, weil sich nur wenig Forscherinnen und Forscher an dieses Thema heranwagen, kann nichts entstehen, was unsere hormonalen Rezeptoren anspricht und die glücksgenerierende Dopaminausschüttung in Gang setzt.

Gehen wir zunächst davon aus, dass an dem, was das Glück als Gefühl bei uns bewirkt, den Erkenntnissen der Neurophysiologie, Gehirn- und Genforschung, Psychologie und Soziologie zufolge, drei unterschiedliche, jedem tierischen Organismus eigene Systemvarianten beteiligt sind. Sie stehen miteinander in ständiger Wechselwirkung, haben sich aber gattungsgeschichtlich relativ getrennt voneinander entwickelt (Thomashoff 2014). Dabei handelt es sich.

- um den von Biogenetikern seit kurzem nahezu komplett vermessenen *Genpool* des Menschen,
- um das *neurophysiologische* Reiz-Leitungssystem, das dem Menschen die Wahrnehmung von und die Reaktion auf angenehme wie unangenehme körperliche Stimulationen ermöglicht und die Neurologen besonders interessiert sowie
- um den unter der Bezeichnung „Vegetativum" oder *autonomes* (willensunabhängiges) Nervensystem bekannten hormonalen Regulationsmechanismus, der die Reaktionen des Organismus auf bedrohliche und beglückende Umwelteinflüsse steuert.

Obwohl sich die Forschung wie bei der Frage nach der Genese der psychosomatischen Massenkrankheiten von heute immer wieder darüber streitet, wie viel davon erblich bedingt und wie viel dem Verhalten der Einzelne oder einer unverträglichen Umwelt geschuldet ist, hat die Fähigkeit des Menschen Glück zu empfinden und zu spenden, auch, aber nicht nur, genetische Ursachen (Baird et al. 2010).

Man schätzt, dass es etwa vierzig Happy-*Gen- Varianten* gibt, aus denen in einer Art Würfelspiel im Augenblick der Befruchtung über die Ausgangsstoffe entschieden wird, aus denen der genetisch veranlagte Teil unseres Glücks und Wohlbefindens neurobiologisch aufgebaut und am Laufen gehalten wird. Diese Happy-Gen-Variante, von der die einen Pech haben und wenig und die anderen „Glück" haben und viel abbekommen können, ist aber nicht die einzige, sondern nur eine, womöglich sogar die bescheidenste Ursache unseres Glücks- oder Wohlbefindens. Bei Licht betrachtet ist es das Endprodukt zahlloser Wechselwirkungen zwischen der Genausstattung, ihrer physiologischen Repräsentanz, dem Gehirn und dem Nervensystem, dem, was wir tagtäglich tun und den Umständen, unter denen wir unser Tagwerk verrichten. Es kommt eben nicht nur auf die *DNS,* ihre SNPs, Transkriptionsfaktor-Gene und Happy-Gen-Varianten, sondern auch darauf an, wie wir unser Leben *organisieren* und inwieweit man uns dabei erlaubt, auf unsere *Bedürfnisse* und auf das zu hören, was das Zeug hat, uns glücklich zu machen. Erkenntnisse der Gen-Forschung, die belegen, dass sich sogar Gensequenzen im Laufe des Lebens durch besonders einprägsame Umwelteinflüsse, etwa während der Schwangerschaft oder bei Beziehungsstress verändern können (Bauer 2004), scheinen neuerdings auch in diese Richtung zu weisen.

Die zweite der an der Konstruktion von Lebensglück beteiligten Systemvarianten ermöglicht es dem Menschen, Glück als Inbegriff angenehmer *Körperkontakte* zu erlernen und im späteren Leben zur Erfüllung von eigenen Glücksgefühlen und von Glücksbedürfnissen Anderer einzusetzen. Wobei es eine Frage der lebenslangen Begegnung mit dieser Erfahrung ist und bleibt, ob dieses Glück aus mehr oder weniger rational kalkulierten Gründen eingebracht oder im Geist des wohlverstandenen Gebens und Nehmens gewährt wird. Dieses zweite System, das uns allen aufgrund positiver und negativer Erfahrungen irgendwie eignet, ist mit einer Art Muskel zu vergleichen, der trainiert werden muss, um funktionstüchtig zu bleiben. Entfallen positive Stimulationen oder können sie den Menschen aufgrund der Lebensumstände nicht zugefügt werden, dann verkümmert – wie unter anderem schon der französische Kinderpsychologe René Spitz (1968) nach Vergleichen von Kindern vermutete, die in Heimen und in Familien aufgezogen worden waren – nicht nur das *Wahrnehmungsvermögen* selber, sondern auch die Fähigkeit, *Anderen* in Form von Sozialkontakten Anerkennung *entgegen* zu bringen und Glück zu schenken.

Zu den Besonderheiten dieses Systems gehört, dass es im späteren Lebensalter nicht immer unmittelbar angeregt werden muss, um Glücksgefühle hervorzurufen. Im Säuglings-. Kleinkind- und Kindheitsalter jedoch sollte es in genügendem Ausmaß befriedigt werden, wenn Heranwachsende Vertrauen zu sich selbst, zur Welt, zum eigenen Körper und zur Sexualität und später auch eine *Liebesfähigkeit* entwickeln können sollen, mit der sie andere glücklich zu machen vermögen (Schnabel 2001). Positive Gefühle einzufordern und in Form von Zuwendungen zuzulassen, muss gelernt werden, weil es zu den wesentlichen Voraussetzungen des Empfindens von Glück gehört, es zu erkennen, wenn es einem widerfährt und es im Kontakt mit Anderen spenden zu können (Klein 2002; Schmidt 2004). Je weniger Gelegenheit sich den Menschen im Verlaufe ihrer Entwicklung bietet, nicht nur funktionierende neurophysiologische, sondern auch psychosoziale Sensoren zu entwickeln, umso eher wird es gelingen, Glück in Form von Waren zu verkaufen. Ein Glück, an dem nur andere verdienen, dass die Käufer aber nicht wirklich zufrieden stellt und sie infolge dessen ihrem Schicksal und einer wachsenden Therapeutenszene als chronisch Unbefriedigte, oft süchtig Konsumierende überlässt. „Wer glücklich ist", schlussfolgert deshalb der deutsche Gehirnforscher Gerald Hüther (2011) aufgrund bestechender Befunde und zum Missfallen der Vertreter einer ihn verurteilenden und bekämpfenden Konsum-und Unterhaltungsindustrie, „der muss nicht kaufen!".

Glück, das als tatsächlich empfundene, nicht wegen seiner Unerfüllbarkeit, sondern wegen seiner angenehmen, entspannenden, ja salutogenen Wirkung auf Wiederholung drängende Wahrnehmung, kann schließlich zu einer solchen erst werden, wenn das biophysiologische und ein drittes System reibungslos zusammenarbeiten, das als *vegetatives* oder *autonomes* bezeichnet wird (Thomashoff 2014, S. 56 ff.). Wie der Name sagt, regelt es unabhängig von unserem Willen die Hormonausschüttung in unserem Körper, die nicht nur für die Aufrechterhaltung von Atmung, Verdauung und Herzschlag sorgt und uns am Leben hält, wenn wir schlafen. Es ermöglicht uns auch, durch die Absonderung geeigneter Hormone auf positive und negative, angenehme und stressende, glückhafte oder bedrohliche Wahrnehmungen aus der materialen und sozialen Umwelt mehr oder weniger angemessen, das heißt durch Anspannung, Alarmiertheit und Mobilisierung von Abwehrmechanismen oder mit Entspannung zu reagieren. An ihm sind vor allem die Hypophyse, der Hypothalamus und die Nebennierenrinde beteiligt. Sein unangemessenes Funktionieren, das durch interne Defizite aber auch durch externe, die Reagibilität vieler Menschen überfordernde Erfahrungen im Arbeits- und Privatleben versursacht werden kann, wird gegenwärtig neben genetischen und Umweltfaktoren für die Entstehung und Verbreitung verhaltensbedingter chronischer Massenerkrankungen verantwortlich gemacht (Heim und Meinlschmidt 2003).

Auch für das Gefühlsleben der Menschen, einerlei, ob es sich dabei um den Umgang mit glücks- oder unglückinduzierenden Wahrnehmungen handelt, ist dieses Regulationssystem von großer Bedeutung, weil es im Falle seines

salutogenen Funktionierens durch die Ausschüttung geeigneter Hormone (z. B.
Dopamin, Serotonin, Noradrenalin, Endorphine) dafür sorgt, dass der Körper
nach Zuständen von Anspannung und (Dis-)Stress in den Zustand der Entspannung (Eustress) zurückkehren kann (Selye 1976). Die Kenntnisse über
Wirkung und den Einsatz von Glückshormonen sind bisher aus nachvollziehbaren, aber unverständlichen Gründen von der Palliativmedizin weitgehend
ungenutzt geblieben. Funktioniert dieses System aber nicht angemessen, was
die verschiedensten Ursachen, vor allem die lebenslange Unterversorgung mit
zufriedenstellenden Glückserfahrungen haben kann, kann es *Glückssucht* mit der
Folge von Substanzmissbrauch, Alkoholabusus, Fehlernährung einschließlich der
damit einhergehenden Krankheitsbilder (Fettleibigkeit, Diabetes, Erkrankungen
des Stütz- und Halteapparates, Bluthochdruck, Arteriosklerose usw.) befördern.

Es ist allerdings die Frage, ob man sich, wenn zu analytischen Zwecken
zwischen Glück als einer von Werbung und Konsumwirtschaft erfundenen möglichst unstillbaren Fiktion und einem Zustand unterschieden werden soll, der
von den Menschen als authentisches Glück empfunden wird, wie der Psychiater
Hans-Otto Thomashoff (2014) aus analytischer Redlichkeit mit *Zufriedenheit*
bescheiden sollte. Von seiner Wortbedeutung her liegt es nahe bei dem, was als
subjektive Komponente von Glück aufgefasst wird, und sowohl die Forschung
wie die Praxis dazu verleiten könnte, sich um die objektiven Bedingungen, die
es braucht, um Glück zu einer Erfahrungstatsache der Vielen werden zu lassen –
wie z. B. einer unzerstörten Natur, einer gerecht verteilenden Gesellschaft, einer
an den Bedürfnissen der Bevölkerung orientierten Politik oder einer sich selbst
bescheidenden Wirtschaft – gar nicht erst zu kümmern. Nicht unzufällig handelt
es sich dabei, wie oben (vgl. dazu auch Kap. 3 der vorliegenden Untersuchung)
auch um Bedingungen, von denen die Gesundheitsforschung heute zwar noch
nicht absolut sicher weiß[2], aber mit ziemlicher Wahrscheinlichkeit annehmen
kann (Schnabel 2015, S. 58 ff.), dass sie zur Gesundheit als Zustand körperlichen,

---

[2] Leider gehört es zu den schon öfter angemahnten Versäumnissen der erst seit den
1980er-Jahren in Deutschland etablierten Gesundheitswissenschaften, aber auch US-
amerikanischen und sonstigen europäischen Public Health-Community, dass sie sich
viel zu wenig um die Erforschung der Faktoren gekümmert hat, die Menschen *gesund*
machen (Hanlon et al. 2013). Stattdessen haben sie sich damit begnügt, die Ergebnisse
medizinpsychologischen und -soziologischen Risikoforschung zu übernehmen und in
weder theoretisch noch empirisch überzeugender Manier das Eliminieren von Risiken
zur Gesundheit und dieses schlichte Verfahren auch noch zum Goldstandard der Gesundheitsforschung zu erklären (dazu u. a. Schnabel und Wolters 2011; Schnabel und Bödeker
2012).

geistigen und sozialen Wohlbefindens beizutragen vermag. Dazu gehört nicht nur
die Chance,

- in möglichst vielen Phasen der Entwicklung altersgemäße Liebe, Zuwendung
  und Bindung erfahren,
- echte emotionale Gefühle geben und empfangen zu können,
- Selbstbewusstsein, Selbstwirksamkeitsempfinden und Lebenssinn (SOC) zu
  entwickeln,
- Kommunikative und Problemlösungskompetenzen zu erlangen,
- materiell und sozial abgesichert zu sein,
- auf soziale Unterstützung rechnen zu dürfen,
- sich als Bürger politisch einmischen und kulturell betätigen zu können,
- all dies in einer von schädlichen Einträgen möglichst freien natürlichen
  Umgebung tun und
- von all dem so viel wie möglich unter der einzigen Vorgabe akkumulieren
  zu dürfen, dass dabei die Möglichkeiten der Anderen, Gleiches zu tun, nicht
  beeinträchtigt werden.

Damit dieses überhaupt und massenhaft gelingen kann, braucht es außerdem
Familien, für die Gesellschaft und Staat erheblich mehr tun muss, als sie
mit Kindergeld abzufinden. Es werden dazu Kindergärten benötigt, die ihre
immer wichtiger werdende Arbeit in der Verantwortung von Erzieherinnen und
Erziehern tun können, die nicht nur in der Lage sind, sich um das Wohlleben
ihrer kleinen Klienten, sondern auch um ihre eigene Gesundheit zu kümmern.
Ferner braucht es Schulen, deren Verwaltungen und Lehrkräfte endlich begreifen,
dass sie für die Schüler da sind, und nicht die Schüler auf der Welt sind, um
ihnen das Leben schwer beziehungsweise leicht zu machen. Berufsausbildung
kann und darf nicht nur den Interessen der Unternehmen dienen, sondern muss
Berufsschüler fähig machen, in einer Gesellschaft, der die Fachkräfte ausgehen, die richtigen Berufswahlentscheidungen zu treffen. Das Berufsleben soll
nicht nur, aber auch dazu da sein, den Menschen Befriedigung zu schenken,
was in der Regel nicht mit intensiver Ausbeutung, sondern mit angemessenen,
auskömmlichen und menschenwürdigen Arbeitsbedingungen einhergeht und
erfahrungsgemäß auch dazu führt, das motivierter und besser gearbeitet wird.
Schließlich muss sich möglichst frühzeitig auch um die bessere Integration
älterer Menschen gekümmert werden, statt deren Betreuung den oft überforderten Angehörigen zu überlassen oder sich im Fall ihrer völligen Hilflosigkeit mit Pflegeexperten und im Auftrag von Einrichtungen auf sie zu stürzen, die
ihre Dienste nach privatwirtschaftlichen Prinzipien organisieren. Die Menschen

bloß zufrieden zu stellen, so steht zu vermuten, hilft weder den Menschen noch der Gesellschaft wirklich. Zufriedenheit ist schon heute das Produkt einer viel beschäftigten, allerdings höchst ungleich verdienenden Dienstleister- und Therapeutenszene. Als solche bietet sie den Menschen nicht einmal ein zufriedenes, allenfalls ein *erträgliches* beziehungsweise *befriedetes* Leben, lässt sie aber, was die tatsächlichen Verhältnisse in den Familien, bei der Arbeit und auf den Straßen unserer Städte anbetrifft, im Regen stehen.

9.3   Zur Unterscheidbarkeit von tatsächlichem und künstlich erzeugtem Glück

Mit einer der unverändert aktuellen Kernthesen ihrer Studie zur Dialektik der Aufklärung weisen die Sozialphilosophen Theodor W. Adorno und Max Horkheimer ([1944] 1981) auf die Verfälschung der modernen Kultur durch ihre Industrialisierung und Kommerzialisierung hin; einer Kultur, die ihrer Meinung nach im Interesse ihrer Schöpfer und Anhänger von der authentischen, von Menschen geschaffenen Kultur im wohlverstandenen Interesse der Menschen unterschieden werden sollte. Die Industrielle Kultur entmenschlicht den Menschen, beraubt ihn seiner Kreativität und Phantasie und versucht darüber hinaus, ihm eines der Wesensmerkmale von Kultur, das Nachdenken über sich selbst und die Anderen, abzunehmen, weil solches Nachdenken diese Kultur alsbald als *unechte* entlarven würde. Die authentische Kultur hingegen ist nicht zielgerichtet, sondern Selbstzweck. Sie fördert die Phantasie des Menschen, indem sie Anregungen gibt, aber ihnen anders als die Kulturindustrie, den Freiraum für eigenständiges Denken lässt. Authentische Kultur will nicht die Wirklichkeit nachstellen, sondern weit über sie hinausgehen. Sie ist individuell und lässt sich nicht in ein vermarktbares Schema pressen.

Mit dem, was die moderne Glücksforschung herauszubekommen versucht und deshalb im Hinblick auf ihre kruden empirischen Methoden zu Recht kritisiert worden ist, hat das, was die Politiker Europas in Bürgerdialogen zu erfragen beabsichtigen und dem, was wir als *Dialektik* der modernen Kultur bezeichnen wollen, mehr zu tun, als es auf den ersten Blick erscheinen mag. Auch, was uns die Politik unter dem unzutreffenden Label der funktionierenden Demokratie, einer Wirtschaft, die angeblich allen zugutekommt, der Gesellschaft, die allen die gleichen Aufstiegschancen bietet, wenn sie sich nur bemühen würden, oder

alle gleich gut versorgt, weil die Medizin angeblich keine sozialen Unterschiede
kennt, erinnert an etwas, das den Tatbestand der Verbalmimikry[3] erfüllt.

- Wie Demokratie, die nicht sein soll, was sie ihrem Anspruch nach sein könnte,
- wie die Wirtschaft, die niemand anderem dienen soll als den Wohlhabenden,
  denen sie dient,
- wie die Versorgung, die von niemand anderem kontrolliert werden soll als von
  denen, die an ihr verdienen,
- wie die Gesellschaft, die weiter die Rahmenbedingungen und das Menschen-
  material dafür liefern soll, das alles so bleiben kann, wie es ist und
- wie das Streben nach Glück beziehungsweise nach dem, was man den
  Menschen als Glück verkauft, das uns zwar vorantreibt, aber nicht, wie das
  Streben nach wirklichem Glück befriedigt. Ihm nämlich sollten im Unterschied zum käuflichen Glück reifliche Überlegungen darüber vorausgehen, ob
  und in wieweit das Glück, das man uns bietet, mit dem übereinstimmt, was
  wir als wirkliches Glück empfinden.

Die Frage bleibt, ob sich diese von den Vertretern der kritischen Theorie
diagnostizierte Dialektik der (Glücks-)Kultur überhaupt auflösen lässt, und wenn
ja, auf welche Weise? Die Antwort kann, wie bei den anderen Konstruktions-
merkmalen von gutem Leben (Demokratie, Wirtschaft, Gesellschaft, Gesundheit), mit denen wir uns oben beschäftigt haben, eigentlich nur lauten: mehr
(Gegen-)*Aufklärung* mit dem Ziel der *Selbstbefreiung* aus den Käfigen der
Unmündigkeit, in die wir uns aus freien Stücken, aus Bequemlichkeit oder aufgrund des Einflusses mächtiger Meinungsmacher zurückgezogen haben. Diese in
Bezug auf die Psycho- und Soziodynamik, die Glück als Botschaft und Anspruch
zu mobilisieren vermag, wenn es ernst genommen und in die richtigen Kanäle
gelenkt wird, wird von den Eliten unseres Landes wegen der in ihr steckenden
Risiken als lustvolle Triebkraft (vgl. dazu auch Abschn. 2.3 der vorliegenden
Untersuchung) menschlichen Verhaltens bei Weitem unterschätzt. Trotzdem
wird es im Interesse einer weniger zerstörerischen Wirtschaft und Politik und im

---

[3]Gemeint ist damit die weitverbreitete Gewohnheit, Begriffe wie Gesundheit, Freiheit,
Gleichheit, Demokratie usw. zur Benennung interpretationsbedürftiger Sachverhalte ein-
zusetzen, um unter dem Deckmantel der angeblich existierenden Einverstandenheit alle
diejenigen Inhalte zu transportieren, die der eigenen Deutungsweise und den eigenen
Interessen dienen (für den Gesundheitsbegriff und die Folgen u. a. Schnabel 2009b;
Schnabel und Bödeker 2012, S. 62 ff.).

Interesse der Zukunftsfähigkeit von Gesellschaften erforderlich sein, sich den Veränderungen zu stellen, die mit einer lustvoll agierenden, nicht nur, aber auch über die Möglichkeit des Erstrebens von Glück motivierten Bevölkerung verbunden sein werden.

Davon jedoch sind wir und die Institutionen, die in unserem Namen das Aufwachsen unserer Kinder organisieren, bis auf wenige bemühte Ausnahmen noch weit entfernt. Lebenssinn hat für diejenigen, die ihn über eine erfolgreiche berufliche Karriere, über die perfekt gespielte Rolle als Staatsbürgerin respektive Staatsbürger oder mit der Erziehung von Kindern definieren, unter den Umständen, unter denen dies gegenwärtig passiert, nur wenig mit Lebenskunst oder -lust zu tun. Das Leben sei, so wird gesagt, zu komplex. Es biete zu viele Möglichkeiten. Allein schon das Problem respektive der Zwang sich für irgendetwas und irgendwen entscheiden oder sich von irgendwem trennen zu müssen, treibt die heutige Jugend, so wird behauptet, in die individuelle Isolation (Individuationsthese) und an den Rand von Anpassungs- oder Autonomieproblemen. Von „Ego-Taktikern", „Ichlingen", frühzeitig gealterten „Juppys" war zu Unrecht, wie sich später in Befragungen für die Mehrheit der Heranwachsenden herausstellte (Keupp 2000; Hurrelmann 2002b; Hurrelmann und Quenzel 2013) die Rede, die nichts als ihre Karrieren im Kopf hätten.

Neben solchen Begründungen, die ihrer Tendenz nach der Blaming-the-Victim-Fraktion mit Wächtermentalität zuzuschreiben sind und, was die entsprechende Bewältigungsliteratur anbetrifft, gerne auch das Versagen eines großen Teils moderner Familien als Begründung ins Feld zu führen versuchen, lassen sich aber auch (vgl. dazu auch Abschn. 8.3 und 8.4 der vorliegenden Untersuchung) andere Begründungen finden. Begründungen, die den Vorwurf nicht zu fürchten brauchen, pure Verschwörungstheorien zu sein, und die sich aufdrängen, wenn wir nur mutig genug sind, die Frage zu stellen, wer heute von der durch die Vertreter der kritischen Theorie kritisierte Engführung der Aufklärung profitiert. Die politische Elite igelt sich mit Hilfe einer Kombination aus Mehrheits- und Verhältniswahlrechts ein, die Konzerne sind weltweit verzweigt und viele von ihnen inzwischen zu groß, um aus ihren Fehlern lernen zu müssen. Für die Versorgungssysteme ist der finanziell ständig klamme Staat voller ängstlicherer Menschen schon längst zum jederzeit erpressbaren geworden. Irritiert müssen wir stattdessen erleben, wie ein großer Teil der Bevölkerung wiederum den überwunden geglaubten barbarischen und menschenverachtenden Ideologien des Rassismus und Faschismus hinterherläuft und dies rückwärtsgewandte Denken mit ihren Zukunftssorgen nur notdürftig und unglaubhaft kaschiert. Glücklich oder wenigstens zufrieden macht es die von konservativen Parteien gestellten Regierungen, die den brüllenden Mob auf den Straßen unter dem

Gesichtspunkt der Meinungsfreiheit toleriert, um an den rechten Rändern verloren gegangene Wählerpotentiale zurückzugewinnen. Glücklich oder wenigstens
zufrieden ist die Wirtschaft, die behaupten darf, dass sie solche Entwicklungen
nie gewollt habe und mit solchen Menschen nicht, wie ehedem in der Nazizeit,
zusammenarbeiten werde. Glücklich und zufrieden sind vermutlich auch Teile
einer gesellschaftlichen Ober- und Mittelschicht, die nun erlebt, wie Menschen
auf politisch einflussreiche Weise in den Mund nehmen dürfen und „salonfähig"
machen, was ihnen längst auf der Zunge lag, aber ihnen der gute Ton bisher aus-
zusprechen verbot.

Und die sozialen Bewegungen – sind sie glücklich und zufrieden? Oft
weiß man es nicht. Viele von ihnen, aus denen in früheren Zeiten so nütz-
liche politische Initiativen wie die Friedens-, die Antiatom-, die Ökologie-, die
Frauenemanzipations- oder die Gesundheitsbewegung hervorgegangen sind,
haben sich, von einem traditionell auf dem rechten Augen blinden Rechts- und
Verwaltungsstaat, einer rechtslastigen Justiz und Polizei systematisch im Stich
gelassen und/oder kriminalisiert, auf sich selbst zurückgezogen. In einer solchen
Situation, in der die bestenfalls halbierte Aufklärung von vielen für unmöglich
gehaltene Urstände feiert, hilft vermutlich wiederum nur eins, was oben auch
gegen Fehlsteuerungen im Gesundheitswesen, Politikverdrossenheit, eine über-
mächtige Ökonomie und die Profiteure eines marktförmig organisierten guten
Lebens in Anschlag zu bringen versucht worden ist: eine möglichst früh einsetzende, die Nischen unseres Bildungssystems nutzende, systematische und
lebenslange Gegenaufklärung darüber, was unter dem Einsatz diskursanalytisch
überprüfter und im Zusammenleben der Menschen bewährter Sinnkriterien
unter einem wahrhaft glücklichen Leben zu verstehen ist. Ihr Ehrgeiz sollte es
sein, die unerfüllbaren und Sucht erzeugenden *Disparitäten* zwischen den überwiegend angebotsorientierten Glücksversprechen einer selbst vom Massenabsatz
abhängigen Konsumindustrie und den tatsächlichen Bedürfnissen der Menschen
erkennbar zu machen und sie sodann auf suchtpräventive Weise zu schließen.

Beginnen sollte dies mit einer methodenkritischen und konstruktiven Sichtung
der Erkenntnisse, die Glücksforschung inzwischen zusammengetragen hat
(Mayring und Rath 2013). Zu Recht ist immer wieder moniert worden, dass sich
der aktuelle Grad an Glücklichkeit oder auch nur Zufriedenheit der Menschen
nicht feststellen lässt, wenn man sie *direkt* danach fragt. Zwar könnten Zufalls-
treffer zu authentischen Auskünften führen, weswegen man aber nicht auf
Befragungen verzichten sollte. Sicher ist das nicht. Mindestens ebenso groß
ist die Wahrscheinlichkeit, dass die Befragten Ergebnisse liefern, von denen
sie glauben, dass sie die Forscher bei so einem launigen Thema hören wollen,
dass sie nur wiedergeben, was ihnen eine einflussreiche Konsum, Tourismus-,

Mode- oder Eventindustrie als glücksverheißende schmackhaft machen konnte. Oder – was am wahrscheinlichsten und methodisch am schwierigsten zu handhaben ist, ein Konglomerat aus allem. Inzwischen greift die Forschung neben elaborierten Fragebögen, auf teilnehmende Beobachtungen, auf die Arbeit mit Gruppen und auf Tests zurück. Sie arbeitet mit Glücksatlanten, führt im Auftrag der OECD Ländervergleiche durch und ist auf diesen Wegen zu Rankings gekommen, die nicht nur begründete Zweifel am Credo des weltweit dominierenden Kapitalismus aufkommen lassen, das da lautet: Geld + Besitz + Reichtum = Glück (Binswanger 2006), sondern die neben der Bevölkerung Dänemarks auch die Bevölkerung Butans, eines der ärmsten Länder der Welt, zum Land mit der glücklichsten Bevölkerung zählen.

Mit einigem Mut zur Verallgemeinerung kann man jetzt schon sagen, dass die Glückforschung aufgrund ihrer Ergebnisse nicht nur diejenigen Ökonominnen und Ökonomen erheblich verunsichert hat, die über ihren Kurven, Tabellen und Planspielen brüten und sich nicht erklären können, warum der von ihnen geforderte und/oder prognostizierte Anstieg des Bruttosozialprodukts die Menschen nicht glücklich macht. Die Pädagogik und die empirischen Erziehungswissenschaften haben durch sie erst entdeckt, dass es sich bei den Themen Glück und Glücksempfinden um lohnendes Unterrichtstoff und ein bislang unterschätztes Ziel zukunftsorientierter Erziehung handelt. Die Entwicklungshilfe hat sich unter ihrem Einfluss und angesichts der für viele ihrer Vertreterinnen und Vertreter unbegreiflichen Zufriedenheit und Lebensfreude der Empfängervölker von ihrem spätkolonialistischen Denken befreit, dass man ihnen durch Besserwisserei und Geld allein über die Runden helfen könne. Und den Politikerinnen und Politikern der westlichen Demokratien hat die Glückforschung dank ihrer Erkenntnisse aufzuzeigen vermocht, wie eng die für viele Menschen mit Glück gleichbedeutende gleiche und gerechte Behandlung (Bildungs-, Aufstiegs-, Versorgungschancen) mit einer hohen sowohl objektiven als auch subjektiv empfundenen Qualität des menschlichen Zusammenlebens assoziiert ist. Das alles sind Momentaufnahmen, die ihre Bedeutung haben können. Um jedoch zu verstehen, was uns Glück bedeutet, wie es uns beeinflusst, entsteht und vergeht, empfiehlt es sich ebenso wie bei den anderen oben diskutierten Leitideen, sich mit den Anfängen der Sozialisation (vgl. dazu auch Kap. 3 der vorliegenden Untersuchung) zu beschäftigen und dort anzusetzen, wo in den Familien und Jugendgruppen das auf das Glücklichsein bezogene Lerngeschehen seinen Anfang nimmt, was das spätere Leben daraus macht.

Ob es sich zum Beispiel bei den Typen der „schlauen" Mädchen und „coolen" Jungs (Buschmann 2011) und ihren gemoppten Gegenstücken („Bitch", „Cutie", „Schlampe", „Macker" oder „Nerd"), die heute unsere Schulhöfe bevölkern, um eine Fremd- oder Selbstzuschreibung handelt, die Jugendliche glücklich macht und ihnen bei der Verortung unter ihresgleichen hilft, darf bezweifelt werden. Bisweilen muten diese Einordnungsversuche eher wie die Rohrkrepierer der Sexualaufklärung aus den 1960er-Jahren an. Wobei von dem seinerzeit durch ihren Spiritus Rector, den Journalisten Oswald Kolle (2008), propagierten gegenseitigen Respekt der Geschlechtspartner voreinander nichts mehr übrig geblieben zu sein scheint. Heute ist Mobbing unter Jugendlichen via Internet zum Freizeitsport geworden, hinter dem sich Abwertung und Sozialneid verbergen. Schon mit elf oder zwölf Jahren werden erste sexuelle Erfahrungen mit zum Teil ungewollten Schwangerschaften und erhebliche Folgen für das zukünftige Zusammenleben gesammelt (Neumann 2013). An der Entstehung und Pflege der hinter solchen Ereignissen stehenden Männlichkeits- und Weiblichkeitsklischees, die immer etwas modisch aufgesetztes und wenig authentisches an sich haben, sind natürlich auch die häuslichen Milieus in Gestalt vorgelebter Väter- und Müttermodelle beteiligt. Dazu kommen die sich als Aufklärer gebärdenden Organe der Jugendpresse, Film, Funk und Fernsehen sowie die sexistischen Vorurteile, die nicht nur bildungspolitisch greifen, sondern bis in die Spitzen der politischen, wissenschaftlichen und wirtschaftlichen Eliten verbreitet sind. Keinem der heute vollmundig über die längst vollzogene Gleichberechtigung der Frauen in Deutschland daherredenden Männer würde man zumuten, länger als eine höchstens zwei Wochen auf einem der typischen Frauenarbeitsplätze tätig zu sein. Als glücklich machend wird man viele dieser Arbeitsplätze sicher nicht bezeichnen können, obwohl sie ihrer Inhaberinnen und ihren Familien die Existenz zu sichern helfen. Für gleiche Arbeit werden Männer immer noch zwischen zehn und zwanzig Prozent besser bezahlt als ihre Kolleginnen. Dennoch kann man auch sie – wie die neuesten Krankenkassenstatistiken (DAK 2014) über gleichbleibend hohe, neuerdings sogar steigende AU-Fälle und -Ereignisse wegen psychosomatischer Erkrankungen und steigender psychopathologischer Prävalenzen deutlich machen – trotz ihrer immer noch existierenden Privilegien nicht wirklich als Zufriedene oder Glückliche bezeichnen.

Wer derartige Verhältnisse aus eigenen Erfahrungen kennt und in entsprechenden Bahnen zu denken gelernt hat, den bringt man nicht allein dadurch zu selbstkritischem Nachdenken, dass man sie zu falschen erklärt und darauf verweist, welchen egoistischen Zwecken sie dienen. Man könnte aber versuchen, sie mit dem projektförmigen Nachweis zu überraschen, dass die Sozialisation der heranwachsenden Generationen in zukunftsfähigen Gesellschaften auch ganz anders, leidensfreier und letztendlich sogar erfolgreicher, nämlich durch die Kompetenzförderung, Kommunikation und Kooperation, anstelle von Differenzierung, Diversifizierung, Arbeitsteilung und Konkurrenz und durch die kooperative, umweltschonende und sozialverträgliche Verfolgung gemeinsamer Ziele organisiert werden könnte. Und dass es nicht nur der eigenen, sondern der Zufriedenheit anderer, nicht nur dem eigenen, sondern dem Glück der anderen dient, Wissen, Macht und Besitz mit ihnen zu teilen, statt sich dabei ausschließlich auf den in Geldwert bemessenen wirtschaftlichen Erfolg zu konzentrieren.

Erste Glücksempfindungen zu empfangen und zu spenden, sollten Säuglinge und Kleinkinder in ihren Familien durch möglich zahlreiche entsprechende Erfahrungen erlernen. Dazu ist es allerdings notwendig, dass sie von Eltern umhegt und gepflegt werden, die als ausgereifte Persönlichkeiten selbst gelernt haben, Glück zu empfinden, glückliche Stimmungen zu verbreiten und ihren Kindern das Gefühl zu vermitteln, bedingungslos geliebt zu werden. Für die frühe und spätere Sozialisation der Kinder ist dies – wie sich den Ergebnissen der auf die Elementarerziehung konzentrierten Glücks- (Freitag 2013) und der Bindungsforschung (Ahnert 2004) zu entnehmen ist – eine ausgesprochen wichtige Erfahrung. Nicht nur weil ihr weitere vorgeschaltet sind, die wie das Urvertrauen und das Körperselbst für die Entfaltung gesunden Selbstbewusstseins unersetzbar sind (Erikson [1959] 1976). Sie selbst stellen wesentliche Bedingungen dafür dar, die es den kleinen Menschen ermöglicht, Bindungen aufzubauen, und die sie im späteren Leben befähigt, Kontakte zu knüpfen und aufrecht zu erhalten, die bei der Organisation von Berufs- und Privatleben von großem, oft salutogenem Nutzen sind.

Die Fähigkeit, die Befriedigung von Glücksgefühlen kommunikativ (lächeln, weinen, schreien) einzufordern, sie zu empfangen und zu spenden, besitzen wir ebenso wie die Liebes- und die Glücksfähigkeit, die positiv miteinander und mit der Fähigkeit von Menschen korrelieren, langjährige erfüllte Partnerschaften einzugehen (Böddeker 1996). Es spricht also vieles dafür, zur Förderung von Lebensglück die Liebesfähigkeit von Menschen zu fördern und damit schon so früh wie möglich in den Familien und in der Elementarerziehung zu beginnen (Ben-Ze'ev 2009). Kinder sind in dieser Entwicklungsstufe normalerweise für alles, was glücklich macht, empfänglich und Vermittlungsformen (Spiel, Bewegung, künstlerische Gestaltung) besonders zugetan, mit denen sich Emotionen dieser Art gut transportieren lassen. Wo die psychischen und familiären Voraussetzungen dafür ungünstig sind, sollten Staat und Gesellschaft alles dafür tun, durch den gezielten Einsatz von Mitteln, die durch das Eintreiben der am Fiskus vorbei geführten Steuermilliarden oder die Einführung von Erbschaftssteuern problemlos aufgebracht werden könnten, um Kinder in den Kindergärten, Elternschulen und Familienzentren (Hurrelmann 2006) auf ein vergleichbares emotionales Niveau zu bringen.

Ein zweiter von vielen immer noch belächelter Schritt ist bereits in einigen Schulen (Hauptschulen, Realschulen, Gymnasien) durch die Einführung eines Lehrfachs „Glück" unternommen worden, was nach Auffassung der Akteure (Fritz-Schubert 2008) nicht nur den teilnehmenden Lehrkräften, Schülerinnen und Schülern wohlgetan, sondern auch dazu beigetragen hat, die Schule als Organisation zu verändern. Auf dem Stundenplan stehen das Zusammenleben und -arbeiten in der Gemeinschaft, sich das Glück im Alltag bewusst zu machen, die eigenen Stärken und Schwächen zu entdecken, sich selbst erreichbare Ziele zu setzen, sich im eigenen Körper wohlzufühlen, Gesundheit, Ernährung, Sport ohne Leistungsdruck und Theaterspielen. Damit zielt der Unterricht auf die Realisierung dessen, was die klassische Sozialisation nur vorgibt, zu befördern, tatsächlich aber Konkurrenzstreben, Adaptionsfähigkeit, Konkurrenzbereitschaft und Karriereorientierung in den Vordergrund stellt. Damit erzeugt sie Vereinzelung, das unstillbare Streben nach oktroyiertem Glück, Unsicherheit in Bezug auf das eigene Können, damit andere darüber bestimmen können, Unzufriedenheit mit dem eigenen Körper, die Konditionierung auf eine ungesunde, aber marktgängige Lebensweise mit allem, was an falscher Ernährung, fehlender Bewegung und digitaler Verblendung dazu gehört. Im Unterschied zu denen, die nicht am Unterricht teilgenommen hatten, empfanden nicht nur die teilnehmenden Schülerinnen und Schüler am Ende der Unterrichtseinheiten ihr Leben als sinnvoller, hatten das Gefühl an Selbstbewusstsein hinzugewonnen zu haben, vertrauten darauf, sich vernünftige, ihren Fähigkeiten und Ambitionen entsprechende Ziele setzen und dabei auftauchende Probleme aus eigener Kraft lösen zu können. Auch die Lehrer empfanden den Unterricht trotz vieler zusätzlicher Mühen, die seine Vorbereitung und Durchführung mit sich gebracht hatte, als derart beglückend, dass man beschloss, aus den Schulen (u. a. Heidelberg, Ochsenhausen/Baden Württemberg, Graz/Österreich, Neusiedl am See), an denen man dieses Wagnis eingegangen war, „Glücksschulen" zu machen. Das sind Schulen, in denen die Interessen der Schüler stärker berücksichtigt, in denen ihnen mehr Raum für eigene Initiativen gewährt, Bezüge zum wirklichen Leben hergestellt werden und in denen es den Lehrern wieder Spaß macht zu unterrichten.

Dass auch das Führen von Unternehmen glücklich machen kann (Schwanfelder 2016), wenn man sich um einen der Hauptbelastungsfaktoren in der Arbeit, die Kommunikation des Personals mit den Führungskräften kümmert, die zwar verfahrenstechnisch versiert und/oder ökonomisch geschult sind, jedoch von Betriebspsychologie und Personalführung oft nicht die geringste Ahnung haben, ist eine Einsicht, die sich seltsamerweise erst sehr langsam durchzusetzen beginnt. Dank einer langen Tradition darf Arbeit besonders in Deutschland

keinen Spaß machen, weshalb es in unserer Wirtschafts- und Unternehmensgeschichte (Berghoff 2004) einerseits zahlreiche, gelegentlich sogar prämierte,
andererseits aber nur selten kopierte Beispiele guter Praxis gegeben hat und gibt,
in denen versucht worden ist, die Arbeitnehmer menschlich zu behandeln. Dem
inkompetenten, von zahlreichen Studien an vorderste Stelle platzierten, weil als
hoch belastend empfundenen Führungsverhalten setzt die Gesundheitsforschung
seit den 1990er-Jahren in Deutschland und Europa mit mäßigem Erfolg die vielfach belegte Erkenntnis entgegen, dass Personal auch anders als durch Kontrolle,
Strenge und Normendruck, sondern durch Stärkung ihrer Ressourcen sowie
ideelle und materielle Anerkennung ihrer Leistung geführt werden kann, und dass
dermaßen gerecht behandelt Arbeitnehmer weniger fehlen, motivierter arbeiten
und bessere Produkte erzielen. Inzwischen ist es der Glücks- in Übereinstimmung
mit der Gesundheitsforschung gelungen, einzelne Faktoren zu identifizieren
(Rückriegel und Niklewski 2014), die an der psycho-sozialen Konstruktion von
Wohlbefinden ebenso beteiligt sind wie an Lebensglück. Dazu gehören ein.

- Grundstock an materieller Sicherheit,
- in viel stärkerem Maße als erwartet, funktionierende soziale Beziehungen in
  Partnerschaft, Freundschaft und Kollegenkreisen sowie
- Freiräume, in denen persönliche Freiheit ausgelebt und Eigenverantwortung
  übernommen werden kann.

Natürlich gehört nach Meinung der Befragten immer auch die Arbeit dazu. Aber.

- sie muss sinnvoll sein, befriedigen und bei Vorgesetzten und Kollegen
  Anerkennung finden.
- Als solche strukturiert sie den Tag, schafft soziale Kontakte, regt zur Fortbildung und Weiterentwicklung an.
- Sie stärkt das Selbstbewusstsein,
- vermittelt das Gefühl, gebraucht zu werden, und trägt so zur Identitätsfindung
  bei.

Menschen, denen das Glück wiederfuhr, zu solchen Bedingungen eingestellt
zu werden, leben zwar nicht länger. Sie widerstehen den üblichen Krankheiten
aber in höherem Maße und zählen nicht nur zu den *glücklicheren,* sondern auch
gesünderen Menschen. Mit Arbeit um jeden Preis (schlecht bezahlt, dequali-
fizierend, unsicher, perspektivlos) wird das Gegenteil erreicht. Diesbezüglich hat inzwischen sogar die in vielerlei Hinsicht schwerfälligere Europäische
Union die Deutschen mit Förderrichtlinien für Betriebe überholt (Luxemburger

Deklaration), die solchen Erkenntnissen Rechnung tragen. Trotz einer Fülle kluger Untersuchungen und einer Flut von Ratgebern unternehmen bei mittelern, kleinen und Kleinstbetriebe (Beck und Schnabel 2010), in denen die meisten Arbeitnehmer ausgebildet werden und tätig sind, nicht annähernd das, was in ihrem eigenen Selbsterhaltungsinteresse und im Interesse ihrer Arbeitnehmer möglich und sinnvoll wäre.

Unerwartetes bis hin zu vermeintlichen Paradoxien wurde auch im Hinblick auf das Verhältnis älterer Menschen zum Glück entdeckt, seit dem die Glück-forschung damit begonnen hat, sich mit den Senioren zu beschäftigen. Ange-sichts drohenden psychophysiologischen Abbaus im Alter, der in Befragungen häufig zu Protokoll gegebenen Sorge vor Einsamkeit, Isolation und Armut und unzureichende Versorgung (Butterwegge et al. 2012) war es doch einigermaßen verwunderlich, von ihren vor allem US-amerikanischen Vertretern berichtet zu bekommen, dass die älteren Menschen in den Gesellschaften glücklicher zu sein scheinen als die jungen. Zyniker könnten versucht sein, diesen Umstand mit dem Glücks- oder Zufriedenheitsempfinden zu erklären, das eine Generation erfasst, der es erlaubt ist beziehungsweise nicht verwehrt wird, zur Sicherung ihres eigenen Wohlergehens bereits einen Teil derjenigen ökologischen, materiellen und psychosozialen Ressourcen aufzuzehren, den die nachwachsenden Generation dringend bräuchte, um selbst ein befriedigendes Leben führen zu können. Da es sich bei den glücklichen und unzufriedenen Senioren aber keines-wegs nur um die Gefühle der mit Pensionen und Renten gut ausgestatteten, sondern um einen durchgängigen Allgemeinbefund zu handeln scheint (Belle-baum 2002), muss es noch weitere Faktoren geben, die über Glücklich- und Unglücklichsein im Alter entscheiden, und über die auch weniger gut situierten Seniorinnen und Senioren verfügen.

In einer gemeinsamen Studie der Universität Chicago und der Duke Uni-versität, in der die Forscher mit 28.000 Menschen zwischen 28 und 88 Jahren sprachen, zeigte sich zwar einerseits, dass die Schwarzen weniger zufrieden waren mit ihrem Leben als die Weißen und arme Menschen weniger glück-lich waren als reiche, dass Krankheiten, Schmerzen, der Tod geliebter Menschen, drohende Einsamkeit und soziale Isolation das Leben nicht einfacher machen. Der Grad der Unzufriedenheit nahm aber im Vergleich zu jüngeren Befragten mit steigendem Alter überproportional ab, weil – so die Schluss-folgerungen (Yang-Yang 2008) der Forschergruppe – es den älteren Menschen in zunehmendem Maße gelingt, ihre Erwartungen an das Leben und ihre Möglich-keiten, diese Leben zu gestalten, in ein besseres und gesünderes Passungsverhält-nis zueinander zu bringen als jüngeren Menschen. Besonders schlecht schneidet in dieser Beziehung die Nachkriegsgeneration ab, die auch bei uns auch als

Babyboomer bezeichnet werden. Weil es ihnen oft nicht gelingt, bei gleich-
bleibend enttäuschenden Erfahrungen in Privat- und Arbeitsleben ihre überzogenen
Erwartungshaltungen zu senken, laufen sie Gefahr, sich zu dem bereits aus der
Alternsforschung bekannten Stereotyp des unzufriedenen Senioren zu entwickeln.
Dieser glaubt unvermindert daran, dass ihm alles zusteht, und erwartet nach dem
Ruhestand all das tun zu können und zu sollen, wozu er im vorherigen Leben nicht
gekommen ist. Anders ist dem gegenüber der Mehrheitstypus des glücklicheren
und zufriedenen Seniors einzuschätzen, der aufgrund der Befragungsergeb-
nisse einer anderen Studie der Universität Chicago identifiziert werden konnte
(Conwell et al. 2008). Er ist zwischen 57 und 85 Jahre alt und nimmt wöchent-
lich an mindestens einer sozialen Aktivität teil. Dazu zählen Treffen mit Nach-
barn, Gottesdienste, ehrenamtliche Tätigkeiten, die von den 80-Jährigen doppelt
so oft wahrgenommen werden wie von den Befragten zwischen 57 und 59 Jahren.
Zwar sei es zutreffend, dass die sozialen Kontakte der Durchschnittsamerikaner
im Alter geringer würden. Wenn man jedoch bereit sei, den Begriff der sozialen
Beziehungen etwas weiter zu fassen, könne – so die Forscher – von einer Verein-
samung der Seniorinnen und Senioren nicht die Rede sein.

Die deutschsprachige Alters- und Glücksforschung muss sich mangels
vergleichbarer Untersuchungen auf die Ergebnisse US-amerikanischer
Kolleginnen und Kollegen beziehen und kommt dabei zu wenig abweichenden
Befunden, die wegen ihrer nicht einhundertprozentigen Übertragbarkeit natürlich nur mit äußerster Vorsicht zu genießen sind (Hornung 2015). Auch sie geht
davon aus, dass es sich bei der so genannten „Midlife Crisis" der Männer und das
so genannte „Leere-Nest-Syndrom", von dem angeblich Mütter nach dem Aus-
zug der Kinder betroffen seien, um Einzelfälle und nicht um Massenphänomene
handelt, die das Älterwerden zum Problem werden lassen. Es mehren sich die
Anzeichen dafür, dass man in modernen Gesellschaften älter werden kann, ohne
zu vergreisen, und dass der Grad der Vergreisung mit einem sozial isolierten,
inaktiven und ungesunden Lebensstil in vorgängigen Lebensphasen positiv
korreliert. Schließlich wird ebenfalls davon ausgegangen, dass ältere Menschen
im Durchschnitt glücklicher sind als Menschen in jüngeren und mittleren Lebensphasen, wobei diejenigen am besten abschneiden, denen es gelingt, lebenslangen
allerdings geschlechtsspezifisch variierenden Nutzen aus einer funktionierenden und glücklich machenden Paarbeziehung zu ziehen[4]. Der für das Center for

---

[4]Aber auch hier scheint es geschlechtsspezifische Unterschiede zu geben, die in Übereinstimmung mit jüngeren Erkenntnissen der Sexualforschung (Brähler und Berberich 2009)
darauf verweisen, dass Frauen von der einfachen Länge der Beziehung mit einem Partner

Economic Performance der London School of Economics arbeitende Sozialwissenschaftler Hannes Schwand (2013) hat die Gesamtheit dieser Erscheinungen
in eine nachvollziehbare Formel gebracht. Seinen Beobachtungen zufolge, die er
mit der Analyse von 23.000 Probanden des deutschen sozioökonomischen Panels
belegt, folgt die Entwicklung des Wohlbefindens einer U-Kurve. Während sich
die Menschen mit 20 noch vergleichsweise wohl fühlen, sinkt die Zufriedenheit kontinuierlich bis zum fünfundsiebzigsten Lebensjahr. Seine Begründung:
Menschen machen bei der Vorabeinschätzung oder Vorhersage ihres Wohlbefindens systematische Fehler. Die hohen Erwartungen junger Erwachsener
bewahrheiten sich nicht, weshalb in diesem Alter, das sie vor allem mit den
Herausforderungen des Familien- und Berufsalltags konfrontiert, die Zufriedenheit abzusinken beginnt. Ältere Menschen hoffen demgegenüber nicht mehr
oder haben die Hoffnung aufgegeben, noch etwas an ihrem Leben verbessern
zu können. Ihre Bereitschaft wächst, die eigenen Erwartungen den verbliebenen
körperlichen, geistigen und sozialen Bedingungen anzupassen und so, je nach
Interpretationsweise zufriedener/glücklicher oder weniger unglücklich zu werden.

9.4   Glück und gutes Leben – was wir aus der Forschung lernen können und was nicht

Die Ergebnisse der überwiegend auf das Glücksempfinden Einzelner
konzentrierten Altersforschung bringen uns ebenso, wie die anderen Ergebnisse
aus den früheren Erwachsenenphasen der Beantwortung der Fragen nur wenig
näher, ob sich diese Gefühle unseren Genen, unseren persönlichen Einstellungen
oder den Einflüssen der sozialen Umwelt verdanken, und ob es sich bei den
protokollierten Glücksgefühlen und/oder Zufriedenheitsscores um authentische
oder fremd induzierte Empfindungen handelt. Das trifft auch auf deren generell
angenommen Gründe für das Auseinanderfallen von Glückswunsch und -wirk-
lichkeit zwischen dem zwanzigsten und fünfundsiebzigsten Lebensjahr und auf
die vermuteten Hintergrundmotive für das zu, was vor allem ältere Menschen
über Glück oder Zufriedenheit berichten: die Existenz eines zu negativen Bilds
vom Alter und eines noch weit verbreiteten verklärten Blicks auf die Jugend.

---

gefühlsmäßig und zufriedenheitsökonomisch weniger profitieren als Männer, für die
nach Erkenntnissen der Gesundheitsforschung das Ableben des Partners, Trennung oder
Scheidung im Alter eine erheblich höhere pathogene Belastung darstellen (Badura 1999).

Wem jedoch die Beantwortung dieser Frage nicht gleichgültig ist, weil sie die Voraussetzung dafür darstellt, das tatsächliche, das heißt authentisch empfundene Ausmaß an Lebensglück oder Zufriedenheit einzuschätzen, die uns das Überleben in dieser unserer Gesellschaft bietet, kann vermutlich nicht anders, als ähnlich wie oben (vgl. dazu auch Kap. 8 der vorliegenden Untersuchung) im kritischen Umgang mit Politik, Wirtschaft und gesundheitlichem Status auf einen systematisch geförderten Selbsterkenntnis- und Selbstvergewisserungsprozess zu setzen (Dahlke 2014). Auf einen Prozess, im Rahmen dessen sich aufbauend auf einem authentischen Erleben von Liebes- und Glücksgefühlen in Familie und Kindheit ein möglichst sicheres Gespür für das entwickelt, was Glück und Zufriedenheit sind beziehungsweise für jeden von uns sein könnten. Dieses Wahrnehmungsvermögen könnte dann durch Familienzentren, Kindergärten und Schulen systematisch gefördert und in der Begegnung mit einer Arbeitswelt, die sich in zunehmendem Maße dem Leitbild zufriedenheits- und gesundheitsfördernder Unternehmen verpflichtet weiß, nicht nur zu der Fähigkeit führen, zwischen aufgeherrschtem und eigenem Glücksempfinden zu unterscheiden. Sie könnte, darauf aufbauend, die Bereitschaft fördern, sich im Interesse des eigenen Wohlbefindens allein oder in der Zusammenarbeit mit anderen aus dem *Teufelskreis* aus massenkonsumtiv und -medial suggeriertem Warenbesitz und unbefriedigtem Lebensglück soweit es eben geht herauszuhalten.

Wie genau dies zu geschehen hat, dazu hat die überwiegend positiv-psychologisch ausgerichtete Glücksforschung leider nur wenig zu sagen. Nicht untypisch für den üblichen Umgang mit denen, die sich dem Mythos von der alternativlosen, weil besten aller Staats- und Gesellschaftsformen problemlos fügen, fällt ihnen nur ein, das Glücksempfinden und das damit verbundene Lebensglück zu subjektiven, allein von den Einstellungen und Verhaltensweisen der Einzelnen abhängigen Phänomen zu erklären. Wer kein Glück empfinden kann, muss das durch Veränderung der Einstellungen zum Leben ändern („think positive"). Ihm allein obliegt es, zu lernen, was Glück bedeutet und wie man es selber generiert. Davon, dass und inwieweit es die Lebensverhältnisse sind, auf die das Gros der Menschen im jüngeren und mittleren Lebensalter mit Unzufriedenheit und Unglücksempfindungen reagieren, verliert sie nur wenig Worte (Martens 2014). Ähnlich verhält es sich mit den in den USA und Großbritannien verbreiteten „Happy Economics". Ihr gilt die „Tretmühle" des Massenkonsums, von der der Schweizer Ökonom Martin Binswanger (2006) warnend spricht, eher als systemfunktionale und deshalb unverzichtbare Triebkraft erfolgreichen Wirtschaftens. Gegen den Stress und die permanent frustrierende Kehrseite dieser Konsumorientierung empfehlen sie dem Konsumenten eine „work-life-balance", wobei es darum geht, einen besseren Ausgleich zwischen Leistung und Genuss herzustellen (Kaiser und Ringlstetter 2010). Dass es an den unglückgenerierenden und krankheitsverursachenden Eigenheiten des Systems liegen und ohne deren Veränderung nicht behoben werden könnte, gerät nur den wenigsten (u. a. Nussbaum 2012) in den Blick.

Die soziologisch-sozialwissenschaftliche Glücksforschung, die prädestiniert dafür wäre, ist offenbar noch nicht so weit. Sie hat sich Jahrhunderte lang vor allem mit dem sozioökonomisch bedingten Unglück der materiell und gesellschaftlich Benachteiligten auseinandergesetzt und ist momentan noch zu sehr damit beschäftigt, einen analytisch verwertbaren Begriff vom guten respektive glücklichen Leben und seinen genauen Konstruktionsbedingungen zu erarbeiten (Bellbaum und Hettlage 2010).

Ein alles zusammenfassendes Nachwort an die Heresy-, Decido-, Kaino-, Hypegiaphoben und an reflektierte Utopistinnen und Utopisten

10

> *„Die Zahl der Gründe, etwas nicht zu tun, ist unendlich.*
> *Das gilt besonders dann, wenn die Wirklichkeit, in der*
> *man existiert, eine Komfortzone darstellt."*
>
> *(Welzer, H. 2013, S. 174)*

Die weit verbreitete Bereitschaft, sich mit den bestehenden Verhältnissen als „alternativlosen" abzufinden, weil deren Veränderung angeblich zu qualitativ schlechteren Lebensverhältnissen für alle führen würde, die uns die bestehenden Systeme demokratischer, wirtschaftlicher und versorgungspolitischer Selbstverwaltung gegenwärtig bieten, hat natürlich nicht nur mit der Angst der Menschen zu tun. Es gibt immer noch viel zu viele, die von der Richtigkeit der in ihrem Namen getroffenen politischen Entscheidungen aus Gründen einverstanden sind, denen hier nur zum Teil nachgegangen und argumentativ entgegengetreten worden ist. Die Zahl dieser in den aktuellen Diskursen genannten Gründe ist zu groß, um ihnen allen argumentativ gerecht werden zu können. Außerdem sind es diejenigen, die genügend Einfluss besitzen, um ihnen öffentliches Gehör und Durchsetzungskraft zu verschaffen, zugleich auch diejenigen, denen sich

---

Unter einer/m UtopistIn ist jemand zu verstehen, den eine gesunde Mischung von Witterung/Gefühl und intellektuellem Kalkül dazu befähigt, hinter den „unmöglichen Möglichkeiten einer Utopie die möglichen Möglichkeiten" zu entdecken, sie sichtbar zu machen (Seel 2011) und dieses vorausschauend auf ihre Individual- und Sozialverträglichkeiten hin einzuschätzen.

Heresyphobie = Angst vor der Anfechtung öffentlicher Lehrmeinungen; Kainophobie = Angst vor Neuerungen und neuen Ideen; Decidophobie = Angst, Entscheidungen zu treffen; Hypegiaphobie = Angst vor Verantwortung.

© Springer Fachmedien Wiesbaden GmbH, ein Teil von Springer Nature 2022
P.-E. Schnabel, *Soziopsychosomatische Gesundheit, robuste Demokratie,*
Suffizienzökonomie und das „glückliche" Leben, Gesundheit und Gesellschaft,
https://doi.org/10.1007/978-3-658-17810-9_10

die Lebenswirklichkeit, an der sie teilhaben, (noch) – wie der Autor des obigen Zitats, der Soziologe Harald Welzer zu bedenken gibt – als eine „Komfortzone" darstellt (Welzer 2013). Eine Komfortzone, die sie dem Rest der Bevölkerung gegenüber privilegiert, die sie (noch) durch nichts einzutauschen bereit sind und die sie (noch) mit allen ihnen zur Verfügung stehenden legalen und illegalen Mitteln gegen jede ökologische und soziale Vernunft verteidigen.

Die Ängste der Menschen, genauer, die durch das selbstreferenzielle Handeln der Deutungsmächtigen und praktisch Verantwortlichen, zu konkreten Befürchtungen hochstilisierten Berührungsängste (Phobien) (vgl. dazu auch Kap. 2) sind es jedoch – so die erste These der vorliegenden Untersuchung – die zu den nicht weniger wichtigen, bislang allerdings unterschätzten Hemmnissen gehören. Ihretwegen bleiben neue Problemlösungswege unversucht, werden bereits gemachte Neuerungsvorschläge überwiegend als Bedrohung missverstanden, die zu ihrer Verwirklichung notwendigen wirtschafts-, sozial- und versorgungspolitischen Entscheidungen unterdrückt oder zerredet, und es findet sich ihretwegen niemand bereit, Veränderungsverantwortung zu übernehmen, auch wenn die politischen (wahlarithmetischen) Voraussetzungen dafür gegeben sind.

Bei der Sorge, zu verlieren, was das Gros der Bevölkerung im Blick auf die vergangenen dreihundert Jahre demokratischer, wirtschafts- und versorgungspolitischer Entwicklungsgeschichte gar nicht anders kann, denn als Gewinn zu empfinden, handelt es sich – so die zweite These – um die wohl schwerwiegendste Hypothek einer überwiegend naturwissenschaftlich, technik- und wirtschaftsrational ausgerichteten, Formen und Richtung gesellschaftlicher Entwicklung bestimmenden „Aufklärung", mit der sich eine an der Korrektur von Fehlsteuerungen interessierte, umwelt- und sozialkritische Gegenaufklärung auseinanderzusetzen hat.

Deren größtes Problem – so die dritte These – besteht darin, dass diese Gegenaufklärung sich ihre Inhalte, ihre Akteure, Adressaten und Vermittlungsstrategien heute innerhalb einer Denk- und Verhaltenskultur und unter deren Inhabern erarbeiten und aneignen muss, die bis in ihre hintersten Ecken von ausschließlich ökonomischem Denken, Urteilen und Verhalten durchdrungen ist.

Sich darauf einzulassen, ist – so die vierte These – das notwendige Wagnis einer lebenslang und zielgruppengerecht operierenden zunächst subversiven (kritisch-reflexiven, widerständigen), dann rekonstruktiven Informationspolitik. Sie kann nicht anders, als existierende, sich gegenwärtig in einer Vielzahl von Projekten andeutenden Nischen zu nutzen und sich um Sachverhalte (demokratische Selbstbestimmung, wirtschaftliche Selbstbeschränkung, gesundheitliche Versorgung, glücksvermittelnde Überlebensfähigkeit, Emanzipation usw.) zu kümmern, die den heranwachsenden Generationen aus nachvollziehbaren, aber unbilligen und soziale Ungerechtigkeit reproduzierenden Gründen vorenthalten werden.

Dass dazu – so die fünfte These – Gesundheit als Grundrecht von vielen und Resultat einer guten, von Empowerment, Selbstwirksamkeitsüberzeugung, kompetentem Identitätsmanagement und Verantwortungsübernahmebereitschaft bestimmten Lebensführung etabliert werden müsste, und es, um das zu erreichen, veränderter politischer und wirtschaftlicher Verhältnisse bedarf, konnte zunächst auf dem Weg eines argumentativen Ausschlussverfahren[1] belegt werden. Ob es sich auch als Türöffner für eine daraufhin zielenden Zukunftsdebatte in Wissenschaft, Politik und Öffentlichkeit eignen könnte, war im Blick auf die sich unter schwierigen Bedingungen gerade erst formierenden Gesundheits- und Glückswissenschaften und die von ihnen angestoßenen Diskussionen über die Herstellung und Aufrechterhaltung von Gesundheit in einer an der Gesundheit der Menschen weitgehend desinteressierten Wirtschaftsgesellschaft, wurden zunächst nur als Frage in den Raum gestellt.

Dies setzt – so die sechste unter Bezugnahme auf Erkenntnisse der Glücksforschung diskutierte These – voraus, dass es gelingt, den Heranwachsenden infolge einer verstärkt auf authentische Selbstwahrnehmung abhebenden Sozialisation nicht nur das inzwischen verloren gegangene Interesse für Politik und die Bereitschaft zurückzugeben und sich für solidarische Formen menschlichen Zusammenlebens und -arbeitens einzusetzen. In einer auf Massenkonsum und Fremdbespaßung programmierten Lebenswelt kommt es außerdem darauf an, ihnen das psycho-emotionale Sensorium zu vermitteln, welches benötigt wird, um sicher zwischen fremdinduziertem und bedürfnisadäquatem Zufriedenheitsbeziehungsweise Glücksempfinden, zwischen Gesundheit als soziopsychosomatischem Wohlbefinden und reparierter Krankheit und zwischen einem gutem Leben als marktförmigem Dienstleistungsprodukt und als bedürfnisgerecht erarbeitetem Lebenswerk zu unterscheiden.

---

[1] Gemeint ist damit das übliche Verfahren, mit begrenztem Wissen meist sekundäranalytischen Ursprungs und unter Anwendung von Kriterien wie logischer Konsistenz, Plausibilität, Objektivität, Authentizität usw. im Stadium der Untersuchung zu urteilen, die der empirischen Forschung vorangeht, von dieser aber nicht vollständig eingeholt werden kann (Schnabel et al. 2009). Dies gilt nicht nur, vor allem aber für den Umgang mit den normativen Prämissen des in der vorliegenden Studie gestellten Fragen nach dem Passungsverhältnis zwischen den Wunschvorstellungen guten, gesunden Lebens und den bestehenden (sozial-)politischen, wirtschaftlichen und gesellschaftlichen Verhältnissen.

Derart ausgerüstet und darauf aufbauend – so die siebte und letzte These – könnte es gelingen, Menschen in die Lage zu versetzen, sich allein oder in der Zusammenarbeit mit Anderen der ihnen absichtlich vorenthaltenen Mittel und Wege zu bemächtigen, die es braucht, um Gesundheit, die mehr ist, als das Frei-sein von Krankheit und Gebrechen, psychosoziale Wirklichkeit werden zu lassen und sich ein Leben einzurichten, das den von ihnen selbst definierten Kriterien entsprechend die Bezeichnung gut oder glücklich verdient.

Was für ein Schlusswort außerdem noch bleibt, ist der Versuch, den Ver-unsicherten oder Einsichtigen unter den Verlust- und Veränderungsängstlichen gegenüber noch einmal zu bedenken zu geben, dass es angesichts der in der vorliegenden Untersuchung zusammengetragenen subjektiven und objektiven Zustandsbeschreibungen dessen, was wir unter einem guten und gesunden Leben verstehen, immer mindestens zwei Optionen gibt:

- unter Inkaufnahme der bereits erkennbaren Nachteile und im Interesse der eigenen Besitzstandswahrung zu retten, was gegenwärtig zu retten ist oder
- sich im Hinblick auf die Frage, wie wir in Zukunft leben und welche Lebens-wirklichkeit wir den nachfolgenden Generationen überlassen wollen, auf Ver-änderungen einzulassen, ohne die ein gedeihliches (objektiv befriedetes und subjektiv erfüllendes) nationales und internationales Zusammenleben der Menschen nicht zu organisieren sein wird.

Das betrifft nicht nur unser Zusammenleben mit der Natur, das internationale Konzerne im Interesse des Großkapitals und seiner Anteilseigner auf eine fast schon unwiederbringliche Weise in eine Klimakatastrophe hinein manövrieren. Auch die politisch-sozialen Folgen sind unübersehbar. Heute manifestieren sie sich noch in ethnisch motivierten Bürgerkriegen um Macht und Besitz in den zunehmend ausgebeuteten und systematisch verarmten Ländern Afrikas, Latein-amerikas und Ostasiens sowie in dem ideologisch und/oder religiös getarnten Terror und in Stellvertreterkriegen überall auf der Welt. In ihren wahren Ursachen unerkannt, ungelöst und unbefriedet laufen diese jedoch Gefahr, die Bevölkerungen in den Gewinnerländern des Kapitalismus mit globalen Aus-einandersetzungen um die knapper werdenden Ressourcen (Wasser, Land, saubere Luft, individual- und sozialverträgliches Wohnen usw.) und mit Wanderungsbewegungen zu konfrontieren, die alle Probleme in den Schatten stellen werden, mit denen sich die Staaten Europas zur Zeit konfrontiert sehen.

Denjenigen, die gegenwärtig in Wissenschaft, Politik und Gesellschaft immer noch nicht von der Meinung abzubringen sind, dass es sich beim globalisierten, marktregulierten und imperialistischen Privatkapitalismus um die ökonomisch sinnvollste und sozial verträglichste Form gesellschaftlich organisierten Wirtschaftens handelt, sollten sich nicht nur fragen, was sie sich selbst und ihren Gesellschaften antun, wenn sie sich weiterhin einem konzeptionell zukunftsorientierten Wandel der wirtschaftlichen und sozialen Verhältnisse so standhaft verweigern wie bisher. Fast ungebremst, wie man ihn sich heute weltweit zu entwickeln erlaubt, wird er nicht nur diejenigen Entwicklungs- und Schwellenländer und deren Kulturen vernichten, durch deren Ausbeutung er sich und die ihn stützenden Systeme vorerst noch am Leben erhält. Wem dieses gleichgültig ist, oder wer sich sogar, wie es gegenwärtig in Europa geschieht, im Interesse materiellen, nationalen und/oder rassischen Größenwahns ideologisch rückwärts, d. h. in Denk- und Verhaltenstraditionen flüchtet, denen die Menschheitsgeschichte nachgewiesenermaßen ihre größten humanitären Katastrophen verdankt, der muss sich nicht nur fragen, was in seiner intellektuellen und ethisch-moralischen Entwicklung fehlgelaufen ist. Er riskiert sein verfassungsmäßig garantiertes Recht auf freie und demokratische Meinungsäußerung und verschreibt sich außerdem einer Form politisch-ökonomischen Zusammenlebens und -arbeitens, die möglicherweise sogar noch in der von ihm durchlebten Zeit dazu beitragen wird, die ökologischen, humanen und gesellschaftlichen Potenziale, auf denen sie ruht, restlos zu zerstören.

Urwälder, die letzten grünen Lungen dieser Erde werden im Auftrag von holzverarbeitenden, Massennahrungsmittel und Biosprit produzierenden Großkonzerne gerodet. Die natürlichen Genpools werden weltweit vernichtet und diejenigen, die sich ihrer Erhaltung als Bauern und Züchter verschrieben haben, werden an den Rand ihrer Existenz gedrängt, nur um den genmanipulierenden Unternehmen ihre internationalen Absatzmärkte zu sichern. Ganze Landstriche gehen unter, verbrennen und verwandeln sich in Wüsten, weil sich die Industrienationen, die Entwicklungs- und Schwellenländer nicht auf einen klimaschonenden praktischen Umgang mit den Energiereserven zu einigen vermögen. Imperialistische Kriege werden mit absehbaren Folgen geführt, um den Öl-Durst, die Energie- und Rohstoffverschwendung der reichsten Industrienationen zu subventionieren. Uralte Kulturen und ihre suffizienten Wirtschaften werden geopfert und Bevölkerungen in die Flucht getrieben, nur um das kapitalistische System der staatlich subventionierten Massen- und Überproduktion so lange wie möglich und im Interesse weniger Superreicher am Leben zu halten.

Wenn die Dinge weiter so laufen, wie bisher, wird es unweigerlich zu Kriegen um die Privatisierung der letzten Rohstoffressourcen dieser Welt und zu unbewältigbaren Migrationsströmen in diejenigen Länder kommen, deren Gleichgültigkeit und Wachstumswahn sie bis zum Schluss dazu trieb, vom Elend der ihnen politisch und wirtschaftlich unterlegenen Länder und deren Bevölkerungen zu profitieren. Vor allem sie, die nicht nur die Macht, sondern auch das Knowhow dazu hätten, stehen heute vor der Wahl, weiterhin sehenden Auges in die unaufhaltsame und letzten Endes selbstzerstörerische Katastrophe hinein zu laufen oder sich den Konsequenzen durch Veränderung von Politik und Wirtschaft entgegen zu stellen und die unzähligen Opfer, die sie dabei überall auf der Welt hinterlassen haben, auf ihre Kosten mitzunehmen.

Im Rahmen dieser an die Verfechter überkommener Denkschulen, Neuerungsgegner und Veränderungsängstliche gerichteten Erklärungsbemühungen könnte es möglicher Weise hilfreich sein, zu betonen, dass das Ende des Privatkapitalismus, so wie wir ihn kennen und der in den entsprechenden Diskussionen auch schon mit irritierenden Begriffen wie „Spät"- oder „Post-Kapitalismus" bezeichnet wird, nicht um das Ende gesellschaftsfunktionalen Wirtschaftens handelt. Bei dem, was in der hier vorgelegten Untersuchung unter der Bezeichnung „Suffizienzökonomie" als mögliche Alternative zum imperialistischen, umwelt-, menschen- und gesellschaftszerstörenden Kapitalismus diskutiert worden ist, handelt es sich weder um den Versuch, den an seinen internen Widersprüchen zugrunde gegangen Staatskapitalismus wieder zu beleben, noch sich für die Einführung Wirtschaftsformen stark zu machen, die die Arbeitsmoral der Menschen untergraben oder gar darauf abzielen, denjenigen, die arbeits- und leistungswillig sind, die tatsächlich verdienten Gratifikationen vorzuenthalten. So sind beispielsweise aus keinem der Länder Europas (u. a. Dänemark, Holland, Schweiz) und der übrigen Welt (u. a. Brasilien, Indien, Kanada, Kuba, Namibia), in denen Experten mit dem Gedanken spielen oder wie in Finnland bereits damit experimentieren, ein suffizienzökonomisch sinnvolles Grundeinkommen einzuführen, derartige Ambitionen bekannt oder ist über entsprechende Konsequenzen berichtet worden. Menschen – so zeigt sich immer wieder – arbeiten nicht bloß um Geld zu verdienen. Sie tun es auch, um ihr Selbstwertgefühl zu stärken und ihr soziales Leben zu strukturieren.

Die Befürworter der Suffizienzökonomie wollen aber noch erheblich mehr erreichen (vgl. in Ergänzung der in den Kap. 5 und 6 aufgeführten Literatur u. a. auch die Beiträge von Linz 2012; Princen 2005; Rogall 2008; Burch 2013; Fischer und Gießkammer 2013; Felber 2014). Vor allem geht es ihnen darum, das Wohlergehen und Lebensglück im Interesse der Gesundheit von Natur, Menschen und Gesellschaft gerechter zu verteilen, indem sie dem Ausbeutungs- und Bereicherungswahn des Privatkapitalismus eine Grenze setzen, die sich stärker als bisher an der Lebensleistung der Menschen, maximal daran orientiert, was sie benötigen, um ihre Grundbedürfnisse nach sicherem Wohnen, bekömmlicher Ernährung, ausreichender Bewegung, gedeihlichem Familien- und friedlichem Zusammenleben zu befriedigen. Darauf, was diese Kriterien erfüllt, werden sich die Gesellschaften mit der gleichen Selbstverständlichkeit verständigen müssen und auch können[2], in der sie es geschafft haben, sich bei Sozialleistungs- und Hartz IV-Empfängern auf ein Minimalniveau der Überlebenssicherung zu einigen. Als Vertreter einer auf das Gemeinwohl ausgerichteten Ökonomie setzen sie auf Prinzipien wie gegenseitigen Respekt, Vertrauen, Zusammenarbeit, Solidarität und aufs Teilen. Prinzipien, die über die gute Qualität sozialer Beziehungen entscheiden, von denen die Gesundheits- und Glücksforschung laut neuester Untersuchungsergebnisse vermeldet, dass sie die Menschen motivieren, ihr Bestes für sich und die Gemeinschaft zu tun, und die bei nachhaltigem Erfolg dazu angetan scheinen, besonders die jungen Leute unter ihnen selbstsicherer und zufriedener zu machen.

Entscheidend für die mit der Einführung der Suffizienzökonomie angestrebten Veränderungen ist ferner, dass der vor allem auf Gewinnmaximierung und Vernichtungswettbewerb gerichtete Anreizrahmen auf das Streben nach Gemeinwohl und Kooperation umgepolt wird. Wirtschaftlicher Erfolg soll nicht mehr an Geld, Besitz und Kapital, sondern an der Erreichung von Zielen wie Bedürfnisbefriedigung, Lebensqualität und Sozialverträglichkeit bemessen werden. Auf der volkswirtschaftlichen Bilanzierungsebene wird der BIP durch Indikatoren ergänzt, die Auskunft über die Beschaffenheit des subjektiven Lebensgefühls und die Güte des Zusammenlebens geben. Unternehmen wetteifern nicht mehr um den höchsten Profit für Eigner und Aktionäre, sondern um die beste Gemeinwohlbilanz. Über rechtliche Vorteile wie z. B. Steuervergünstigungen, niedrigere Zölle, Vorteile bei der Beschaffung von Rohstoffen und Arbeitsmaterialien oder bei der Zuteilung von Forschungsfördermitteln wird an Hand ihrer Höhe entschieden und Investitionskredite von den Banken und anderen Instituten nur noch nach eingehender Prüfung einer Gemeinwohl-Bilanz vergeben. Die Gemeinwohlbilanz wird zur Hauptbilanz, die bislang alleingültige Finanz- wird zur Mittelbilanz umgewandelt. Finanzgewinne dienen demzufolge vor allem als Mittel, um den neuen Unternehmenszweck, die Besserung des Allgemeinwohls zu erreichen.

---

[2] Neben vielen anderen Versuchen, auf die hier nicht eingegangen werden kann, diskutiert der österreichische Wirtschaftsexperte Christian Felber in seiner preisgekrönten Abhandlung über Gemeinwohlökonomie (2014), unter Bezugnahme auf unterschiedliche Ansätze dieser Art unter anderem den Vorschlag, im Rahmen *demokratischer* Diskussionen und Entscheidungen das *Maximal-Einkommen* auf das Zehnfache des gesetzlichen Mindestlohns, das *Privatvermögen* auf höchstens dreißig Millionen Euro, das *Schenkungs- und Erbrecht* auf 5000.000 € pro Person, bei *Familienunternehmen* auf 10 Mio. pro Kind zu beschränken und darüber hinausgehendes Erbvermögen über einen *Generationsfond* als „demokratische Mitgift" an alle Mitglieder der Folgegeneration zu verteilen.

Finanzüberschüsse werden eingesetzt, um reale Investitionen mit sozialem oder ökologischem Mehrwert zu fördern, Rücklagen zu bilden und in begrenztem Maß an Mitarbeiter auszuschütten. Für Investitionen auf den Finanzmärkten, die es in einer derart gepolten Ökonomie nicht mehr geben wird, dürfen sie nicht verwendet werden, um andere Unternehmen in feindlicher Absicht aufzukaufen, um sie an Personen außerhalb der Unternehmen auszuschütten, Parteien durch Spenden zu subventionieren oder Lobbyistentätigkeiten zu finanzieren. Im Gegenzug soll den Unternehmen die Steuer auf ihre Gewinne reduziert werden.

Unternehmen, die nach diesen Regeln funktionieren, haben es – so die Hoffnung derer, die dieses Konzept vertreten – nicht mehr nötig, auf Gedeih und Verderb zu expandieren. Sie können die Größe anstreben, die der Marktgängigkeit ihrer Produkte, dem Reproduktionsbedürfnissen ihrer Mitarbeiter und den Aufrechterhaltungsbedingungen von Strukturen und Organisationsformen entsprechen. Statt großer Konzerne wird es vermehrt kleinere Unternehmen geben, denen es leichter fallen wird, im Hinblick auf Wissen, praktisches Knowhow und die effektive Nutzung von Ressourcen zum Wohl der Gemeinschaft lernend zusammenzuarbeiten. Bei noch existierenden Betrieben ab einer bestimmten Größenordnung gehen die Stimmrechte und das Eigentum schrittweise entweder an die Beschäftigten oder die Allgemeinheit über, die durch regionale Wirtschaftsparlamente vertreten werden. Wie bei ihnen sollen Regierungen oder von ihnen beauftrage Organe keinen Zugriff auf und kein Stimmrecht in Gemeinschaftsunternehmen mehr besitzen, die sich im Bildungs-, Gesundheits-, Sozial-, Mobilitäts-, Energie- und Kommunikationsbereich engagieren.

Die Regel-Erwerbsarbeit wird angesichts ökonomischen und gesellschaftlichen Veränderungen, die mit der weltweit dritten, digitalisierungsbedingten industriellen Revolution einhergehen, werden insbesondere in Reaktion auf die partielle Abschaffung der klassischen Arbeit reduziert, die durch die Trennung von Privat- und Berufssphäre gekennzeichnet ist. Beabsichtigt wird es, die erwerbsmäßige Arbeit auf zwanzig bis dreißig Wochenstunden einzuschränken. Dadurch werden Spielräume frei für andere Formen der Fürsorge- (Kinder, Kranke, ältere Menschen), Eigen- (Persönlichkeitsentwicklung, Kunst, Garten, Muße) und Gemeinwesenarbeit eröffnet, die bislang unterbewertet und überwiegend unentgeltlich geleistet wurden. Ein Teil des dazu gewonnenen Freizeitbudgets könnte z. B. auch dazu verwendet werden, das oben (vgl. dazu Kap. 8 und 9 der vorliegenden Untersuchung) vorgeschlagene empowermentorientierte Gegenaufklärungsprogramm in die Tat umzusetzen. Als Maßnahme, die den Arbeitsmarkt zusätzlich entlasten und den Selbstfindungsprozess voranbringen kann, wird außerdem daran gedacht, jedes zehnte Berufs- durch ein Frei-Jahr zu ersetzen, welches mithilfe des bedingungslosen Grundeinkommens finanziert werden und den Menschen die Möglichkeit bieten soll, zu tun und zu lassen, wozu immer sie Lust verspüren.

Faktisch haben wir es heute schon in den meisten Entwicklungs- und Schwellenländern dieser Welt und demnächst auch bei uns mit Wirtschafts- und Sozialsystemen zu tun, die einer kleinen Oberschicht unermesslichen Reichtum, einer bröckelnden Mittelschicht einen bescheidenen Wohlstand und einer wachsenden Unterschicht unwürdige und unzumutbare Lebensbedingungen bis hin zur Armut beschert. Dass dem so ist, beruht weder auf einem Zufall noch handelt es sich um eine Aberration der Wirtschaftsgeschichte. Es ist eine Folge der inneren Widersprüche des deregulierten Privatkapitalismus, die sich zwischenzeitlich in Form von Rechtssystemen, Strukturen und Formen gesellschaftlich organisierter Arbeit verfestigt haben und auf deren Unver-änderbarkeit sich eine wachsende Phalanx mutloser, zur Übernahme von Ver-antwortung unfähiger Bedenkenträger in Wissenschaft, Politik und Wirtschaft immer dann beruft, wenn versucht wird, sie und die Öffentlichkeit mit alter-nativen Modellen wirtschaftlicher und gesellschaftlicher Entwicklung und deren Realisierbarkeit zu konfrontieren. Häufig wird dabei auf den unbestreitbaren Tat-bestand verwiesen, dass es nicht nur in den Bevölkerungen und bei den politisch Verantwortlichen in den Ländern der Europäischen Union an Einstellungen und Verhaltensweisen, aber auch an politisch-demokratischen Formaten fehle (Scharpf 2002), um aus utopischen Modellen wie dem der Suffizienzökonomie Wirklichkeit werden zu lassen. Das Gegenteil ist der Fall. Als Reaktion darauf, dass die europäische Integration überwiegend nur nach ökonomischen Gesichts-punkten unter Vernachlässigung der damit zwangsläufig einhergehenden sozial-politischen Probleme vorangetrieben worden ist (u. a. Casny 2008; Haller 2009; Thiemeyer 2010), scheinen sich immer mehr Bevölkerungsteile und Regierungen mit geringer demokratischer Tradition in kruden und egoistischen Nationalismus zu flüchten.

An derart eigennütziger Skepsis gegenüber der Leistungsfähigkeit des politischen-demokratischen Systems der Bundesrepublik ist nicht nur richtig, dass es in seiner augenblicklichen Verfassung zu nichts Anderem in der Lage scheint, als die bestehenden Verhältnisse im Interesse ihrer ökonomisch-materiellen Nutznießer, des Machterhalts der sie politisch favorisierenden Parteien und eines bürgerlichen Mittelstandes zu zementieren, der immer noch glaubt, von den Almosen des existieren Ungleichheitssystems mehr profitieren zu können, als von dessen Egalisierung. Dieses System ist das Produkt eines widersprüchlichen Lerngeschehens, das in seinen Anfängen von der Monarchie, dem politischen Chaos der Weimarer Republik, der nationalsozialistischen Diktatur und US-amerikanisch dominierten, aus gegebenem Anlass kommunismusängstlichen

Nachkriegserfahrungen geprägt wurde und heute darauf abhebt, die in der Vergangenheit gemachten Fehler durch eine besondere Kombination von Mehrheits- und Verhältniswahlrecht zu vermeiden. Dieses System hat zwar einerseits den Vorteil, dass sich kleine gelegentlich auch überraschende Parteien, denen es gelingt, die Fünfprozent-Hürde zu überspringen, an der politischen Willensbildung beteiligen können, und die Zahl der in den Bundestag einrückenden Mandatsträgerinnen und -träger dem Anteil der für ihre Herkunftsparteien tatsächlich abgegebenen Erst- und Zweitstimmen in etwa entspricht. Der große, sich immer deutlicher abzeichnende Nachteil besteht jedoch darin, dass die Wähler über den eingebauten Verhältniswahlmechanismus daran gehindert sind, direkten Einfluss auf die Aufstellung von wenigstens der Hälfte aller Abgeordneten auszuüben, die ihre Ernennung ausschließlich ihrer Positionierung auf Landeslisten verdanken (Scharpf 2002). Das erfolgt unter anderem nach dem Bekanntheitsgrad und die Wiederwahlchancen der Kandidatinnen und Kandidaten, der Dankbarkeit der aufstellenden Partei für bewiesene Loyalität und geleistete Dienste, dem Expertenstatus und/oder der Zugehörigkeit zu einer parteipolitisch wertgeschätzten Interessengruppierung (Seils 2010). Die Motive derer, die sie unterstützen, sind vor allem auf den Erhalt der politischen Macht und die Absicherung der politischen Mandate, Gehälter und Tantiemen (Rose 2011) und weniger auf die Qualität der Delegierten oder darauf gerichtet, diese für ihre bevölkerungsnahe Arbeit in den Wahlkreisen zu belohnen.

Auch wenn es sich bei diesen Entwicklungen um Phänomene handelt, die sich in ganz Europa beobachten lassen (Detterbeck 2002) und sich neben den Besonderheiten der jeweils praktizierten Nominierungsverfahren in den Ländern, den materiellen Vorteilen einer risikolosen Parteienkarriere und dem allen auf Dauer angelegten Organisationen inhärenten Selbsterhaltungsmechanismen verdanken, sind weder die Parteiensysteme noch die gesellschaftlich akzeptierten Spielregeln demokratischer Selbstverwaltung unumstößlich und verbesserbar. Denkbar sind die verschiedensten Verfahren, die von der weichsten Variante, dem immanenten Wandel bis hin zur Verfassungsänderung reichen können. Unter immanenten Wandel ist entweder zu verstehen, dass Parteien sich im Widerstreit rivalisierender Ausrichtungen programmatisch neu und wählerwirksamer ausrichten als zuvor. Es können sich aber auch gegen das Volksparteieneinerlei protestierende Gruppierungen parteiähnlichen Charakters herausbilden, die die Wahlbeteiligung in der Bevölkerung vorübergehend hochschnellen lassen, oder – wie wir es gerade in mehreren europäischen Ländern (u. a. Frankreich, Deutschland, Holland, Polen, Ungarn) erleben – das Risiko bergen, statt von zukunftsorientierten Ideen und Konzepten von ideologisch rückwärts gerichteten, ethisch und verfassungsrechtlich und demokratisch fragwürdigen

Volksbewegungen okkupiert zu werden. Mit dem gleichen Risiko der politisch-ideologischen (populistischen) Rückwärtsorientierung behaftet sind auch andere Verfahren, wie die Einführung von Volksbegehren, Beschwerdegremien, Internetforen, internetgestützten Bürgerinitiativen, die öffentlich diskutiert werden, um die politische Partizipationsbereitschaft der Bevölkerung zu erhöhen. Sie ermöglichen zwar deren ortsgebundene, themenzentrierte und zeitlich unmittelbare Mitwirkung in Ergänzung der langwierigeren Einflussnahme durch Wahlen, machen aber wie alle Verfassungen, die auf dem Prinzip der Herrschaft des Volkes, durch das Volk, für das Volk gegründet sind, das politisch-gesellschaftliche Leben vor der vorübergehenden Kolonisierung durch un- bzw. antidemokratische und menschenverachtende Bewegungen keineswegs sicher.

Vor die Durchführung des strukturell durchgreifendsten, am nachhaltigsten wirkenden und für die Sanierung des Rechts auf bürgerliche Einmischungsmöglichkeiten, vermutlich aber erfolgversprechendste Verfahren, die Verfassungsänderung, haben die Länder mit demokratischer Tradition aus nachvollziehbaren Gründen die höchsten Barrieren eingezogen. So wäre in der Bundesrepublik die Stimmen der Abgeordneten von Zweidritteln des Bundestags und des Bundesrats erforderlich, um die auf die Mitwirkung der Parteien und die Wahlmodalitäten bezogenen Textpassagen des Grundgesetzes (Art. 28 ff.) und das damit in Verbindung stehende Wahl- beziehungsweise Parteienrecht zu ändern. Die angelsächsischen Länder machen derartige Modifikationen vom Institut des Amandments abhängig, das von qualifizierten Mehrheiten beider Kammern (Kongress und Senat bzw. Ober-. und Unterhaus) beschlossen werden kann. In der Schweiz ist es möglich, Änderungsanträge sogar unmittelbar durch das Volk oder über die politischen Organe auf den Weg zu bringen. Aus konkreten politischen Anlässen, wie den terroristischen Anschlägen in Frankreich und Belgien oder dem Druck politischer Bewegungen wird das Institut der Verfassungsänderung häufiger, allerdings auch mit weniger Erfolg bemüht, als gemeinhin angenommen. Kaum zu erwarten ist, dass Parteien von sich aus den Versuch machen werden, sich über Veränderungen des Wahlrechts für ein robusteres politisches Engagement der Bevölkerung einzusetzen und auf diese Weise ihre Macht und den Versorgungsstatus ihrer Klientele zu riskieren. Deshalb ist gegenwärtig eigentlich nur auf Prozesse innerparteilicher Demokratisierung, auf die Vernunft und begrenzte Leidensfähigkeit eines inner- und außerparteilich organisierten, vermutlich eher jugendlichen und sozial-kritischeren Teils der Bevölkerung in ganz Europa und auf die sich nur langsam durchsetzenden Effekte jener Aufklärungsbemühungen zu hoffen, deren positive, zum Teil leider auch ökonomisch verzerrte Spuren wir mittlerweile auf den sensiblen Gebieten des Gesundheitsschutzes, der Gesundheitsförderung und Glücksökonomie beobachten können. Schließlich hat auch das, was die Textil-, die Sportschuh-, die Diät-, die Fit- und Wellness-industrie den Nutzern bietet, trotz seiner primär marktwirtschaftlichen Motive irgendwie mit einer Zunahme des Gesundheitsbewusstseins zu tun, die es vorher so noch nicht gegeben hat. Zu hoffen bleibt allerdings auch, dass sich die Gesamt-heit aller uns aus Natur, Politik und Gesellschaft erreichenden Alarmsignale (u. a. Streeck 2015; Bischoff und Steinitz 2016) zum Trotz zuvor genügend kritische Denk- und Veränderungsmasse erzeugen werden, bevor sich die immanenten Selbstzerstörungskräfte des Kapitalismus auf eine die Länder, ihre Regierungen und Menschen überfordernde Weise Bahn zu brechen beginnen. Dass uns davor die von allen Seiten, insbesondere vom längst um neue Produktions-, Absatz- und Kapitalakkumulationschancen verlegene Kapitalismus propagierte Roboterisierung und Digitalisierung der Welt bewahren könnte, ist allerdings nach allen Erfahrungen, die wir bisher auf diesen Gebieten schon machen durften (u. a. Becker 2013; Hoffmeister 2013; Brynjolfson und McAfee 2014), höchst unwahrscheinlich.

Alarmzeichen, die sowohl Skeptikerinnen und Skeptiker, Utopistinnen und Utopisten zu denken geben sollten, senden uns inzwischen auch unsere Körper. Sie tun es vermutlich schon lange, für uns erkennbar aber erst, seit die Menschen immer häufiger chronisch degenerativ erkranken und die Wissenschaft gelernt hat, diese neuartigen Erkrankungen unter anderem auch als verhaltensbedingte Reaktion auf einen Lebensstil zu verstehen, der mit dem kapitalistischen Wirt-schaftssystem, der industriellen Produktionsweise und der für sie charakteristischen Kommunikations- und Konsumkultur eng verbunden ist (u. a. Hurrelmann 1988; Schnabel 1988; Hurrelmann et al. 2010). Dass sich auf diesem nach wie vor expandierenden Sektor dominierender Massenkrankheiten und Todesursachen seit Jahrzehnten nichts Entscheidendes bewegt, ist oben im Hinblick auf eine unkritische Patientenschaft und ein Versorgungssystem problematisiert worden, das immer noch versucht, dem veränderten Krankheitsspektrum mit den herkömm-lichen Methoden der kurativ-kriseninterventionistischen Medizin beizukommen. Demgegenüber hat sich im Verlaufe der letzten fünfzig Jahre, ausgehend von den USA, eine systemkritische, wissenschaftlich forschende, argumentierende und ver-sorgungspolitisch agierende „Community" formiert, die die Öffentlichkeit davon zu überzeugen versucht, dass gegen die Massenkrankheiten der Gegenwart nur durch eine systematisch betriebene Politik vorbeugenden, auf Veränderung des Lebens-stils und der sie stützenden wirtschaftlichen und sozialen Verhältnisse zielendes Informations- und Versorgungshandelns ursächlich und nachhaltig eingewirkt werden könnte. Zur Zeit existieren zwar noch erhebliche Schwierigkeiten, dieses neue Wissen gegen die wachsende Zahl von traditionell orientierten Akteuren eines Versorgungssystems durchzusetzen, denen aller Bekundungen zum Trotz der Profit heute mehr zu bedeuten scheint, als das Wohlbefinden ihrer Patienten. Immerhin ist es aber im Laufe der Zeit gelungen, europaweit wissenschaftliche Lehr- und Forschungseinrichtungen zu etablieren, die sich um das Gesundheitsthema kümmern. Es gibt, wie in Deutschland, sowohl öffentliche als auch private Träger in einzelnen Ländern der EU, die sich dem Auftrag der Sozialgesetzgeber stellen und mehr für die Aufklärung über den verhaltenspräventiven Umgang mit den nicht übertragbaren Massenkrankheiten tun. Und es ist sogar gelungen, die Abgeordneten des deutschen Bundestages nach mehreren vergeblichen Anläufen von der Notwendigkeit eines sogenannten Präventionsgesetzes zu überzeugen, das unter anderem die verhältnisorientierte Gesundheitsförderung in Settings nach dem Vorbild der Weltgesundheitsorganisation als sinnvolle Vorgehensweise propagiert und ihre Finanzierung in gewissen Grenzen sicherstellt (Rosenbrock und Hartung 2012).

Wie nicht nur die Veränderungsängstlichen, sondern auch die Innovationsmutigen unter den Sozial- und Versorgungsexperten in jüngster Zeit erfahren mussten, gilt es jedoch noch eine erhebliche Menge an fremd- und selbstverschuldeten Hindernissen zu beseitigen. Über beide, die interventionspolitisch bislang vernachlässigten *verhältnisbedingten* Hindernisse ist in der vorliegenden Untersuchung mit dem Ergebnis gesprochen worden, dass sich ohne Einführung einer ökologisch-anthropologischen Vorstellung von der Persönlichkeitsgenese des Menschen, ohne eine durchgreifende politische Selbstverwaltung, ohne Egalisierung der Bedingungen wirtschaftlicher Subsistenzsicherung weder die Gesundheit noch die Lebensqualität der Bevölkerungsmehrheit nachhaltig verbessern lassen. Dieses ist nur möglich, wenn es mit Hilfe geeigneter Kommunikationsstrategien gelingt, die Gefühls-, die Bewusstseins- und Verhaltensebene nicht nur der Entscheidungsträger in den Gesellschaften, sondern eines hinreichend großen Teils der Bevölkerung zu erreichen. Und dieses wiederum scheint angesichts einer Vielzahl von Misserfolgen in Vergangenheit und Gegenwart nur möglich, wenn es gelingt, sie von den Vorteilen einer veränderten, von Prinzipien der geregelten Freiheit, Gleichheit, gerechten Chancenverteilung und Solidarität getragenen Sozialpolitik zu überzeugen. Angesichts der sich zunehmend verknappenden Ressourcen auf dieser Welt erscheint es außerdem unerlässlich, sich um die fundamentale Veränderung der gewohnten sozialen Umgangsweisen zwischen Menschen und Völkern zu bemühen. Bescheidenheit, Respekt, Kooperationsfähigkeit und die Bereitschaft zu teilen sind die besseren Regulative um persönliches Lebensglück zu erlangen. Eher als die sich verbreitende Gier, Überheblichkeit, Egomanie, Rachsucht und Konkurrenz sind sie geeignet, die zwangsläufig auf die Menschheit zukommenden Verteilungsprobleme zu lösen.

Abendroth, W. (1988). *Einführung in die Geschichte der Arbeiterbewegung. Von den Anfängen bis 1933*. Heilbronn: Dietel Verlag.

Adams, R. (2008). *Empowerment, participation and social work*. New York: Palgrave Macmillan.

Adloff, F., & Leggewie, K. (2014). *Das konvivialistische Manifest für eine neue Kunst des Zusammenlebens*. Bielefeld: transcript Verlag.

Adorno T. W. ([1951] 1997). Minima Moralia. Reflexionen aus dem beschädigten Leben. Frankfurt a. M.: Suhrkamp

Adorno, T. W., & Horkheimer M. ([1944] 1981). *Dialektik der Aufklärung. Philosophische Fragmente*. Gesammelte Schriften, Bd. 3. Frankfurt a. M.: Suhrkamp.

Adorno, T. W., Frenkel-Brunswik, E., Levinson, D. J., & Sanford N. R. (1950). *The authoritarian personality*. New York: Harper & Brothers.

Agamben, G. et al. (2012). *Demokratie? Eine Debatte*. Berlin: Suhrkamp.

Ahnert, L. (Hrsg.) (2004). *Frühe Bindung, Entstehung und Entwicklung*. München: Reinhardt.

Ahnert, L. (2010). *Wieviel Mutter braucht ein Kind? Kleinkindbetreuung auf dem Prüfstand entwicklungspsychologischer Forschung*. Heidelberg: Spektrum Akademischer Verlag.

Albert, M., Hurrelmann, K., & Quenzel, G. (2015). *Jugend 2015*. Frankfurt a. M.: S. Fischer.

Allemann, v. U. (2010). *Das Parteiensystem der Bundesrepublik Deutschland*. Bonn: Bundeszentrale für politische Bildung.

Allmendinger, J. (2012). *Schulaufgaben: Wie wir das Bildungssystem verändern müssen, um unseren Kindern gerecht zu werden*. München: Goldmann.

Altgeld, T. (2006). Gesundheitsförderung: Eine Strategie für mehr Chancengleichheit jenseits von kassenfinanzierten Wellnessangeboten und wirkungslosen Kampagnen. In: M. Richter & K. Hurrelmann (Hrsg.), *Gesundheitliche Ungleichheit*, S. 389–404. Wiesbaden: VS Verlag für Sozialwissenschaften.

Altvater, E., & Beck, U. (Hrsg.) (2013). *Demokratie oder Kapitalismus? Europa in der Krise. Blätter für deutsche und internationale Politik*. Berlin: Blätter Verlagsgesellschaft.

© Springer Fachmedien Wiesbaden GmbH, ein Teil von Springer Nature 2022
P.-E. Schnabel, *Soziopsychosomatische Gesundheit, robuste Demokratie, Suffizienzökonomie und das „glückliche" Leben*, Gesundheit und Gesellschaft, https://doi.org/10.1007/978-3-658-17810-9

Antonovsky, A. (1987). *Unravelling the mystery of health*. San Francisco: Jossey Bass.
Antonovsky, A. (1992). Gesundheitsforschung vs. Krankheitsforschung. In: A. Franke &
    M. Broda (Hrsg.), *Psychosomatische Gesundheit*, S. 3–14. Tübingen: DGVT-Verlag.
Aristoteles ([330 v. Chr.] 1994). *Politik* (übersetzt von F. Susemihl 1897). Reinbek b.
    Hamburg: Rowohlt.
Aristoteles ([350 v. Chr.] 2006). *Nikomachische Ethik*. Reinbek b. Hamburg: Rowohlt.
Armbruster, M. (2006). *Eltern AG. Das Empowerment-Programm für mehr Eltern-
    kompetenz in Problemfamilien*. Heidelberg: Carl-Auer Verlag.
Armbruster, M. (2015). *Selbermachen! Mit Empowerment aus der Krise*. Freiburg i. Brsg.:
    Herder.
Arnold, H., Böhnisch, L., & Schröer, W. (2005). *Sozialpädagogische Beschäftigungs-
    förderung. Lebensbewältigung und Kompetenzentwicklung im Jugend- und jungen
    Erwachsenenalter*. In: H. Arnold, L. Böhnisch & W. Schröer (Hrsg.), *Sozial-
    pädagogische Beschäftigungsförderung*, S. 9–118. Weinheim, München: Juventa.
Ash, T. G. (2006). *Freie Welt. Europa, Amerika und die Chance der Krise*. München: Carl
    Hanser Verlag.
Aßländer, M. (2007). Das Glück des Tüchtigen. Der Glücksbegriff des bürgerlichen
    Liberalismus. In: T. Hoyer (Hrsg.), *Vom Glück und glücklichen Leben. Sozial- und
    geisteswissenschaftliche Zugänge*, S. 103–121. Göttingen: Vandenhoeck + Ruprecht.
Baader, R. (2005). *Die belogene Generation – politisch manipuliert statt zukunftsfähig
    informiert*. Gröfelfing: Resch Verlag.
Backes, G., & Clemens, W. (2008). *Lebensphase Alter. Eine Einführung in die sozial-
    wissenschaftliche Altersforschung*. Weinheim, München: Juventa.
Backes, H. (2003). Peer-Education. In: BZgA (Hrsg.), *Leitbegriffe der Gesundheits-
    förderung*, S. 176–179. Schwabenheim a. d. Selz: Peter Sabo.
Backes, H. et al. (2001). *Peer-Education. Ein Handbuch für die Praxis*. Köln: BZgA.
Badura, B. (Hrsg.) (1999). *Soziale Unterstützung und chronische Krankheit. Zum Stand
    sozialepidemiologischer Forschung*. Frankfurt a. M.: Suhrkamp.
Badura, B., & Hehlmann, T. (Hrsg.) (2003). *Der Weg zur gesunden Organisation*. Berlin
    et al.: Springer.
Baig-Scheeder, R. (2012). *Die moderne Erlebnispädagogik. Geschichten, Merkmale und
    Methodik eines pädagogischen Gegenkonzepts*. Augsburg: Ziel Verlag.
Baird, J. H., Nadal, L., & Mieth, M. (2010). *Glücksgene. Wie Sie das verborgene Potenzial
    ihrer Zellen aktivieren*. München: Integral Verlag.
Bakic, J. (2013). Resilienz und Empowerment. In: J. Bakic, M. Diebäcker & E. Hammer
    (Hrsg.), Aktuelle Leitbegriffe der Sozialarbeit, S. 174–190. Wien: Erhard Löber.
Balint, M. (1994). *Angstlust und Regression*. Stuttgart: Klett-CottaVerlag.
Balzereit, M. (2010). *Kritik der Angst*. Wiesbaden: VS Verlag für Sozialwissenschaften.
Bandelow, B., & Palm, P. (2004). *Das Angstbuch. Woher Ängste kommen und wie man sie
    bekämpfen kann*. Reinbeck b. Hamburg: rororo.
Barber, B. (2004). *Consumed! Wie der Markt Kinder verführt, Erwachsene infantilisiert
    und die Demokratie untergräbt*. München: C. H. Beck.
Barber, B. R. (2013). *If mayors ruled the world: Dysfunctional nations, rising cities*. New
    Haven: Yale University Press.
Bartens, W. (2004). Neue Ärzte braucht das Land. *Zeit-online*, Ausgabe 17 www.zeit.
    de/2004/17-B-Medizinstudium (Zugriff: 27.06.2015).

Batiliwala, S. (2007). Taking the power out of empowerment. – an experimental account. *Development in Practice* 17 (4/5): 557–565.

Bauch, J. (2004). *Krankheit und Gesundheit als gesellschaftliche Konstruktion. Gesundheits- und medizinsoziologische Schriften 1979–2003*. Konstanz.

Bauch, J., Röhrle, B., & Bröckling, U. (2008). Prävention. *Zeitschrift für Gesundheitsförderung* 1. Empowerment: Fallstricke der Bemächtigung. Verhaltensprävention als Verhältnisprävention. Duisburg: Peter Sabo.

Bauer, J. (2004). *Das Gedächtnis des Körpers. Wie Beziehungen und Lebensstile unsere Gene steuern*. Frankfurt a. M.: Eichhorn AG.

Bauer, R., & Wesenauer, A. (Hrsg.) (2015). *Zukunftsmotor Gesundheit*. Wiesbaden: Springer Gabler.

Bauer, U. (2005). *Das Präventionsdilemma. Potenziale schulischer Kompetenzförderung im Spiegel sozialer Polarisierung*. Wiesbaden: VS Verlag für Sozialwissenschaften.

Bauer, U. (2006). Die sozialen Kosten der Ökonomisierung der Gesundheit. *Aus Politik und Zeitgeschichte*, H. 8/9: 17–24.

Bauer, U. (2012). Das sozialisationstheoretische Paradigma. In: U. Bauer & U. H. Bittlingmayer & A. Scherr (Hrsg.), *Handbuch Bildungs- und Erziehungssoziologie*, S. 473–491. Wiesbaden: Springer VS.

Bauer, U., Bittlingmayer, U. H., & Richter, M. (Hrsg.) (2008). *Health Inequalities*. Wiesbaden: VS Verlag für Sozialwissenschaften.

Bauer, U., Bolder, A., H. Bremer, Dobitschat, R., & Kutscha, G. (Hrsg.) (2014). *Expansive Bildungspolitik – Expansive Bildung?* Wiesbaden: Springer VS.

Bailey, T. L. (2009). *Organizational culture, macro- and microempowerment dimensions and job satisfaction*. Diss., Boca-Raton: Florida.

Bayertz, K. (1998). Begriff und Probleme der Solidarität. In: K. Bayertz (Hrsg.), *Solidarität, Begriff und Probleme*. Frankfurt a. M.: Suhrkamp.

Beck, D., & Schnabel, P.-E. (2010). Verbreitung und Inanspruchnahme von Maßnahmen zur Gesundheitsförderung in Betrieben in Deutschland, *Gesundheitswesen* 72 (4): 222–227.

Beck, U. (1986). *Risikogesellschaft. Auf dem Weg in eine andere Moderne*. Frankfurt a. M.: Suhrkamp.

Beck, U. (1988). *Gegengifte. Die organisierte Unverantwortlichkeit*. Frankfurt a. M.: Suhrkamp.

Becker, J. (2013). *Die Digitalisierung von Medien und Kultur*. Wiesbaden: Springer VS.

Becker, v. P. (2015). *Der neue Glaube an die Unsterblichkeit. Transhumanismus, Biotechnik und digitaler Kapitalismus*. Wien: Passagen Verlag.

Bedau, M. A., Cleland, C. E. (Hrsg.) (2010). *The nature of life. Classical and contemporary perspctives from philosophy and sciences*. Campridge: Cambridge University Press.

Bellebaum, A. (Hrsg.) (2002). *Glücksforschung. Eine Bestandsaufnahme*. Konstanz: UVK Verlag.

Bellebaum, A., & Hettlage, R. (Hrsg.) (2010). *Glück hat viele Gesichter. Annäherung an eine gekonnte Lebensführung*. Wiesbaden: VS Verlag für Sozialwissenschaften.

Beneker, C. (2010). Der informierte Patient: Chancen und Risiko. www-aerzteblatt.de/praxis wirtschaft/praxisführung/article/602735/informierte-patient-chance-risiko.html (Zugriff: 23.09.2015).

Ben Ze'ev, A. (2009). *Die Logik der Gefühle. Kritik der emotionalen Intelligenz.* Frankfurt a. M: Suhrkamp.

Berenz, W. B., Randers, J., Meadows, D. L., & Meadows, D. (1972). *Die Grenzen des Wachstums.* Stuttgart: Deutsche Verlags-Anstalt.

Benz, A. (Hrsg.) (2010). *Governance – Regieren in komplexen Regelsystemen. Eine Einführung.* Wiesbaden: VS Verlag für Sozialwissenschaften.

Bergdolt, K. (1999). Leib und Seele. Eine Kulturgeschichte des gesunden Lebens. München: C. H. Beck

Berger, J. (2014). *Kapitalismusanalyse und Kapitalismuskritik.* Wiesbaden: Springer VS.

Berger, P. L., & Luckmann, T. (1980). *Die gesellschaftliche Konstruktion der Wirklichkeit. Eine Theorie der Wissenssoziologie.* Frankfurt a. M.: S. Fischer.

Berghoff, H. (2004). *Moderne Unternehmensgeschichte. Eine themen- und theorieorientierte Einführung.* Stuttgart: Schöningh/UTB.

Bertelsmannstiftung (Hrsg.) (2014). *Sichtbare Demokratie.* Gütersloh: Bertelsmann.

Bertram, H., & Kohl, S. (2010). Zur Lage der Kinder in Deutschland 2010. Kinder stärken für eine ungewisse Zukunft. Deutsches Komitee für UNICEF. www.leopoldina.org/fileadmin/redaktion/Politikberatung/pdf/Bertram_Hans_mit_Steffen_Kohl.pdf (Zugriff: 19.1.2016).

Bettig, U., Frommelt, M., Thiele, G., Roes, M., & Schmidt, R. (Hrsg.) (2014). *Empowerment in der Pflege. Jahrbuch Pflegemanagement.* Heidelberg: medhochzwei Verlag.

Bierhoff, B. (2013). *Konsumismus. Kritik einer Lebensform.* Freiburg i. Brsg.: Centaurus.

Binder, U. (2013). *Nachhaltige Unternehmensführung. Radikale Strategien für intelligentes, zukunftsfähiges Wirtschaften.* Freiburg: Haufe-Lexware.

Binswanger, M. (2006). *Die Tretmühle des Glücks. Wir haben immer mehr und werden nicht glücklich.* Freiburg i. Brsg.: Herder.

Bircher, J., & Wehkamp, K.-H. (2011). *Gesundheit und Medizin. 10 Thesen.* Münster: Octopus/Mohnstein.

Bischoff, J., & Steinitz, K. (2016). *Gottesdämmerung des Kapitalismus? Eine Flugschrift.* Hamburg: VSA Verlag.

Bittlingmayer, U. H. (2010). Niemand ist seiner Gesundheit alleiniger Schmied. Der Capability-Ansatz aus der Perspektive von Public Health. *Info-Dienst für Gesundheitsförderung* 10 (3): 5–6.

Bittlingmayer, U. H., & Bauer, U. (2006). Ungleichheit – Bildung – Herrschaft. In: H. Bremer & A. Lange-Vester (Hrsg.), *Soziale Milieus und Wandel der Sozialstruktur,* S. 212–234. Wiesbaden: VS Verlag für Sozialwissenschaften.

Bittlingmayer, U. H., & Ziegler, H. (2012). *Public Health und das gute Leben. Der Capability-Approach als normatives Fundament interventionsbezogener Gesundheitswissenschaften* (Discussion Paper 2012–301). Berlin: WZB.

Bittlingmayer, U. H., Sahrai, D., & Schnabel, P.-E. (Hrsg.) (2009). *Normativität und Public Health. Vergessene Dimensionen gesundheitlicher Ungleichheit.* Wiesbaden: VS Verlag für Sozialwissenschaften.

Blättner, B. (1998). Gesundheit lässt sich nicht lehren. Bad Heilbrunn: Klinkhardt.

Blankart, C., Fasten, E. R., & Schwintowski, H.-P. (2009). *Das deutsche Gesundheitswesen zukunftsfähig gestalten. Patienten stärken – Reformunfähigkeit überwinden.* Berlin/Heidelberg: Springer.

Bleses, P., Ritter, W., Köbel, N., & Wahl, K. (Hrsg.) (2012). *Erziehung und Sozialisation.* Wiesbaden: VS Verlag für Sozialwissenschaften.

Bloch, E. ([1947] 1985). *Das Prinzip Hoffnung.* Gesammelte Schriften, Bd. 5. Frankfurt a. M.: Suhrkamp.

Bloch, E. (1967). Zur Ontologie des Noch-Nicht-Seins. In: H. H. Holz (Hrsg.), *Ernst Bloch – Auswahl aus seinen Schriften.* Frankfurt a. M., Hamburg: S. Fischer.

Blühdorn, I. (2013). *Simulative Demokratie. Neue Politik nach der postdemokratischen Wende.* Frankfurt a. M.: Suhrkamp.

BMBF (Bundesministerium für Bildung und Forschung) (2013). Berufsausbildung 2013, Berlin: Beschluss des Bundeskabinetts. https://www.bmbf.de/pub/bbb_2013.pdf (Zugriff: 25.03.2016).

Boberski, H. (2004). *Adieu Spaßgesellschaft: Wollen wir uns zu Tode amüsieren?* Wien: Edition Va Bene.

Böddeker, M. (1996). *Bindungsqualität und Beziehungsgestaltung in der Psychotherapie. Zum Einfluss frühkindlicher Bindungserfahrungen auf gegenwärtige Beziehungen.* Regensburg: Roderer Verlag.

Bode, S. (2007). *Die deutsche Krankheit – German Angst.* Stuttgart: Klett-Cotta.

Bode, T. (2015). *TTIP. Die Freihandelslüge.* München: Deutsche Verlagsanstalt.

Bodenmann, G., Perry, M., & Schär, M. (2004). *Klassische Lerntheorien. Grundlagen, Anwendung in Erziehung und Psychotherapie.* Bern: Hans Huber.

Böhm, K., Tesch-Römer C., & Ziese T. (Hrsg.) (2009). *Gesundheit und Krankheit im Alter. Beiträge zur Gesundheitsberichterstattung des Bundes.* Berlin: Robert-Koch-Institut.

Böning, U. (2015). *Coaching jenseits von Tools und Techniken. Philosophie und Psychologie des Coaching aus systemischer Sicht.* Berlin/Heidelberg: Springer.

Bohnsack, F. (2003). *Demokratie als erfülltes Leben: die Aufgaben von Schule und Erziehung.* Rieden: Klinkhardt.

Bonfadelli, H., & Friemel, T. (2006). *Kommunikationskampagnen im Gesundheitsbereich.* Konstanz: UVK.

Borst, E. (2011). *Theorie der Bildung. Eine Einführung.* Hohengehren: Schneider Verlag.

Bosse, D. (Hrsg.) 2009. *Gymnasiale Bildung zwischen Kompetenzorientierung und Kulturarbeit.* Wiesbaden: VS Verlag für Sozialwissenschaften.

Bosse, D., & Posch, P. (Hrsg.) (2009). *Schule 2020 aus Expertensicht. Zur Zukunft von Schule, Unterricht und Lehrerbildung.* Wiesbaden: VS Verlag für Sozialwissenschaften.

Bourdieu, P. (1982). Der Sozialraum und seine Transformationen. In: P. Bourdieu, *Die feinen Unterschiede – Kritik der gesellschaftlichen Urteilskraft,* S. 171–210. Frankfurt a. M.: Suhrkamp.

Bowlby, J., & Salter-Ainsworth, M. D. (2001). *Mutterliebe und kindliche Entwicklung.* München: E. Reinhardt.

Brähler, E., & Berberich, H. J. (Hrsg.) (2009). *Sexualität und Partnerschaft im Alter.* Gießen: Psychosozial-Verlag.

Braches-Chyrek, R. (2002). *Zur Lebenslage von Kindern in Eineltern-Familien.* Opladen: Leske + Budrich.

Bräuer, S., & Vogler, G. (2016). *Thomas Müntzer: Neue Ordnung machen in der Welt. Eine Biographie.* Gütersloh: Gütersloher Verlagshaus.

Breit, G., & Schieren S. (Hrsg.) (2009). *Gerechtigkeit in der Demokratie.* Schwalbach: Wochenschau Verlag.

Breitwieser, U., Donauer, B., & Elsigan, G. (1991). *Gesundheitsförderung. Appelle sind zu wenig! – Beispiele kommunaler Bildungsarbeit.* München et al.: Profil.

Bremer, H., & Lange-Vester, A. (Hrsg.) (2014). *Soziale Milieus und Wandel der Sozialstruktur.* Wiesbaden: Springer VS.

Brettschneider, H. (2009). *Und täglich grüßt die Datenflut – Tips und Techniken für mehr Effizienz und stressfreien Umgang mit Informationen.* Bergisch Gladbach: Brauer Arkaden.

Brieskorn-Zinke, M. (2007). *Public Health Nursing.* Stuttgart: Kohlhammer.

Brieskorn-Zinke, M. (2009). *Gesundheitsförderung in der Pflege.* Stuttgart: Kohlhammer.

Braches-Chyrek, R. (2002). *Zur Lebenslage von Kindern in Ein-Eltern-Familien.* Opladen: Leske + Budrich.

Brodocz, A., Llanque, M., & Schaal, G. (Hrsg.) (2009). *Bedrohungen der Demokratie.* Wiesbaden: VS Verlag für Sozialwissenschaften.

Bröckling, U. (2008). You are not responsible for being down, but you are responsible for getting up. Über Empowerment. *Leviathan* 31 (3): 323–344.

Brommer, J. (1989). *Sterben und Tod als Lernbereich in der Erwachsenenbildung. Eine explorative Studie zum Lehr- und Lerngeschehen im Bereich Sterben und Tod.* Frankfurt a. M. et al: Peter Lang Verlag.

Bronfenbrenner, U. ([1979] 1981). *Die Ökologie der menschlichen Entwicklung. Natürliche und geplante Experimente.* Stuttgart: Klett-Cotta.

Bronfenbrenner, U. (1992). *The twelve who survive. Strengthening programs of early childhood development in the Third World.* London: Routledge.

Brown, W. (2015). *Die schleichende Revolution. Wie der Neo-Liberalismus die Demokratie zerstört.* Berlin: Suhrkamp.

Bruder, K.-J., Bialluch, C., & Lemke, B. (Hrsg.) (2013). *Sozialpsychologie des Kapitalismus – heute. Zur Aktualität Peter Brückners.* Gießen: Psychosozial-Verlag.

Brück, v. M. (2007). *Ewiges Leben oder Wiedergeburt. Sterben, Tod und Jenseitshoffnung in europäischen und asiatischen Kulturen.* Freiburg i. Brsg.: Herder.

Brumlik, M. (1990). Sind soziale Dienste legitimierbar? Zur ethischen Begründung pädagogischer Interventionen. In: C. Sachße & H. T. Engelhardt (Hrsg.), *Sicherheit und Freiheit,* S. 203–227. Frankfurt a. M.: Suhrkamp.

Brunkhorst, H. (2014). Parlamentarismus und egalitäre Massendemokratie. In: O. Flügel et al. (Hrsg.), *Deliberative Kritik – Kritik der Deliberation.* Wiesbaden: Springer VS.

Bruns, W. (2013). *Gesundheitsförderung durch soziale Netzwerke. Möglichkeiten und Restriktionen.* Wiesbaden: Springer VS.

Brynjolfson, E., & McAfee, A. (2014). *The social machine age. Wie die nächste digitale Revolution unser aller Leben verändern wird.* Kulmbach: Börsenmedien AG.

Bude, H. (2015). *Gesellschaft der Angst.* Hamburg: Hamburger Edition.

Bühler, C., & Pelka, B. (2014). Empowerment by Digital Media of People with Disabilities. In: K. Miesenberger (Hrsg.), *Computers Helping People with Special Needs, ICCHP 2014,* S. 17–24. Switzerland: Springer International Publishing.

Büttner, U. (2008). *Weimar, die überforderte Republik 1918–1933. Leistung und Versagen in Staat, Gesellschaft, Wirtschaft und Kultur.* Stuttgart: Klett-Cotta.

Bulman, T. (2002). *Lebenswerte Gesellschaft. Freiheit, Sicherhit, Gerechtigkeit im Urteil der Bürger.* Wiesbaden: Westdeutscher Verlag.

Bulmer, M. (1984). *The Chicago-School of Sociology. Institutionalization, diversity, and the rise of sociology research*. Chicago: Chicago Press.

Bundesministerium für Familie, Senioren, Frauen und Jugend (BFSFJ) (Hrsg.) (2009). Wissenschaftliche Bestandsaufnahme der Forschung zu „Wohlbefinden von Eltern und Kindern". Monitor Familienforschung 19: Berlin. www.bmfsfj.de/RedaktionBMFSFJ/ Abteilung2/Newsletter/Monitor-Familienforschung/2009-04/medien/monitor (Zugriff: 19.01.2016).

Bundesregierung, Die (2014). Gesundes Leben. Berlin. www.bundesregierung.de/Webs/ Breg/DE/Themen/Forschung/1-HightechStrategie/4-Gesundes-Leben/gesundes-leben. html (Zugriff: 26.01.2015).

Bundeszentrale für politische Bildung (bpb) (2013). Ältere – Taktgeber in der alternden Gesellschaft. http://www.bpb.de/apuz/153142/aeltere-taktgeber-in-der-alternden-gesellschaft?p=all (Zugriff: 27.03.2016).

Burch, M. A. (2013). *The hidden door. Mindful sufficiency as an alternative to extinction*. Melbourne: Simplicity Institute.

Burisch, M. (2006). *Das Burnout-Syndrom. Theorien der inneren Erschöpfung*. Berlin, Heidelberg: Springer.

Burk, E. (1989). *Philosophische Untersuchungen über den Ursprung unserer Ideen vom Erhabenen und Schönen*. W. Strube (Hrsg.), Philosophische Bibliothek, Band 324. Hamburg: Meiner.

Burk, K., Speck-Hamdan, A., & Wedekind, H. (Hrsg.) (2003). *Kinder – Demokratie lernen*. Frankfurt a. M.: Deutsches Institut für internationale Pädagogische Forschung.

Buschmann, I. (2011). *Schlaue Mädchen, coole Jungs ... ticken in der Schule anders*. Wien: Wirtschaftsverlag Ueberreuter.

Butterwegge, C. (2013). *Krise und Zukunft des Sozialstaats*. Wiesbaden: Springer VS.

Butterwegge, C., Lösch, B., & Ptak, R. (2007). *Kritik des Neoliberalismus*. Wiesbaden: VS Verlag für Sozialwissenschaften.

Butterwegge, C., Bosbach, G., & Birkwald, M. W. (Hrsg.) (2012). *Armut im Alter. Probleme und Perspektiven der sozialen Sicherung*. Frankfurt a. M.: Campus.

BZgA (Bundeszentrale für gesundheitliche Aufklärung) (Hrsg.) (2001). *Peer Education – ein Handbuch für die Praxis*. Köln: BZgA.

Casny, P. (2012). *Zukunft der Europäischen Integration – Wahrheiten über Europa*. Hamburg: Verlag Kovacz.

Chalofsky, N. E., Rocco, T. S., & Morris, M. L. (Hrsg.) (2014). *Handbook of human resource development*. Hoboken, New Jersey: Wiley.

Charlton, M, Käppler, C., & Wetzler, H. (2013). *Einführung in die Entwicklungspsychologie*. Weinheim, Basel: Beltz.

Choi, F. (2012). Elterliche Erziehungsstile in sozialen Milieus. In: U. Bauer, U. H. Bittlingmayer & A. Scherr (Hrsg.) *Handbuch Bildungs- und Erziehungssoziologie*, S. 929–946. Wiesbaden: Springer VS.

Claessens, D. (1962). *Familie und Wertesystem. Eine Studie zur zweiten sozio-kulturellen Geburt des Menschen und zur Belastbarkeit der Familie*. Berlin: Dunker & Humblot.

Claußen, B., & Geißler, R. (Hrsg.) (1996). *Die Politisierung des Menschen. Instanzen politischer Sozialisation. Ein Handbuch*. Opladen: Leske + Budrich.

Condrau, F. (2005). *Die Industrialisierung in Deutschland (Kontroversen um die Geschichte)*. Darmstadt: WBG (Wissenschaftliche Buchgesellschaft).

Conwell, B., Laumann, E. O., & Schlumm, L. P. (2008). The social connectedness of older adults. A national profile. *American Sociological Review* 73 (2): 185–203.

Creutzfeld, P. (2004). *Die gesunde Organisation. Grundlagen, Konzepte, Praxis.* Saarbrücken: VDM Verlag Dr. Müller.

Crouch, C. (2008). *Postdemokratie.* Frankfurt a. M.: Suhrkamp.

Crouch, C. (2011). *Das befremdliche Überleben des Neoliberalismus. Postdemokratie II.* Frankfurt a. M.: Suhrkamp.

Czerny, S. (2010). *Was wir unseren Kindern antun: … und wie wir das ändern können.* München: Südwest Verlag.

Czerwick, E. (Hrsg.) (2013). *Politische Kommunikation in der Demokratie der Bundesrepublik Deutschland.* Wiesbaden: Springer VS.

Dabrok, P. (2012). *Befähigungsgerechtigkeit. Ein Grundkonzept konkreter Ethik in fundamentaltheologischer Perspektive.* Gütersloh: Gütersloher Verlagshaus.

Dahl, R. A. (2000). *On democracy.* New Haven, London: Harvard University Press.

Dahlke, R. (2014). *Woran krankt die Welt? Moderne Mythen gefährden unsere Zukunft.* München: Goldmann (Riemann, E-Books).

Dahm, D. (2002). Zukunftsfähige Lebensstile – städtische Subsistenz für mehr Lebensqualität. Diss.: Universität Köln. www.kups.ub.uni-koeln.de/1091/ (Zugriff: 12.11.2015).

Dahme, H.-J. (2005). Die Architektur des neuen Sozialstaats und die Rolle der sozialen Arbeit. In: Bundesarbeitsgemeinschaft Jugendsozialarbeit (Hrsg.), *Dokumentation der Tagung „Jugendsozialarbeit im Spannungsfeld aktueller Arbeitsmarktpolitik",* S. 30–36. Bonn.

Dahme, H.- J., & Wohlfahrt, N. (2005). Aktivierender Staat. Ein neues sozialpolitisches Leitbild und seine Konsequenzen für die soziale Arbeit. *Neue Praxis* 323:10–32.

DAK (Deutsche Angestelltenkrankenkasse) (Hrsg.) (2014). Gesundheitsreport 2014. Die Rushour des Lebens. Gesundheit im Spannungsfeld von Job, Karriere und Familie. https://www.dak.de/dakonline/live/dak/download/Vollständiger_bundesweiter_Gesundheitsreport_2 (Zugriff: 24.01.2017).

Dallinger, U. (2016). *Sozialpolitik im internationalen Vergleich.* Konstanz, München: UVK Verlagsgesellschaft.

Depkat, V. (2007). *Geschichte Nordamerikas. Eine Einführung.* Stuttgart: UTB.

Deppe, F. (2013). *Autoritärer Kapitalismus. Demokratie auf dem Prüfstand.* Hamburg: VSA Verlag.

Deppe, F. (2015). *Der Staat.* Köln: PapyRossa Verlag.

Deppe, H.-U. (2002). *Zur sozialen Anatomie des Gesundheitssystems. Neoliberalismus und Gesundheitspolitik in Deutschland.* Hamburg: VSA Verlag.

Deppe, H.-U., & Burkhardt, W. (Hrsg.) (1999). *Solidarische Gesundheitspolitik. Alternativen zur Privatisierung und Zwei Klassen Medizin.* Hamburg: VSA Verlag.

Detterbeck, K. (2002). *Der Wandel politischer Parteien in Westeuropa. Eine Untersuchung von Organisationsstrukturen, politischer Rolle und Wettbewerbsverhalten von Großparteien in Dänemark, Deutschland, Großbritannien und der Schweiz.* Opladen: Leske + Budrich.

Dettling, D., & Schüle, C. (Hrsg.) (2009). *Minima Moralia der nächsten Gesellschaft. Standpunkte eines neuen Generationenvertrags.* Wiesbaden: Springer VS.

Deufel, K., & Wolf, M. (Hrsg.) (2003). *Ende der Solidarität? – Die Zukunft des Sozialstaats*. Freiburg i. Brsg.: Herder.

DGPH (Deutsche Gesellschaft für Public Health) (Hrsg.) (2013). Stellungnahme der Deutschen Gesellschaft für Public Health zum Referentenentwurf des BMG für ein Gesundheitsförderungs- und Präventionsgesetz. www.deutsche-gesellschaft-für-public–health.de (Zugriff: 08.08.2015).

DIW (Deutsches Institut für Wirtschaftsforschung) (Hrsg.) (2010). *SOEPMonitor 1984 – 2009. Zeitreihen zur Entwicklung ausgewählter Indikatoren zu zentralen Lebensbereichen*. Köln.

Dewe, B., & Otto, H.-U. (2012). Reflexive Sozialpädagogik. Grundstrukturen eines neuen Typ dienstleistungsorientierten Professionshandelns. In: W. Thole (Hrsg.), *Grundriss Soziale Arbeit*, S. 197–217. Wiesbaden: VS Verlag für Sozialwissenschaften.

Dewey, J. (2004). *Demokratie und Erziehung*. Weinheim: Beltz.

Diefenbacher, H., Held, B., Rodenhäuser, D., & Zieschank, R. (2013) *NWI 2.0 – Weiterentwicklung und Aktualisierung des Nationalen Wohlfahrtsindex*. Heidelberg/Berlin: FEST/FFU.

Diendörfer, G. et al. (2008). *Abschlussbericht der ExpertInnengruppe „Innovative Demokratie"*. Wien: Demokratiezentrum Wien.

Diller, A., & Schelle, R. (2009). *Von der Kita zum Familienzentrum*. Freiburg i. Brsg.: Herder.

Dinzelbacher, P. (2006). *Das fremde Mittelalter: Gottesurteil und Tierprozess*. Essen: Magnus Verlag.

Dinzelbacher, P. (Hrsg.) (2008). *Europäische Mentalitätsgeschichte*. Stuttgart: Alfred Kröner Verlag.

Dippelhofer-Stiem, B. (2008). *Gesundheitssozialisation. Theoretische und empirische Analysen zur Genese des subjektiven Gesundheitsbildes*. Weinheim, München: Juventa.

Dobner, P. (2007). *Neue soziale Frage und Sozialpolitik*. Wiesbaden: VS Verlag für Sozialwissenschaften.

Dobrick, M. (2012). *Demokratie in Kinderschuhen. Partizipation & Kitas*. Göttingen: Vandenhoeck & Ruprecht.

Dreitzel, H. P. (1988). *Die gesellschaftlichen Leiden und das Leiden an der Gesellschaft*. München: Deutscher Taschenbuch Verlag.

Duden, A. (2015). *Lernen in Organisationen. Lernen – Organisation – Führung – Kommunikation*. Berlin: Wissenschaftlicher Verlag Berlin.

Dür, W., & Felder-Puig, R. (Hrsg.) (2011). *Lesebuch schulische Gesundheitsförderung*. Bern: Hans Huber.

Dunn, J. (2005). *Setting the people free. The story of democracy*. London: Atlantic Press.

Dworkin, R. (2012). *Gerechtigkeit für Igel*. Berlin: Suhrkamp Insel.

Eberle, G. (2002). Prävention in der gesetzlichen Krankenversicherung. In: S. Stöckel & U. Walter (Hrsg.), *Prävention im 20. Jahrhundert*, S. 237–249. Weinheim, München: Juventa.

Ecarius, J. et al. (2011). *Jugend und Sozialisation*. Wiesbaden: VS Verlag für Sozialwissenschaften.

Eckart, W. U., & Jütte, R. (2007). *Medizingeschichte. Eine Einführung*. Köln, Weimar,Wien: Böhlau Verlag (UTB).

Edeling, T., Jann, W., & Wagner, D. (Hrsg.) (2007). *Modern Governance. Koordination und Organisation zwischen Konkurrenz, Hierarchie und Solidarität.* Wiesbaden: VS Verlag für Sozialwissenschaften.

Ehrenberg, A. (2011). *Das Unbehagen in der Gesellschaft.* Berlin: Suhrkamp.

Elias, N. ([1939] 1976). *Über den Prozess der Zivilisation. Soziogenetische und psychogenetische Untersuchungen.* Bd. 1. Frankfurt a. M.: Suhrkamp.

Elias, N. (1982). *Die Einsamkeit des Sterbenden in unseren Tagen.* Frankfurt a. M.: Suhrkamp.

Elsner, G., Gerlinger T., & Stegmüller, K. (Hrsg.) (2004). *Markt vs. Solidarität. Gesundheitssystem im deregulierten Kapitalismus.* Hamburg: VSA Verlag.

Empowerment.de (2015). Potentiale Nutzen. Socialnet GmbH (Hrsg.) www.empowerment.de/grundlagen/pb.hmtl (Zugriff: 02.2016).

Engartner, T., & Krisanthan; B. (2014). WestEnd. *Neue Zeitschrift für Sozialforschung* 11 (2): 141–154.

Engels, F. ([1845] 1972). *Die Lage der arbeitenden Klasse in England.* Marx-Engels-Werke (MEW) Band 2, S. 225–506. Berlin: Karl Dietz Verlag.

Engels, F. ([1884] 1975). *Der Ursprung der Familie, das Privateigentum und der Staat.* In: Karl Marx, Friedrich Engels Werke (MEW), Bd. 21, S. 30–173. Berlin: Karl Dietz Verlag.

Enquete-Kommission des Deutschen Bundetags (2013). *Wachstum, Wohlstand, Lebensqualität – Wege zu nachhaltigem Wirtschaften und gesellschaftlichem Fortschritt in der sozialen Marktwirtschaft. Schlussbericht (2013).* Bundeszentrale für politische Bildung, Bd. 1419: Bonn.

Erdmann, G., & Kneuer, M. (Hrsg.) (2011). Regression of Democracy? Wiesbaden: VS Verlag für Sozialwissenschaften.

Erikson, E. H. ([1959] 1979). *Identität und Lebenszyklus.* Frankfurt a. M.: Suhrkamp.

Erhard, L. (2009). *Wohlstand für alle* (bearb. von W. Langer). Köln: Anaconda.

Erikson, E. H. ([1959] 1979). *Identität und Lebenszyklus.* Frankfurt a. M.: Suhrkamp.

Esser, H. (1999). Können Befragte Lügen? Zum Konzept der „wahren Werte" im Rahmen der handlungstheoretischen Erklärung von Situationseinflüssen bei der Befragung. *Kölner Zeitschrift für Soziologie und Sozialpsychologie* 38 (3): 14–336.

Evers, A., & Heinze, R. G. (Hrsg.) (2008). *Sozialpolitik. Ökonomisierung und Entgrenzung.* Wiesbaden: VS Verlag für Sozialwissenschaften.

Ewers, M., & Schaeffer, D. (2005). *Am Ende des Lebens. Versorgung und Pflege von Menschen in der letzten Lebensphase.* Bern: Hans Huber.

Faltermaier, T. (2005). *Gesundheitspsychologie.* Göttingen, Stuttgart: Kohlhammer.

Felber, C. (2008). *Neue Werte für die Wirtschaft. Eine Alternative zu Kommunismus und Kapitalismus.* Wien: Deuticke im Paul Zolnay Verlag.

Felber, C. (2014). *Gemeinwohl-Ökonomie. Das Wirtschaftsmodell der Zukunft.* Coesfeld: Deuticke.

Fetzer, J. (2008). Gesundheit – Zukunftstechnologie und Wachstumsmärkte. Welche ethischen Maßstäbe gelten? In: V. Schumpelick & B. Vogel (Hrsg.), *Innovation im Gesundheitswesen,* S. 79–91. Freiburg i. Brsg.: Herder.

Ferber, v. C. (1971). *Gesundheit und Gesellschaft Haben wir eine Gesundheitspolitik?* Stuttgart: Kohlhammer.

Ferber, v. C. (1973). Medizin und Sozialstruktur. In: G. Albrecht (Hrsg.), *Soziologie*, S. 601–628. Opladen: Westdeutscher Verlag.

Ferchhoff, W. (2010). Form und Wandel des Politikverständnisses in Jugendkulturen. In: M. M. Jansen & C. Welniak (Hrsg.), *Politik am Ende oder Ende der Politik?*, S. 5–26, Polis. Schriftenreihe der Hessischen Zentrale für politische Bildung.

Festinger, L. ([1957] 2012). *Theorie der kognitiven Dissonanz.* Bern: Hans Huber.

Fischer, J. (2009). *Philosophische Anthropologie. Eine Denkrichtung des 20. Jahrhunderts.* Freiburg/München: Karl Alber Verlag (Studienausgabe).

Fischer, W. (1982). *Armut in der Geschichte: Erscheinungsformen und Lösungsversuche der „Sozialen Frage" in Europa seit dem Mittelalter.* Göttingen: Vandenhoeck & Ruprecht.

Fischer, C., & Gießkammer, R. (2013). Mehr als nur weniger. Suffizienz, Begriff, Begründung und Potenziale. Freiburg i. Brsg./Darmstadt/Berlin, Ökoinstitut e. V. www.oeko.de/oecodoc/1836/2013-505-de.pdf. (Zugriff: 17.04.2016).

Fischer, T., & Ziegenspeck, J. W. (2008). *Erlebnispädagogik. Grundlagen des Erfahrungslernens. Erfahrungslernen in der Kontinuität der historischen Erziehungsbewegung.* Bad Heilbrunn: Klinkhardt.

Flötmann, H. B. (2005). *Angst. Ursprung und Überwindung.* Stuttgart: Kohlhammer.

Foucault, M. ([1963] 1999). *Geburt der Klinik.* Frankfurt a. M.: Fischer Taschenbuch Verlag.

Frank, S. (2010). *Elternbildung – ein kompetenzstärkendes Angebot für Familien. Effektivität der Intervention „Starke Eltern- starke Jugend".* München: Herbert Utz Verlag.

Franke, A. (2006). Modelle von Gesundheit und Krankheit. Bern et al.: Hans Huber.

FAZ (Rhein-Main, Frankfurter Allgemeine). (2016). Schulsystem aus dem Gleichgewicht (M. Trautsch) www.faz.net/aktuell/rhein-main/hessen/schulsystem-in-hessen-aus-dem-gleichgewicht-13545 (Zugriff: 01.02. 017).

Franzkowiak, P. (1986). Kleine Freuden, kleine Fluchten. In: E. Wenzel (Hrsg.), *Ökologie des Körpers*, S. 121–174. Frankfurt a. M.: Suhrkamp.

Franzkowiak, P., & Wenzel, E. (2005). Gesundheitserziehung und Gesundheitsförderung. In: H.-U. Otto (Hrsg.), *Handbuch der Sozialarbeit/Sozialpädagogik*, S. 1200–1204. Neuwied: Luchterhand.

Freidson, E. (1979). *Der Ärztestand. Berufs- und Wissenssoziologische Durchleuchtung einer Profession.* Stuttgart: Enke.

Freitag, C. (2013). Aspekte der Glücksforschung in der Elementarstufe: Liebesfähigkeit macht Kinder glücklich. www.kindergartenpädagogik.de/229g.html (Zugriff: 15.04.2016).

Freud, S. ([1930] 1994). *Das Unbehagen in der Kultur und andere kulturtheoretische Schriften.* Frankfurt a. M.: S. Fischer.

Freud, S. ([1936] 1982). Das Ich und das Es. In: S. Freud, *Psychologie des Unterbewussten.* Studienausgabe, Bd. III, S. 273–325 Frankfurt a. M.: S. Fischer Verlag.

Friebertshäuser, B., Rieger-Ladich, M., & Wigger, L. (2006). Reflexive Erziehungswissenschaft. Stichworte zu einem Programm. In: B. Frieberhäuser, M. Rieger-Ladich & L. Wigger (Hrsg.), *Reflexive Erziehungswissenschaft*, S. 9–21. Wiesbaden: VS Verlag für Sozialwissenschaften.

Fritz-Schubert, E. (2008). *Schulfach Glück. Wie ein Fach die Schule verändert.* Freiburgs im Brsg.: Herder.

Fröhlich-Gildhoff, K., & Rönnau-Böse, M. (2009). *Resilienz*. München: Reinhardt Verlag.

Fromm, E. ([1941] 1993). *Die Furcht vor der Freiheit*. München: Deutscher Taschenbuchverlag (dtv).

Fromm, E. ([1955] 2003). *Wege aus einer kranken Gesellschaft. Eine sozialpsychologische Untersuchung*. München: Deutscher Taschenbuchverlag (dtv).

Fromm, B., Baumann, E., & Lampert, C. (2010). *Gesundheitskommunikation und Medien*. Stuttgart: Kohlhammer.

Fthenakis, W. E., & Minsel, B. (2002). *Die Rolle des Vaters in der Familie*. Bundesministerium für Familie, Senioren und Jugend (Hrsg.). Stuttgart: Kohlhammer.

Gabriel, K., Jäger, W., & Hoff, G. M. (Hrsg.) (2011). *Alter und Altern als Herausforderung*. München, Freiburg: Verlag Karl Albert.

Gadamer, H.-G. (2003). *Über die Verborgenheit der Gesundheit. Aufsätze und Vorträge*. Frankfurt a. M.: Suhrkamp.

Gaddis, J. L. (2007). *Der kalte Krieg. Eine neue Geschichte*. München: Siedler.

Galuske, M., & Rietzke, T. (2008). Aktivierung und Ausgrenzung – aktivierender Sozialstaat, Harz-Reformen und Folgen für Sozialarbeit und Jugendhilfe. In: R. Anhorn, F. Bettinger & J. Stehr (Hrsg.), *Sozialer Ausschuss und Soziale Arbeit*, S. 399–416. Wiesbaden: VS Verlag für Sozialwissenschaften.

Gardener, H. (2006). *Changing Minds. The Art and Science of Changing Our Own and Other People's Minds*. Boston: Harvard Business Review Press.

Gardener, H, Csikszentmihalyi, M., & Damon, W. (2005). *Good work! Für eine neue Ethik im Beruf*. Stuttgart: Klett-Cotta.

Gault, F. (Hrsg.) (2013). *Handbook of innovation indicators and measurement*. Chaltenham, Northampton: Edward Elgar Publishing.

Gehlen, A. (1940). *Der Mensch. Seine Natur und seine Stellung in der Welt*. Berlin: Junker und Dünnhaupt.

Geißel, B. (2011). *Kritische Bürger. Gefahr oder Ressourcen für die Demokratie*. Frankfurt a. M.: Campus.

Geißler, H. (1976). *Die neue soziale Frage. Analysen und Dokumente*. Freiburg i, Brsg.: Herder.

Gerhard, U. (1986). *Patientenkarrieren*. Frankfurt a. M.: Suhrkamp.

Gerlinger, T., & Stegmüller, K. (2009). Ökonomisch-rationelles Handeln als normatives Leitbild der Gesundheitspolitik. In: U. H. Bittlingmayer, D. Sahrai 6 P.-E. Schnabel (Hrsg.), *Normativität und Public Health*, S. 135–161. Wiesbaden: VS Verlag für Sozialwissenschaften.

Gershon, D., & Straub, G. (2011). *Empowerment. The art of creating your life as you want it*. New York, London: Sterling Publishing.

Geulen, D. ([1971] 1988). *Das vergesellschaftete Subjekt. Zur Grundlegung der Sozialisationstheorie*. Frankfurt a. M.: Suhrkamp.

Gilomen, H.- J. (2014). *Wirtschaftsgeschichte des Mittelalters*. München: C. H. Beck.

Glotz, P. (1987). *Die Arbeit der Zuspitzung. Über die Organisation einer regierungsfähigen Linken*. München: Siedler Verlag.

Glasser, B. (2010). *The culture of fear: Why Americans are afraid oft he wrong things*. New York/NY: Basic Books.

Göckenjan, G. (1985). *Kurieren und Staat machen. Gesundheit und Medizin in der bürgerlichen Gesellschaft*. Frankfurt a. M.: Suhrkamp.

Göhlich, M., & Zierfas, G. (2007). *Lernen. Ein pädagogischer Grundbegriff.* Stuttgart: Kohlhammer.

Göpel, E. (1989). Gesundheit oder die solidarische Suche nach einem Leben jenseits von Markt und Plan. *Widersprüche 30*: 19–29.

Goffman, E. (1967,1971). *Interaktionsrituale. Über Verhalten in der Kommunikation.* Frankfurt a. M.: Suhrkamp.

Goldschmidt, W., Lösch, B., & Reitzig, J. (Hrsg.) (2009). *Freiheit, Gleichheit, Solidarität. Beiträge zur Dialektik der Demokratie.* Bern et al.: Peter Lang.

Grabka, M. M., & Westermeier, C. (2014). Anhaltend hohe Vermögensungleichheit in Deutschland. *DIW Wochenbericht* Nr. 9: 151–164.

Gramelt, K. (2010). *Der Anti-Bias-Ansatz. Zu Konzept und Praxis für den Umgang mit kultureller Vielfalt.* Wiesbaden: VS Verlag für Sozialwissenschaften.

Grassmann, O, & Friesike, S. (2012). *33 Erfolgsprinzipien der Innovation.* München: Carl Hanser Verlag.

Grebing, H. (2007). *Geschichte der Arbeiterbewegung – Von der Revolution 1848 bis ins 21. Jahrhundert.* Berlin: Vorwärts.

Greenhaigh, T., & Hurwitz, B. (2005). *Narative based medicine – Sprechende Medizin. Dialog und Diskurs.* Bern: Hans Huber.

Grell, J. (2001). *Techniken des Lehrerverhaltens.* Weinheim, Basel: Beltz.

Gröll, F. (2011). *Von der Finanzkrise zur solidarischen Gesellschaft. Visionen einer neuen Wirtschaftsordnung für Gerechtigkeit. Zukunftsfähigkeit und Frieden.* Hamburg: VSA Verlag.

Groh-Samberg, O. (2009). *Armut, soziale Ausgrenzung und Klassenstruktur. Zur Integration multidimensionaler und längsschnittlicher Perspektiven.* Wiesbaden: VS Verlag für Sozialwissenschaften.

Gronemeyer, R. (1989). *Die Entfernung vom Wolfsrudel. Über den drohenden Krieg der Jungen gegen die Alten.* Düsseldorf: Claassen Verlag.

Grossmann, R., & Scala, K. ([1994] 2006). *Gesundheit durch Projekte fördern. Ein Konzept zur Gesundheitsförderung durch Organisationsentwicklung und Projektmanagement.* Weinheim: Beltz Juventa.

Grote, S. (Hrsg.) (2012). *Die Zukunft der Führung.* Berlin, Heidelberg: Springer Gabler.

Güldenberg, S. (2001). *Wissensmanagement und Wissenscontrolling in lernenden Organisationen. Ein systemtheoretischer Ansatz.* Wiesbaden: Springer.

Güller, M. (2013). *Nichtwähler in Deutschland.* Eine Studie im Auftrag der Friedrich-Ebert-Stiftung. Berlin: Forsa Forum.

Guzman Bouvard, M. (1994). *Revolutionizing Motherhood. The Mothers of the Plaza de Mayo.* Langham et al.: Rowman & Littlefield Publishers.

Haberer, J. (2002). *Öffentlich Trauern. Zur öffentlichen Inszenierung von Tod und Sterben. Praktische Theologie* 03(37): 196–199.

Habermas, J. (1981a). *Theorie kommunikativen Handelns.* Frankfurt a. M.: Suhrkamp.

Habermas, J. (1981b). *Theorie kommunikativen Handelns, Bd. 2: Zur Kritik der funktionalistischen Vernunft.* Frankfurt a. M.: Suhrkamp.

Habermas, J. (2012). Ach, Europa: die Krisenverursacher kassieren die Gewinne, und die Bürger zahlen die Zeche. *Die Zeit*, 34. www.zeit.de/2012/37/Habermas-Krise-Europa-Rede-Georg-Zinn-Preis (Zugriff: 22.07.2015).

Habermas, J. (2013). Demokratie oder Kapitalismus? In: J. Habermas,. *Im Sog der Techno-kratie. Kleine politische Schriften XII*, S. 138–157. Frankfurt a. M.: Suhrkamp.

Habersack, M. (2009). Kein Weg vom Verhalten zu den Verhältnissen, kein Weg vom Individuum zur Struktur. In: U. H. Bittlingmayer, D. Sahrai & P.-E. Schnabel (Hrsg.), *Normativität und Public Health*, S. 163–182. Wiesbaden: VS Verlag für Sozialwissenschaften.

Habich, R. (1999). Sozialberichterstattung und sozialer Wandel. Wohlfahrtsentwicklung im Zeitverlauf. Objektive und subjektive Indikatoren für die Bundesrepublik Deutschland. WZB-Open Access digital copies. www.econstor.eu/bitstream/104219/112232/1/207765.pdf (Zugriff: 09.01.2016).

Hackstock, R. (2014). *Energiewende: Die Revolution hat schon begonnen*. Wien: Kremayr & Scheriau.

Hahne, P. (2001). *Die Macht der Manipulation. Über Menschen, Medien und Meinungsmacher*. Holzgerlingen: Haenssler Verlag.

Haller, M. (2009). *Die Europäische Integration als Eliteprozess. Das Ende eines Traums?* Wiesbaden: VS Verlag für Sozialwissenschaften.

Hardt, M., & Negri, A. (2013). *Demokratie. Für was wir kämpfen*. Frankfurt a. M.: Campus.

Harrison, T. (2010). *Imperien der Antike*. Mainz: Verlag Philipp von Zabern.

Hartmann, M. (2013). *Soziale Ungleichheit. Kein Thema für Eliten?* Frankfurt a. M.: Campus.

Hartung, G. (2008). *Philosophische Anthropologie*. Stuttgart: Reclam.

Harvey, D. (2014). *Siebzehn Widersprüche und das Ende des Kapitalismus*. Berlin: Ullstein.

Hasseler, M., & Meyer, M. (2006). *Prävention und Gesundheitsförderung – Neue Aufgaben in der Pflege. Grundlagen und Beispiele*. Hannover: Schlütersche Verlags GmbH.

Hayek, v. F. A. ([1960] 1991). *Die Verfassung der Freiheit*. Tübingen: Mohr-Siebeck.

Heckmair, B., & Michl, W. (2004). *Erleben und Lernen: Einführung in die Erlebnispädagogik*. München: Ernst Reinhardt Verlag.

Hegel, G. W. F. ([1821] 1970). Grundlinien der Philosophie des Rechts. E. Moldenhauer & K. E. Michel (Hrsg.), *Georg Wilhelm Friedrich Hegel. Werk in 20 Bänden*, Bd. 7. Frankfurt a. M.: Suhrkamp.

Heilinger, J.-C. (2010). *Anthropologie und Ethik des Enhancements*. Berlin, New York: de Gruyter.

Heim, C., & Meinlschmidt, G. (2003). Biologische Grundlagen. In: V. Ehlert (Hrsg.), *Verhaltensmedizin*, S. 17–94. Berlin: Springer.

Heinrichs, J. (2003). *Revolution der Demokratie. Eine Realutopie für die schweigende Mehrheit*. Berlin: Maas.

Heisterhagen, N. (2015). Die Digitalisierung braucht eine soziale Agenda. *Handelsblatt*, 27. April. www.handelsblatt.com/technik/vernetzt/zukunft-der-arbeit-digitalisierung-braucht-eine-soziale-agenda/168834 (Zugriff: 25.06.2015).

Heitmeyer, W. (Hrsg.) (2002–2011). *Deutsche Zustände*. Frankfurt a. M.: Suhrkamp.

Helliwell, J., Layard, R., & Sachs, J. (Hrsg.) (2015). World Happiness Report 2015. http://www.theglobeandmail.com/news/national/article24073928.ece/BINARY/World+Happiness+Report.pdf (Zugriff: 04.04.2016).

Henke, K.-D. (2001). *Revolution und Vereinigung 1989/1990: Als in Deutschland die Revolution die Phantasie überholte.* München: C. H. Beck.

Hentig, v. H. (1993). *Die Schule neu denken – eine Übung praktischer Vernunft. Eine zornige, aber nicht eifernde, eine radikale, aber nicht utopische Antwort auf Hoyerswerda und Mölln, Rostock und Solingen.* München: Hanser.

Herriger, N. (2014). Empowerment in der Soziale Arbeit. Stuttgart. Kohlhammer.

Hess, S. (2016). *Überleben in der Informationsflut. So behalten Sie die Kommunikation im Griff.* München: Redline Verlag.

Hettlage, R., & Vogt, L. (Hrsg.) (2000). *Identitäten in der modernen Welt.* Wiesbaden: VS Verlag für Sozialwissenschaften.

Heuer, U., Batzat, T. & Meisel, K. (Hrsg.) (2001). *Neue Lehr- und Lernmethoden in der Erwachsenenbildung.* Bielefeld. Bertelsmann Verlag.

Heußner, H. (2009). *Mehr direkte Demokratie wagen. Volksentscheid und Bürgerentscheid. Geschichte – Praxis – Vorschläge.* München: Olzog Verlag.

Heydorn, H.-J. (1995). *Werke Bd. 3. Bildungstheoretische und pädagogische Schriften. Über den Widerspruch von Bildung und Herrschaft.* Vaduz/Lichtenstein: Topos-Verlag.

Hidalgo, O. (2014). *Antinomien der Demokratie.* Frankfurt a. M., New York: Campus.

Hilbert, J. (2010). *Gesundheitswirtschaft – Innovationen für mehr Lebensqualität als Motor für Arbeit und Wettbewerbsfähigkeit.* In: Institut Arbeit und Technik. Jahrbuch 2010: S. 10–24.

Himmelmann, G. (2004). *Demokratie lernen. Ein Lehr- und Arbeitsbuch.* Schwalbach: Wochenschau Verlag.

Hobbes, T. ([1651] 2011). *Leviathan, oder Stoff, Form und Gewalt eines kirchlichen und bürgerlichen Staates, Teile I und II* (übersetzt von Euchner W., herausgegeben und eingeleitet von Waas L). Frankfurt a. M.: Suhrkamp.

Hofer, M., Wild, E., & Noack, P. (Hrsg.) (2005). *Lehrbuch Familienbeziehungen. Eltern und Kinder in der Entwicklung.* Göttingen: Hogrefe.

Hochschulen für Gesundheit e. V. (Hrsg.). Blog www.blog.hochges.de (Zugriff: 29.09.2015)

Hoff, E. (1981). Sozialisation als Entwicklung der Beziehung zwischen Person und Umwelt. *Zeitschrift für Sozialisationsforschung und Erziehungssoziologie* 1: 107–138.

Höffe, O. (2011). *Ist die Demokratie zukunftsfähig?* München: C. H. Beck.

Höfer, M. A. (2013). *Vielleicht will der Kapitalismus gar nicht, dass wir glücklich sind.* München: Knaus.

Hofbauer, H. (2014). *Die Diktatur des Kapitals. Souveränitätsverlust im postdemokratischen Zeitalter.* Wien: Promedia.

Homann, K., & Lütge, C. (2005). *Einführung in die Wirtschaftsethik.* Münster: LIT Verlag.

Hoffmeister, C. (2013). *Digitale Geschäftsmodelle richtig einschätzen.* München: Carl Hanser Verlag.

Honnacker, A. (2015). Demokratie braucht Streit. *Die Tagespost* Nr. 37.

Hopf, C. (2005). *Frühe Bindung und Sozialisation. Eine Einführung.* Weinheim, München: Juventa.

Hopkins, R. (2013). *The power of just doing stuff. How local action can change the world.* Cambridge: University Press.

Horkheimer, M., Fromm, E., & Marcuse, H. (1936). *Studien über Autorität und Familie.* Paris: Alcan.

Hornung, B. (2015). *Wie man wirklich glücklicher wird und es dauerhaft bleibt. Glücks-wirtschaft Bd. 1.* München: Institut für Glücksforschung.

Hradil, S. (2005). *Soziale Ungleichheit in Deutschland.* Wiesbaden: VS Verlag für Sozial-wissenschaften.

Hüther, G. (2011). *Was wir sind und was wir sein könnten: Ein neurobiologischer Mut-macher.* Frankfurt a. M.: S. Fischer.

Hurrelmann, K. (1988). *Sozialisation und Gesundheit. Somatische, psychische und soziale Risikofaktoren im Lebenslauf.* Weinheim, München: Juventa.

Hurrelmann, K. (2002a). *Einführung in die Sozialisationstheorie.* Weinheim, Basel: Beltz.

Hurrelmann, K. (2002b). Die 10–15 Jährigen eine unbekannte Zielgruppe. In: *Inter-nationales Zentralinstitut für das Jugend- und Bildungsfernsehen* (TELEVIZION). www.br-online.de/Jugend/izi/text/hurrel.html (Zugriff: 31. 05. 2016).

Hurrelmann, K. (2006a). *Gesundheitssoziologie. Eine Einführung in sozialwissenschaft-liche Theorien von Krankheitsprävention und Gesundheitsförderung.* Weinheim, München: Juventa.

Hurrelmann, K. (2006b). Warum wir Elternschulen und Familienzentren brauchen. In: Biesinger A., Schweizer F. (Hrsg.), *Bündnis für Erziehung,* S. 103–112. Freiburg i. Brsg.: Herder.

Hurrelmann, K., & Ulich, D. (Hrsg.) (1980). *Handbuch der Sozialisationsforschung.* Wein-heim, Basel: Beltz.

Hurrelmann, K., & Richter, M. (Hrsg.) (2006). *Gesundheitliche Ungleichheit.* Wiesbaden: VS Verlag für Sozialwissenschaften.

Hurrelmann, K., & Richter, M. (2013). *Gesundheits- und Medizinsoziologie: Eine Ein-führung in die sozialwissenschaftliche Gesundheitsforschung.* Weinheim, Beltz Juventa.

Hurrelmann, K., & Baumann, E. (Hrsg.) (2014). *Handbuch Gesundheitskommunikation.* Bern: Hans Huber.

Hurrelmann, K., & Quenzel, G. (2013). *Lebensphase Jugend. Eine Einführung in die sozialwissenschaftliche Jugendforschung.* Weinheim, Basel: Beltz Juventa.

Hurrelmann, K., Klotz, T., & Haisch, J. (Hrsg.) (2010). *Lehrbuch Prävention und Gesund-heitsförderung.* Bern: Hans Huber.

Iben, G., Kemper, P., & Maschke, M. (Hrsg.) (1999). *Ende der Solidarität? Gemeinsinn und Zivilgesellschaft.* Münster: Lit Verlag.

IGM (Industrie Gewerkschaft Metall) (2009). *So wollen wir leben.* Institut für Angewandte Arbeitswissenschaft (ifaa) www.arbeitswelt.net/fileadmin/Redaktion/ Dokumente/09703-stellungnahme_sa_gutes_leben.pdf (Zugriff: 30.06. 2015).

Illich, I. ([1975] 2007). *Nemesis der Medizin – Kritik der Medizinalisierung des Lebens.* München: C. H. Beck.

Ipsos, N. (Hrsg.) (2015*). Gut leben in Deutschland? Geldsorgen und Zukunftsängste – Große Diskrepanzen in der Wohlstandsbilanz.* www.ipsos.de/publikationen-und-presse/ pressepublikationen/2015/gut-leben-in-deutschland (Zugriff: 20.07.2015).

Jackson, T. (2011). *Wohlstand ohne Wachstum. Leben und Wirtschaften in einer endlichen Welt.* München: oekom verlag.

Jaeggi, R. (2013).*Was (wenn überhaupt etwas) ist falsch am Kapitalismus? Drei Wege der Kapitalismuskritik.* Working Paper 01/2013 der DFG KollegforscherInnengruppe Post-wachstumsgesellschaft: Jena.

Jankowski, H., & Bohr-Jankowski, K. (Hrsg.) (2010). *Europa 2010 – Das Ende der Solidarität?* München: Herbert Utz Verlag.

Jensen, A. (2015). *Wir steigern das Bruttosozialglück. Von Menschen, die anders wirtschaften und besser leben.* Freiburg i. Brsg.: Herder.

Jensen, A., & Scheub, U. (2014). *Glücksökonomie. Wer teilt, hat mehr vom Leben.* München: oekom verlag.

Jirjahn, U. (2010). *Ökonomische Wirkungen der Mitbestimmung in Deutschland: Ein Update.* Hans-Böckler-Stiftung, www.boeckler-de./pdf/p_arbp_186.pdf (Zugriff: 13. 09. 2015).

Joas, H. (1999). *Die Entstehung der Werte.* Frankfurt a. M.: Suhrkamp.

Joas, H., & Kohli, M. (1993). *Der Zusammenbruch der DDR – soziologische Analysen.* Frankfurt a. M.: Suhrkamp.

Jonas, H. (1987). *Technik, Medizin und Ethik. Zur Praxis des Prinzips Verantwortung.* Frankfurt a. M.: Suhrkamp.

Joswig, H. (2003). *Phasen und Stufen der kindlichen Entwicklung. In: Das Familienhandbuch des Staatsinstituts für Frühpädagogik (IFP)* www.familienhandbuch.de/kindliche-entwicklung/allgemeine-entwicklung/phasen-und-stufen-in-der-kindlichen-entwicklung (Zugriff: 05. 03. 2016).

Jucknat, K., & Römmele, A. (2008). Professionalisierung des Wahlkampfs in Deutschland – Wie sprachen die Parteien ihre Wähler an? In: K. Grabow & P. Köllner (Hrsg.), *Parteien und ihre Wähler,* S. 167–176. St. Augustin: Konrad Adenauer Stiftung.

Jungmann, C. (2008). *Die Gesamtschule. Konzept und Erfolg eines neuen Schulmodells.* Münster: Waxmann Verlag.

Jungbauer-Gans, M. (2002). *Soziale Ungleichheit, Netzwerkbeziehungen und Gesundheit.* Wiesbaden: Westdeutscher Verlag.

Kaiser, S. (2007). *Lehren aus der Lehmann-Pleite. Wie die Finanzwelt die Politik erpresst.* Spiegel Online (Wirtschaft) www.spiegel.de/wirtschaft/soziales/leheren-aus-der-lehmann-pleite-wiedie-finanzwelt-die-politik-erpresst (Zugriff: 22.07.2015).

Kaiser, S, & Ringlstetter, M. (Hrsg.) (2010). *Work Life Balance. Erfolgversprechende Konzepte und Instrumente für Extremjobber.* Berlin, Heidelberg: Springer.

Kant, I (1784). Was ist Aufklärung? *Berlinische Monatsschrift;* 481–494.

Kant, I. ([1781] 1986). *Kritik der reinen Vernunft. Zweite Abteilung, zweites Buch, 3. Hauptabteilung: Das Ideal der reinen Vernunft.* Ditzingen: Reclam.

Kant, I. ([1785] 1977). Kategorischer Imperativ. In: W. Weischedel (Hrsg.), *Immanuel Kant- Werksausgabe, Bd. VII. Grundlegung zur Metaphysik der Sitten, 51.* Frankfurt a. M.: Suhrkamp.

Kant, I ([1789] 1964). *Vorrede zu „Anthropologie in pragmatischer Hinsicht, Ges. Werke Bd. IV.* Darmstadt: Wissenschaftliche Buchgesellschaft.

Kast, V. (2001). *Schatten in uns. Die subversive Lebenskraft.* Düsseldorf, Zürich: Walter.

Katzenmeier, K., & Bergdoldt, K. (Hrsg.) (2009). *Das Bild des Arztes im 21. Jahrhundert.* Heidelberg, London, New York: Springer.

Kaufmann, F.- X. (1986). Steuerungsprobleme der Sozialpolitik. In: G. Heinze (Hrsg.), *Neue Subsidiarität. Leitideen für eine künftige Sozialpolitik,* S. 39–63. Opladen: Westdeutscher Verlag.

Kaufmann, F.- X. (2009). *Sozialpolitik und Sozialstaat. Soziologische Analysen.* Wiesbaden: VS Verlag für Sozialwissenschaften.

Keil, S. I., & Thaidigsmann, S. I. (Hrsg.) (2013). *Zivile Bürgerschaft und Demokratie. Aktuelle Ergebnisse der empirischen Politikforschung*. Wiesbaden: Springer VS.

Keller, R. (2012). Der menschliche Faktor. In: R. Keller, W. Schneider & W. Viehöver (Hrsg.), *Diskurs-Macht-Subjekt*, S. 69–107. Wiesbaden: VS Verlag für Sozialwissenschaften.

Kern, S. (2002). *Führt Armut zur sozialen Isolation? Eine empirische Analyse mit Daten aus dem sozio-ökonomischen Panel*. Diss. Univ. Trier ub.dok.uni.trier.de/diss/dis39/200030217.pdf. (Zugriff: 09.01.2016).

Kern, T. (2008): *Soziale Bewegungen. Ursachen, Wirkungen, Mechanismen*. Wiesbaden: VS Verlag für Sozialwissenschaften.

Keupp, H. (2000). *Eine Gesellschaft von Ichlingen? Zum bürgerlichen Engagement von Heranwachsenden*. Sozialpsychologisches Institut der SOS-Kinderdörfer e. V.: München.

Keupp, H. (2010). *Gesellschaftliches Leiden und/oder das Leiden an der Gesellschaft*. Vortrag anlässlich des Symposiums „Wege aus einer erschöpften Gesellschaft", Tutzingen, d. 08. und 09. Dezember 2010 www.ip-münchen.de/texte/2010_keupp_pragdis_end.pdf (Zugriff: 11. 01. 2016).

Kirig, A. (2014). *Share-Caring. Die Demokratisierung der Medizin* (Reihe: Megatrend Gesundheit). Trend Update 02 www.zukunftsinstitut.de/artikel/share-caring-die-demokratisierung-der-medizin/ (Zugriff: 01. 06. 2015).

Kirsch, G. (2005). Angst und Furcht. Begleiterscheinungen der Freiheit. In: G. Kirsch (Hrsg.). *Angst vor Gefahren oder Gefahren durch Angst*, S. 97–111. Zürich: Verlag Züricher Zeitung.

Kitzler, A. (2012). *Wie lebe ich ein gutes Leben? Philosophie für Praktiker*. München: Droemer Knaur.

Klein, S. (2002). *Die Glücksformel*. Reinbek b. Hamburg: Rowohlt T.

Klemt-Kozinowski, G. (Hrsg.) (1984). *Die Frauen von der Plaza di Mayo*. Baden-Baden: Signal Verlag.

Kliche, T., Gesell, S., Nyenhuis, N., Bodansky, A., Deu, A., Linde, K., Neuhaus, M., Post, M., Weitkamp, K., Töppich, J., & Koch, U. (2008). *Prävention und Gesundheitsförderung in Kindertagesstätten. Eine Studie zu Determinanten, Verbreitung und Methoden für Kinder und Mitarbeiterinnen*. Weinheim, München: Juventa.

Klose, D., & Ladewig, M. (Hrsg.) (2009). *Freiheit im Mittelalter am Beispiel der Stadt*. Potsdam: Universitätsverlag.

Knesebeck, vd. O., & Schäfer, I. (2006). Gesundheitliche Ungleichheit im höheren Lebensalter. In: M. Richter & K. Hurrelmann (Hrsg.), *Gesundheitliche Ungleichheit*, S. 241–253. Wiesbaden: VS Verlag für Sozialwissenschaften.

Knoke, M. (2015). *Unis zwischen Partnerschaft und Abhängigkeit*. VDI Nachrichten www.vdi-nachrichten.com/Management-Karriere-Unis-Partnerschaft-Abhängigkeit (Zugriff: 27. 01. 2017).

Kocka, J. (1990). *Arbeitsverhältnisse und Arbeitexistenzen. Grundlagen der Klassenbildung im 19. Jahrhundert*. Bonn: Verlag J. H. W. Dietz Nachf.

Kocka, J. (2004). *Geschichte des Kapitalismus*. München: C. H. Beck.

Kocka, J., & Merkel, W. (2015). Kapitalismus und Demokratie. Kapitalismus ist nicht demokratisch und Demokratie ist nicht kapitalistisch. In: W. Merkel (Hrsg.), *Demokratie und Krise*, S. 307–337. Wiesbaden: Springer VS .

Kohlenberg, K., & Musharbash, Y. (2013). *Die gekaufte Wissenschaft*. Zeit Online, 32 www.Zeit.de/-2013/32/gekaufte-Wissenschaft (Zugriff: 27. 01. 2017).

Kolip, P., Nolting, H.-D., & Zich, K. (2011). *Faktencheck Kaiserschnitt. Kaiserschnitt-geburten-Entwicklung und regionale Verteilung*. Gütersloh: Bertelmannstiftung.

Kolle, O. (2008). *Ich bin so frei. Mein Leben*. Berlin: Rowohlt.

Konicz, T., & Rötzer, F. (2014). *Aufbruch ins Ungewisse. Auf der Suche nach Alternativen zur kapitalistischen Dauerkrise*. Hannover, München: Heise Zeitschriftenverlag.

Konietzka, D., & Kreyenfeld, M. (Hrsg.) (2007). *Ein Leben ohne Kinder. Ausmaß, Strukturen und Ursachen von Kinderlosigkeit*. Wiesbaden: VS Verlag für Sozialwissen-schaften.

Koppelin, F., & Babitsch, B. (2015). Die medizinische Soziologie und Public Health. *Public Health Forum* 25 (1): 12–14.

Koppetsch, C. (Hrsg.) (2011). *Nachrichten aus den Innenwelten des Kapitalismus. Zur Transformation moderner Subjektivität*. Wiesbaden: VS Verlag für Sozialwissen-schaften.

Kost, A. (2005). *Direkte Demokratie in den deutschen Ländern*. Wiesbaden: Springer VS.

Krappmann, L. (1993) *Soziologische Dimensionen der Identität. Strukturelle Bedingungen für die Teilhabe an Interaktionsprozessen*. Stuttgart: Klett.

Kreiß, C. (2015). *Gekaufte Forschung. Wissenschaft im Dienst der Konzerne*. Berlin, München, Wien: Europa Verlag.

Kremer, T. (2014). *Roboter als Chefs und kaum noch Festanstellungen*. Zeit-online, 6. Okt. www.zeit.de/karriere/beruf/2014-09/arbeit-zukunft-roboter (Zugriff: 01. 06. 2015).

Kröger, G., & Kliche, T. (2008). *Empowerment in Prävention und Gesundheitsförderung. Eine Konzeptkritische Bestandsaufnahme von Grundverständnissen, Dimensionen und Erhebungsproblemen*. Stuttgart: Thieme.Kröger.

Krüger, H.-H., & Grunert, C. (2002). *Handbuch Kindheits- und Jugendforschung*. Opladen: Leske + Budrich.

Krüger, D. C., Herma, H., & Schierbaum, A. (2013). *Familie(n) heute. Entwicklungen, Kontroversen, Prognosen*. Weinheim: Beltz Juventa.

Krüger, H.- H. (2012). *Einführung in Theorie und Methoden der Erziehungswissenschaft*. Opladen, Berlin: Verlag Barbara Budrich.

Krüger, H.-H., Rabe-Kleberg, U., Kramer, R.-T., & Budde, J. (Hrsg.) (2011). *Bildungs-ungleichheit revisited. Bildung und soziale Ungleichheit vom Kindergarten bis zur Hochschule*. Wiesbaden: Springer VS.

Küchenhoff, J., & Agarwalla, P. (2013). *Körperbild und Persönlichkeit*. Berlin, Heidelberg: Springer.

Kuhn, A. (2004). *Die deutsche Arbeiterbewegung*. Stuttgart: Reclam.

Kuhn, J., & Böcken, J. (Hrsg.) (2009). *Verwaltete Gesundheit. Konzepte der Gesundheits-berichterstattung in der Diskussion*. Frankfurt a. M.: Mabuse Verlag.

Kuhn, J., & Heyn, M. (Hrsg.) (2015). *Gesundheitsförderung durch den öffentlichen Gesundheitsdienst*. Bern: Hans Huber.

Kuhn, T. S. ([1962] 2001). *Die Struktur wissenschaftlicher Revolutionen*. Frankfurt a. M.: Suhrkamp.

Kühn, H. (2004). *Die Ökonomisierungstendenz in der medizinischen Versorgung*. In: G. Elsner, T. Gerlinger & K. Stegmüller (Hrsg.), Markt versus Solidarität, S. 25–41. Hamburg: VSA.

Kühn, H. et al. (2009). Präventionspolitik. Ein aktueller Rückblick auf eine frühe Diagnose. Hagen Kühn im Gespräch mit den Herausgebern. In: U. H. Bittlingmayer, D. Sahrai & P.-E. Schnabel (Hrsg.), *Normativität und Public Health*, S. 425–455. Wiesbaden: VS Verlag für Sozialwissenschaften.

Kühn, H., & Rosenbrock, R. ([1994] 2009): Präventionspolitik und Gesundheitswissenschaften. In: U. H. Bittlingmayer, D. Sahrai & P.-E. Schnabel (Hrsg.), *Normativität und Public Health*, S, 47–71. Wiesbaden: VS Verlag für Sozialwissenschaften.

Kuhlmann, C. (2013). *Erziehung und Bildung. Einführung in die Geschichte und Aktualität pädagogischer Theorien*. Wiesbaden: Springen VS.

Kurbjuweit, D. (2015). *Alternativlos? Merkel, die Deutschen und das Ende der Politik*. München: Carl Hanser Verlag.

Labisch, A. (1988). Medizin und soziale Kontrolle. Zum Verhältnis von Sozialgeschichte und Soziologie der Medizin am Beispiel neuerer Literatur aus der Bundesrepublik. *Dynamesis* 7/8: 427–445.

Labonte, R. (1993). *Health promotion & empowerment: Practice frameworks*. University of Toronto: Center for Health Promotion www.globalhealthequity.ca/electroniclibrary/LabonteHealthPromotionandEmpowermentReport.pdf (Zugriff: 13. 06. 2015).

Laewen, H.-J. (2002). Bildung und Erziehung in Kindertageseinrichtungen. In: H.-J. Laewen & B. Andres (Hrsg.), *Bildung und Erziehung in der frühen Kindheit*, S. 16–102. Weinheim: Beltz.

Lampert, T., Saß, A.-C., Häfelinger, M., & Ziese, T. (2005). *Beiträge zur Gesundheitsberichterstattung des Bundes. Armut, soziale Ungleichheit und Gesundheit. Expertise des Robert-Koch-Instituts zum 2. Armuts- und Reichtumsbericht der Bundesregierung*. Berlin: RKI.

Lampert, T., & Kroll, L. E. (2014). Soziale Unterschiede in der Mortalität und Lebenserwartung. *GBE Kompakt* 2 (5): 1–10.

Landeszentrale B. – W. (Landeszentrale für politische Bildung Baden-Württemberg) (2007). Bürgerliches Engagement. *Der Bürger im Staat*, H. 4 (57): 204–280.

Laszlo, H. (2008). *Glück und Wirtschaft (Happiness Economics). Was Wirtschaftstreibende und Führungskräfte über die Glücksforschung wissen*. Wien: Infothek-Verlag und Literaturwerkstatt.

Laverack, G. (2005). *Public Health. Power, empowerment and professional practice*. New York: Palgrave & Macmillan .

Leciejewski, K. (1991): Die sozialistische Ordnung der Wirtschaft – Erfahrungen und Konsequenzen. In: *Staat und Gesellschaft nach dem Scheitern des sozialistischen Experiments, Veröffentlichungen der Walter- Raymond-Stiftung, Band 31*. Köln.

Leggewie, C, & Sachße, C. (2008). *Soziale Demokratie, Zivilgesellschaft und Bürgertugenden*. Frankfurt a. M., New York: Campus.

Lenz, A., & Stark, W. (Hrsg.) (2002). *Empowerment: Perspektiven für psychosoziale Praxis und Organisation*. Tübingen: dgvt Verlag.

Lessenich, S. (2013). *Die Neuerfindung des Sozialstaats. Der Sozialstaat im flexiblen Kapitalismus*. Bielefeld: transscript Verlag.

Leufgen, M. (2012). *Von der Pflege zur Gesundheitspflege. Perspektivwechsel in Theorie und Praxis*. Lage: Lippe Verlag.

Lewin, B. (2003). *Commonsense rebellion. Taking back your life from drugs, shrinks, corporations, and a world gone crazy*. London u.a.: Bloomsbury Academic.

Liebscher, D. (2009). *Freude und Arbeit: zur internationalen Freizeit- und Sozialpolitik des faschistischen Italien und des NS-Regimes*. Köln: Böhlau/SH Verlag.

Litau, J., Walther, A., Warth, A., & Wey, S. (Hrsg.) (2016). *Theorie und Forschung zur Lebensbewältigung. Methodologische Vergewisserungen und empirische Befunde*. Weinheim, Basel: Beltz Juventa.

Liesner, A., & Lohmann, I. (Hrsg.) (2010). *Gesellschaftliche Bedingungen von Bildung und Erziehung. Eine Einführung*. Stuttgart: Kohlhammer.

Linz, M. (2012). *Weder Mangel noch Übermaß. Warum Suffizienz unentbehrlich ist*. München: ökom verlag.

Locke, J. (1689). *Two treatises of government*. London: Amen-Corner.

Lösch, B. (2005). *Deliberative Politik. Moderne Konzeptionen von Öffentlichkeit, Demokratie und politischer Partizipation*. Münster: Westfälisches Dampfboot.

Lösch, B. (2008). Die neoliberale Hegemonie als Gefahr für die Demokratie. In C. Butterwegge, B. Lösch & R. Ptak (Hrsg.), *Kritik des Neoliberalismus*, S. 221–283. Wiesbaden: VS Verlag für Sozialwissenschaften.

Lohmann, H., & Debatin, J. F. (Hrsg.) (2012). *Neue Ärzte braucht das Land? Innovationsbaustelle Ärzteausbildung*. Heidelberg: medhochzwei Verlag.

Loske, R. (2014). Jenseits der Wachstumsillusion. Das Beispiel der Energiewende. In: H. Welzer & K. Wiegandt (Hrsg.), *Wege aus der Wachstumsgesellschaft*, S. 141–157. Frankfurt a. M.: S. Fischer.

Lüdicke, J., & Diewald, M. (Hrsg.) (2007). *Soziale Netzwerke und soziale Ungleichheit: Zur Rolle von Sozialkapital in modernen Gesellschaften*. Wiesbaden: VS Verlag für Sozialwissenschaften.

Lüth, P. (1986). *Das Ende der Medizin? Entdeckung der neuen Gesundheit*. Stuttgart: dtv Verlag.

Luhmann, N. (1984). *Soziale Systeme. Grundriss einer allgemeinen Theorie*. Frankfurt a. M.: Suhrkamp.

Luhmann, N. (2002). *Das Erziehungssystem der Gesellschaft*. Frankfurt a. M.: Suhrkamp.

Luthe, E.-W. (Hrsg.) (2004). *Kommunale Gesundheitslandschaften*. Wiesbaden: Springer VS.

Maedows, D., Behrens, W., Maedows, D., Kail, R., Randers, J., & Zahn, E. (1974). *Dynamics of eponential growth in a finite world*. Cambridge/Mass.: Wright Allen Press Inc.

Märzheuser, R. (2009). *Voneinander lernen – Citizen Empowerment: Partizipation in der Stadtteilentwicklung East Manchesters und des Leipziger Ostens*. Saarbrücken: VDM Verlag Dr. Müller.

Maesse, J. (2013). Spectral performativity. How economic expert discourse constructs economic worlds. Economic Sociology. *The European Electronic Newsletter*, 14 (2): 25–31.

Makinen, M. (2016). *Digital empowerment as a process for enhancing citizens' participation*. Idem.sagepub.com/constent/3/3/381.full.pdf+html (Zugriff: 06.02.2016).

Malter, B., & Hotait, L. A. (Hrsg.) (2012). *Was bildet ihr uns ein? Eine Generation fordert die Bildungsrevolution*. Berlin: Vergangenheitsverlag.

Manin, B. (2007). *Kritik der repräsentativen Demokratie*. Berlin: Matthes & Seitz.

Mannemann, J. (2014). *Kritik des Anthropozäns. Plädoyer für eine Humanökologie*. Bielefeld: transcript Verlag.

Marcuse, H. (1955, 1965). *Triebstruktur und Gesellschaft. Ein philosophischer Beitrag zu Sigmund Freud.* Frankfurt a. M.: Suhrkamp.

Marcuse, H. ([1965] 1970). Repressive Toleranz. In: R. P. Wolff, B. Moore & H. Marcuse (Hrsg.), *Kritik der reinen Toleranz,* S. 136–166. Frankfurt a. M.: Suhrkamp.

Marmot, M. G. (2000). *Social determinants of health.* Oxford: Oxford University Press.

Marrs K. (2007). Ökonomisierung gelungen. Pflegekräfte wohlauf?. *WSI Mitteilungen* 9: 502–507.

Marstedt, G., & Rosenbrock, R. (2009). Verhaltensprävention. Guter Wille allein reicht nicht. In: J. Böcken & B. Braun (Hrsg.), *Gesundheitsmonitor* 2009, S.12–37. Gütersloh: Bertelsmannstiftung.

Martens, J.- U. (2014). *Glück in Psychologie, Philosophie und im Alltag.* Stuttgart: Kohlhammer.

Marx, K. ([1844] 1968). Ökonomisch-philosophische Manuskripte. In: *Marx Engels Werke* (MEW), 465–588. Berlin: Karl Dietz Verlag, Ergänzungsband.

Marx, K. ([1867] 1976). *Das Kapital Bd. 1, 7. Abschnitt: Der Akkumulationsprozess des Kapitals, 591. MEW Bd. 23.* Berlin: Karl Dietz Verlag.

Marx, K. ([1843] 1976). Zur Kritik der Hegelschen Rechtsphilosophie. In: *Marx Engels Werke (MEW),* Bd. 1, S. 203–333. Berlin: Karl Dietz Verlag.

Marx, K. ([1859] 1971). Zur Kritik der politischen Ökonomie. In: *Marx Engels Werke (MEW),* Bd. 13, S. 3–160. Berlin: Karl Dietz Verlag.

Mason, T. (1977). *Sozialpolitik im Dritten Reich.* Opladen: Westdeutscher Verlag.

Mayntz, R. (1980). *Implementation politischer Programme. Empirische Forschungsberichte.* Königstein/Ts.: Athenäum.

Mayntz, R. (1983). *Implementation politischer Programme II.* Opladen: Westdeutscher Verlag.

Mayntz, R. (2009). *Über Governance.* Frankfurt a. M.: Campus.

Mayring, P., & Rath, A. (2013) *Glück – aber worin liegt es? Zu einer kritischen Theorie des Wohlbefindens.* Göttingen: Vandenhoeck & Ruprecht.

Mead, G. H. (1943). *Mind, self and society from the standpoint of a social behaviorist.* Chicago: University of Chicago.

Memorandum (2015). *40 Jahre für eine soziale und wirksame Wirtschaftspolitik gegen Massenarbeitslosigkeit.* Köln: PappyRossa Verlag.

Menke, C., & Raimondi, F. (Hrsg.) (2011). *Die Revolution der Menschenrechte. Grundlegende Texte zu einem neuen Begriff des Politischen.* Frankfurt a. M.: Suhrkamp.

Merkel, W. (Hrsg.) (2015). *Demokratie und Krise.* Wiesbaden: Springer VS.

Merton, R. K. (1994). *Social theory and social structure. Towards the codification of theory and research.* Glencoe/Ill.: Free Press.

Mészáros, J. (1973). *Der Entfremdungsbegriff bei Marx.* München: List Taschenbücher der Wissenschaft (Bd.1607).

Metz, K. (1998). Solidarität und Geschichte. Institution und sozialer Begriff in Westeuropa im 19. Jahrhundert. In: K. Bayertz (Hrsg.), *Begriff und Problem der Solidarität,* S.172–194. Frankfurt a. M.: Suhrkamp.

Meulemann, H. (2001). Ankunft im Erwachsenenleben. Identitätsfindung und Identitätswahrung in der Erfolgsdeutung von einer Kohorte ehemaliger Gymnasiasten von der Jugend bis zur Lebensmitte. *Zeitschrift für Erziehung und Sozialisation (ZES)* 1: 45–59.

Meyer, T. (2009). *Was ist Demokratie. Eine diskursive Einführung.* Wiesbaden: VS Verlag für Sozialwissenschaften.

Meyer, R., & Sauter, A. (2000). *Gesundheitsförderung statt Risikoprävention? Umweltbeeinflußte Erkrankungen als politische Herausfoderung.* Berlin: Ed. Sigma.

Michelsen, D., & Walter, F. (2013). *Unpolitische Demokratie. Zur Krise der Repräsentation.* Frankfurt a. M.: Suhrkamp.

Micus-Loos, C., & Plößer, M. (2015). *Des eigenen Glückes Schmiedin? Geschlechtsreflektierende Perspektiven auf berufliche Orientierungen und Lebensplanungen von Jugendlichen.* Wiesbaden: Springer VS.

Midell, M. (1994). *Widerstände gegen Revolutionen 1789–1989.* Leipzig: Leipziger Universitätsverlag.

Mielck, A. (2005). *Soziale Ungleichheit und Gesundheit.* Bern: Hans Huber.

Mielck, A., Lüngen, M., Siegel, M., & Korber, K. (2012). *Folgen unzureichender Bildung für die Gesundheit.* Gütersloh. Bonn: Bertelsmann Stiftung.

Mill, J. S. ([1869] 1970). *Über die Freiheit.* Stuttgart, Ditzingen: Reclam.

Mittermaier, K., & Mair, M. (2013). *Demokratie. Die Geschichte einer politischen Idee von Platon bis heute.* Darmstadt: WBG.

Möller, H. (2004). *Die Weimarer Republik. Eine unvollendete Demokratie.* München: dtv.

Möllers, C. (2008). *Demokratie – Zumutungen und Versprechen.* Berlin: Klaus Wagenbach Verlag.

Mohr, K. (2009). Von „Welfare to Workfare?" Der radikale Wandel in der Arbeitsmarktpolitik. In: S. Bohrfeld, W. Sesselmeier & C. Bogedan (Hrsg.), *Arbeitsmarktpolitik in der sozialen Marktwirtschaft,* S. 49–60. Wiesbaden: VS Verlag für Sozialwissenschaften.

Montesquieu, C., & de Secondat, Baron ([1748] 1951). *Vom Geist der Gesetze* (übersetzt und Herausgegeben von Forsthoff E.). Tübingen: Laupp (UTB 1710).

Müller, A. (2010). *Meinungsmache: Wie Wirtschaft, Politik und Medien uns das Denken abgewöhnen wollen.* München: Knaur TB.

Müller-Armack, A. (1981). *Genealogie der sozialen Marktwirtschaft: Frühschriften und weiterführende Konzepte.* Bern: Haupt.

Muraca, B. (2014). *Gut leben. Eine Gesellschaft jenseits des Wachstums.* Berlin: Klaus Wagenbach.

Näger, S. (2013). *Literacy. Kinder entdecken Buch-, Erzähl- und Schriftkultur.* Freiburg i. Brsg.: Herder.

Naidoo, J., & Wills, J. (2003). *Lehrbuch der Gesundheitsförderung.* Bundeszentrale für gesundheitliche Aufklärung (Hrsg.). Köln: BZgA.

Nanz, P., & Fritsche, M. (2012/2015). *Handbuch Bürgerbeteiligung. Verfahren und Akteure, Chancen und Grenzen.* Bundeszentrale für politische Bildung (Hrsg.). Bonn.

Naumann, T.M. (2010). *Beziehung und Bindung in der kindlichen Entwicklung. Psychoanalytische Pädagogik als kritische Elementarpädagogik.* Gießen: Psychosozial Verlag.

Nave-Herz, R. (2015). *Familien heute: Wandel der Familienstrukturen und Folgen für die Erziehung.* Darmstadt: WBG.

Nefiodow, L. A. (2007). *Der sechste Kondratieff. Wege zur Produktivität und Vollbeschäftigung im Zeitalter der Information.* St. Augustin: Rhein-Sieg-Verlag.

Neubert, E. (2008). *Unsere Revolution. Die Geschichte der Jahre 1989/1990.* Zürich: Pieper.

Nietzsche, F. (1883–1885). *Also sprach Zarathustra. Ein Buch für alle und keinen.* Chemnitz: Schmetzner.

Niven, D. (2003). *Die 100 Geheimnisse glücklicher Menschen. Was Wissenschaftler herausgefunden haben und wie wir es nutzen können.* München: Econ Ullstein List Verlag.

Nörber, M. (2003). *Peer-Education.* Weinheim, Basel: Beltz.

Noll, B. (2010). *Grundlagen der Wirtschaftsethik- Von der Stammesmoral zur Ethik der Globalisierung.* Stuttgart: Kohlhammer.

Nolte, P. (2012). *Was ist Demokratie? Geschichte und Gegenwart.* München: C. H. Beck.

Nussbaum, M. C. (1999). *Gerechtigkeit oder das gute Leben.* Frankfurt a. M.: Suhrkamp.

Nussbaum, M. C. (2012). *Nicht für den Profit: Warum Demokratie Bildung braucht.* Überlingen: Tibia Press Verlag.

Ocken, R. (2009). *Gesundheit, Gesellschaft, Krankheit: durch Veränderung von Wissen, Denken und Handeln zu mehr Lebensfreude und Gesundheit.* Radeberg: de Behr.

Oerter, R., & Montada, I. (Hrsg.) (2008). *Entwicklungspsychologie.* Weinheim, Basel: Beltz.

OECD (2010). Einkommensungleichheit. In: *Die OECD in Zahlen und Fakten 2010. Wirtschaft, Umwelt, Gesellschaft.* Paris: OECD Publishing.

Oesterdiekhoff, G. W., & Jegelka, N. (Hrsg.) (2001). *Werte und Wertewandel in westlichen Gesellschaften.* Wiesbaden: Springer VS.

Oswald, H. (2008). Sozialisation in Netzwerken Gleichaltriger. In: K. Hurrelmann, M. Grundmann & S. Walper (Hrsg.), *Neues Handbuch Sozialisationsforschung*, S. 321–332. Weinheim, Basel. Beltz.

Paech, N. (2013). *Befreiung vom Überfluss – auf dem Weg in die Postwachstumsökonomie.* Berlin: oekom verlag.

Paech, N. (2014). Suffizienz und Subsistenz: Therapievorschläge zur Überwindung der Wachstumsdiktatur. In: Konzeptwerk Neue Ökonomie (Hrsg.), *Zeitwohlstand. Wie wir anders arbeiten, nachhaltig wirtschaften und besser leben*, S. 41–50. München oekom verlag.

Paffrath, F. H. (2012). *Einführung in die Erlebnispädagogik.* Augsburg: Ziel Verlag.

Paritätische Wohlfahrtsverband, Der (Hrsg.) (2014). *Der aktuelle Armutsbericht. Die zerklüftete Republik,* dort: Ländertrends www.der-paritätische.dearmutsbricht/die-zerklüftete-republik/ (Zugriff: 16. 07. 2015).

Parsons, T. (1970). Struktur und Funktion der modernen Medizin. In: R. König & M. Tönnesmann (Hrsg.), *Probleme der Medizin-Soziologie*, S. 10–57. Opladen: Westdeutscher Verlag.

Patterson, O. (2005). Freiheit Sklaverei und die moderne Konstruktion der Rechte. In: H. Joas & K. Wiegand (Hrsg.), *Die kulturellen Werte Europas*, S. 164–218. Frankfurt a. M.: S. Fischer.

Pelikan, J. M., Demmer H., & Hurrelmann, K. (Hrsg.) (1993). *Gesundheit durch Organisationsentwicklung. Konzepte, Strategien und Projekte für Betriebe, Krankenhäuser und Schulen.* Weinheim, München: Juventa.

Perkins, D.D., Bess, K. D., Cooper, D. G., Jones, D. C., Armstead, T., & Speer, P. W. (2007). Community organizational learning: Case studies illustrating a three-dimensional model of levels and orders of change. *Journal of Community Psychology* 35 (3): 303–328.

Perkonigg, A., & Wittchen, H. U. (1995). Epidemiologie von Angststörungen. In: S. Kasper & H.- J. Möller (Hrsg.), *Angst- und Panikerkrankungen*, S. 137–156. Jena, Stuttgart: Fischer.

Petzold, T. D., & Lehmann, N. (2011). *Kommunikation mit Zukunft. Salutogenese und Resonanz*. Bad Gandersheim: Verlag Gesunde Entwicklung.

Pfaff, H., Ernstmann, N., Driller, E., Jung, J., Karbach, U., Kowalski, C., Nitzsche, A., & Ommen, O. (2011). Elemente einer Theorie der sozialen Gesundheit. In: T. Schott T. & C. Hornberg (Hrsg.), *Die Gesellschaft und ihre Gesundheit*, S. 39–68. Wiesbaden: VS Verlag für Sozialwissenschaften.

Pfeffer, S. (2010). *Krankheit und Biographie. Bewältigung von chronischer Krankheit und Lebensorientierung*. Wiesbaden: VS Verlag für Sozialwissenschaften.

Pfortner, T.- K. (2013). *Armut und Gesundheit in Europa. Theoretischer Diskurs und empirische Untersuchung*. Wiesbaden: Springer VS.

Pietschmann, H. (2004). *Vom Spaß zur Freude. Die Herausforderung der 21. Jahrhunderts*. Wien: Ibera Verlag.

Piketty, T. (2016). *Das Kapital im 21. Jahrhundert*. München: C. H. Beck.

PISA Konsortium Deutschland (2004). *PISA 2004*. Münster: Waxmann Verlag.

Pius XI (Papst) ([1932] 1993). *Quadragesimo Anno. Über die gesellschaftliche Ordnung In: Texte zur katholischen Soziallehre*. Bundesverband der katholischen Arbeitnehmer-bewegung Deutschlands (Hrsg.). Köln: SJ Ketteler-Verlag.

Platon (1998). *Der Staat* (übersetzt von Rudolf Refner). München: Deutscher Taschenbuch Verlag.

Plessner, H. ([1928] 1975). *Die Stufen des Organischen und der Mensch. Einleitung in die philosophische Anthropologie*. Berlin, New York: de Gruyter.

Plöger, P. (2011). *Einfach ein gutes Leben. Aufbruch in eine neue Gesellschaft*. München: Hanser.

Porter, R. (2006). *Geschröpft und zur Ader gelassen. Eine kurze Kulturgeschichte der Medizin*. Frankfurt a. M.: Fischer Taschenbuch Verlag.

Popper, K. (1975). *Die offene Gesellschaft und ihre Feinde*. Bern u. a.: Franc-Verlag.

Posse, D. (2015). *Zukunftsfähige Unternehmen in einer Postwachstumsgesellschaft. Eine theoretische und empirische Untersuchung*. Berlin: Vereinigung für ökologische Öko-nomie.

Postman, N. (1985). *Wir amüsieren uns zu Tode. Urteilsbildung im Zeitalter der Unter-haltungsindustrie*. Frankfurt a. M.: S. Fischer.

Pott, E. (2009). Social Marketing und Kampagnen in der Prävention und Gesundheits-förderung. In: R. Roski (Hrsg.), *Zielgruppengerechte Gesundheitskommunikation*, S. 199–217. Wiesbaden. VS Verlag für Sozialwissenschaften.

Precht, R. D. (2015). *Anna, die Schule und der liebe Gott. Der Verrat des Bildungssystems an unseren Kindern*. München: Goldmann.

Princen, T. (2005). *The logic of suffiency*. Cambridge: MIT Press.

Pundt, J., & Kälble, K. (Hrsg.) (2014). *Patientenorientierung. Wunsch oder Wirklichkeit?*. Bremen: Apollon University Press.

Quindel, R. (2004). *Zwischen Empowerment und Kontrolle. Das Selbstverständnis der Professionellen in der Sozialpsychiatrie*. Bonn: Psychiatrie.

Rätz, W., Egan-Krieger, v. T., Passadakis, A., Schmelzer, M., & Vetter, A. (Hrsg.) (2011).
  Ausgewachsen! Ökologische Gerechtigkeit. Soziale Rechte. Gutes Leben. Hamburg:
  VSA Verlag.

Rathmayr, B. (2013). *Die Frage nach dem Menschen. Eine historische Anthropologie der
  Anthropologie.* Opladen: Verlag Barbara Budrich.

Rappaport, J. (1987). Terms of empowerment/Exemplars of prevention. Toward a theory
  for Community Psychology. *American Journal of Community Psychology* 15 (2): 121–
  174.

Rawls J. (1975): *Eine Theorie der Gerechtigkeit.* Frankfurt a. M.: Suhrkamp.

Rawls, J. (2003). *Politischer Liberalismus.* Frankfurt a. M.: Suhrkamp.

Recker, M.- L. (1985). *Nationalsozialistische Sozialpolitik im zweiten Weltkrieg.* München:
  Oldenbourg Verlag.

Redlich, D. (1999). *Die Idee der Gleichheit aus dem Geist der Aristokratie. Philosophische
  Theorie, utopische Fiktion und politische Praxis in der griechischen Antike.* Bern: Lang.

Reese-Schäfer, W. (2011). *Klassiker der Politischen Ideengeschichte. Von Platon bis Marx.*
  München: Oldenbourg Wissenschaftsverlag.

Reibnitz, v. C., Schnabel, P.-E., & Hurrelmann, K (Hrsg.) (1999). *Der Mündige Patient.
  Konzepte zur Patientenberatung und Konsumentensouveränität im Gesundheitswesen.*
  Weinheim, München: Juventa.

Reimers, H. (2011). *Krank und pleite. Das deutsche Gesundheitssystem.* Berlin: Suhrkamp.

Remmers, H. (2009). Ethische Aspekte der Verteilungsgerechtigkeit gesundheitlicher
  Versorgungsleistungen. In: U. H. Bittlingmayer, D. Sahrai & P.-E. Schnabel (Hrsg.),
  Normativität und Public Health, S. 111–134. Wiesbaden: VS Verlag für Sozialwissen-
  schaften.

Renner, A. (2000). Die zwei „Neoliberalismen". *Fragen der Zeit*, H. Nr. 26: 2–16.

Renner, E., Ribolits, E., & Zuber, J. (2004). *Wa(h)re Bildung: Zurichtung für den Profit
  (Studienhefte).* Insbruck et al.: Studienverlag.

Report. Zeitschrift für Weiterbildungsforschung (2014). Kompetenzen im Erwachsenenalter –Befunde aus der Bildungsforschung. *Zeitschrift für Weiterbildungsforschung* H.
  3.

Rhyner, T., & Zumwalde, B. (Hrsg.). (2008). *Coole Mädchen – starke Jungs.* Bern: Haupt
  Verlag.

Richter, A. (2012). *Dünne Rente – Dicke Probleme. Armut, Alter, Gesundheit – neue
  Herausforderungen für Armutsprävention und Gesundheitsförderung.* Frankfurt a. M.:
  Mabuse Verlag.

Richter, H. E. (2000). *Umgang mit der Angst.* Berlin: Econ/Ullstein.

Richter, H.- E. (Hrsg.) (1974). *Wachstum bis zur Katastrophe? Pro und Contra zum Welt-
  modell.* Stuttgart: Deutsche Verlags-Anstalt.

Richter, M., & Hurrelmann, K. (2006). *Gesundheitliche Ungleichheit. Grundlagen,
  Probleme, Perspektiven.* Wiesbaden: VS Verlag für Sozialwissenschaften.

Riemann, F. (2002). *Grundformen der Angst.* München: Reinhardt.

Rifkin, J. ([1995] 2005). Das Ende der Arbeit und ihre Zukunft. Frankfurt a. M.: Campus.

Rifkin, J. (2014). *Die Null-Grenzkosten Gesellschaft, das Internet der Dinge,
  kollaboratives Gemeingut und der Rückzug des Kapitalismus.* Frankfurt a. M.: Campus.

Rinke A. (2013). *Arzt-Patient-Kommunikation: Stresstest im Sprechzimmer* www. Aerzteblatt.de/archiv/138014/Arzt-Patienten-Kommunikatiomn-Stresstest-im-Sprechzimmer (Zugriff: 23. 09. 2015).

Ritter, G. A. (1998). *Soziale Frage und Sozialpolitik in Deutschland seit Beginn des 19. Jahrhunderts*. Opladen: Leske + Budrich.

Robert Bosch Stiftung (Hrsg.) (2011). *Ausbildung für die Gesundheitsversorgung von morgen*. Stuttgart: Eigenverlag.

Röh, D. (2013). *Soziale Arbeit, Gerechtigkeit und das gute Leben. Eine Handlungstheorie zur daseinsmächtigen Lebensführung*. Wiesbaden: Springer VS.

Rogers, E. M. (2003). *Diffusion of innovations*. New York: Free Press.

Rogall, H. (2008). *Ökologische Ökonomie. Eine Einführung*. Wiesbaden: VS Verlag für Sozialwissenschaften.

Rogge, U. (2010). *Pubertät – Loslassen und Haltgeben*. Reinbek b. Hamburg: Rowohlt.

Rojzman, C. (1997). *Der Haß, die Angst und die Demokratie. Einführung in die Sozialtherapie des Rassismus*. München: AG SPAK (in Kooperation mit Regenbogen Bayern).

Roos, L., & Püttmann, A. (2011). Wieviel Toleranz braucht Demokratie? In: A. Rauscher (Hrsg.), *Toleranz und Menschenwürde*, S. 375–386. Berlin: Dunker & Humblot.

Rosa, H. (2013). *Beschleunigung und Entfremdung*. Frankfurt a. M.: Suhrkamp.

Rosa, H. (2014). Resonanz statt Entfremdung. Zehn Thesen wider die Steigerungslogik der Moderne. In: H. Rosa, N. Paech, F. Habermann, F. Hauf, F. Wittmann & L. Kirschenmann, *Zeitwohlstand. Wie wir anders arbeiten, nachhaltig wirtschaften und besser Leben*, S. 62–73. München: oekom verlag.

Rosa, H., Paech, N., Habermann, F., Hauf, F., Wittmann, F., & Kirschenmann, L. (Hrsg.) (2014). *Zeitwohlstand. Wie wir anders arbeiten, nachhaltig wirtschaften und besser Leben*. München: oekom verlag.

Rose, M. D. (2011). *Korrupt? Wie unsere Politiker und Parteien sich bereichern – und uns verkaufen*. München: Heyne.

Rosenbrock, R., & Kümpers, S. (2006). Primärprävention als Beitrag zur Verminderung sozial bedingter Ungleichheiten von Gesundheitschancen. In: U. Bauer, U.H. Bittlingmayer & K. Hurrelmann (Hrsg.), *Health Inequalities*, S. 385–403. Wiesbaden: VS Verlag für Sozialwissenschaften.

Rosenbrock, R., & Michel, C. (2007). *Bausteine für eine systematische Gesundheitssicherung*. Berlin: Medizinisch Wissenschaftliche Gesellschaft.

Rosenbrock, R., & Hartung, S. (Hrsg.) (2012). *Handbuch Partizipation und Gesundheit*. Bern: Hans Huber.

Roski, R. (Hrsg.) (2009). *Zielgruppengerechte Gesundheitskommunikation. Akteure – Audience- Segmentation – Anwendungsfelder*. Wiesbaden: VS Verlag für Sozialwissenschaften.

Rothermund, K., & Eder, A. (2011). *Motivation und Emotion*. Wiesbaden: Springer VS.

Rousseau, J.- J. ([1755] 1984). *Diskurs über die Ungleichheit*. Paderborn: Schöningh.

Rousseau, J.- J. ([1762] 2010). *Vom Gesellschaftsvertrag oder Prinzipien des Staatsrechts* (übersetzt von Pietzcker E. und Brockardt H.). Stuttgart: Reclam.

Rudinger, F. (2012). *Direkte Demokratie und Bürgerbeteiligung. Zwei Seiten einer Medaille*. www.netzwerk-buergerbeteiligung.de (Zugriff: 10. 06. 2015).

Rückriegel, K. (2006). *Ergebnisse der Glücksforschung. Folgerungen für Politik und Unternehmen. CRM –Monatsbriefe Dez.* www.rückriegel.org/pasch/Fachbeitrag_Glücksforschung_rückriegel-pdf (Zugriff: 19. 02. 2016).

Rückriegel, K, Niklewski, G., & Haupt, A. (2015). *Gesundes Führen mit Erkenntnissen der Glücksforschung.* Freiburg i. Brsg.: Haufe-Leware.

Rümmele, M., & Feiertag, A. (2009). *Zukunft Gesundheit. So retten wir unser soziales System.* Wien: Orac Verlag.

Rüstow, A. (1932). *Freie Wirtschaft – starker Staat.* Dresden: Schriften des Vereins für Socialpolitik.

Ruland, F. (2006). Das „Soziale" im Spannungsfeld von Solidarität und Subsidiarität. In: Deutsche Rentenversicherung Bund (Hrsg.), *Das Soziale in der Alterssicherung* Bd. 66, S. 53–64.

Ryan, W. (1971). *Blaming the victim.* New York: Random House.

Saake, I., & Vogd, W. (Hrsg.) (2007). *Moderne Mythen der Medizin. Studien zur organisierten Krankenversorgung.* Wiesbaden: Springer VS.

Sachverständigenrat für die Konzertierte Aktion im Gesundheitswesen (Sachverständigenrat) (2002). *Bedarfsgerechtigkeit und Wirtschaftlichkeit,. Bd. III: Über-, Unter- und Fehlversorgung (Gutachten).* Baden-Baden: Nomos.

Sachverständigenrat zur Begutachtung der Entwicklung im Gesundheitswesen, Sondergutachten (2009). *Koordination und Integration – Gesundheitsversorgung in einer Gesellschaft der längeren Leben.* Baden-Baden: Nomos.

Salewski, M. (2004). *Geschichte Europas. Staaten und Nationen von der Antike bis zur Gegenwart.* Stuttgart: Klett-Cotta.

Santrock, J. W. (2011). *Life-span development.* New York: McGraw-Hill.

Schäfer, A. (2015). *Warum die sinkende Wahlbeteiligung der Demokratie schadet.* Frankfurt a. M.: Campus.

Scharpf, F. W. (2002). The European social model: coping with the challenges of diversity. *Journal of Common Market Studies*: 645–670.

Schauder, P., Berthold, H., Eckel, H., & Ollenschläger, G. (Hrsg.) (2006). *Zukunft sichern. Senkung der Zahl chronisch Kranker. Verwirklichung einer realistischen Utopie.* Berlin: Deutscher Ärzte Verlag.

Schemel, H.-J. (2010). *Wirtschaftsdiktatur oder Demokratie? Wider den globalen Standortwettbewerb – für weltweite Regionalisierung.* Oberursel: Publik-Forum.

Schiller, T., & Mittendorf, H. (Hrsg.) (2002). *Direkte Demokratie. Forschung und Perspektiven.* Wiesbaden: Westdeutscher Verlag.

Schmacke, N. (Hrsg.) (1999). *Gesundheit und Demokratie: von der Utopie der sozialen Medizin.* Frankfurt a. M.: Suhrkamp.

Schmidbauer, W. (2009). *Altern ohne Angst. Ein psychologischer Begleiter.* Reinbek b. Hamburg: Rowohlt.

Schmidt, B. (2008). *Eigenverantwortung haben immer die anderen. Der Verantwortungsdiskurs im Gesundheitswesen.* Bern: Hans Huber.

Schmidt, M. (2005). *Sozialpolitik in Deutschland. Historische Entwicklung und internationaler Vergleich.* Wiesbaden: VS Verlag für Sozialwissenschaften.

Schmidt, M. G. (2010). *Demokratietheorien. Eine Einführung.* Wiesbaden: VS Verlag für Sozialwissenschaften.

Schmidt, T. (2015). *Die List des Homo Oeconomicus – niemand wird häufiger totgesagt und ist dabei lebendige denn je* argora42.de/die-list-des-homo-oeconomicus (Zugriff: 21. 07. 2015).

Schmidt, W. (2004). *Mit sich selbst befreundet sein. Von der Lebenskunst im Umgang mit sich selbst.* Frankfurt a. M.: Suhrkamp.

Schmidt-Semisch, H., Paul, B. (Hrsg.) (2010). *Risiko Gesundheit. Über Risiken und Neben-wirkungen der Gesundheitsgesellschaft.* Wiesbaden: Springer VS.

Schmidt-Traub, S. (2010). *Selbsthilfe bei Angst im Kinder- und Jugendalter.* Göttingen u.a.: Hogrefe.

Schnabel, P.- E. (1988). *Krankheit und Sozialisation. Vergesellschaftung als pathogener Prozess.* Opladen: Westdeutscher Verlag.

Schnabel, P.- E. (2001). *Familie und Gesundheit. Bedingungen, Möglichkeiten und Konzepte der Gesundheitsförderung.* Weinheim, München: Juventa.

Schnabel, P.- E. (2007). *Gesundheit fördern und Krankheit prävenieren. Besonderheiten, Leistungen und Potenziale aktueller Konzepte vorbeugenden Versorgungshandelns*: Juventa.

Schnabel, P.- E. (2008a). Jeder ist (k)eines Glückes alleiniger Schmied. *Die Kerbe* 2: 19–21.

Schnabel, P.- E. (2008b). Ungleichheitsverstärkende Prävention versus ungleichheitsver-ringernde Gesundheitsförderung. Plädoyer für eine konzeptionelle und durchsetzungs-praktische Unterscheidung,. In: U. Bauer, U. h. Bittlingmayer & M. Richter (Hrsg.), *Health Inequalities*, S. 480–510. Wiesbaden: VS Verlag für Sozialwissenschaften.

Schnabel, P.- E. (2009a). Zur Kritik medizin-paradigmatischer Normativitäten in der aktuellen „Präventions"-Politik. In: U. H. Bittlingmayer, D. Sahrai & P.-E. Schnabel (Hrsg.), *Normativität und Public Health*, S. 183–208. Wiesbaden: VS Verlag für Sozial-wissenschaften.

Schnabel, P.- E. (2010a). Gesundheit(s)-Sozialisation in der Familie. In: H. Ohlbrecht & C. Schönberger (Hrsg.), *Gesundheit als Familienaufgabe*, S. 25–46. Weinheim: Juventa.

Schnabel, P.- E. (2010b). Prävention und Gesundheitsförderung in Familie und Schule. In: K. Hurrelmann, T. Klotz & J. Haisch (Hrsg.), *Lehrbuch Prävention und Gesundheits-förderung*, S. 312–323. Bern: Hans Huber.

Schnabel, P.- E. (2011). Gesundheitsförderung für Familien. Gesundheitsdeterminanten – es gibt sie und man kann sie messen. *Primary Care* 11 (15): 268–270.

Schnabel, P.- E. (2012). Eltern-Kind-Interaktionen. In: U. Bauer, U. H. Bittlingmayer & A. Scherr (Hrsg.), *Handbuch Bildungs- und Erziehungssoziologie*, S. 947–968. Wiesbaden: Springer VS.

Schnabel, P.- E. (2013). *Mit Tod und Sterben leben lernen. Ein Konzept zur Förderung von Überlebenskompetenz und Gesundheit.* Weinheim, Basel: Beltz Juventa.

Schnabel, P.- E. (2015). *Einladung zur Theoriearbeit in den Gesundheitswissenschaften.* Weinheim, Basel: Beltz Juventa.

Schnabel, P.- E., Bittlingmayer U. H., & Sahrai D. (2009). Normativität und Public Health. Einleitende Bemerkungen in problempräzisierender und sensibilisierender Absicht. In: U. H. Bittlingmayer, D. Sanrai & P.- E. Schnabel (Hrsg.), *Normativität und Public Health*, S. 11–46. Wiesbaden: VS Verlag für Sozialwissenschaften.

Schnabel, P.- E., & Bödeker, M. (2012). *Gesundheitskommunikation. Mehr als das Reden über Krankheit.* Weinheim, Basel: Beltz Juventa.

Schnabel, P.- E., & Hurrelmann, K. (1999). Sozialwissenschaftliche Analyse von Gesundheitsproblemen. In: K. Hurrelmann (Hrsg.), *Gesundheitswissenschaften*, S. 99–124.
Berlin, Heidelberg, New York: Springer.

Schnabel, P.- E., & Wolters, P. (2011): 16 Jahre Fakultät für Gesundheitswissenschaften
an der Universität Bielefeld. In: T. Schott & C. Hornberg (Hrsg.). *Die Gesellschaft und
ihre Gesundheit*, S. 105–126. Wiesbaden: VS Verlag für Sozialwissenschaften.

Schneider, W. (2006). Sammelrezeption Das „gute" Sterben – neue Befunde der Thanato-
soziologie. *Soziologische Revue* 4: 425–434.

Schneidewind, U. (2014). Wandel verstehen – auf dem Weg zu einer „Transformative
Literacy". In: H. Welzer & K. Wiegandt (Hrsg.), *Wege aus der Wachstumsgesellschaft*,
S. 115–140. Frankfurt a. M.: S. Fischer.

Schneidewind, U., & Zahmt, A. (2013). *Damit gutes Leben einfacher wird. Perspektiven
einer Suffizienzpolitik*. München: oekom verlag.

Schott, T, & Hornberg, C. (Hrsg.) (2011). *Die Gesellschaft und ihre Gesundheit. 20 Jahre
Public Health in Deutschland: Bilanz und Ausblick einer Wissenschaft*. Wiesbaden: VS
Verlag für Sozialwissenschaften.

Schramme, T. (Hrsg.) (2012). *Krankheitstheorien*. Frankfurt a. M.: Suhrkamp.

Schubert, F. E. (2008). *Schulfach Glück. Wie ein neues Fach die Schule verändert*. Freiburg
im Brsg.: Herder.

Schuegraf, M., Tillmann, A. (2012). Einführung. In: M. Schuegraf & A. Tillmann (Hrsg.),
Pornografisierung von Gesellschaft. Perspektiven aus Theorie, Empirie und Praxis, S.
9–20. Konstanz: UVK Verlagsgesellschaft.

Schuller, W. (2009). *Die Deutsche Revolution von 1989*. Reinbek b. Hamburg: Rowohlt.

Schulze, G. (2005). *Die Erlebnisgesellschaft. Kultursoziologie der Gegenwart*. Frankfurt a.
M.: Campus.

Schumacher, E. F. (2016). *Small is beautiful. Die Rückkehr zum menschlichen Maß*.
München: oekom verlag.

Schuster, W., & Reinhardt, U. (2013). *Generationenvertrag statt Generationenverrat*. Freiburg i. Brsg.: Herder.

Schwandt, H. (2016). Unmet aspirations as an explanation for the age U-shape in
wellbeing. *Journal of Economic Behavior and Organization*, Vol. 122: 75–87.

Schwanfelder, W. (2016). *Die glücklichen Manager. Warum Glück ihren Erfolg potenziert*.
Ariston, E-Books http://club.ddb.de (Zugriff: 16. 04. 2016).

Schwartz, S. A. (2015). *The 8 Laws of Change. How to be an agent of personal and social
transformation*. Inner Traditions Bear and Company.

Sebaldt, M. (2015). *Pathologie der Demokratie. Defekte, Ursachen und Therapie des
modernen Staates*. Wiesbaden: Springer VS.

Sedlacek, T., & Graeber, R. (2014). *Revolution oder Evolution?. Das Ende des Kapitalismus?*. München: Carl Hanser Verlag.

Seel, M. (2001). *Drei Regeln für Utopisten*. Merkur 9/10: S. 747–755.

Seils, C. (2010). *Parteiendämmerung oder was kommt nach den Volksparteien?* Berlin: wjs
Verlag.

Seligman, M. E. D. (1975, 2010). Erlernte Hilflosigkeit. Weinheim, Basel: Beltz.

Sell, S. (2002). *Armut als Herausforderung. Bestandsaufnahme und Perspektiven der
Armutsberichterstattung*. Berlin: Dunker + Humblot.

Selye, H. (1976). *The Stress of Life*. New York: McGraw Hill.

Sennett, R. (2012). *Together: The rituals, pleasures and politics of Cooperation.* New Haven, London: Yale University Press.

Shaffer, D. (2008). *Social and personal development.* New York: Cengage.

Siebholz, S., Schneider, E., Busse, S., Sondring, S., & Schippling, A. (Hrsg,) (2013). *Prozesse sozialer Ungleichheit. Bildungsungleichheit im Diskurs.* Wiesbaden: Springer VS.

Simon, F. B. (2012). *Die andere Seite der Gesundheit. Ansätze einer systemischen Krankheits- und Therapietheorie.* Heidelberg: Carl Auer Verlag.

Smith, A. (1776). *An Inquiery into the nature and causes of the wealth of nations.* London: W. Stratham.

Sommer, B., & Welzer, H. (2014). *Transformationsdesign. Weg in eine zukunftsfähige Moderne.* München: oekom verlag.

Sommer, D., Kuhn, D., Schmidt, M., & Volkhammer, A. (2010). *Gesunde Kita. Was fördert die Gesundheit von Kindern und Erzieherinnen.* Frankfurt a. M.: Mabuse Verlag.

Sommer, M. (2013). *Die Wirtschaftsgeschichte der Antike.* München: C. H. Beck.

Specht-Tomann, M. (2007). *Wenn Kinder Angst haben: Wie wir helfen können.* Düsseldorf: Patmos-Verlag.

Speer S., (2009). *Kaufst du noch? … oder lebst du schon? Der Weg aus der Konsumsucht.* Norderstedt: Books on Demand.

Spijk, van P. (2011). *Was ist Gesundheit? Anthropologische Grundlagen der Medizin.* Freiburg im Brsg.: Karl Alber.

Spitz, R. (1986). *Vom Säugling zum Kleinkind. Naturgeschichte der Mutter-Kind Beziehung im ersten Lebensjahr.* Stuttgart: Kohlhammer.

Stappel, M. (2016). *Kompetente Mitarbeiter und wandlungsfähige Organisationen. Zum Zusammenhang von Dynamic Capabilities, individueller Kompetenz und Empowerment.* Berlin: Springer Gabler.

Stappel, M. (2014). *Die deutschen Genossenschaften 2013. Entwicklungen – Meinungen – Zahlen* www. degverlag. de (Zugriff: 25. 11. 2015).

Stark, W. (1996). *Empowerment: neue Handlungskompetenzen in der psychosozialen Praxis.* Freiburg im Brsg.: Lambertus.

Statistisches Bundesamt (2015). *Ehescheidungen* http://www.destatis.de/DE/ZahlenFakten/GesellschaftStaat/Bevölkerungen/Ehescheidungen (Zugriff: 27. 02. 2016).

Stein, B. (2014). *Das kranke System – Von der Krankheitswirtschaft zum Menschenkümmern – Plädoyer für einen neuen Zugang zu Pflege und Medizin.* Hamburg: tradition GmbH.

Stengel, O. (2011). *Suffizienz. Die Konsumgesellschaft in der ökologischen Krise.* München: oekom verlag.

Stern, D. (2007). *Überwachen und Strafen. Das Geschäft mit der Angst.* Berlin: Books on Demand.

Stiglitz, J. (2012). *Der Preis der Ungleichheit. Wie die Spaltung der Gesellschaft unsere Zukunft bedroht.* München: Siedler.

Stöckel, S, & Walter, U. (2002). *Prävention im 20. Jahrhundert: Historische Grundlagen und Aktuelle Entwicklungen.* Weinheim, München: Juventa.

Stöver, B. (2007). *Der kalte Krieg. Geschichte eines radikalen Zeitalters 1947–1991.* München: C. H. Beck.

Stolleis, M. (2003). *Geschichte des Sozialrechts in Deutschland. Ein Grundriss.* Stuttgart: Lucius & Lucius.

Streeck, W. (2013). *Die gekaufte Zeit. Die vertagte Krise des Kapitalismus.* Frankfurt a. M.: Suhrkamp.

Streeck, W. (2015) *Wie wird der Kapitalismus enden? Teil I + II, Blätter für Deutsche und Internationale Politik4* http://www.mpifg.de/aktuelles/forschung%5Cdiskussion%5Cdo ks%5C15–022_Streeck_Blaetter_orig.pdf (Zugriff: 02. 05. 2016).

Stresser, P. (2011). *Was ist Glück? Über das Gefühl, lebendig zu sein.* Paderborn; Fink.

Taylor, C. (2001). *Wieviel Gemeinschaft braucht Demokratie?* Frankfurt a. M.: Suhrkamp.

Theunissen, G., & Plaute, W. (Hrsg.) (2002). *Handbuch Empowerment in der Heilpädagogik.* Freiburg im Brsg.: Lambertus.

Tenorth, H. E. (2010). *Geschichte der Erziehung. Einführung in die Grundzüge ihrer neuzeitlichen Entwicklung.* Weinheim, Basel: Beltz Juventa.

Textor, M. (2000). Was die Schule vom Kindergarten lernen kann. *Grundschule 32* (3): 54–57.

Textor, M. (Hrsg.) (2006). *Erziehungs- und Bildungspartnerschaft mit Eltern. Gemeinsam Verantwortung übernehmen.* Freiburg im Brsg.: Herder.

Thalheim, K. C. (1981): *Die wirtschaftliche Entwicklung der beiden Staaten in Deutschland.* Berlin.

Theobald, M. (2000). *Der Römerbrief. Erträge der Forschung 294.* Darmstadt: Wissenschaftliche Buchgesellschaft.

Thiemeyer, G. (2010). *Europäische Integration. Motive, Prozesse, Strukturen.* Köln u.a.: UTB, Bd. 3297.

Thomashoff, H.- O. (2014). *Ich suchte das Glück und fand Zufriedenheit. Eine spannende Reise in die Welt von Gehirn und Psyche.* Germering: Ariston/Random House.

Tietze, W. (2008). Sozialisation in Krippe und Kindergarten. In: K. Hurrelmann, M. Grundmann & S. Walper (Hrsg.), *Handbuch Sozialisationsforschung,* S. 274–289. Weinheim, Basel: Beltz.

Tilly, C. (1993). *Die europäischen Revolutionen.* München: C. H. Beck.

Tretter, F. (1997). Gesundheitsförderung, Humanökologie und die „Ökologie der Person". In: B. P. Hazard (Hrsg), *Humanökologische Perspektiven in der Gesundheitsförderung,* S. 37–55. Opladen: Leske + Budrich.

Tretter, F. (2000). Humanökologische Perspektiven der Suchtprävention. In: B. Schmidt & K. Hurrelmann (Hrsg.), *Präventive Sucht- und Drogenpolitik,* S. 90–107. Opladen: Leske + Budrich.

Tretter, F. (2004). Umwelt, Krankheit und Gesundheit – die humanökologische Perspektive in der Medizin, gestern, heute, morgen. In: W. Serbser (Hrsg.), *Humanökologie: Ursprünge-Trends-Zukunft,* S. 229–268. München: oekom verlag.

Tretter, F. (2008). *Ökologie der Person: Auf dem Weg zu einem systemischen Bild vom Menschen.* Lengerich: Pabst Science Publishers.

Tretter, F. (2009). Systemisches Denken in Suchtforschung und –praxis. Von der linearen über die zirkuläre Kausalität zur Netzwerkperspektive. *Wiener Zeitschrift für Suchtforschung 32* (2/3): 71–83.

Tretter, F., & Simon K.-H. (2011). Systemtheorie und Humanökologie. Komplexität und Dynamik sozialökologischer Systeme verstehen. *Mitteilungen der DGH 20* (1): 67–69.

Trisch, O. (2007). *Der Anti-Bias-Ansatz – Beiträge zur theoretischen Fundierung und Professionalisierung in der Praxis*. Stuttgart: ibidem Verlag.

Ulich, K. (2001). Soziale Beziehungen und Konflikte in der Schulklasse. In: K. Ulich (Hrsg.), *Einführung in die Sozialpsychologie der Schule*, S. 49–75. Weinheim, Basel: Beltz.

Ullrich, W. (2014). Konsum als Erziehung zur Nachhaltigkeit. In: H. Welzer & K. Wiegandt (Hrsg.), *Wege aus der Wachstumsgesellschaft*, S. 90–114. Frankfurt a. M.: S. Fischer.

Ulrich, P., & Breuer, M. (2004). *Wirtschaftsethik im philosophischen Diskurs. Begründung und anwendungspraktisches Orientierungswissen*. Würzburg: Königshauen & Neumann.

Underdown, A. (2006). *Health and wellbeing in child development*. New York: McGraw-Hill International.

Ungerer-Röhrich, U., & Tietze, W. (2011). *Gesunde Kita – starke Kinder. Methoden, Alltagshilfen, und Praxistipps für die Gesundheitsförderung in Kindertageseinrichtungen*. Berlin: Cornelsen.

UNESCO (United Nations Educational, Scientific and Cultural Organization) (2004). *The plurality of literacy and its implications for policies and programs*. UNESCO-Education Sector, Position Paper 13.

Unschuld, P. U. (2014). *Ware Gesundheit. Das Ende der klassischen Medizin*. München: C. H. Beck.

Verhaeghe, P. (2013). *Und Ich? Identität in einer durchökonomisierten Gesellschaft*. München: Antje Kunstmann Verlag.

Vobruba, G. (Hrsg.) (1990). *Strukturwandel der Sozialpolitik*. Frankfurt a. M.: Suhrkamp.

Vogd, R. (2013). *Alternativlose Politik? Zukunft des Staates und Zukunft der Demokratie*. Stuttgart: Franz Steiner Verlag.

Vogt, M. (2006). *Deutsche Geschichte. Von den Anfängen bis zur Gegenwart*. Frankfurt a. M.: S. Fischer.

Volkert, J. (2014). Der Capability-Ansatz als gesellschaftspolitischer Analyserahmen. In: Friedrich-Ebert-Stiftung (Hrsg.),*Was macht ein gutes Leben aus?*, S. 9–18. Bonn.

Vossenkuhl, W. (2006). *Die Möglichkeit des Guten. Ethik im 21. Jahrhundert*. München: C. H. Beck.

Wagner, A. (2009). Grundlage Elementarbildung – Der Einfluss frühkindlicher Bildung auf Dispositionen für lebenslanges Lernen. In: M. Textor (Hrsg.). *Kinderpädagogik – Online –Handbuch* www.kinderpädagogik.de//2111.html (Zugriff: 22. 12. 2015).

Wallerstein, I., Collins, R., Mann, M., Delugian, G., & Calhoun, C. (2014). Stirbt der Kapitalismus? Fünf Szenarien für das 21. Jahrhundert Frankfurt a. M., New York: Campus.

Walter, R. (2011). *Wirtschaftsgeschichte. Vom Merkantilismus bis zur Gegenwart*. Stuttgart: UTB (Böhlau).

Walter, F. (Hrsg.) (2013). *Die neue Macht der Bürger*. Reinbek b. Hamburg: Rowohlt.

Walter, M., Sollberger, D., & Euler, S. (2007). *Persönlichkeitsstörung und Sucht*. Stuttgart: Kohlhammer.

Warwitz, S. A. (2010). Angst vermeiden – Angst suchen – Angst lernen. *Sach-Wort-Zahl* 112: 10–15.

Watzlawick, P., Beavin, J. H., & Jackson D. D. (1996). *Menschliche Kommunikation*. Bern u.a.: Hans Huber.

Weber, M. ([1918] 2005). *Wirtschaft und Gesellschaft. Grundriss der verstehenden Soziologie*. Frankfurt a. M.: Zweitausendundeins.

Weber, M. ([1934] 1993). *Die protestantische Ethik und der Geist des Kapitalismus*. Bodenheim: Athenäum Hain Hanstein.

Weber, W. G., Pasqualoni P.-P., & Burtscher, C. (Hrsg.) (2004). *Wirtschaft, Demokratie und soziale Verantwortung. Kontinuitäten und Brüche*. Göttingen: Vandenhoeck & Ruprecht.

Wehler, H.-U. (2013). *Die neue Umverteilung. Die soziale Ungleichheit in Deutschland*. München: C. H. Beck.

Weidenkamp-Maicher, M. (2008). *Materielles Wohlbefinden im späten Erwachsenenalter und Alter. Eine explorative Studie zur Bedeutung von Einkommen, Lebensstandard und Konsum für die Lebensqualität*. Diss. Berlin https:eldorado.tu-dortmund.de/bitstream/2003/25795/1/Dissertation.pdf (Zugriff: 09. 01. 2016).

Weizsäcker, v. R. (1975). In Ängsten – und siehe wir leben. In: *Dokumente. Deutscher Evangelischer Kirchentag*, S. 151–159. Stuttgart: Kreuz-Verlag.

Welter-Enderlin, R., & Hildenbrand, B. (Hrsg.). *Resilienz – Gedeihen trotz widriger Umstände*. Heidelberg: Carl Auer Verlag.

Weltgesundheitsorganisation (WHO) (Hrsg.) (2013). *Gesundheit 2020. Rahmenkonzept und Strategie der Europäischen Region für das 21. Jahrhundert*. Kopenhagen: Regionaldirektion Europa .

Weltzien, D. (2004). *Neue Konzeptionen für das Wohnen im Alter. Handlungsspielräume und Wirkungsgefüge*. Wiesbaden: Universitäts-Verlag.

Welzer, H. (2013). *Selbst denken. Eine Anleitung zum Widerstand*. Frankfurt a. M.: S. Fischer.

Welzer, H. (2014). Der Abschied vom Wachstum als zivilisatorischer Prozess, In: H. Welzer & K. Wiegand (Hrsg.), *Wege aus der Wachstumsgesellschaft*, S. 35–59. Frankfurt a. M.: S. Fischer.

Welzer, H., & Wiegand, K. (2014a). Wege aus der Wachstumswelt, In: H. Welzer & K. Wiegand (Hrsg.), *Wege aus der Wachstumsgesellschaft*, S. 7–11. Frankfurt a. M.: S. Fischer.

Welzer, H., & Wiegand, K. (Hrsg.) (2014b). *Wege aus der Wachstumsgesellschaft*. Frankfurt a. M.: S. Fischer.

Wende, P. (2000). *Große Revolutionen der Geschichte*. München: C. H. Beck.

Wenzel, E., & Dziemba, O. (2014). *Wir. Wie die Digitalisierung unseren Alltag verändert*. München: Redline Verlag.

Wernstedt, R., & John-Ohnesorg, M. (2008). *Soziale Herkunft entscheidet über Bildungserfolg. Konsequenzen aus IGLU 2006 und PISA III*. Bonn: Friedrich-Ebert-Stiftung.

Widmaier, H. P. (1999). *Demokratische Sozialpolitik. Zur Radikalisierung des Demokratiekonzepts*. Tübingen: Mohr Siebeck.

WHO (World Health Organisation) (Hrsg.) (1946). *Constitution of the World Health Organization*. www.who.int/governbance/eb/who_constitution_en.pdf (Zugriff: 13. 04. 2015).

WHO (World Health Organization) (1978). *Declaration of Alma-Ata*. www.who.int/Publications/almaata_declaration_en.pdf?ua=1 (Zugriff: 07. 02. 2017).

WHO (World Health Organization (1981). *Health for all by the year 2000* apps.who. int./ iris/betstream/10665/38893/1/9241800038.pdf (Zugriff: 29. 09. 2015).

WHO (World Health Organization) (Hrsg.) (1986). *Ottawa Charter for Health Promotion*, Ottawa/Ontario/Kanada.

WHO (World Health Organization) (1996) *The Jakarta Declaration on leading Health Promotion into the 21ˢᵗ Century* URL: http://www.who.int/healthpromotion/ conferences/privious/jakarta/declaration/en/ (Zugriff: 05. 10. 2015).

WHO (World Health Organization) (Hrsg.) (2010). *Bangkok Charta for health promotion in a globalized world* www.who.int.healthpromotion/conferences/6chp/bangkokcharter/ en/ (Zugriff: 05. 10. 2015).

WHO (World Health Organization) (2013). *World Health Statistics 2013*. Geneva/ Switzerland: WHO www.who.int (Zugriff: 05. 10. 2015).

Wildt, A. (1989). Solidarität – Begriffsgeschichte und Definition heute. In: K. Bayertz (Hrsg.), *Solidarität*, S. 202–216. Frankfurt a. M.: Suhrkamp.

Wilkinson, R., & Pickett, K. (2010). *Gleichheit ist Glück. Warum gerechte Gesellschaften für alle besser sind*. Berlin: Tolkemitt Verlag.

Willke, G. (2003) *Neoliberalismus*. Frankfurt a. M.: Campus.

Willke, H. (1992). Beobachtung, Beratung und Steuerung von Organisationen in systemischer Sicht. In: R. Wimmer (Hrsg.), *Organisationsberatung*, S. 17–41. Wiesbaden: S. Gabler.

Willke, H. (2001). *Atopia. Studien zur atopischen Gesellschaft*. Frankfurt a. M.: Suhrkamp.

Willke, H. (2014). *Demokratie in Zeiten der Konfusion*. Berlin: Suhrkamp.

Wilson, F., Mabhala, M., & Massey, A. (2015). *Health improvement and wellbeing. Strategies for action*. Maidenhead: Open University Press.

Winker, G. (2015). *Care-Revolution. Schritte in eine solidarische Gesellschaft*. Bielefeld: transcript Verlag.

Wirsching, M., & Stierlin, H. (1994). *Krankheit und Familie*. Stuttgart: Klett-Cotta.

Wittig, P., Nöllenheidt, C., & Brenscheidt, S. (2013). *Grundauswertung der BIBB/BAUA Erwerbstätigenbefragung 2012 mit den Schwerpunkten Arbeitsbedingungen, Arbeitsbelastungen und gesundheitliche Beschwerden* www.baua.de/de/Publikationen/ Bachbeitraege/Gd73.html (Zugriff: 01.01.2017).

Wittstätter, K. (2003). *Soziologie für die Altenarbeit – soziale Gerontologie*. Freiburg im Brsg.: Lambertus.

Woll, R. (2008). *Partner für das Kind. Erziehungspartnerschaft zwischen Eltern, Kindergarten und Schule*. Göttingen: Vandenhoeck & Ruprecht.

Yang-Yang (2009). Social inequalities in happiness in the US, 1972–2004. An age-period-cohort analysis. *American Sociololgical Review*. 73(2): 204–226.

Zeuner, C., & Faulstich, P. (2009). *Erwachsenenbildung – Resultate der Forschung*. Weinheim, Basel: Beltz.

Youniss, G. (1994). *Soziale Konstruktion und psychische Entwicklung. Beitrag zur Soziogenese der Handlungsfähigkeit*. Krappmann L., Oswald H., (Hrsg.) Frankfurt a. M.: Suhrkamp.

Zeuske, M. (2013). *Handbuch Geschichte des Sklaverei. Eine Globalgeschichte von den Anfängen bis zur Gegenwart*. New York u. a.: de Gruyter.

Ziegler, J. (Hrsg.) (2005). *Das Imperium der Schande*. München: C. Bertelsmann.

Ziegler, M., Hummer, H., & Mörth, I. (1989). *Sterben, Tod, Trauer. Vom Umgang mit dem Unvermeidlichen*. Linz: Universitätsverlag.

Zimbardo, P., & Gerring, R. (2008). *Psychologie*. München: Pearson Verlag.

Zimmer, R., Tieste, R., zur Laage, I., & Vieker, N. (Hrsg.) (2009). *Handbuch Sprachförderung durch Bewegung*. Freiburg im Brsg.: Herder.

Zimmermann, D. A. (2008). *Entwicklungstendenzen im Gesundheitswesen. Kritische Analysen, Alternativen, Potenziale*. Frankfurt a. M. u. a.: VAS Verlag.

Zsifkovits, V. (1989). *Demokratie braucht Werte*. Münster: Lit Verlag.

Zoll, R. (2000). *Was ist Solidarität heute?* Frankfurt a. M.: Suhrkamp.

The manufacturer's authorised representative in the EU is Springer
Nature Customer Service Centre GmbH, Europaplatz 3, 69115 Heidelberg,
Germany. If you have any concerns regarding our products, please
contact ProductSafety@springernature.com

Printed and bound by CPI Group (UK) Ltd, Croydon, CR0 4YY
26/04/2026
02097325-0002